中国科学院宁波工业技术研究院（筹）科技协同创新丛书

碳纤维复合材料轻量化技术

《碳纤维复合材料轻量化技术》编委会

科学出版社

北京

内 容 简 介

本书针对碳纤维复合材料在汽车等领域的轻量化应用，围绕碳纤维复合材料的基础材料技术、复合材料成型制造技术、装备制造技术、复合材料轻量化应用技术和循环利用技术等，介绍了复合材料工程化技术研发和复合材料轻量化汽车车身制造技术等方面的系统工作。本书将材料科学、材料制造技术、装备制造技术和材料应用技术相结合，向读者呈现了一条由材料到应用、兼顾工艺和装备、前瞻材料循环再利用的完整示范技术链。

本书可以为碳纤维材料、高分子材料、复合材料、装备制造和汽车制造等众多领域的读者提供广泛的知识交叉和技术交叉信息，启发与促进各自专业知识的学习和技术的研发。

图书在版编目(CIP)数据

碳纤维复合材料轻量化技术/《碳纤维复合材料轻量化技术》编委会. —北京：科学出版社，2015

（中国科学院宁波工业技术研究院（筹）科技协同创新丛书）

ISBN 978-7-03-043769-3

Ⅰ. 碳… Ⅱ. 碳… Ⅲ. 碳纤维增强复合材料-研究 Ⅳ. TB332

中国版本图书馆 CIP 数据核字(2015)第 051371 号

责任编辑：裴 育 王晓丽 / 责任校对：郭瑞芝

责任印制：赵 博 / 封面设计：蓝正设计

科学出版社 出版

北京东黄城根北街 16 号

邮政编码：100717

http://www.sciencep.com

三河市春园印刷有限公司印刷

科学出版社发行 各地新华书店经销

*

2015 年 3 月第 一 版 开本：720×1000 1/16

2025 年 2 月第十次印刷 印张：26 1/2

字数：518 000

定价：198.00 元

（如有印装质量问题，我社负责调换）

中国科学院宁波工业技术研究院（筹）
科技协同创新丛书

《碳纤维复合材料轻量化技术》编委会

序　言

大约在两年前，我还是中国科学院宁波材料技术与工程研究所的一员，即已得知何天白老师为了准备迎接宁波材料所创建10周年，开始牵头策划和组织编写一套丛书，记录我们共同践行"料要成材、材要成器"的建所过程。当时，我感觉这是一项非常浩大的工程，况且"著书立说"对于我们这样一个主要由年轻人构成的年轻的科研机构来说，似乎有些可望而不可即。今天，很高兴收到了何老师发来的《碳纤维复合材料轻量化技术》的最终书稿，不由得让人惊叹"有志者事竟成"！

材料是人类赖以生存和发展的物质基础。石器、青铜器、铁器，曾经是人类文明史上某个特定时期的标志性代称。现代社会，人们不仅大量使用材料、制造材料，而且还有越来越多的人在不断地研究、开发新材料。但究竟什么是材料，迄今还没有举世公认的严格定义。众所周知，材料是物质，但并不是所有的物质都可以称作材料，只有那些可以被人们用来制造"有用"物品(包括器件、构件、机器的零部件等)的物质才被称作材料。随着人类进步，越来越多的物质为人所用，材料的内涵在不断丰富，材料的外延也在不断扩大。这似乎有悖于传统逻辑，但恰恰是材料这一概念的特殊属性。

正是由于材料的"有用"属性，中国科学院时任院长路甬祥先生对筹建中的宁波材料所提出了"料要成材、材要成器"的要求。当时，鉴于材料对于当代中国经济社会发展的极端重要性，中国科学院决定在浙江宁波与省市地方政府共建宁波材料所，希望把材料科学、材料制造技术和材料应用技术的研究与开发结合起来。2004年，我和崔平所长受命来到这里，虽不敢称"筚路蓝缕"，凡事确需从零做起。十年过去，一个海内外人才荟萃的现代科研园区已经初成规模。虽然我本人离开了宁波，但仍关注着宁波材料所的发展和进步，看到在陆续加盟其中的全体同仁不懈努力下，现在的宁波材料所不仅能够服务于当地相关产业发展，而且凭借逐渐增强的解决实际问题的能力，开始越来越多地承担起国家的重任，在"面向国民经济主战场"的各项工作中始终无愧于中国科学院的"金字招牌"。每每念及于此，足以让人自豪。

在宁波材料所的成长过程中，我们必须要感谢中国科学院的分管领导施尔畏副院长。2008年，正是由于施院长的信任和力排众议，使得中国科学院敢于把国家急需的高性能碳纤维研制任务交给当时毫无经验的宁波材料所；2009年，中国科学院启动了自主部署的碳纤维复合材料行动计划，决定由宁波材料所领衔组织全院相关科技力量联合攻关，又是施院长给了我们一次难得的锻炼机会。

《碳纤维复合材料轻量化技术》一书，是宁波材料所及部分参与单位承担上述两项工作所取得的最新技术突破的经验总结。该书较为系统地介绍了碳纤维及其增强的树脂基复合材料，从制备与制造技术，到应用技术乃至回收再利用技术，很多内容来源于作者在研发过程中亲身经历的实际案例，相信对从事碳纤维复合材料研发的科研人员和碳纤维复合材料应用的企业工程技术人员均具有很高的参考价值。

复合材料被认为是21世纪最有可能取得突破性进展的新材料，其中用碳纤维增强的树脂基复合材料(CFRP)又是综合性能最佳的结构-功能一体化材料。复合材料是一个复杂体系，它的性能不是其各种组分的简单加和，而其优势也正在于此，所以世界上主要发达国家均对其投入了极大的研发力量。尽管CFRP早已在航空、航天等高端领域得到应用，但受制于碳纤维本身的高成本以及复合材料现有制造工艺的低效率，更大规模的“草根”应用亟待新技术开发。当年中国台湾的企业家把“土法创新”的CFRP技术推广到体育用品的生产中，成功地引爆了一个全球规模的新兴产业。如今碳纤维的国产化已基本实现，为进一步降低生产成本创造了有利条件，但中国内地对CFRP民用技术的研究才刚刚起步，中国科学院率先在汽车轻量化等方面进行了有益的尝试，使CFRP有可能在新能源汽车上得到应用。该书如实记录了这一尚在进行中的研发和应用过程，相对于成熟知识的介绍，新技术的探索应更能够激发年轻人的热情。事实上，碳纤维复合材料在更广阔的产业发展空间里大有可为，希望在读者中能够涌现出更多的新生力量投身其中，并贡献自己的创意和才华。

中国科学院科技促进发展局 局长

2015年1月

前　　言

2009年中国科学院部署了碳纤维复合材料行动计划。碳纤维复合材料的基础材料，即碳纤维和基体树脂，一直是中国科学院的优势材料技术领域，碳纤维复合材料行动计划则是进一步拓展复合材料成型制造技术和装备制造技术。当时的目标是实现电动汽车轻量化，要研发经得起汽车主机厂考核、有应用价值的碳纤维复合材料车身制造技术和示范性制造线。本书涉及中国科学院宁波材料技术与工程研究所和长春应用化学研究所承担该项研究的相关工作。

本书分基础材料技术（碳纤维、基体树脂、复合材料回收再应用）、成型制造技术（碳纤维铺缝预成型、基体树脂传递模塑、复合材料热压成型）、装备制造技术（热塑性复合材料热压成型示范线）和应用技术（汽车车身和无人机机身轻量化）等四部分，共8章。何天白策划和组织全书编写，欧阳琴、刘杰、颜春、祝颖丹、陈刚、刘东、王志坚和魏秀宾分别执笔各章，杨建行、唐涛、陈友汜、祝颖丹和张希平以及奇瑞汽车公司的陈效华分别参与编写和审阅相关内容，张笑晴、刘东和应华根负责全书统稿。

如果没有中国科学院施尔畏副院长的亲历亲为和排忧解难，很难想象碳纤维复合材料行动计划的研究工作还能按既定路径如期展开；中国科学院相关部门和领导的严格要求，促进了研究目标的实现。感谢陈效华院长携奇瑞汽车公司前瞻技术研究院共同开展相关研究工作；感谢宁波敏实、上海中科深江、阿尔特（上海）及中国科学院深圳先进技术研究院、山西煤炭化学研究所、上海有机化学研究所和化学研究所等在研究工作中给予的支持；感谢北京化工大学徐樑华教授和航天材料及工艺研究所冯志海研究员对碳纤维研制工作的指导和关注。

感谢中国科学院宁波材料技术与工程研究所特纤事业部和长春应用化学研究所唐涛团队相关人员在科研工作中的付出；感谢宁波材料技术与工程研究所复合材料团队全体科研人员，包括已经离开的范欣愉博士、李红周博士、张希平高工以及离岗创办宁波华狮智能科技公司的王志坚博士，在科研工作中的努力和付出。

感谢各级各类科研计划的支持，包括国家重大科技专项、国家重点产业振兴和技术改造专项、国家科技部863计划和973计划、国家自然科学基金、中国科学院知识创新工程重要方向性项目和科技服务网络（STS）计划、浙江省重大专项和重点创新团队计划、吉林省重点科技攻关项目、宁波市重大攻关项目和科技创新团队计划，以及宁波材料技术与工程研究所所长基金等。

感谢长安汽车工程研究总院曹渡副院长审阅本书。

希望本书的出版能对碳纤维复合材料轻量化技术的产业化应用有所促进。

目　录

第 1 章　聚丙烯腈基碳纤维制备与表征

1.1　概　　述

碳纤维是一种丝状的碳素材料，具有轻质、高强度、高弹性模量、耐高温、耐腐蚀、X 射线穿透性和生物相容性等特性，广泛应用于航空、航天、国防、交通、能源、医疗器械以及体育休闲用品等领域[1]。早期的碳纤维可以追溯到 1878 年英国斯旺和 1879 年美国发明家爱迪生两人分别用棉纤维和竹纤维炭化制成电灯泡的灯丝，但真正实用的碳纤维直到 20 世纪 50 年代才登上历史舞台[2]。当时正处于美苏争霸的冷战时期，为了解决战略武器的耐高温和耐烧蚀的问题，美国 Wright-Patterson 空军基地于 1950 年研制成功了黏胶基碳纤维。此后，在材料科学领域掀起的碳纤维研究与开发热潮至今方兴未艾。日本大阪工业研究所的进藤昭男在 1959 年发明了用聚丙烯腈(PAN)纤维制造碳纤维的方法，日本群马大学大谷杉郎则在 1965 年发明了沥青基碳纤维，各种碳纤维制备技术相继涌现。经过几十年的发展，形成了 PAN、沥青和黏胶三大碳纤维原料体系。其中，PAN 基碳纤维因具有生产工艺简单、生产成本较低和力学性能优良等特点，已成为发展最快、产量最高、品种最多、应用最广的一种碳纤维。

碳纤维具有十分优异的力学性能，是先进复合材料最重要的增强体，通过与树脂、碳、陶瓷、金属等基体材料复合后可制得性能优异的碳纤维复合材料。碳纤维复合材料以其轻质、高强度、高模量、耐腐蚀、耐疲劳、可设计性强、结构尺寸稳定性好和可大面积整体成型等特点，已在航空、航天、国防和民用工业的众多领域得到广泛应用。

碳纤维是火箭、卫星、导弹、战斗机和舰船等尖端武器装备不可或缺的关键战略材料。将碳纤维复合材料应用在战略导弹的弹体和发动机壳体上，可大大减轻重量，提高导弹的射程和突防能力。碳纤维还是使大型民用飞机、汽车、高速列车等现代交通工具实现轻量化的理想材料。新型民用客机如空客 A380 和波音 787 都大量使用碳纤维复合材料，以减轻机体结构重量，从而大幅降低燃油消耗，减少二氧化碳排放。随着碳纤维制备与应用技术的不断进步，碳纤维在交通、能源、建筑、医疗、电子、机械等工业领域的应用步伐将不断加快(图 1.1)。

2012 年，全球碳纤维需求量约为 4.35 万吨，预计到 2020 年将达到 13 万吨，年均增长率约为 15%(图 1.2)。2012 年全球碳纤维生产能力约为 11.2 万吨，其中日本东丽公司已将产能提高到 2.11 万吨/年，保持着世界领先地位(图 1.3)。

碳纤维产能的持续扩张，不仅是为了应对航空、国防和体育休闲用品等传统应用行业需求的增长，更多的是预期碳纤维在汽车、风能、压力容器等工业领域的用量将大幅增加。

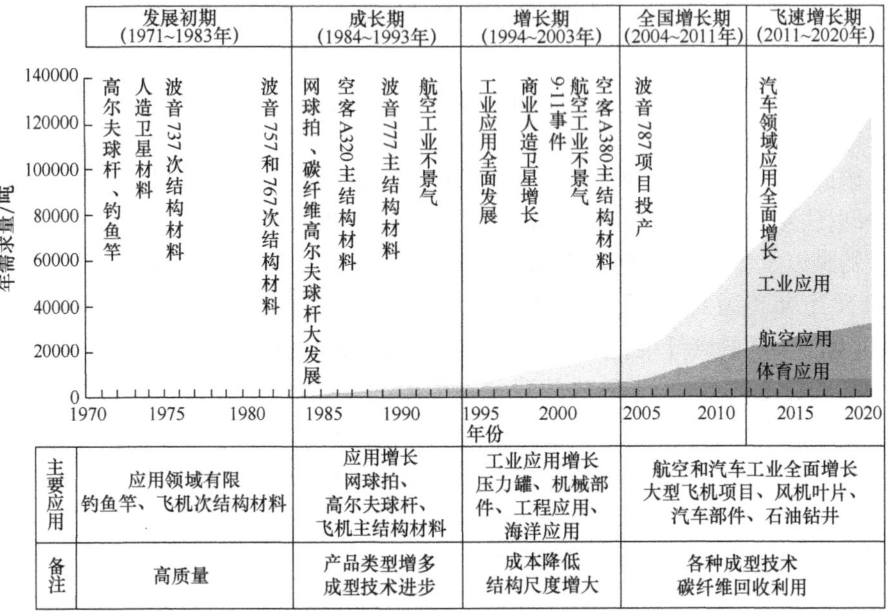

图 1.1　碳纤维需求发展趋势[3]

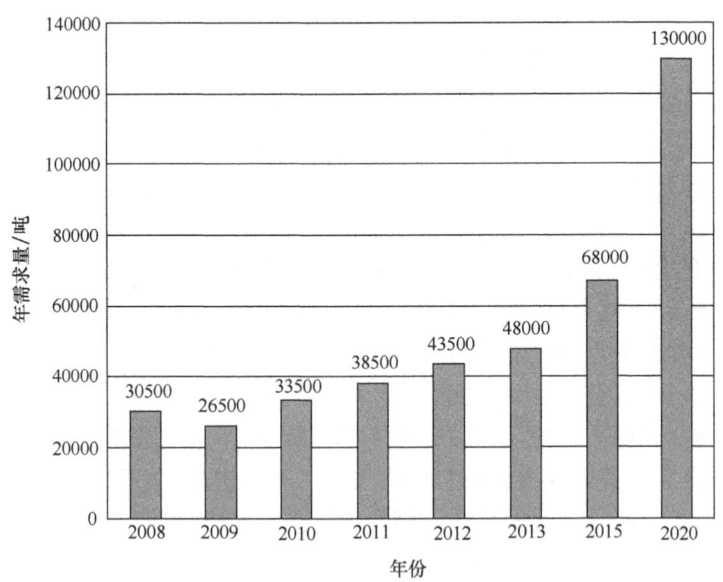

图 1.2　全球碳纤维年需求量[4]

2013、2015 和 2020 年为预测值

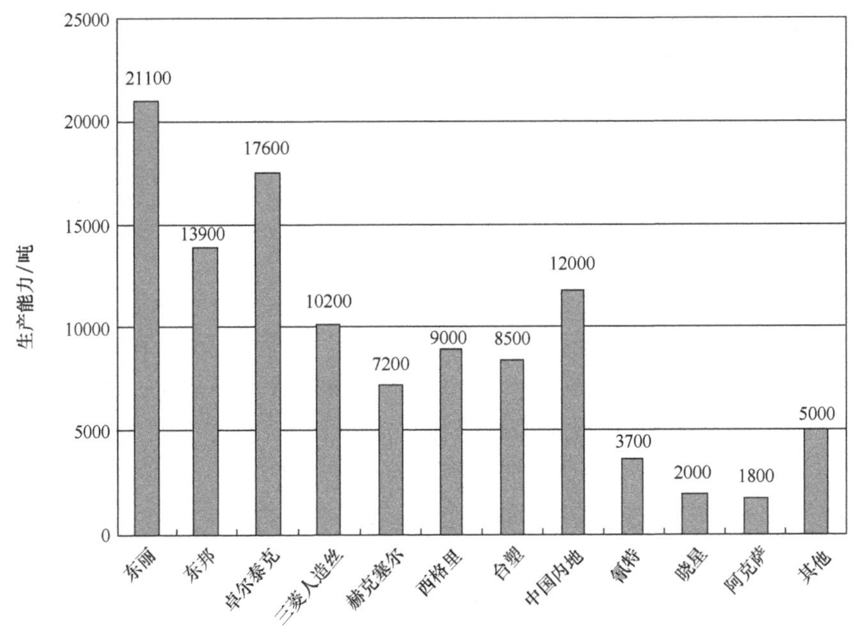

图1.3 2012年碳纤维主要制造商的生产能力[4]

近年来随着能源紧张、环境污染等问题日益突出,采用碳纤维复合材料的轻量化汽车技术越来越受到人们的关注。以碳纤维增强树脂基复合材料替代钢材用于汽车车身结构,可以使整车重量大幅减轻、燃油经济性显著提高,同时还有利于提高汽车驾乘人员的安全性和舒适性。2012年,美国政府立法通过了最新的汽车燃油经济性标准:在美销售的小型汽车和轻型卡车到2017年燃油经济性需提高到15.1km/L,到2025年需进一步提高到23.2km/L[5]。而提高汽车燃油经济性最有效的办法之一就是采用碳纤维复合材料的轻量化车身技术。

为此,全球大型汽车制造商纷纷联手碳纤维生产企业,共同开发车用碳纤维复合材料。德国宝马汽车公司与大众汽车公司竞相增持大丝束碳纤维供应商德国西格里(SGL)公司的股份。美国福特汽车公司与陶氏化学联合开发车用高性能碳纤维复合材料产品。德国戴姆勒公司和日本东丽公司合资建厂生产碳纤维复合材料。美国通用公司与日本帝人公司签署合作协议,联合开发碳纤维复合材料汽车零部件。碳纤维终端用户与碳纤维生产企业之间的紧密合作,将有利于加快碳纤维复合材料轻量化技术在更多工业领域的推广和应用[6]。2013年,宝马汽车公司面向乘用车市场推出售价3.5万欧元左右的碳纤维复合材料电动轿车BMW i3,开启了碳纤维在汽车工业领域大量应用的新时代。

但是,碳纤维高昂的价格和有限的产量是制约其在汽车工业领域广泛应用的瓶颈。为此,美国能源部于2009年启动汽车轻质材料计划(Automotive Lightweight Materials Program),在橡树岭国家实验室(ONRL)建立碳纤维技术中心,专门开展低成本碳纤维研究。ONRL 开发的低成本碳纤维目标是：碳纤维的拉伸强度≥250ksi(1.72GPa)，拉伸模量≥25Msi(172GPa)，断裂伸长率≥1%，销售价格为 11～15 美元/kg[5]。ONRL 主要试图从两方面降低碳纤维的成本：一是探索采用 PAN 以外的其他原材料用作低成本碳纤维的原丝，包括木质素以及聚烯烃类高分子材料等；二是改进现有的 PAN 基碳纤维工艺技术，以达到降低生产成本的目的，包括采用纺织品级 PAN 纤维(即腈纶)，以及化学改性、等离子预氧化、微波辅助等离子炭化技术等。

尽管这些技术在实验室里都已取得了不错的结果，但要实现工业化生产还有一定的距离。目前，最看好的是腈纶基低成本碳纤维技术。因为在技术原理和工艺路线上，腈纶基碳纤维与高性能 PAN 基碳纤维是基本一致的。在现有的腈纶工业基础上开发大规模、低成本的碳纤维制备技术是一条最为可行的技术路线。这也是 ONRL 对所有技术方案评估后确定的重点突破方向。但是，由于美国本土已不生产纺织用腈纶，ONRL 只能与葡萄牙腈纶制造商 Fisipe 公司合作。由 Fisipe公司提供腈纶，ONRL 负责化学改性以及后续预氧化和炭化研究。腈纶基碳纤维同样得到大丝束碳纤维生产商的青睐。SGL 公司和 Zoltek 公司分别收购了 Fisipe 公司和墨西哥腈纶制造商 Cydsa 公司，以扩大其大丝束原丝的生产能力。而日本东丽公司已将 Zoltek 公司纳入麾下，以弥补自身大丝束碳纤维技术的短板。东丽公司过去专注于高性能小丝束碳纤维和航空航天等高端应用，而现在开始把目光转向具有规模和成本优势的大丝束碳纤维与工业应用。

国内碳纤维研制工作起步较早，但在过去的很长一段时期里进展缓慢。技术水平与发达国家相比差距明显，仅能生产相当于或者次于 T300 级碳纤维的产品[7]。而且，国产碳纤维普遍存在毛丝多、强度低、变异系数大等问题。近几年来在复合材料应用需求的牵引下，碳纤维工程化技术进步显著，产业化取得积极进展。在标准模量碳纤维方面，已形成数家单线产能达到 500～1000 吨/年的骨干企业；在中等模量碳纤维方面，已建成年产百吨规模生产线；高模量碳纤维正在进行工程化技术攻关[6]。目前，国内已基本形成以复合材料研制生产单位为牵引、科研院所为技术研发主体、多种投资主体的产业化基地构成的国产高性能碳纤维研发、生产和应用体系[8]。

碳纤维研制是一项多学科交叉、多技术集成的复杂系统工程，需要高度重视集成创新和工程化技术的突破。工程化是实现产业化的必经之路。国内碳纤维研制工作起步并不晚，但之前一直未能实现工业化生产，其中主要原因之一是国内偏重于基础理论研究、而对工程化技术开发重视不够。碳纤维的生产过程涉及很多工程技术问题，如原料纯化和回收、大容量聚合、多工位快速纺丝、大通道氧炭化、废气处理以及其他相关公用工程。只有突破这些工程化技术，才能成功实现从实验室小试样品制备到工业化放大生产的跨越，从而真正实现国产碳纤维的产业化。

中国科学院宁波材料技术与工程研究所于 2008 年组建了一支具有较强工程

技术背景的碳纤维研究团队，并自主设计建设了具有工程化雏形的碳纤维及原丝研究平台。经过三年多的努力，实现了高强中模型碳纤维关键制备技术的突破，并在此基础上建设了百吨级高性能碳纤维及原丝生产线。目前正在积极开展工程化技术攻关研究，以期形成完整的碳纤维生产工艺、装备和表征检测技术，为国产高性能碳纤维产业化奠定坚实的技术基础。

1.2　聚丙烯腈原丝

PAN 基碳纤维的核心技术之一在于其专用原丝的开发。PAN 原丝的质量不仅制约碳纤维性能的提高，还影响其成本控制。一般认为，碳纤维 90%的性能和 50%的成本归因于 PAN 原丝。优质 PAN 原丝是制备高性能碳纤维的前提和基础，这已成为碳纤维领域专家的共识[9]。

PAN 原丝的制备过程主要包括聚合和纺丝两大工艺。按照聚合和纺丝工艺的连续性，可以将 PAN 原丝的制备方法分为一步法和二步法[10]。前者采用均相溶液聚合工艺，流程较短，工序较少，有利于获得高质量的 PAN 原丝，主要用来制备高性能 PAN 基碳纤维。图 1.4 为典型的高性能 PAN 基碳纤维制备工艺流程。

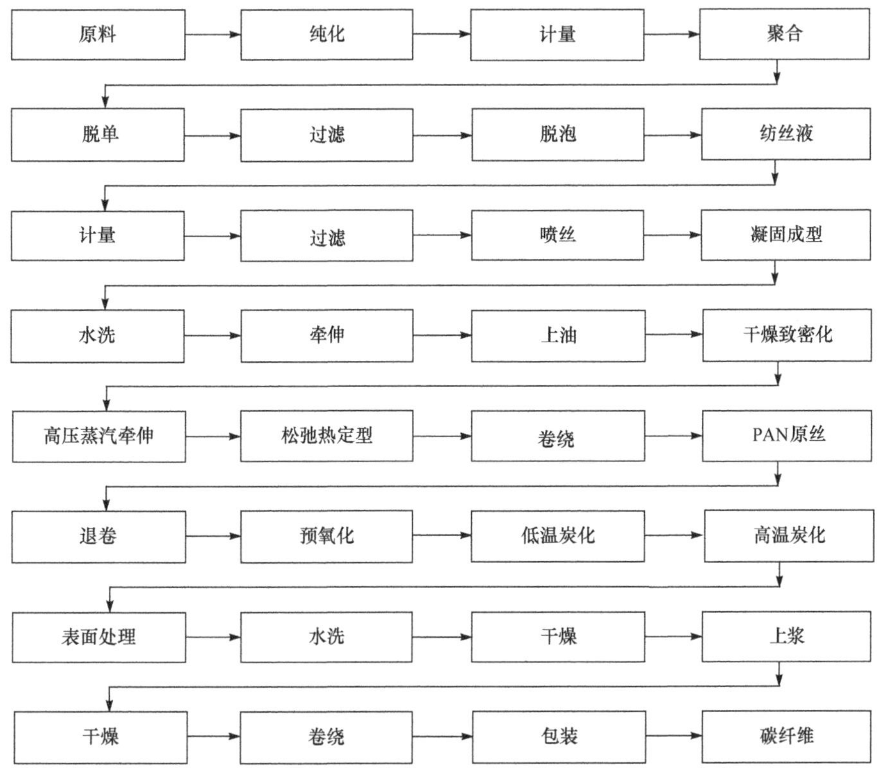

图 1.4　高性能 PAN 基碳纤维制备工艺流程

1.2.1 聚合

PAN均相溶液聚合一般以二甲基亚砜(DMSO)、二甲基甲酰胺(DMF)、二甲基乙酰胺(DMAc)、硫氰酸钠(NaSCN)水溶液或氯化锌($ZnCl_2$)水溶液等PAN聚合物的良溶剂作为反应介质，采用偶氮类引发剂，反应后制得均匀黏稠的PAN聚合物溶液，再经脱单和脱泡处理，可直接用于纺丝，即一步法工艺。按照操作方式，PAN均相溶液聚合工艺又可以分为间歇式和连续式两种，两者各有利弊[1]。其中，间歇溶液聚合由于其具有较大的灵活性、开车和停车比较简单、出现问题容易处理的特点，成为目前PAN原丝生产的主流技术。

图1.5为典型的间歇溶液聚合工艺流程示意图，主要包括聚合、脱单和脱泡三大工序，流程较短。但是，与连续溶液聚合相比，间歇溶液聚合存在聚合产物分子量分布较宽、调控较难的问题。随着聚合反应的进行，聚合产物的分子量分布不断宽化。同时，聚合液的黏度也迅速升高，对传质传热提出了很高的要求。欠佳的传质传热状态将使分子量分布进一步变宽，并破坏聚合液的均质性，对PAN原丝及碳纤维的性能和质量产生不利影响。

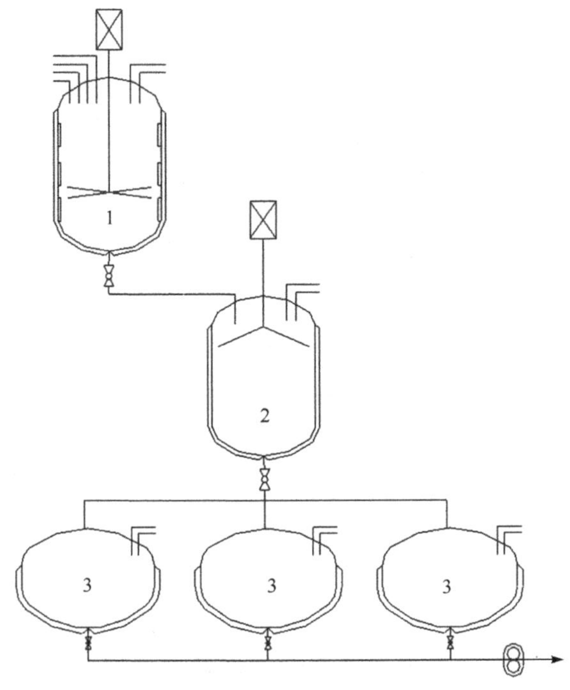

图1.5　间歇溶液聚合工艺流程示意图

1-聚合；2-脱单；3-脱泡

1. PAN 聚合物分子量及其分布

分子量及其分布是 PAN 聚合物重要的性能指标。其不仅直接影响纺丝液的流变性和可纺性,还在一定程度上影响 PAN 原丝的性能和质量。具有较高的分子量以及合适的分子量分布是生产优质 PAN 原丝的基本要求[11]。但是,分子量过高一方面会使聚合液黏度偏高,给脱单、脱泡、过滤和纺丝工艺带来困难;另一方面,分子量高的 PAN 分子链容易缠结形成微凝胶,破坏纺丝液的均质性,导致毛丝增多和原丝质量下降[12,13]。因此,在聚合过程中必须严格控制 PAN 聚合物的分子量及其分布。

图 1.6 为不同反应转化率下 PAN 聚合物的数均分子量及其分布测试结果。从图中可以看出,随着反应转化率的增加,PAN 聚合物的数均分子量(M_n)不断降低,而分子量分布指数(M_w/M_n)逐渐增大。随着反应的进行,转化率逐渐增加,单体浓度与引发剂浓度均不断降低,由于偶氮类引发剂存在半衰期,单体浓度比引发剂浓度降得更快,导致所生成的 PAN 聚合物的数均分子量越来越小。由于聚合物重均分子量是按质量统计的平均分子量,数均分子量是按分子数统计的平均分子量,所以在具有多分散性的聚合物中,高分子量部分对重均分子量贡献较大,低分子量部分对数均分子量贡献较大[14]。随着转化率的提高,形成聚合度逐渐减小的高分子,对数均分子量的贡献越来越大,造成数均分子量迅速降低、分子量分布指数逐渐增大。特别是在聚合反应后期,这种现象尤为严重。如图 1.6 所示,当转化率从 80%提高到 93%时,分子量分布指数从 2.4 增大至 3.3。

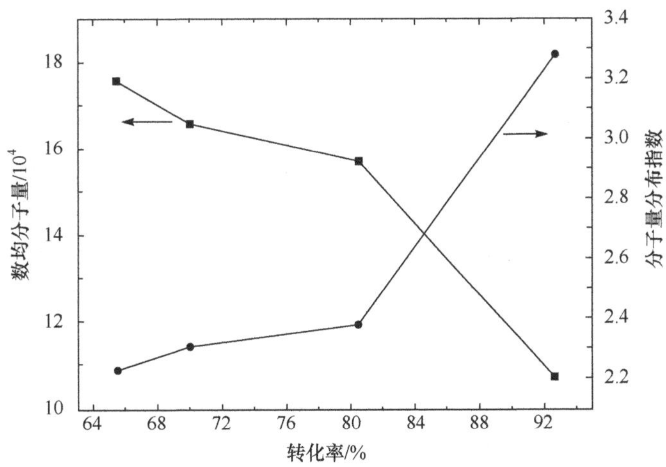

图 1.6　反应转化率对 PAN 聚合物数均分子量及其分布的影响

在实际生产中，为了提高生产效率和控制生产成本，普遍追求高的聚合反应转化率。但在高转化率下，PAN聚合物的分子量降低、分布变宽。因此，必须从其他角度寻找可以调控PAN聚合物分子量及其分布的方法。例如，申请号为201210539546.5的专利公开了一种具有较窄分子量分布的PAN聚合物纺丝液制备方法[15]。在聚合过程中，通过采用连续或间歇降温的方法来调节PAN聚合物的重均分子量和数均分子量，从而使其分子量分布指数降低。利用该方法可将PAN聚合物的分子量分布指数控制在2.3～2.8。申请号为201210539577.0的专利公开了另外一种降低PAN聚合物分子量分布的方法[16]。在聚合过程中，通过采用在一定反应时间内一次或多次补加丙烯腈单体来调节PAN聚合物的重均分子量和数均分子量，从而使分子量分布指数降低。利用该方法既能获得高转化率的PAN聚合物，又能将其分子量分布指数控制在2.5～3.0。

由于影响PAN聚合物分子量及分子量分布的因素众多，如引发剂浓度、反应温度、单体浓度、搅拌速率、共聚单体的种类与含量等。这些因素都对聚合反应转化率和PAN聚合物的分子量及其分布影响显著。除此之外，脱单和脱泡过程也会对PAN聚合物的分子量及其分布产生影响。若脱单效果较差，聚合液中残留的丙烯腈单体含量较高，则会在脱泡过程中继续反应，生成低分子量聚合物，导致最终纺丝液的分子量降低、分子量分布变宽。因此，在实际生产中应根据纺丝液的固含量和黏度等指标要求，系统优化聚合工艺条件，以获得具有较高分子量和合适分布的PAN聚合物，从而满足生产优质原丝和高性能碳纤维的要求。

2. PAN纺丝液流变性能

PAN纺丝液是一种黏稠的高分子浓溶液，其稳定性、可纺性、纺丝工艺优化以及原丝质量控制都与其流变性能密切相关。黏度是评价PAN纺丝液流变性能的一项重要指标。影响PAN纺丝液黏度的因素较多，如温度、固含量、分子量及其分布、共聚组成、溶剂种类、水含量等[17～21]。图1.7为PAN纺丝液在不同温度下的黏度测试结果。由图1.7所示，随着温度的升高，纺丝液的黏度大幅降低。高分子溶液的黏度是因为分子链在运动时产生内部摩擦，导致其运动受到一定阻碍而显示出来的。当温度升高时，分子间作用力减弱、聚合物链活动能力增加，运动阻力减小，所以黏度下降。因此，适当升高PAN纺丝液的温度，可提高其流动性，从而有利于过滤和纺丝的顺利进行。

在纺丝过程中，PAN纺丝液在计量泵的驱动下，被挤入喷丝孔甬道内，然后挤出进入凝固浴中。PAN纺丝液在狭小的喷丝孔甬道内受到很高的剪切应力。剪切作用也是影响PAN纺丝液流变性能的重要因素之一。图1.8为PAN纺丝液在不同剪切速率下的黏度变化曲线。从图中可以看出，PAN纺丝液属于典型的剪切变稀的非牛顿流体，随着剪切速率的升高，黏度不断降低。剪切变稀现象主要与高聚物溶液中的大分子链缠结有关。在高聚物溶液中，大分子链之间发生缠结，并且因范德华力相互作用而形成物理交联点。在剪切应力作用下，缠结点处于不断地重建和拆散当中。但在高剪切速率下，缠结点的拆散速度超过重建速度，导致缠结点浓度降低和缠结点间的分子链段在流场中发生取向，从而使分子链运动的阻力减小，表现为黏度降低[10]。喷丝孔内的高剪切作用使PAN分子链形成了初步的取向结构。

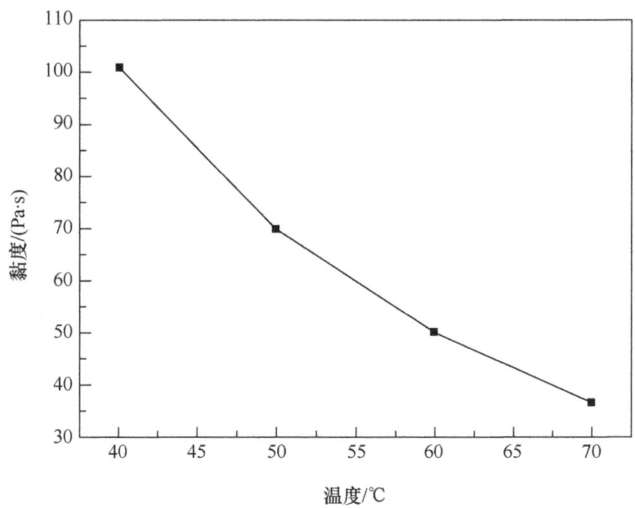

图1.7　温度对PAN纺丝液黏度的影响

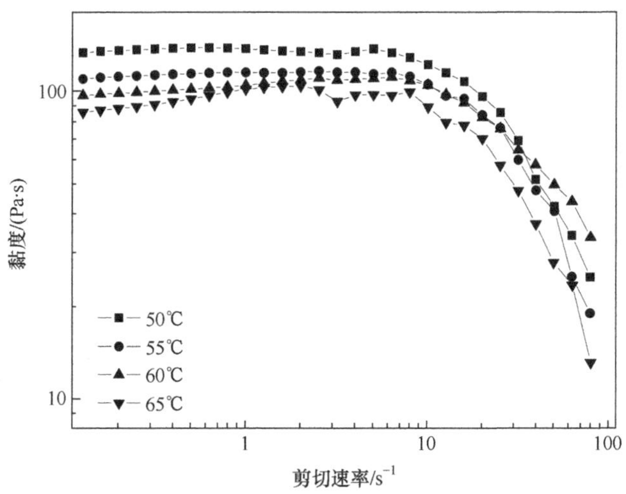

图1.8　剪切速率对PAN纺丝液黏度的影响

1.2.2 纺丝

目前国内外生产PAN原丝主要采用湿法纺丝或干喷湿法纺丝两种方法[1]。湿法纺丝是一种历史悠久、技术成熟的纺丝方法，具有简单稳定、容易控制的优点[22]。由湿法纺丝制得的PAN原丝表面具有沟槽结构，有利于提高最终碳纤维与基体之间的机械嵌合力。干喷湿法纺丝是在湿法纺丝的基础上发展起来的一种新型纺丝方法，即纺丝液从喷丝孔出来先经过几毫米的干段空气层后再进入凝固浴中[1]。与湿法纺丝相比，干喷湿法纺丝具有纺丝速度快的优点；而且，所制得的纤维内部结构致密，表面平整光滑。在降低生产成本和减少缺陷结构方面具有一定的优势。但是，该方法的技术难度非常大，几毫米厚的干段空气层不容易稳定控制，纺丝液在喷丝板表面极易发生漫流，导致丝条之间发生粘连。目前仅有少数几家碳纤维生产企业真正掌握了该技术。鉴于技术的可靠性和最终复合材料的性能，目前国内碳纤维生产研制单位普遍采用湿法纺丝方法制备PAN原丝。由于PAN原丝与碳纤维在形态和缺陷结构上存在类似生物学里的遗传规律，在湿法纺丝过程中必须对PAN原丝的形态和缺陷结构进行有效控制，这是实现碳纤维高性能化的重要基础。

1. PAN原丝形态结构

PAN原丝的形态结构主要包括截面形态和表面形态。在截面形态结构中，主要关注截面形状、皮芯结构以及孔隙的数量、大小及分布。优质PAN原丝应具有圆形的纤维截面和均匀致密的内部结构。在表面形态结构中，主要关注表面沟槽的深浅、宽窄以及是否规整有序。PAN原丝的表面沟槽深且规整，有利于增强最终碳纤维与基体之间的机械嵌合力，从而提高复合材料的力学性能。

凝固成型是PAN原丝生产过程中最为关键的一步。在凝固过程中形成的初生纤维形态结构将随着后续纺丝工艺遗传至PAN原丝，并成为决定最终碳纤维性能及其应用工艺性的主要因素之一[23~26]。图1.9为湿法纺丝PAN原丝凝固工艺示意图。PAN纺丝液在计量泵输送压力的驱动下，经过过滤器从喷丝孔以细流形态挤出，进入凝固浴中。纺丝液细流和凝固浴之间发生双扩散、相分离等物理变化，形成初生PAN纤维。

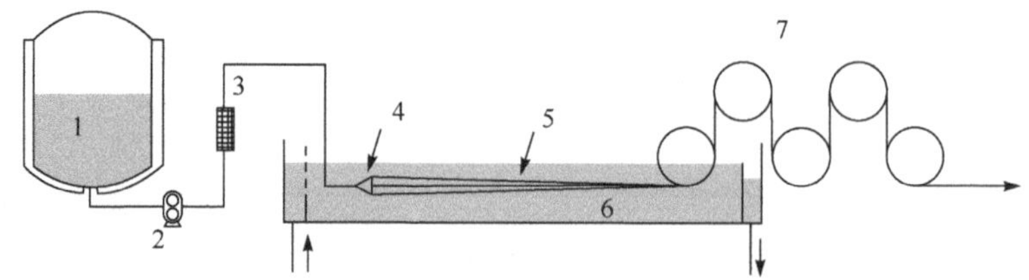

图1.9 湿法纺丝PAN原丝凝固工艺示意图[27]

1-纺丝液；2-计量泵；3-过滤器；4-喷丝组件；5-初生PAN纤维；6-凝固浴；7-牵伸辊

初生 PAN 纤维的形态结构主要是由凝固成型中的双扩散速率和相分离过程决定的。双扩散速率主要取决于凝固浴浓度和温度、喷头牵伸以及纺丝液的固含量、黏度、亲水性等因素。图 1.10 为在不同凝固浴浓度条件下制得的 PAN 原丝截面照片。从图中可以看出，随着凝固浴浓度的提高，PAN 原丝的截面形状逐渐由肾形、椭圆形，变为圆形。当凝固浴浓度为 60%时，PAN 原丝的截面为肾形；当凝固浴浓度提高到 70%时，PAN 原丝的截面才变为圆形。当凝固浴浓度较低时，凝固浴与纺丝液细流之间的浓差较大，双扩散较快。纺丝液细流的外部首先凝固，形成一层较厚的皮层结构。该皮层会阻碍纺丝液细流内部进行双扩散，使其凝固滞后，在较长时间内仍未完全凝固。由于内外结构差异显著，产生较大的内应力，导致皮层发生剧烈塌陷、收缩，形成不规则的肾形截面。当凝固浴浓度较高时，由于浓差较小，双扩散较缓慢，纺丝液细流的外表仅形成一层较薄的皮层结构。该皮层不会阻碍纺丝液细流内部双扩散的进行，从而使纺丝液细流内部也能够均匀地凝固，不会产生较大的内应力，因而皮层能够均匀地收缩，得到圆形的截面[22]。但是，在实际纺丝过程中，凝固浴浓度不能设定过高，否则会由于浓差太小阻碍纺丝液细流的整体凝固成型，导致溶剂滞留在纤维内部，形成孔洞缺陷，破坏纤维结构的致密性。

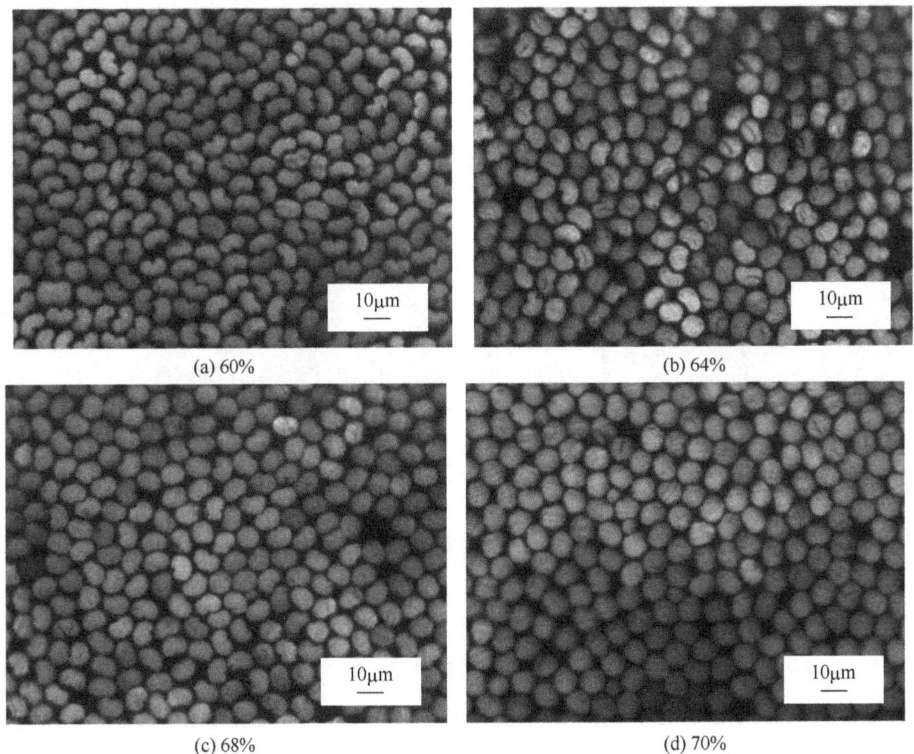

(a) 60% (b) 64%

(c) 68% (d) 70%

图 1.10 凝固浴浓度对 PAN 原丝截面形状的影响

图 1.11 为在不同凝固浴温度条件下制得的 PAN 原丝截面照片。从图中可以看出，随着凝固浴温度的提高，PAN 原丝的截面形状逐渐由肾形变为椭圆形。尽管提高凝固浴温度有利于提高 PAN 原丝截面的圆整度，但在实际纺丝过程中，凝固浴温度不能设定过高。凝固浴温度过高会导致双扩散剧烈，从而产生一些孔洞缺陷。PAN 原丝湿法纺丝工艺普遍采用较高浓度和较高温度的凝固体系，一方面可以获得具有圆形截面和均质内部结构的 PAN 原丝，另一方面还可以显著降低纺丝压力，有利于纺丝的顺利进行和减少毛丝的产生。具体凝固条件可根据对应纺丝液的固含量、黏度、亲水性等特性和实际纺丝状态来设定。

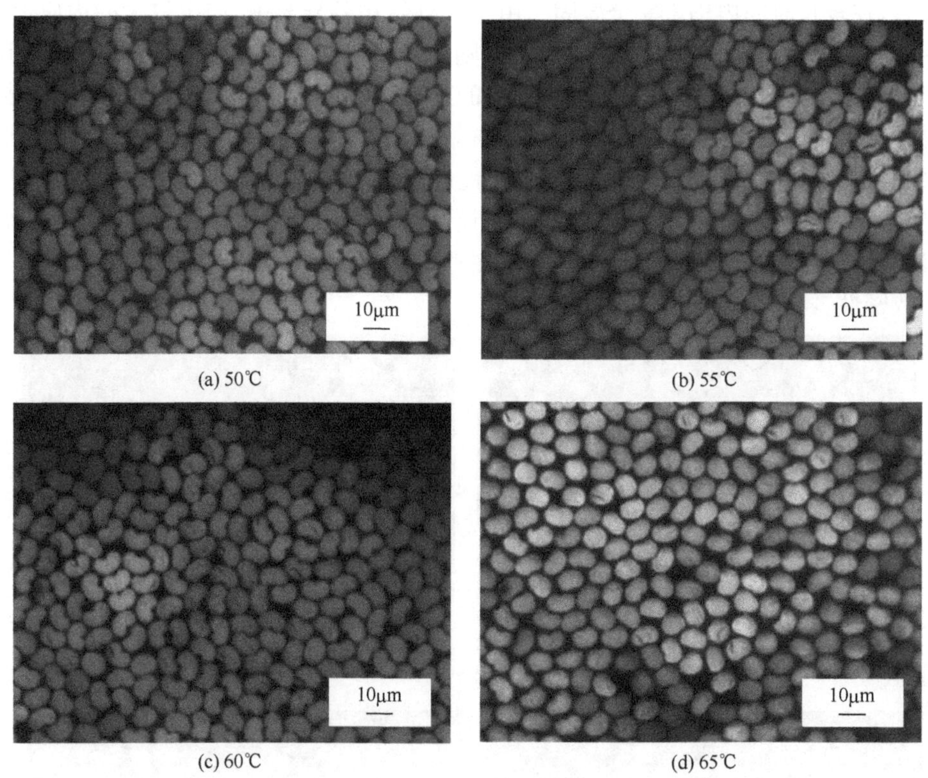

(a) 50℃　(b) 55℃　(c) 60℃　(d) 65℃

图 1.11　凝固浴温度对 PAN 原丝截面形状的影响

图 1.12 为不同喷头牵伸比条件下制得的初生 PAN 纤维截面的扫描电子显微镜(SEM)照片。这些初生 PAN 纤维的内部均为疏松多孔的原纤网络结构。该结构的形成主要归因于凝固过程中的双扩散和相分离作用。当 PAN 纺丝液经喷丝孔挤出进入凝固浴中，即在浓差的作用下进行双扩散时，纺丝液细流中的溶剂向凝固浴扩散，凝固浴中的水向 PAN 纺丝液细流渗透。同时在水的作用下，纺丝液细流立即由表及里发生相分离，在原本均匀的纺丝液液相中分离出固相和新的液

相。固相即 PAN 聚合物，形成了疏松的原纤网络结构；新的液相为溶剂和水的混合物。双扩散作用留下来的扩散通道和相分离产生的新液相区域，即原纤网络结构中的孔隙。从图 1.12 中可以看出，不同喷头牵伸比初生 PAN 纤维的内部结构存在较大差异。随着牵伸比的提高，初生 PAN 纤维的内部结构变得越来越疏松，孔隙越来越多。当喷头牵伸比提高到 0.7 时，内部结构整体开始变疏松。当喷头牵伸比提高到 1.1 时，初生 PAN 纤维内部结构变得更为疏松。这是因为在凝固过程中，纺丝液细流进入凝固浴后，表面先发生凝固，形成较为致密的凝固皮层结构。由于凝固皮层会阻碍小分子的扩散运动，细流内部凝固相对滞后[27]。当施加喷头牵伸时，张力只作用在凝固皮层上，对皮层进行拉伸，从而使皮层更加致密，进而阻碍内部的凝固成型，导致部分溶剂残留在初生 PAN 纤维内部，经相分离后形成较多的孔隙，使还未完全凝固的芯部变得更加疏松。因此，在凝固过程中施加较大的喷头牵伸时，将破坏初生 PAN 纤维内部结构的致密性。

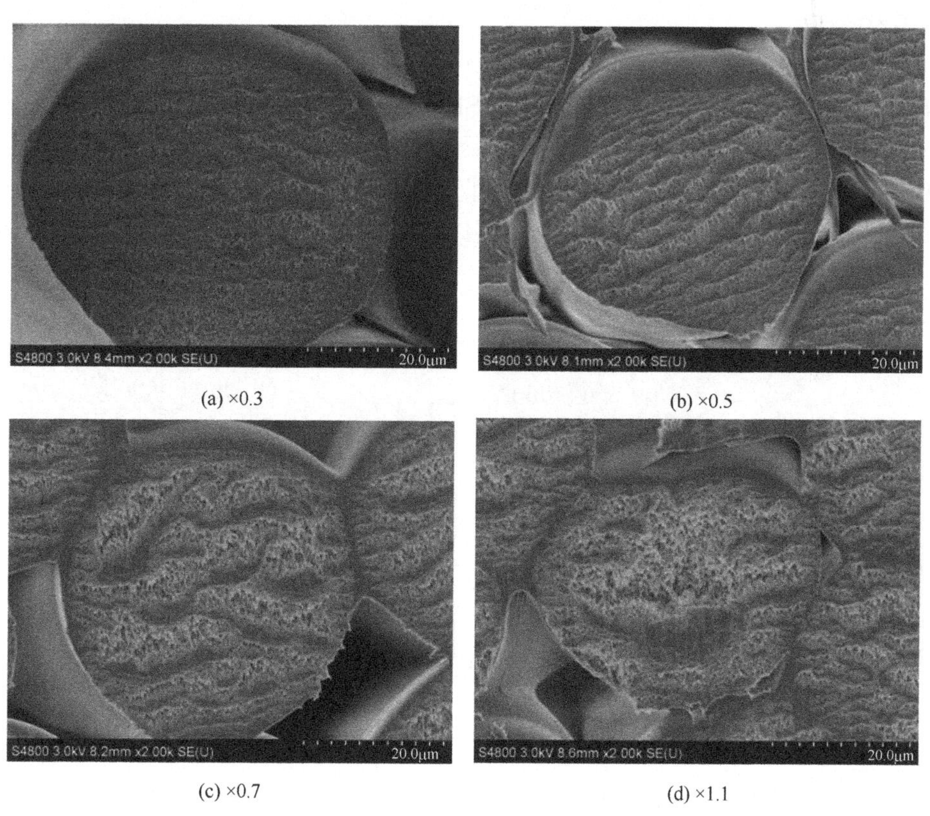

(a) ×0.3　(b) ×0.5

(c) ×0.7　(d) ×1.1

图 1.12　喷头牵伸比对初生 PAN 纤维内部结构的影响

2. PAN 原丝缺陷结构

碳纤维作为一种脆性材料,其强度主要受控于缺陷结构的尺寸和数量。缺陷尺寸越大、数量越多,碳纤维的强度就越低[28]。而碳纤维的大部分缺陷结构来自于 PAN 原丝。PAN 原丝的缺陷被称为先天性缺陷或胎生缺陷,对后续工艺的实施和碳纤维的性能都影响极大。提高 PAN 原丝质量的关键就在于减少 PAN 原丝的先天性缺陷。这些缺陷主要包括毛丝、粘连、孔洞和杂质等[29]。其中,毛丝和粘连是两种影响最为严重的缺陷,在碳纤维规模化生产中需严格防范。

毛丝是最常见的一种缺陷。不管是在碳纤维中,还是在 PAN 原丝中,总能看到它的身影。毛丝不但影响纤维的外观质量,还严重制约其后续加工性和性能[30,31]。PAN 原丝中的毛丝会给后续预氧化和炭化工艺带来极其不利的影响,导致炭化收率降低和最终碳纤维性能恶化。在 PAN 原丝生产中,一定要严格控制毛丝的产生。

将 PAN 原丝丝束置于灯光照射下,凭肉眼即可观察到毛丝的存在。毛丝呈断裂、卷曲态。但其微观结构只有采用 SEM 才能够观察到。图 1.13 为 PAN 原丝的 SEM 照片,其中图 1.13(a)中的 1 为正常原丝,2 为毛丝。正常原丝直径较粗,形态笔直、表面无缺陷结构。而毛丝直径较细,形态扭曲,表面布满缺陷结构。图 1.13(b)为毛丝的局部放大图,从中可以清晰地观察到毛丝表面存在无序的沟壑、划痕以及剥离的碎片。

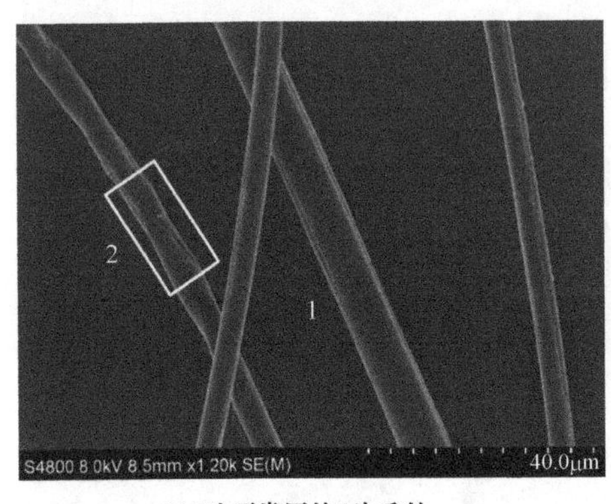

(a) 1为正常原丝,2为毛丝

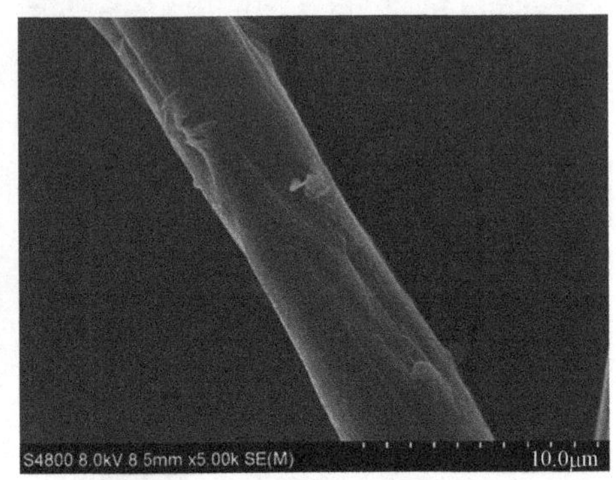

(b) 毛丝的局部放大图

图 1.13 PAN 原丝的 SEM 照片[32]

图 1.14 为 PAN 原丝的应力-应变曲线,其中(a)为正常原丝,(b)为毛丝。在正常原丝的应力-应变曲线中,存在一个明显的屈服点(Y)。在屈服点之前,拉伸曲线为急剧上扬的直线,初始模量很高。而毛丝的应力-应变曲线为微幅上扬、近乎平铺的直线。在拉伸过程中,应力增长很小,但变形却急剧增大。毛丝不存在一个

明显的屈服点，在初始阶段不发生可恢复的急弹性变形。从一开始受力，毛丝就产生不可恢复的塑性变形，直至最终被拉断。

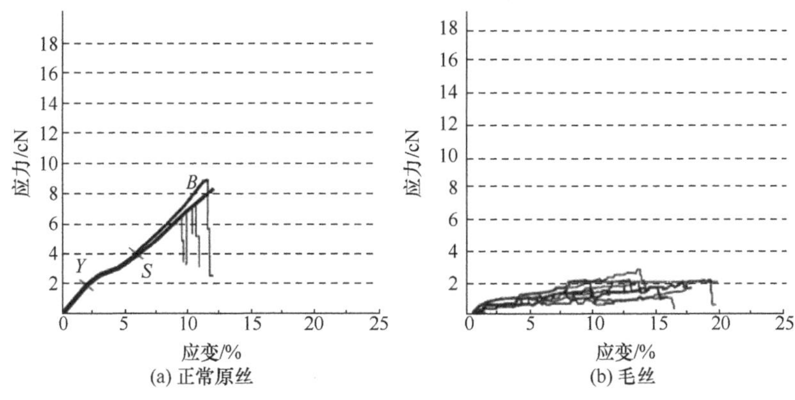

图 1.14　PAN 原丝的应力-应变曲线[32]

表 1.1 为正常原丝与毛丝的力学性能比较。从纤度值来看，正常原丝的纤度为 1.16dtex，而毛丝的纤度仅有 0.72dtex，后者比前者小很多。这与之前 SEM 的观察结果一致。与正常原丝相比，毛丝的直径偏细。由此可见，毛丝是一类异常的细丝。正常原丝具有较高的断裂强度和初始模量以及较小的断裂伸长率，而毛丝的断裂强度和初始模量都很低，但断裂伸长率较大。从断裂比功来看，正常原丝的断裂比功为 0.35cN/dtex，而毛丝的断裂比功仅有 0.23cN/dtex，后者比前者小很多。断裂比功是有效反映纤维韧性大小的指标。断裂比功大表明纤维的韧性较好。由此可见，正常原丝为强而韧型纤维，而毛丝为软而弱型纤维。

表 1.1　正常原丝与毛丝的力学性能比较[32]

材料	纤度 /dtex	断裂强度 /(cN/dtex)	初始模量 /(cN/dtex)	断裂伸长率 /%	断裂比功 /(cN/dtex)
正常原丝	1.16	6.48	127.66	10.68	0.35
(CV/%)	(3.57)	(8.08)	(5.54)	(6.6)	(12.46)
毛丝	0.72	2.68	48.98	14.39	0.23
(CV/%)	(13.35)	(18.29)	(36.31)	(20.66)	(35.68)

毛丝的这种力学性能特点主要归因于其表面存在很多缺陷结构。当毛丝拉伸受力时，断裂首先从这些包含缺陷结构的位置开始，并向其他部位扩展，致使仅有少量取向的分子链承受应力，从而导致分子链间直接发生相对滑移，产生不可恢复的塑性变形，直至断裂。从表 1.1 还可以看出，毛丝各项力学性能指标的 CV 值都非常大。这既与毛丝本身纤度的 CV 值大有关，还与毛丝表面微缺陷的数量及其分布状态有关。从图 1.13 中可以看到，毛丝表面布满微缺陷结构。这些微缺陷结

构在毛丝表面随机分布，因而必然导致其各项力学性能指标的分散性变大。

通过对毛丝与正常原丝的微观结构和力学性能进行比较，可以总结出毛丝的结构特点：一是呈断裂状态；二是表面缺陷结构较多；三是直径偏细。从前两个特点可以看出，毛丝产生的直接原因是在纺丝过程中受到机械损伤。从第三个特点可知，导致毛丝产生的根本原因在于纤度不均匀、存在细丝。毛丝正是由直径偏小的细丝发生断裂而形成的。纺丝过程中的机械损伤只是毛丝产生的直接原因；PAN 原丝本身纤度不均匀及存在细丝才是毛丝产生的根本原因。因此，要控制 PAN 原丝中的毛丝，一方面要尽量减少纺丝过程中的机械损伤，另一方面要尽可能提高纤度的均匀性和减少细丝。

粘连也是一种常见的 PAN 原丝缺陷。它是由数根单丝黏结在一起而形成的。因此，粘连是尺度最大的缺陷，也是最致命的缺陷。在 PAN 原丝生产中，一定要严格防止粘连的产生。严重的粘连可以用手感来进行初步判断。通常，正常的原丝手感光滑、柔软，而粘连的原丝手感粗糙、僵硬。如果粘连严重，揉起原丝来能感觉到有“筋”在指尖上滚动，而且可以从丝束中将“筋”分离出来。

当然，判断是否粘连最可靠的手段还是光学显微镜(OM)和扫描电子显微镜。图 1.15 和图 1.16 分别为粘连原丝的 OM 和 SEM 照片。在 OM 照片中可以观察到一些白色区域。在放大倍数下发现这些白色区域均为粘连的原丝。至于粘连的原丝为何在 OM 照片中发亮，其原因还不是十分明确。可能是因为粘连的原丝在切断时不会发生移动，更容易获得平整的断面。光在平整的断面上散射损耗小、透过率高，从而导致发亮。在 OM 照片中，还能观察到一些轻度粘连的原丝呈现发暗的现象。这可能是因为粘连的原丝在干燥中未完全致密化，内部还存在一些未完全坍塌、闭合的孔洞，使光线发生了散射，从而导致发暗。在 SEM 照片中可以观察到粘连的原丝紧密挤压在一起，部分边界消失，合为一体。PAN 原丝粘连的程度可以通过统计照片中黏结纤维的根数来进行判断。

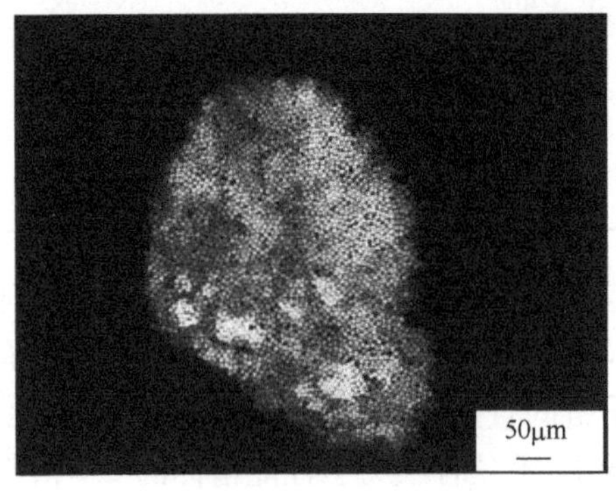

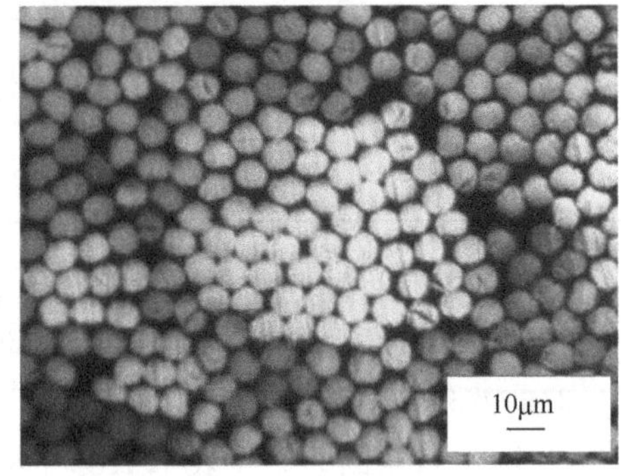

图 1.15　OM 观察原丝中的粘连[33]

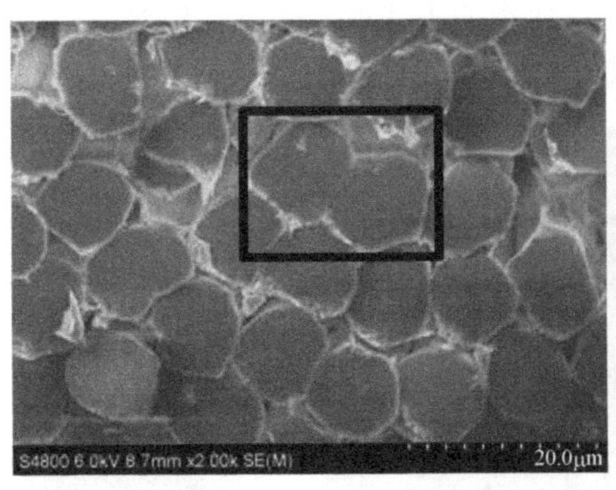

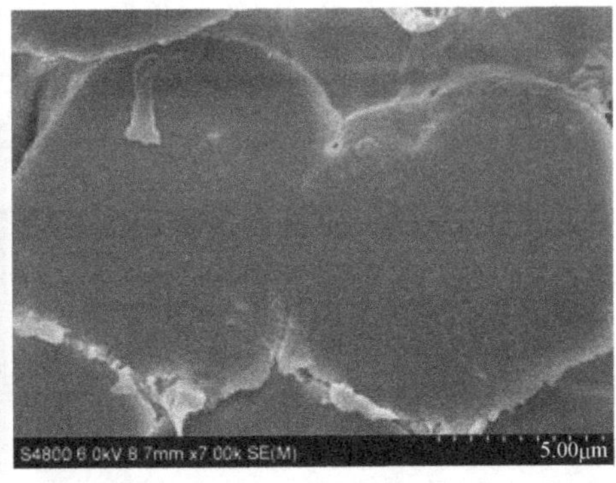

图 1.16　SEM 观察原丝中的粘连[33]

粘连作为尺度最大的缺陷，其危害也最大。粘连的原丝在进行预氧化、炭化处理时，会出现两种严重的情况。一是被烧结成刚硬的“碳针”，如图 1.17 所示，这种碳针不但会使碳纤维丝束发脆，力学性能恶化，而且还会扎人，伤及操作人员；二是粘连的原丝发生熔并，内部因氧化不充分和蓄热过多，经熔融、分解形成巨大的孔洞，如图 1.18 所示，甚至直接熔断，导致无法进行正常生产。因此，粘连是碳纤维最致命的缺陷。

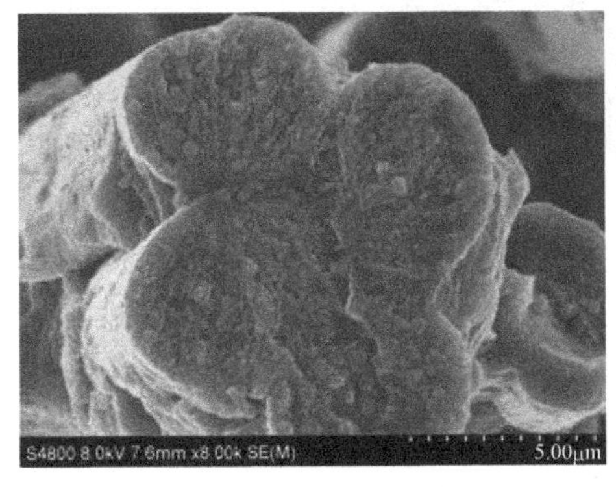

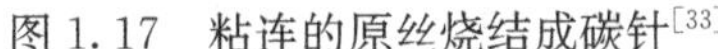

图 1.17　粘连的原丝烧结成碳针[33]

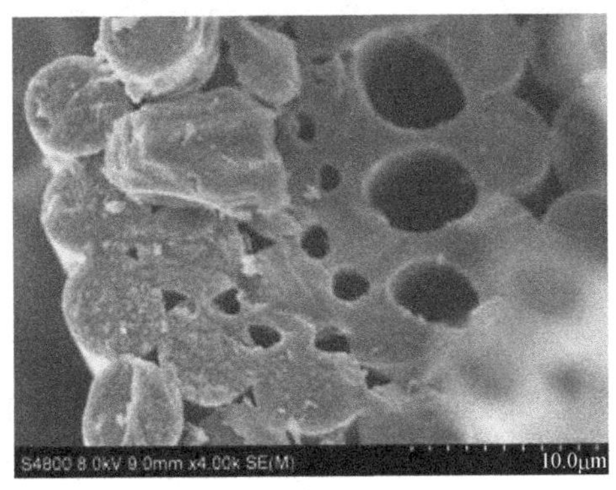

图 1.18　粘连的原丝内部熔解成大孔洞[33]

图 1.19 为在相同工艺条件下制备的不同规格原丝的 OM 照片。从图中可以看出，原丝纤度越小，粘连越严重。这可能是因为纤维越细，单丝之间越容易紧密堆积，上油时油剂难以渗入丝束内部。而且随着纤维纤度的减小，比表面积增加，油剂在单丝表面均匀成膜的难度也增大，从而容易导致产生粘连。原丝 K 数越大，粘连越严重。这是因为纤维根数越多，丝束越粗，油剂也就越难渗入，从而同样容易导致产生粘连。由此可见，随着原丝纤度的减小和 K 数的增加，产生粘连的可能性也变大。减小纤维纤度(即细旦化)是提高碳纤维力学性能的有效技术途

径；增大丝束（即大 K 数）是降低碳纤维生产成本的主要技术措施。但是，纤度越小、K 数越大，防止粘连产生的技术难度也越高。

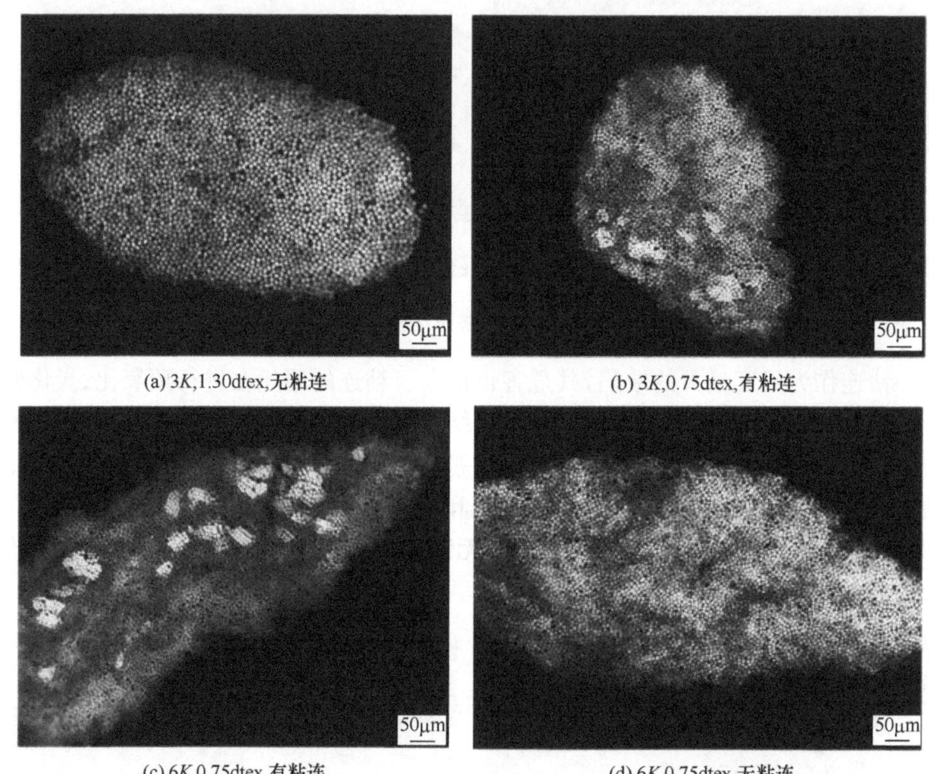

(a) 3K,1.30dtex,无粘连　(b) 3K,0.75dtex,有粘连

(c) 6K,0.75dtex,有粘连　(d) 6K,0.75dtex,无粘连

图 1.19　相同工艺条件下不同规格原丝的粘连情况[33]

粘连是尺度最大、最致命的缺陷。它不但会导致碳纤维性能降低，还会影响正常生产的进行。在 PAN 原丝生产过程中，需严格防范粘连的产生。PAN 原丝粘连主要产生在两个阶段：一是在凝固成型阶段，二是在干燥致密化阶段。在凝固成型中，粘连的产生主要与凝固浴浓度过高有关。当凝固浴浓度很高时，双扩散速率减缓，纺丝液细流的凝固过程受到阻碍，使其在较长时间内仍保持为可流动的黏流态，因而容易黏结在一起；而且，当纺丝液固含量较低、凝固浴浓度和温度都很高时，浴液会对初生纤维的表面产生一定的溶胀甚至溶解作用，使纤维表面具有一定的黏性，从而导致纤维之间发生溶并。通过优化凝固条件，选择合适的凝固浴浓度可有效避免在此阶段产生粘连。

在干燥致密化中，由于热辊的温度远高于原丝的玻璃化转变温度，原丝表面分子链段的运动趋于活跃。如果相邻单丝紧密接触，表面之间容易形成新的分子链间作用力，特别是由于氰基偶极之间的静电吸引力异常强烈，更容易使单丝紧密黏结在一起。避免原丝在此过程中发生粘连最有效的方法就是采用上油工艺，即在单丝表面涂覆一层均匀的油膜作为隔离层。上油工艺也是制备高性能 PAN 原丝必不可少的关键步骤。虽然粘连发生在干燥致密化阶段，但产生粘连的根源却在上油工艺。当油剂未在单丝表面均匀成膜时，就不能使单丝被完全隔离开，在干燥致密化过程中容易发生粘连。提高油剂在单丝表面涂覆的均匀性是避免在干燥致密化阶段产生粘连的关键所在。

我们通过不断摸索与尝试，反复优化工艺、设备和表征检测方法，深入研究 PAN 原丝制备过程中的工艺-结构-性能关系，终于取得了高性能 PAN 原丝关键制备技术的突破，实现了对 PAN 原丝形态结构和各类缺陷结构的有效控制，制得了具有标准圆形截面和均匀致密结构、缺陷少、性能优良、质量稳定的高性能 PAN 原丝，如图 1.20、图 1.21 和图 1.22 所示，为高性能碳纤维的成功研制奠定了坚实基础。

图 1.20　中国科学院宁波材料技术与工程研究所研制的高性能 PAN 原丝

图 1.21　高性能 PAN 原丝 OM 照片

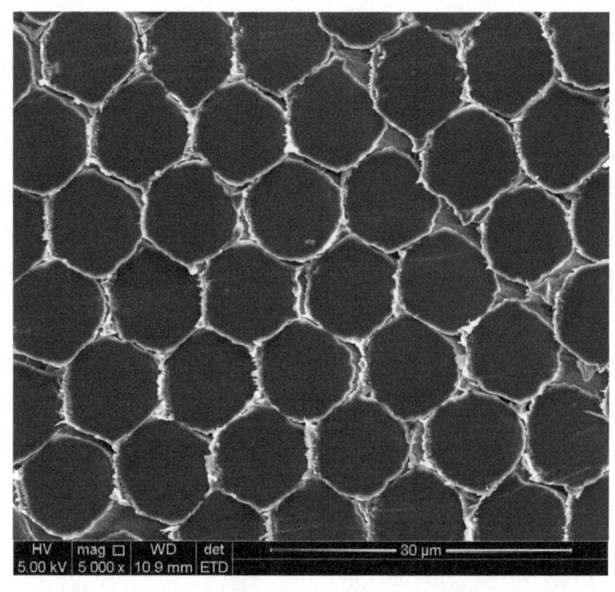

图 1.22 高性能 PAN 原丝 SEM 照片

1.3 热 处 理

碳素材料本身所固有的不溶不熔特性，使得碳纤维不能由碳素材料直接纺丝而成，而只能通过有机前驱体纤维(即原丝)经过热处理转化后才能得到。原丝在热处理过程中需首先转变为不熔不燃的稳定化结构，然后才能在更高温度下进行固相炭化反应，即进一步脱除非碳元素，使碳元素富集，形成乱层石墨结构。图 1.23 为 PAN 基碳纤维连续热处理技术的示意图。PAN 原丝经退卷后，依次进入预氧化炉、低温炭化炉、高温炭化炉，甚至石墨化炉内进行热处理，随着化学组成和微观结构不断发生变化，最终形成由 90％以上碳元素组成的具有一定乱层石墨结构的碳纤维。

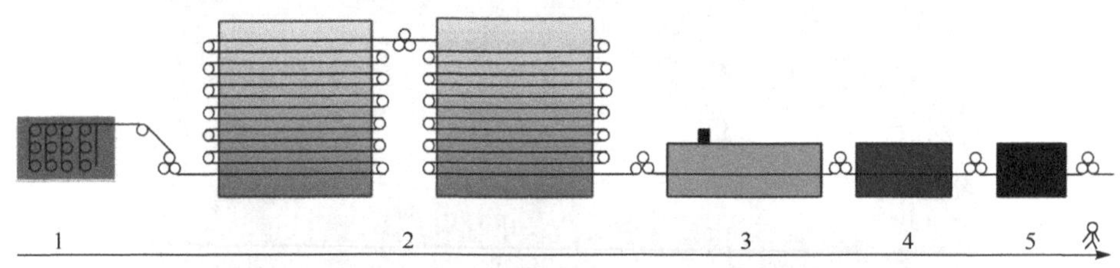

图 1.23 PAN 基碳纤维热处理工艺示意图
1-退卷；2-预氧化；3-低温炭化；4-高温炭化；5-石墨化

1.3.1　预氧化

预氧化是实现从有机 PAN 原丝到无机碳纤维转变的至关重要的一步[34]。在此过程中，线型 PAN 分子链经过环化、氧化、交联和分解等一系列复杂的热化学反应转变为不熔不燃的耐热梯形结构(图 1.24)，从而使 PAN 原丝能够在后续炭化过程中保持完整的纤维形态，顺利完成固相炭化反应。进藤昭男发明用 PAN 制备碳纤维的核心技术就是预氧化[1]。预氧化工艺也是碳纤维制备过程中耗时最长的一步，一般需要 80～120min，制约碳纤维生产效率的提高。为了保证预氧化处理时间，需要设计大型预氧化装备，这也增加了碳纤维生产企业的投资成本。预氧化成为影响碳纤维产量和成本的重要因素之一。因此，开发高效快速的预氧化技术显得尤为重要。

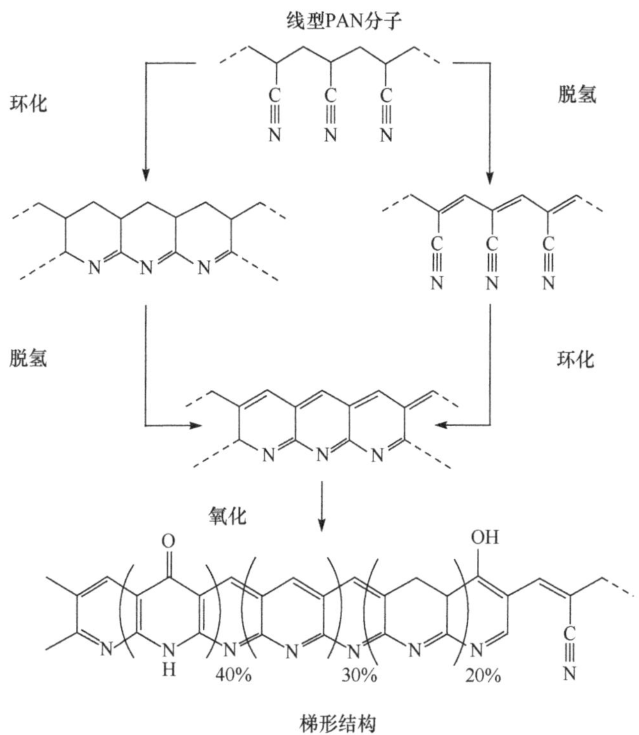

图 1.24　预氧化过程的主要化学反应[35]

预氧化过程通常在热空气气氛中进行，气氛中的氧分子由纤维皮层向芯部扩散，纤维由表及里逐渐转变为稳定的致密结构；皮层将阻碍氧进一步向纤维芯部扩散，从而导致纤维在径向上出现化学组成和结构分布不均匀的现象，即形成皮芯结构[36]。根据时温等效原理，提高热处理温度有利于缩短预氧化时间。但在高温下进行快速预氧化，由于受到氧分子的扩散动力学限制，会导致皮芯结构加重。因此，掌握热处理温度对预氧化反应程度及皮芯结构的影响规律将有助于我们开发适宜的预氧化工艺。

1. 热处理温度对预氧化反应程度的影响

空气气氛中的氧气分子是PAN原丝预氧化过程不可或缺的重要参与者。氧不仅可以促进环化和脱氢反应，同时可以生成多种含氧官能团，有利于分子链间的进一步交联[37]。随着预氧化反应的进行，纤维内部羟基、羰基和羧基等含氧官能团不断增多。氧含量是判断PAN原丝预氧化程度的重要指标之一。图1.25为不同热处理温度下预氧化纤维的氧含量变化图。从图中可以看出，随着热处理温度提高，氧含量逐渐增加。一般认为预氧化纤维结合8%～12%的氧较为合适。当氧含量高于15%时，预氧化反应过度，使碳纤维力学性能降低；当氧含量低于5%时，预氧化反应不够充分，导致最终炭化收率减少。因此，应当选择合适的热处理温度和处理时间，将预氧化纤维的氧含量控制在合理范围内。

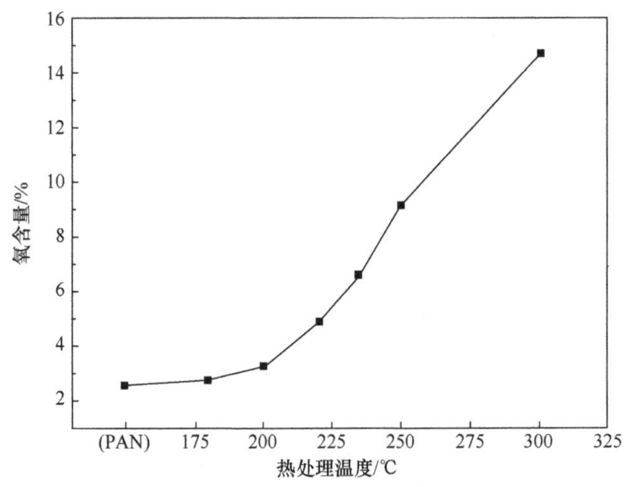

图1.25　热处理温度对预氧化纤维氧含量的影响

在预氧化过程中，随着反应的进行，羟基、羰基、羧基等亲水性含氧官能团的含量不断增加，在宏观表现上为纤维饱和吸水率的显著上升。预氧化纤维中氧含量越高，饱和吸水率也高。因此，预氧化纤维的饱和吸水率也可作为衡量预氧化程度的重要指标。一般认为5%～10%的饱和吸水率是最佳的控制范围，过高或者过低都将对碳纤维性能产生不利影响。图1.26为不同热处理温度下预氧化纤维的饱和吸水率变化图。从图中可以看出，在整个预氧化过程中，预氧化纤维饱和吸水率的变化可以明显分为170～240℃和240～300℃两个阶段。在预氧化前期阶段

(170～240℃),预氧化纤维的饱和吸水率基本无变化,说明在该温度范围内,预氧化纤维内部结构中含有少量含氧基团,这一阶段主要发生环化反应。而在预氧化后期阶段(240～300℃),饱和吸水率急剧增加,当反应温度为 300℃时,吸水率达到 14%,说明在该温度范围,主要以氧化反应为主,生成了较多的含氧官能团。

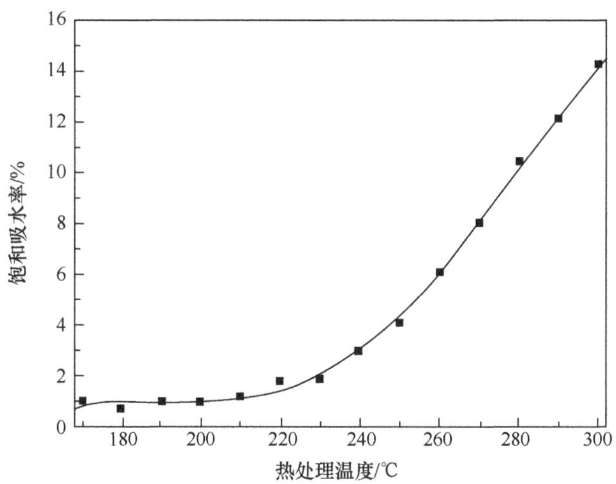

图 1.26　热处理温度对预氧化纤维饱和吸水率的影响

在 PAN 原丝预氧化过程中,一般认为导致预氧化纤维体密度变化的原因主要是纤维吸收了较多的氧元素,使整体质量上升,而纤维体积变化较小。在碳纤维实际生产中,常将预氧化纤维的体密度作为衡量预氧化程度的重要指标。这是因为体密度测试方便快捷,测试结果受环境因素影响较小,非常适合大规模生产中对预氧化过程监测的要求。如果预氧化纤维体密度过低,表明预氧化程度不够充分,未转变为耐热梯形结构的 PAN 分子链将在后续炭化工艺中发生裂解,以低聚物的形式从纤维体内挥发出来,形成焦油,并导致碳纤维性能和收率降低。反之,如果预氧化纤维体密度过高,表明预氧化过度,生成了过多的含氧官能团。这些含氧官能团容易在后续炭化工艺中发生裂解,以小分子的形式从纤维体内逸出,同样会导致碳纤维性能和收率降低。图 1.27 为预氧化纤维的体密度随热处理温度的变化关系图。在整个热处理过程中,预氧化纤维体密度的变化趋势也可以分为两个阶段:170～220℃和 220～300℃。在前一阶段,预氧化纤维体密度增幅很小,说明在 220℃以下的温度范围内预氧化反应程度低;而当升温高于 220℃时,预氧化纤维体密度急剧增加,说明预氧化反应程度迅速增加。

2. 热处理温度对预氧化皮芯结构的影响

预氧化纤维的芯部由于反应程度较低,形成交联程度小的疏松结构,而皮层由

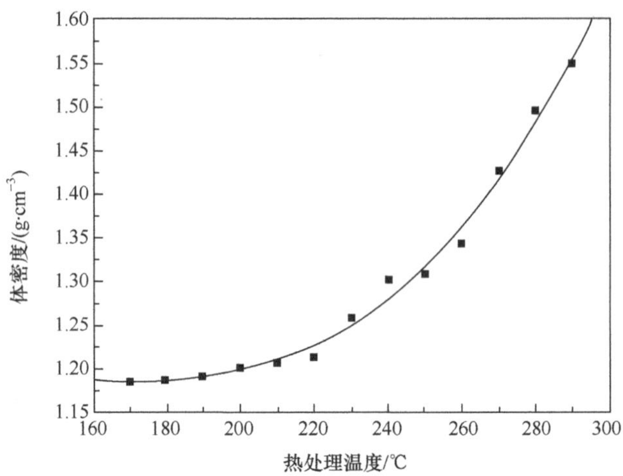

图 1.27 热处理温度对预氧化纤维体密度的影响

于反应程度高，形成交联程度大、结构致密的耐热梯形结构，即皮芯结构。预氧化皮芯结构是影响碳纤维性能的重要因素。减少皮芯结构对改善纤维整体均质性，提高力学性能有着积极作用[38]。通过实验发现，预氧化纤维的芯部容易被硫酸刻蚀形成孔洞，而只留下结构致密的皮层，在 SEM 下可以清晰地观察到预氧化纤维的皮芯结构。采用该方法研究热处理温度和时间对预氧化纤维皮芯结构的影响，结果如图 1.28 所示。

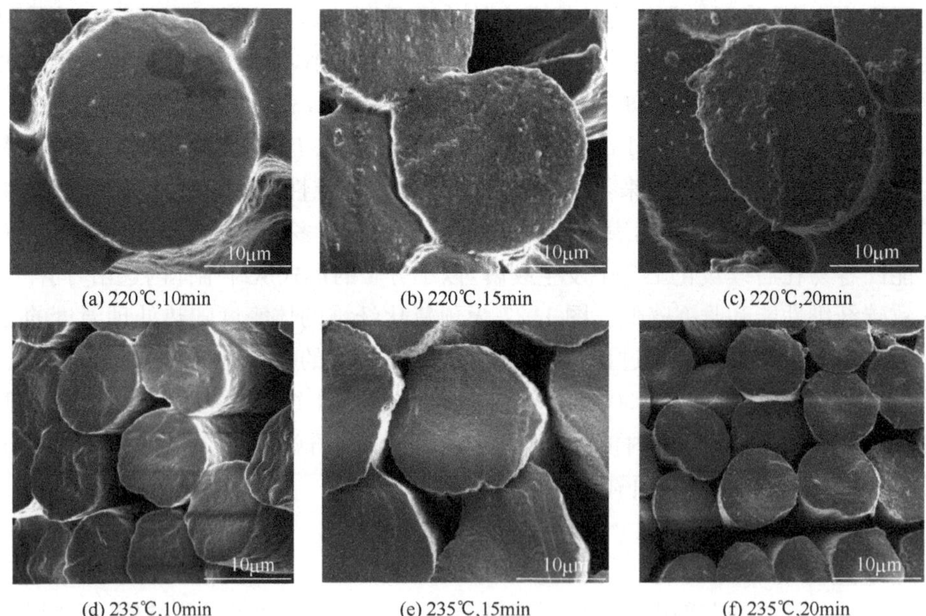

(a) 220℃,10min (b) 220℃,15min (c) 220℃,20min

(d) 235℃,10min (e) 235℃,15min (f) 235℃,20min

(g) 240℃,10min

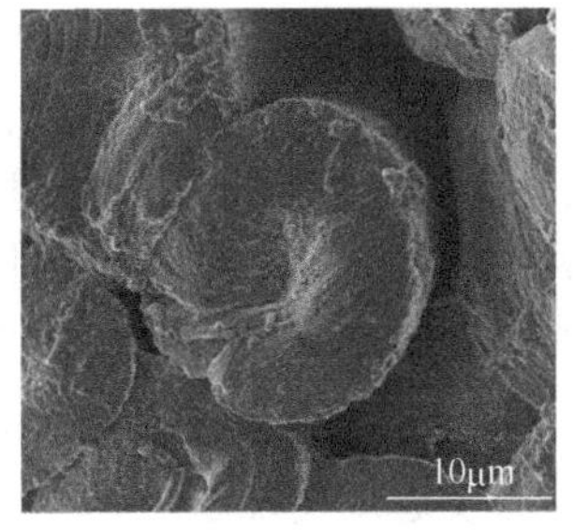

(h) 240℃,15min

(i) 240℃,20min

图 1.28　PAN 原丝经不同温度和时间预氧化后硫酸刻蚀截面的 SEM 照片

从图 1.28 中可以看出,PAN 原丝经过 220℃和 235℃热处理后都未产生明显的皮芯结构。但在 240℃下处理 15min 后,预氧化纤维产生了明显的皮芯结构,皮层与内部纤维经过硫酸刻蚀形成明显的分界。这是由于在较高温度下,纤维表面预氧化反应快,形成了致密的皮层,阻碍了氧向纤维芯部扩散,导致芯部预氧化不充分。

图 1.29 为在更高热处理温度下预氧化纤维皮芯结构的变化。为了定量评估预氧化纤维皮芯结构的程度,测定芯部孔洞直径与纤维直径,计算芯部面积比例(图 1.30),即

$$芯部比例=\frac{芯部面积}{纤维面积}\times 100\%=\frac{\pi R_c^2}{\pi R^2}\times 100\% \tag{1-1}$$

其中,R_c 为芯部半径;R 为纤维半径。芯部比例越大,表明皮芯结构越严重。

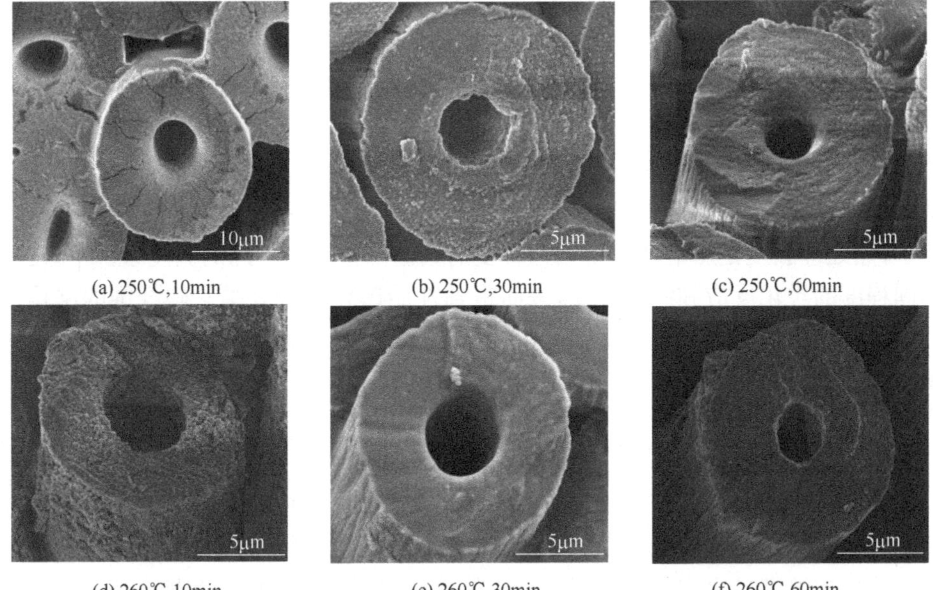

(a) 250℃,10min　(b) 250℃,30min　(c) 250℃,60min

(d) 260℃,10min　(e) 260℃,30min　(f) 260℃,60min

图 1.29　PAN 原丝经不同温度和时间预氧化后皮芯结构的变化

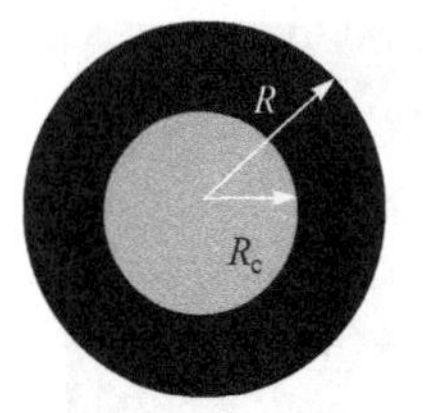

图 1.30　预氧化纤维皮芯结构模型

计算结果列于表 1.2 中。从表中可以看出，在相同热处理温度下，随着处理时间的延长，芯部比例逐渐减少。这是因为氧逐步向纤维内部扩散并参与反应，皮层结构逐步向纤维内部推进。而在相同热处理时间下，随着热处理温度的升高，芯部比例逐渐增大。这是因为在高温下进行预氧化，纤维表面更易形成致密的皮层，从而阻碍氧向纤维内部进一步扩散，导致皮芯结构加剧。

表 1.2　PAN 预氧化纤维芯部比例随热处理温度和时间的变化

热处理温度/℃ \ 热处理时间/min	10	30	60
250	16.7±0.8	9.6±1.3	6.5±0.6
260	22.1±1.2	13.3±0.1	7.6±0.1

1.3.2　炭化

在碳纤维制备过程中，PAN 原丝经过两次重大结构转变后由有机纤维转化为无机碳纤维。第一次结构转变发生在预氧化过程中，在 180～280℃空气气氛中，PAN 线型分子转化为耐热梯形结构，从而在高温炭化过程中保持纤维形态；第二次结构转变发生在炭化过程中，在 300～1800℃惰性气体保护下，梯形结构经过热解、缩聚反应形成网状结构，如图 1.31 所示。在张力的作用下，网状结构会进一步堆叠，并沿纤维轴取向，最终转化为碳纤维的乱层石墨结构。

按照热处理温度的不同，炭化工艺通常分为低温炭化和高温炭化两个阶段。低温炭化温度一般为 300～800℃，在此阶段以热解反应为主[1]；高温炭化温度一般为 1000～1800℃，在此阶段主要发生热缩聚反应。前者是梯形结构向乱层石墨结构转变的关键阶段，后者是乱层石墨结构进一步完善和成长的过程。在炭化过程中，热处理温度是影响碳纤维结构转变的关键因素。在不同的温度条件下，发生不同程度的炭化反应和结构转变，进而得到性能迥异的碳纤维。碳纤维的结构和性能对热处理温度极为敏感。因此，掌握热处理温度对碳纤维结构和性能的影响规律至关重要。

1. 热处理温度对碳纤维结构的影响

图 1.32 为碳纤维 C、H、N 元素含量随热处理温度的变化趋势图。随着热处理温度的升高，碳纤维 C 元素含量明显增加，杂质元素 N 和 H 含量进一步降低。可见热处理温度是决定碳纤维元素组成的重要因素。热处理温度越高，脱除的 N、H、O 等非碳元素越多，最终碳纤维的碳含量就越高。

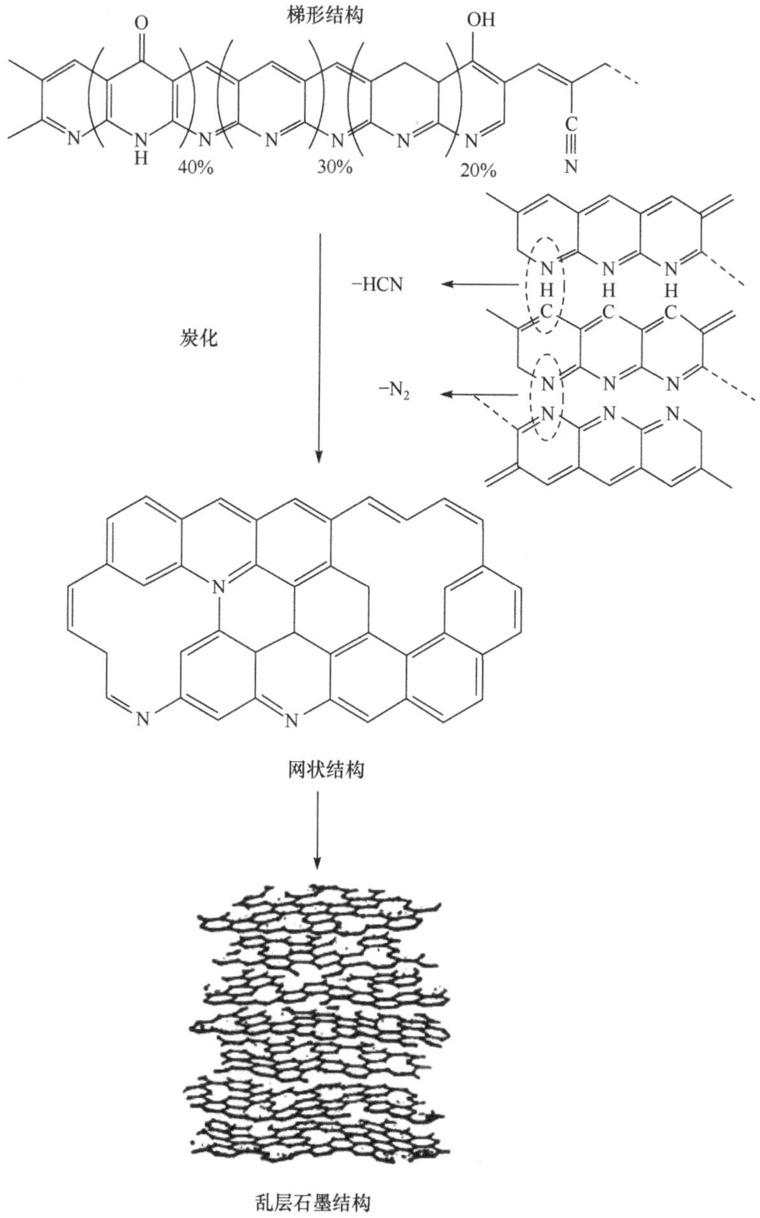

梯形结构

40%　30%　20%

炭化

$-HCN$

$-N_2$

网状结构

乱层石墨结构

图 1.31　PAN 基碳纤维制备过程中结构转变示意图[39]

表 1.3 为热处理温度对碳纤维微晶结构的影响。如表 1.3 所示，随着热处理温度升高，碳纤维石墨微晶层面间距逐渐降低，堆砌厚度 L_c 和基面宽度 L_a 逐渐增大。这表明随着热处理温度升高，碳纤维石墨微晶在不断长大，微晶结构逐渐完善。

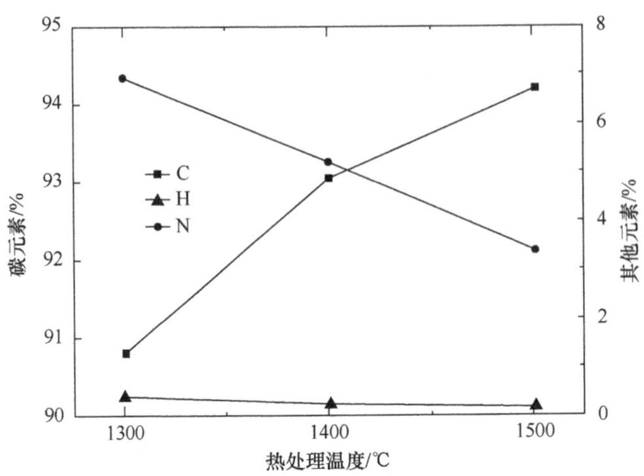

图 1.32 碳纤维元素含量与热处理温度的关系

表 1.3 碳纤维石墨微晶结构与热处理温度的关系

热处理温度/℃	层面间距 d_{002}/nm	堆砌厚度 L_c/nm	基面宽度 L_a/nm
1300	0.3542	1.50	3.98
1400	0.3532	1.56	4.53
1500	0.3524	1.66	4.86

2. 热处理温度对碳纤维性能的影响

图 1.33 为碳纤维体密度随热处理温度的变化趋势图。碳纤维的体密度随着热处理温度升高先上升后下降。碳纤维体密度在 1400℃时达到最大值。当温度进一步升高到 1500℃时,体密度反而下降。在达到峰值之前,体密度随热处理温度升高而不断增大,这主要是由以下三方面因素造成的:①纤维中非碳元素逸出,碳元素不断富集,纤维石墨化程度提高;②纤维轴向拉伸,径向收缩,体密度得到提高;③石墨片层重排,择优取向,堆积密度提高,孔隙率降低。在体密度达到峰值之后,随着热处理温度升高,缩合反应加剧,大量非碳元素逸出,残留大量的孔隙和缺陷,导致体密度降低。

在一定热处理温度范围内,碳纤维拉伸强度和模量均随温度升高而明显增大,如图 1.34 所示。显然,碳纤维体密度与力学性能随温度变化趋势并非完全一致。因此,为了获得具有一定力学性能和体密度的碳纤维需要选择合适的炭化温度。

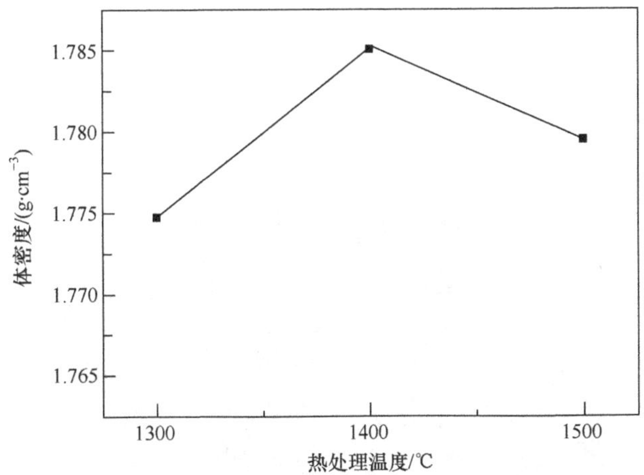

图 1.33　碳纤维体密度与热处理温度的关系

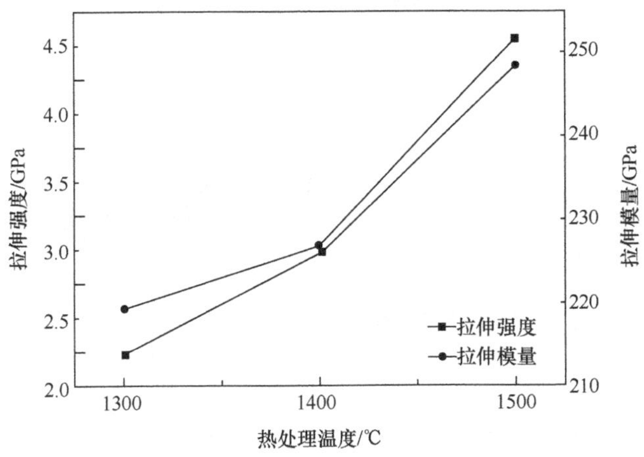

图 1.34　碳纤维力学性能和热处理温度的关系

按照拉伸模量的不同，通常可以将高性能碳纤维划分为标准模量（standard modulus）、中等模量（intermediate modulus）、高模量（high modulus）三种类型。其中，高强中模碳纤维是高性能碳纤维家族中的重要成员，在航天、航空、国防领域占据着举足轻重的地位。高强中模碳纤维以东丽 T800H 碳纤维为代表产品，其拉伸强度约为 5.49GPa，拉伸模量约为 294GPa。与标准模量碳纤维相比，高强中模碳纤维的各项力学性能指标均有大幅提高，能够满足航天、航空、国防领域主承力结构件对高强度、高刚度和高韧性的要求。高强中模碳纤维是目前制造高端结构复合材料的主要增强材料。中国科学院宁波材料技术与工程研究所在不到三年的时间里成功实现了国产高强中模碳纤维关键制备技术的突破；能够批量稳定制备规格为 6K、12K 的高强中模碳纤维，如图 1.35 所示，纤维性能指标已达到甚至超过日本东丽公司 T800H 碳纤维，纤维截面为标准圆形，如图 1.36 所示，强度高、毛丝少，具有良好的集束性和开纤性，能够满足下游用户单位的应用要求。

图 1.35　中国科学院宁波材料技术与工程研究所研制的高强中模碳纤维

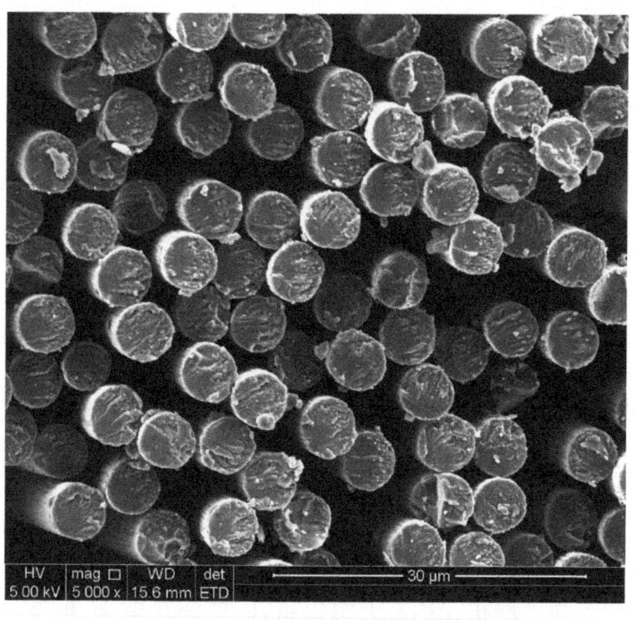

图 1.36　高强中模碳纤维 SEM 照片

1.4　表面处理与改性

碳纤维很少单独使用，主要用作复合材料的增强体，其力学性能优势通过复合材料发挥出来[9]。但复合材料的性能不仅取决于碳纤维本身，更取决于碳纤维与基体之间的界面。良好的界面结合才能将载荷有效传递给碳纤维，从而充分发挥碳纤维的高强度、高模量特性。反之，如果碳纤维与基体之间的界面性能较差，应力无法在界面有效传递，则碳纤维的力学性能优势难以发挥出来，将导致复合材料的性能下降。碳纤维经过高温炭化处理后，大部分非碳元素被脱除，纤维表面呈现较高的惰性，导致在制造复合材料时基体对碳纤维的浸润性变差。通过对碳纤维进行表面改性，可以改善其表面活性以及与基体的浸润性，增强纤维与基体之间的相互作用，从而有利于复合材料力学性能的提高。因此，表面处理工艺是碳纤维制备过程中的重要环节之一[1]。

碳纤维的表面改性处理方法有很多，如气相氧化法(包括空气氧化[40]、臭氧氧化[41]、等离子体处理[42~44])、液相氧化法(包括酸液氧化[45]、阳极氧化[46,47])、表面涂层法[48]、表面接枝法[49]等。每种处理方法都有自己的优缺点，如气相氧化法流程短，碳纤维经过气相氧化处理后可直接上浆，不需要配套水洗和干燥设备，但是其氧化程度不易控制。而阳极氧化法具有氧化程度易于控制、氧化过程缓和、氧化效果显著等特点，但该方法需要配套水洗和干燥设备，流程较长。阳极氧化法的最大优点是处理时间短，能够满足连续生产的要求，因而成为目前国内外碳纤维生产线在线配套的主要方法。此外，近几年表面涂层法和表面接枝法也发展迅速，特别是基于纳米材料和高分子材料的碳纤维表面改性方法研究较多，在实验室取得了良好的效果，有望成为新一代在线配套的表面处理方法。

1.4.1　阳极氧化处理

阳极氧化法通常是在电解质溶液中以碳纤维为阳极、石墨板为阴极对碳纤维表面进行电化学处理。电解质溶液种类较多，主要可以分为酸性、碱性及中性三种。酸性电解质主要为无机含氧酸，如硫酸、硝酸、磷酸、硼酸等；碱性电解质有氢氧化钠、氢氧化钡、氢氧化钙、氢氧化镁、磷酸钾、磷酸钠等；中性电解质主要有硝酸钾、硝酸钠以及碳酸氢铵、碳酸铵、磷酸铵等铵盐类电解质。在酸性介质中电解氧化碳纤维时，虽然氧化效果比较显著，但会使得碳纤维力学性能下降严重，且酸性介质易腐蚀设备；使用碱性电解质氧化处理碳纤维后，碳纤维之间和碳纤维表面残留的金属离子不易洗净，而残留碱性金属离子会导致碳纤维的抗氧化性能下降。因此，目前国内外大多使用铵盐溶液作为电解质，如碳酸氢铵、碳酸铵等，其优点在于：一是对设备无损伤，二是铵盐类电解质在后续干燥过程中易于分解，不会残留在碳纤维表面。

在碳纤维阳极氧化处理过程中，可通过调整电流密度和处理时间来控制碳纤维的表面氧化程度。由于处理时间往往受到设备尺寸和丝束运行速度的限制，不易调节。因此，电流密度成为最重要的工艺参数。我们在不同的电流密度下对碳纤维表面进行阳极氧化处理，采用 SEM、原子力显微镜(AFM)、X 射线光电子能谱仪(XPS)等手段表征处理后碳纤维表面的物理化学结构，并分析表面结构的变化对其增强树脂基复合材料性能的影响，进而获得合适的电流密度参数。

1. 阳极氧化处理对碳纤维表面物理化学结构的影响

采用浓度为 7.5%(质量分数)的碳酸氢铵溶液作为电解质，对碳纤维表面进行阳极氧化处理。处理时间为 90s，电流密度值分别设定为 0(未处理)、0.3A/m^2、0.5A/m^2、0.7A/m^2 及 1.0A/m^2，处理后碳纤维样品分别命名为 CFO-0、CFO-0.3、CFO-0.5、CFO-0.7 及 CFO-1.0。阳极氧化处理后，为了除去碳纤维表面残留的电解质溶液，需要经过水洗和干燥处理，干燥温度为 110℃。

图 1.37 为经不同电流密度阳极氧化处理后碳纤维的表面形貌。从图中可以看出，未经阳极氧化处理的碳纤维表面含有较多颗粒状杂质。这种颗粒状物质产生的原因可能与前期生产过程中碳纤维表面形成的弱层或吸附的杂质有关。在阳极氧化处理过程中，当电流密度由 0 增至 0.3A/m^2 时，处理后碳纤维的表面仍存在少量杂质，表明此时碳纤维表面的弱层或吸附的杂质未能有效去除。但是，当电流密度增至且超过 0.5A/m^2 时，碳纤维表面变得光洁，说明此时阳极氧化处理对碳纤维表面起到了显著的去污效果。

从图 1.37 中还可以看出，当电流密度由 0 逐渐增至 0.5A/m^2 时，碳纤维表面的沟槽变深；但是当电流密度超过 0.5A/m^2 时，碳纤维表面的沟槽结构反而变得不明显。这可能是因为电流的尖端效应，使得凸出部位的电流密度比凹陷部分更大，所以凸起部分被深度氧化刻蚀而磨平，从而导致碳纤维表面的轴向沟槽结构反而变得不明显。

为了进一步验证 SEM 的测试结果，采用 AFM 对上述碳纤维样品的表面微观形貌及表面粗糙度进行测试。碳纤维的表面 AFM 图像及粗糙度测试结果分别如图 1.38 和表 1.4 所示。从图 1.38 和表 1.4 中可以看出，阳极氧化处理前碳纤维表面存在大量的杂质，因此计算得到粗糙度值较高，Ra 值为 29.8nm。当电流密度为 0.3A/m^2 及 0.5A/m^2 时，氧化处理后随着纤维表面杂质的去除，碳纤维表面粗糙度出现了小幅下降，Ra 值均为 23.8nm。但是当电流密度继续增加至 0.7A/m^2 及 1.0A/m^2 时，碳纤维表面粗糙度明显降低，Ra 值分别为 13.5nm、13.1nm。这可能正是由阳极氧化程度过高时碳纤维表面沟槽结构变得不明显所导致的。

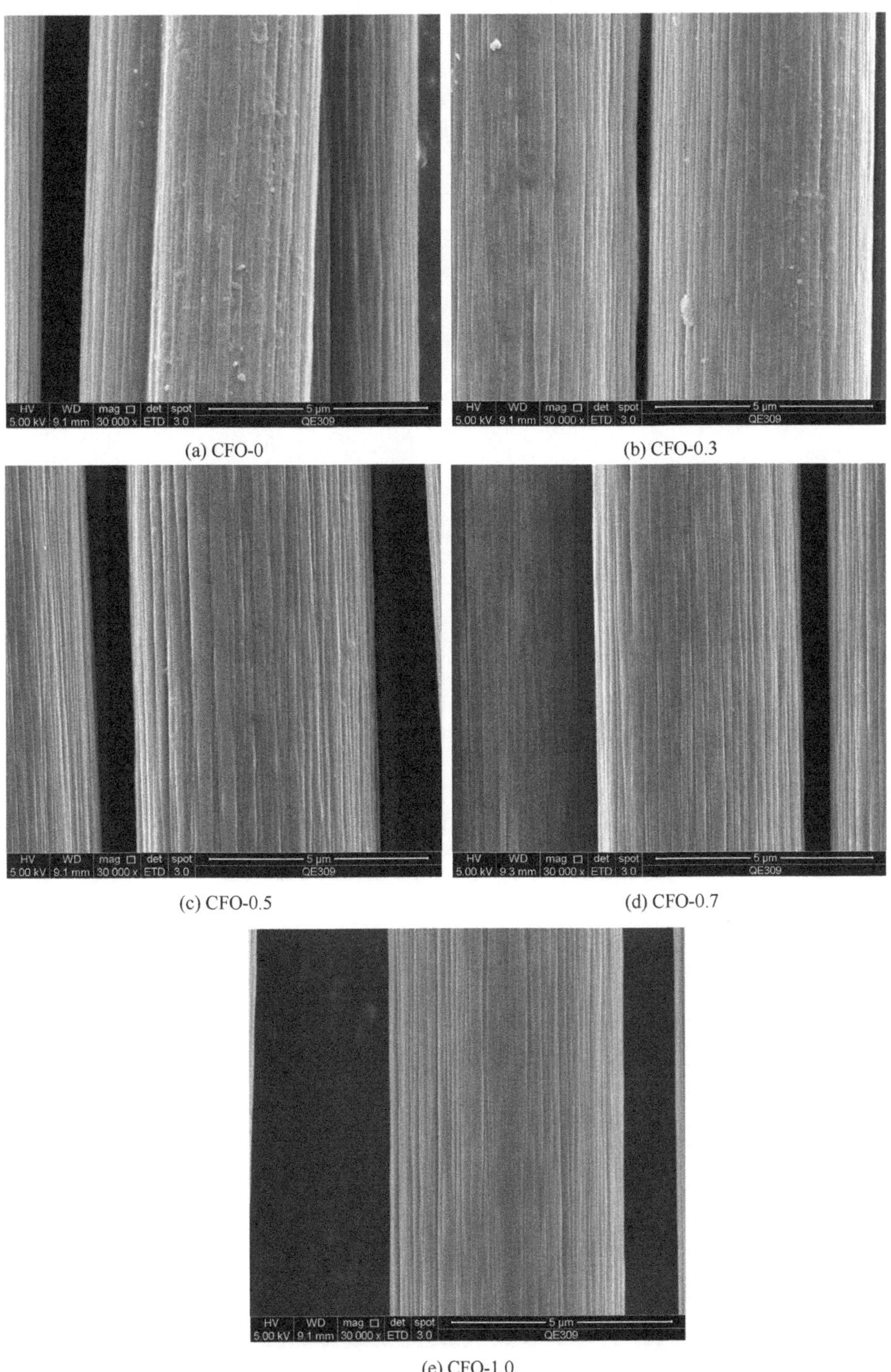

(a) CFO-0　(b) CFO-0.3

(c) CFO-0.5　(d) CFO-0.7

(e) CFO-1.0

图 1.37　经不同电流密度阳极氧化处理后碳纤维的表面 SEM 照片[50]

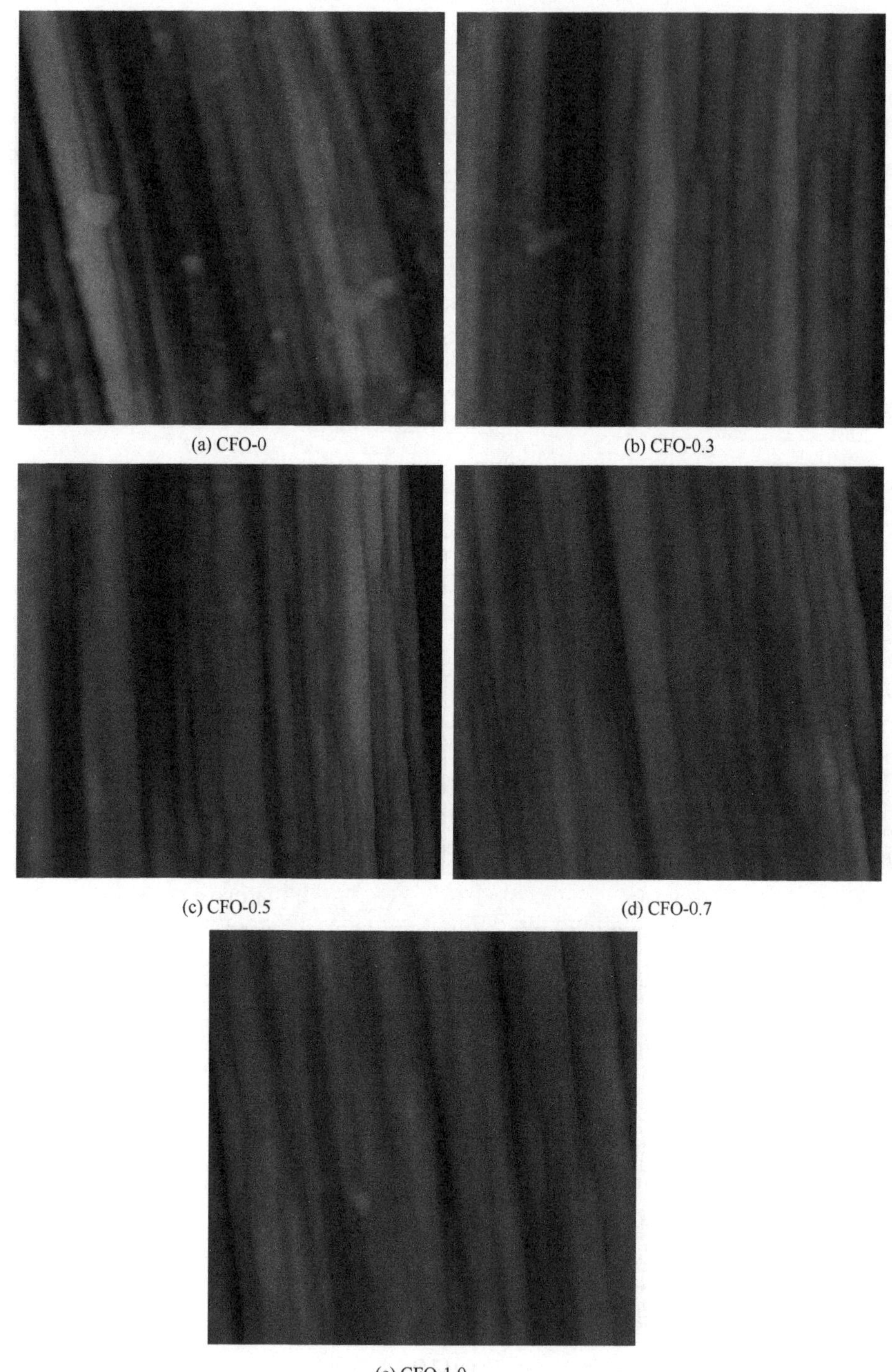

(a) CFO-0
(b) CFO-0.3
(c) CFO-0.5
(d) CFO-0.7
(e) CFO-1.0

图 1.38　经不同电流密度阳极氧化处理后碳纤维的表面 AFM 图像

表 1.4　经不同电流密度阳极氧化处理后碳纤维的粗糙度测试结果

样品	CFO-0	CFO-0.3	CFO-0.5	CFO-0.7	CFO-1.0
测试面积	$3\mu m \times 3\mu m$				
均方根粗糙度(RMS)/nm	37.7	31.1	31.9	17.1	16.4
平均粗糙度(Ra)/nm	29.8	23.8	23.8	13.5	13.1

电流密度对碳纤维表面化学元素组成的影响如表 1.5 所示。从表中可以看出，未处理的碳纤维表面含有较多 C 元素，其含量高达 94.55%，而活性元素如 O、N 等含量较低，分别为 2.08%、2.17%。在阳极氧化处理过程中，随着电流密度的增加，碳纤维表面石墨碳结构逐渐发生氧化反应，因而伴随着 C 元素降低，O、N 元素含量逐渐增多。当电流密度为 1.0A/m^2 时，碳纤维表面 C 元素含量降至 81.23%，而 O、N 元素分别提高到 11.35%和 6.55%。

表 1.5　电流密度对碳纤维表面化学元素组成的影响[50]

样品	化学元素百分含量/%			
	C_{1s}	N_{1s}	O_{1s}	Si_{2p}
CFO-0	94.55	2.17	2.08	1.20
CFO-0.3	87.25	3.72	8.16	0.87
CFO-0.5	83.88	5.83	9.17	1.03
CFO-0.7	81.86	6.67	10.70	0.77
CFO-1.0	81.23	6.55	11.35	0.87

对 XPS 测试结果的 C_{1s}峰谱图进行去卷积及分峰处理，结果如图 1.39 所示。从图中可以看出，碳纤维表面的碳元素官能团主要由石墨碳(Peak Ⅰ，284.6eV)，以酚基、羟基、醚键或 C═N 形式存在的碳(Peak Ⅱ，285.7～286.2eV)，以羰基、醌基形式存在的碳(Peak Ⅲ，287.0～287.8eV)，以羧基、酯基等形式存在的碳(Peak Ⅳ，288.0～289.0eV)及以 CO、CO_2 形式存在的吸附碳(Peak Ⅴ，290.4～291.2eV)组成[46]。经峰面积计算得到碳纤维表面的官能团含量，如表 1.6 所示。从表中可以看出，随着电流密度的增加，碳纤维表面—C—C 的含量逐渐降低，当电流密度增至 1.0A/m^2 时，—C—C 含量由处理前的 66.03%降至 52.84%。伴随着—C—C 含量的降低，碳纤维表面含氧官能团的含量则逐渐递增，当电流密度由 0 逐渐增至 1.0A/m^2 时，纤维表面的—C—O、—COOH 含量也分别由 20.28%、6.83%增至 25.39%、12.57%，这表明氧化处理后碳纤维表面活性显著提高。从表 1.6 中还可以看出，碳纤维表面氧化分解产生的 CO/CO_2 含量相对比较稳定，说明在此电流密度范围内碳纤维表面的阳极氧化反应较为缓和。

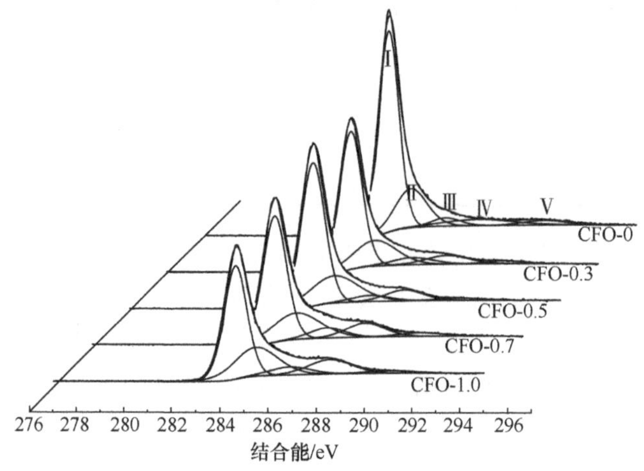

图1.39 经不同电流密度阳极氧化处理后碳纤维表面的 C_{1s} 谱图[50]

表 1.6 经不同电流密度阳极氧化处理后碳纤维表面的官能团含量[50]

样品	化学官能团含量/%				
	Peak Ⅰ	Peak Ⅱ	Peak Ⅲ	Peak Ⅳ	Peak Ⅴ
	—C—C	—C—O/C═N	—C═O	—COOH	CO/CO_2
CFO-0	66.03	20.28	3.76	6.83	3.10
CFO-0.3	62.56	22.23	5.83	7.34	2.04
CFO-0.5	61.72	24.41	4.36	7.69	1.82
CFO-0.7	55.87	24.11	6.76	10.28	2.98
CFO-1.0	52.84	25.39	6.57	12.57	2.63

2. 阳极氧化处理对碳纤维及其复合材料力学性能的影响

图 1.40 为在不同电流密度条件下进行阳极氧化处理后碳纤维及其复合材料的力学性能测试结果。如图 1.40 所示，随着电流密度的增加，碳纤维的拉伸强度逐渐降低，说明氧化程度越高对碳纤维损伤越严重，尤其是当电流密度为 1.0A/m^2 时碳纤维的拉伸强度由处理前的 4.50GPa 降至处理后的 4.19GPa，下降了 6.9%。碳纤维在阳极氧化处理过程中会产生连续微孔/孔隙/裂缝三重结构。随着氧化的进行这种结构从碳纤维表层逐渐向内部渗透，这种三重结构会对碳纤维本体结构带来不可避免的损伤[46]。另外，从图 1.40 中还可以看出，阳极氧化处理后碳纤维增强树脂基复合材料的层间剪切强度(ILSS)大幅提高。当电流密度为 0.7A/m^2 时，碳纤维复合材料的 ILSS 由处理前的 65.1MPa 增至 94.5MPa，增幅高达 45.2%，但当电流密度进一步提高到 1.0A/m^2 时，复合材料的 ILSS 反而有所降低。产生

这种结果的原因较多，如碳纤维本体强度的下降，碳纤维/树脂基体间结合状态变差等。通过对比不同电流密度时碳纤维的拉伸强度和复合材料的 ILSS 可知，在对碳纤维表面进行阳极氧化处理时电流密度应控制在一定的范围内。

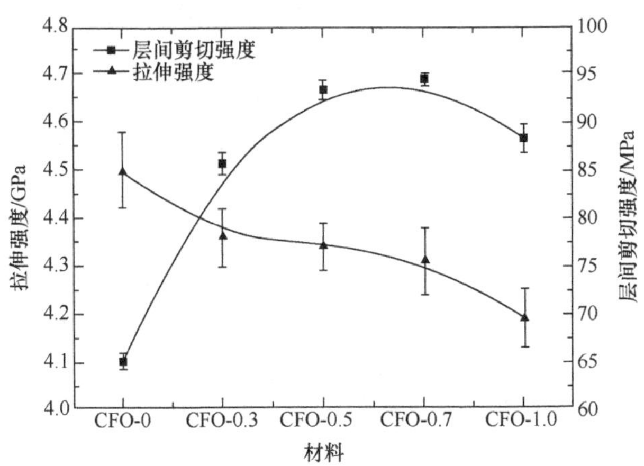

图 1.40　不同电流密度阳极氧化处理对碳纤维及其复合材料力学性能的影响[50]

图 1.41 为在不同电流密度条件下进行阳极氧化处理后碳纤维增强复合材料层间剪切破坏后的断面形貌。从图中可以看出，当复合材料发生剪切破坏后，未氧化处理的碳纤维与树脂基体间出现了脱黏破坏，且两者之间存在明显缝隙，说明未处理的碳纤维与树脂基体间的界面结合强度较低。经阳极氧化处理后，当电流密度为 0.3A/m^2 时，复合材料发生剪切破坏后，碳纤维与树脂基体间同样出现了脱黏破坏，但在碳纤维表面黏附了少量树脂基体；当电流密度为 0.5A/m^2 时，复合材料发生剪切破坏后碳纤维与树脂基体间结合状态很好，但在界面层出现了少量裂纹破坏；当电流密度进一步增至 0.7A/m^2 时，即使发生剪切破坏在复合材料内部碳纤维与树脂基体间也结合紧密，说明此时复合材料内部仍具有较高的界面结合力；但当电流密度进一步增至 1.0A/m^2 时，剪切破坏后碳纤维表面包覆的树脂基体明显减少，说明碳纤维/树脂基体间的界面结合强度降低。

1.4.2　纳米碳材料改性

纳米碳材料因其多样的结构以及优越的物理、化学和力学特性，成为国内外众多科学家关注和研究的热点，其中以一维结构的碳纳米管（carbon nanotube，CNT）和二维结构的石墨烯（graphene）为典型代表。由于纳米碳材料与碳纤维具有良好的相容性，在碳纤维增强复合材料的研究领域中也受到广泛的关注。在碳纤维表面引入纳米碳材料可以增加纤维表面的粗糙度，增强纤维和基体树脂之间的机械啮合作用，显著提高复合材料的界面性能。

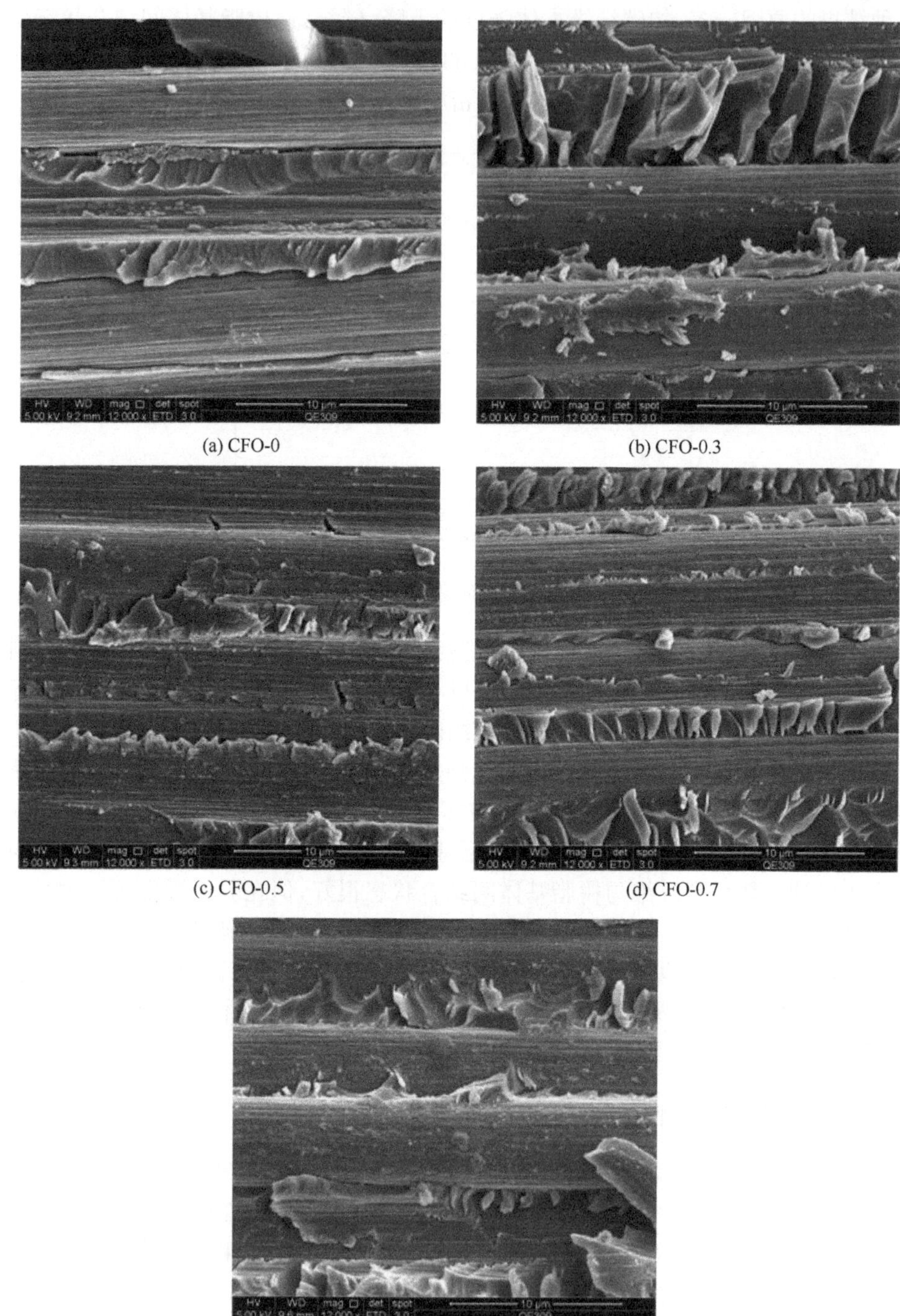

(a) CFO-0　(b) CFO-0.3　(c) CFO-0.5　(d) CFO-0.7　(e) CFO-1.0

图 1.41　不同电流密度阳极氧化处理对碳纤维复合材料断面形貌的影响[50]

1. 碳纤维表面沉积或接枝碳纳米管

通过化学气相沉积[51,52]或热化学沉积[53,54]实现在碳纤维表面直接生长碳纳米管，构筑一种由纳米尺度碳纳米管和微米尺度碳纤维组成的新型微纳米结构的碳纳米管-碳纤维多尺度增强体。生长的碳纳米管一方面可大幅增加碳纤维的比表面积，使纤维与树脂基体之间形成较强的机械啮合作用；另一方面，垂直于纤维表面的碳纳米管能够深入基体树脂中，从而改善纤维之间的横向应力传递，阻止或抑制界面层裂纹的萌生或扩展，提高复合材料的层间剪切强度和断裂韧性。采用电泳法在碳纤维表面沉积碳纳米管，不仅可以增加纤维表面粗糙度和比表面积，还可避免催化剂或高温条件对碳纤维本体性能的损伤[55]。

用化学方法在碳纤维表面直接接枝碳纳米管可使复合材料微界面区域的应力传递效果得到明显改善，大幅提高界面剪切强度(IFSS)[56]，但其改善程度与纤维表面碳纳米管的接枝数量和密度密切相关。因此，有研究预先将带有多官能度的聚酰胺-胺(PAMAM)或多面体低聚倍半硅氧烷(POSS)接枝到碳纤维表面，增加纤维表面的反应活性，再进一步接枝碳纳米管[57～60]。相比直接接枝法，该方法制备的碳纤维表面碳纳米管接枝数量和密度的增加幅度更加明显，且可以通过改变反应时间控制碳纳米管的接枝数量和密度。由于纤维表面与碳纳米管之间是化学键连接，且纤维表面粗糙度可以调控，所以复合材料的 IFSS 和 ILSS 都有非常显著的提高。

2. 碳纤维表面涂覆氧化石墨烯上浆剂

石墨烯是一种二维结构新型单层碳纳米材料，相比碳纳米管，石墨烯的大比表面积和边缘卷曲结构能进一步增强填料与树脂基体之间的界面机械啮合作用，而且这种二维平面结构的石墨烯易使裂纹发生偏转(裂纹倾斜或扭转)，增加裂纹扩展的有效路径，抑制裂纹的扩展速率。但是石墨烯以及相关衍生物用于纤维增强复合材料领域的研究工作相对较少，值得深入探索。我们提出一种简单易行的纤维表面改性方法，即将氧化石墨烯(GO)分散于环氧基上浆剂乳液中，采用浸渍法对碳纤维表面涂覆改性，从而在碳纤维上浆树脂层中引入 GO。通过改变上浆剂中 GO 的含量(0～10%(质量分数))，控制纤维表面树脂层中 GO 的分布和形貌，进而改善复合材料的界面性能。

碳纤维表面涂覆 GO 上浆剂的制备方法如下：①将适量的商用 T700S 碳纤维置于索氏抽提器中，丙酮回流除去原始浆层，制得去浆碳纤维(CF)；②将适量 GO 水溶液加入环氧乳液中，搅拌均匀，然后添加去离子水稀释至上浆树脂含量为 1.5%，制得 GO 改性环氧乳液上浆剂，其中上浆树脂中 GO 的含量分别为 0、1%、2.5%、5%、7.5%、10%；③在去浆碳纤维表面涂覆不同 GO 含量改性的上浆剂，然后在 100℃

的烘箱中快速烘干，再置于干燥器内备用。样品编号依次为 SCF-GO0、SCF-GO1、SCF-GO2.5、SCF-GO5、SCF-GO7.5、SCF-GO10。

涂覆于纤维表面的 GO 因被上浆树脂包覆，无法直接观察其分布和形貌。因此，首先需要采用热解法将碳纤维表面的上浆树脂层除去，再进行 SEM 观察，结果见图 1.42。从图中可以看出，GO 均匀分布于碳纤维表面，且大部分 GO 无规地

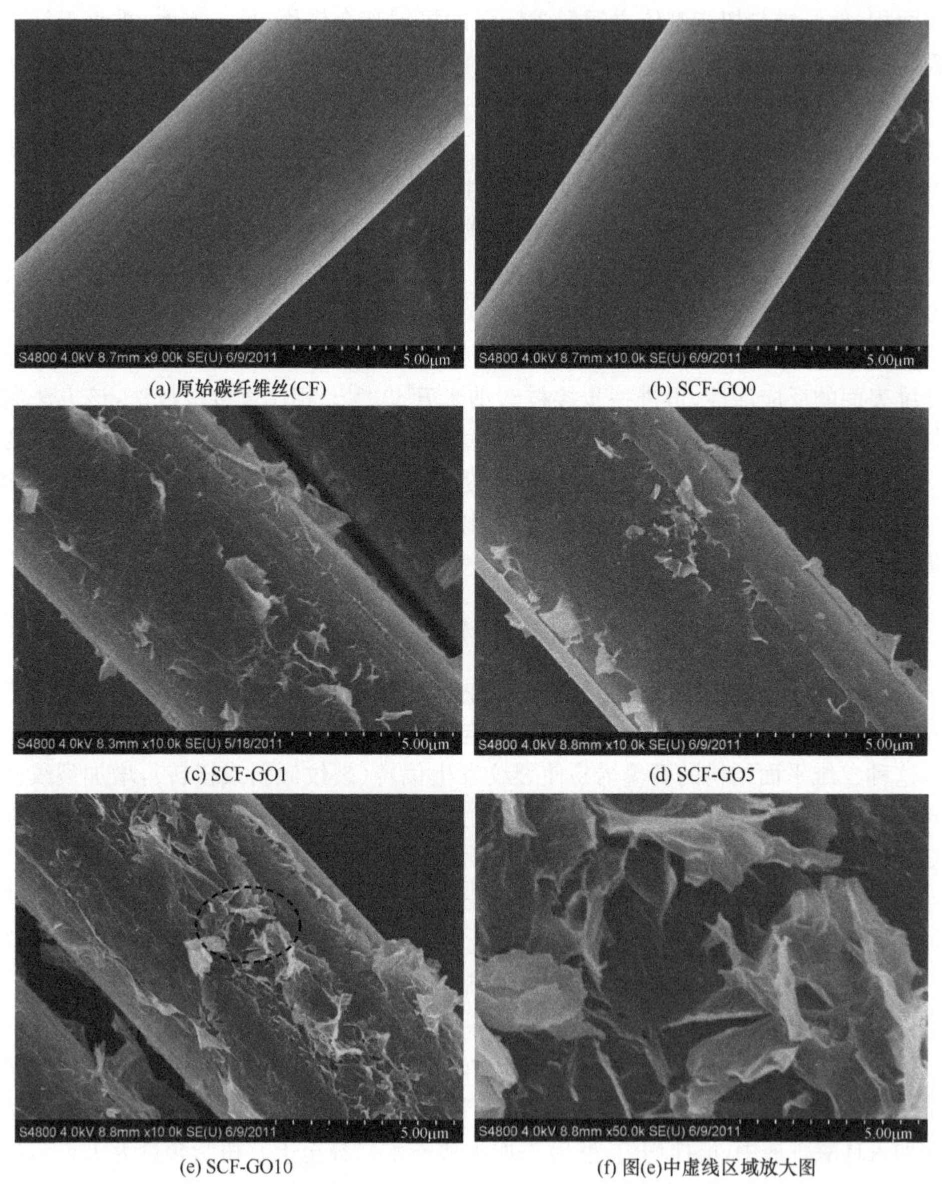

(a) 原始碳纤维丝(CF)　(b) SCF-GO0

(c) SCF-GO1　(d) SCF-GO5

(e) SCF-GO10　(f) 图(e)中虚线区域放大图

图 1.42　碳纤维高温热解后(800℃，N_2)SEM 照片[61]

立于纤维表面，即二维结构GO的平面与碳纤维表面呈一定的夹角，而不是平行包覆于纤维表面。对于SCF-GO1，由于GO含量较少，碳纤维表面的GO呈零星状分布。随着GO含量由1%增至5%，GO均匀地分布于整根SCF-GO5碳纤维表面(图1.42(d))，而GO含量进一步增加到10%时，在SCF-GO10碳纤维表面GO的分布更加明显，但由于GO含量较高，由图1.42(f)中可以发现有部分GO团聚和堆叠。由此可知，当在上浆剂中含量为5%时，GO在碳纤维表面上浆树脂层(即复合材料的界面层)中分散较均匀。

采用单丝拔出试验评价不同含量的GO改性碳纤维复合材料的IFSS，结果见图1.43。由图1.43可知，碳纤维SCF-GO0、SCF-GO1、SCF-GO2.5、SCF-GO5、SCF-GO7.5和SCF-GO10制备的单丝复合材料的IFSS分别为72.0MPa、87.4MPa、93.0MPa、97.2MPa、98.1MPa和97.9MPa。可见当GO含量大于5%后，复合材料的IFSS几乎没有变化，其中SCF-GO7.5的IFSS与CF和SCF-GO0相比分别提高了70.9%和36.3%。所以，均匀分布于碳纤维复合材料界面层中的GO能明显地提高复合材料的IFSS。

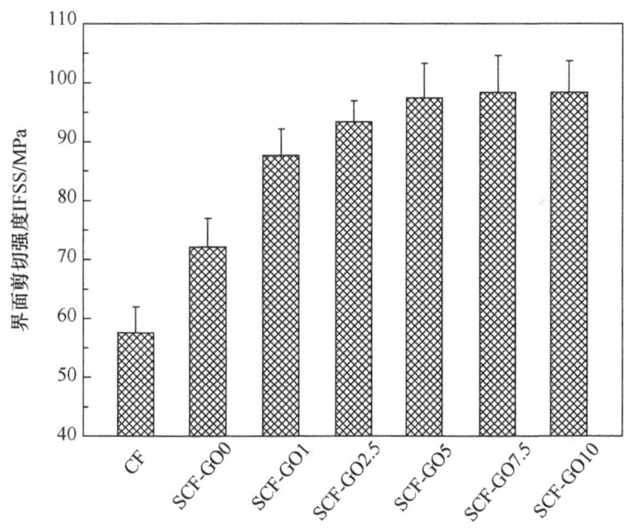

图1.43 碳纤维复合材料界面剪切强度结果[61]

采用短梁三点弯曲试验评价GO改性碳纤维复合材料的ILSS，结果见图1.44。从图中可以看出，当GO的含量高于2.5%时，GO改性碳纤维复合材料的ILSS均明显大于未改性碳纤维复合材料(SCF-GO0-EP)。SCF-GO5-EP具有最大的ILSS，为51.3MPa，且与SCF-GO0-EP相比提高了12.7%。然而，当GO含量从5%增至10%时，碳纤维复合材料的ILSS变化不明显，反而略有下降。

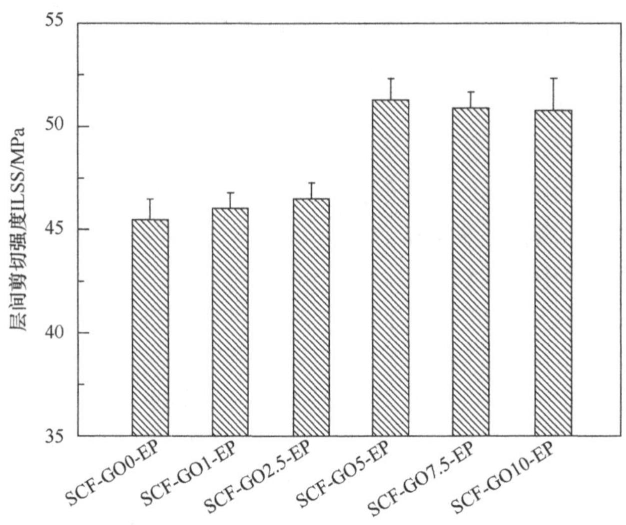

图 1.44　碳纤维复合材料层间剪切强度结果[61]

复合材料的层间剪切破坏形貌见图 1.45。由 SCF-GO0-EP 和 SCF-GO1-EP 层间剪切试样的破坏形貌可见，碳纤维表面非常光滑，说明在复合材料受力时，基

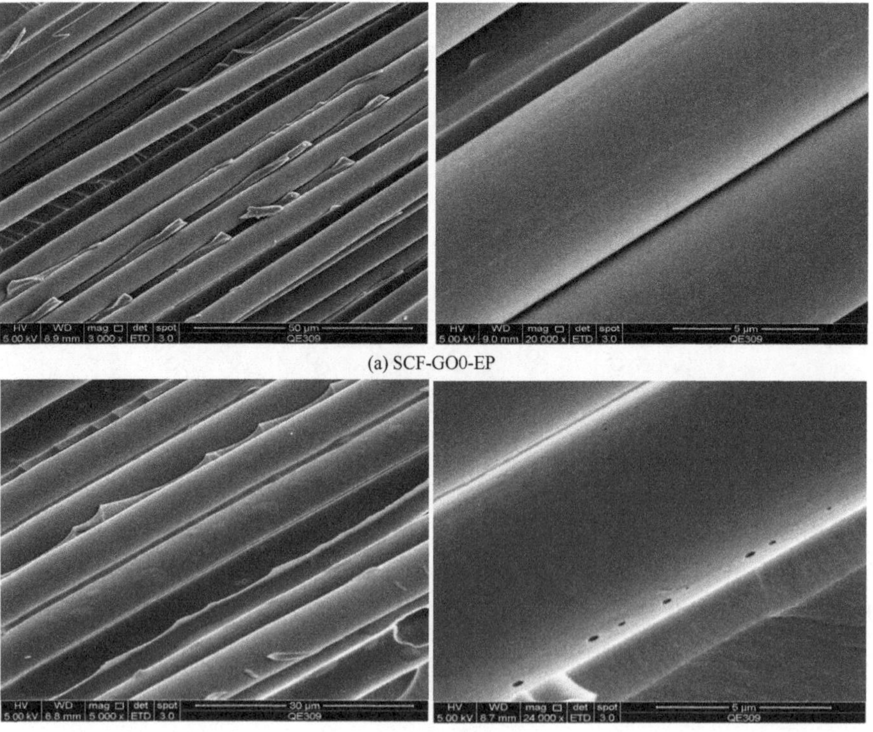

(a) SCF-GO0-EP

(b) SCF-GO1-EP

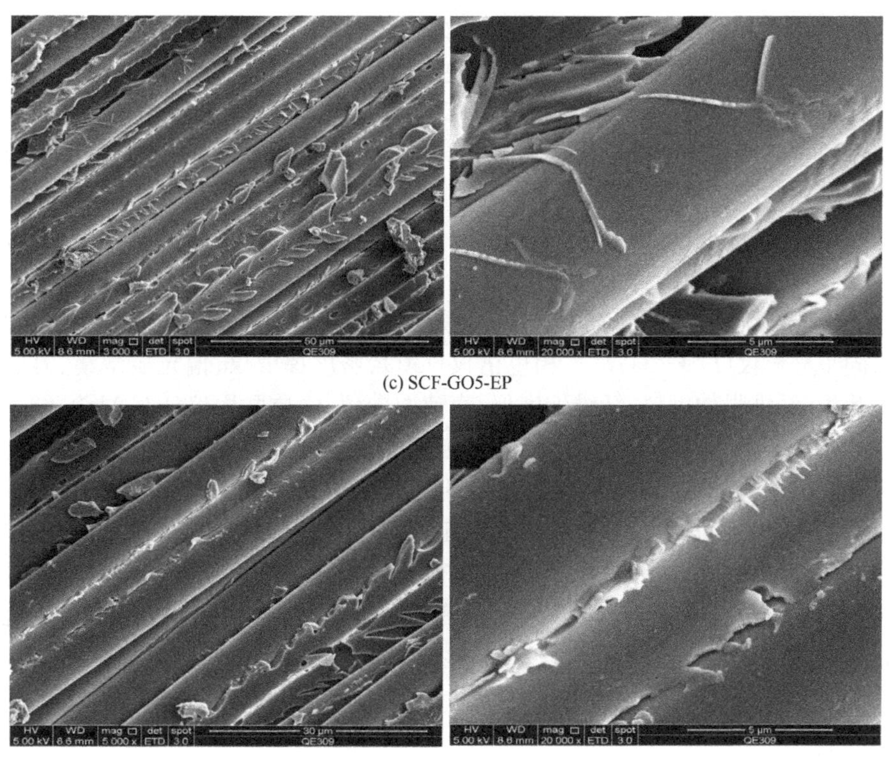

(c) SCF-GO5-EP

(d) SCF-GO10-EP

图 1.45　碳纤维复合材料层间剪切破坏形貌 SEM 照片[61]

体树脂和碳纤维之间的黏附力很弱，树脂被完全从纤维表面剥离。尽管有少量的 GO 分布于碳纤维复合材料的界面层中，但复合材料的界面破坏仍是以界面脱黏的方式为主。对于 SCF-GO5-EP 和 SCF-GO10-EP 复合材料而言，碳纤维表面附着有部分树脂，且周边的基体树脂有明显的形变现象。在 SCF-GO5-EP 复合材料的层间剪切破坏断面上，有大量针状或树叶状的树脂黏附在碳纤维的表面或周边，有效地增加了微裂纹的扩展路径和破坏表面积，说明 GO 在界面层中的均匀分布以及与界面层树脂基体之间的强相互作用提高了界面层的强度和韧性，有效地阻碍了微裂纹的扩展，也就进一步提高了复合材料的 ILSS。因此，当 GO 含量高于 5%时，复合材料的界面破坏主要是以微裂纹扩展和碳纤维周边的界面层树脂形变破坏为主。

1.5　表征检测

碳纤维制备工艺流程长、中间环节多。每个环节都涉及多个工艺参数，而每个参数都可能会对最终碳纤维的性能和质量产生不同程度的影响。再加上各个参数之间往往相互关联，甚至相互制约，使得碳纤维制备工艺的全面优化和稳定控制成为一项复杂的系统工程。在碳纤维研制过程中，研究人员在调整工艺参数之后需要得到结构和性能表征检测结果的快速反馈。在碳纤维的稳定化生产中，表征检测工作的重要性同样不容小视。只有拥有先进的表征检测方法，才能做到有效监控生产过程和产品质量，从而实现碳纤维的稳定生产。表征检测技术作为碳纤维制备技术中的重要组成部分，受到碳纤维研制生产单位和专家学者的高度重视[1,62]。

高性能纤维表征检测的仪器包括凝胶渗透色谱仪（GPC）、高温差示扫描量热/热重同步分析仪（DSC/TG）、气相色谱仪（GC）、密度梯度仪、偏光显微镜、万能材料试验机、纤维强伸度仪、纤维细度仪、声速取向仪、气质联用仪（GC-MS）、纳米X射线显微镜/CT系统（Nano-XCT）等。测试项目涵盖原料（单体、溶剂、引发剂）、辅料（油剂、上浆剂）、聚合物、原丝、碳纤维以及过程控制。本节介绍三种重要的表征检测方法，分别为：凝胶渗透色谱法测定聚丙烯腈分子量及其分布、光密度法表征预氧化纤维皮芯结构和纳米X射线显微镜表征碳纤维及原丝孔洞缺陷。这三种表征检测方法有助于研究人员深入了解碳纤维制备过程中的微观结构变化规律，进而为碳纤维制备工艺优化与结构调控提供指导。

1.5.1 PAN分子量及其分布

分子量的多分散性是高聚物的共同特性。分子量及其分布是决定高分子材料性能的基本参数之一[63]。在PAN基碳纤维生产中，原丝的性能和质量与PAN聚合物的分子量及其分布息息相关。具有较高的分子量以及合适的分子量分布是生产高性能PAN原丝的基本要求。如果分子量分布过宽，即含有较多的高分子量和低分子量部分，纺丝液成纤性变差，原丝力学性能也会降低。而要在聚合过程中实现对PAN聚合物分子量及其分布的有效控制，必须首先掌握其测试方法。

采用凝胶渗透色谱仪（GPC）和N，N-二甲基甲酰胺（DMF）溶剂是目前测定PAN分子量及其分布的主要方法[64]。但该方法在实际操作中具有一定的难度。由于在DMF溶剂体系中PAN易发生分子间缔合，必须在溶剂中加入中性盐，才能得到正常的GPC谱图。通常采用的溴化锂（LiBr）存在腐蚀性强、易潮解的问题，会干扰GPC的测试结果。近几年来，本平台经过大量实验摸索，不断改进方法和总结经验，建立了可靠的PAN分子量及其分布测试方法。

该方法采用日本TOSOH公司的HLC-8320型凝胶渗透色谱仪，如图1.46所示，以浓度为0.01mol/L的无水LiBr/DMF溶液为溶剂，将所选取的10个窄分布聚苯乙烯（PS）标样用已配好的溶剂溶解后进行测试，得到其重均分子量的对数值与保留时间的关系曲线，即$\lg M_w$-T曲线，如图1.47所示，作为分子量校准曲线。

然后将待测 PAN 样品用溶剂充分溶解，浓度为 2mg/mL，使用 0.50μm 针筒过滤器过滤，在测试温度为 40℃、溶剂流速为 0.6mL/min 条件下，取 80μL 进样。采用示差检测器分析，利用 GPC 软件计算出该样品的分子量及其分布。

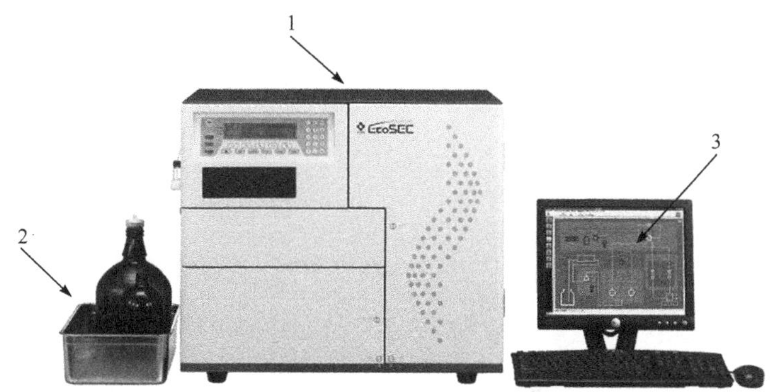

图 1.46　HLC-8320 型凝胶渗透色谱仪

1-仪器主机；2-溶剂瓶；3-控制软件

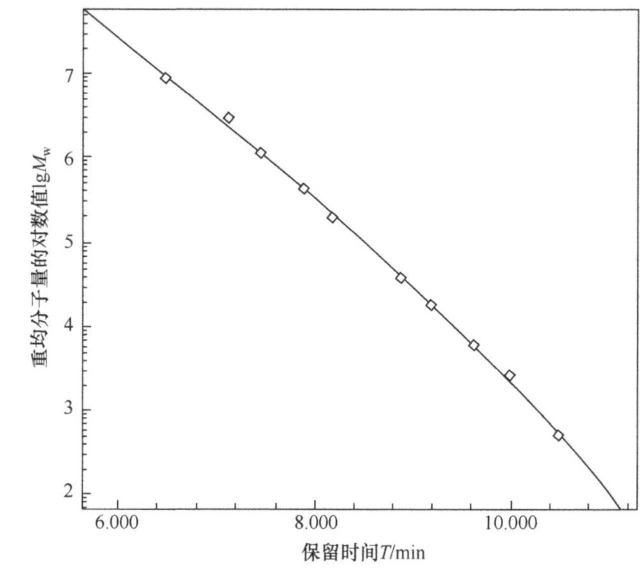

图 1.47　PS 标样的重均分子量校准曲线

表 1.7 为同一 PAN 样品(PAN-R#)的 10 次分子量及其分布的测试结果。从表中可以看出，M_n、M_w、M_w/M_n 的 CV 值分别为 3.90%、3.20%、1.21%，说明仪器运行状态良好，多次的测试结果具有很高的可重复性和可靠性。

表 1.7 同一 PAN 样品(PAN-R#)的 10 次分子量及其分布的测试结果[65]

序号	$M_n/10^4$	$M_w/10^4$	M_w/M_n
1	13.3	35.8	2.69
2	12.9	36.1	2.81
3	12.7	35.2	2.77
4	12.0	33.5	2.78
5	12.1	33.8	2.79
6	12.2	34.0	2.77
7	12.7	35.5	2.79
8	13.3	36.6	2.75
9	13.2	36.1	2.74
10	13.1	36.3	2.77
平均值	12.8	35.3	2.77
CV/%	3.90	3.20	1.21

由于 GPC 测试流程较为烦琐,影响因素较多。在测试过程中要严格控制测试条件,并在平时注意仪器的维护保养。但是,仅靠实验条件的稳定和重复进样并不能完全保证多次测试结果有良好的重现性,所以在每次测试之前先对 PAN-R# 样品进行分析。如果实验中 PAN-R# 样品测试结果出现异常,应立即寻找原因并予以解决,直到良好地重复了原来的实验结果,再对待测样品进行分析。借助 PAN-R# 样品的检验和参比作用,确保了每次测试结果的准确性和可靠性。

表 1.8 为几种国内外 PAN 原丝分子量及其分布的测试结果。由表可见,与进口原丝相比,国产原丝-Ⅰ、国产原丝-Ⅱ和国产原丝-Ⅲ的重均分子量较大,且国产原丝-Ⅱ和国产原丝-Ⅲ的分子量分布略宽;国产原丝-Ⅳ和国产原丝-Ⅴ的数均分子量偏小,分子量分布较宽。同时,在样品制备过程中,国产原丝还经常存在过滤困难的问题,判断可能存在微凝胶。

表 1.8 几种国内外 PAN 原丝分子量及其分布的测试结果[65]

样品名称	$M_n/10^4$	$M_w/10^4$	M_w/M_n
进口原丝-Ⅰ	12.0	33.9	2.76
进口原丝-Ⅱ	13.9	30.6	2.20
国产原丝-Ⅰ	13.4	35.4	2.65
国产原丝-Ⅱ	13.2	37.1	2.82
国产原丝-Ⅲ	11.7	35.4	3.04
国产原丝-Ⅳ	10.8	34.1	3.15
国产原丝-Ⅴ	10.2	33.9	3.34

1.5.2 预氧化纤维皮芯结构

预氧化是碳纤维制备过程中不可或缺的中间环节。预氧化纤维的结构对碳纤维的性能影响很大。尤其是预氧化纤维的皮芯结构，制约着碳纤维力学性能的提高[38]。因此，预氧化纤维的皮芯结构表征也是碳纤维研究的重要内容之一。由于PAN原丝的直径已小至10μm左右，导致预氧化纤维径向上的皮芯结构表征极其困难。常用的XRD、IR、NMR、DSC、TG、体密度、氧含量等研究手段都只能表征预氧化纤维的整体预氧化程度[66～69]，无法表征预氧化纤维径向上皮层与芯部的微小结构差异。唯一可用的“皮芯比法”，也只能用于圆形截面纤维和皮芯结构非常明显的条件下。而且，该方法在测量皮层和芯部的直径和面积时受人为因素影响，误差较大。

在实际生产中，由于PAN原丝的截面形状不一定为标准的圆形，且正常预氧化纤维的皮芯结构程度相对较轻，还需要建立一种更具普适性和更可靠的预氧化纤维皮芯结构表征方法。在预氧化过程中，随着反应进程的深入，纤维颜色逐渐加深。为此，引入能够量化评估物理颜色深浅变化的“光密度法”来定量研究预氧化进程和表征预氧化纤维的皮芯结构。该方法已经在生物领域得到了广泛应用，但在碳纤维领域应用尚属首次。其具体操作方法为：首先采用环氧树脂将预氧化纤维包埋，置于75℃烘箱中固化；然后采用RMC PT-XL型超薄切片机切片，同一批样品控制切片厚度一致；再采用Leica金相显微镜放大500倍观察切片，并拍照；最后采用ImageProPlus图像分析软件对相片进行光密度分析。

图1.48为经梯度升温处理的预氧化纤维的OM照片。从图中可以看出，随着温度的升高，预氧化纤维的颜色逐渐加深，且纤维皮层的颜色变深较快，芯部变化较慢，呈现一定程度的皮芯结构差异。这主要是因为PAN分子链在空气氧分子的作用下，纤维由表及里逐渐生成了—C＝C—、—C＝O和—C＝N—等双键结构的发色团。在计算机图像系统中，以灰度值评估像素点的颜色深浅。以此为基础，单一像素点的光密度值(optical density，OD)为

$$\mathrm{OD}=-\lg\frac{\mathrm{Grey}_i}{\mathrm{Grey}_0} \tag{1-2}$$

式中，Grey_i 为被测像素点的平均灰度值；Grey_0 为背景像素点(即图像最明亮之处)的灰度值。

积分光密度(integrated optical density，IOD)为构成指点区域内的所有像素点的光密度之和，即

$$\mathrm{IOD}=\sum \mathrm{OD} \tag{1-3}$$

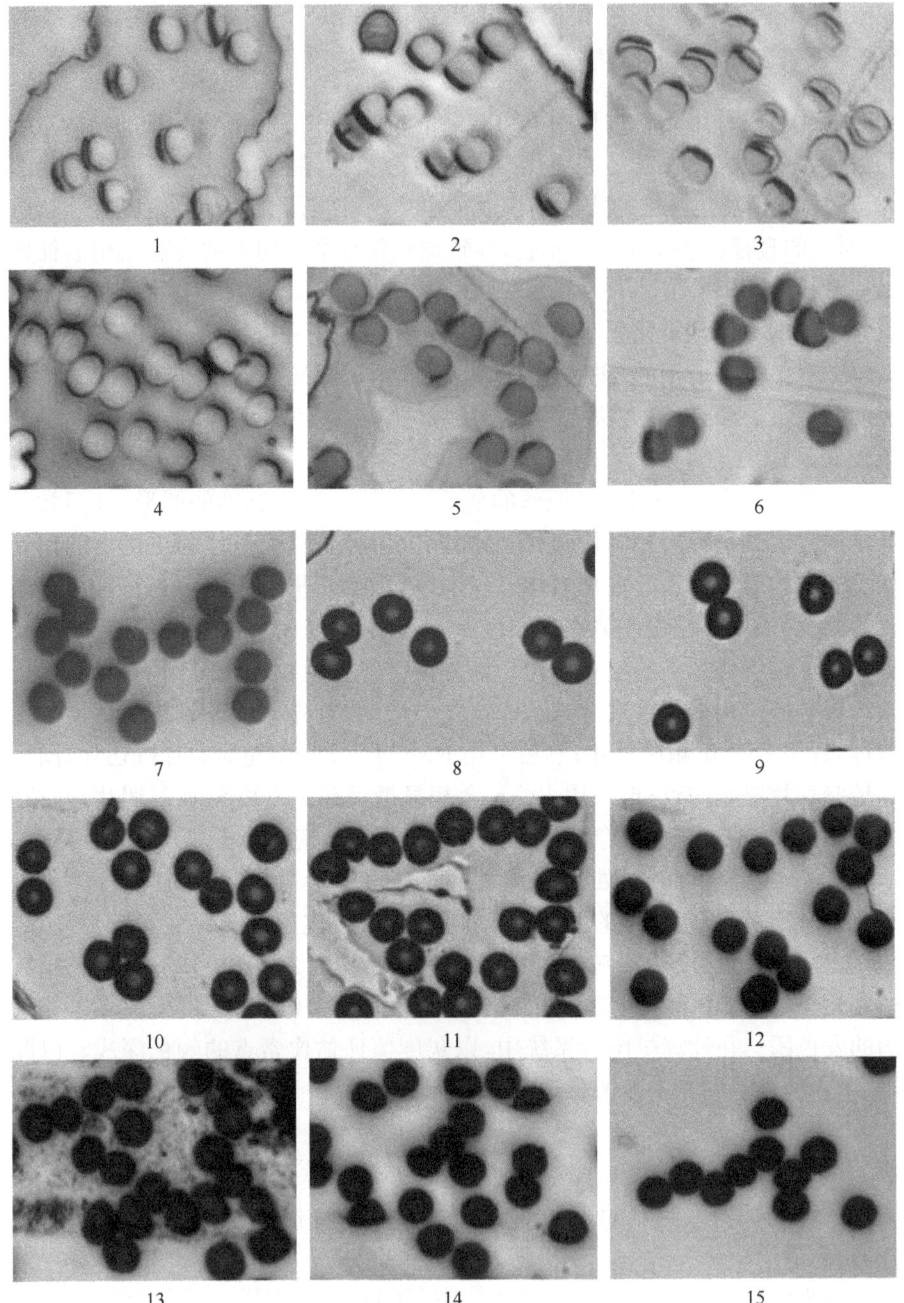

图 1.48　经梯度升温处理的预氧化纤维 OM 照片[70]

以 170℃为起始温度进行梯度升温，每次升高 10℃，在每个温度下停留 10min 后取样

平均光密度(mean optical density,MOD)为指定区域内所有像素点光密度的平均值,即

$$\mathrm{MOD}=\mathrm{IOD}/N \tag{1-4}$$

式中,N 为指定区域内像素点的数量。MOD 值反映了被测区域内物质的相对平均浓度。在标定图像的光密度-灰度对应曲线后,计算机自动按照此关系进行灰度值和光密度值的转换。

从图 1.49 可知,光密度和体密度均随反应进程的深入逐渐变大,两者总体趋势一致,表明光密度同样可以评估监测预氧化反应的进程。一般认为,预氧化过程中纤维体密度变化的主要原因为预氧化纤维中结合了相当数量的氧元素,使整体质量上升。而光密度变化的根本原因在于 PAN 分子在空气氛围中进行的环化和氧化反应生成了具有—C═C—、—C═O 和—C═N—等双键结构的发色团。可见体密度与光密度的变化,均与纤维在稳定化过程中发生的环化反应和氧化反应有关。但两者仍存在一些差异:在反应前期,体密度变化较为平缓,而光密度变化略微较大,说明在温度较低时,纤维进行少量的环化反应,使纤维颜色显著加深,但由于并未吸收大量的氧元素,所以反应程度提高而质量并未发生大的变化;在反应中期,体密度与光密度均急剧上升,说明在在该阶段大量的氧元素参与反应,使纤维质量和生色基团数量均大量增加;在反应后期,两者的变化均趋于平缓,说明反应基本接近完成。体密度的变化涉及物理化学变化,而光密度反映了新的基团和结构产生这些更加本质的变化。因此,光密度法相比传统的体密度法对预氧化纤维化学结构变化的检测更加敏感。

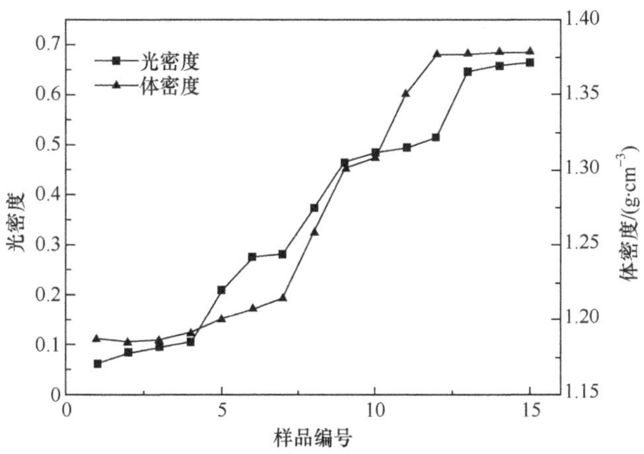

图 1.49　体密度与光密度测试结果比较[70]

根据 Lambert-Beer 定律可知,纤维的光密度(吸光度)正比于物质浓度(即这些发色基团的浓度),因此可以通过测定超薄切片的光密度值研究预氧化反应的进

程和纤维皮芯结构的变化。图 1.50 为平均光密度、皮层平均光密度和芯部平均光密度示意图。在设定好参数之后，软件能够自动区分纤维皮层与芯部区域，并分别得出皮层平均光密度(shell MOD)与芯部平均光密度(core MOD)。

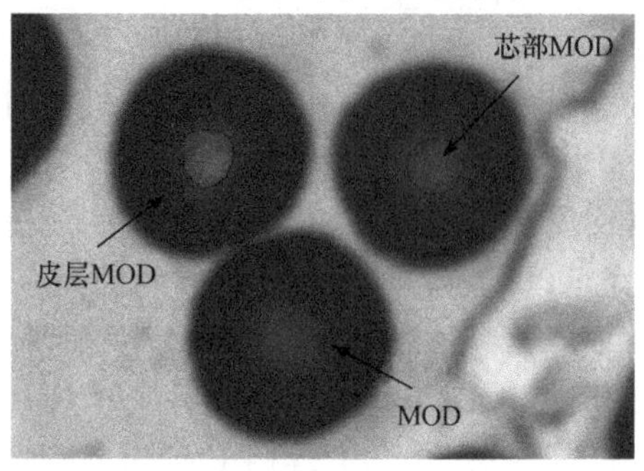

图 1.50　平均光密度、皮层平均光密度和芯部平均光密度示意图

图 1.51 为不同预氧化纤维的皮层平均光密度与芯部平均光密度。由图可见，随着热处理温度升高，皮层 MOD 和芯部 MOD 均增大，但两者增大的幅度不一致。与图 1.49 的平均光密度曲线比较可知，皮层曲线趋势与整体平均光密度相当接近，说明皮层的氧扩散迅速，反应充分，而芯部的氧扩散受阻，反应有所滞后。

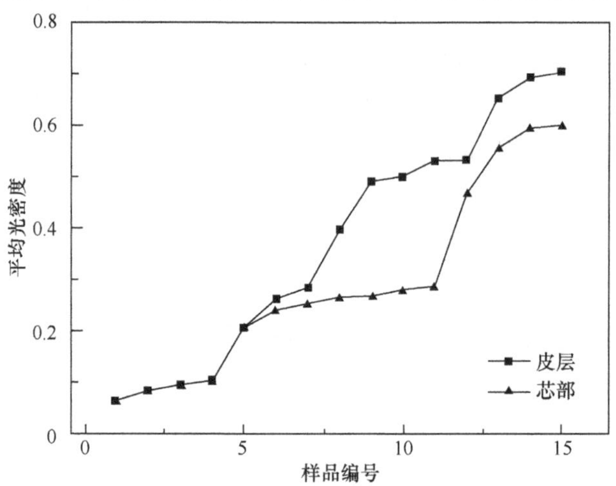

图 1.51　不同预氧化纤维的皮层平均光密度与芯部平均光密度[70]

结合图 1.48 的超薄切片图像可知，当温度低于 210℃时，随着反应的深入，样品 1～5 截面颜色呈现平稳的梯度变化，由于反应温度较低，仅仅形成小部分发色基团结构，且纤维颜色变化均匀，说明在反应初期主要进行不需要氧元素参与的环化反应。因此，表面和内部反应进程一致，未产生皮芯结构。温度为 220～230℃的样品 6、7 纤维表面逐渐形成了较为致密的皮层，导致芯部与皮层的反应程度渐渐出现一定的差异。温度为 240～270℃时，由于反应温度的上升，皮层与芯部的

热稳定化反应特别是氧化反应的速率差距急剧扩大，表现为皮层 MOD 值迅速上升，而芯部 MOD 则形成了一个相对停滞的平台区，说明表面致密的皮层抑制了氧进入芯部和芯部反应产生的小分子排出的双向扩散进程，导致氧化反应只能在表层进行。当温度高于 280℃时，由于表层接近反应完成，皮层对氧的吸收速率逐渐下降，直至纤维表面的氧化反应接近结束时，氧元素才能够渐渐扩散进入纤维的内部，芯部 MOD 随之出现显著上升。在反应终期，皮层 MOD 和芯部 MOD 变化均趋于平缓。但直到反应结束，皮芯结构仍然较为明显。

对预氧化纤维的皮层和芯部分别进行光密度计算，与传统的"皮芯比法"一样仍然存在一定的人为误差。为了能够更加客观准确地表征皮芯结构的严重程度，引入光密度标准差(optical density standard deviation，ODSD)的概念，计算公式如下：

$$\mathrm{ODSD}=\sqrt{\frac{\sum_{i=1}^{n}(\mathrm{OD}_i-\mathrm{MOD})}{n-1}} \tag{1-5}$$

式中，OD_i 为指定区域内每一像素点的 OD。ODSD 值越大，表明皮芯结构越严重。采用该方法不需要人为划分皮层和芯部，从而彻底避免了人为误差。

不同预氧化纤维的 ODSD 的结果如图 1.52 所示。图中曲线呈现峰形变化，印证了皮芯结构程度经历了先加重后缓和的过程。结合图 1.48 与图 1.51 可知，ODSD 与皮芯结构的程度成正比。预氧化程度不足会使纤维留下一个未反应的芯部结构，导致后续的炭化过程中产生严重的孔洞；而长时间的热稳定反应虽然能够部分消除皮芯结构，但会使碳收率下降并极大降低生产效率。因此，以本实验所采用的某国外原丝为例，MOD 在 0.65 左右，ODSD 为 0.045 左右为合理的预氧化程度。

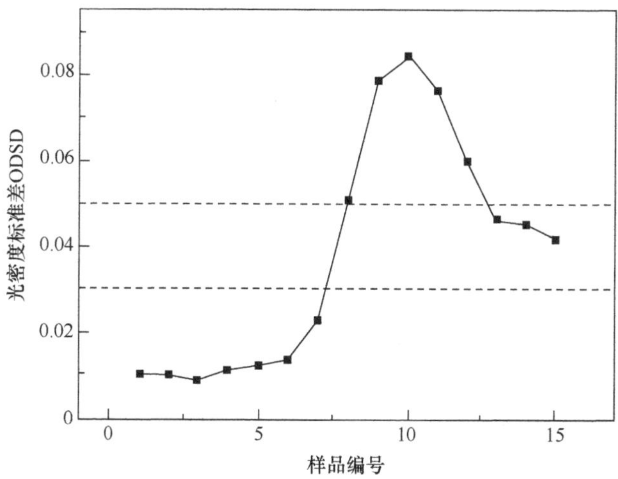

图 1.52　不同预氧化纤维的光密度标准差[70]

1.5.3 碳纤维及原丝孔洞缺陷

碳纤维作为一种脆性材料，其断裂主要是裂纹在一定的应力水平下发生扩展而造成的。而裂纹的产生与碳纤维内部的孔洞有着密切关系。在孔洞存在的位置，由于应力传递受阻，容易形成应力集中点，从而产生裂纹，成为碳纤维的断裂之源。孔洞的无规形状和取向致使裂纹在碳纤维内部呈现随机分布状态，由此导致碳纤维性能的稳定性变差(即 CV 值变大)。因此，在高性能碳纤维的研制和生产过程中，必须严格控制孔洞缺陷。

按照来源不同，可以将碳纤维的孔洞分为两大类：一是从 PAN 原丝身上遗传下来的先天性孔洞；二是在预氧化和炭化等热处理过程中产生的后天性孔洞。后者可以通过及时调整预氧化和炭化工艺参数加以控制，而前者一旦形成，就有可能成为最终碳纤维的致命缺陷。按照孔径大小，国际纯粹与应用化学联合会(IUPAC)将孔洞分为三类：微孔(<2nm)、中孔(2～50nm)、大孔(>50nm)。按照开闭状态，又可以将其分为开放式孔洞(开孔)和闭合式孔洞(闭孔)两大类[71]。

孔洞的常用表征方法主要有：OM、SEM、透射电子显微镜(TEM)、X 射线显微镜(XRM)、气体吸附法、压汞法和小角 X 射线衍射法(SAXS)。其中前四种方法能够直接观察到孔洞的形貌特征，因此又统称为显微观察法。这些表征方法各有优缺点。显微观察法能够直观、形象地给出孔洞的形貌信息，但是它不能定量测定孔洞的数量(即孔隙率)。气体吸附法和压汞法能够定量测定孔隙率，但是只适用于开孔，对闭孔无效。在 PAN 原丝纺丝过程中，纤维经过干燥致密化处理后，由于孔壁发生收缩、塌陷，大多数孔洞由开孔转变为闭孔。因此，气体吸附法和压汞法不适用于 PAN 原丝孔洞缺陷的表征。SAXS 是研究材料 0.1～100nm 尺度孔隙结构的有效手段，它能够获得开孔和闭孔的全部结构信息[72]。但是，该方法依赖同步辐射光源等大型科学装置，需排队等候机时，时效性较差。而且，相对而言，SAXS 法的数据处理较为复杂，使得其难以在实际碳纤维研制和生产过程中及时发挥有效作用。此外，PAN 原丝内部的孔洞还具有形状无规、表面粗糙的特点，与 SAXS 通常采用的圆柱体、球体等计算模型相差甚远。因此，SAXS 法也并非表征 PAN 原丝孔洞缺陷的理想方法。

在 OM、SEM、TEM 和 XRM 四种显微观察法中，前三种显微观察法在表征纤维样品孔洞缺陷前都需要对其进行切断或者切片处理。由于 PAN 原丝为具有一定塑性的高分子材料，在对其进行切断处理时，纤维断面容易被挤压变形，导致纤维内部孔洞缺陷结构被破坏。而碳纤维作为一种脆性无机材料，在对其进行切断处理时，纤维断面容易碎裂，同样导致纤维内部孔洞缺陷结构被破坏。在用 TEM

观察纤维样品前，需要对纤维进行超薄切片，且厚度最好控制100nm以下。由于PAN原丝及碳纤维的直径均在数微米的范围内，对其进行超薄切片非常困难。由此可见，采用OM、SEM和TEM三种表征方法很难获得PAN原丝及碳纤维内部孔洞缺陷的真实和详细信息。

纳米XRM通常又称为Nano-XCT，具有制样简便、无须喷镀金膜、无须切断样品或超薄切片、不破坏样品结构、能够直接给出三维透射图的优点，因而在碳纤维研制过程中具有一定的应用价值[73]。为了更好地表征PAN原丝及碳纤维的内部孔洞缺陷，本平台已配备了一台先进的Nano-XCT(图1.53)。该仪器具有两种精度模式，可测量50nm(视场16μm)、150nm(视场64μm)的微孔及缺陷结构，适用于各种固体材料的表征与检测，已广泛应用于石油开采、冶金、化工新材料等领域。Nano-XCT是一种新型的微缺陷表征手段，与传统电子显微镜相比，其优势在于可无损地重现微缺陷的三维形貌。借助该仪器深入分析PAN原丝、预氧化纤维和碳纤维微孔缺陷的形成过程和演变规律，可为缺陷控制提供依据和指导。

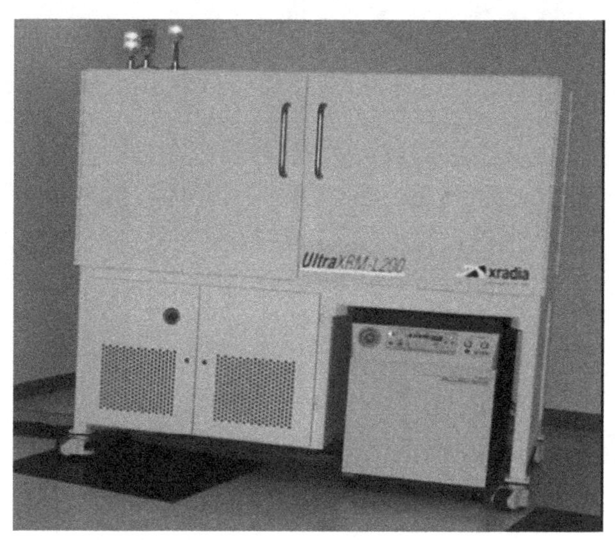

图1.53 UltraXRM-L200型纳米X射线显微镜

图1.54为采用Nano-XCT直接观察PAN原丝内部孔洞的三维透视图。从图中可以清晰、直观地观察到PAN原丝内部的大孔洞缺陷。这些孔洞并没有规则的几何形状，也没有完全沿纤维轴向取向。该仪器还可以绘制出纤维任意角度的二维虚拟切面图，如图1.55所示。从图中可以准确测量出孔洞缺陷的三维尺寸。

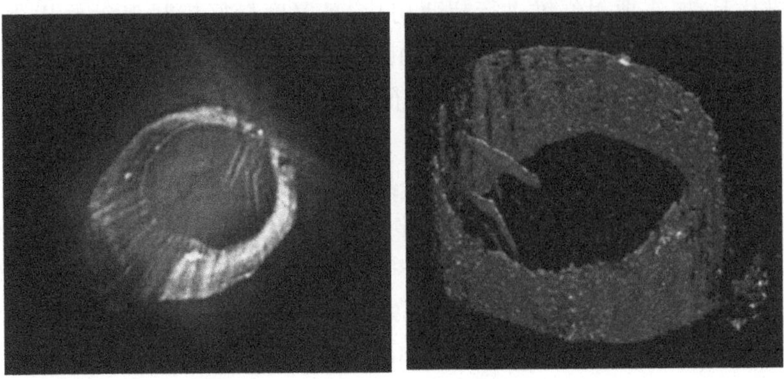

图 1.54 PAN 原丝的 XRM 三维透视图

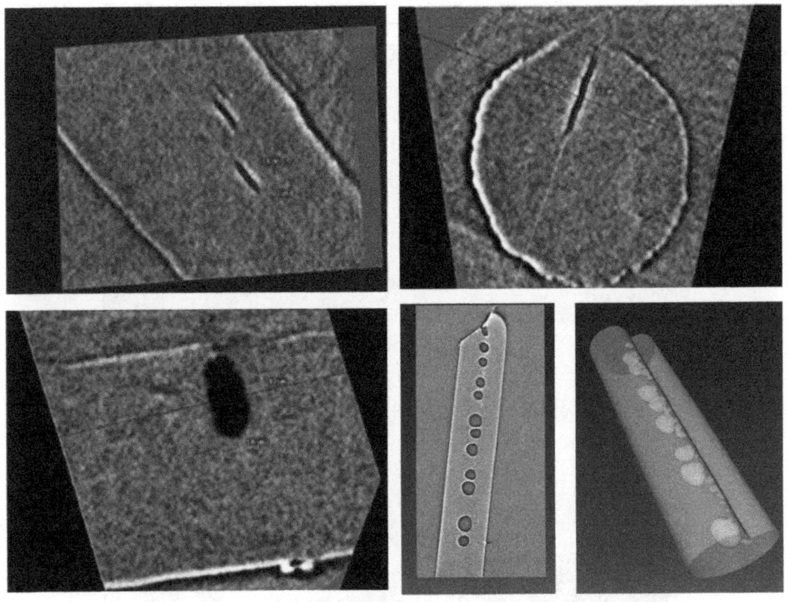

图 1.55 PAN 原丝的 XRM 任意角度切面图

参考文献

[1] 贺福. 碳纤维及石墨纤维[M]. 北京:化学工业出版社,2010.

[2] Morgan P. Carbon Fibers and Their Composites[M]. New York:Taylor & Francis Group,2005.

[3] 冯瑞华,姜山,万勇,等. 高性能碳纤维国际发展态势分析[M]//国际科学技术前沿报告2012. 北京:科学出版社,2012:483-539.

[4] Jahn B. Composites market report 2013. Market developments,trends,challenges and opportunities[R]. Augsburg:CCeV,2013.

[5] Baker D A, Rials T G. Recent advances in low-cost carbon fiber manufacture from lignin[J]. Journal of Applied Polymer Science, 2013, 130(2): 713-728.

[6] 何天白，陈友汜. 高性能碳纤维产业化新进展[J]. 高技术发展报告，2014：211-215.

[7] 吕春祥，袁淑霞，李永红，等. 碳纤维国产化的若干技术瓶颈[J]. 新材料产业，2011，2：48-50.

[8] 徐樑华. 国产碳纤维质量状况分析及对策建议[J]. 新材料产业，2010，7：6-8.

[9] 贺福. 碳纤维及其应用技术[M]. 北京：化学工业出版社，2004.

[10] 王成国，朱波. 聚丙烯腈基碳纤维[M]. 北京：科学出版社，2011.

[11] 吴雪平，杨永岗，郑经堂，等. 高性能聚丙烯腈基碳纤维的原丝[J]. 高科技纤维与应用，2001，26(6)：6-10.

[12] Tanaka F, Endo M, Okishima Y. Polyacrylonitrile polymer, method of producing the same, method of producing precursor fiber used for producing carbon fiber, carbon fiber and method of producing the same[P]: US, 2010/0003515, 2010.

[13] 田中文彦，远藤真，川上大辅. 碳纤维母体纤维及碳纤维及它们的制造方法[P]：中国，200980103963. 1，2009.

[14] 潘祖仁. 高分子化学[M]. 3 版. 北京：化学工业出版社，2003.

[15] 莫高明，王艳菲，渠丽景，等. 一种具有低分子量分布的丙烯腈共聚物纺丝液的制备方法[P]：中国，201210539546. 5，2012.

[16] 莫高明，张若愚，王艳菲，等. 一种低分子量分布的丙烯腈共聚物的制备方法[P]：中国，201210539577. 0，2012.

[17] Eom Y, Kim B C. Solubility parameter-based analysis of polyacrylonitrile solutions in N, N-dimethyl formamide and dimethyl sulfoxide[J]. Polymer, 2014, 55: 2570-2577.

[18] Ju A, Guang S, Xu H. Effect of comonomer structure on the stabilization and spinnability of polyacrylonitrile copolymers[J]. Carbon, 3013, 54: 323-335.

[19] Du W, Chen H, Xu H, et al. Viscoelastic behavior of polyacrylonitrile/dimethyl sulfoxide concentrated solution with water[J]. Journal of Polymer Science Part B: Polymer Physics, 2009, 47: 1437-1442.

[20] Cheng L, Ouyang Q, Wang H. Effect of water on the viscosity properties of polyacrylonitrile solution in dimethylsulfoxide[J]. Journal of Macromolecular Science Part B: Physics, 2009, 48(3): 617-625.

[21] 吴雪平，凌立成，吕春祥，等. 不同分子量丙烯腈-丙烯酰胺共聚物溶液的流变性研究[J]. 新型炭材料，2004，19(2)：103-108.

[22] Masson J C. Acrylic Fiber Technology and Applications[M]. New York: Marcel Dekker, Inc. , 1995.

[23] 葛曷一，柳华实，陈娟. PAN 原丝至碳纤维缺陷的形成与遗传性[J]. 合成纤维，2009，2(21)：21-25.

[24] 葛曷一，柳华实，陈娟. 湿法纺聚丙烯腈原丝的微观结构分析[J]. 材料工程，2009，7：50-53.

[25] 董瑞蛟，赵炯心，张幼维，等. 成形条件对 PAN 原丝微孔结构及热性能的影响[J]. 合成纤维工业，2009，32(3)：24-26.

[26] 林凤崎,徐樑华,李常清,等. 凝固条件对 PAN 初生纤维微孔结构形态的影响[J]. 合成纤维工业,2006,29(1):16-19.

[27] Ouyang Q,Chen Y S,Zhang N,et al. Effect of jet swell and jet stretch on the structure of wet-spun polyacrylonitrile fiber[J]. Journal of Macromolecular Science Part B: Physics, 2011,50(12):2417-2427.

[28] 贺福. 缺陷是碳纤维的致命伤[J]. 高科技纤维与应用,2010,35(4):25-31.

[29] 贺福,王润娥. 聚丙烯腈纤维和碳纤维的缺陷[J]. 炭素技术,1985,6:1-4.

[30] 张凤翻,申屠年. 国产碳纤维规模化应用值得注意的工艺问题[J]. 高科技纤维与应用,2008,33(3):1-4.

[31] 马祥林,任婷. PAN 基碳纤维毛丝成因分析和解决方法[J]. 石油化工技术与经济,2012,28(4):41-44.

[32] 欧阳琴,陈友汜,王雪飞,等. 聚丙烯腈原丝中毛丝的结构与性能研究[J]. 高科技纤维与应用,2011,36(4):12-16.

[33] 欧阳琴,陈友汜,莫高明,等. 聚丙烯腈原丝中粘连的形成与控制[J]. 高科技纤维与应用,2011,36(2):21-25.

[34] Bajaj P,Roopanwal A K. Thermal stabilization of acrylic precursors for the production of carbon fibers an overview[J]. Polymer Reviews,1997,37(1):97-147.

[35] Bashir Z. A critical review of the stabilization of polyacrylonitrile[J]. Carbon,1991,29(8): 1081-1090.

[36] 刘杰,李佳,王雷,等. 预氧化过程中 PAN 纤维皮芯结构的变化[J]. 新型炭材料,2008,23(2):177-184.

[37] Fitzer E,Müller D J. The influence of oxygen on the chemical reactions during stabilization of PAN as carbon fiber precursor[J]. Carbon,1975,13(1):63-69.

[38] 肖建文,徐樑华,廉信淑,等. 预氧丝皮芯结构对碳纤维性能的影响[J]. 化工新型材料,2013,41(8):117-147.

[39] Frank E,Steudle L M,Ingildeev D,et al. Carbon fibers:Precursor systems,processing,structure, and properties[J]. Angewandte Chemie,2014,53:5262-5298.

[40] 贺福,王润娥. 用气相氧化法对碳纤维进行表面处理[J]. 复合材料学报,1988,5(1):56-62.

[41] 冀克俭,邓卫华,陈刚,等. 臭氧处理对碳纤维表面及其复合材料性能的影响[J]. 工程塑料应用,2003,31(5):34-36.

[42] Boudou J P, Paredes J I, Cuesta A, et al. Oxygen plasma modification of pitch-based isotropic carbon fibres[J]. Carbon,2003,41(1):41-56.

[43] Fukunaga A,Komami T,Ueda S,et al. Plasma treatment of pitch-based ultra high modulus carbon fibers[J]. Carbon,1999,37(7):1087-1091.

[44] Donnet J B,Brendle M,Dhami T L,et al. Plasma treatment effect on the surface energy of carbon and carbon fibers[J]. Carbon,1986,24(6):757-770.

[45] 陈同海,贾明印,薛平,等. 液相氧化对碳纤维表面性能影响的研究[J]. 塑料工业,2013,41(9):87-113.

[46] Yue Z R, Jiang W, Wang L, et al. Surface characterization of electrochemically oxidized carbon fibers[J]. Carbon, 1999, 37(11): 1785-1796.

[47] 刘鸿鹏，吕春祥，李永红，等. 电化学表面处理 PAN 基碳纤维的表面性能研究[J]. 新型炭材料，2005，20(1)：39-44.

[48] Baklanova N I, Morozova N B, Kriventsov V V, et al. Synthesis and microstructure of iridium coatings on carbon fibers[J]. Carbon, 2013, 56: 243-254.

[49] Ehlert G J, Lin Y, Sodano H A. Carboxyl functionalization of carbon fibers through a grafting reaction that preserves fiber tensile strength[J]. Carbon, 2011, 49(13): 4246-4255.

[50] Qian X, Zhi J H, Chen L Q, et al. Effect of low current density electrochemical oxidation on the properties of carbon[J]. Surface and Interface Analysis, 2013, 45: 937-942.

[51] Thostenson E T, Li W Z, Wang D Z, et al. Carbon nanotube/carbon fiber hybrid multiscale composites[J]. Journal of Applied Physics, 2002, 91(9): 6034-6037.

[52] Qian H, Bismarck A, Greenhalgh E S, et al. Hierarchical composites reinforced with carbon nanotube grafted fibers: The potential assessed at the single fiber level[J]. Chemistry of Materials, 2008, 20(5): 1862-1869.

[53] Sharma S P, Lakkad S C. Compressive strength of carbon nanotubes grown on carbon fiber reinforced epoxy matrix multi-scale hybrid composites[J]. Surface & Coatings Technology, 2010, 205(2): 350-355.

[54] Sager R J, Klein P J, Lagoudas D C, et al. Effect of carbon nanotubes on the interfacial shear strength of T650 carbon fiber in an epoxy matrix[J]. Composites Science and Technology, 2009, 69(7-8): 898-904.

[55] Bekyarova E, Thostenson E T, Yu A, et al. Multiscale carbon nanotube—Carbon fiber reinforcement for advanced epoxy composites[J]. Langmuir, 2007, 23(7): 3970-3974.

[56] He X D, Zhang F H, Wang R G, et al. Preparation of a carbon nanotube/carbon fiber multi-scale reinforcement by grafting multi-walled carbon nanotubes onto the fibers[J]. Carbon, 2007, 45(13): 2559-2563.

[57] Peng Q Y, He X D, Li Y B, et al. Chemically and uniformly grafting carbon nanotubes onto carbon fibers by poly(amidoamine) for enhancing interfacial strength in carbon fiber composites[J]. Journal of Materials Chemistry, 2012, 22(13): 5928-5931.

[58] He X D, Zhang F H, Wang R G, et al. Direct measurement of grafting strength between an individual carbon nanotube and a carbon fiber[J]. Carbon, 2012, 50(10): 3782-3788.

[59] Zhao F, Huang Y D. Preparation and properties of polyhedral oligomeric silsesquioxane and carbon nanotube grafted carbon fiber hierarchical reinforcing structure[J]. Journal of Materials Chemistry, 2011, 21(9): 2867-2870.

[60] Zhao F, Huang Y D, Liu L, et al. Formation of a carbon fiber/polyhedral oligomeric silsesquioxane/carbon nanotube hybrid reinforcement and its effect on the interfacial properties of carbon fiber/epoxy composites[J]. Carbon, 2011, 49(8): 2624-2632.

[61] Zhang X Q, Fan X Y, Yan C, et al. Interfacial microstructure and properties of carbon fiber

composites modified with graphene oxide[J]. ACS Applied Materials & Interfaces,2012,4(3):1543-1552.

[62] 蔡小平,等. 聚丙烯腈基碳纤维生产技术[M]. 北京:化学工业出版社,2012.

[63] 汪昆华,罗传秋,周啸. 聚合物近代仪器分析[M]. 2 版. 北京:清华大学出版社,2000.

[64] 刘爱民. 凝胶渗透色谱法测定聚丙烯腈共聚物的平均分子量及分布的研究[J]. 安徽化工,2003,1:17-21.

[65] 张娜,王微霞,皇静,等. 聚丙烯腈原丝相对分子质量及其分布的测试[J]. 高科技纤维与应用,2011,36(3):18-22.

[66] Nguyer-Thai N U, Hong S C. Structural evolution of poly(acrylonitrile-co-itaconic acid) during thermal oxidative stabilization fro carbon materials[J]. Macromolecules, 2013, 46: 5882-5889.

[67] Rwei S P, Way T F, Hsu Y S. Kinetics of cyclization reaction in poly(acrylonitrile/methyl acrylate/dimethyl itaconate) copolymer determined by a thermal analysis[J]. Polymer Degradation and Stability, 2013, 98: 2072-2080.

[68] Arbab S, Zeinolebadi A. A procedure for precise determination of thermal stabilization reactions in carbon fiber precursors[J]. Polymer Degradation and Stability, 2013, 98: 2537-2545.

[69] Wang Y, Xu L, Wang M, et al. Structural identification of polyacrylonitrile during thermal treatment by selective 13C labeling and solid-state 13C NMR spectroscopy[J]. Macromolecules, 2014, 47(12): 3901-3908.

[70] 戚明之,王海军,欧阳琴,等. 光密度法研究聚丙烯腈纤维的热稳定化过程[J]. 合成纤维工业,2010,33(6):24-27.

[71] Inagaki M. Pores in carbon materials—Importance of their control[J]. New Carbon Materials, 2009, 24(3): 193-222.

[72] Kaburagi M, Bin Y, Zhu D, et al. Small angle X-ray scattering from voids within fibers during the stabilization and carbonization stages[J]. Carbon, 2003, 41: 915-926.

[73] Diaz A, Guizar-Sicairos M, Poeppel A, et al. Characterization of carbon fibers using X-ray phase nanotomography[J]. Carbon, 2014, 67: 98-103.

第2章　碳纤维增强树脂基复合材料的循环利用

2.1　概　　述

碳纤维增强树脂基复合材料(CFRP)是以碳纤维为增强体、有机合成树脂为基体的一类复合材料,基体通常为热固性树脂,如不饱和聚酯、环氧树脂或酚醛树脂,也可以为热塑性树脂。CFRP具有高强度、高韧性、耐腐蚀和质量轻等特点,在航空、航天和体育用品领域大量应用并稳步增长,在一些新的工业领域,如风能、汽车、压力容器、离岸油田设备等的应用也持续增长。预计到2020年全球对碳纤维的需求量将达到13万吨,其中60%以上将应用于工业领域[1]。

CFRP产量的增加同时也带来了其废弃物的大量增加,直接废弃填埋会占用大量的工农用地,焚烧则会产生大量有毒气体,并且这两种方式都会浪费昂贵的碳纤维。碳纤维的炭化过程需要较高的温度,因此与玻璃纤维相比,碳纤维的制造是个高能耗的过程,每生产1吨碳纤维消耗的能量约为235GJ,而玻璃纤维仅为23GJ。因此,从环保和经济的可持续发展角度都要求对CFRP废弃物进行回收。常见的CFRP废弃物有废弃的预浸料、制造加工过程产生的废料及到达使用寿命报废的产品,其中加工废料占到所有CFRP废料的30%～40%。在波音787飞机中,CFRP占到了总重量的50%,可以使飞机的自重和油耗大大下降,每个飞机大约使用23吨碳纤维。空客A350中也使用了53%的CFRP复合材料,预计到2026年空客约有6400架飞机达到使用寿命终结期,因此需要以环保方式进行飞机的退役、拆解和循环利用[2]。国内CFRP应用最多的行业是体育用品,主要分布在广东、福建及山东的台资和本土加工厂,经过多年的发展,大量的CFRP废弃物处理问题逐渐显现,这些都提供了大量的可供回收的废弃CFRP原料。

目前欧盟已经出台对CFRP废弃物处置的相关法令,规定生产商有处理报废CFRP的责任,同时限制对CFRP废弃物进行填埋处理。另外,欧盟议会在2000年9月18日颁布了欧盟废弃车辆指令,规定2015年以后汽车生产商生产车辆85%的部件都必须回收利用,10%可用于能量回收,填埋量不超过5%。国内2006年制定的《汽车产品回收利用技术政策》要求从2012年起所有国产及进口汽车的可回收利用率要达到90%左右,其中材料的再利用率不低于80%;2017年起,所有国产及进口汽车的可回收利用率要达到95%左右,其中材料的再利用率不低于85%。这对于应用CFRP越来越多的汽车行业无疑是一个严峻的挑战。美国虽然没有类似欧盟的处理废弃CFRP的强制法令出台,但波音为了"绿色"的标签在过去几年里一直参与有关碳纤维回收利用的研究工作。德国宝马公司因在 i3 和 i8 这两款车型中大量使用了碳纤维复合材料，而与波音签署了一项协议联合开展关于碳纤维回收的研究。对于两家公司而言，复合材料在使用过程中和产品寿命结束后的回收都至关重要。面对环境和立法的压力、逐渐提高的填埋费用及 CFRP 在汽车领域应用的增加，开发低成本、绿色化废弃 CFRP 回收及再利用技术刻不容缓。

CFRP 废弃物的循环再利用对于 CFRP 产业的可持续发展至关重要，因而近 10 年来，CFRP 回收再利用方面的科学研究和技术开发逐渐增多，已有一些综述性的文献对其中的一些技术进行了总结[3~6]，已经建立了一些回收的商业化装置。表 2.1 为国外主要的碳纤维回收参与机构及其主要进展。国外尤其是欧美和日本由于碳纤维产业发展较早，其废弃物回收和再利用研究与商业化活动较早得到开展，

表 2.1　国外主要的碳纤维回收参与机构及进展

国家	机构	主要进展
美国	ATI 技术公司	开发了真空裂解、低温热流体和高温热流体及其组合回收技术，建立了中试工厂
	波音研究与技术中心	评估回收碳纤维性能，评估不同回收过程的可行性，开发回收碳纤维再利用产品
	材料创新技术公司	建立了热裂解处理线，开发了三维工程预成型技术
	火鸟先进材料公司	建立了连续化的微波处理中试装置
英国	ELG 碳纤维有限公司①	建立了世界上第一条连续化的商业热裂解生产线，处理量为 2000 吨/年
	诺丁汉大学	开发了流化床和超临界正丙醇回收技术，开发了湿法制备无纺布成型技术，评估了无纺布制备的片状模塑料的性能
	伦敦帝国理工学院	回收碳纤维复合材料性能研究
法国	空中客车公司	启动了 PAMELA 项目，建立了 TARMAC，与德国 CFK 合作开展回收研究②
德国	CFK 瓦利施塔德回收有限公司③	处理量为 1000 吨/年的连续热解装置
意大利	Karborek 公司	热裂解-气化两步处理技术
日本	日本碳纤维制造联盟回收委员会④	建立了 1000 吨/年的热裂解处理线
	日立化成工业株式会社	开发了常压溶剂技术，建立了中试装置

① 2003 年成立了 Milled Carbon 集团公司，2008 年改为回收碳纤维有限公司(RCFL)，2011 年 9 月被德国 ELG 汉尼尔有限公司收购，改名为 ELG 碳纤维有限公司。

② PAMELA：到达使用寿命的飞机的高级管理过程；TARMAC：塔布高级回收和维修航空公司。

③ 2005 年开始回收方面的研究，2008 年建立中试工厂，2010 年在维马拉特·萨芬的回收工厂进行试车。

④ 包括东丽公司、东邦公司、帝人集团、三菱集团。

而我国在这方面还未引起足够的重视。鉴于此，本章重点介绍了 CFRP 废弃物回收及回收碳纤维再利用技术，并分析了 CFRP 废弃物循环再利用商业化过程面临的困难及挑战。

2.2 碳纤维增强热固性树脂复合材料回收技术

2.2.1 废弃 CFRP 回收技术难点

碳纤维增强热固性树脂基复合材料具有轻质、高强、耐高温、耐腐蚀、耐疲劳等优点，同时可以减少加工和组装的成本，因而大量作为结构材料使用。其中，不饱和聚酯树脂价格便宜，容易加工，通常与玻璃纤维复合制成片状模塑料。酚醛树脂虽然阻燃性能好，但材料较脆，相比之下，环氧树脂具有更高的力学性能和耐热性能，因而经常在高性能复合材料中使用。CFRP 通常含有质量分数为 50%～70% 的碳纤维，其余组分主要为环氧树脂，回收过程主要是将复合材料中的环氧树脂分解，从而回收碳纤维材料。回收真正的 CFRP 废弃物主要面临以下几个技术困难。

1. 交联热固性树脂难降解

CFRP 多采用环氧树脂作为基体树脂，与热塑性树脂不同，其固化成型后形成三维交联网状结构，无法再次模塑或加工，难于处理。另外，环氧树脂的结构不同、固化温度不同，使得其固化物的性质也有所差别，造成不同结构环氧树脂的分解条件也各不相同。

2. 废弃复合材料的粉碎及纤维长度控制

为了得到长度均一的回收碳纤维，CFRP 制件通常需要粉碎或切割以减小尺寸。减小尺寸既可以在回收前，也可以在回收后，但由于反应器尺寸的限制，通常在回收前进行粉碎。CFRP 成型后硬度较高使得采用切割方法刀具磨损严重，而采用粉碎的方法能耗大，同时产生大量粉尘，并对碳纤维损害严重[7]。回收后的碳纤维通常较软，也不利于切割，废弃料的尺寸大小不均一使得回收碳纤维的长度分布较宽。一般情况下，回收碳纤维的长度越长，其长度分布就越宽，这就很难生产出质量一致性高的回收碳纤维。

3. 废料污染

CFRP 废弃物在制备和应用过程中会有不同程度的污染。例如，复合材料中通常含有金属制件，混纺后制备的复合材料中含有玻璃纤维或芳纶纤维，夹层复合材料中含有蜂窝、聚氨酯泡沫或聚氯乙烯泡沫，也有复合材料在层间铺有热塑性树脂来增韧。另外，CFRP 废料中还包含密封剂、纸、布、油漆、灰尘等污染物。废弃料中的一些污染物可以在粉碎后采用密度法或其他物理方法除去，另一些则可以在回收过程中除去，如热处理过程就可以除去大部分有机污染物，而如果含有玻璃纤维等无机纤维，则需要采用特定的方法提纯。

废弃 CFRP 的回收方法主要有物理回收、热分解和溶剂分解三大类方法，根据反应介质的不同和加热方式的不同又可细分为有氧热裂解、流化床、超/亚临界流体等方法。图 2.1 给出了废弃 CFRP 的回收方法分类。由于碳纤维价格昂贵，采用热处理或热化学方法将环氧树脂分解回收碳纤维材料是目前研究开发的热点。本节将会重点介绍目前主要的回收技术，并对不同工艺的优缺点进行对比分析。

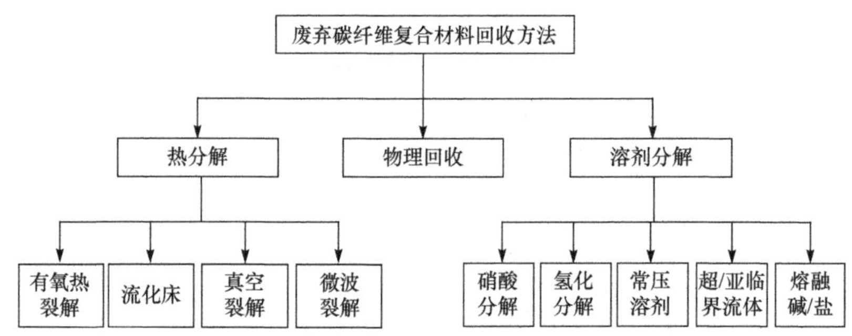

图 2.1　废弃 CFRP 回收方法分类

2.2.2　物理回收

物理回收又称二次回收，是指将废料用机械方法粉碎或研磨。原料首先低速粉碎到 100mm 以下，然后用磁场除去其中的金属，再用高速粉碎机将其磨成细产品(5～10mm)，最后使用振动筛分离，处理后的物料通过筛分得到富含树脂的粉末和纤维。得到的产品可以作为制备新的热固性聚合物基复合材料的填料，或者直接用来增强热塑性树脂。Palmer 等采用 Z 型空气分级技术来分离锤磨后的玻璃纤维 SMC，分级器可以利用重力分离密度、形状和大小不同的物料，分级器示意图见图 2.2[8]。分离效果可以通过调节空气的流速控制，集束的纤维在与器壁摩擦的过程中打开，最终得到粗细两种产品，物料可以多次进行

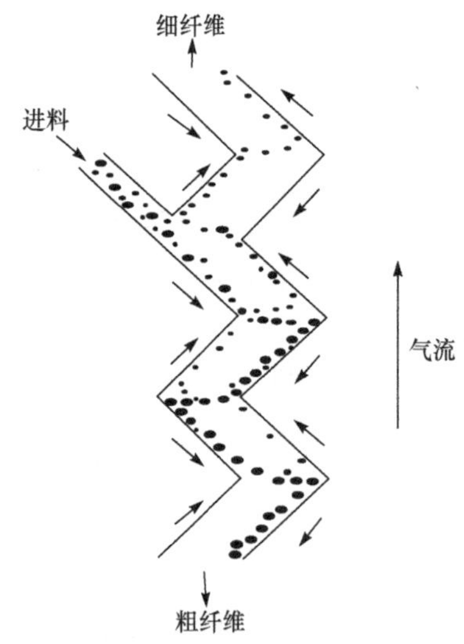

图 2.2　Z 型空气分级器的工作原理[8]

分离。Howarth 等[9]模拟了物理回收过程需要的能量，发现在碾磨过程中处理量为 10kg/h 时，需要的能量为 2.03MJ/kg；处理量为 150kg/h 时，需要的能量为 0.27MJ/kg；处理规模越大，消耗的能量越少。采用碾磨方法所需要的能量远低于制备碳纤维所需的能量(183～286MJ/kg)。物理回收方法简单、处理成本低。其缺点是破坏了长纤维的原始尺寸，导致树脂或纤维最有价值的性能无法被利用，同时产生大量的粉尘。此外，较硬的复合材料使得工具磨损严重。

2.2.3　热分解

热分解是指在高温加热条件下使聚合物断链分解。聚合物基复合材料所用基体树脂种类很多，还包含各种附属组分，如热塑性聚合物、纸、油漆、泡沫等，而这些有机物质均可以在加热条件下分解生成小分子化合物，因而热分解是目前聚合物复合材料回收的主要方法，也是目前回收 CFRP 唯一商业化的方法。在热分解反应过程中，环氧树脂被分解为低分子量的化合物，用作化学原料或精细化学品，也可作为燃料油为整个回收过程提供能量。图 2.3 给出了 CFRP 在氮气和空气气氛下的热失重及其变化率曲线。从图中可以看出，在氮气气氛下，环氧树脂的分解温度在 300～600℃，最大失重速率出现在 400℃左右。残余量超过了复合材料中碳纤维的含量，这是因为环氧树脂在惰性气氛下会在碳纤维表面生成积炭。积炭量与树脂的结构有关，芳香环结构越多的树脂其生成的积炭量越大，典型的积炭形貌见图 2.4。在热裂解过程中，积炭的生成是不可避免的，而表面的积炭会使碳纤维的接触电阻增加，降低与树脂的界面作用，影响回收碳纤维的再次使用。在空气中复合材料的分解分为三个阶段：第一阶段的温度为 300～500℃，以树脂基体热分解并产生积炭为主，其分解过程并没有因为氧化作用而明显加快；第二阶段的温度为 500～600℃，主要为积炭的氧化反应；第三阶段的温度在 650℃以上，碳纤维开始氧化。各阶段的温度区间与碳纤维及树脂的类型有关，生成的积炭不易被氧化，并且积炭会和碳纤维同时发生氧化反应。热分解依据反应气氛、反应器和加热方式的不同分为热裂解、流化床、真空裂解及微波裂解等方法。

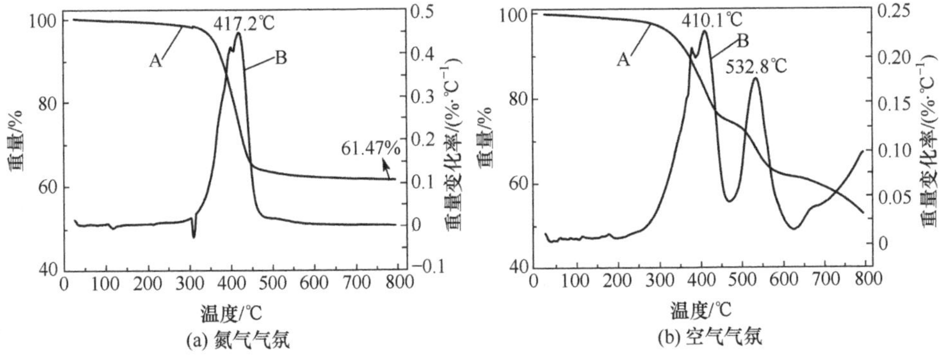

图 2.3　一种 CFRP 复合材料在不同气氛下的热失重(A)及其变化率(B)曲线

图 2.4　氮气气氛下热裂解 CFRP 回收碳纤维的 SEM 照片

1. 有氧热裂解

通常所指的热裂解是在惰性气氛下进行的,但 CFRP 的热解过程与其他聚合物的热裂解不同,其表面往往有积炭生成,这会影响回收碳纤维的进一步应用,必须通入氧化性气氛来除掉积炭,因此称为有氧热裂解。氧化性气氛可以直接作为反应气氛,也可以在裂解后单独使用,这使得 CFRP 的热裂解过程实质上为热裂解与气化的耦合过程。在热裂解过程中,树脂在分解时会放出热量,也有可能生成含氧物质,这些都会影响热解反应的进行。样品的厚度对热解反应和回收碳纤维的性能也有较大影响,较厚样品的外部对热的阻隔作用使得内部的复合材料不能达到指定的反应温度。提高反应温度可以使复合材料内部达到指定的反应温度,但复合材料外部则不可避免地发生氧化,这会导致回收碳纤维力学性能的均匀性降低。通常热裂解回收的碳纤维其单丝拉伸性能会降低 10%～15%,因此热裂解工艺的关键是控制温度、反应气氛和反应时间。

为了除去表面的积炭,通常在惰性气氛中通入不超过 20%的氧,氧浓度过高容易导致纤维的过氧化,同时也带来爆炸的风险。Ushikoshi 等[10]早在 1995 年就开始了 CFRP 热裂解的实验室研究,在 500℃空气气氛中从复合材料回收的碳纤维拉伸强度仅有少量损失,但是直接将纤维在同样条件下处理拉伸强度会损失 25%,温度升高拉伸强度损失更多。Chen 等[11]研究了未固化环氧树脂在不同氧浓度条件下的热分解动力学,并采用 Friedman 法计算了相关动力学参数,发现环氧树脂在有氧条件下的热分解包括两个阶段:树脂热分解和积炭氧化,两个阶段的表观活化能分别为 129.6～151.9kJ/mol 和 103～117.8kJ/mol。随着氧气浓度增大,两个阶段的表观活化能都相应下降。杨杰对碳纤维增强 4,4′-二氨基二苯甲烷(DDM)固化环氧树脂基复合材料在不同氧浓度下的热分解动力学进行了研究,发现复合材料在有氧条件下的热分解过程分为三个阶段[12]：树脂基体分解并产生积炭、积炭氧化以及碳纤维氧化。而氮气条件下只有一个阶段并且最终有积炭残留。有氧条件下，复合材料在 330～500℃发生基体树脂分解，550～600℃发生积炭氧化，600℃以上发生碳纤维氧化。通过分析复合材料在不同含氧气氛、不同升温速率下的热失重曲线，采用 Kissinger 法和 FWO 法计算了树脂基体分解阶段的动力学参数，采用 Coats Redfern 法确定了热分解机理函数 $g(\alpha)$（表 2.2）。氮气和有氧气氛中树脂基体热分解反应的 $g(\alpha)$ 函数类型相同，反应活化能大致相等，表明有氧气氛中第一阶段仍以热解为主，氧化反应并不明显。有氧条件下第二阶段（积炭氧化）的活化能随着氧浓度增加而降低，达到一定转化率所需要的反应时间也随着氧浓度的升高而减少，表明氧气浓度升高会明显加快积炭的氧化过程。通过动力学分析结果，假设有氧条件下复合材料热分解分阶段进行，即树脂基体热分解、积炭氧化和碳纤维氧化依次进行，进一步计算得到了不同气氛和温度下达到不同转化率所需要的时间（表 2.3）。反应最后阶段随着转化率的增加，反应时间也会大幅延长，这表明采用动力学分析树脂基体完全分解所需的时间时，转化率的取值有很大影响，一方面说明函数误差随着转化率增大而增大，另一方面也表明碳纤维表面上的残炭更难除去。

表 2.2　不同气氛中的热分解过程机理函数

反应气氛	氮气	$5\%O_2$-$95\%N_2$ 第一阶段	$5\%O_2$-$95\%N_2$ 第二阶段	空气 第一阶段	空气 第二阶段
机理函数 $g(\alpha)$	$(1-\alpha)^{-3/2}$	$(1-\alpha)^{-5/3}$	$[-\ln(1-\alpha)]^{4/5}$	$(1-\alpha)^{-5/3}$	$[-\ln(1-\alpha)]^{2/3}$

表 2.3　不同气氛及温度下 $\alpha=0.998$ 时热分解所需要的时间

反应气氛	温度/℃	反应时间/min			
		第一阶段	第二阶段	合计	实验值
$5\%O_2$-$95\%N_2$	550	122	60	182	＞60
	600	31	27	58	60～70
	650	9	10	19	30～45
空气	550	110	11	121	45～60
	600	28	4	31	15～30
	650	8	1	9	0～15

残炭的去除过程中会不可避免地发生碳纤维氧化，因此其去除过程是以牺牲碳纤维的力学性能为代价的，尤其是单丝拉伸强度。表 2.4 给出了不同处理温度、气氛和反应时间的条件下回收碳纤维的单丝拉伸性能，树脂基体为 DDM 固化的环氧树脂，热解反应在固定床反应器中进行。可以看出，温度、氧浓度和反应时间的增加均会导致回收碳纤维的单丝拉伸强度降低，当反应气氛为空气时下降尤为

明显；另外，空气气氛中回收碳纤维的拉伸模量也发生了明显下降。通过控制温度、反应气氛中氧的浓度及反应时间，可以将碳纤维力学性能的损失到最低。

表 2.4　不同温度、气氛和反应时间回收的碳纤维及原纤维的单丝拉伸性能

样品	直径 /μm	韦伯参数 β	拉伸强度 /GPa	拉伸模量 /GPa	断裂伸长率 /%
原纤维	7.17±0.52	8.69	2.71±0.32	189.2±7.6	1.30±0.15
550℃-空气-60min	7.05±0.64	5.54	1.80±0.39	169.2±9.4	0.85±0.21
600℃-空气-30min	6.60±0.47	4.41	1.23±0.28	170.7±8.0	0.49±0.16
600℃-10%O_2-30min	6.59±0.55	5.22	1.34±0.28	196.6±11.6	0.46±0.16
600℃-5%O_2-30min	6.91±0.54	6.30	2.32±0.40	194.9±7.1	0.98±0.18
650℃-空气-15min	6.40±0.66	3.47	1.41±0.40	179.4±9.4	0.52±0.20
650℃-10%O_2-15min	6.50±0.61	6.68	1.43±0.22	201.6±15.9	0.47±0.15
650℃-5%O_2-15min	6.65±0.58	6.50	2.60±0.41	220.4±10.9	0.92±0.19
650℃-5%O_2-30min	6.87±0.65	5.97	2.19±0.37	195.6±11.3	0.83±0.20
650℃-5%O_2-45min	7.05±0.52	5.18	2.11±0.47	154.8±12.4	1.19±0.25

从图 2.5 可以看出，复合材料的质量损失与反应时间呈现出良好的线性关系，反应温度和氧气浓度越大，质量损失速率越大。但温度与氧气浓度的影响程度不是固定不变的，在氧气浓度低时，温度的影响更大，而氧气浓度高时，温度的影响变弱。例如，反应气氛为空气时 600℃的失重速率与反应气氛为 10%O_2-90%N_2 时 650℃的失重速率接近。

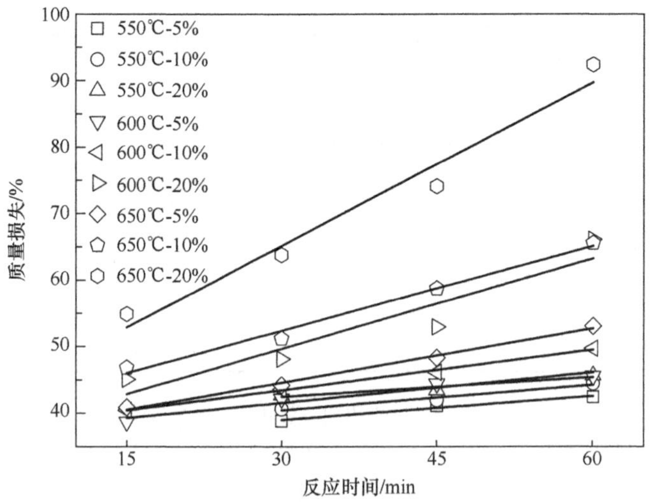

图 2.5　不同温度和气氛下碳纤维增强 DDM 固化环氧树脂复合材料质量损失与反应时间的关系

2008 年，英国的回收碳纤维有限公司（Recycled Carbon Fibre Ltd.）建立了世界上第一个商业化连续回收 CFRP 装置[13]。该公司的前身为 Milled Carbon 集团公司，2003 年就已经在英国的西米德兰兹郡建立了以连续带式炉为反应器的 CFRP 热裂解中试装置。该商业化装置年处理量 2000 吨，采用半开放的连续带式裂解炉（长 30m、宽 2.5m），包含热裂解炉、传送带、检测反应气氛中氧含量的检测器以及冷却系统，反应温度控制在 425～475℃，或者直接设定为 500℃[14]。该公司专利的核心技术在于控制反应压力在－500～500Pa，使得加热区域产生的裂解气可以可控移除，这样加热区域就会有足够高的氧体积分数（1%～16%）使生成的裂解气充分燃烧，碳纤维表面的积炭也会被氧化除掉。在第一加热段后还有用于除去积炭的第二加热段，第二加热段的温度要高于第一加热段，其温度区间最好在 550～650℃。因为温度过高会使碳纤维发生氧化，所以加热温度要根据积炭来决定，而积炭的类型则与所用复合材料的树脂有关。物料在第二加热段的停留时间也需要进行精确控制，通常不超过 5min。经过评估，该公司认为将树脂回收为材料并不经济，因而对树脂产物进行燃烧以供应回收过程的能量。加热区域中的惰性气体量也需要控制，体积分数一般不超过 10%。从反应炉中移出的裂解气在 1000～1500℃的燃烧器上燃烧，排出的尾气进一步冷凝或进行其他的尾气处理。2011 年 9 月，该公司被德国的 ELG 海尼尔股份有限公司收购，改名“ELG 碳纤维有限公司”，提供的产品主要为研磨碳纤维和各种长度的短切碳纤维，表面均不含上浆剂。

Heil 对该公司的商业化回收样品进行了表征[15,16]，发现回收碳纤维的测试长度越短，其力学性能损失越小。以 6mm 回收碳纤维为例，从未交联样品得到的回收碳纤维单丝拉伸强度降低 33%左右，拉伸模量和界面剪切强度则没有明显变化。从交联样品得到的回收碳纤维单丝拉伸强度升高了 8%，因为交联样品环氧树脂容易生成积炭，拉伸模量没有太大变化，而界面剪切强度几乎提高了一倍以上。将未交联的 T800S 样品分别放置于回收炉左侧、中间和右侧，回收处理后发现不同位置所得回收碳纤维的力学性能有显著差异，碳纤维的单丝拉伸强度比原纤维降低了 30%～50%，拉伸模量也降低了 10%～25%，这表明炉内温度和反应气氛的均一性还需要进一步调控。Pimenta 等也对 ELG 商业化传送带裂解炉在不同条件下（裂解温度在 500～700℃，具体条件未公开）回收的碳纤维进行了分析[17]。废料为美国赫氏的预浸料，树脂为 M56，碳纤维为美国赫氏的 AS4-3K 碳纤维。回收碳纤维的单丝拉伸测试结果表明，裂解条件对回收碳纤维的力学性能有较大影响，最苛刻条件下纤维直径损失达到 21%，纤维表面有大量的凹坑和损伤，单丝拉伸强度下降 84%。采用温和的条件可以使回收碳纤维的单丝拉伸强度几乎不降低，但是回收碳纤维表面有 7.6%（质量分数）的树脂残留。

以上结果表明，尽管热裂解过程经过了多年的发展，实验室和中试也都取得了很好的结果，但要在商业化的裂解炉上得到力学性能损失小、质量均一的碳纤维仍有较大难度，这主要有以下几个原因：实验室的间歇过程通常采用几克样品，处理时间也很长，而连续化的裂解炉其保留时间通常在 30min 以下，为了在短时间内达到树脂和积炭完全分解，就必须采用更高的处理温度或加大氧气浓度，这就不可避免地损害碳纤维的力学性能；实验室的小裂解炉反应器小，加入的样品量也少，分解的气体可以很快地吹出反应器，这使得温度和气氛很容易精确控制，而半开放的传送带裂解过程要达到整个炉内均匀的反应条件则有些困难；另外，工业废弃物的复杂组成也是一个影响因素，废弃 CFRP 来源不同，树脂组成也不同，很难找到一个优化的反应条件，因此预先了解更多的废弃物组成信息并进行分类十分必要。

日本碳纤维制造商协会(JCMA)再生委员会成员包括日本东丽、东邦特耐克丝及三菱丽阳，从 2006 年开始致力于废弃 CFRP 的回收，自 2009 年起该协会获得了日本福冈县大牟田市政府的支持，攻克了一些回收过程中的难题，主要是降低了树脂残余量、控制了纤维长度及去除了残留金属，并在日本福冈县大牟田市的生态城内建立了年处理量为 1000 吨的热裂解回收工厂，但是具体回收方法以及回收碳纤维的力学性能未公开[18]。

在有氧热裂解过程中，由于氧的存在，树脂在高温下裂解产生的有机物氧化后会放出热量，使得炉内温度不均衡，而回收碳纤维的性能对温度较为敏感，这导致回收产品的稳定性缺乏保证。因此，一些公司开发了热解-气化两步处理方法，即首先将复合材料在惰性气氛中热解，热解后向裂解器中通入空气除去碳纤维表面的残炭，得到的树脂降解产物还可以作为化工原料使用。Meyer 等[19]将复合材料在 550℃氮气气氛下先处理 2h，然后进行氧化，优化的积炭氧化温度为 500～600℃，低于 500℃积炭不能快速除掉，高于 600℃时碳纤维快速氧化，因此他们将经惰性气氛处理的纤维冷却到 200℃后，再在 550℃空气气氛中将积炭除去。在半工业化装置中得到的回收碳纤维表面干净无积炭残留，且拉伸强度可以保持原纤维的水平。Lopez 等在热解-气化两步装置(图 2.6)上回收了空中客车公司提供的

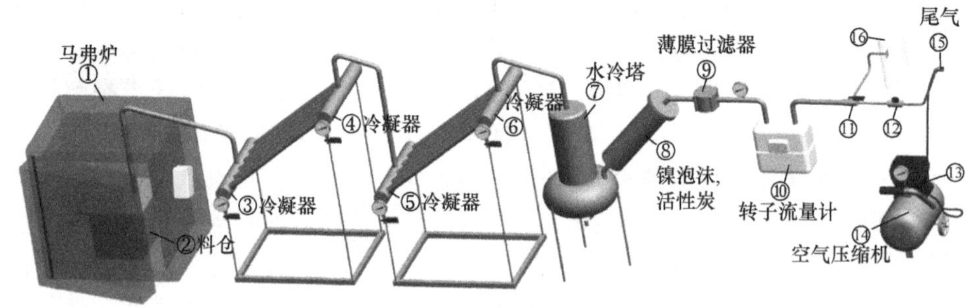

图 2.6 热解-气化两步装置示意图[20]

废弃预浸料[20,21]，废料中包含83%（质量分数）的碳纤维增强聚苯并噁嗪预浸料和17%（质量分数）的线性低密度聚乙烯（LLDPE）。LLDPE用来防止预浸料层间的黏结，但在废弃后则成为了影响回收的不利因素。首先在500℃时将2kg废料在9.6L的马弗炉反应器中热解，LLDPE及树脂在此过程中被除去，同时在表面上生成了积炭；然后在同样温度下通入流速为12L/h的空气以除去纤维表面的积炭，并考察了气化时间的影响；最后发现空气最佳停留时间为30min，此时回收碳纤维的单丝拉伸强度可达原纤维的72%。

商业化方面，德国的CFK瓦利施塔德回收有限公司（CFK Valley Stade Recycling GmbH）与汉堡-哈尔堡工业大学一起开发了一种连续热分解方法（带有氧化过程除去积炭），并在2010年建立了年处理量为1000吨的回收工厂，该方法适用于几种类型的碳纤维废料，其主要产品包括磨碎的纤维、短切纤维和纺织产品[22]。美国的材料创新科技（Materials Innovation Technologies）公司的回收碳纤维部门于2008年开始回收CFRP，在2010年末建立了年处理量为500吨的商业化装置，其裂解装置可以为自主研发的三维立体预成型过程提供回收碳纤维[23]。意大利的Karborek回收碳纤维公司公布了一种两步组合的专利技术[24,25]，该技术在传送带炉、旋转炉或流化床中均可实现。首先程序升温到250～550℃，恒温20min后在氧化性气氛中（如CO_2、O_2、空气或水蒸气）550～700℃处理1～2h以除掉积炭。该公司宣称回收的纤维保留了原纤维90%的力学性能，其主要产品是磨碎碳纤维以及碳纤维和热塑性树脂纤维的混合无纺布，并计划建立年处理量为1000吨的处理工厂，为了便于收集废料，工厂位置选在意大利阿莱尼亚波音787飞机制造工厂的附近。

回收过程通常会将原纤维表面的上浆剂除掉，而重新上浆则较为困难，同时也增加了成本。为了制备性能优异的回收CFRP，还需要进一步提高回收碳纤维的表面性质。Greco等[26]对Karborek公司的回收碳纤维进行了表征，同时比较了不同化学处理方法对表面组成和界面剪切强度的影响。首先将CFRP在500℃热解20min，然后对所得碳纤维在550℃的氧化过程中处理90min，回收碳纤维的表面改性条件分别为空气中450℃处理90min、空气中600℃处理90min和5%（质量分数）的硝酸溶液中100℃处理30min。回收碳纤维及表面处理后碳纤维的单丝拉伸强度、拉伸模量、表面氧含量、氧/碳物质的量比及界面剪切强度如表2.5所示。从表中可以看到，回收碳纤维的平均拉伸强度和模量只有原纤维的75%和85%，经过不同方法表面处理后，力学性能损失更加明显，600℃空气气氛下处理90min后碳纤维已经被严重氧化，采用其他两种方法处理后表面氧含量都有不同程度的升高，这使得其界面剪切强度也明显提高。

表 2.5　Karborek 公司回收碳纤维及不同方法表面处理后碳纤维的性能对比[26]

样品	平均单丝拉伸强度保留/%	平均拉伸模量保留/%①	表面氧含量/%	氧/碳物质的量比	界面剪切强度/MPa
回收碳纤维	75	85	5.04	6.20	12.90±3.10
空气-450℃-90min	63	84	5.20	5.58	18.00±4.74
空气-600℃-90min	17	27	9.02	3.32	—
5%HNO_3-100℃-30min	55	82	10.1	5.39	21.50±2.72

① 相对于原纤维，测量长度为 20mm。

水在高温下可以和聚合物的裂解产物发生水蒸气重整反应，加快聚合物基体的分解；另外，水蒸气的弱氧化作用还可以除掉碳纤维表面的积炭而不损伤碳纤维，同时还避免了在放大实验中氧含量过高带来的爆炸危险。Shi 等[27]用水蒸气处理了 CFRP，碳纤维为日本东丽公司的 CO6343，树脂为 XNR6815，固化剂为 XNH6815，树脂和固化剂质量比为 100∶27，复合材料采用真空辅助树脂传递模塑成型工艺制成。他们研究了温度和反应时间对回收碳纤维力学性能的影响，处理温度为 340℃、390℃和 440℃，处理时间为 15min、30min、60min 和 90min。在 390℃和 440℃下处理 30min 后碳纤维表面几乎没有积炭生成，340℃下处理时间越长，表面积炭越少。处理时间为 30min 时，在 390℃和 440℃碳纤维的拉伸强度下降 15%左右，而在 340℃时拉伸强度则略有升高，这可能是因为形成了表面积炭，在其他的热裂解处理中也有类似的报道，超过 60min 则纤维性能开始下降。得到的回收碳纤维与树脂的界面作用较差，还需要进一步的表面处理[28]。

Ye 等在水蒸气中处理了两种环氧树脂固化物[29]，试样 A 所用的树脂为四官能环氧预聚物，固化剂为芳香胺，固化温度为 180℃，玻璃化转变温度为 196℃；试样 B 所用的树脂为双酚 A 树脂和双功能芳香环氧树脂的混合物，固化剂为烷基多胺和环胺，固化温度低于 100℃，玻璃化转变温度为 130℃。树脂的热失重曲线表明，环氧树脂固化物在惰性气氛中达到 500℃左右即不再发生失重，而在水蒸气中则继续失重，表明水蒸气可以氧化碳纤维表面上的积炭。采用田口方法分析了水蒸气热解温度、时间和水蒸气流速对环氧树脂分解率和回收碳纤维拉伸强度的影响，对于试样 A 来说，影响因素的次序为水蒸气＞处理温度＞水蒸气流速；试样 B 在第一阶段裂解后生成的积炭量很少（因为 H/C 比更高），但仍需要高温水蒸气处理才能得到表面干净的碳纤维。然而，回收碳纤维在处理后表面上浆剂被去除，单丝变脆容易折断，而且单丝拉伸测试也存在较大的误差，因而未能模拟出工艺参数对碳纤维单丝力学性能的影响。日本精细陶瓷中心与大同大学共同开发了采用含氮气的过热蒸气处理废弃 CFRP 的方法[30]，过热蒸气使碳纤维表面的酸度和羟基增加，从而增加了与树脂的吸附活性点。氮气使得碳纤维表面的碱度上升，与树脂的黏合性也进一步提高。在 700℃ 以上温度处理后，可获得与市售经上浆剂处理碳纤维同等的黏合水平。

Mizuguchi 等还开发了一种新型的热活化半导体技术[31]，该技术利用了半导体缺陷电子的氧化作用。半导体的热活化作用是指在室温条件下无催化作用，但在加热至 350～500℃ 时则显现出明显的催化作用。TiO_2、ZnO、Cr_2O_3 和 Fe_2O_3 在高温下都具有热活性，其中 Cr_2O_3 的热稳定性高、安全性好，因此选用 Cr_2O_3 来分解 CFRP。在这一工艺中，Cr_2O_3 浆料被均匀地涂在陶瓷蜂窝上，CFRP 夹在两个陶瓷蜂窝之间，在 400℃ 下通入空气处理 10min，环氧树脂基体可以被完全分解，快速产生的自由基是聚合物快速裂解的关键。与流化床工艺相比，温度降低并不明显，另外因为废旧物料必须和半导体充分接触，所以如何实现该过程的放大还需要进行更多的实验验证。

Nahil 等在固定床反应器惰性气氛中对碳纤维增强聚苯并噁嗪复合材料进行了热裂解，热裂解温度分别为 350℃、400℃、450℃、500℃ 和 700℃，得到了 70%～83.6%（质量分数）的固体产物，14%～24.6%（质量分数）的液体产物和 0.7%～3.8%（质量分数）的气体产物。热裂解液体产物主要为苯胺及其衍生物，裂解气体中主要为 CO_2、CO、CH_4、H_2 和其他烷烃。为了除掉碳纤维表面的积炭，在马弗炉空气气氛中 500℃ 和 700℃ 对裂解后得到的碳纤维进行了处理。700℃ 处理的碳纤维拉伸强度损失严重，仅为原纤维的 30%左右；500℃ 裂解后接着 500℃ 空气处理得到的回收碳纤维拉伸强度保持最高，可以达到原纤维的 93%，但此时碳纤维表面仍有少量积炭残留。对两步得到的样品在 850℃ 又进行了水蒸气活化处理，随着处理时间的增加，活性碳纤维的比表面积增加，在处理 5h 后可达到 $802m^2/g$，随后比表面积开始下降。将废旧复合材料中的碳纤维转化为一种吸附材料开辟了一种新的回收思路，尽管在一定程度上降低了碳纤维的附加值[32,33]。

环氧树脂热裂解生成的油、气组分复杂，作为化工产品使用的经济价值不大，因此通常作为燃料为回收过程供给能量。日本的碳纤维再生工业公司采用废料燃烧时所产生的热解气作为碳纤维回收的热源[30]，CFRP 废料在 400℃ 左右的炭化室内分解生成热解气，热解气导出后与氧在燃烧器中混合燃烧，产生的能量供给回收过程，该方法可节省能耗 60%左右。通过使用热蒸气使密闭容器内的温度均匀，使回收每千克碳纤维需要的能耗下降至 6.71MJ。从炭化炉里出来的碳纤维表面仍有残留积炭，需在烧成炉中 480℃ 加热 3h 才能完全除去积炭，碳纤维表面残留适度的碳会使碳纤维的强度保持更高，回收碳纤维的强度可达原碳纤维的 80%以上，目前回收碳纤维已应用于汽车部件，可实现整车减重 20%以上。

总体来说，有氧热裂解法处理废弃的 CFRP 复合材料不需要使用化学原料，工艺简单、处理成本低，容易实现工艺的连续化和放大化。另外，可以处理掉废弃 CFRP 中含有的热塑性树脂、油漆、布等污染物，环氧树脂热解产物还可以作为化工原料或燃料油再次使用，与流化床工艺相比，碳纤维的力学性能保留相对较高，因此是目前最成熟也是唯一商业化的处理工艺。其缺点是碳纤维的力学性能和表面组成对热裂解工艺的温度、反应气氛和处理时间比较敏感，尽管放大的工艺比较简单，但放大后的工艺参数调节和控制比较困难，很难得到性能均一的产品。另外，环氧树脂热裂解后可能会产生有害的尾气，有害尾气的处理也会增加回收的难度和处理成本。

2. 流化床

在流化床反应器(fluidised bed reactor)中，固体颗粒在流体的冲击下不断翻转和转动，固体的流动使其所带热量在床层中快速传递，因而温度分布均匀。同时，固体物料流化后具有液体的性质，可以从高位流动到低位，可以从低流速区流动到高流速区，这很容易实现固体物料的连续进料和出料，因而也适用于废弃CFRP的回收。英国诺丁汉大学的Pickering团队在流化床反应器中回收废弃的纤维复合材料方面做了大量的工作，最初他们将玻璃纤维片状模塑料(SMC)与煤在流化床中共同燃烧，但是该方法不能回收SMC废料中的玻璃纤维。1998年，他们开发了回收废弃SMC的流化床工艺；2002年，该团队将流化床法用于废弃CFRP的回收[34]，因为碳纤维具有更高的价值，所以其商业化比玻璃纤维的回收更为容易。

诺丁汉大学开发的流化床反应器示意图见图2.7[35]，流化床反应器由3个直径为0.3m的不锈钢管通过法兰组装而成，高2.5m，底部置有10cm厚的金属气体分布筛板，筛网孔径为1.2mm，上面放有粒径大小为0.85mm的沙粒，沙粒静止时高度为5cm。空气通过电加热系统(功率43kW)加热到指定的温度，通过不锈钢筛板上时将沙粒流化。空气流量可以通过控制阀手动调节，采用孔板流量计监测流量。废弃的复合材料被粉碎成小于25mm的尺寸，置于位于流化床反应器右侧上方的加料斗中。该工艺的主要参数为床层温度和流化速度，温度越高树脂分解越迅速，但温度过高又会损伤碳纤维。回收聚酯复合材料时的温度一般为450℃，而回收环氧树脂复合材料一般需要550℃。树脂被分解后回收碳纤维因密度小而被气流吹到顶部，然后在旋风分离器中与气体分离并收集。如果复合材料中既含有纤维又含有粉体，可以采用一个水平旋转的丝网分离器，纤维沉积在滤网上并被补吹的空气向下吹到收集器中，粉体断续向上流动并在旋风分离器中分离。树脂基体被氧化的气体产物主要有H_2、H_2O、CO、CO_2以及少量的低碳烷烃和芳香化合物。尾气在1000℃的二次燃烧室中燃烧，产生的能量被回收用于加热空气，如果复合材料中有含氯的阻燃剂，则会产生酸气，需要进行净化后再排放。

流化床反应器回收的碳纤维杂乱蓬松(图2.8)，密度约为$50g/cm^3$，表面干净无树脂和积炭残留。纤维的长度与废料粉碎的长度有关，但在流化处理过程中也

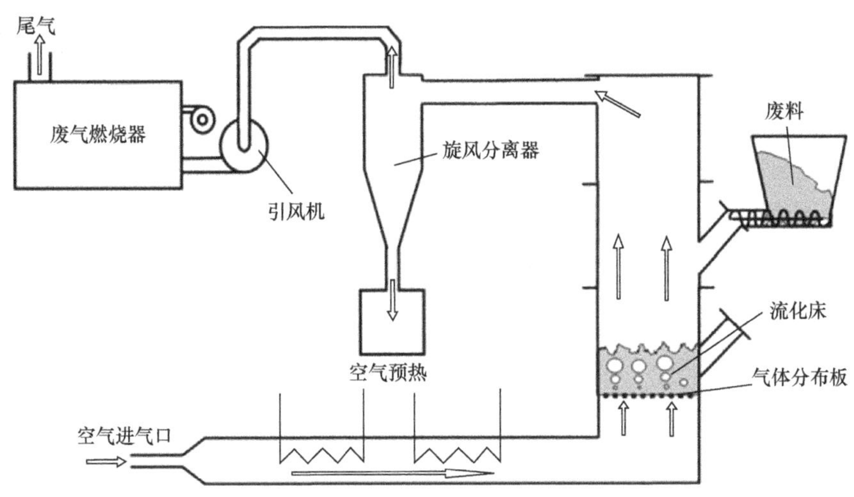

图 2.7　诺丁汉大学开发的流化床反应器示意图[35]

会造成一定的长度损失，长纤维比短纤维损失更严重。纤维长度通常不能超过 25mm，过长会导致纤维缠结而不易流化，回收的纤维平均长度为 15mm。表 2.6 列出了流化床回收的碳纤维的单丝拉伸性能[36]。结果表明，回收碳纤维的模量与原纤维基本相同，而拉伸强度则明显下降，只有原纤维的 50%～75%。采用 X 射线光电子能谱对回收碳纤维与去除上浆剂原纤维的表面元素组成进行了分析，发现回收碳纤维的氧/碳比与原纤维相比基本没有变化，表面碳连接的一些羟基基团在氧化后生成了更高氧化价态的羰基和羧基基团。另外，通过微滴方法测试了回收前后 T600S、T700S 和 MR60H 碳纤维的界面剪切强度，发现回收纤维与原纤维没有明显区别。

图 2.8　流化床反应器中回收的碳纤维[36]

表 2.6　诺丁汉大学流化床反应器回收的碳纤维的单丝拉伸性能对比[36]

碳纤维类型	拉伸强度/GPa	回收纤维强度保留/%	拉伸模量/GPa
东丽 T600S	4.8		210
550℃处理后	3.2	66	220
东丽 T700	6.2		220
550℃处理后	2.9	46	210
赫氏 AS4	4.5		230
550℃处理后	2.8	62	240
格拉菲尔 MR60H	5.3		230
550℃处理后	2.6	49	235
格拉菲尔 34-700	4.1		240
450℃处理后	3.1	75	240

注：测试标准：BS ISO 11566；纤维测试长度：6mm。

采用热重-质谱联用技术对树脂氧化降解产物进行了分析，通过对比环氧树脂在氩气和空气气氛中的热重曲线，发现其与第一步热解行为相似[37]。在空气气氛中，树脂分解产生的有机组分被进一步氧化成水和二氧化碳，但仍有 3%左右的有机组分不能被氧化，如乙烯、乙烷、苯、甲苯、苯乙烯等，因此含有有机组分的尾气必须经过进一步燃烧或环保处理后排放。

流化床反应器的优点是可以处理污染严重的废料或混合废料，油漆、泡沫夹芯、热塑性树脂以及金属对回收过程没有影响，有机组分会被分解成气体，金属会落在气体分布板上的沙子上。回收过程可以实现连续的进料和出料，并得到表面干净无积炭的碳纤维，树脂基体氧化的能量可以被用于回收过程。缺点是回收碳纤维的长度不能太长(<25mm)，回收碳纤维的力学性能损失严重，这一点使得该过程一直未能商业化。

3. 真空裂解

真空裂解法是由美国 Adherent Technologies 公司(ATI)开发出的一种回收技术[38]，ATI 在 1994 年就开始了碳纤维的回收工作，并得到了大约 240 万美元的政府资助，建立了真空裂解的中试装置(Phoenix 反应器，见图 2.9)。该反应器可以处理各种废料，反应器温度通过四个燃气炉进行控制，废料通过自动的传送器进料。真空条件下热分解产物分子扩散能力提高，而且反应体系中的产物能够很快清除，但同时也导致损失大量热量。另外，该反应器回收得到的碳纤维表面仍会有积炭残留，因此未见到 ATI 对该装置进一步商业化或放大的报道。

图 2.9　ATI 开发的 Phoenix 中试真空裂解反应器[38]

4. 微波裂解

传统加热方式是根据热传导、对流和辐射原理使热量从外部传给物料热量，热量总是由表及里传递，物料中不可避免地存在温度梯度，致使物料出现局部过热而不均匀。对于碳纤维回收过程来说，在热解过程中，外部的物料反应完全后，内部的物料还没有完全反应，而内部物料反应完全时，外部物料则氧化严重，尤其是对于体积较大的物料更为明显。微波加热是一种依靠物体吸收微波能将其转换成热能，使自身整体同时升温的加热方式。与传统加热方式不同，微波加热不需要任何热传导过程就能使物料内外部同时升温，加热速度快且均匀，仅需要传统加热方式的能耗的几分之一或几十分之一就可达到加热目的。Lester 等[39]用多模微波器处理了 CFRP，将 CFRP 放置在微波反应器中的石英砂上，石英砂上面放有玻璃棉以防纤维被吹出，向腔内不断地吹入氮气使其保持惰性气氛以防止纤维燃烧，实验装置示意图见图 2.10。实验表明，环氧树脂在微波作用下能够很快升温分解，回收碳纤维单丝拉伸强度为原纤维的 80%，拉伸模量为原纤维的 88%。美国的火鸟先进材料(Firebird Advanced Materials)公司建立了世界上第一个连续化的微波处理中试装置[40]。微波加热对于聚合物的热解是一种很好的方法，但对于其他聚合物在微波加热下能否升温还未见有文献报道。另外，碳纤维本身在微波的作用下能够升温，但其升高的温度是否能使对微波无响应的聚合物裂解也还不清楚，因而微波加热处理混合废弃 CFRP 还需要更深入的研究。

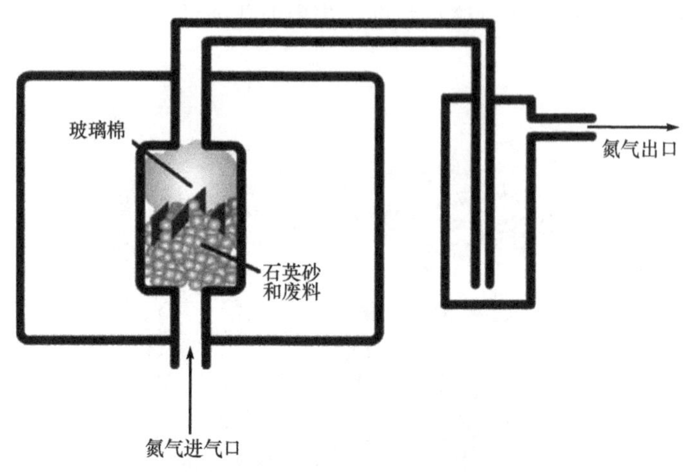

图 2.10　微波反应器处理 CFRP 示意图[39]

2.2.4　溶剂分解

溶剂法是指利用溶剂和热的共同作用使聚合物中的交联键断裂，分解成低分子量的聚合物或有机小分子溶解在溶剂中，从而将树脂基体和增强体分离。溶剂法根据所用溶剂的不同分为水解、醇解、糖解和氨解等，在废弃热塑性树脂的回收中广泛应用。例如，聚对苯二甲酸乙二醇酯(PET)的溶剂分解已经是商业化的成熟方法，水解可以生成对苯二甲酸，甲醇醇解可以生成对苯二甲酸二甲酯，采用乙二醇醇解可以生成对苯二甲酸乙二醇酯，产物可以进一步聚合生成新的 PET。但对热固性聚合物来说，由于形成了三维交联网络结构，其溶剂分解过程相对困难。环氧树脂在固化的过程中环氧键开环反应，形成交联键后不可能恢复到初始的状态。但溶剂法回收 CFRP 仍得到了广泛研究，因为其最大的优势在于能够获得力学性能几乎没有任何损失的碳纤维。在复合材料中使用的环氧树脂其固化剂通常为胺类固化剂，交联键通常为 C—N 键和 C—O 键。溶剂法的关键就是根据树脂基体中的化学键，设计合适的溶剂与催化剂体系使之断裂。根据反应条件和所用试剂不同，溶剂法可以分为硝酸分解法、氢化分解法、超/亚临界流体分解法、常压溶剂分解法和熔融碱/盐法。

1. *硝酸分解法*

硝酸具有很强的氧化性，对酸酐固化的环氧树脂分解效果较差，但可以用于降解胺类固化剂固化的环氧树脂，国际标准 ISO 14127 就是利用浓硝酸在 105℃分解树脂基体测定 CFRP 中的树脂含量。最早硝酸分解的工作来自于日本[41]，Dang 等发现薄荷烷二胺(MDA)固化的双酚 F 环氧树脂在 80℃下 4mol/L 硝酸水溶液中处理100h可以完全分解。将分解产物的乙酸乙酯萃取物与双酚F环氧树脂混合，再加入苯甲酸酐固化得到再生环氧树脂，当萃取物质量分数为环氧树脂的25%时，再生环氧树脂的弯曲强度和拉伸强度甚至超过了原环氧树脂。但MDA是一种传统的固化剂，其固化物的力学性能在160～200℃时会发生劣化，因此该研究组在硝酸水溶液中对玻璃纤维增强DDM固化的双酚F环氧树脂复合材料进行了分解实验[42]。在80℃下4mol/L硝酸水溶液中处理400h环氧树脂可以完全分解，同样采用前面的方法制备了再生树脂，弯曲模量依旧随萃取物量的增加而升高，而弯曲强度却呈现出先增加后降低的趋势，最大弯曲模量出现在萃取物质量分数为10%时，但当萃取物质量分数不超过30%时，弯曲强度依然高于原树脂，因而利用这一方法可以回收环氧树脂的固化物，并实现回收树脂降解产物的再应用。仙北谷英贵等采用硝酸水溶液分解了三种环氧树脂固化物[43]，分别是DDM固化的双酚F环氧树脂、甲基纳迪克酸酐(MHAC)固化的四缩水甘油二氨基二苯甲烷(TGDDM)型环氧树脂以及4,4′-二氨基二苯酮(DDS)固化的TGDDM环氧树脂。结果发现，在80℃下4mol/L和6mol/L硝酸水溶液中，DDM固化的双酚F环氧树脂完全分解的时间分别为400h和80h，MHAC固化的TGDDM树脂完全分解的时间分别为250h和80h，DDS固化的TGDDM树脂完全分解的时间分别为50h和15h，C—N键断裂是树脂分解的主要原因。环氧树脂在低浓度硝酸水溶液中溶解时间较长，而在高浓度硝酸水溶液中容易产生氮氧化物气体。Lee等采用流动的硝酸处理了碳纤维(Hankuk纤维有限公司提供)和玻璃纤维混合增强胺固化环氧树脂复合材料[44]，优化出的硝酸法最佳条件为：反应温度90℃，硝酸水溶液浓度12mol/L，分解时间6h。在最佳的反应条件下，得到的回收碳纤维单丝拉伸强度损失2.91%。

硝酸法利用了硝酸的强氧化性和强酸性，可以在低于100℃的低温分解CFRP，反应器可以采用聚丙烯(PP)、聚四氟乙烯(PTFE)或搪瓷，价格便宜。得到的碳纤维表面干净无积炭残留，碳纤维力学性能损失不大，但处理时间较长，操作危险性比较高，同时会产生一些氮氧化物气体，因而尚未见到相关放大的报道。

2. 氢化分解法

供氢溶剂是指能够提供活性氢的溶剂，具有稳定自由基的作用。Braun等[45]利用四氢化萘和9,10-二氢蒽的氢转移作用来分解环氧树脂，苯酐固化的环氧树脂在340℃反应2h后99%以上被分解。环氧树脂的降解机理主要是热解使化学键发生均裂，生成的自由基从供氢溶剂中夺氢。但供氢溶剂的降解效率并不高，这是因为供氢溶剂对此类环氧树脂的化学键没有选择性。酸酐固化的环氧树脂其交联键主要为酯键和醚键，而酯键更容易在碱性条件下发生酯交换反应而断裂。使用四氢化萘与乙醇胺1∶1混合物作为溶剂时，280℃环氧树脂即可完全分解，进一步证明了这一规律。

Sato 等考察了以四氢化萘(供氢溶剂)和十氢化萘(非供氢溶剂)为溶剂[46],反应温度为 380℃、400℃和 440℃,初始氮气压为 2MPa,200mL 高压釜内分解环氧树脂的情况。在 440℃时,产物主要为苯酚和异丙苯酚,在无催化剂时单体总收率为 19.2%,而加入 Fe_2O_3-S 催化剂时总收率达到了 36.1%。在反应温度为 380℃和 400℃时,还有大量的双酚 A 生成,双酚 A 是制备环氧树脂的重要单体。反应温度为 400℃时,不加催化剂的四氢化萘溶剂中双酚 A 收率为 15.5%,而加入 $CaCO_3$、Na_2CO_3 和 Fe_2O_3-S 对于单体收率没有促进作用,加入 $CaCO_3$ 催化剂的十氢化萘溶剂中双酚 A 收率只有 5.9%,但苯酚和异丙基酚的收率可达到 15.4%,因而控制溶剂的供氢能力十分重要。

供氢溶剂主要是通过氢转移过程促进了自由基反应的进行,在煤液化、稠油降解和生物质液化等过程中均起到了重要作用,但在分解 CFRP 方面由于反应温度过高,树脂也不能可控断裂,使得其放大实用化较为困难,因而研究较少。

3. 超/亚临界流体分解法

超临界流体是指物质在高于其临界温度和压力以上时,气体和液体的性质会趋于类似,最后达成的一个均匀流体。超临界流体具有液体和气体的综合特点,可以像气体一样压缩,发生泄流,也具有液体的流动性,其密度、黏度和扩散系数均介于气体与液体之间。改变流体的压力和温度,可以微调超临界流体的特性。例如,在温度高于介质沸点但低于临界温度,且压力低于其临界压力的条件下,可以称为亚临界流体。超/亚临界流体具有低黏度和高扩散系数,可以提高传质过程,对于聚合物来说,选择合适的溶剂可以实现化学键的选择性断裂,因而近年来大量应用在聚合物的回收与降解方面。一些缩合聚合物如 PET、尼龙(PA)、聚碳酸酯(PC)都可以在超临界流体中分解成单体。而在 CFRP 面临回收的难题后,超临界流体用于分解环氧树脂也成为研究的热点[47]。

超/亚临界水和醇(甲醇、乙醇、正丙醇等)是最常见的环氧树脂分解介质。超/亚临界流体不仅具有溶剂的作用,还可以作为反应试剂与聚合物反应,成为产物的一部分,这就避免了加入无机催化剂带来的分离问题。当然,为了进一步降低反应温度和温和反应条件仍然会加入一些无机催化剂。几种常见的分解环氧树脂的溶剂的临界压力、温度和密度见表 2.7。

表 2.7 几种常见的分解环氧树脂的溶剂的临界压力、温度和密度

溶剂	临界温度/℃	临界压力/MPa	临界密度/(g·cm^{-3})
水	373	22.06	0.322
甲醇	238	8.09	0.272

续表

溶剂	临界温度/℃	临界压力/MPa	临界密度/(g·cm^{-3})
乙醇	240	6.14	0.276
丙酮	234	4.70	0.278
正丙醇	264	5.17	—
异丙醇	235	4.76	—

1）超/亚临界水

超临界/亚临界水除了具备超/亚临界流体的一些优点，还具有一些其他特点。随着水温的升高，其密度降低，氢键数量降低，导致介电常数迅速下降。其电离常数在近临界条件下增大，自身具备了酸碱催化的功能，具有较强的溶解性，因而被认为是一种分解环氧树脂或其复合材料的绿色反应介质。

最早采用超临界水分解环氧树脂的工作是在 2000 年左右开始的[48]，Fromonteil 等在超临界水中通入氧气，在反应温度为 410℃、压力为 24MPa 时，成功地分解了多胺和脂肪胺混合固化的环氧树脂。该过程实质上是一个超临界水氧化过程，降解的液相产物主要有甲醇、环氧乙烷、丙酮、2-丁烯醛、正丁醛、1-丁醇、戊醇、苯酚，气体产物主要有二氧化碳、一氧化碳、甲烷、乙烯、乙烷、丙烯、2-丁烯、乙醇、丙酮和苯等，但没有报道该过程对于碳纤维的力学性能和表面组成有何影响。白永平等进一步研究了超临界水氧化回收 CFRP 过程[49]，在反应温度为 440℃、压力为 24MPa、反应时间为 30min 时可以得到干净的回收碳纤维。当环氧树脂分解率低于 96.5%时，回收碳纤维的单丝拉伸强度高于原碳纤维（东丽 T300），但从碳纤维的 SEM 和 AFM 照片可以看出，其表面仍残留很多树脂。当环氧树脂分解率超过 96.5%时，回收碳纤维拉伸强度开始迅速下降，在环氧树脂分解率达 100%时回收碳纤维单丝拉伸强度仅为原纤维的 62%，这是因为环氧树脂降解率低时表面的树脂并未暴露在氧气中，而环氧树脂被去除干净后，碳纤维在该条件下氧化严重，这也表明超临界水氧化过程并不适合用来回收 CFRP 复合材料。Tagaya 小组一直致力研究 Na_2CO_3 对超临界水分解各种树脂及其模型化合物的影响[50,51]，在 430℃下反应 1h 各种酚类单体收率可达 9.9%，而不加 Na_2CO_3 时只有 3.9%。Piñero-Hernanz 等考察了温度在 250～400℃、反应时间 1～30min、压力 4.0～27.0MPa 时，水对交联碳纤维预浸料的分解作用[52]，纤维为东丽的 T600 碳纤维，基体为 MTM 28-2 环氧树脂。对比不同参数组合后的环氧树脂降解效率后发现，温度是影响环氧树脂分解的最重要因素，其次是反应时间，水的加入量只有少量影响，而是否加入双氧水则影响不大。在 400℃超临界水条件下反应 15.5min 环氧树脂的去除率可达 70%左右，碳纤维表面仍有大量残留树脂，再进一步加入 0.5mol/L KOH，环氧树脂的去除率可达到 95.4%，碳纤维表面基本没有树脂残留且纤维没有任何物理损伤。对分解过程进行了简单模拟得到的分解曲线遵循二级动力学方程，计算出的分解活化能为 35.5kJ/mol。在不加入 KOH 的条件下得到的回收碳纤维的单丝拉伸强度可以保持原纤维的 90%～98%，远高于热裂解法和微波处理法。在加入催化剂 KOH 之后树脂分解率可达 95.3%，但 KOH 对碳纤维力学性能的影响则没有提及。环氧树脂基体不同，分解条件也不相同，Knight 等分解的单层预浸料中碳纤维为赫氏 IM7，树脂基体环氧主组分为 TGDDM 型环氧树脂，固化剂为 DDS，芳环的交联结构使得在超临界水 410℃的高温下，当压力为 28MPa、KOH 浓度为 0.05mol/L 时，反应 30min 树脂去除率达到 98.6%[53]。

如何提高基体树脂的分解效率和尽可能地保留碳纤维的性能是化学方法回收 CFRP 复合材料面临的最主要的科学问题。不管对于热分解还是溶剂法回收过程，选择设计不同的反应体系和反应条件是其中的关键。对于溶剂法回收来说，针对环氧树脂基体内不同的化学交联键，可以设计不同的溶剂和催化剂来达到分解树脂的目的，因而在反应体系的设计上有了更多的选择。当然，对树脂降解产物的影响也是需要考虑的重要因素，因此反应体系和反应条件的选择应该依据这几方面综合考虑。超/亚临界水作为一种绿色介质在分解环氧树脂方面展现出了巨大的潜力，但较大的压力使其间歇操作周期过长，增加了处理时间和处理成本，因此许多研究学者在超/亚临界水中加入各种添加剂或催化剂，期望可以降低环氧树脂的分解温度，提高工艺的实用性。

刘宇艳等在 260℃的亚临界水介质中加入浓硫酸研究其对分解 IPDA 固化 E-44 环氧树脂的影响[54]。反应 45min 时，不加催化剂的环氧树脂不分解，加入浓度为 1mol/L 的浓硫酸，环氧树脂分解率达到了 42.6%。不加浓硫酸和加入浓硫酸环氧树脂完全分解的时间分别为 105min 和 90min，表明浓硫酸对环氧树脂的初始分解过程有较大贡献。回收的碳纤维表面干净，没有裂纹和缺陷，平均拉伸强度为原纤维的 98.2%，而加入浓硫酸后回收碳纤维的单丝拉伸强度下降了 4.1%，浓硫酸对碳纤维的力学性能有较小的影响。他们还对比了硫酸和 KOH 催化剂对分解 MeTHPA 固化环氧树脂的影响，发现两者都可以促进环氧树脂的分解，270℃时，KOH 的最佳浓度在 0.5～1.0mol/L，降解产物中苯酚及其衍生物占了很大部分，其机理主要是醚键的断裂；而硫酸浓度在 0.4mol/L 时效果最好，降解产物除了酚类化合物还包含酸酐类的化合物，醚键和酯键均有不同程度的断裂[55]。但通常情况下，在碱性条件下酯键比醚键更容易发生水解反应，生成的二酸类化合物会和 KOH 反应生成盐溶于水中。王一明等将 MeTHPA 固化环氧树脂在 250℃的亚临界水中分解 1h，水相中的产物先酸化再用乙醚萃取，GC-MS 测试的结果表明，水相产物大部分为甲基四氢邻苯二甲酸。但因为是高温反应，醚键也有不同程度的断裂，水相产物中的苯酚和双酚 A 证明了这一点[56]。含有醚键和 C—N 键的胺固化环氧树脂在这一条件下分解率极低，也说明酯键较醚键在碱性条件下更容易断裂。从工艺放大的角度来说，高温强酸反应介质对反应器材质有较高的要求，同时材质还要承受较大的压力，这使得设备的选型成本过高，不利于工业放大化。

一些研究小组和公司进行了工业放大方面的工作，法国波尔多凝聚态化学研究所参与了一个由法国 Innoveox 公司领导的回收废弃 CFRP 项目，旨在建立超临界流体回收 CFRP 的中试回收工厂[57]，法国环境与能源控制署(ADEME)作为技术合作伙伴也参与到了该研究项目中。该研究所建立了一个半连续的超临界水流动反应器(图 2.11)，反应温度在水的超临界温度左右，反应时间为 30min，环氧树脂被降解成了低分子量的有机化合物，SEM 和 TGA 表征表明，回收得到的碳纤维表面无树脂残留，回收碳纤维的单丝拉伸强度与原纤维相比几乎没有损失。另外，该研究所的 Princaud 等对超临界水回收 CFRP 的环境可行性进行了评估[58]，其所有生态指标的平均数为填埋的 80%左右，回收产品的价格不超过原纤维的 70%～80%时，回收过程具有经济效益。

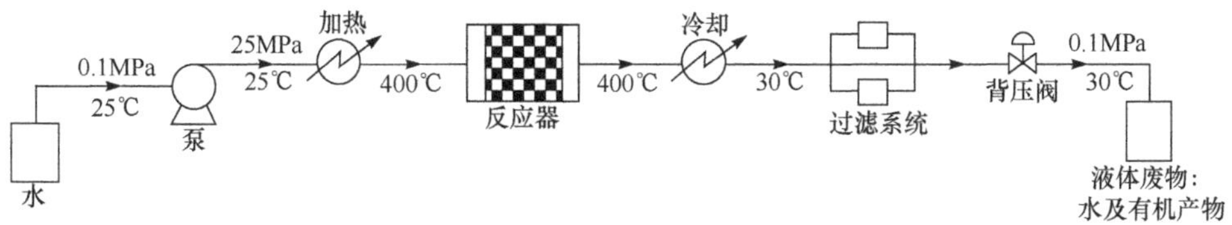

图 2.11　半连续超临界水流动反应流程[57]

日本松下电器有限公司建立了一个每批次处理 40kg 的 FRP(玻璃纤维/不饱和聚酯复合材料)的亚临界水解中试系统[59]，主反应器容积为 2.9m^3。不饱和聚酯是由二元酸和二元醇缩聚而成的具有酯键和不饱和双键的线型高分子化合物，在聚酯缩合反应结束后，趁热加入一定量的乙烯基单体，配成黏稠的液体得到最终产品。该公司在反应温度为 230℃、压力为 2.8MPa、反应时间为 4h 的条件下对比了 $CaCO_3$、K_3PO_4、NaOH、KOH 以及不加催化剂时的分解情况，发现 KOH 为催化剂时树脂降解率、二醇及苯乙烯-甲酸共聚物的收率最高，但因为成本等更多地使用 NaOH 催化剂。不饱和聚酯和 FRP 复合材料的材料回收率分别可以达到 70%和 80%。回收的二醇与新的二醇以 1∶9 的质量比混合后可以重新聚合生成新的不饱和聚酯。苯乙烯-甲酸共聚物与苄基氯反应后可以作为收缩剂使用，其性能与商业收缩剂相同，而价格却便宜得多。玻璃纤维的价格便宜，因此提高树脂降解产物的附加值以使收益高于处理成本是该过程商业化的关键。

尽管加入强酸或强碱可以提高环氧树脂的分解效率，但这些反应体系都不可避免地对碳纤维的力学性能造成一定的损害；同时，苛刻的反应条件也使设备腐蚀严重。因此，开发温和且有效的催化体系一直是采用超/亚临界水体系分解 CFRP

复合材料面临的主要问题。另外,胺类固化剂尤其是芳香胺固化环氧树脂的降解难度要高于酸酐固化的环氧树脂。我们对碳纤维增强的DDM固化环氧树脂复合材料在亚临界水中的分解进行了研究探索,发现在亚临界水中加入KOH时,随着反应时间的增加,环氧树脂的分解率有一个加速升高的过程,因为环氧树脂的降解产物主要为苯酚及其同系物,所以生成的酚类物质可能起到了促进环氧树脂降解的作用。进一步研究发现,同时加入苯酚和KOH(图2.12)[60],其降解效率进一步提高,表明苯酚和KOH对于分解这种环氧树脂固化物具有一定的协同作用。通过对苯酚和KOH的含量进行优化,发现苯酚与KOH的质量比为10∶1时,DDM固化环氧树脂的分解率达到最大值。在315℃下反应60min可以得到表面无积炭和树脂残留的碳纤维,对回收碳纤维进行了表征,与原纤维相比,其单丝拉伸强度基本不降低,表面羟基含量增加。

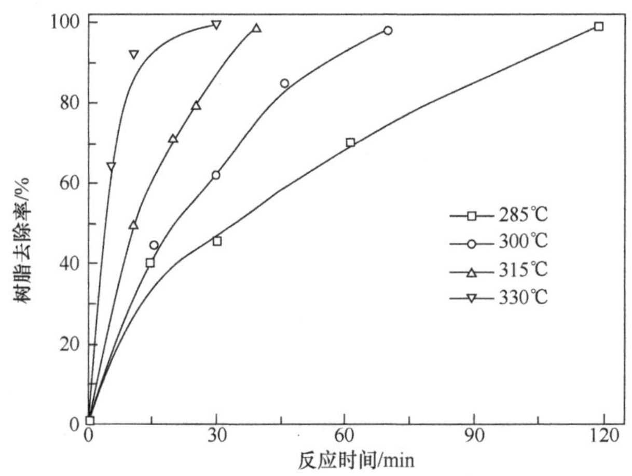

图2.12 不同反应体系对DDM固化环氧树脂降解效率对比

反应条件:T=315℃,t=30min,$V(H_2O)$=50mL,$m_{KOH}∶m_{苯酚}∶m_{水}$=1∶10∶100,$m_{复材}∶m_{水}$=1∶30

通过GC-MS分析可知产物中以胺类、单酚类以及双酚类化合物为主。通过对产物分析推测了整个反应机理过程,如图2.13所示。苯酚在KOH存在的条件下生成酚氧负离子,因为酚氧负离子为富电子基团,其在亚临界水条件下容易失去电子生成酚氧自由基。环氧树脂在酚氧自由基的引发下,其交联结构中的C—N(A)、C—C(B)和C—O(C)键会发生断裂形成自由基和小分子化合物,进而完成分解反应。通过对这一体系的研究提出了通过供氢溶剂与催化剂组合形成酸碱双功能催化剂调控环氧树脂化学降解反应的方法,实现环氧树脂的可控降解。

在KOH/亚临界水的反应体系中加入一定量的苯酚具有"一石三鸟"的效果:既提高了环氧树脂分解效率,又不损害纤维性能,同时降低了反应的pH,减轻了对反应器的腐蚀。加入的苯酚同时也是一种环氧树脂降解的主要产物,利用苯酚

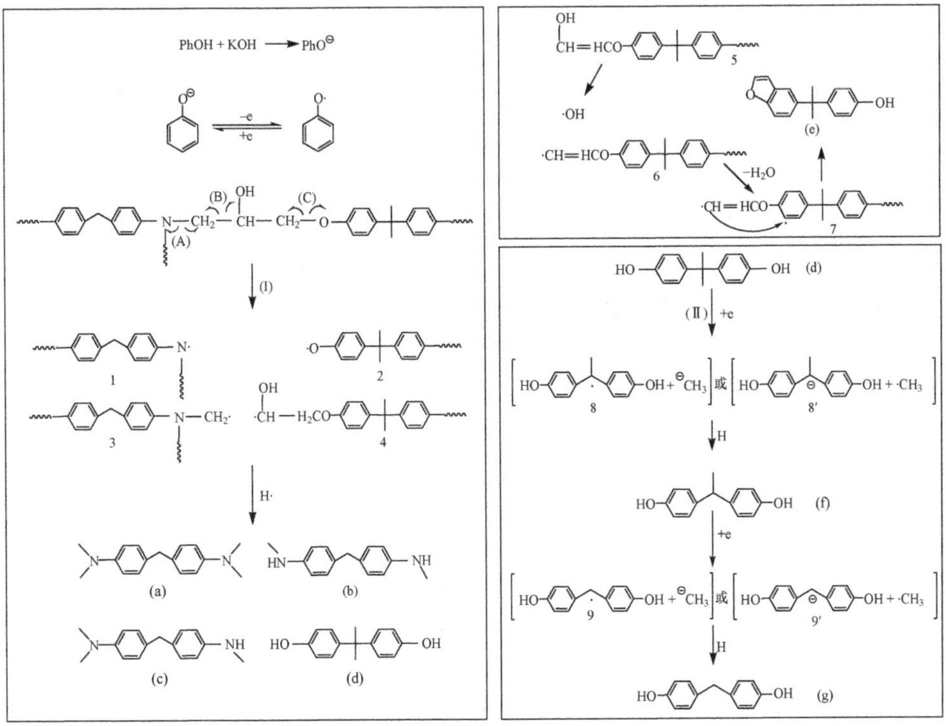

图 2.13　DDM 固化环氧树脂在亚临界水/苯酚/KOH 中的降解机理

溶解度与温度和酸碱度的特殊关系，可以很容易地将环氧树脂降解产物与反应液分离，反应液进行循环利用，其分离流程见图 2.14。从图 2.15 还可以看到，得到的回收碳纤维表面干净无树脂残留，回收碳纤维的状态取决于复合材料中碳纤维布的编织形式，横竖编织的碳纤维形状更容易保持，而单向碳纤维布在回收后则呈现杂乱的状态，需要进一步短切处理。

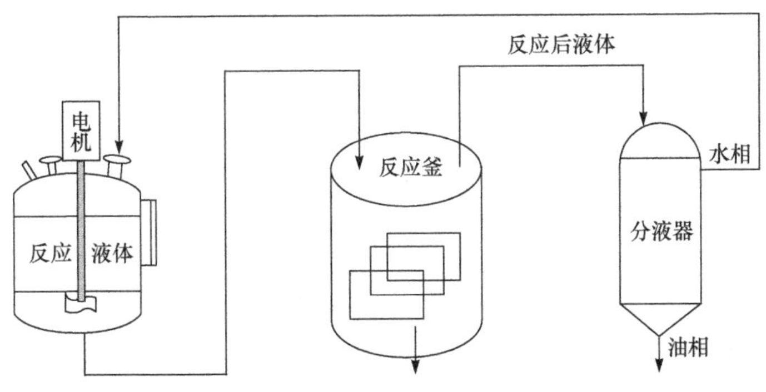

图 2.14　环氧树脂降解产物分离流程

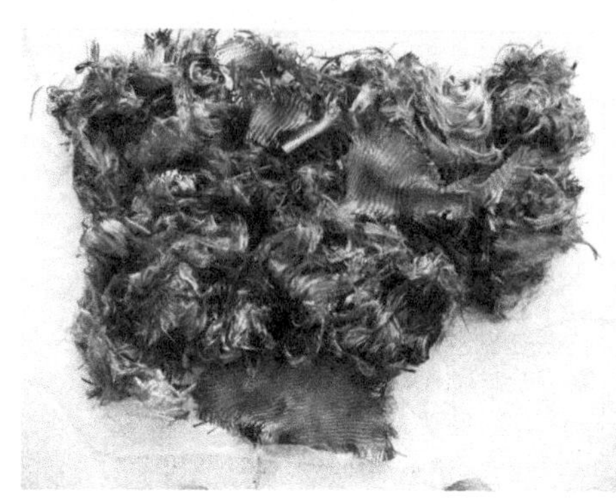

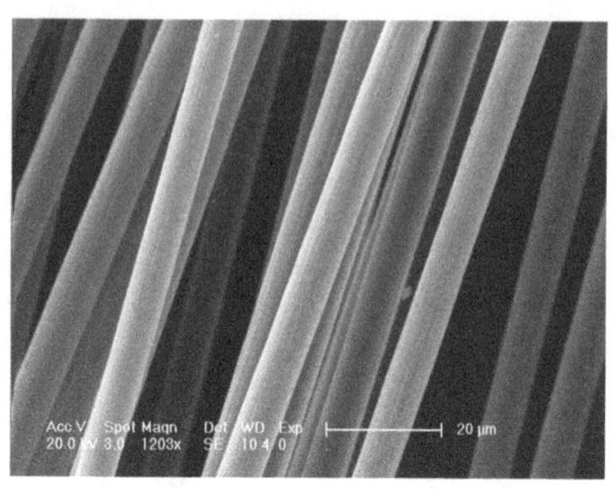

图 2.15 亚临界水放大装置回收的碳纤维的实物及 SEM 照片

2) 超临界醇

尽管超/亚临界水分解环氧树脂的效果不错，但其较高的临界温度(374℃)和压力(22.1MPa)限制了其应用范围。超临界醇原料丰富、价格便宜，具有较低的临界压力(2～7MPa)和适中的临界温度(200～300℃)，更重要的是其沸点低，很容易在反应后进行减压蒸馏回收，因而得到了更多关注。超临界醇介质中影响环氧树脂分解的主要因素有反应温度、溶剂类型、反应器类型及催化剂。

对于超临界醇分解 CFRP，研究最多的是诺丁汉大学的 Pickering 教授研究小组[61,62]。他们在 300～450℃的间歇式反应器中对比了超临界甲醇、乙醇、1-丙醇和丙酮作为溶剂分解 CFRP 预浸料的效果，环氧树脂基体为双酚 A 环氧树脂与酚醛环氧树脂的混合物，固化剂为 3-[2-乙基-4-甲基-1H-环氧咪唑-1-基]丙腈。反应温度为 300℃时，丙酮的分解效果最好，450℃时，甲醇的分解效果最差。因为环氧树脂在溶剂中与树脂的反应是整个分解反应的速控步骤，所以溶剂的溶剂化效应是决定反应速率的关键。在这几种溶剂中，丙酮的偶极矩最大，即极性最强，而甲醇在常温下的电离常数最大，这是丙酮活性高、甲醇活性低的原因。丙酮与环氧树脂的希尔德布兰德溶解度参数最为接近，这表明溶剂对于分解环氧树脂十分重要。综合考虑分解效果和反应压力，发现正丙醇是一个分解环氧树脂的合适介质。对环氧树脂分解反应数据进行了动力学模拟，计算出了反应活化能为 95.59kJ/mol。半连续流动反应器中正丙醇回收的东丽 T600、T700 和泰纳克斯的 STS5631 这几种回收碳纤维的单丝拉伸强度和模量基本没有变化，回收的 T600 和 STS5631 表面上有少许小颗粒，XPS 表征发现表面氧含量明显降低，尤其是 T700 和 STS5631 回收碳纤维，对 C_{1s}峰进行拟合分峰后发现这主要是表面 C—OH 的含量降低造成的，表面氧含量降低也使回收碳纤维与环氧树脂的界面剪切强度降低。

徐平来等[63,64]采用两步法从 CFRP 复合材料中回收碳纤维。首先，将复合材料用醋酸进行预处理获得更大表面积，然后分别用 H_2O_2 和二甲基甲酰胺(DMF)

或丙酮的混合溶液对复合材料进行氧化分解，70℃处理 30min 即可实现环氧树脂 90%以上分解，回收碳纤维单丝拉伸强度可达原纤维的 95%以上。

碱金属催化剂在 PET 的醇解反应中经常使用，可以明显提高反应速率。环氧树脂固化产物中含有醚键，在醇类溶剂中可以发生醚交换反应，因而许多研究组将碱金属氢氧化物加入醇介质中以促进环氧树脂的分解。例如，Pickering 等发现，与不加催化剂相比，c(KOH)为 0.06mol/L 时反应温度降低大约 100℃，但催化剂并非加入越多越好。对反应数据的分析表明，虽然是溶剂反应，但温度在环氧树脂分解过程中起着重要作用，其实质是热裂解反应。超临界异丙醇/KOH 反应体系分解二乙烯三胺固化环氧树脂产物的 GC-MS 分析结果同样表明，异丙醇并没有参与到反应过程中[65]。这与加入 KOH 的初衷并不相符，对于 KOH 在环氧树脂分解过程中的作用仍需要进行更深入的研究。

在间歇式反应器中，为了保护碳纤维不受损伤，通常不进行搅拌。为了改善传质过程，诺丁汉大学采用半连续的流动反应器替代间歇式反应器进行了分解实验，即物料在反应器中，而正丙醇连续的流动经过反应器。研究发现，在反应温度为 300℃时，环氧树脂去除率可以由 9.4%提高到 93.2%，这也证明了传质过程在环氧树脂分解反应过程中的重要性[62]。另外，半连续的流动反应器可以抑制环氧树降解产物的二次降解反应，避免搅拌过程对碳纤维的损坏。Okajima 等对比了超临界甲醇在间歇反应器和半连续的流动反应器分解东丽 T300-3000 碳纤维增强甲基六氢苯酐固化环氧树脂复合材料的结果[66]。在间歇反应器中，树脂在反应温度为 270℃、压力为 8MPa、处理时间为 90min 时完全分解，回收碳纤维的单丝拉伸强度损失 7%，单丝的界面剪切强度与不含上浆剂原纤维相比降低 20%左右。在半连续的流动反应器中处理的样品尺寸更大，树脂在反应温度为 285℃、压力为 8MPa、处理时间为 80min 时完全分解，回收碳纤维的单丝拉伸强度损失 9%，单丝的界面剪切强度与不含上浆剂原纤维相比同样降低 20%左右。环氧树脂降解产物的基质辅助激光解吸电离质谱(MALDI-TOF/MS)结果表明，树脂主链上的化学键没有断裂，只有交联的酯键发生选择性的断裂。生成的热塑性树脂产物与新的环氧树脂混合再加入固化剂可以制备再生树脂，而树脂的三点弯曲强度却随着再生树脂的加入量而逐渐下降。这是因为再生树脂中部分端基反应后变成了甲氧基，不能与环氧基团和酸酐基团发生交联反应。但采用回收碳纤维布制成的复合材料的层间剪切强度与原纤维制成的复合材料相差不多。

与超临界水相比，长碳链的超临界醇(C≥3)具有更低的临界压力和更高的临界温度，因而采用超临界醇分解环氧树脂能耗更低，但缺点是醇的安全性要比水低。

4. 常压溶剂分解法

超/亚临界水和醇处理环氧树脂尽管速度较快，但高压反应只能进行间歇操作，频繁地升温降温使得处理时间长，不利于工业放大化。采用一些高沸点的溶剂并加入适当的催化剂可以使复合材料中的树脂基体在常压条件下降解为可溶性的物质，避免了高压反应频繁操作的问题，工艺简便，有利于进一步实现产业化。日立化成工业株式会社采用苯甲醇和碱金属催化剂降解了酸酐固化的环氧树脂和不饱和聚酯树脂，酯键可以通过与醇的酯交换反应断裂，并溶解在醇溶剂中。碱金属氢氧化物作为催化剂时，在发生酯交换反应的同时，也会生成碳酸盐，这样金属离子并不仅仅是催化的作用，而采用碱金属盐则只发生酯交换反应，金属离子可以循环使用。对于卤化的环氧树脂，其中的醚键由于卤原子的吸电子性而呈电负性，很容易受到金属离子的攻击而断键[67]。专利 201210086004.7 提到了一种采用聚醚类溶剂或离子液体为溶剂，碱/碱土金属氢氧化物为催化剂处理废旧环氧树脂的方法[68]。例如，将 MeTHPA 固化的环氧树脂投入含有 NaOH 的聚乙二醇中，180℃下处理 50min 环氧树脂即可完全分解[69]。Tersac 等开发了以二乙二醇为溶剂，钛酸四丁酯为催化剂的常压反应体系，反应温度为 245℃，反应后的溶剂通过减压蒸馏回收[70~72]。钛酸四丁酯是一种常见的酯交换反应催化剂，结果正如预期，该体系在常压下可以分解酸酐固化的环氧树脂。与乙醇胺相比，该体系的降解效率明显偏低，但由于乙醇胺中的氨基与酯反应生成的酰胺化合物更容易结晶，使得降解产物在常温下为固体，很难再次利用。而该体系降解得到的产物为黏状的液体，很容易进行再次利用。树脂降解产物的核磁共振和 MALDI-TOF/MS 表征结果表明，反应机理为酯交换反应，同时也有其他的醇解副反应发生。令人意外的是，对于交联结构中不包含酯键的胺固化环氧树脂，该体系同样可以使其降解，只是相同的条件下需要更长的降解时间(14h)。环氧树脂中芳基-烷基醚键的断裂是其分解的主要原因，得到的产物同样为黏状的液体，其中包含酚羟基，但有价值的双酚 A 产物很少，因此必须寻找降解产物的其他用途。考虑到降解产物中包含酚羟基和脂肪族羟基，可以用来制备聚氨酯，但得到的产物中大多数的羟基来自二乙二醇，羟基值过高(847mg KOH/g)，因此可以蒸馏出部分二乙二醇或将降解产物作为溶剂用来降解 PET，PET 在降解产物中很快溶解，并且在室温下也没有固体析出，得到的产物羟基值降到了 503mg KOH/g，再加入水、二甲基环己胺催化剂、泡沫稳定剂和过量的 4,4′-二苯基甲烷二异氰酸酯就可以得到刚性非常好的聚氨酯泡沫。如果直接用二乙二醇降解 PET 得到的产物在室温下会发生部分固化，另外多元醇产物的官能度为 2，这样得到的泡沫为半刚性的泡沫。该方法的反应条件温和，但反应时间较长。

溶剂法回收过程需要使用大量的溶剂，因此工业放大存在许多困难，ATI 和日立化成公司对常压溶剂法回收 CFRP 进行了中试。ATI 开发了一种低温流体技术，采用苯酚作为溶剂并加入一定的催化剂，反应器为标准的常压反应釜，反应温度为 150℃，压力为 1MPa，环氧树脂被转化为液体产物从而分离出碳纤维(图 2.16)[38]。利用该装置从废弃的 F/A-18 战斗机水平稳定器部件和 C-17 运输机翼后缘面板中回收了碳纤维，大部分碳纤维可以回收，有痕量的金属残留，但比热裂解法的要少。回收碳纤维的拉伸强度保留率仅为 61%，模量则没有损失；另外，由于没有除掉催化剂，导致回收碳纤维与树脂的黏合作用非常差[15]。此外，这一回收过程对污染物的耐受性非常差，ATI 利用该过程处理第二代的航空复合材料时就发现有 20%左右的层间热塑性增韧剂不能溶解，这也是 ATI 对该过程不能进一步工业放大的主要原因。

图 2.16　ATI 的低温流体中试反应装置[38]

日立化成公司在 2009 年的第 5 届高分子材料回收国际研讨会上报道了他们的常压处理 CFRP 成套技术[73]。采用苯甲醇为溶剂，K_3PO_4 为催化剂，反应温度 185℃，常压氮气气氛，主反应器为 2 个 200L 的反应釜，还包括溶剂回收系统和热能循环利用系统。日本丰桥技术大学利用其提供的回收碳纤维无纺布，采用手糊工艺制备了赛车座椅。

常压分解法主要面临的问题是在处理 CFRP 时，纤维表面很难处理干净，延长反应时间又增加能耗，这可能是由于纤维表面的环氧树脂与纤维的作用力较强，分解更为困难，因此经常需要将处理后的纤维再进行高温溶剂处理或高温热裂解处理。另外，对于污染严重的废弃复合材料不能很好地处理，也使其工业放大化困难。

5. 熔融碱/盐法

当一种盐在常温常压时为固体，在升高温度时熔融变成液体时，称为熔融盐。如果盐在室温时也是液体，则称为离子液体。事实上，熔融盐也是离子液体的一种。常见的熔融盐是由碱金属或碱土金属的卤化物、碳酸盐、硝酸盐、亚硝酸盐和磷酸盐等组成的。熔融盐在高温下具有稳定性，在较宽的温度范围内蒸汽压低、热容量高、黏度低，同时具有溶解各种不同材料的能力，因而被广泛用作热及化学反应介质。

我们开发了一种利用熔融 KOH、NaOH 为主要组分，在其中加入各种添加剂来分解环氧树脂的方法[74,75]。通过研究咪唑固化的双酚 A 和酚醛环氧树脂混合物在不同温度熔融 KOH 中的分解行为(图 2.17)，发现在 300℃以上环氧树脂分解速度明显加快，330℃时只要 30min 环氧树脂即可以完全分解。回收碳纤维的单丝拉伸结果(表 2.8)表明，其单丝拉伸强度和模量基本不降低；SEM 结果表明，回收碳纤维表面干净无树脂残留；回收碳纤维表面的 XPS 分析结果表明，表面 C—OH含量减少，COOH 含量增加。对降解产物的分析表明，分解反应主要为热裂解机理。更重要的是，熔融 KOH 还可以分解废弃 CFRP 中含有的各种污染物，包括玻璃纤维、热塑性塑料、纸、油漆和聚氨酯泡沫等。将这些污染物(图 2.18)放入 300℃的熔融 KOH 中，发现玻璃纤维马上分解消失，油漆 1min 左右消失，聚氨酯泡沫密封剂 3min 左右消失，热塑性塑料和离型纸的完全分解时间分别为 12min 和 25min 左右，但均小于复合材料中环氧树脂完全分解所需的时间。这表明该方法可以用来处理污染严重的废弃复合材料，尤其是含有混杂玻璃纤维和碳纤维的复合材料，这也是目前发现的唯一可以去除碳纤维中玻璃纤维的方法。

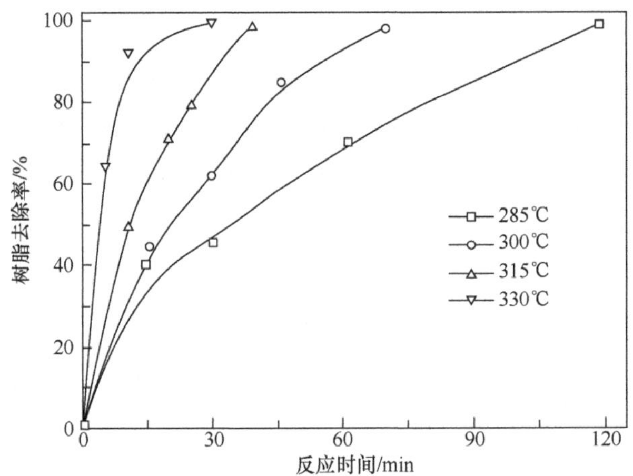

图 2.17　CFRP 在不同温度熔融 KOH 中的分解动力学曲线

$m_{KOH}/m_{复合材料}=25$

表 2.8 不同温度和反应时间熔融 KOH 介质中回收的碳纤维的力学性能

样品	直径 /μm	韦伯形状参数 β	平均拉伸强度① /GPa	平均拉伸模量 /GPa	断裂伸长率 /%
除上浆剂原纤维	6.90±0.21	6.72	3.84±1.28	251±28	1.60±0.50
回收纤维-285℃-120min	6.85±0.12	4.88	3.80±1.80	254±61	1.54±0.72
回收纤维-300℃-70min	6.85±0.16	3.73	3.72±1.84	246±30	1.54±0.75
回收纤维-315℃-40min	6.83±0.30	5.92	3.81±1.39	252±47	1.56±0.50
回收纤维-330℃-30min	6.84±0.31	4.84	3.66±1.49	254±34	1.47±0.59

① 依据 ISO 11506 标准，测试长度：20mm；拉伸速度：1mm/min；拉伸根数：30。

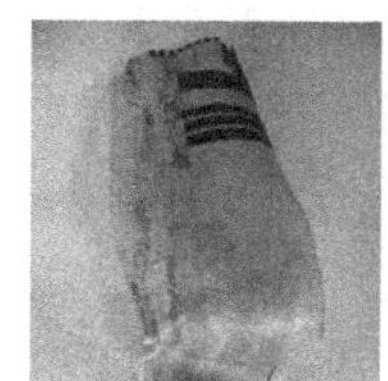

(a) 玻璃纤维

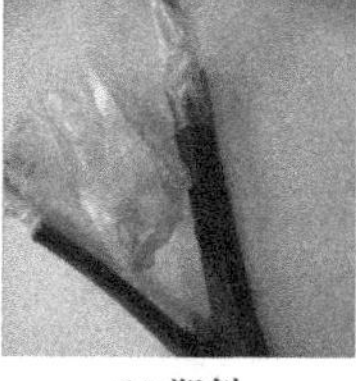
(b) 塑料

(c) 纸

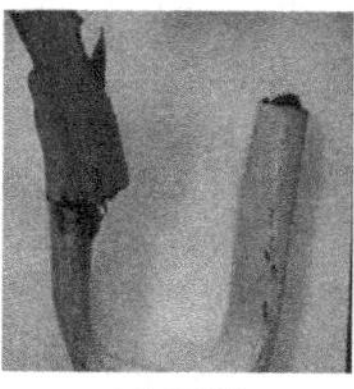
(d) 油漆

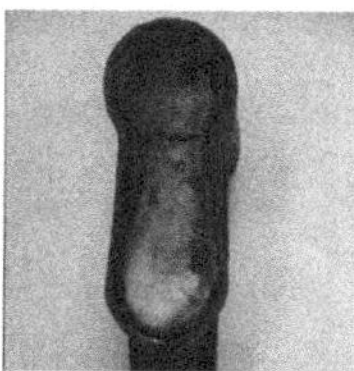
(e) 泡沫

图 2.18 典型的废弃碳纤维自行车中的污染物

表 2.9 比较了不同溶剂回收方法的特点。可以看到，超/亚临界流体是一种绿色廉价的回收介质，但反应压力高，必须在高压釜间歇操作，影响了回收效率与成本。常压溶剂法的操作压力低，可以在常规反应器中操作，但分解环氧树脂的速度较慢，同时溶剂沸点通常较高，不容易进行回收。在所有的方法中，只有熔融碱/盐法可以去除废弃复合材料中的玻璃纤维，同时处理速度较快，但熔融盐难于分离再利用。因此，还需要进一步对其不足之处进行更深入的研究。

表 2.9 不同溶剂法回收方法比较

回收方法	超临界水	亚临界水	超临界醇	常压溶剂	熔融碱/盐
温度/℃	>374	250～300	300～400	150～250	250～350
压力/MPa	10～30	5～15	5～10	0.5～1	0.1
溶剂	水	水	甲醇、正丙醇	苯甲醇、二甘醇、苯酚	氢氧化钾、氢氧化钠
催化剂	—	氢氧化钾、浓硫酸、苯酚	氢氧化钾	磷酸钾、钛酸四丁酯、浓硫酸	—
树脂去除速度	快	中	中	慢	快
溶剂回收难度	易	易	易	中	难
是否可处理污染物	否	否	否	否	是

2.2.5 组合回收工艺及各种回收工艺比较

对于采用一种回收方法无法处理的废弃复合材料，采用组合工艺进行回收是一个不错的选择。ATI 在处理波音 787 的废弃 CFRP 时，因为该 CFRP 废料较厚，难以破碎成较小尺寸，且层间含有热塑性增韧剂，而无论是高温还是低温溶剂过程均无法溶解热塑性增韧剂。如果单纯采用热处理低于 550℃时环氧树脂不能完全去除，高于 550℃则碳纤维表面开始出现积炭。因此，该公司采用的方法是，先在 150℃的低温溶剂过程中处理废弃 CFRP 使大部分环氧树脂基体分解，然后在 525℃下真空裂解除去热塑性增韧剂和碳纤维表面少量的残留树脂，这样不仅可以除掉热塑性增韧剂、油漆、密封剂等，还避免了溶剂清洗过程，得到表面干净的碳纤维[76]。Sasaki 等采用苯甲醇/K_3PO_4 反应体系，在 200℃常压下处理厚度为 1mm 的 CFRP 圆筒，反应 24h 后环氧树脂去除率仅为 90%，得到的回收碳纤维较硬，无法再次应用。而经 200℃处理 2h 后，在反应温度为 300℃、压力为 2.5MPa 的条件下再处理 2h 环氧树脂去除率即可达到 100%，得到柔软的回收纤维。低温溶剂法虽然反应温度通常在 200℃以下且为常压反应，但处理碳纤维表面残留的树脂往往需要更长的时间，这可能是由于表面碳纤维与树脂基体的作用更强，更难除去，得到的回收碳纤维互相黏结，无法再次利用，这就需要采用热裂解或高温溶剂过程来进一步处理得到表面干净的回收碳纤维[77]。

为了节省能耗，提高处理效率，我们进行了组合回收工艺的尝试。图 2.19 为“分层—短切—回收”组合回收工艺路线。如图 2.19 中黑色虚线所示，在最初的回收工艺中，物料直接在高温水中反应，反应时间虽短，但升温降温的时间较长，使得整体处理时间较长。另外，由于反应器尺寸限制，高压釜中只能放入有限的物料，这也导致处理量不大。在新的组合工艺中，首先对物料进行低温预处理，使复合材料分离成单片或除去大部分基体树脂，剩下的小部分残留树脂在高温水的作用下除去，这样也提高了第二步反应的处理量，提高了整个过程的经济性，降低了处理成本。根据这一工艺路线，我们建立了溶剂法回收废弃碳纤维复合材料的示范装置，主反应器大小为 200L，包含预处理实验单元、主回收实验单元、产物分离实验单元、溶剂回收实验单元和控制实验单元。该示范装置可以实现废弃 CFRP 的物质全回收，碳纤维以短纤维的形式回收，在中试装置上回收工艺对回收碳纤维力学性能的损害不超过 10%，环氧树脂降解产物分离后可以用于制备再生环氧树脂或聚氨酯泡沫，实现资源的全回收利用。另外，在该示范装置上也可以实现其他聚合物或废弃聚合物基复合材料（如玻璃纤维/不饱和聚酯复合材料、废弃电路板、玻璃纤维增强尼龙复合材料、PET 等）的中试回收放大与工艺评价。

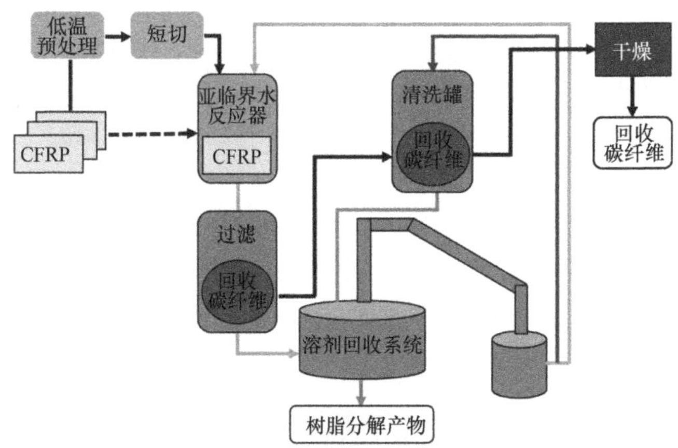

图 2.19　“分层—短切—回收”组合回收工艺及装置

表 2.10 比较了目前几种工业化或中试回收方法的特点。可以看到，有氧热裂解和流化床法可以实现连续操作，而其他工艺只能采用间歇或半连续方法。从回收碳纤维的力学性能来看，有氧热裂解最大的问题就是碳纤维表面的残留积炭，流化床则对纤维性能损害较大，溶剂及熔融碱/盐工艺则可以保留原始碳纤维的大部分力学性能。从耐污染程度来说，流化床和熔融碱/盐工艺最高，但又略有不同，流化床法可以分离金属杂质，而熔融碱/盐工艺可以除掉废弃复合材料中的玻璃纤维。另外，当树脂中含有卤素和硫时，有氧热裂解和流化床还必须增加额外的处理工艺，熔融碱/盐则可以将其直接吸收。从能耗来看，其他热处理方法能耗较低，溶剂法所消耗的能量相对较高，但溶剂法的优点是树脂基体降解产物也可以回收利用。

表 2.10　几种工业化或中试回收方法比较

回收方法	操作方式	碳纤维力学性能保持率	耐污染物程度	溶剂后处理	树脂回收方式	能耗/(kW·h·kg^{-1})
有氧热裂解	连续	～80%	中	不需要	能量	3～10[4]
有氧热裂解	连续	—	中	不需要	能量	1.88～4.40[30]
流化床[35]	连续	50%～70%	高	不需要	能量	—
溶剂法[72]	间歇	—	低	需要	物质	17.5
组合回收①	半连续	>90%	低	需要	物质	11.95～18.6
熔融碱/盐①	半连续	>90%	高	需要	—	3.16～8.05

① 中国科学院长春应用化学研究所。

2.3　回收碳纤维在树脂基复合材料中的再应用

提高回收过程的经济效益，一方面要降低整个回收过程的成本，另一方面要提高回收产物的附加值。由于编织的碳纤维布不能保证产品的均一性，回收的碳纤维通常以短纤维的形式存在。虽然长度变短，回收的碳纤维仍保留了原始纤维优异的力学性能和电磁性能，因而可以作为非结构材料使用，如混凝土掺杂、电磁屏蔽、C/C复合材料、燃料电池等。然而，为了充分利用碳纤维的力学性能，只有作为结构材料使用才能更好地体现其价值，从而提高回收物的附加值。由于回收碳纤维的特点与原碳纤维不同，制备回收碳纤维增强树脂基复合材料仍需要克服一些技术困难。首先，因为废弃的CFRP形状各异，难以破碎成均一的长度，回收碳纤维的长度分布对复合材料的性能也会产生影响，因此研究开发能将回收碳纤维短切成指定尺寸的技术与研究纤维长度分布对复合材料力学性能的影响具有重要的现实意义。其次，回收碳纤维在热或溶剂的作用下表面上浆剂已不复存在，因此整个回收物为蓬松、相互缠结、松散堆积的状态，纤维方向无规分布，这使得其不能完全采用原始碳纤维制备复合材料的方法与树脂复合。最后，回收碳纤维中有一些污染物不能完全去除，这会影响复合材料的力学性能。依据树脂类型的不同，回收碳纤维增强树脂基复合材料分为热塑性和热固性树脂基复合材料。无论采用何种树脂基体，纤维与树脂基体之间的界面作用都是实现复合材料高力学性能的关键，许多研究工作都围绕着纤维的表面改性来展开。本节对回收碳纤维增强热塑性和热固性树脂基复合材料的制备技术进行了简要介绍。

2.3.1　回收碳纤维增强热塑性树脂基复合材料制备技术

1. 共混

共混是指将聚合物、纤维、填料和添加剂在密炼机或双螺杆挤出机等设备中混合。常用的与短切碳纤维复合的热塑性聚合物主要有PP、PC、PA、聚苯硫醚(PPS)、聚对苯二甲酸丁二醇酯(PBT)、丙烯腈-丁二烯-苯乙烯的共聚物(PC/ABS)及聚乳酸(PLA)等。

与原碳纤维的物理状态不同,回收碳纤维呈现出蓬松、松散堆积的状态,不同长度的回收碳纤维缠结成块,直接将纤维放在侧喂料系统中难以自动下料,所以只能采用手动喂料,这就需要不停地调整挤出速度以保证纤维含量的均匀性[78],这对于连续制备过程是不合适的。另一种方法是采用湿法造纸成型工艺将其制作成无纺毡,再用切断机将其切成一定长度的粒子。这种方法可以实现纤维的自动进料,但湿法成型的碳纤维毡中还含有水溶性胶黏剂,通常与热塑性树脂基体不相容,胶黏剂的选择和对树脂与纤维界面作用的影响还研究较少。

树脂与纤维之间的界面作用是影响短纤维增强热塑性树脂复合材料力学性能的主要因素,一种方法是对回收碳纤维进行表面改性,另一种方法是在复合的过程中加入偶联剂或采用偶联剂改性回收碳纤维。回收碳纤维含有不同程度的杂质、溶剂或积炭残留,为了获得表面良好的碳纤维,通常需要对回收碳纤维进行清洗、干燥,或采用硝酸处理等方法进行表面改性[79]。Wong等[80]采用马来酸酐接枝聚丙烯(MAPP)偶联剂来改善PP与回收碳纤维的界面作用,复合过程在双螺杆挤出机中进行,回收碳纤维的质量分数为30%,流化床回收的碳纤维单丝拉伸强度和模量分别为3.03GPa和197.3MPa,平均重均长度为8.65mm,表面仍有一些颗粒残留。与PP相比,PP/RCF的拉伸和弯曲性能均有提高,而冲击性能却有所下降。加入MAPP后由于更好的界面作用,改善了复合材料的力学性能。加入更大分子量、更小酸值的MAPP(M_n=27000,酸值9mg KOH/g)的复合材料比加入小分子量、大酸值的MAPP(M_n=3900,酸值45mg KOH/g)的拉伸强度和弯曲强度略高,冲击强度也显著增加,而拉伸模量和弯曲模量却略有下降。显然,大量的低分子量MAPP对复合材料的力学性能不利。

汪晓东等采用双螺杆挤出机制备了回收碳纤维增强PA、PBT、PC/ABS和PLA复合材料,回收碳纤维由流化床法得到。回收碳纤维表面有大量的积炭或树脂残留,因此在浓硝酸中处理2h以除掉表面残留,蒸馏水清洗后,再用含有偶联剂的溶液浸泡纤维,最后真空干燥除去溶剂。不同的聚合物使用的偶联剂也不同,如对于PA、PC/ABS和PBT,偶联剂采用双酚A二缩水甘油醚型环氧树脂,对于PLA,偶联剂采用3-(2,3-环氧丙氧)丙基三甲氧基硅烷。通过加入偶联剂促进了基体树脂与纤维之间的作用,因而制备的复合材料的性能都有大幅度的提升[81~85]。

我们在回收碳纤维增强PP复合材料中同时加入PPMA和少量的环氧树脂,发现PPMA和动态固化的环氧树脂能够起到协同增强的效果,明显提高了复合材料的拉伸强度、拉伸模量、弯曲强度、弯曲模量及冲击强度[86]。这是由于环氧树脂在碳纤维表面形成了保护层，同时与周围的碳纤维形成了网络结构，PPMA 与碳纤维上的环氧树脂发生反应增强了 PP 与碳纤维之间的界面作用。回收碳纤维添加量为 26%左右时，PP/RCF 复合材料拉伸强度和模量分别达到 76.0MPa 和 2.0GPa，弯曲强度和模量分别达到 107.1MPa 和 5.5GPa，冲击强度为 7.7kJ/m^2，回收与商业碳纤维增强 PP 复合材料的力学性能如表 2.11 所示。

表 2.11　原纤维与回收碳纤维增强 PP 复合材料力学性能对比

样品	拉伸强度/MPa	拉伸模量/GPa	弯曲强度/MPa	弯曲模量/GPa	冲击强度/(kJ · m^{-2})
PP/PPMA/EP/SCF①	93.3±1.4	3.9±0.1	157.0±8.6	10.9±0.2	8.6±0.4
PP/PPMA/EP/RCF	76.0±5.4	2.0±0.3	107.1±6.1	5.5±0.3	7.7±0.5

注：各组分质量分数：w_{PP}=62%；w_{PPMA}=7.5%；w_{EP}=11.6%；w_{CF}=26.4%。

① 商业碳纤维。

除了树脂与纤维之间的界面作用，纤维的长度、体积分数及加工的工艺参数也有影响。例如，纤维的长度过短，则无法体现出纤维的增强作用。在挤出成型过程中，要使树脂和纤维达到最好的混合效果，需要较高的剪切力和充分的混合时间，同时要控制温度避免树脂降解。但较高的剪切力会使纤维的长度变短，聚合物中的纤维长度已不是初始的长度。另外，更长的纤维也会面临喂料和分散的问题，因此合适的长度分布对于复合材料性能有着重要作用，通常碳纤维增强热塑性复合材料中纤维的长度在 3～6mm 为宜。当然，螺杆组合也必须进行相应的设计，在保留长度和均匀混合两方面做出平衡。

2. 短切碳纤维成型后模压

在挤出过程中，纤维的长度会在螺杆的剪切作用下变短，难以实现长纤维的增强作用。另外，挤出机中纤维的添加量通常在 10%～30%，更多的添加量会带来纤维喂料与分散的困难，因此采用直接模压的方法制备高纤维含量的复合材料成为制备更高性能碳纤维增强热塑性复合材料的突破口。

Szpieg 等采用模压方法制备了 PP/RCF 复合材料[87～90]。回收碳纤维由德国 Hadeg 回收股份有限公司提供，废料在大约 1200℃ 的条件下裂解，得到了含有 95%以上碳纤维的回收产品，另外约 5%为积炭。采用湿法成型造纸工艺制备了回收碳纤维毡，制成的毡与 PP 膜叠层成三明治结构后进行模压得到了 PP/RCF 复合材料，短纤维为无规分布。模压过程也会对纤维的长度造成破坏，回收碳纤维的平均长度由 0.41mm 变成了 0.16mm。由于树脂不能对纤维很好地浸润，样品中存在一定的孔隙，在纤维质量分数为 40%的样品中，平均孔隙体积分数为 0.58%，另外还存在少量的树脂富集区域。对 0°、90°和±45°四个方向截取的样条进行了拉伸性能测试，发现材料在面内具有各向同性，拉伸强度约为70MPa，拉伸模量约为13GPa，这也与微观模拟的结果相一致，蠕变实验表明，材料遵循非弹性材料模型。

Tilsatec先进纺织材料(Tilsatec Advanced Textile Materials)公司与其他大学等单位合作开展了一个将不连续的无规取向回收碳纤维制备成高取向度的连续长纤维材料的项目[91,92]。回收碳纤维与聚合物纤维混纺梳棉后再纺成纱线，再进一步加工成编织物、单向布或无褶皱织物(图2.20)，这些织物可以用于拉挤成型或直接模压制备回收碳纤维增强热塑性聚合物复合材料。该公司将55mm的回收碳纤维与60mm的PP人造短纤维进行了混纺，回收碳纤维由RCFL公司提供，两种纤维的质量比为30∶70和50∶50。混合后在特制的梳棉机上梳理成连续的梳片，接着成捻纺纱。纺出的纱在铁框上单向缠绕，紧接着在热压机上模压得到PP/RCF复合材料。RCF与PP质量比为30∶70和50∶50的纱线样品其实际碳纤维质量分数分别为25%和42%，这是因为脆性的碳纤维在纺纱过程中断裂并损失。碳纤维的平均长度从加入时的55mm分别变成了23mm和17mm也可以证明这一点，碳纤维加入量越多，纺纱过程对纤维长度的损害就越严重，而复合材料的模压过程对碳纤维基本没有损害。这种方法制备的复合材料孔隙率很低，对纱线和复合材料的SEM分析表明，大部分回收碳纤维处于与纱线轴线平行的状态，其取向度高达90%。碳纤维质量分数为42%的样品其拉伸和弯曲强度分别达到了160MPa和154MPa，弯曲模量达到了25GPa，但从复合材料断裂横断面的SEM照片来看，大部分纤维从PP基体中拔出，表明两者的界面作用较差，在纺纱过程或PP纤维制造过程中加入相溶剂可以提高两者的界面作用。

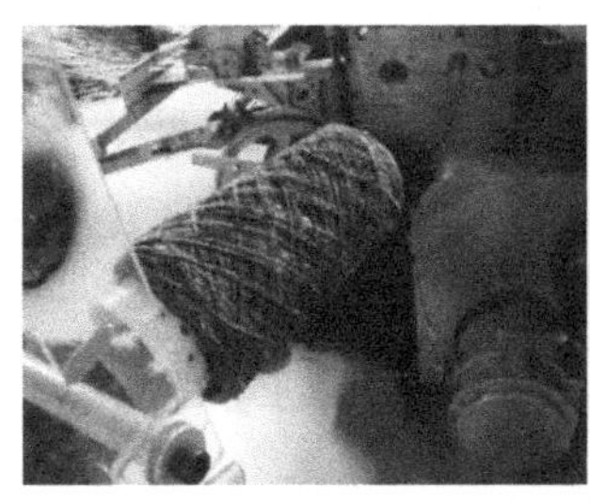

(a) 纱线

(b) 编织物

(c) 无褶皱织物

图2.20　Tilsatec先进纺织材料公司制备的聚合物/回收碳纤维产品[91]

该公司随后又采用同样的方法将60mm的原碳纤维的废丝和PET纤维先制成梳片，梳片经过热稳定化处理后以+45°/−45°的方式铺层，然后用PET细线缝合针角，制备出了400g/m^{2}的非褶皱PET预浸料，织物具有较高的可褶皱度。利用8层该织物预浸料层压制备的复合材料(碳纤维质量分数为60%)的密度为1.5g/cm^3，孔隙体积分数为10%，拉伸和弯曲强度分别为180.7MPa和

260.5MPa,模量分别为34.2GPa和30.4GPa,采用更细的PET纤维可以使孔隙减少[93]。

在模压成型制备的纤维增强热塑性树脂复合材料过程中,短纤维采用干法或湿法与热塑性树脂成毡。但湿法成型的纤维不能过长,干法成型过程同样会对碳纤维的长度造成损害,碳纤维损失较多。另外,热塑性树脂黏度较大,不能对纤维进行很好的浸润,使得复合材料的孔隙率较高,影响了材料的力学性能。

2.3.2 回收碳纤维增强热固性树脂基复合材料制备技术

纤维增强热塑性复合材料的优点是容易回收利用,但无法填充更多的碳纤维,树脂对纤维的浸润性也不够好,使得复合材料中有许多孔隙出现,影响材料的力学性能。将回收的碳纤维与热固性树脂复合则能更好地体现出纤维的增强作用,为了降低研发成本,回收碳纤维增强热固性树脂基复合材料成型技术都是基于现有的CFRP复合成型技术,再针对回收碳纤维的特点开发而成。

1. 团状模塑

团状模塑料(bulk molding compound,BMC)是一种半干法制备纤维增强热固性制品的模压中间材料,由热固性树脂、纤维和各种填料在捏合机中预混成糊状物,形成的团状中间体再模压或注塑形成制品。树脂基体通常为不饱和聚酯、乙烯基树脂或环氧树脂。BMC的纤维含量低、长度短,因而制品的力学性能低,但其流动性好,是制造小型、形状或结构复杂的纤维增强热固性树脂复合材料的主要成型方式。Turner等将回收碳纤维与胺固化的EF6305双酚A环氧树脂和碳酸钙粉末混合制备了BMC[94],回收碳纤维长度为12mm、质量分数为10%,得到BMC的力学性能与商业玻璃纤维BMC的性能相当,但冲击强度(8kJ/m^2)远低于玻纤BMC(30kJ/m^2)。密度也与玻纤制品类似,因此对制品减重的效果并不明显。影响回收碳纤维BMC制品力学性能的主要因素有树脂类型、纤维长度、纤维含量及填料类型和添加量。不饱和聚酯和乙烯基树脂得到的制品性能较差。继续增加纤维质量分数超过10%只有模量有少量增加,强度没有明显改善。

2. 片状模塑

片状模塑料(sheet molding compound,SMC)是指由树脂、填料、增稠剂和引发剂等组成的树脂糊,浸渍短纤维或毡片,两面用聚乙烯薄膜覆盖,制成的一种干片状的预浸料。使用时只需将薄膜撕掉,根据制品尺寸裁切铺层后模压即得SMC制品。连续的SMC机组通常为连续工艺,聚乙烯膜和树脂糊在传送带上定量供给,长纤维切割成指定的长度后均匀地沉降在树脂糊上,再与同样敷有树脂糊的薄膜在复合辊处复合,使树脂糊浸透纤维,最后收集成卷,树脂通常为不饱和树脂或环氧乙烯基树脂。SMC具有收缩率低、强度高、成型方便等特点,玻璃纤维SMC

由于应用时间早，工艺成熟，广泛用于电器、汽车、火车、建筑等领域。碳纤维 SMC 由于价格较高国内外均研究较少，与玻璃纤维 SMC 相比，其在刚性和减重方面有一定的优势，由于汽车轻量化方面的要求对其研究开始日渐深入，2013 年国内首条碳纤维 SMC 生产线在吉林市华研碳纤维制品有限公司建成，该公司利用其生产刹车片等产品。然而，碳纤维成本过高使碳纤维 SMC 在汽车行业推广困难。

将回收的碳纤维替代原纤维是一个降低碳纤维 SMC 成本的方法，但目前的碳纤维 SMC 工艺均采用的是长纤维作为原料，而回收的碳纤维则为蓬松、无规的短纤维，因此必须对现有工艺进行一定的改进。Palmer 等[95]采用了一个新方法将废弃 CFRP 的物理回收物制成了 SMC 产品，物理回收在旋转的锤磨机中进行，粉碎的回收物被分为四类，47%的粗纤维、24%的细纤维、18.5%的细粉和 10.5%的粗粉，细纤维中的纤维含量最多，达到了 72%。图 2.21 给出了专门针对碳纤维回收物设计的进料装置，包含储料斗、速度控制器、连枷装置和一个传送带。回收物放置在进料漏斗中，通过一个带有四个刷子的中轴和振动筛控制进料的速度，然后经过一个均匀分布有钢钉的高速旋转轴，将大束的纤维打开。最后，回收物落在一个可调速的传送带并与 SMC 生产线连接，即可实现喂料速度的精确控制。与玻璃纤维添加相同的体积分数得到的复合材料的弯曲强度、冲击强度和弯曲模量分别为标准 SMC 材料的 91%、107%和 97%。

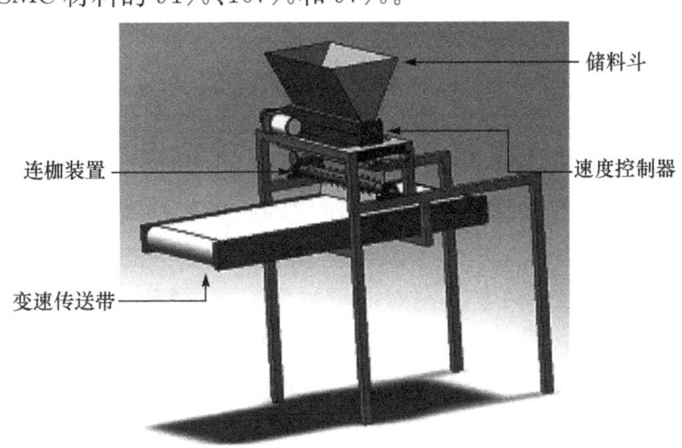

图 2.21　针对 SMC 工艺的碳纤维回收物进料装置[95]

3. 回收短切碳纤维中间成型体的模压成型

不管采用何种回收方法，回收的碳纤维通常是以短纤维的形式存在的。前面几种成型方法虽然各有优点，但依然存在添加量有限、力学性能不高的问题。将回收的短切碳纤维制备成无纺布或各种形状的预成型体，再采用热固性树脂进行浸渍后模压，可望得到更高力学性能的复合材料，提高回收物的经济价值。

短切碳纤维的成型方式主要有湿法和干法工艺。干法工艺是指采用传统无纺布制造的工艺，纤维经过开松、梳棉后在气流的作用下进行随机排列形成纤网结构，然后经过水刺、针刺或热轧等方法加固。Nakagawa 等将溶剂法得到的回收碳纤维经过梳棉处理后制成无纺布[73]，采用手糊法制备了无纺布与不饱和聚酯树脂的片状模塑料，碳纤维质量分数为 16%，碳纤维长度为 25mm。得到的回收碳纤维复合材料与玻璃纤维增强不饱和聚酯复合材料(GFRP)进行了对比，拉伸强度为 GFRP 的 1.4 倍，拉伸模量与 GFRP 相差不多，断裂伸长率为 GFRP 的 1.1 倍。当纤维长度从 12.5mm 增加到 25mm 时，拉伸强度由 28.6MPa 增加到 61.2MPa，但当纤维长度增加到 40mm 以上时，其拉伸强度不再增加，拉伸模量则在纤维长度为 100mm 时才有明显提高。干法成型工艺使用很少，由于碳纤维质地较脆，很容易在纺织中折断，另外干法工艺成型要求碳纤维有一定的长度，同时不能制备面密度较低的碳纤维毡。

湿法成型从造纸工艺演化而来，将纤维在加有助剂的水中搅拌分散，在真空条件下脱水形成湿坯，再烘干形成碳纤维毡。湿法成型工艺得到的碳纤维毡中含有少量的胶黏剂以保持纤维毡的形状，尤其适合制备面密度低的无纺毡。2006 年，技术纤维产品(TFP)公司将诺丁汉大学从流化床回收的格拉菲尔 34-700 碳纤维制成了面密度为 $100g/m^2$ 的无规取向无纺布，回收纤维平均长度在制成无纺布后由 15mm 降至 4.7mm[15]。将 20 层无纺布与环氧树脂片(面密度为 $300g/m^2$)叠合后在 120℃模压得到了 SMC 复合材料，回收碳纤维体积分数为 40%，拉伸强度为 231.6MPa，拉伸模量为 36.3GPa，密度为 $1.8g/m^3$。尽管得到的材料力学性能要好于玻璃纤维 SMC，但是纤维与树脂界面作用较差。碳纤维成型过程的黏合剂可以进一步优化，黏合剂直接影响树脂与纤维之间的界面作用。

纤维的取向可以提高轴向的力学性能，树脂能在更低的压力下浸渍纤维，从而减少对纤维长度的损害。TFP 公司对造纸成型工艺进行了改进，在短切回收碳纤维制成的低面密度($10g/m^2$)薄毡上，取向度达到 75%～80%。采用这种薄毡制备的复合材料的力学性能是目前报道的所有回收碳纤维复合材料中最高的，纤维体积分数为 44%时，拉伸模量达到 422MPa，拉伸模量达到 70GPa，但纤维的过于分散导致其冲击强度只有 $35kJ/m^2$，而通常玻璃纤维 SMC 复合材料的冲击强度可达到 $80kJ/m^2$，毡厚度的均一性也有待提高。

2007 年，诺丁汉大学对模压过程进行了优化，并研究了不同体积分数纤维所需要的压力。TFP 公司将流化床回收得到的东丽 T600 碳纤维制成了 $100g/m^2$ 的取向无纺布。复合材料的成型方式与无规无纺布略有不同，模压在真空袋中进行以除去气泡。回收碳纤维平均长度为 8mm 和 16mm，纤维的体积分数为 20%、30%和 40%，模压压力在 6.67～13MPa。8mm 长的纤维体积分数为 30%时，复合材料具有最大的力学性能，拉伸强度达到了 314MPa，模量达到了 37.1GPa，密度为 1.4g/m^3，从断裂的表面可以看出其界面作用极强。纤维取向提高了强度，却没有提高刚性。短纤维制成的复合材料的力学性能比长纤维的要高，长纤维复合材料的孔隙体积分数达到了 8%，而短纤维复合材料的孔隙体积分数只有 4%，长纤维的阻碍使得气泡更难除去。

在 2009 年的进一步实验中对采用 RCFL 中试热裂解装置回收的东丽 T300 回收碳纤维进行了模压，其纤维性能的损失要比流化床要小。制备的回收碳纤维无纺布取向度达 60%，平均长度为 12mm。采用面密度为 200g/m^2 的树脂片与其进行模压得到了纤维体积分数为 30%的模塑料，其拉伸强度为 207MPa，模量为 25GPa，孔隙体积分数为 5.5%。对纤维长度进行了分析发现，所有纤维长度都降低至 2mm 甚至更短，这可能是在常温下的预压造成的。一方面，压力会损害纤维的长度，因此压力过高会导致性能下降；另一方面，压力过低也使得树脂对纤维的浸润不完全，使得孔隙增多，同样会损害复合材料的力学性能。纤维的体积分数越高，树脂对纤维的浸润就越困难，因此必须提高模压的压力，而这又使得纤维的长度变短，过短的纤维无法承受过高的载荷，导致力学性能变差。

诺丁汉大学还开发了一种利用转筒来取向纤维的装置[15]，转筒内部装有直径为 500mm 的筛网，还装有一个渐窄喷嘴，短纤维配成的浆液在转筒中高速旋转实现取向，流化床回收得到的 20mm 回收碳纤维取向度可达到 80%，5mm 的纤维取向度可达到 90%。

Heil 等用回收碳纤维与原纤维混合在湿法成型装置上制备了无规取向的无纺毡[15]。图 2.22 给出了成型装置示意图，包括纤维浆料混合罐、流浆箱、成型筛网、真空脱水槽、泵料系统、敷胶器及干燥炉。纤维无规的分布在筛网上，水分被吸走后形成无纺毡，然后施胶烘干成型。吸水的速度决定了所制无纺毡的面密度，毡的面密度越大，所需要的吸水速度越快，该装置制得的薄毡的最大面密度为 40～60g/m^2。纤维在溶液中的分散对于毡的质量有着重要的影响，而分散性与纤维长度、搅拌速率、液体的黏度以及纤维的表面性质都有关系。例如，搅拌速率越大分散就越好，却会损害纤维的长度，最终影响复合材料的力学性能。采用树脂转移模塑成型技术将无纺毡与环氧树脂复合，环氧树脂作为胶黏剂。当采用 RCFL 回收的 T800S 碳纤维与 SGL 公司的标准模量 Sigrafil C30 原碳纤维混合时，复合材料的拉伸和压缩模量超过了全部采用 SGL 原纤维的产品，而弯曲强度与模量与其相差不多。横断面方向的强度和模量降低明显，表明纤维也有一定的取向。裂解法制备的回收碳纤维在制备 SMC 方面不如流化床得到的回收碳纤维有优势，但采用树脂传递模塑成型技术要比直接模压技术更好，因为树脂的流动减小了模压时的压力，降低了对纤维长度的损害。

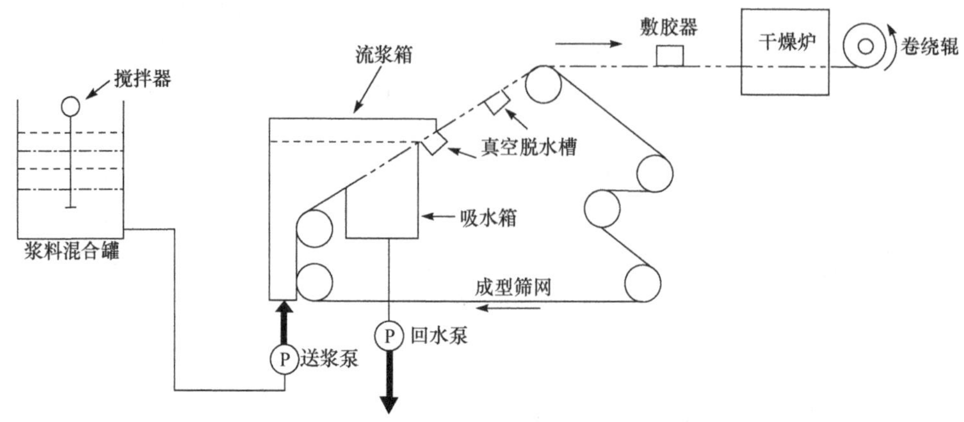

图 2.22　北卡罗来纳州立大学的湿法成型装置[15]

材料创新科技(MIT)公司发明一种了采用三维立体预成型过程(3-DEP)制备短纤维的预成型体的方法[96]。其技术的核心是浆液模塑成型设备,与湿法成型制备无纺毡类似,区别是其吸滤成型设备用万向架固定,可以实现倾斜、翻转等各种运动,因此可以实现复杂 3D 结构件的制备。浆液的流速、吸滤设备的运动和吸滤设备的真空度都可以单独控制。吸滤装置的多维转动,可以控制纤维排布,还可以实现纤维的取向。通过模具表面各部位的真空度大小可以调节各部位纤维层的厚度。该方法不仅可以用于碳纤维的成型,还可以应用于玻璃纤维、芳纶纤维、PA 纤维、PPS 纤维、PET 纤维、PP 纤维及植物纤维。预成型体的标准偏差与纤维的长度有关,纤维的长度越短,其标准偏差越小。制成的预成型体可以通过树脂转移模塑成型技术与热固性树脂复合,也可以将碳纤维或玻璃纤维与热塑性树脂纤维制成预成型体直接模压得到纤维增强热塑性树脂复合材料。该方法的优点是可以制备复杂结构的制件,浪费纤维少,制件的尺寸可控性强,其标准偏差低于 5%,成型时间小于 2min,模压制品力学性能高,同时可以通过混合或叠层的方式制备混纺的预成型体。

表 2.12 给出了 AS4 原纤维及回收碳纤维成型体与不饱和聚酯复合材料的力学性能[97]。与原纤维相比,回收碳纤维表面无上浆剂,纤维长度分布比原纤维更宽,其单丝力学性能也低于原纤维,另外回收的碳纤维还存在一些污染物,原纤维复合材料具有更高的体积分数,这导致回收碳纤维复合材料的力学性能低于原纤维复合材料。与 PPS 和 PA 纤维共沉积后模压得到的复合材料同样具有较高的力学性能。例如,回收碳纤维体积分数为 34%的 PPS 复合材料的拉伸强度可以达到 350MPa,模量可以达到 22GPa。

表 2.12　原纤维及回收碳纤维预成型体与不饱和聚酯复合材料的力学性能对比[97]

样品	纤维体积分数/%	弯曲强度/MPa	弯曲模量/GPa	拉伸强度/MPa	拉伸模量/GPa	冲击强度/(kJ·m^{-2})
原纤维/不饱和聚酯	28.0	288.9	13.8	180.0	17.2	311.6
回收碳纤维/不饱和聚酯	24.0	160.0	11.0	87.6	15.9	67.6

综上所述，纤维的取向、纤维的分散、纤维长度、布的面密度对于无纺布的结构都十分重要。除了无纺布的结构，纤维的体积分数、模压过程的工艺参数以及复合材料的密度都是影响复合材料力学性能的主要因素。

湿法成型的回收碳纤维纸还可以用于电磁屏蔽[98]、发热[99,100]或吸能[101]等方面。Wong 等[98]采用湿法造纸工艺制备了碳纤维薄毡，并与不饱和聚酯制备了复合材料，研究了其电磁屏蔽性能。纤维长度在 6.4～14.4mm 时，只要纤维分散良好，屏蔽效率不受纤维长度的影响，而纤维过长会发生缠结，影响分散。随着面密度的增加，屏蔽效率呈线性增加。另外，与单层毡相比，相同面密度的双层毡的结构至少可以提高 12%的屏蔽效率，这是因为一方面薄毡中纤维的分散性更好，另一方面存在双波反射机理。回收碳纤维制成的毡纤维的分散性不如原纤维毡，在面密度低于 60g/m^2 时屏蔽效率与面密度有很好的线性关系，但面密度继续增加时，屏蔽效率不再增加甚至减少，这可能是由回收碳纤维长度分布不均匀，其中有较多的长纤维所致。使用数均长度为 10.8mm 的回收碳纤维复合材料与 14.4mm 原纤维制成的复合材料相比，屏蔽效率大约低 12%。80g/m^2 的回收碳纤维毡制成的复合材料的电磁干扰衰减达到了 40dB，完全可以满足美国联邦通信委员会的 B 级要求。电磁屏蔽效率可以通过除去回收碳纤维中的长纤维或改变薄毡的结构实现。

2.4　碳纤维复合材料循环利用商业化过程中面临的困难及挑战

目前废弃 CFRP 回收利用的商业化除了一些技术难题，还面临着一些导致回收商业化进展缓慢的其他问题，具体如下。

1. 回收动力不足

在美国和一些欧洲国家和地区，虽然 CFRP 已经能以较低的成本分解，但由于废料运输、分离、分类等环节增加了整个处理成本，再加上回收碳纤维产品缺乏市场，其商业化过程仍然十分艰辛。而在我国，对于废弃 CFRP 主要采用填埋或直接废弃处理。欧洲已经出台了限制直接填埋废弃 CFRP 的法令，但美国和其他国家均没有类似的法令,这使得废料生产商对于回收的兴趣不足。因此,政府应出台一些限制填埋废弃 CFRP 的法令,或是对回收 CFRP 的厂商进行一定的补贴,吸引厂商进入循环利用产业。

2. 回收厂家与废料生产厂家缺乏沟通与合作

在碳纤维的回收过程中,废料的前期分拣、分类、除杂、粉碎等过程对于保证回收碳纤维的质量稳定性、更高效地回收碳纤维都具有重要的作用,质量稳定的碳纤维能够产生更高的经济价值,而这一工作目前主要由回收厂家来完成,不仅增加了回收过程的难度,而且产品质量也难有保证。例如,不同类型的碳纤维混合后在回收后不可能分开。另外,大的废弃部件通常占有较大的体积,这增加了运输成本。如果废料的分拣、分类过程能在废料产生的过程中由生产厂家完成,废料按不同的树脂和纤维类型分类,回收厂家在生产厂家附近进行除杂粉碎,粉碎筛选后的物料再运输到回收厂家处理,则可以得到质量更好的碳纤维。当然,回收厂家也应该将多出的一部分收益转让给废料生产厂家,促进双方的合作共赢。

3. 回收碳纤维再应用产品市场的建立

尽管回收碳纤维的再应用产品越来越多,但真正成为商业产品的仍然很少。一方面,回收碳纤维的物理状态和性能与原纤维已大为不同,再应用存在一些技术上的困难。另一方面,利用回收碳纤维的导电、导热性能作为热塑性树脂的填料是其应用的一种,但附加值相对较低。如果要提高整个回收过程的经济效益,就需要研究开发具有更高附加值的回收碳纤维制品。

我国 CFRP 产业的发展规模越来越大,其回收再利用问题也越来越迫切。科研机构和企业应该加强相关方面的基础研究与技术开发,并积极与 CFRP 生产企业开展合作,政府也应该制定相关的环保政策和激励措施,鼓励回收产业的发展,这样才能促进整个碳纤维产业的健康发展。

参 考 文 献

[1] Jahn B. Composites market report 2013. Market developments,trends,challenges and opportunities[R]. Augsburg:CCeV,2013.

[2] 空中客车公司. 空中客车公司向环保型企业迈进[DB/OL]. http://www.airbus.com.cn/innovation/eco-efficiency/recycling. [2014-10-20].

[3] Pickering S J. Recycling technologies for thermoset composite materials-current status[J]. Composites Part A—Applied Science and Manufacturing,2006,37:1206-1215.

[4] Pimenta S,Pinho S T. Recycling carbon fibre reinforced polymers for structural applications:Technology review and market outlook[J]. Waste Management,2011,31(2):378-392.

[5] Asmatulu E,Twomey J,Overcash M. Recycling of fiber-reinforced composites and direct

structural composite recycling concept[J]. Journal of Composite Materials, 2013, 48(5): 593-608.

[6] Yang Y X, Boom R, Irion B, et al. Recycling of composite materials[J]. Chemical Engineering and Processing, 2012, 51: 53-68.

[7] Turner T A, Pickering S J, Warrior N A. Development of recycled carbon fibre moulding compounds-preparation of waste composites[J]. Composites Part B—Engineering, 2011, 42: 517-525.

[8] Palmer J, Ghita O R, Savage L, et al. Successful closed-loop recycling of thermoset composites[J]. Composites Part A—Applied Science and Manufacturing, 2009, 40: 490-498.

[9] Howarth J, Mareddy S S R, Mativenga P T. Energy intensity and environmental analysis of mechanical recycling of carbon fibre composite[J]. Journal of Cleaner Production, 2014, 81: 46-50.

[10] Ushikoshi K, Komatsu N, Sugino M. Recycling of CFRP by pyrolysis method [J]. Journal Society of Material Science Japan, 1995, 44(499): 428-431.

[11] Chen K S, Yeh R Z, Wu C H. Kinetics of thermal decomposition of epoxy resin in nitrogen-oxygen atmosphere[J]. Journal of Environmental Engineering, 1997, 123: 1041-1046.

[12] 杨杰. 碳纤维增强环氧树脂复合材料在不同氧浓度下热分解行为的研究[D]. 哈尔滨: 哈尔滨工程大学, 2014.

[13] ELG碳纤维有限公司. Recycled Carbon Fibre[DB/OL]. http://www. elgcf. com. [2014-10-31].

[14] Roy P, John D. Recycling carbon fibre[P]: US, 7922871, 2011.

[15] Heil J. Study and analysis of carbon fiber recycling[D]. Raleigh: North Carolina State University, 2011.

[16] Heil J, Cuomo J. Recycled carbon fiber composites[R]. Hamburg: IntertechPira, 2009.

[17] Pimenta S, Pinho S T. The effect of recycling on the mechanical response of carbon fibres and their composites[J]. Composite Structures, 2012, 94: 3669-3684.

[18] Wood K. Carbon fiber reclamation: Going commercial[J]. High Performance Composites, 2010, 18(2): 30.

[19] Meyer L O, Schulte K, Grove-Nielsen E. CFRP-recycling following a pyrolysis route: Process optimization and potentials [J]. Journal of Composite Materials, 2009, 43(9): 1121-1132.

[20] Lopez F A, Martin M I, Alguacil F J, et al. Thermolysis of fibreglass polyester composite and reutilisation of the glass fibre residue to obtain a glass-ceramic material[J]. Journal of Analytical and Applied Pyrolysis, 2012, 93: 104-112.

[21] Lopez F A, Rodriguez O, Alguacil F J, et al. Recovery of carbon fibres by the thermolysis and gasification of waste prepreg[J]. Journal of Analytical and Applied Pyrolysis, 2013, 10: 675-683.

[22] CFK Valley Stade Recycling GmbH. CFK Recycling[DB/OL]. http://www. cfk-recycling. com. [2014-10-31].

[23] Materials Innovation Technologies Ltd. MIT RCF[DB/OL]. http://mitrcf.com. [2014-10-16].

[24] Tommaso C,Giacinto C,Sergio G. Method and apparatus for recovering carbon and/or glass fibers from a composite material[P]:WO,2003089212,2003.

[25] Cornacchia G,Galvagno S,Portofino S,et al. Carbon fiber recovery from waste composites: An integrated approach for a commercially successful recycling operation[C]. International SAMPE Technical Conference,Baltimore,2009.

[26] Greco A,Maffezzoli A,Buccoliero G,et al. Thermal and chemical treatments of recycled carbon fibres for improved adhesion to polymeric matrix[J]. Journal of Composite Materials, 2012,47(3):369-377.

[27] Shi J,Kemmochi K,Bao L M. Research in recycling technology of fiber reinforced polymers for reduction of environmental load:Optimum decomposition conditions of carbon fiber reinforced polymers in the purpose of fiber reuse[J]. Advances in Materials Research,2012, 343-344:142-149.

[28] Shi J,Bao L M,Kemmochi K,et al. Reusing recycled fibers in high-value fiber-reinforced polymer composites:Improving bending strength by surface cleaning[J]. Composites Science and Technology,2012,72:1298-1303.

[29] Ye S Y,Bounaceur A,Soudais Y,et al. Parameter optimization of the steam thermolysis:A process to recover carbon fibers from polymer-matrix composites[J]. Waste and Biomass Valorization,2013,4:73-86.

[30] 罗益锋. 碳纤维复合材料废弃物的回收与再利用技术发展[J]. 纺织导报,2013,12:36-39.

[31] Mizuguchi J,Tsukada Y,Takahashi H. Recovery and characterization of reinforcing fibers from fiber reinforced plastics by thermal activation of oxide semiconductors[J]. Materials Transactions,2013,54(3):384-391.

[32] Nahil M A,Williams P T. Recycling of carbon fibre reinforced polymeric waste for the production of activated carbon fibres[J]. Journal of Analytical and Applied Pyrolysis,2011,91: 67-75.

[33] Cunliffe A M,Jones N,Williams P T. Recycling of fibre-reinforced polymeric waste by pyrolysis:Thermo-gravimetric and bench-scale investigations[J]. Journal of Analytical and Applied Pyrolysis,2003,70:315-338.

[34] Yip H L H,Pickering S J,Rudd C D. Characterisation of carbon fibres recycled from scrap composites using fluidised bed process[J]. Plastics Rubber and Composites,2002,31(6): 278-282.

[35] Pickering S J,Kelly R M,Kennerley J R,et al. A fluidised-bed process for the recovery of glass fibres from scrap thermoset composites[J]. Composites Science and Technology, 2000,60:509-523.

[36] Jiang G,Pickering S J,Walker G S,et al. Surface characterisation of carbon fibre recycled using fluidised bed[J]. Applied Surface Science,2008,254:2588-2593.

[37] Jiang G, Pickering S J, Walker G S, et al. Soft ionisation analysis of evolved gas for oxidative decomposition of an epoxy resin/carbon fibre composite [J]. Thermochimica Acta, 2007, 454: 109-115.

[38] ATI. Adherent Technologies[DB/OL]. http://www. adherent-tech. com. [2014-10-31].

[39] Lester E, Kingman S, Wong K H, et al. Microwave heating as a means for carbon fibre recovery from polymer composites: A technical feasibility study[J]. Materials Research Bulletin, 2004, 39: 1549-1556.

[40] Hunter T. A recycler's perspective on recycling CFRP production scrap[R]. Hamburg: IntertechPira, 2009.

[41] Dang W R, Kubouchi M, Yamamoto S, et al. An approach to chemical recycling of epoxy resin cured with amine using nitric acid[J]. Polymer, 2002, 43: 2953-2958.

[42] Dang W R, Kubouchi M, Sembokuya H, et al. Chemical recycling of glass fiber reinforced epoxy resin cured with amine using nitric acid[J]. Polymer, 2005, 46: 1905-1912.

[43] 仙北谷英贵,山本秀朗,党伟荣,等. 环氧树脂及固化剂的化学结构对环氧树脂回收的影响[J]. 网络聚合物材料通讯, 2002, 23(4): 178-186.

[44] Lee S H, Choi H O, Kim J S, et al. Circulating flow reactor for recycling of carbon fiber from carbon fiber reinforced epoxy composite[J]. Korean Journal of Chemical Engineering, 2011, 28(1): 449-454.

[45] Braun D, Gentzkow W, Rudolf A P. Hydrogenolytic degradation of thermosets[J]. Polymer Degradation and Stability, 2001, 74: 25-32.

[46] Sato Y, Kondo Y, Tsujita K, et al. Degradation behaviour and recovery of bisphenol-A from epoxy resin and polycarbonate resin by liquid-phase chemical recycling[J]. Polymer Degradation and Stability, 2005, 89: 317-326.

[47] Goto M. Chemical recycling of plastics using sub- and supercritical fluids[J]. Journal of Supercritical Fluids, 2009, 47: 500-507.

[48] Fromonteil C, Bardelle P, Cansell F. Hydrolysis and oxidation of an epoxy resin in sub- and supercritical water[J]. Industrial & Engineering Chemistry Research, 2000, 39: 922-925.

[49] Bai Y P, Wang Z, Feng L Q. Chemical recycling of carbon fibers reinforced epoxy resin composites in oxygen in supercritical water[J]. Materials and Design, 2010, 31: 999-1002.

[50] Shibasaki Y, Kamimori T, Kadokawa J, et al. Decomposition reactions of plastic model compounds in sub- and supercritical water[J]. Polymer Degradation and Stability, 2004, 83: 481-485.

[51] Tagaya H, Shibasaki Y, Kato C, et al. Decomposition reactions of epoxy resin and polyetheretherketone resin in sub- and supercritical water[J]. Journal of Material Cycles and Waste Management, 2004, 6: 1-5.

[52] Piñero-Hernanz R, Dodds C, Hyde J, et al. Chemical recycling of carbon fibre reinforced composites in nearcritical and supercritical water[J]. Composites Part A—Applied Science and Manufacturing, 2008, 39: 454-461.

[53] Knight C C, Zeng C C, Zhang C, et al. Recycling of woven carbon-fibre-reinforced polymer composites using supercritical water[J]. Environmental Technology, 2012, 33(6): 639-644.
[54] Liu Y Y, Shan G H, Meng L H. Recycling of carbon fibre reinforced composites using water in subcritical conditions[J]. Materials Science and Engineering A—Structural Materials Properties Microstructure and Processing, 2009, 520: 179-183.
[55] Liu Y Y, Kang H J, Gong X Y, et al. Chemical decomposition of epoxy resin in nearcritical water by an acid-base catalytic method[J]. RSC Advances, 2014, 4: 22367-22373.
[56] 王一明，刘杰，吴广峰，等. 亚临界水介质回收酸酐固化环氧树脂/碳纤维复合材料[J]. 应用化学，2013，30(6)：643-647.
[57] Morin C, Loppinet-Serani A, Cansell F, et al. Near- and supercritical solvolysis of carbon fibre reinforced polymers (CFRPs) for recycling carbon fibers as a valuable resource: State of the art[J]. Journal of Supercritical Fluids, 2012, 66: 232-240.
[58] Princaud M, Aymonier C, Loppinet-Serani A, et al. Environmental feasibility of the recycling of carbon fibers from CFRPs by solvolysis using supercritical water[J]. ACS Sustainable Chemistry & Engineering, 2014, 2: 1498-1502.
[59] Nakagawa T. FRP recycling technology using sub-critical water hydrolysis[J]. JEC Composites, 2008, 40: 56-59.
[60] Liu Y, Liu J, Jiang Z W, et al. Chemical recycling of carbon fibre reinforced epoxy resin composites in subcritical water: Synergistic effect of phenol and KOH on the decomposition efficiency[J]. Polymer Degradation and Stability, 2012, 97: 214-220.
[61] Piñero-Hernanz R, García-Serna J, Dodds C, et al. Chemical recycling of carbon fibre composites using alcohols under subcritical and supercritical conditions[J]. Journal of Supercritical Fluids, 2008, 46: 83-92.
[62] Jiang G, Pickering S J, Lester E H, et al. Characterisation of carbon fibres recycled from carbon fibre/epoxy resin composites using supercritical n-propanol[J]. Composites Science and Technology, 2009, 69: 192-198.
[63] Li J, Xu P L, Zhu Y K, et al. A promising strategy for chemical recycling of carbon fiber/thermoset composites: Self-accelerating decomposition in a mild oxidative system[J]. Green Chemistry, 2012, 14: 3260-3263.
[64] Xu P L, Li J, Ding J P. Chemical recycling of carbon fibre/epoxy composites in a mixed solution of peroxide hydrogen and N, N-dimethylformamide[J]. Composites Science and Technology, 2013, 82: 54-59.
[65] Jiang G, Pickering S J, Lester E H, et al. Decomposition of epoxy resin in supercritical isopropanol[J]. Industrial & Engineering Chemistry Research, 2010, 49: 4535-4541.
[66] Okajima I, Hiramatsu M, Shimamura Y, et al. Chemical recycling of carbon fiber reinforced plastic using supercritical methanol[J]. Journal of Supercritical Fluids, 2014, 91: 68-76.
[67] 柴田胜司，清水浩，松尾亚矢子，等. 处理环氧树脂固化产物的方法[P]：中国，ZL00819116.6，2000.

[68] 周茜，杨鹏，李小阳，等. 用溶剂回收废旧热固性树脂及其复合材料的方法[P]：中国，ZL201210086004.7，2012.

[69] Yang P, Zhou Q, Yuan X X, et al. Highly efficient solvolysis of epoxy resin using poly(ethylene glycol)/NaOH systems[J]. Polymer Degradation and Stability, 2012, 97: 1101-1106.

[70] Gersifi E K, Destais-Orvoen N, Durand G, et al. Glycolysis of epoxide-amine hardened networks Ⅰ—Diglycidyl ether/aliphatic amines model networks[J]. Polymer, 2003, 44: 3795-3801.

[71] Destais-Orvoen N, Durand G, Tersac G. Glycolysis of epoxide-amine hardened networks Ⅱ—Aminoether model compound[J]. Polymer, 2004, 45: 5473-5482.

[72] Gersifi E K, Durand G, Tersac G. Solvolysis of bisphenol A diglycidyl ether/anhydride model networks[J]. Polymer Degradation and Stability, 2006, 91: 690-702.

[73] Nakagawa M, Kuriya H, Shibata K. Characterization of CFRP using recovered carbon fibers from waste CFRP[C]. 5th International Symposium on Feedstock and Mechanical Recycling of Polymeric Materials, Chengdu, 2009: 241-244.

[74] 唐涛，刘杰，姜治伟，等. 一种熔融浴及用其回收热固性环氧树脂或其复合材料的方法[P]：中国，ZL201010592920.9，2000.

[75] Nie W D, Liu J, Liu W B, et al. Decomposition of waste carbon fiber reinforced epoxy resin composites in molten potassium hydroxide[J]. Polymer Degradation and Stability, 2015, 111: 247-256.

[76] Gosau J M, Wesley T F, Allred R E. Carbon fiber reclamation from composites[R]. Hamburg: IntertechPira, 2009.

[77] Sasaki M, Mori K, Chomei Y, et al. Recycling of CFRP by using sub-critical alcohol treatment[C]. 5th International Symposium on Feedstock and Mechanical Recycling of Polymeric Materials, Chengdu, 2009.

[78] Connor M L. Characterization of recycled carbon fibers and their formation of composites using injection molding[D]. Raleigh: North Carolina State University, 2008.

[79] Stoeffler K, Andjelic S, Legros N, et al. Polyphenylene sulfide (PPS) composites reinforced with recycled carbon fiber[J]. Composites Science and Technology, 2013, 84: 65-71.

[80] Wong K H, Mohammed D S, Pickering S J, et al. Effect of coupling agents on reinforcing potential of recycled carbon fibre for polypropylene composite[J]. Composites Science and Technology, 2012, 72: 835-844.

[81] Han H Y, Wang X D, Wu D Z. Preparation, crystallization behaviors, and mechanical properties of biodegradable composites based on poly(L-lactic acid) and recycled carbon fiber[J]. Composites Part A—Applied Science and Manufacturing, 2012, 43: 1947-1958.

[82] Feng N, Wang X D, Wu D Z. Surface modification of recycled carbon fiber and its reinforcement effect on nylon 6 composites: Mechanical properties, morphology and crystallization behaviors[J]. Current Applied Physics, 2013, 13: 2038-2050.

[83] Yan G T, Wang X D, Wu D Z. Development of lightweight thermoplastic composites based on Polycarbonate/Acrylonitrile-Butadiene-Styrene copolymer alloys and recycled carbon fiber: Preparation, morphology, and properties[J]. Journal of Applied Polymer Science, 2013, 129: 3502-3511.

[84] Han H Y, Wang X D, Wu D Z. Mechanical properties, morphology and crystallization kinetic studies of bio-based thermoplastic composites of poly(butylene succinate) with recycled carbon fiber[J]. Journal of Chemical Technology and Biotechnology, 2013, 88: 1200-1211.

[85] Chen Y, Wang X D, Wu D Z. Recycled carbon fiber reinforced poly(butylene terephthalate) thermoplastic composites: Fabrication, crystallization behaviors and performance evaluation [J]. Polymers for Advanced Technologies, 2013, 24: 364-375.

[86] Li M G, Wen X, Liu J, et al. Synergetic effect of epoxy resin and maleic anhydride grafted polypropylene on improving mechanical properties of polypropylene/short carbon fiber composites[J]. Composites Part A—Applied Science and Manufacturing, 2014, 67: 212-220.

[87] Szpieg M, Wysocki M, Asp L E. Reuse of polymer materials and carbon fibres in novel engineering composite materials[J]. Plastics Rubber and Composites, 2009, 38(9/10): 419-425.

[88] Giannadakis K, Szpieg M, Varna J. Mechanical performance of a recycled carbon fibre/PP composite[J]. Experimental Mechanics, 2011, 51: 767-777.

[89] Szpieg M, Wysocki M, Asp L E. Mechanical performance and modelling of a fully recycled modified CF/PP composite[J]. Journal of Composite Materials, 2012, 46(12): 1503-1517.

[90] Szpieg M, Giannadakis K, Asp L E. Viscoelastic and viscoplastic behavior of a fully recycled carbon fiber-reinforced maleic anhydride grafted polypropylene modified polypropylene composite[J]. Journal of Composite Materials, 2012, 46(13): 1633-1646.

[91] Tilsatec 先进纺织材料公司. FibreCycle 项目[DB/OL]. http://www. fibrecycleproject. org. uk. [2014-10-25].

[92] Akonda M H, Lawrence C A, Weager B M. Recycled carbon fibre-reinforced polypropylene thermoplastic composites[J]. Composites Part A—Applied Science and Manufacturing, 2012, 43: 79-86.

[93] Akonda M H, El-Dessouky H M, Lawrence C A, et al. A novel non-crimped thermoplastic fabric prepreg from waste carbon and polyester fibres[J]. Journal of Composite Materials, 2012, 48(7): 843-851.

[94] Turner T A, Warrior N A, Pickering S J. Development of high value moulding compounds from recycled carbon fibres[J]. Plastics Rubber and Composites, 2010, 39(3-5): 151-156.

[95] Palmer J, Savage L, Ghita O R, et al. Sheet moulding compound (SMC) from carbon fibre recyclate[J]. Composites Part A—Applied Science and Manufacturing, 2010, 41: 1232-1237.

[96] Janney M, Geiger E, Baitcher N. Fabrication of chopped fiber preforms by the 3-DEP process[C]. American Composites Manufactures Association, Tampa, 2007: 1-7.

[97] Stike J. Reclaim, re-engineer, and reuse of carbon fibers: The complete solution to recycling reclaimed carbon fibers[C]. Carbon Fiber, San Diego, 2010.

[98] Wong K H, Pickering S J, Rudd C D. Recycled carbon fibre reinforced polymer composite

for electromagnetic interference shielding[J]. Composites Part A—Applied Science and Manufacturing,2010,41:693-702.

[99] Pang E J X,Pickering S J,Chan A,et al. Use of recycled carbon fibre as a heating element [J]. Journal of Composite Materials,2012,47(16):2039-2050.

[100] Pang E J X,Chan A,Pickering S J. Thermoelectrical properties of intercalated recycled carbon fibre composite[J]. Composites Part A—Applied Science and Manufacturing,2011,42:1406-1411.

[101] Meredith J,Cozien-Cazuc S,Collings E,et al. Recycled carbon fibre for high performance energy absorption[J]. Composites Science and Technology,2012,72:688-695.

第3章 快速液态模塑成型用热塑性基体材料技术

复合材料液态模塑成型(liquid composite molding, LCM)技术是指将液态树脂注入铺有纤维预成型体的闭合模腔中,液态树脂在流动充模的同时完成对纤维的浸润并经固化成型为制品的一类制备技术。目前最常见的先进 LCM 技术有树脂传递模塑成型(resin transfer molding,RTM)、真空辅助树脂传递模塑成型(vacuum assisted resin transfer molding,VARTM)、树脂浸渍模塑成型(seemann composites resin infusion manufacturing process,SCRIMP)、树脂膜渗透成型工艺(resin film infusion,RFI)和结构反应注射模塑成型(structural reaction injection molding,SRIM)等。

LCM 技术对树脂的黏度有一定要求,必须低于 1Pa·s,根据不同的工艺,应该选择合适黏度的树脂体系。在传统的工艺条件下,热塑性树脂的熔体黏度在 100~10000Pa·s,而热固性树脂的黏度通常不超过 50Pa·s。连续纤维增强热塑性复合材料的制备工艺可以分为溶液浸渍法、熔体浸渍法、粉末浸渍法、浆状树脂沉积法、混编法、薄膜叠层法和反应浸渍等。虽然溶液浸渍可以充分浸润纤维,但是存在去除溶剂困难的缺点。反应浸渍则是利用单体或预聚体初始分子量小、熔体黏度低、流动性好可充分浸润纤维的特点,通过原位聚合制备连续纤维增强热塑性复合材料。

RTM 工艺已经在制备热固性树脂基复合材料中非常成熟,其工艺要求树脂黏度低于 1Pa·s,通常注射压力低于 2MPa,是目前公认的成本较低的复合材料制备技术[1]。热塑性单体或预聚体具有初始分子量小、熔体黏度低及流动性好等特点,因此可以采用 RTM 工艺成型热塑性树脂基复合材料。

3.1 概　　述

3.1.1 液态模塑成型基本原理和特点

复合材料 LCM 技术的基本原理是在模腔内预先铺放增强体材料,部分或完全密封模具,用一种或多种液态树脂在压力作用下充分浸渍纤维,所需压力可通过在模腔内形成真空(真空浸渍)、重力,或者利用最常见的排液泵或压力容器来实现,最终固化后脱模成型,其工艺流程图如图 3.1 所示。

LCM 是由树脂输送体系、纤维处理体系、一套对模及相应的合模和操作装置、排气和树脂流动控制方案四个部分组成的,各种工艺的具体步骤可能有所不同,如

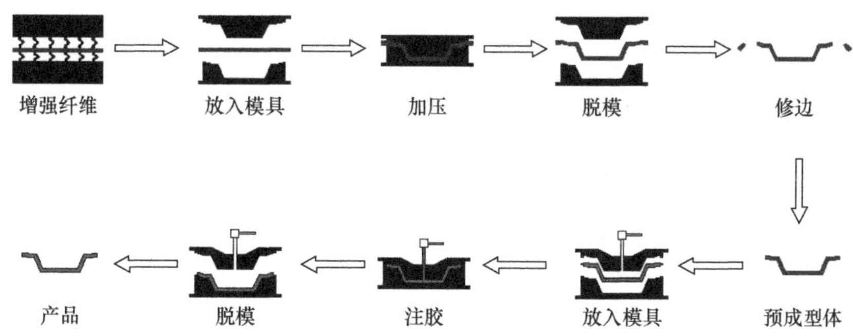

图 3.1　复合材料液态成型工艺流程

树脂的注射方式、模腔中空气的排出方式、模具的材质等。LCM 工艺的关键是在不影响已铺放好的增强材料和模具不承受过大压力的前提下，树脂完全浸渍模腔内的增强材料。

1. 排除空气

充分浸渍的最基本问题之一是如何排出模腔内的空气，只有尽量排出纤维束之间及纤维束内部的空气，才能生产出低孔隙率的高品质构件。不同的排气控制方法，主要分为以下三种。

(1) 树脂流动通过周边的气孔排除空气。这是低压 RTM 成型工艺中最常用的方法。

(2) 浸渍前将模腔抽真空，要求模具周边密封可靠。完整的真空可有效降低树脂的浪费和挥发，以最少溢料将构件按所需形状模塑成型。真空辅助树脂注射工艺(VARI)是采用部分真空的成型方法。

(3) 浸渍前用气体或蒸发将空气排出，少量参与的气体在充模结束后可溶解于树脂中，要求边界有效密封。

2. 纤维的浸润

与以预浸料为基础的工艺相比，LCM 工艺的局限是：从纤维预成型体的宏观浸渍到发生固化反应时黏度迅速升高的时间过短，这不利于单根纤维的浸润和纤维-基体界面的形成。纤维和基体之间的有效传递载荷要求纤维与树脂具有较好的界面结合。纤维和树脂表面张力的差异控制树脂对纤维的浸润过程，树脂的表面张力需低于纤维的表面张力才能对纤维进行有效浸润。

实际生产中，浸润时间依赖于树脂的化学性能。例如，在 SRIM 中，树脂体系迅速凝胶，纤维的浸润时间以秒计。在 RTM 成型工艺中，对于模腔内的绝大部分区域，浸润时间是充足的，但对某些部位，如排气孔附近，浸润时间可能低于 1min。

另外，采用 LCM 工艺制备复合材料时，可以采用增加压力、延长树脂固化时间、过量充模等方式来排除空气，充分浸润纤维。

3.1.2　液态模塑成型用热塑性树脂基体材料特性

连续纤维增强热塑性复合材料是 20 世纪 70 年代开发出来的一种聚合物基复合材料，它弥补了短纤维和中长纤维增强热塑性复合材料承载力不高的缺陷，可应用于使用环境较为苛刻承载能力要求较高的场合[2,3]。连续纤维增强热塑性复合材料主要是用增强纤维充分发挥基体树脂的特性，与热固性树脂基复合材料相比具有韧性高、损伤容限高、耐冲击性能好、使用寿命长、成型周期短、生产效率高、预浸料存储周期长、可再次加工回收利用等优势[4,5]。

随着 LCM 技术的发展，同时也掀起了利用 LCM 技术制备热塑性复合材料的热潮。LCM 技术制备复合材料所采用的基体树脂应满足以下要求：黏度较低、凝胶时间可控，确保充模后能充分浸润增强纤维；适当的固化特性保证合适的成型周期；成型后具备足够的物理力学性能，满足最终制品对性能的要求。目前可以满足此要求制备连续纤维增强热塑性复合材料的单体或预聚体研究较多的有己内酰胺和环状对苯二甲酸丁二醇酯（cyclic butylenes terephthalate，CBT）环状单体或预聚物[6~9]。己内酰胺是用于制备浇铸尼龙 6 的单体，熔点为 68～70℃，其熔体黏度非常低，约 0.1Pa·s，可以充分浸润增强纤维。CBT 树脂是由美国 Cyclics 公司开发生产的预聚物，其具有大环寡聚酯结构，由 2～7 个结构单元组成，熔点为 150～185℃，熔体黏度比较低，约 0.02Pa·s。CBT 树脂在锡类或钛类催化剂的作用下，可以发生开环聚合生成线性的热塑性聚环状对苯二甲酸丁二醇酯（pCBT）树脂[10]。因此，己内酰胺和 CBT 树脂均可以采用 LCM 成型技术中的真空辅助成型或树脂传递模塑成型工艺，将低黏度的熔融单体或环状预聚物注入纤维织物中，在充分浸润纤维后再发生原位聚合制备连续纤维增强热塑性复合材料。但是由于己内酰胺和 CBT 树脂均要求在无水无氧条件下发生开环聚合，并且己内酰胺阴离子开环聚合的温度不低于 150℃，CBT 树脂开环聚合的温度不低于 190℃。如此苛刻的成型工艺条件，如要实现工业化生产，对设备的要求比较高，因此目前采用 LCM 技术成型连续纤维增强热塑性复合材料还没有实现工业化生产和应用。

3.2　己内酰胺阴离子原位开环聚合成型技术

己内酰胺在主催化剂和助催化剂的作用下可以发生阴离子开环聚合反应。一般主催化剂有碱金属、碱金属的酰胺化物（如己内酰胺钠）、格利雅化合物（如己内酰胺溴化镁）、氢化物和其他有机衍生物，这些催化剂或能够从己内酰胺单体上夺取酰胺基上的氢使之成为阴离子,或可以自行离解成为带有酰胺基的阴离子和小分子物质[11]。助催化剂一般为酰化物或芳香族和脂肪族异氰酸酯,如乙酰基己内酰胺、六亚甲基-1,6-二甲酰己内酰胺、对苯二酰双己内酰胺(TBC)、2,4-或2,6-甲苯二异氰酸酯(TDI)、1,6-己二异氰酸酯(HMDI)、二苯甲烷二异氰酸酯(MDI)等[4,7,12]。采用氢氧化钠作为催化剂,在反应过程中会产生水,而水会阻碍反应进行,因此产生的水通常采用抽真空的方法去除。由于残留的水分通常会影响最终聚合物的性能,抽真空也难以保证将水完全去除,所以采用氢氧化钠作为催化剂难以控制最终产品的稳定性。如果采用己内酰胺钠或己内酰胺溴化镁作为催化剂,在反应过程中则不会产生水,这样可以很好地控制最终聚合物的性能,其阴离子开环聚合生成聚酰胺-6(APA6)的反应机理如图3.2所示。

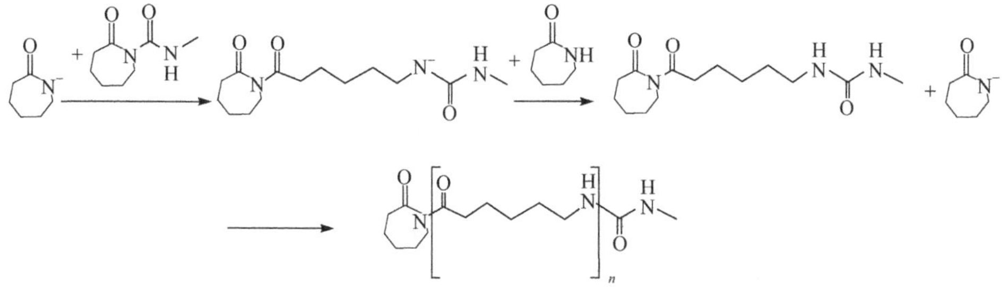

图3.2　己内酰胺阴离子开环聚合生产APA6的反应机理

己内酰胺钠或己内酰胺溴化镁作为催化剂,六亚甲基-1,6-二甲酰己内酰胺作为助催化剂

3.2.1　己内酰胺开环聚合过程中的流变性能

在复合材料成型过程中,树脂的黏度是RTM工艺的一个重要的控制参数。根据树脂的化学流变性能,可以确定树脂体系在RTM成型过程中的工艺窗口,为进一步优化工艺参数和提高复合材料制品的性能提供必要的科学依据。

己内酰胺开环聚合过程中的流变行为与催化剂和助催化剂的体系、配比以及含量有关,图3.3和图3.4为在150℃下不同催化剂体系时己内酰胺开环聚合过程中黏度随时间的变化曲线。本实验数据是在氮气气氛下采用德国安东帕型号为Physica MCR-301的旋转流变仪测试得到的,因流变仪的样品室不能密封,所以在进行流变性能测试过程中不能完全排除空气中的水气对己内酰胺开环聚合中黏度的影响,但可以从变化趋势判断其注胶的工艺窗口。图3.3为己内酰胺在己内酰胺钠(C10)和六亚甲基-1,6-二甲酰己内酰胺(C20)催化剂体系下开环聚合过程中熔体黏度随时间的变化曲线。从图中可以看出,当C10与C20的配比为2∶1时,反应诱导时间约为10min。树脂在聚合反应时会释放出热量,由于在流变性能测试中使用的树脂量比较少,反应热对聚合反应中熔体黏度的影响不大。但在实际实验过程中,所使用的量比较大,反应过程中释放出的热量也比较多,使得反应体系的温度升高，从而进一步加速了聚合反应，因此导致反应诱导时间缩短。由实验结果发现，当己内酰胺为300g，C10与C20的配比为2∶1时，在100℃下其反应诱导时间为4～5min，而在150℃下仅为1～2min。因此，一般在VARI或RTM成型过程中采用非等温注胶工艺，而且此反应体系只适合制备尺寸比较小的制件。图3.4为己内酰胺在己内酰胺溴化镁钠（C1）和C20催化剂体系下开环聚合过程中熔体黏度随时间的变化曲线。从曲线中可以看到，此反应体系的反应诱导时间为3～80min，因此该反应体系可以通过调节其催化剂配比，控制反应诱导时间，制备不同尺寸的制件。

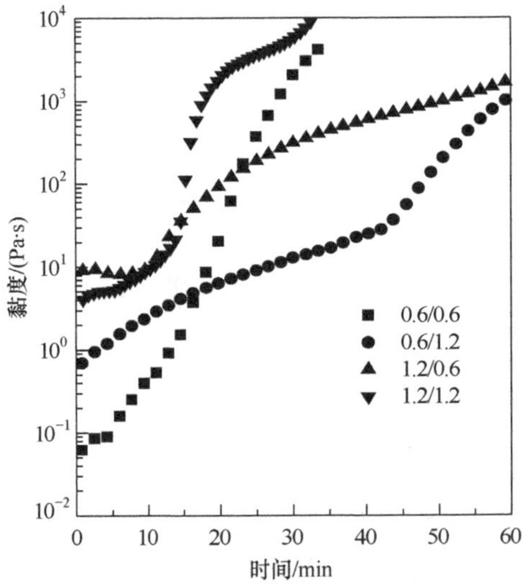

图3.3　己内酰胺开环聚合过程中熔体黏度随时间的变化曲线

催化剂：C10；助催化剂：C20

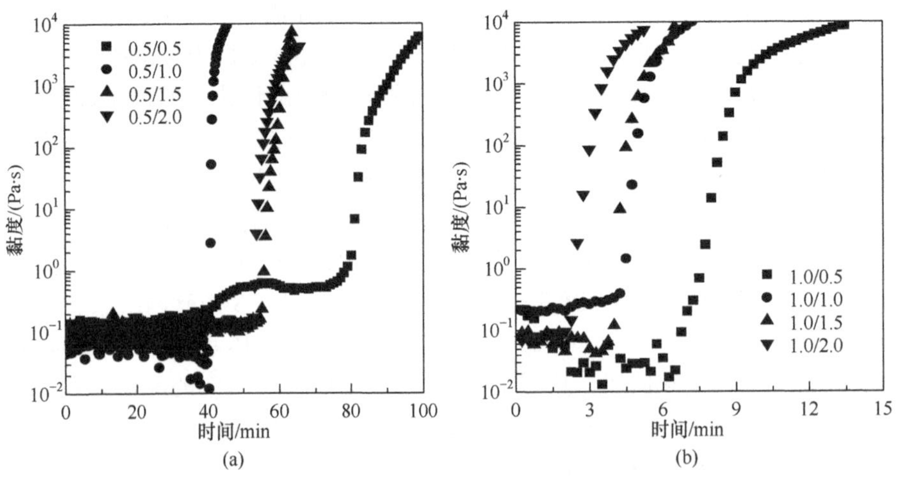

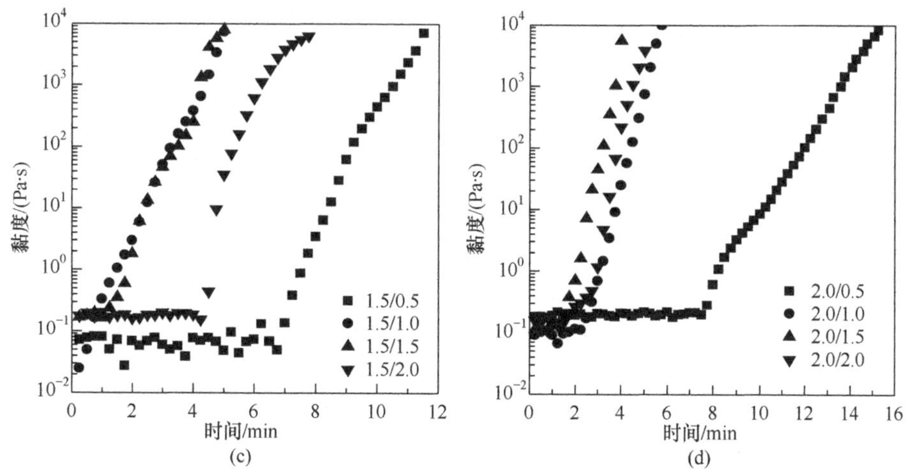

图 3.4　己内酰胺开环聚合过程中熔体黏度随时间的变化曲线

催化剂:C1;助催化剂:C20

3.2.2　聚合工艺参数对 APA6 树脂基体性能的影响

树脂的转化率、分子量以及其结晶度对树脂的力学性能有较大的影响,而影响树脂的转化率、分子量以及结晶度的因素有催化剂的量及配比、聚合温度和聚合时间。

APA6 树脂的转化率是采用溶剂萃取称重法得到的,即用水萃取未参加反应的己内酰胺单体及小分子聚合物。将制备的 APA6 试样铣削成薄片状(厚度 $d<0.5\text{mm}$),在 50℃下真空干燥 24h 后称取总质量(m_{tot}),然后置于去离子水中在 120℃下回流 12h 后再在 50℃真空干燥 24h,再次称取质量(m_{pol})。试样中未聚合的己内酰胺单体及小分子的低聚物(如二聚体、三聚体等)在回流过程中溶于热水中,因此 APA6 树脂的转化率的计算公式为

$$X=\frac{m_{\text{pol}}}{m_{\text{tot}}}\times 100\% \tag{3-1}$$

由于试样中未聚合的己内酰胺单体及小分子的低聚物(如二聚体、三聚体等)均会溶于热水中,该转化率不能代表 APA6 树脂的真实单体转化率,其测定的结果会低于真实的转化率。但用该方法测定的转化率能够承担起有效聚合物转化率,在工程应用中更具有实际意义。

APA6 树脂的黏均分子量是采用德国 SCHOTT 公司的 SCHOTT AVS370 型乌氏黏度计测定 APA6 的特性黏度后,再进一步计算得到的。将 APA6 树脂或 GF/APA6 复合材料溶于甲酸中并过滤,将不溶物分离后得到的 APA6 树脂在去离子水中沉淀析出,水洗至中性,然后在 50℃下真空干燥 24h。称取 APA6 样品

溶解于质量分数为 40%的 H_2SO_4 中，配制成浓度为 0.5g/dL 的溶液，采用一点法测试其黏均分子量。APA6 的特性黏度计算公式为

$$\eta_{inh}=\frac{\ln(t/t_0)}{c} \tag{3-2}$$

式中，t 为聚合物溶液的流动时间；t_0 为纯溶剂的流动时间；c 为聚合物溶液的浓度。黏均分子量 M_v 可以用 Mark-Houwink 方程来计算，其计算公式为

$$\eta_{int}=K'M_v^a \tag{3-3}$$

式中，K' 和 a 是 Mark-Houwink 常数，$K'=5.92\times10^{-4}$，$a=0.69$[13]。

APA6 树脂的结晶度(X_c)采用差示扫描量热法测试，其计算公式为

$$X_c=\frac{\Delta H_m}{\Delta H_{100}}\times100\% \tag{3-4}$$

其中，ΔH_m 为树脂的熔融焓；ΔH_{100} 为完全结晶时 PA6 的熔融焓，$\Delta H_{100}=190J/g$[14]。

1. 催化剂含量及配比的影响

催化剂含量及配比对 APA6 树脂转化率和黏均分子量具有较大的影响。在 C1 和 C20 催化体系下，催化剂含量及配比对 APA6 树脂转化率和黏均分子量如表 3.1 所示。从表中可以看出，当 C1 含量相同时，随着 C20 含量的增加，反应诱导时间减少，APA6 树脂转化率和黏均分子量均随之降低。这是由于 C20 作为助催化剂(即引发剂)，随着其含量的增加，使得反应的活性点增加，导致小分子量的聚合物增加，从而使得 APA6 树脂的转化率和分子量降低。当 C20 含量相同时，随着 C1 含量的增加，反应诱导时间减少。这是因为催化剂含量增加，反应速度加快，所以反应诱导时间会减少。当 C1/C20 为 1.0%/1.0%(摩尔分数)时，反应诱导时间为 13min，转化率为 95.5%，黏均分子量最高，达 3.22×10^4。

表 3.1 催化剂含量及配比对 APA6 树脂转化率和黏均分子量的影响

C1/C20/%(摩尔分数)	反应诱导时间/min	X/%	M_v
0.5/0.5	30	96.8	2.63×10^4
0.5/1.0	26	95.1	1.20×10^4
0.5/1.5	25	94.1	1.03×10^4
0.5/2.0	21	93.6	0.710×10^4
1.0/0.5	19	95.9	3.16×10^4
1.0/1.0	13	95.5	3.22×10^4
1.0/1.5	14	94.9	1.32×10^4

续表

C1/C20/%(摩尔分数)	反应诱导时间/min	$X/\%$	M_v
1.0/2.0	12	94.1	8.04×10^4
1.5/0.5	19	95.9	2.41×10^4
1.5/1.0	13	94.4	2.19×10^4
1.5/1.5	10	94.7	1.90×10^4
1.5/2.0	10	95.0	1.46×10^4
2.0/0.5	15	95.6	3.21×10^4
2.0/1.0	12	94.9	2.77×10^4
2.0/1.5	10	94.8	1.93×10^4
2.0/2.0	10	93.9	1.94×10^4

注:聚合温度:150℃。

2. 聚合温度的影响

聚合温度对 APA6 树脂转化率和黏均分子量也有较大的影响,其结果如表 3.2所示。从表中可以看出,随着聚合温度的升高,反应诱导时间减少,转化率呈现先升高后降低的趋势,当温度为 150℃时,其转化率最高达 95.5%。这是因为反应温度增加,反应速度增加,从而使得反应诱导时间减少,转化率增加。对于半结晶性 APA6 树脂,未参加反应的单体或低聚物通常分散在树脂的无定形区。但反应温度过高会使反应平衡向单体侧移动,同时反应温度增加会使树脂结晶度降低[15],因此分散到无定形区的单体增加,从而导致树脂的转化率降低。另外,随着聚合温度的升高,聚合物的分子量也会增大,同时由于 C20 助催化剂随着温度的升高会发生分解反应生成己内酰胺封端的异氰酸酯和己内酰胺单体[16]。这些活性的异氰酸酯基团与 APA6 分子链上酰胺基团上的氢原子发生反应形成支化点,如图 3.5 所示。C20 属于双氨甲酰基己内酰胺,在 APA6 分子链上发生支化后还有一个氨甲酰基己内酰胺,说明仍然具有引发活性,因此随着支化反应的进一步反应,最终可以生成三维网状结构的聚合物[17]。从表 3.2 中可以看出,当聚合温度高于 160℃时,不能得到树脂的黏均分子量。因为随着温度的升高,聚合物发生支化反应生成三维网状结构的聚合物增加,APA6 树脂在甲酸溶剂中不能完全溶解,呈溶胀状态,而且随着聚合温度的增加,聚合物的交联程度增加,导致生产的聚合物溶解更加困难,因此不能真实测试出 APA6 树脂的黏均分子量,但同时也说明随着聚合温度的增加,聚合物形成三维网状结构增加,分子量增大。

表 3.2 聚合温度对 APA6 树脂转化率和黏均分子量的影响

聚合温度/℃	140	150	160	170	180
反应诱导时间/min	24	13	12	10	9
X/%	87.8	95.5	94.0	93.9	92.7
M_v	1.24×10^4	3.22×10^4	—	—	—

注:C1/C20=1.0%/1.0%(摩尔分数)。

第一步：断链

T>160℃

第二步：支化

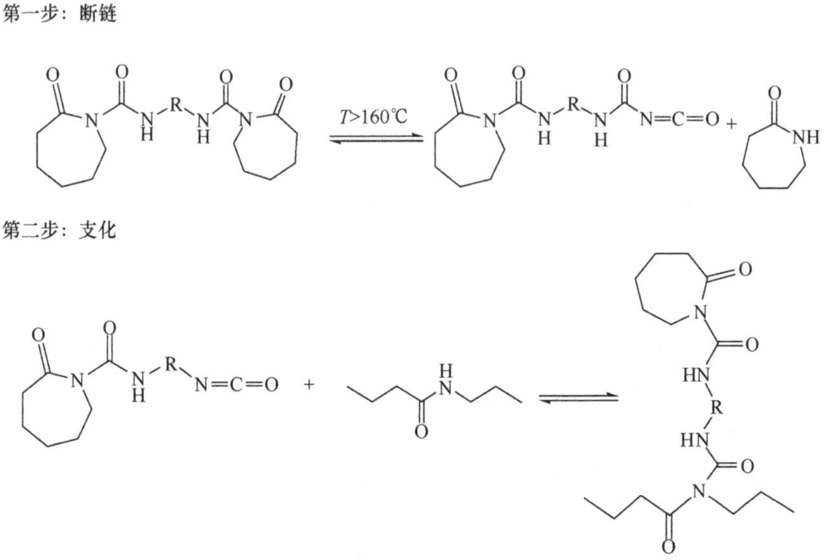

图 3.5 己内酰胺阴离子聚合中的支化反应过程[17]

3. 聚合时间的影响

为了考察聚合时间对树脂转化率的影响，称取 30g 己内酰胺，在氮气气氛下聚合温度为 150℃时完全熔融后依次加入催化剂 C1 和助催化剂 C20，发现反应体系发生聚合的最短时间为 25min。聚合时间对树脂的转化率的影响结果如表 3.3 所示。从表中可以看出，随着聚合时间的增加，APA6 树脂的转化率变化不大，说明当聚合时间为 25min 时，APA6 树脂基本聚合完全。

表 3.3 聚合时间对 APA6 树脂转化率的影响

聚合时间/min	X/%
25	93.0
35	94.4
80	94.3
130	94.9

注:C1/C20=1.0%/1.0%(摩尔分数);聚合温度:150℃。

3.2.3 聚合工艺参数对 APA6 树脂基复合材料结构和性能的影响

1. 催化剂含量及配比的影响

催化剂含量对聚合速率和聚合物的分子量具有较大的影响。当催化剂含量高时，聚合反应速率快，导致其注胶时间太短而不能完全浸润增强纤维。

在 C10 与 C20 催化体系下，催化剂含量对 GF/APA6 复合材料树脂基体的黏均分子量和结晶度的影响如图 3.6 所示。随着 C20 含量的增加，APA6 树脂的黏均分子量从 9.98×10^3 增加到 1.22×10^4，当 C20 含量为 1.0%(摩尔分数)时，APA6 树脂的黏均分子量达到最大，随着 C20 含量进一步增加，APA6 树脂的黏均分子量变化不大。由于随着催化剂含量的增加，聚合反应速率增加，可以得到高分子量的聚合物。但是当催化剂含量超过一定量时，黏均分子量降低，其现象与文献报道的一致[18~21]。其原因是高含量的催化剂增加了聚合物链增长的反应活性点，当温度超过 160℃时，C20 发生离解反应生成异氰酸酯基团，容易与发生支化和交联反应[22]。另外，随着 C20 含量(摩尔分数)从 0.5%增加到 1.5%，APA6 树脂的结晶度从 37.1%增加到 43%，可能是由于随着催化剂含量增加，聚合反应速率会随之增加，导致聚合物分子有相对充裕的结晶时间，从而得到较高的结晶度。

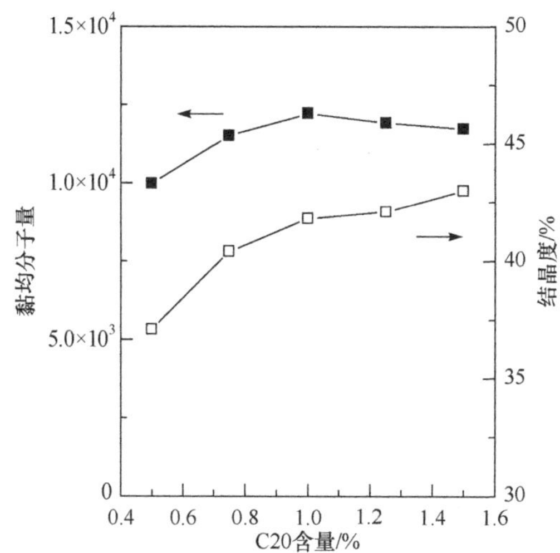

图 3.6　催化剂含量对 GF/APA6 复合材料中基体树脂的黏均分子量和结晶度的影响

C10 : C20＝2 : 1；聚合温度：180℃；聚合时间：60min

在 C10 与 C20 催化体系下，催化剂含量对 GF/APA6 复合材料力学性能的影响如图 3.7 所示。从图中可以看出，随着 C20 含量的增加，其拉伸强度从 328MPa 增加到 434MPa，弯曲强度从 320MPa 增加到 407MPa，层间剪切强度从 33MPa 增加到 43MPa。当 C20 含量为 1.0%(摩尔分数)时,GF/APA6 复合材料的力学性能均达到最大,随着 C20 含量进一步增加,其力学性能变化不大。这是由于 GF/APA6 复合材料基体树脂的分子量和结晶度对复合材料的力学性能具有较大影响,基体树脂具有高的分子量和高的结晶度有利于提高复合材料的力学性能。Van Rijswijk 等[23]采用经典的层压理论计算了 GF/PA6 复合材料的力学性能,得到 303.6MPa 的拉伸强度。很明显采用原位聚合制备 GF/APA6 复合材料的拉伸强度高于层压理论的计算值。GF/APA6 复合材料的拉伸模量和弯曲模量随 C20 含量的增加变化不大。

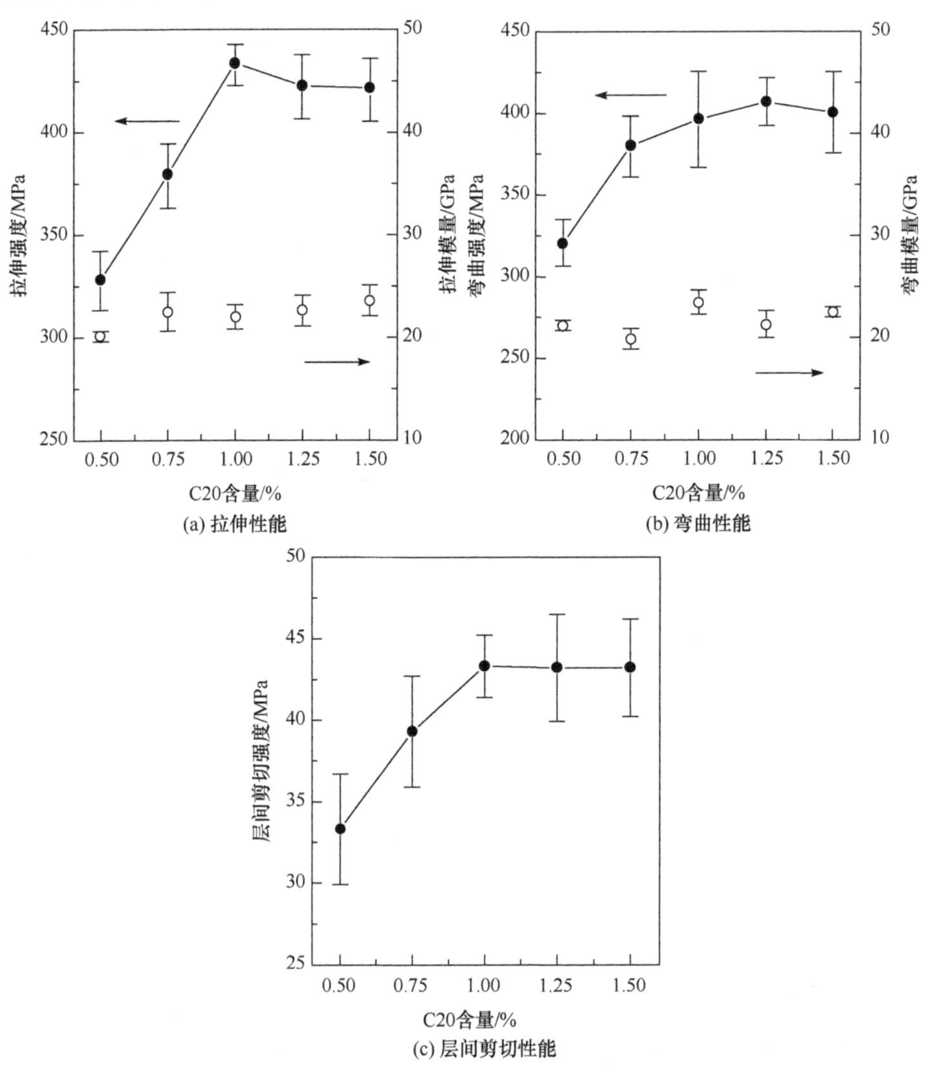

图 3.7 催化剂含量对 GF/APA6 复合材料力学性能的影响

C10∶C20=2∶1;聚合温度:180℃;聚合时间:60min

不同催化剂含量制备 GF/APA6 复合材料的拉伸断裂形貌如图 3.8(a)～(e)所示，而图 3.8(f)为在液氮中脆断的断裂形貌。从图 3.8(a)～(e)中可以看出，纤维表面附着了大量树脂，而且在树脂的表面出现大量的纤维状晶体。纤维的直径在纳米级而且是杂乱无章的，但是在图 3.8(f)中没有出现纤维晶。其原因可能是纤维晶在原位聚合过程中形成，一般结晶区域的力学性能高于非晶区域，在拉伸发

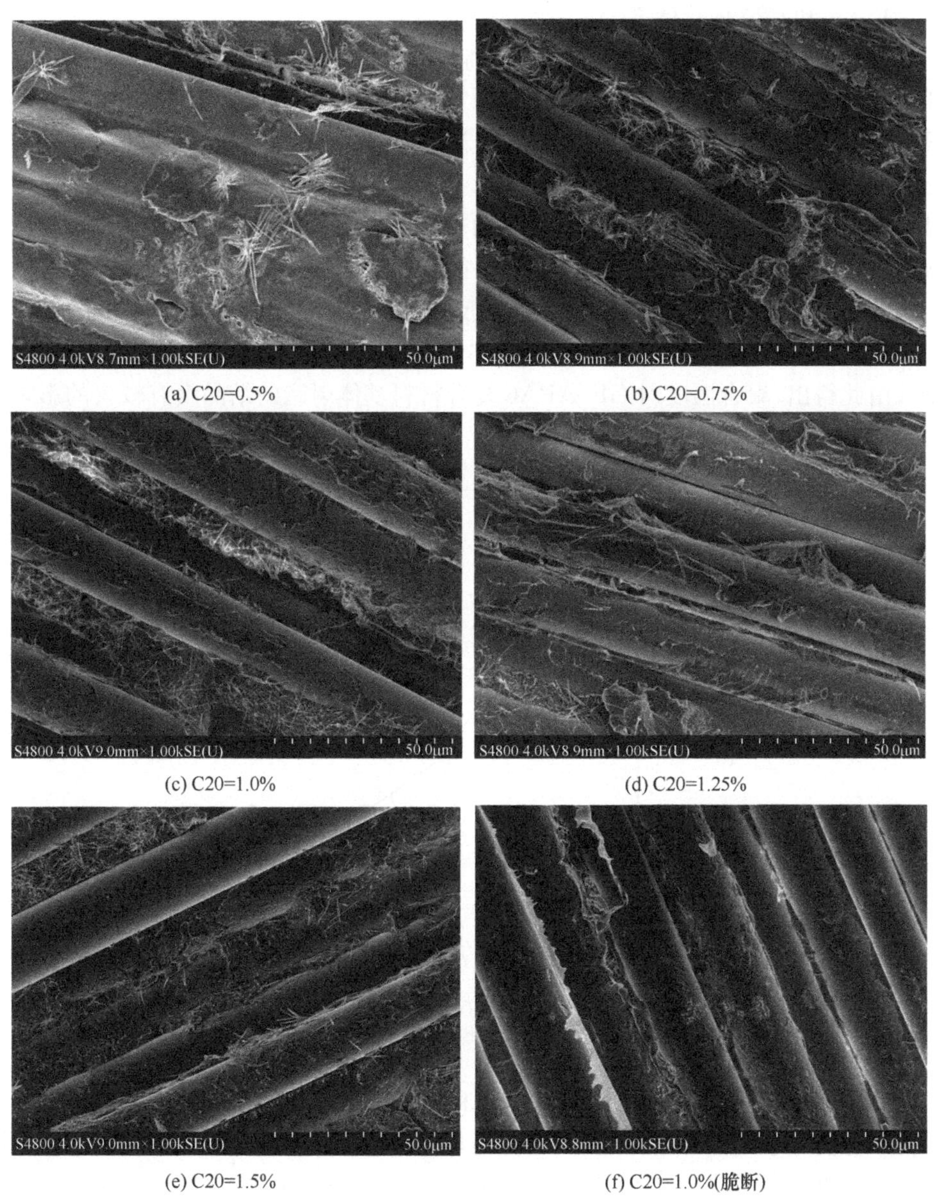

(a) C20=0.5%　(b) C20=0.75%

(c) C20=1.0%　(d) C20=1.25%

(e) C20=1.5%　(f) C20=1.0%(脆断)

图 3.8　不同催化剂含量制备 GF/APA6 复合材料的拉伸断裂和脆断形貌

生破坏时从非晶区域开始，所以结晶区域的纤维晶就显露出来。而经过液氮冷冻处理后，复合材料变脆，在进行脆断时，非晶区和结晶区几乎同时破坏，因此观察不到纤维晶的形貌。

2. 聚合温度的影响

1) C1 和 C20 催化体系[24]

聚合温度对 GF/APA6 复合材料树脂基体的结晶度具有较大影响。在 C1/C20 催化体系下，聚合温度对 GF/APA6 复合材料中 APA6 树脂基体结晶度的影响如图 3.9 所示。从图中可以看出，随着聚合温度从 140℃增加到 180℃，GF/APA6 复合材料基体树脂的结晶度从 52.7%逐渐降低至 36.1%，下降了 31.5%。其原因是聚合温度越高，聚合物分子链的热运动越强，导致结晶平衡度较低，而且温度越高，则需要更多的时间达到结晶平衡[25]。另外随着聚合温度的升高，APA6 树脂的聚合速率增加，聚合过程中聚合反应的支化副反应随之增加[16]，阻碍了 APA6 分子链的折叠重排，导致结晶缺陷增多，因此 APA6 树脂的结晶度随之降低。由此得出，聚合温度对 GF/APA6 复合材料基体树脂的结晶度有较大的影响，聚合温度越高，结晶度越低。

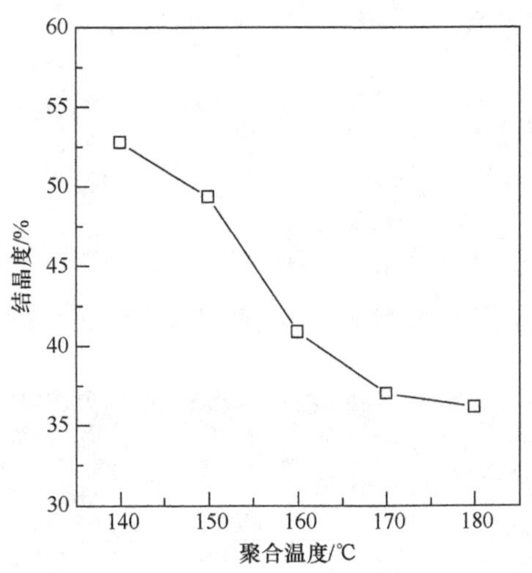

图 3.9　聚合温度对 GF/APA6 复合材料中 APA6 树脂结晶度的影响

C1：C20=1.0%：1.0%(摩尔分数)；聚合时间：60min

聚合温度通常对基体树脂的结晶度和分子量影响较大，GF/APA6 复合材料的力学性能除了增强纤维性能的影响，还与复合材料基体树脂的结晶度和分子量有关[17]。聚合温度对 GF/APA6 复合材料力学性能的影响如图 3.10所示。从图 3.10(a)和(b)可以看出，随着聚合温度从 140℃增加到 180℃，GF/APA6 复合材料的拉伸强度和弯曲强度均是先增加后降低。当温度为 150℃时，复合材料的拉伸强度和弯曲强度均达到最大，分别为 538.1MPa 和 497.2MPa。其主要原因是 GF/APA6 复合材料树脂基体的结晶度和分子量对其力学性能的影响较大。当聚合温度为 150℃时，基体树脂的结晶度和分子量均比较高，两个因素的共同作用使 GF/APA6 复合材料的力学性能达到最高。当聚合温度较低，为 140℃时，虽然基体树脂的结晶度比较高，但是分子量较低，可能是由于分子量的影响因素对力学性能的影响比较大，使得 GF/APA6 复合材料的力学性能较低。当聚合温度较高时，虽然基体树脂的分子量比较高，但是结晶度较低，可能是由于结晶度的影响因

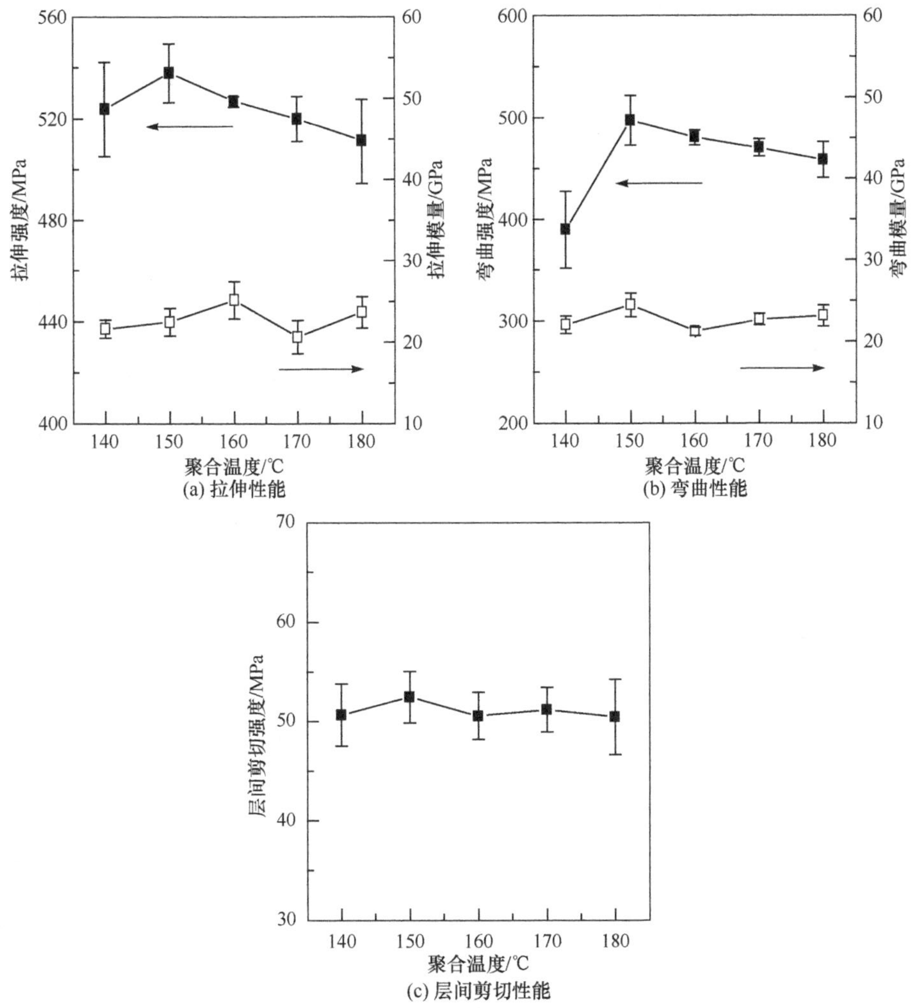

图 3.10　聚合温度对 GF/APA6 复合材料力学性能的影响

C1∶C20＝1.0%∶1.0%(摩尔分数)；聚合时间：60min

素对力学性能的影响比较大，使得 GF/APA6 复合材料的力学性能降低。GF/APA6 复合材料的拉伸模量和弯曲模量均变化不大。从图 3.10(c)可以看出，GF/APA6 复合材料的层间剪切强度随温度的变化不大，当聚合温度为 150℃时，复合材料的层间剪切强度为 52.5MPa。

2) C10 和 C20 催化体系

在 C10/C20 催化体系下，聚合温度对 GF/APA6 复合材料中基体树脂的黏均分子量和结晶度的影响如图 3.11 所示。当聚合温度从 150℃升到 190℃时，GF/APA6 复合材料中基体树脂的黏均分子量从 1.08×10^4 升高至1.22×10^4。其原因是聚合温度加快了反应速率，生成了分子量较高的产物。有文献报道，GF/APA6 复合材料中基体树脂的黏均分子量随温度的变化趋势与 APA6 纯树脂的变化趋势一致[15]。但是，在相同条件下，GF/APA6 复合材料中 APA6 树脂的分子量低于纯 APA6 树脂的分子量。这个现象可能是由于反应体系热量的变化和化学反应相互作用所致。玻璃纤维会吸收聚合反应放出来的热量，从而会降低反应温度，同时 APA6 树脂的结晶速率随反应温度的降低而增加，因此随着结晶度的增加会阻碍聚合的进一步反应[7,22]。另外，玻璃纤维表面的活性基团，如羟基和羧基，会终止聚合反应[7]。因此，复合材料中 APA6 树脂的分子量低于纯 APA6 树脂的分子量。随着聚合温度的增加，复合材料中 APA6 树脂的结晶度从 45.2%降低到 39.8%。其可能的原因是聚合温度增加导致更多的支化点，从而进一步阻碍了结晶[26,27]。

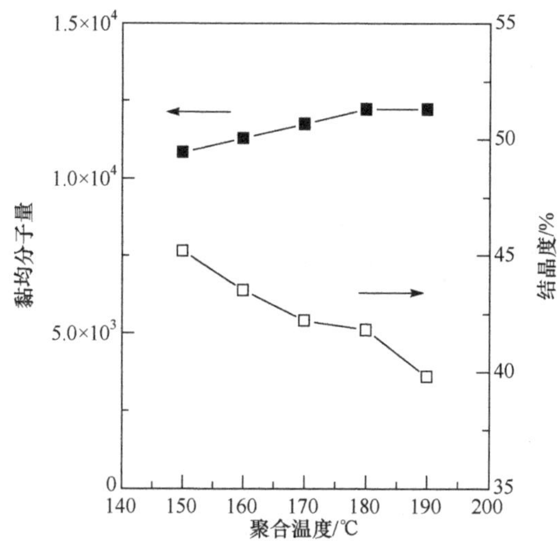

图 3.11 聚合温度对 GF/APA6 复合材料中基体树脂的黏均分子量和结晶度的影响

C10∶C20=2.0%∶1.0%(摩尔分数)；聚合时间：60min

聚合温度对 GF/APA6 复合材料力学性能的影响如图 3.12 所示。从图中可以得到，随着聚合温度的升高，GF/APA6 复合材料的拉伸强度从 363MPa 增加到 434MPa，弯曲强度从 333MPa 增加到 396MPa，当温度达 180℃时，拉伸强度和弯曲强度均达到最大，随着聚合温度的继续增加，其拉伸强度和弯曲强度基本保持不变。其拉伸模量和弯曲模量随温度的增加变化不大。复合材料的层间剪切强度随着温度的增加从 38MPa 增加到 44MPa。其原因是随着聚合温度的增加，复合材料树脂基体的分子量增加，从而提高了复合材料的力学性能。

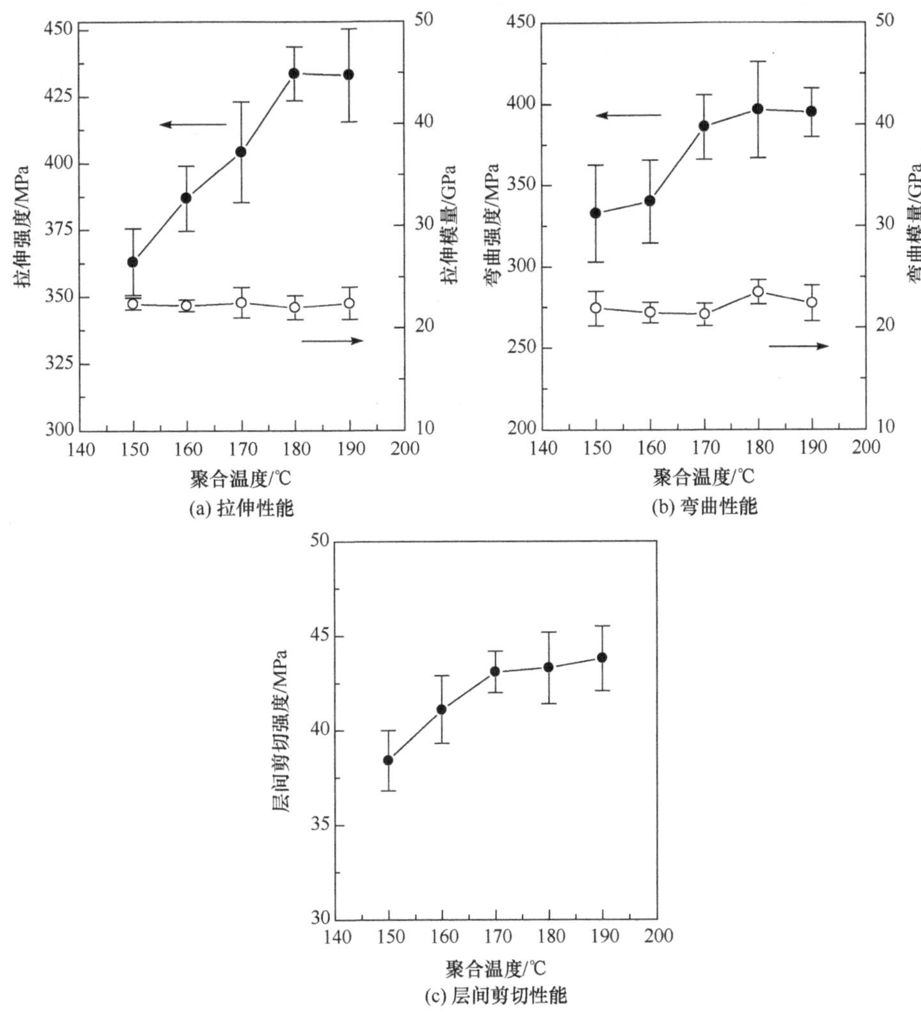

图 3.12　聚合温度对 GF/APA6 复合材料力学性能的影响

C10∶C20＝2.0%∶1.0%(摩尔分数)；聚合时间：60min

图 3.13 为不同聚合温度下制备 GF/APA6 复合材料的拉伸断裂形貌。同样可以看出,纤维表面附着大量树脂,树脂表面出现无规则的纳米纤维晶。

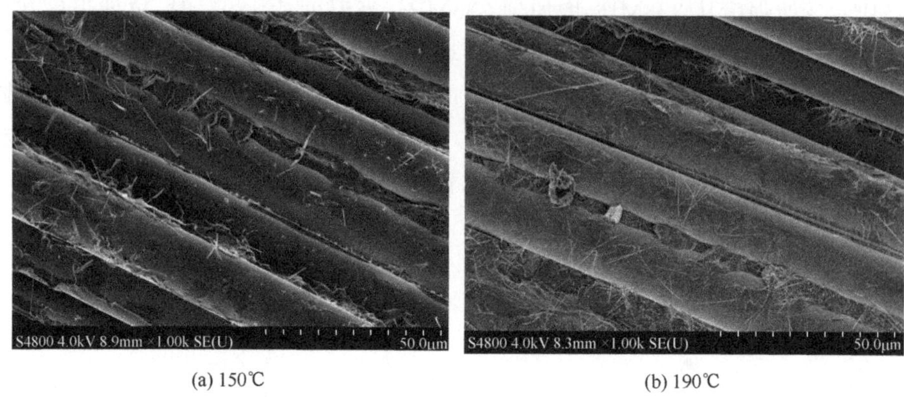

(a) 150℃ (b) 190℃

图 3.13 不同聚合温度下制备 GF/APA6 复合材料的拉伸断裂形貌

3. 聚合时间的影响

1) C1 和 C20 催化体系

在 C1/C20 催化体系下,选取聚合温度为 150℃,研究了聚合时间对 GF/APA6 复合材料结晶度的影响。从图 3.14 中可以看出,GF/APA6 复合材料基体树脂的结晶度随着聚合时间的增加先增加,而后变化不大。当聚合时间为 45min 时,复合材料中 APA6 树脂的结晶度最大,达 44.7%,较聚合时间为 15min 时增加

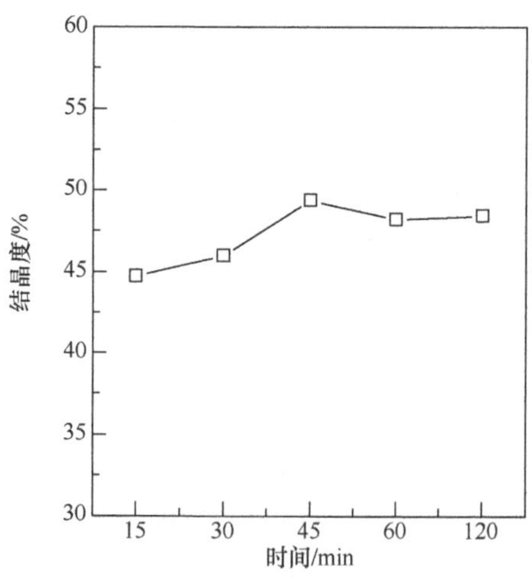

图 3.14 聚合时间对 GF/APA6 复合材料中 APA6 树脂结晶度的影响

C1 : C20=1.0% : 1.0%(摩尔分数);聚合温度:150℃

了 10.3%；当聚合时间超过 45min 后，基体树脂的结晶度变化不大。其原因可能是在 150℃下发生聚合，当聚合时间为 45min 时达到结晶平衡，所以超过 45min 后，基体树脂的结晶度变化不大。

聚合时间对 GF/APA6 复合材料力学性能的影响如图 3.15 所示。从图中可以看出，随着聚合时间的增加，GF/APA6 复合材料的拉伸强度、弯曲强度以及层间剪切强度均随之增加，当反应时间超过 45min 后其性能变化不大。其变化规律与聚合时间对基体树脂结晶度的变化规律一致。当聚合时间从 15min 增加到

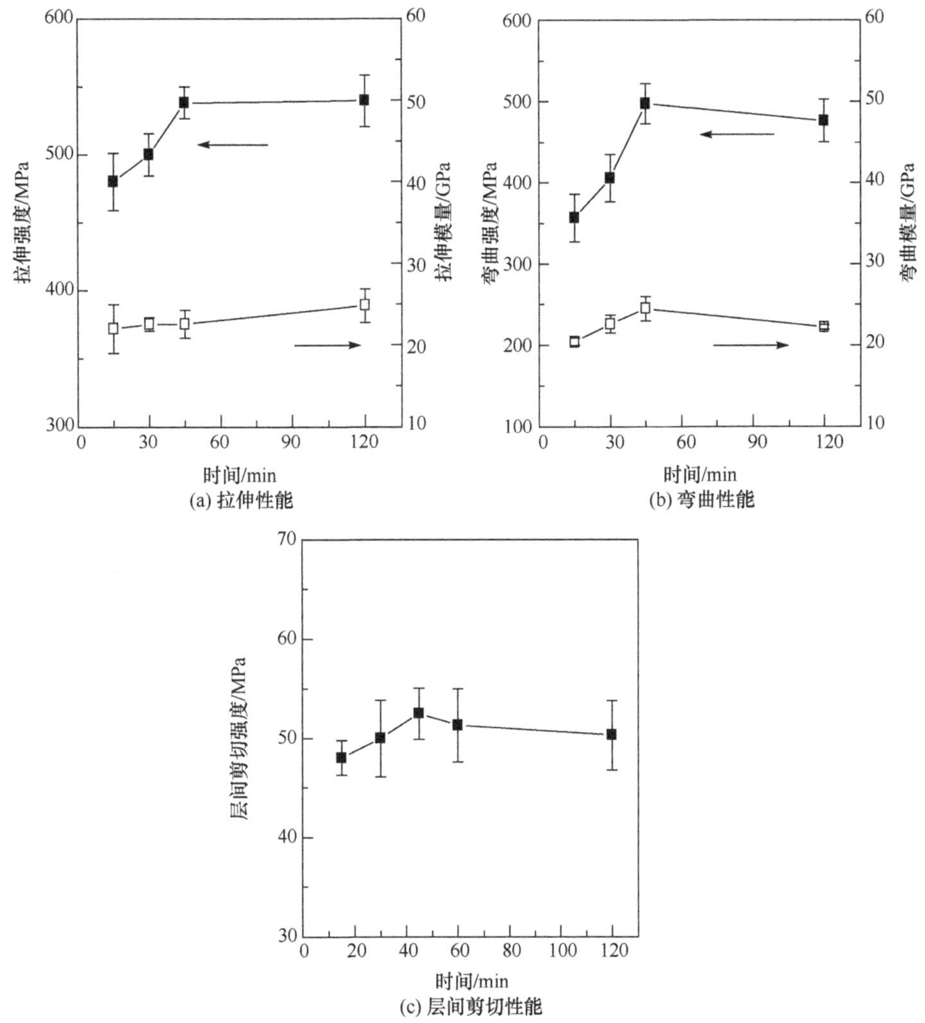

图 3.15　聚合时间对 GF/APA6 复合材料力学性能的影响

C1∶C20=1.0%∶1.0%(摩尔分数)；聚合温度：150℃

45min 时,复合材料的拉伸强度从 479.9MPa 增加至 538.1MPa,增加了 12.1%;弯曲强度从 356.5MPa 增加至 497.2MPa,增加了 39.5%;层间剪切强度从 48.0MPa 增加至 52.5MPa,增加了 9.4%。当聚合时间超过 45min 后,复合材料的力学性能变化不大。其原因是基体树脂结晶度对复合材料性能的影响比较大。随着聚合时间的增加,基体树脂的结晶度增加,因此复合材料的力学性能增加;当聚合时间超过 45min 后,基体树脂的结晶已达到平衡,结晶度变化不大,复合材料的力学性能变化不大。

2) C10 和 C20 催化体系

在 C10 和 C20 催化体系下,聚合时间对 GF/APA6 复合材料中基体树脂的黏均分子量和结晶度的影响如图 3.16 所示。随着聚合时间的变化,复合材料中基体树脂的黏均分子量基本不变,结晶度略有增加,从 41%增加到 44%。从图中可以看出,聚合反应在 5min 内基本完成,因此复合材料中基体树脂的黏均分子量基本不变。

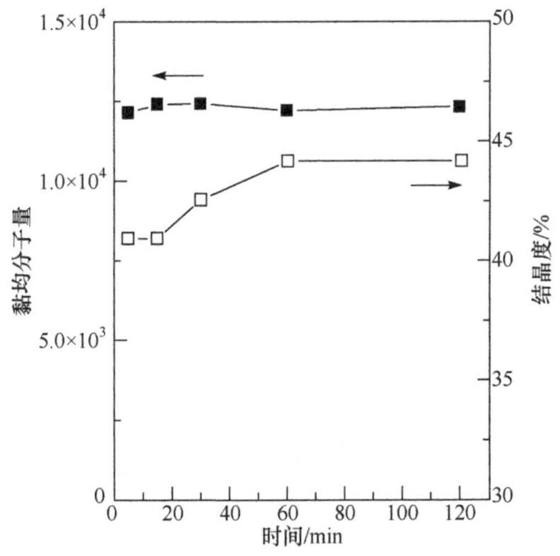

图 3.16 聚合时间对 GF/APA6 复合材料中基体树脂的黏均分子量和结晶度的影响

C10：C20=2.0%：1.0%(摩尔分数);聚合温度:180℃

聚合时间对 GF/APA6 复合材料力学性能的影响如图 3.17 所示。从图中可以得到,随着聚合时间的增加,GF/APA6 复合材料的拉伸强度从 382MPa 增加到 437MPa,弯曲强度从 364MPa 增加到 395MPa,拉伸模量和弯曲模量变化不大。复合材料的层间剪切强度随聚合时间的变化基本保持不变。

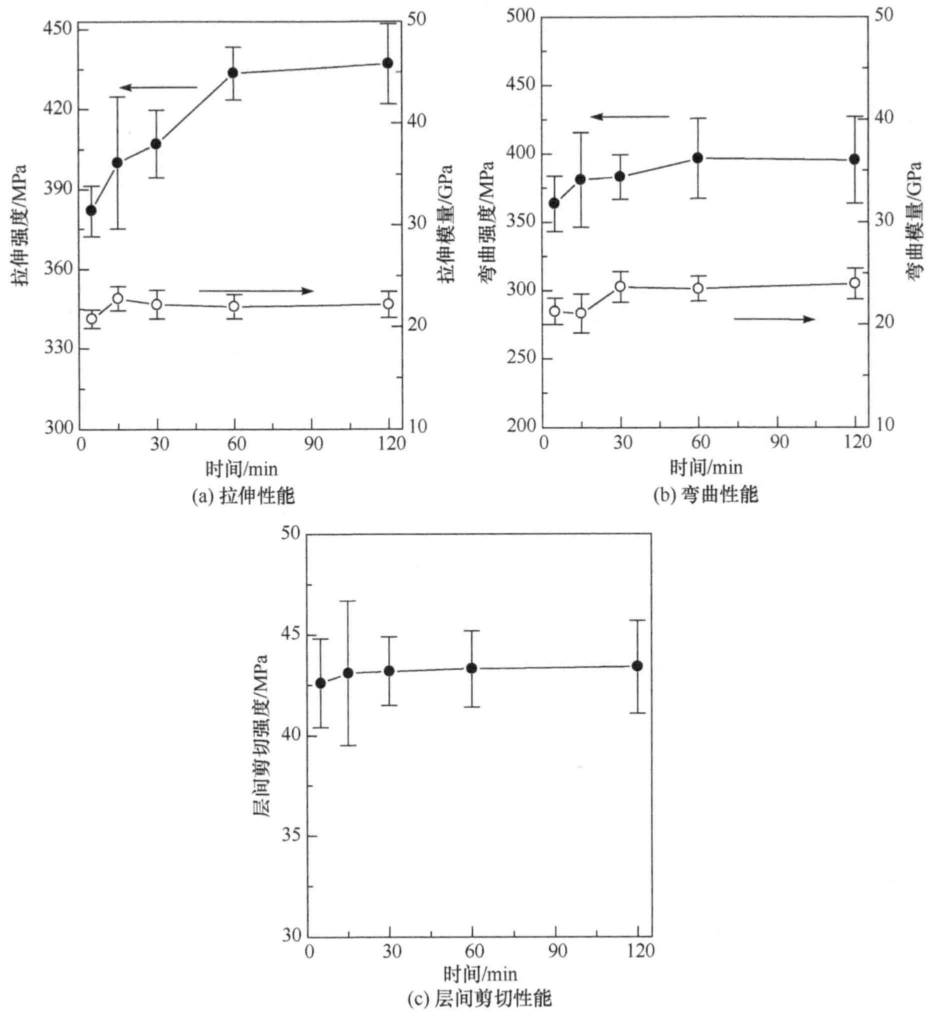

(a) 拉伸性能

(b) 弯曲性能

(c) 层间剪切性能

图 3.17　聚合时间对 GF/APA6 复合材料力学性能的影响

C10∶C20=2.0%∶1.0%(摩尔分数);聚合温度:180℃

图 3.18 为不同聚合时间下制备 GF/APA6 复合材料的拉伸断裂形貌。同样可以看出,纤维表面附着大量树脂,树脂表面出现无规则的纳米纤维晶。

3.2.4　GF/APA6 复合材料树脂基体结晶动力学研究

对于半结晶性的热塑性树脂,材料的晶态结构和结晶度对其物理、化学以及力学性能均有很大的影响。为了能够控制材料的晶态结构及其结晶度,以获得优异的综合性能,就需要了解材料的结晶动力学与其性能之间的关系[28,29]。

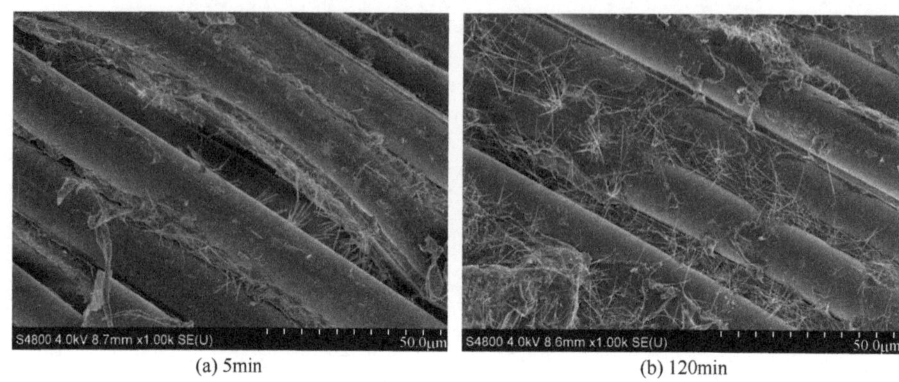

(a) 5min　　(b) 120min

图 3.18　不同聚合时间下制备 GF/APA6 复合材料的拉伸断裂形貌

C10：C20＝2.0%：1.0%(摩尔分数)；聚合温度：180℃

图 3.19 为不同冷却速率(φ)下 APA6 树脂和 GF/APA6 复合材料的结晶放热曲线，表 3.4 为不同冷却速率下 APA6 树脂和 GF/APA6 复合材料的结晶动力学参数。从图 3.19 和表 3.4 中可以看出，随着冷却速率的增大，结晶峰宽(D)变大，初始结晶温度(T_0)和最大结晶速率温度(T_p)向低温移动，说明在低的冷却速率下，结晶开始比较早。这是由于快速冷却使得聚合物大分子链的移动跟不上冷却速率，导致其没有足够的时间进行重排进入晶格，从而使结晶的完善程度降低，结晶过程受阻[30]，因此在高的冷却速率下，结晶开始时需要的过冷度更大[31,32]。另外，在同一冷却速率下，GF/APA6 复合材料的 T_0 和 T_p 均比 APA6 树脂的小，而其结晶峰宽较 APA6 树脂的大。其原因可能是纤维和纤维表面存在的上浆剂阻碍了聚合物大分子链进行折叠重排堆砌，使得 T_0 滞后并且结晶的完善程度降低，导致结晶峰宽变宽、T_p 变小。结晶焓(ΔH_c)的大小和结晶度有关[33]，GF/APA6 复合材料的 ΔH_c 小于 APA6 树脂的 ΔH_c，说明纤维和纤维表面上浆剂的存在会使复合材料基体树脂的结晶度减小。

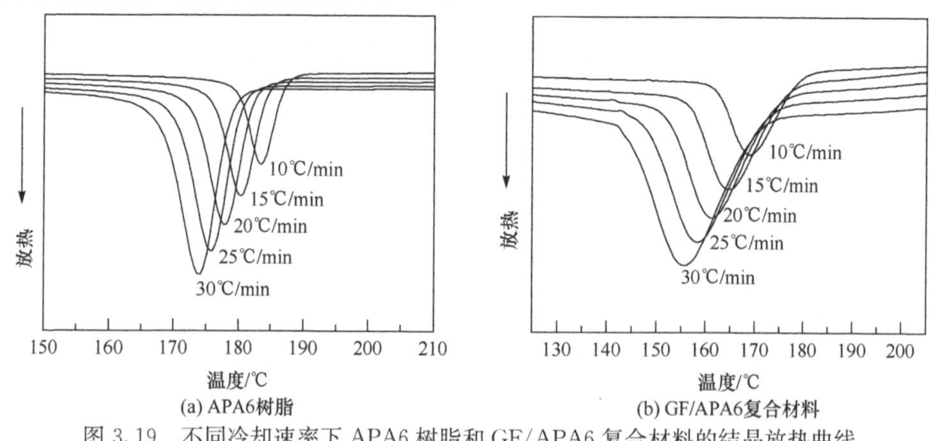

(a) APA6树脂　　(b) GF/APA6复合材料

图 3.19　不同冷却速率下 APA6 树脂和 GF/APA6 复合材料的结晶放热曲线

表 3.4　不同冷却速率下 APA6 树脂和 GF/APA6 复合材料的结晶动力学参数

样品	φ/(℃ · min^{-1})	10	15	20	25	30
APA6 树脂	T_0/℃	189.8	187.8	185.4	183.8	181.6
	T_p/℃	183.5	180.3	177.7	175.9	174.1
	D/℃	15.01	16.76	18.35	20.43	20.51
	ΔH_c/(J · g^{-1})	47.74	47.31	47.35	47.74	46.64
	$t_{1/2}$/min	0.649	0.510	0.393	0.341	0.326
GF/APA6 复合材料	T_0/℃	178.7	175.9	173.8	171.8	169.9
	T_p/℃	169.0	165.0	161.3	158.4	155.6
	D/℃	26.38	33.06	37.08	35.05	39.56
	ΔH_c/(J · g^{-1})	45.56	46.52	46.55	45.03	44.12
	$t_{1/2}$/min	1.415	1.177	0.928	0.737	0.654

APA6 树脂和 GF/APA6 复合材料不同冷却速率下放热峰区的相对结晶度（X_t）可以由式(3-5)计算得到[34]：

$$X_t = \frac{\int_{T_0}^{T} \left(\frac{\mathrm{d}H_c}{\mathrm{d}T}\right)\mathrm{d}T}{\int_{T_0}^{T_\infty} \left(\frac{\mathrm{d}H_c}{\mathrm{d}T}\right)\mathrm{d}T} \tag{3-5}$$

式中，T_0和 T_∞分别是开始结晶时温度和结束结晶时温度；T 是任意温度；$\mathrm{d}H_c$是测试样品结晶过程中在无穷小温度区间 $\mathrm{d}T$ 内释放的自由焓。图 3.20 是 APA6 树脂和 GF/APA6 复合材料在不同冷却速率下的 X_t与温度 T 的关系图。

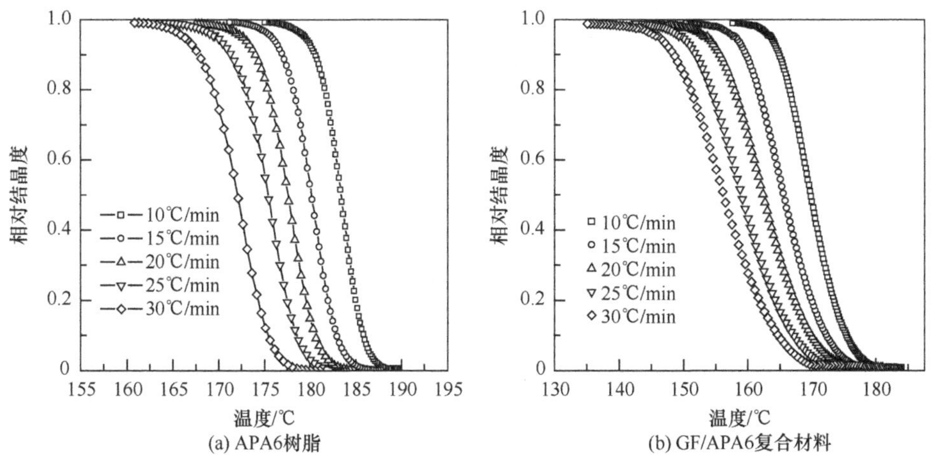

图 3.20　不同冷却速率下 APA6 树脂和 GF/APA6 复合材料的相对结晶度 X_t 与温度 T 的关系图

并且图 3.19 中的温度 T 坐标可以转变为时间 t 坐标，转变公式如下：

$$t=\frac{T_0-T}{\varphi} \tag{3-6}$$

式中，φ 是冷却速率。图 3.21 为不同冷却速率下 APA6 树脂和 GF/APA6 复合材料的相对结晶度 X_t 与时间 t 的关系图。

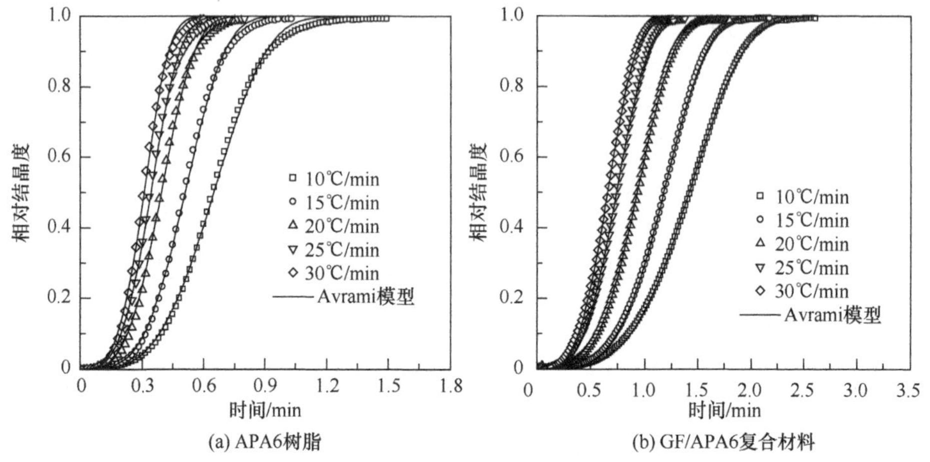

图 3.21　不同冷却速率下 APA6 树脂和 GF/APA6 复合材料的相对结晶度 X_t 与时间 t 的关系图

图 3.20 和图 3.21 中的所有曲线都是近 S(或反 S)型，表明在结晶过程中冷却速率对结晶有滞后效应。在结晶的后期阶段，可能由于各晶粒之间的相互作用，使曲线趋于平缓[35,36]。在高冷却速率下，结晶所需要的时间(温度)范围变小，说明晶核生成作用控制着结晶过程的相转变。

聚合物的结晶过程包括晶核生成和晶体生长两个步骤，因此结晶速率应该包括晶核生成速率、晶体生长速率以及由它们共同决定的结晶总速率[37]。在相同的冷却速率下，APA6 树脂的 T_0 和 T_p 较 GF/APA6 复合材料的大，说明 APA6 树脂比 GF/APA6 复合材料容易结晶成核。

采用 Kissinger 方法[38]，根据式(3-7)计算 APA6 树脂和 GF/APA6 复合材料的结晶表观活化能(ΔE)分别为－206.4kJ/mol 和－135.8kJ/mol。

$$\left[\frac{\mathrm{d}(\ln\varphi/T_p^2)}{\mathrm{d}(1/T_p)}\right]=-\frac{\Delta E}{R} \tag{3-7}$$

式中，R 为气体常数($R=8.314\text{J}/(\text{mol}\cdot\text{K})$)。根据高分子结晶理论，聚合物的结晶活化能包括高分子链迁移活化能和成核活化能，从熔体降温结晶时，成核活化能为决定因素[39]。APA6 树脂的 ΔE 较 GF/APA6 复合材料的小，说明 APA6 树脂的成核活化能较 GF/APA6 复合材料的小，因此 APA6 树脂的晶核生成速率较

GF/APA6 复合材料的大。玻璃纤维和玻璃纤维表面上浆剂使 APA6 树脂结晶的晶核生成速率减小，抑制了基体树脂的结晶。

半结晶时间($t_{1/2}$)被定义为 X_t从 0%到 50%所用的时间，并将其值列于表 3.4 中。$t_{1/2}$的倒数(即 $1/t_{1/2}$)表示结晶总速率，它的值越大表明结晶进行得越快[40]。从表 3.5 中可以看到，随着冷却速率的增加，$t_{1/2}$减少。在同一冷却速率下，APA6 树脂的 $t_{1/2}$较 GF/APA6 复合材料的小，即 APA6 树脂的 $1/t_{1/2}$较 GF/APA6 复合材料的大。以 $1/t_{1/2}$为纵坐标，φ 为横坐标，作图发现 φ 与 $1/t_{1/2}$呈线性关系，其斜率即结晶速率常数(CRP)。图 3.22 为 APA6 树脂和 GF/APA6 复合材料的 $t_{1/2}$与 φ 的关系图。CRP 越大表明树脂的结晶速率越大[36]。从图中可以看到，APA6 树脂和 GF/APA6 复合材料的结晶速率常数分别为 0.79831K^{-1}和 0.24341K^{-1}，即 APA6 树脂的结晶速率大于 GF/APA6 复合材料的结晶速率。由于纤维和纤维表面存在的上浆剂会阻碍聚合物大分子链进行折叠重排堆砌，使晶体的生长减缓，所以 APA6 树脂的晶体生长速率较 GF/APA6 复合材料的大。

表 3.5　Avrami 动力学参数

试样	φ/(℃ · min^{-1})	n	K_0	K_j	R^2
APA6 树脂	10	3.6087	1.3926	1.0337	0.9992
	15	3.7580	1.7795	1.0392	0.9993
	20	3.4714	2.2908	1.0423	0.9991
	25	3.4296	2.6339	1.0395	0.9988
	30	3.5494	2.9434	1.0366	0.9989
GF/APA6 复合材料	10	3.8926	0.5431	0.9408	0.9999
	15	4.1138	0.7771	0.9833	0.9999
	20	3.8239	0.9786	0.9989	0.9999
	25	3.5424	1.2242	1.0081	0.9999
	30	3.5378	1.3776	1.0107	0.9999

Avrami 方程广泛应用于各种聚合物结晶动力学研究中[41]，但它也可以用于描述聚合物的非等温结晶过程。采用 Avrami 方程分析 APA6 树脂和 GF/APA6 复合材料的非等温结晶行为，其方程具体形式为

$$X_t = 1 - \exp(-K_0 t^n) \tag{3-8}$$

其中，X_t为相对结晶度；n 为 Avrami 参数，与晶核生成机理及晶体生长过程有关；t 是时间；K_0是结晶速率常数。n 和 K_0是根据 Avrami 方程对图 3.21 中的实验数据进行拟合得到的，列于表 3.5 中。在非等温结晶过程中，由于温度不停地变化，这里的 n 和 K_0没有等温结晶过程中 n 和 K_0的意义。温度的变化会影响晶核生成速率和晶体生长速率。但是从拟合得到的回归系数 R^2 的值可以看出，Avrami 方

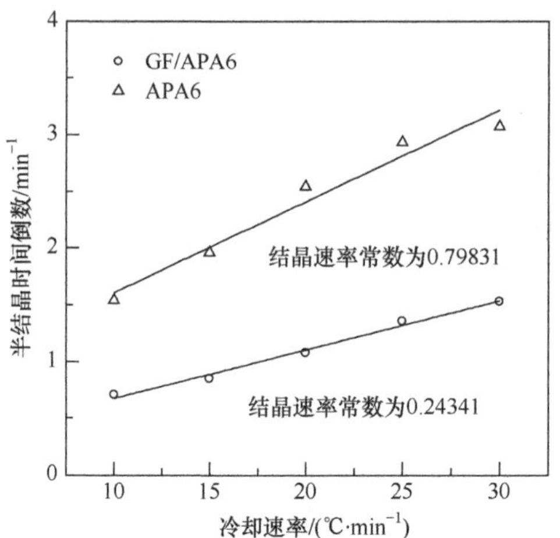

图 3.22　APA6 树脂和 GF/APA6 复合材料的半结晶时间倒数 $1/t_{1/2}$ 与冷却速率 φ 的关系图

程能很好地描述 APA6 树脂和 GF/APA6 复合材料的结晶过程。Jeziorny 结合非等温结晶过程的特点，引入冷却速率 φ 来修正结晶速率常数[40]：

$$\lg K_{\mathrm{j}}=\frac{\lg K_0}{\varphi} \tag{3-9}$$

K_{j} 的值也列于表 3.5 中，其大小可以表示结晶速率的大小，K_{j} 越大，结晶速率越大。从表 3.5 中可以看到，GF/APA6 复合材料的 K_{j} 均小于 APA6 树脂的 K_{j}，表明 GF/APA6 复合材料的结晶速率小于 APA6 树脂的结晶速率。

采用 Ozawa 方程来分析 APA6 树脂和 GF/APA6 复合材料的非等温结晶行为，Ozawa 方程将 Avrami 方程推广到非等温结晶过程，在同一温度下，建立了相对结晶度与冷却速率的关系方程：

$$\lg[-\ln(1-X_{\mathrm{t}})]=\lg K(T)-m\lg\varphi \tag{3-10}$$

式中，$K(T)$ 为结晶速率常数，与晶核生成方式、晶核生成速率、晶体生长速率等因素有关；m 为 Ozawa 指数。图 3.22 给出了不同温度下 $\lg[-\ln(1-X_{\mathrm{t}})]$ 与 $\lg\varphi$ 的关系图，可以看到，图 3.23(a) 中没有直线，图 3.23(b) 中不完全是直线，直线部分也不平行，说明 Ozawa 方程并不能很好地描述 APA6 树脂和 GF/APA6 复合材料的非等温结晶过程。

采用 Mo 方程来分析 APA6 树脂和 GF/APA6 复合材料的非等温结晶行为，Mo 等基于 Avrami 方程(3-8)和 Ozawa 方程(3-10)建立 φ 与 t 的关系，得到

$$\lg K_0+n\lg t=\lg K(T)-m\lg\varphi \tag{3-11}$$

经过变换可以得到如下方程：

$$\lg\varphi=\lg F(T)-\alpha\lg t \tag{3-12}$$

其中，$F(T)=\left(\frac{K(T)}{K_0}\right)^{1/m}$；$\alpha=\frac{n}{m}$。$F(T)$ 是指当树脂具有一定结晶度后，在单位

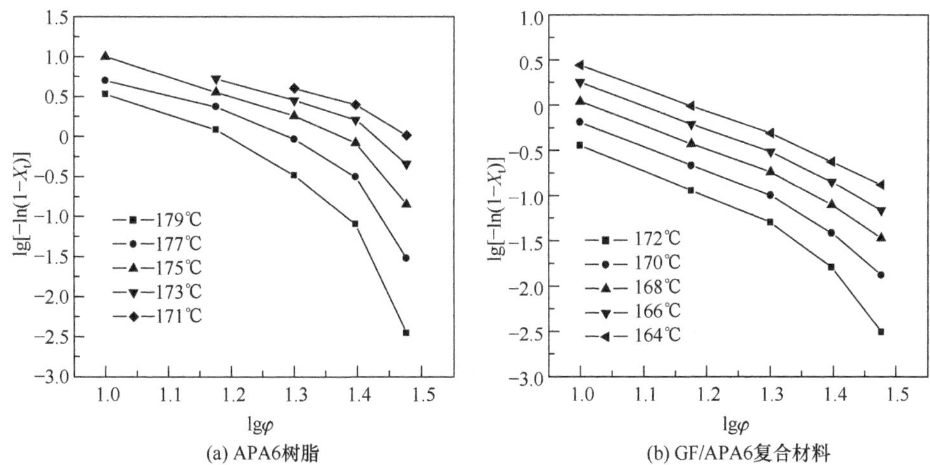

图 3.23　不同温度下 APA6 树脂和 GF/APA6 复合材料的 lg[$-\ln(1-X_t)$]与 lgφ 的关系图

结晶时间下选择的冷却速率值；α 是 Avrami 指数与 Ozawa 指数的比值[27]。图 3.24是基于图 3.20 选取相对结晶度 X_t分别为 20%、30%、40%、50%、60%、70%、80%，以 lgφ 为纵坐标、lg$t$ 为横坐标作图，再根据 Mo 方程拟合得到的。从图中可以看到，拟合结果具有良好的线性关系，得到的 α 值和 $F(T)$值如表 3.6 所示。X_t从 20%到 80%的过程中，$F(T)$随着相对结晶度的增加而增加，说明在一定的结晶时间内，要想获得比较高的结晶度，需要较高的冷却速率。在 X_t 相同时，GF/APA6 复合材料的 $F(T)$值比 APA6 树脂的大，说明要想达到同一相对结晶度，GF/APA6 复合材料需要更大的冷却速率，GF/APA6 复合材料的结晶速率小于 APA6 树脂的结晶速率。

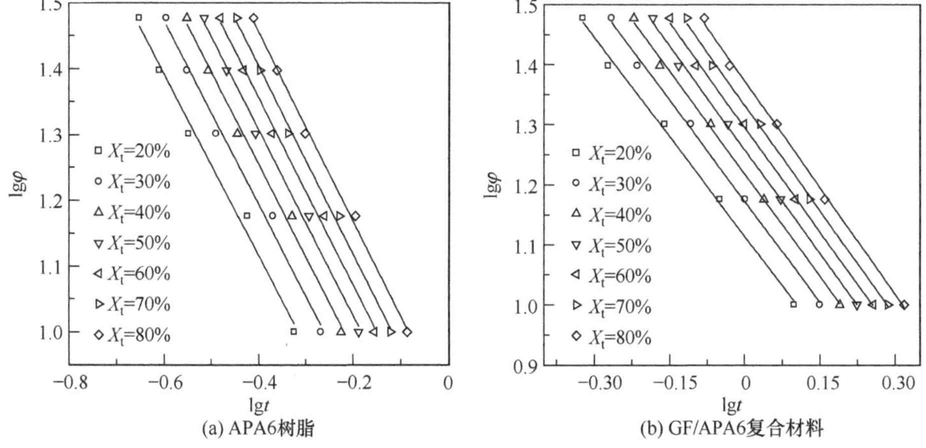

图 3.24　APA6 树脂和 GF/APA6 复合材料的 lgφ 与 lg$t$ 的关系图

表 3.6　Mo 方程的动力学参数

X_t/%	APA6 树脂		GF/APA6 复合材料	
	α	$F(T)$	α	$F(T)$
20	1.3805	3.6645	1.1032	13.0146
30	1.3952	4.3284	1.1221	14.8734
40	1.4064	4.9303	1.1367	16.5261
50	1.4159	5.5170	1.1493	18.1138
60	1.4245	6.1232	1.1608	19.7338
70	1.4329	6.7900	1.1722	21.4946
80	1.4418	7.5894	1.1844	23.5825

3.3　环状对苯二甲酸丁二醇酯原位开环聚合成型技术

环状对苯二甲酸丁二醇酯(CBT)是美国 Cyclics 公司独家推出的一种具有大环寡聚酯结构的新型热塑性功能树脂，其分子结构如图 3.25 所示。在适当温度和

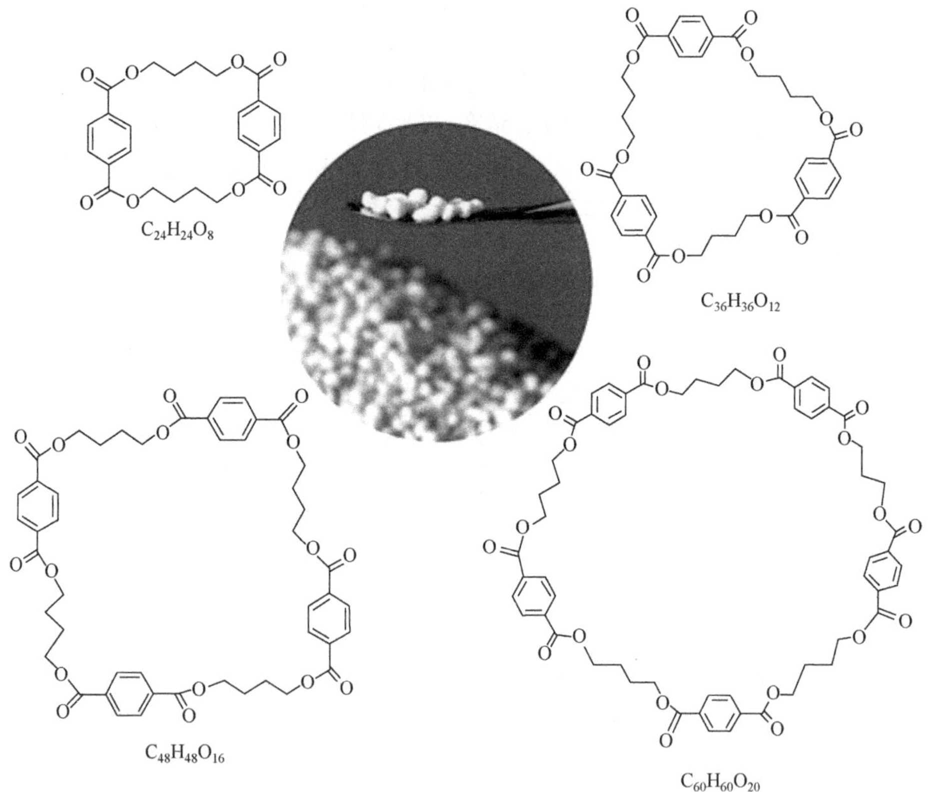

图 3.25　CBT 功能聚合物的结构示意图

催化剂的作用下，CBT 树脂开环聚合得到热塑性工程塑料——聚环状对苯二甲酸丁二醇酯(pCBT)。由于 CBT 树脂的熔体黏度较低(约为 0.2Pa · s)，反应时无反应热释放，同时由于其卓越的成品性能和可回收利用性，在热塑性复合材料领域具有极大的发展潜力。1999 年美国 Cyclics 公司从 GE 购得了生产环状 PBT、PET 和 PC 的专利，从而实现了 CBT 的大规模工业化生产，至此 CBT 的应用和发展进入了加速阶段。

CBT 树脂在钛类或锡类催化剂的作用下可以发生开环聚合，其常用的钛类催化剂和锡类催化剂见表 3.7。钛类催化剂对湿气极度敏感，反应速度比较快；锡类催化剂耐湿气，反应速度较慢。

表 3.7　CBT 树脂常用催化剂

化学结构式	商品名	活性
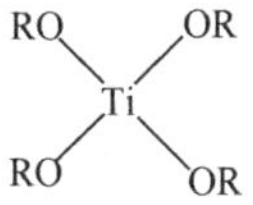	R=$-CH_2CH_3$，Tyzor®ET R=$-CH(CH_3)_2$，Tyzor®TPT R=$-CH_2CH(CH_2CH_3)CH_2CH_2CH_2CH_3$，Tyzor®TOT	非常高
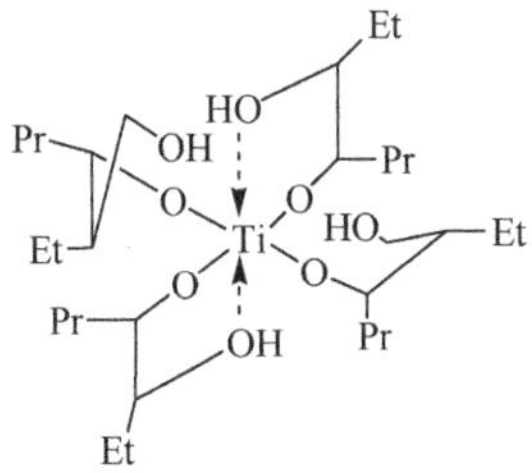	Tyzor®OGT	中等
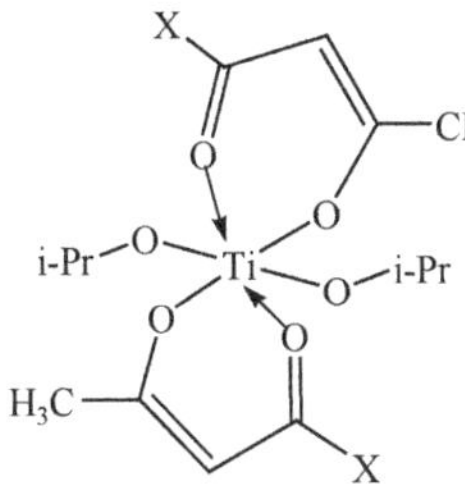	X=$-CH_3$，Tyzor®AA X=$-OEt$，Tyzor®DC	低
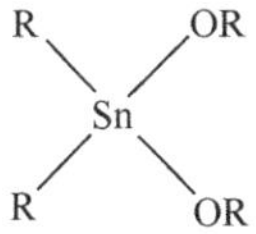	R=$-C_4H_9$，Fascat®4214	高
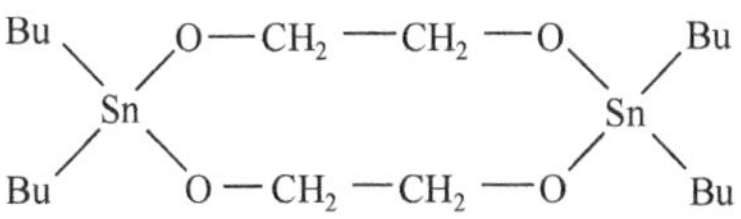	Stannoxane，XB_2	高

续表

化学结构式	商品名	活性
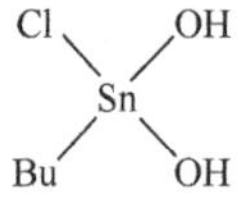 $Sn(Cl)(Bu)(OH)_2$（Cl、OH、Bu、OH 与 Sn 相连）	XB_3，Fascat®4101	中等
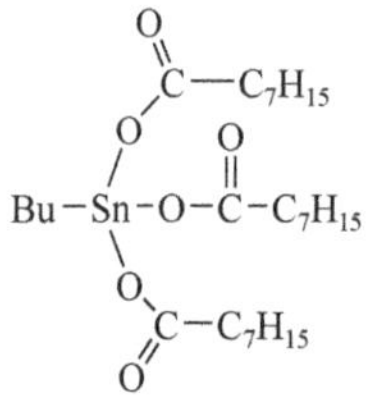 $Bu-Sn(-O-C(=O)-C_7H_{15})_3$	Fascat®4102	低

CBT 树脂的开环聚合遵循缩聚反应机理，以钛类催化剂为例，其引发 CBT 开环聚合机理分别见图 3.26。无论是钛类还是锡类催化剂都是通过催化剂与 CBT 单体的酯基配位活化，然后通过配体转化形成新的酯基和具有引发活性的链段，接着链增长反应进行，直至环状单体被消耗至反应达到"环链平衡"状态。在聚合反应过程中，引发剂作为活性端成为高分子链的一部分，它将使得单体不断地开环插入钛-烷氧基之间形成线性长链大分子，直至活性链端失去活性。

CBT 树脂是由聚合度为 2～7 的环状寡聚物组成的混合物，从其结构式看，分子中既有芳香硬段，又有脂肪族软段，这种软硬兼备的环形结构决定了 CBT 树脂的独特性质。作为环状低聚物中的佼佼者，CBT 树脂具有以下优势：①CBT 树脂熔体黏度极低，常温下为固体，约在 190℃时，就变为像水一样的液体，可以快速并完全浸润增强纤维及其他增强填料。②CBT 树脂的聚合反应速度快，而且反应可控。根据催化剂和反应温度的不同，CBT 的聚合时间可以控制在几十秒到几十分钟之内，因此可以根据实际需求来选择合适的加工条件。③CBT 树脂聚合时没有反应热释放及挥发物产生。由于 CBT 树脂的聚合反应是熵驱动的开环聚合，在反应过程中无热无挥发物，所以反应不会失控，也不会因反应升温而损坏模具。在制造大型厚壁制件时，不用考虑热量(如烧芯)的因素，可缩短成型周期。此外，由于没有小分子的副产物产生，样品容易获得光洁的表面，从而提高成品率。④在适当的温度下，CBT 树脂可以开环聚合并热成型。含引发剂的 CBT 可在 200～210℃聚合，当聚合所得线性聚合物分子量达到一定程度时会发生结晶固化。因此，不需冷却就可脱模。这些优势使 CBT 在 RRIM 和 RTM 等成型加工方面具有重要价值。

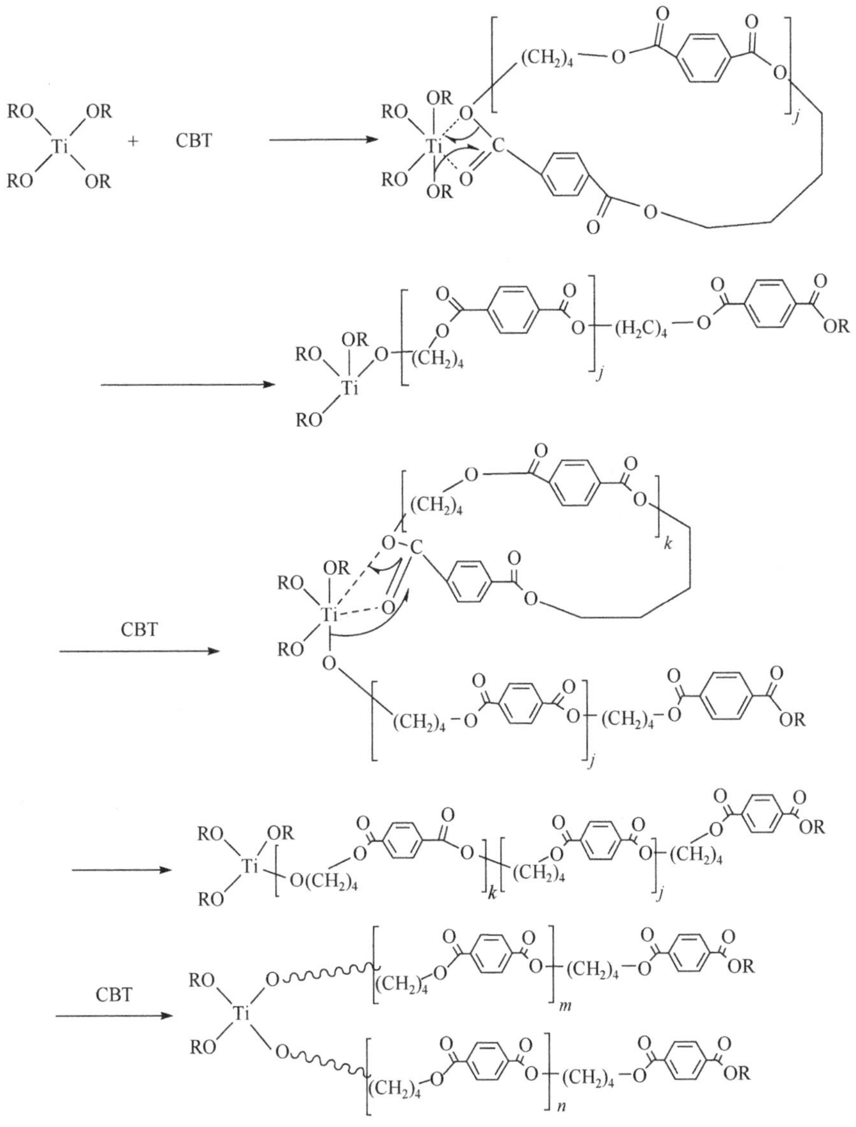

图 3.26　钛类催化剂引发 CBT 树脂开环聚合机理图

3.3.1　CBT 树脂开环聚合过程中的流变性能

CBT 树脂在催化剂的作用下可以发生开环聚合，其聚合反应过程中的流变性能可为确定树脂体系在 RTM 成型过程中的工艺窗口提供指导依据。有文献报道，二羟基丁基氯化锡作为催化剂可用于制备连续纤维增强 pCBT 树脂基复合材料[42]，但由于其反应活性较高，没有测得其聚合过程中的流变性能。单丁基三异辛酸锡具有低的催化活性，因此可有较长的反应诱导时间，可以制备尺寸较大的制件。以单丁基三异辛酸锡作为催化剂，其聚合过程中熔体黏度与聚合时间的关系如图 3.27所示。图 3.27(a)为在 190℃下不同催化剂含量对聚合过程中 pCBT 树脂熔体黏度与聚合时间关系的影响。从图中可以看出，随着催化剂的含量从 0.1%增加到 0.6%，反应诱导时间从 25min 降到 7min。很明显，随着催化剂含量的增加，反应速度加快，从而减少了反应诱导时间。图 3.27(b)为在催化剂含量为 0.5%时，不同聚合温度对聚合过程中 pCBT 树脂熔体黏度与聚合时间关系的影响。从图中可以看出，当聚合温度为 180℃时，CBT 树脂的熔体黏度约为200Pa·s，其原因是 CBT 树脂是由聚合度为 2～7 的环状寡聚物组成的混合物，其熔点为 150～185℃[43]。当聚合温度为 180℃时，分子量比较高的 CBT 树脂没有完全熔融，因此导致其熔体黏度比较高。当聚合温度为 190℃时，反应诱导时间约为 8min，因此可以制备大尺寸的热塑性复合材料。当聚合温度高于 190℃时，其熔体黏度较低，约为 0.05Pa·s。另外，反应诱导时间随聚合反应温度的增加而降低，其原因是聚合温度越高，反应速度越快。因此，聚合温度越高，反应诱导时间越少。

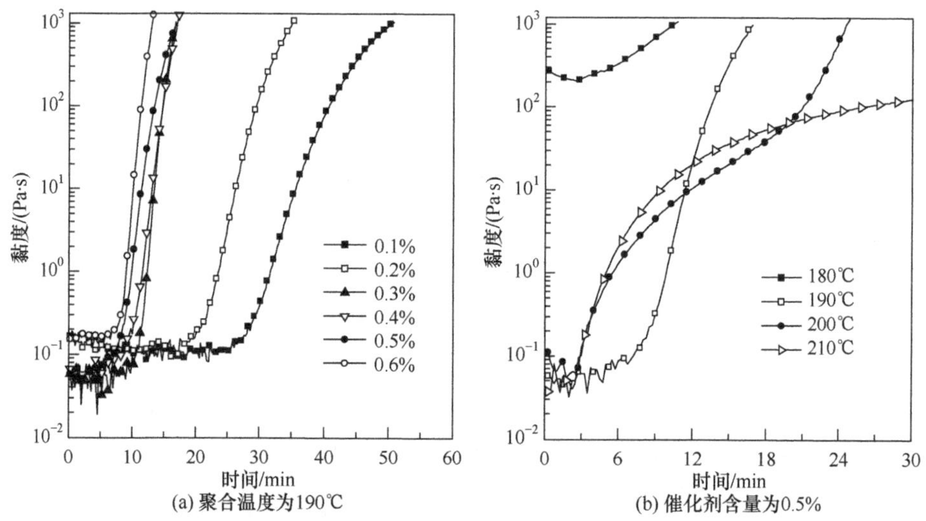

图 3.27 pCBT 树脂的熔体黏度与聚合时间的关系

3.3.2 聚合工艺参数对 CBT 树脂基体性能的影响

1. 催化剂含量的影响

pCBT 的特性黏度采用德国 SCHOTT AVS370 型乌氏黏度计，根据 GB/T 14190—2008 标准进行测定和计算，其实验温度为(30.0±0.1)℃，溶剂为苯酚/1,1,2,2-四氯乙烷(质量比 60∶40)，溶液浓度为 0.5g/dL。根据 Mark-Houwink 经验公式(3-3)可得

$$M=\left(\frac{\eta_{\mathrm{inh}}}{K'}\right)^{1/\alpha} \tag{3-13}$$

式中，η_{inh}表示 pCBT 的特性黏度；M 表示 pCBT 树脂的黏均分子量；$K'=21.5\times10^{-3}\mathrm{mL/g}$；$\alpha=0.82$[44]。再根据式(3-13)计算得到 pCBT 的黏均分子量。

分别采用二羟基丁基氯化锡和单丁基三异辛酸锡为催化剂，发现催化剂含量对纯 pCBT 树脂的黏均分子量具有较大影响，其结果如图 3.28 所示。图 3.28(a)为二羟基丁基氯化锡作为催化剂时，pCBT 的黏均分子量随催化剂含量的变化曲线。从图中可以看出，随着催化剂含量的增加，pCBT 的黏均分子量逐渐增大。但是当聚合温度为 180℃，催化剂含量高于 0.5%时，pCBT 的黏均分子量变化不大。

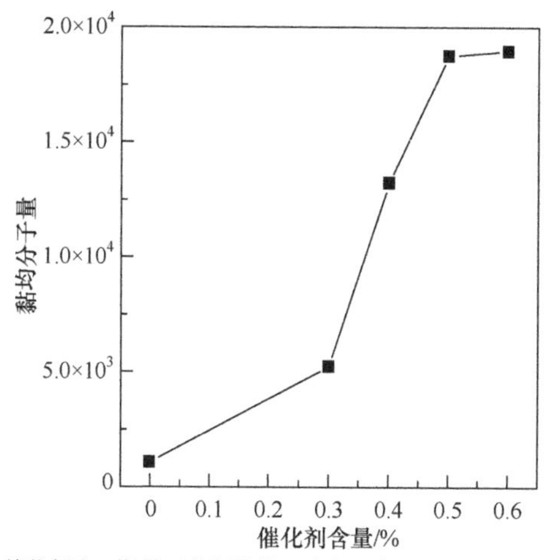

(a) 催化剂为二羟基丁基氯化锡，聚合温度为180℃，聚合时间为15min

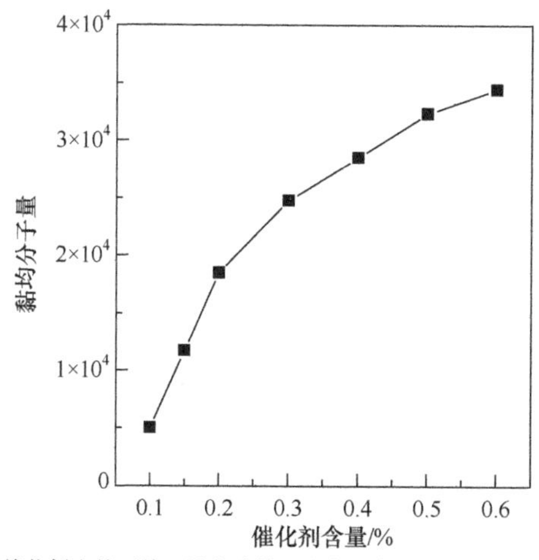

(b) 催化剂为单丁基三异辛酸锡，聚合温度为190℃，聚合时间为60min

图 3.28　催化剂含量对纯 pCBT 树脂黏均分子量的影响

其原因是，随着催化剂含量的增加，产生的反应活性中心数量增加，活性中心与单体迅速发生加成反应，使分子链增长，其反应机制如图 3.29 所示。随着分子链的增长，当生成的聚合物的结晶温度接近聚合反应温度时，聚合物开始发生结晶行为，此时聚合反应过程与聚合物结晶过程是同步进行的。当催化剂含量较少时，链增长反应的速度较低，需要的聚合反应时间较长，当聚合进行一段时间后，生成的聚合物会发生结晶从而阻碍聚合反应的进一步进行，因此得到聚合物的分子量较低。随着催化剂含量的增加，体系中活性中心的数量增加，链增长反应的速度增加，因而聚合物的分子量逐渐增大。当催化剂含量高于 0.5%时，由于聚合温度比较低，导致聚合物的结晶速率比较高，当聚合物的分子量达到一定程度后并会发生结晶，从而阻碍了聚合反应的进一步进行，因此分子量增长较慢。而当聚合温度比较高时，聚合物的结晶速率将降低，因此聚合物的分子量增长较快。图 3.28(b)为单丁基三异辛酸锡作为催化剂时，pCBT 的黏均分子量随催化剂含量的变化曲线。从图中可以看出，随着催化剂含量的增加，pCBT 的黏均分子量逐渐增大。当聚合温度较高，为 190℃时，聚合物的结晶速率随聚合温度的增加而降低，使得聚合速率高于结晶速率，从而导致聚合物分子量继续增加。

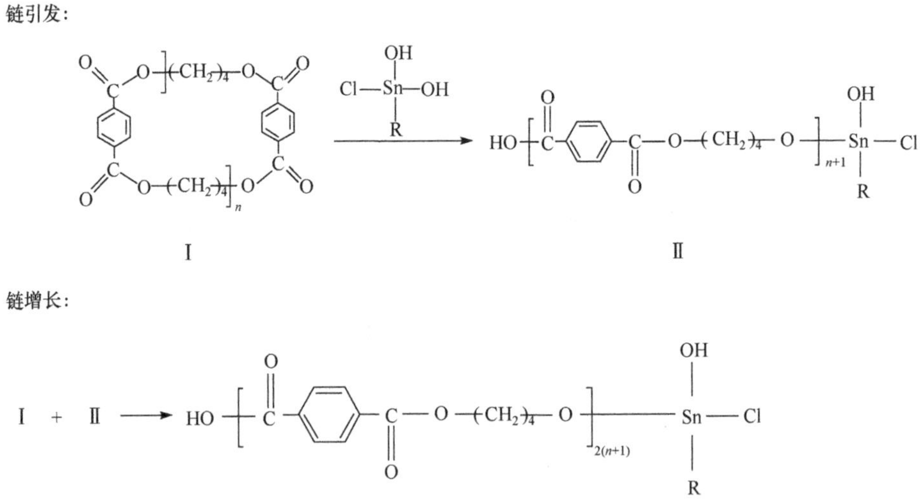

链引发：

I　　　　II

链增长：

图 3.29　CBT 在催化剂引发下开环聚合反应[45]

进一步采用 DSC 对不同催化剂含量下反应得到的聚合物进行温度扫描，发现随着催化剂含量的增加，pCBT 的熔融吸热焓也逐渐增加，如图 3.30 所示。将图 3.30中各聚合物的熔融吸热焓代入式(3-4)进行计算，其中 ΔH_{100} 为完全结晶时 pCBT 的熔融焓，$\Delta H_{100}=21.2\text{kJ/mol}$[46]。不同催化剂含量下反应得到 pCBT 的结晶度如表 3.8 所示。从表中可以看出，随着催化剂含量的增加，聚合物的结晶度逐渐增加。这是因为当催化剂含量比较低，为 0.3%时，生产 pCBT 聚合物的分子量比较低，从而导致其结晶度比较低。当催化剂含量较高，超过 0.5%时，CBT 开环聚合速率较快，生成 pCBT 聚合物的分子量比较高。聚合物的结晶速率会随着分子量的增加而增大，因此当催化剂含量增加时，生成聚合物的结晶度较高。

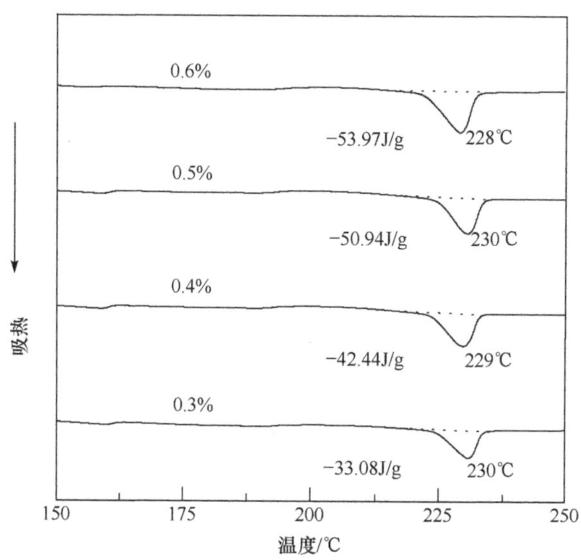

图 3.30　不同催化剂含量聚合物 DSC 扫描曲线

表 3.8　不同催化剂含量下反应得到 pCBT 的结晶度

催化剂含量/%	$\Delta H/(\mathrm{J \cdot g^{-1}})$	X_c/%
0.30	−33.08	34
0.40	−42.44	44
0.50	−50.94	53
0.60	−53.97	56

2. 聚合温度的影响

聚合温度对纯 pCBT 树脂的黏均分子量具有较大的影响，其结果如图 3.31 所示。从图中可以看出，在这两种催化剂的条件下，pCBT 树脂的分子量均是先随着聚合温度的增加而增大，当聚合温度达到一定程度后，聚合物的分子量变化不大。其原因是，当聚合温度低于 180℃时，CBT 树脂并没有完全熔融，其中只有分子量比较低的树脂熔融，此时树脂熔体的黏度相对较大，向体系中加入固态的二羟基丁基氯化锡催化剂后，无法确保树脂与催化剂有良好的混合效果，会导致此温度下pCBT 树脂的分子量较低。而加入液态的单丁基三异辛酸锡催化剂后，催化剂能与树脂充分混合，因此生成 pCBT 树脂的分子量相对较高。另外，当聚合生成的pCBT 树脂达到一定分子量后就会发生结晶，此时熔体中分子量比较高的 CBT 树脂充当晶核，会导致聚合生成的 pCBT 树脂快速结晶，从而阻碍了反应的进一步进行，聚合温度越低，晶核数量越多，结晶速度越快，因此也会导致其分子量比越低。当聚合温度高于 190℃时，CBT 树脂基本上完全熔融，树脂能与催化剂充分混合

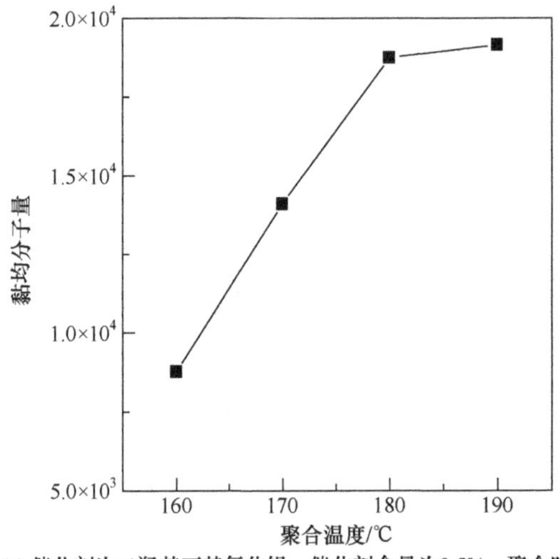

(a) 催化剂为二羟基丁基氯化锡，催化剂含量为0.5%，聚合时间为15min

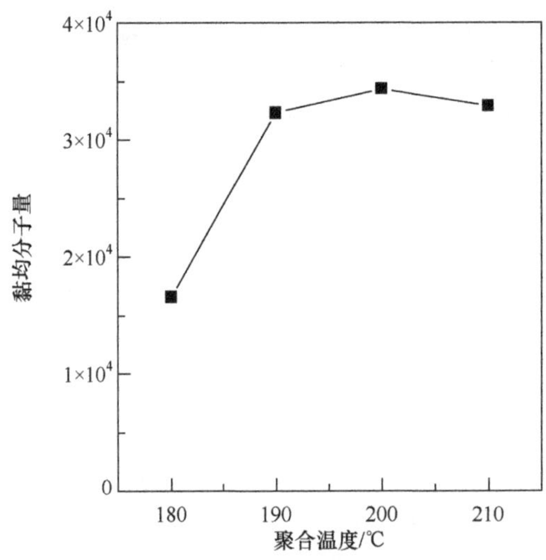

(b) 催化剂为单丁基三异辛酸锡，催化剂含量为0.5%，聚合时间为60min

图 3.31 聚合温度对纯 pCBT 树脂黏均分子量的影响

好，催化剂与单体形成大量活性中间体，聚合反应的速度比较快，生成的聚合物分子量迅速增大。因此，该温度下 pCBT 的分子量有明显增加。同时，由于聚合物分子量的增大，将使反应体系的熔体黏度增加，从而将反应活性端包埋在聚合物链中，使得聚合反应速度降低，导致分子量变化不大。

聚合温度对 pCBT 树脂的结晶度同样具有较大的影响，其结果如图 3.32 所示。从图中可以看出，随着聚合温度的升高，pCBT 树脂的结晶度先升高后降低。当聚合温度从 160℃升高至 190℃时，pCBT 的结晶度由 37%升高到 55%。由于 CBT 树脂的聚合温度低于 pCBT 树脂的熔点，在 pCBT 树脂链增长到一定程度后，便会开始结晶。随着聚合温度的升高，pCBT 树脂的分子量会增大，其结晶速率也同时增大，因此结晶度也会随之增加。随着 pCBT 树脂的分子量增大，其熔体黏度增加，使得聚合物链的活性端被包埋在聚合分子链中，从而导致聚合反应基本停止。由于聚合物结晶速率随聚合温度的增加而降低，随着聚合温度的进一步增加，pCBT 树脂的结晶度下降。

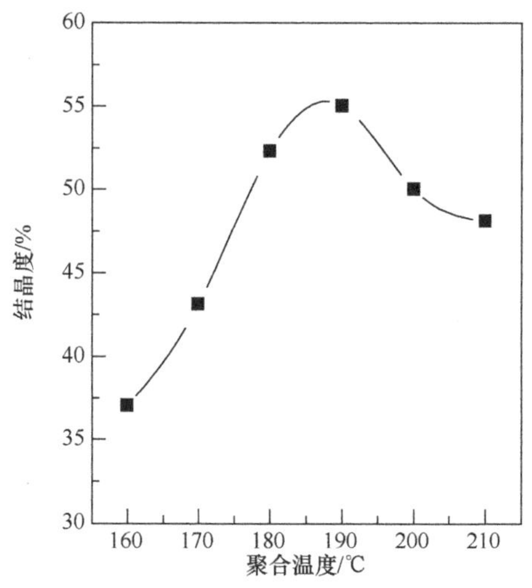

图 3.32　聚合温度对 pCBT 树脂结晶度的影响

催化剂为二羟基丁基氯化锡，催化剂含量为 0.5%，聚合时间为 15min

3. 聚合时间的影响

聚合反应时间对 pCBT 树脂的分子量具有较大的影响。如图 3.33 所示，随着聚合时间从 6min 逐渐延长至 20min，pCBT 的黏均分子量呈逐渐增大的趋势。其中，聚合时间在 6～10min 时，增大速率相对比较缓慢；聚合时间在 10～16min 时，黏均分子量增大速率相对比较快；聚合时间在 16～20min 时，黏均分子量变化幅度较小。CBT 的聚合反应属于开环聚合，从加入催化剂到 10min 左右，催化剂与环状单体形成络合中间体，这段时间黏均分子量的增长相对较缓。在10～16min

期间，是聚合反应的链增长阶段，活性络合中间体迅速和单体加成，使链增长，因此黏均分子量有较大程度的增加。从反应现象上看，链增长阶段反应体系的黏度会迅速上升，由极稀的熔体迅速变为黏度较大的糊状物。在 16～20min 期间，由于络合中间体和单体的加成已经趋于完成，聚合反应达到聚合-解聚平衡，黏均分子量趋于稳定。

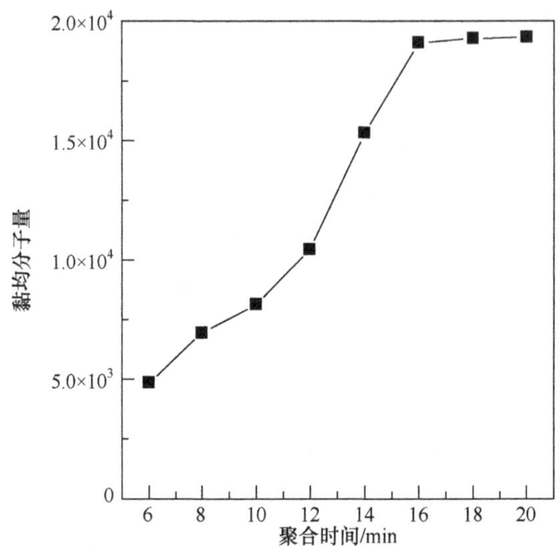

图 3.33　不同聚合时间下 pCBT 树脂的黏均分子量

催化剂为二羟基丁基氯化锡，催化剂含量为 0.5%，聚合温度为 180℃

聚合时间对 pCBT 树脂的结晶度具有较大的影响，见图 3.34。从图中可以看出，随着聚合时间从 6min 延长至 20min，pCBT 的结晶度先增大后保持不变。其

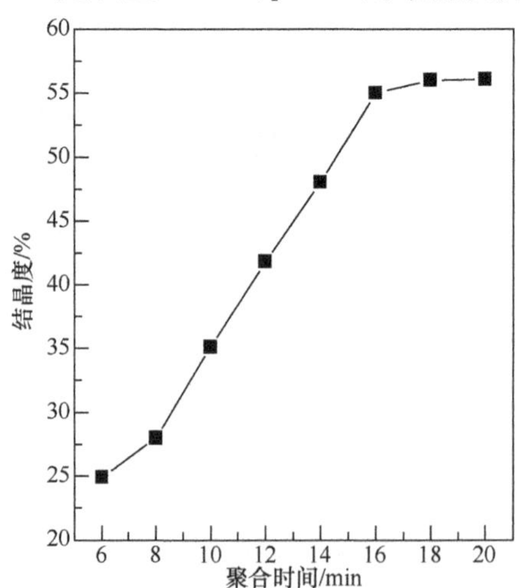

图 3.34　聚合反应时间对 pCBT 树脂结晶度的影响

催化剂为二羟基丁基氯化锡，催化剂含量为 0.5%，聚合温度为 180℃

原因是,随着聚合时间的增加,聚合物的分子量增加,因此其结晶度也随之增大。当聚合时间为 16min 时,由于结晶度的增加使活性中心被包埋在晶体中,从而导致聚合反应停止,所以随着聚合时间进一步增加,结晶度不再有明显的变化。

3.3.3 聚合工艺参数对 pCBT 树脂基复合材料结构和性能的影响

1. 催化剂含量的影响

1) 以二羟基丁基氯化锡为催化剂

二羟基丁基氯化锡催化剂的含量对 GF/pCBT 复合材料和 CF/pCBT 复合材料力学性能的影响如下。

图 3.35 为催化剂含量对 GF/pCBT 复合材料和 CF/pCBT 复合材料拉伸性能的影响。对于 GF/pCBT 复合材料,如图 3.35(a)所示,当催化剂含量为 0.3%时,复合材料的拉伸性能均为最低值。随着催化剂含量的增加,GF/pCBT 复合材料的拉伸性能增加。当催化剂含量为 0.5%时,复合材料的拉伸性能达到最佳,与催化剂含量为 0.3%相比,拉伸强度增幅为 26%,拉伸模量增幅为 16.7%。当催化剂含量超过 0.5%时,复合材料的拉伸性能变化不大。对于 CF/pCBT 复合材料,如图 3.35(b)所示,与 GF/pCBT 复合材料变化趋势相似,当催化剂含量为 0.3%时,复合材料的拉伸性能均为最低值。随着催化剂含量的增加,CF/pCBT 复合材料的拉伸性能增加。当催化剂含量为 0.5%时,复合材料的拉伸性能达到最佳,与催化剂含量为 0.3%相比,拉伸强度增幅为 53.8%,拉伸模量增幅为 26.4%。当催化剂含量超过 0.5%时,复合材料的拉伸性能趋于稳定。

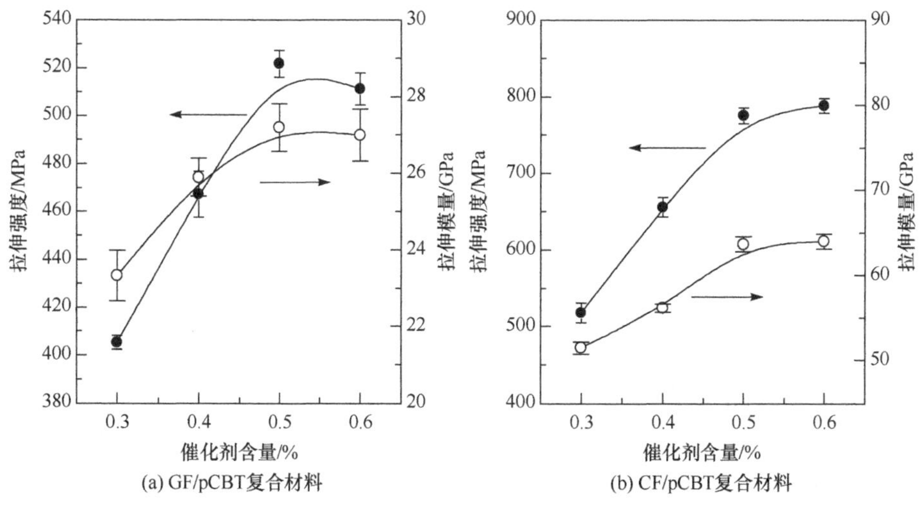

图 3.35 催化剂含量对复合材料拉伸性能的影响

催化剂为二羟基丁基氯化锡,聚合温度为 180℃,聚合时间为 60min

图 3. 36 为催化剂含量对 GF/pCBT 复合材料和 CF/pCBT 复合材料弯曲性能的影响。对于 GF/pCBT 复合材料，如图 3. 36(a)所示，当催化剂含量为 0. 3%时，复合材料的弯曲性能为最低值。当催化剂含量为 0. 5%时，复合材料的弯曲强度和弯曲模量达到最大。与催化剂含量为 0. 3%相比，弯曲强度增幅为 211%，弯曲模量增幅为 8. 3%。对于 CF/pCBT 复合材料，如图 3. 36(b)所示，与 GF/pCBT 复合材料变化趋势相似，当催化剂含量为 0. 3%时，复合材料的弯曲性能为最低值。随着催化剂含量的增加，CF/pCBT 复合材料的力学性能增加。当催化剂含量为 0. 5%时，复合材料的力学性能达到最佳，与催化剂含量为 0. 3%相比，弯曲强度增幅为 52. 9%，弯曲模量增幅为 27. 8%。当催化剂含量超过 0. 5%时，复合材料的力学性能趋于稳定。

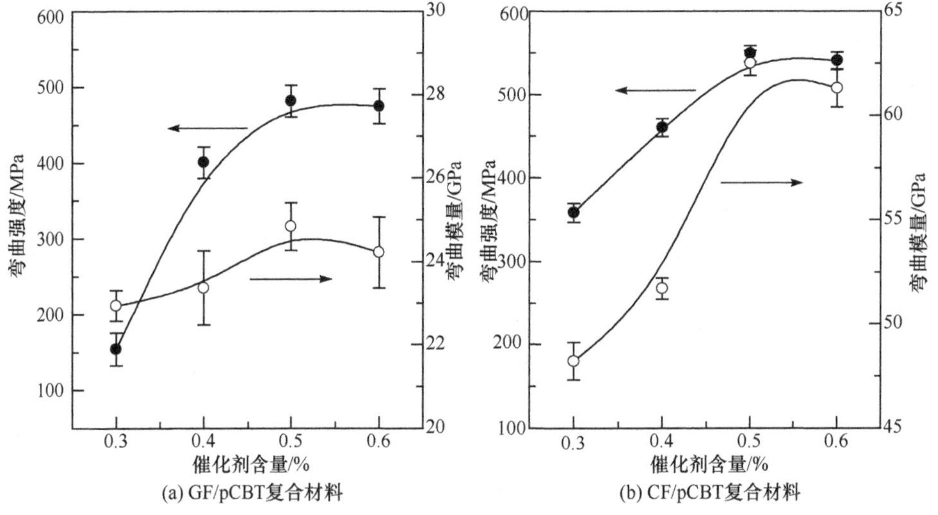

图 3. 36　催化剂含量对复合材料弯曲性能的影响

催化剂为二羟基丁基氯化锡，聚合温度为 180℃，聚合时间为 60min

图 3. 37 为催化剂含量对 GF/pCBT 复合材料和 CF/pCBT 复合材料层间剪切性能的影响。复合材料层间剪切性能主要受基体性能及纤维-树脂界面结合作用的影响，通过实验观察发现，GF/pCBT 与 CF/pCBT 两种复合材料层间剪切破坏模式相似。短梁剪切不引起纤维断裂，但是在层合板的薄弱点(如织物层之间)的富树脂区产生损伤，导致分层。分层破坏裂纹主要存在于丝束层之间，与普通织物一样裂纹沿织物(丝束、纤维)与基体界面扩展[47]。图 3. 37(a)为催化剂含量对 GF/pCBT 复合材料层间剪切强度的影响。当催化剂含量为 0. 3%时，复合材料的层间剪切强度最低。当催化剂含量为 0. 5%时，层间剪切强度达到最大，与催化剂含量为 0. 3%相比，增幅为 73%。图 3. 37(b)为催化剂含量对 CF/pCBT 复合材料层间剪切强度的影响，其变化趋势与 GF/pCBT 复合材料相似。当催化剂含量为

0.3%时,复合材料的层间剪切强度为最低值。随着催化剂含量的增加,层间剪切强度逐渐增加。当催化剂含量为 0.5%时,复合材料的层间剪切强度达到最大,与催化剂含量为 0.3%相比,增幅为 60%。当催化剂含量超过 0.5%时,复合材料的层间剪切强度趋于稳定。

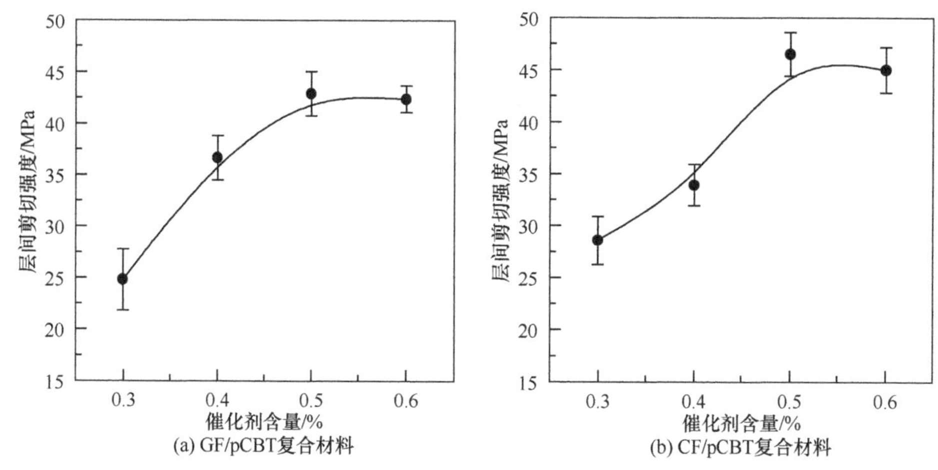

图 3.37 催化剂含量对复合材料层间剪切性能的影响

催化剂为二羟基丁基氯化锡,聚合温度为 180℃,聚合时间为 60min

通过对不同催化剂用量条件下 GF/pCBT 复合材料和 CF/pCBT 复合材料的拉伸性能、弯曲性能以及层间剪切性能的研究,可以发现一个相同的变化趋势,即随着催化剂含量从 0.3%增加至 0.6%,复合材料的力学性能也逐渐增加,当催化剂含量为 0.5%时复合材料各项力学性能均为最大值,超过 0.5%以后材料性能不再有明显的变化。这是因为当催化剂含量较低(0.3%)时,体系中活性中心数量相对较少,聚合反应速率较慢,而在较低的反应温度(180℃)下与聚合反应同时发生结晶的结晶速率比较快,可能是由于结晶速率高于聚合反应速率,随着结晶度的增加将反应活性中心包埋于晶体中导致聚合停止,因此 pCBT 树脂的分子量较低,从而造成复合材料的力学性能较低。当催化剂用量逐渐增加时,聚合反应速率随之增加,pCBT 的分子量逐渐增大,结晶速率也随之增大,聚合物中晶粒数量增加,即作为物理交联点的结晶粒子数量增多。在受力过程中,物理交联点可以均化受力,降低断链的可能性,因此复合材料的力学性能增加。当催化剂含量从 0.5%增加至 0.6%时,pCBT 的分子量和结晶度略有增加,此时晶粒紧密堆砌相互拥挤,不易生成新的晶核,即物理交联点没有增加,因此复合材料的力学性能变化趋于平缓。

2) 以单丁基三异辛酸锡作为催化剂

二羟基丁基氯化锡催化剂的反应活性较高、诱导时间较少，不能用于制备尺寸较大的制件。而单丁基三异辛酸锡的反应活性较低、诱导时间较长，因此可以制备尺寸较大的制件。下面以单丁基三异辛酸锡作为催化剂，探讨聚合工艺参数对连续纤维增强 pCBT 树脂基复合材料结构和性能的影响。

图 3.38 为催化剂含量对 GF/pCBT 复合材料基体树脂黏均分子量的影响。从图中可以看出，当催化剂含量从 0.2%增加到 0.6%时，GF/pCBT 复合材料基体树脂的黏均分子量从 1.71×10^4 增加到 3.05×10^4。当催化剂含量为 0.5%时，GF/pCBT 复合材料基体树脂的黏均分子量达到最大，进一步增加催化剂含量，其黏均分子量基本保持不变。

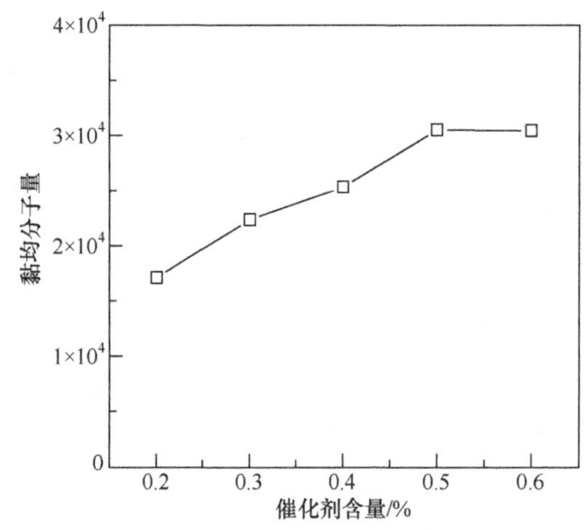

图 3.38　催化剂含量对 GF/pCBT 复合材料基体树脂的黏均分子量的影响

催化剂为单丁基三异辛酸锡，聚合温度为 190℃，聚合时间为 60min

催化剂含量对 GF/pCBT 复合材料基体树脂结晶度的影响如图 3.39 所示。从图中可以看出，当催化剂含量从 0.2%增加到 0.6%时，GF/pCBT 复合材料基体树脂的结晶度从 33%增加到 40%，当催化剂含量为 0.5%时，结晶度达到最大。在 CBT 树脂聚合过程中，pCBT 树脂的分子量达到一定程度时才会开始发生结晶行为。一般来说，增加催化剂含量将会加快聚合反应速率，从而可以获得一个相对充分的结晶时间。因此，高的催化剂含量将使聚合物具有充分的结晶时间，从而获得高结晶度。

为了进一步探讨催化剂含量对 GF/pCBT 复合材料基体树脂的分子量和结晶度的影响，采用 DSC 对 GF/pCBT 复合材料基体树脂进行了分析。图 3.40 为 GF/pCBT 复合材料树脂基体的 DSC 曲线。从图中可以得到，随着催化剂含量从 0.2%增加到 0.5%，GF/pCBT 复合材料树脂基体的熔融温度从 216℃增加到

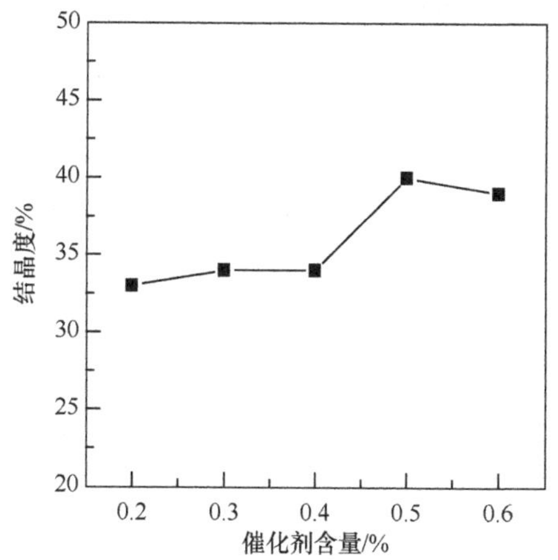

图 3.39 催化剂含量对 GF/pCBT 复合材料基体树脂结晶度的影响
催化剂为单丁基三异辛酸锡，聚合温度为 190℃，聚合时间为 60min

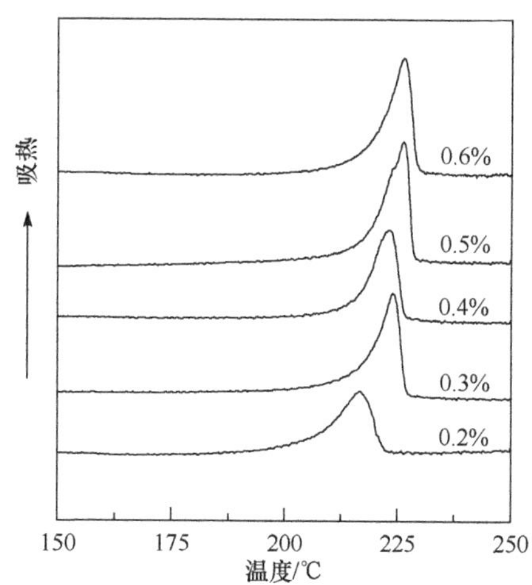

图 3.40 GF/pCBT 复合材料树脂基体的 DSC 曲线
催化剂为单丁基三异辛酸锡，聚合温度为 190℃，聚合时间为 60min

226℃。当催化剂含量为 0.5％时，基体树脂的熔融温度达到最大。随着催化剂含量的进一步增加，基体树脂的熔融温度基本不变。当催化剂含量比较低时，基体树脂的分子量也比较低，从而导致比较低的熔融温度；当催化剂含量比较高，超过 0.5％时，基体树脂的分子量也比较高，从而导致比较高的熔融温度。

催化剂含量对 GF/pCBT 复合材料树脂基体具有较大的影响，进而影响 GF/pCBT 复合材料的力学性能。图 3.41 为催化剂含量对 GF/pCBT 复合材料力学性能的影响。从图中可以看出，GF/pCBT 复合材料的拉伸强度、弯曲强度和层间剪切强度都随催化剂含量的增加而增大。当催化剂含量为 0.5%时，各项性能均达到最大值，其中拉伸强度最大为 549MPa，弯曲强度最大为 585.2MPa，层间剪切强度最大为 47.1MPa。这是由于催化剂含量对基体树脂分子量和结晶度的影响较大，进而对复合材料的力学性能具有较大的影响。当催化剂含量为 0.5%时，GF/pCBT 复合材料基体树脂的分子量和结晶度均达到最大，因此复合材料的力学性能相应达到最大。但是，拉伸模量和弯曲模量随催化剂含量的增加变化不大。

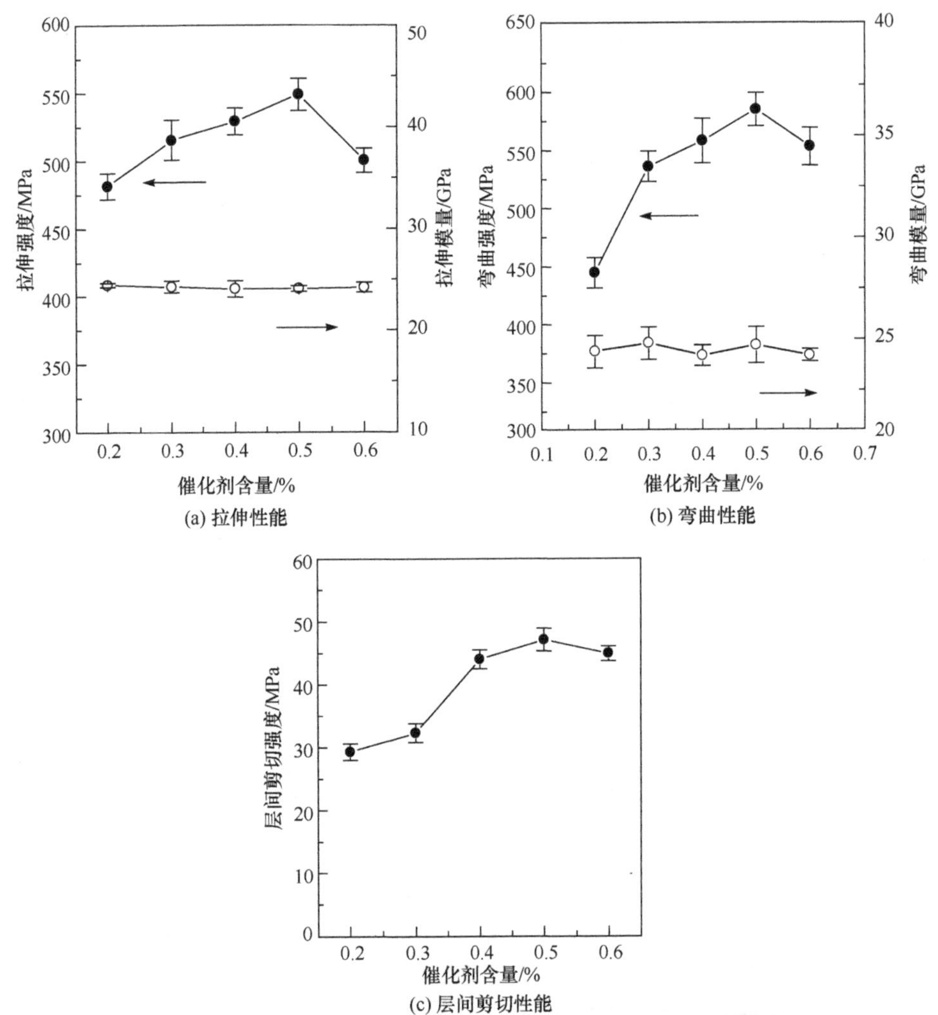

图 3.41 催化剂含量对 GF/pCBT 复合材料力学性能的影响

催化剂为单丁基三异辛酸锡，聚合温度为 190℃，聚合时间为 60min

不同催化剂含量制备的 GF/pCBT 复合材料拉伸断裂形貌如图 3.42 所示。从图中可以看出，纤维表面黏附大量的树脂，而且树脂表面比较粗糙，呈现韧性破坏的无规则条纹形貌，说明树脂对纤维具有较好的浸润性，同时具有较好的界面性能。随着催化剂含量的增加，纤维表面的树脂韧性变形更加明显。随着催化剂含量的增加，基体树脂的分子量增加，因此其韧性增强。

(a) 0.2%　(b) 0.3%　(c) 0.4%　(d) 0.5%

图 3.42　不同催化剂含量制备的 GF/pCBT 复合材料拉伸断裂形貌

2. 聚合温度的影响

图 3.43 为聚合温度对 GF/pCBT 复合材料基体树脂黏均分子量的影响。当温度从 180℃升到 190℃时，GF/pCBT 复合材料基体树脂的黏均分子量从 1.43×10^4 增加到 3.05×10^4，随着聚合温度的进一步升高，其黏均分子量变化不大。

聚合温度对 GF/pCBT 复合材料基体树脂结晶度的影响如图 3.44 所示。从图中可以看出，随着聚合温度的增加，GF/pCBT 复合材料基体树脂的结晶度从 22%增加到 40%，当聚合温度为 190℃时，基体树脂的结晶度达到最大，随着聚合温度的进一步提高，基体树脂的结晶度略有降低趋势。由于 CBT 树脂的聚合温度低于 pCBT 树脂的熔点，当 pCBT 树脂的分子量达到一定程度后，pCBT 树脂的结

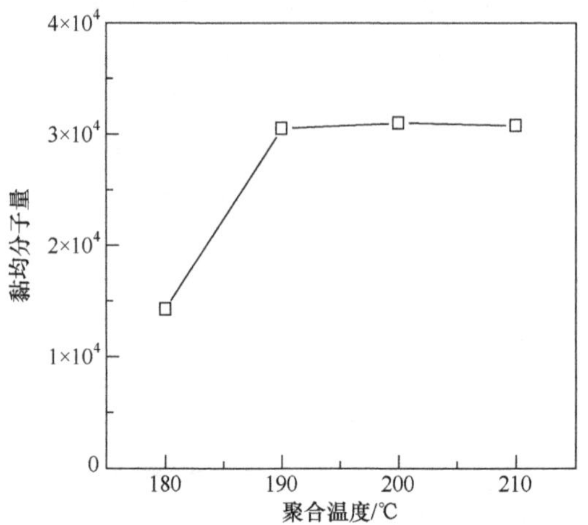

图 3.43　聚合温度对 GF/pCBT 复合材料基体树脂黏均分子量的影响

催化剂为单丁基三异辛酸锡，催化剂含量为 0.5%，聚合时间为 60min

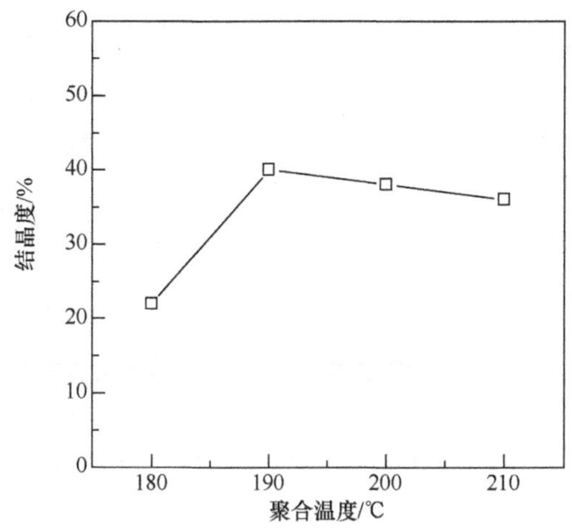

图 3.44　聚合温度对 GF/pCBT 复合材料基体树脂结晶度的影响

催化剂为单丁基三异辛酸锡，催化剂含量为 0.5%，聚合时间为 60min

晶过程与 pCBT 树脂分子链的增长过程就会同时发生。当聚合温度比较低时，CBT 树脂的聚合反应速率比较低。随着聚合反应的进行，pCBT 树脂分子量增大，使得其结晶速率也同时增大。当结晶速率高于聚合反应速率时，由于结晶度的增加，聚合物链的活性端被包埋在晶体中，从而终止聚合反应的进行，得到较低分子量的 pCBT 树脂。由于低分子量的 pCBT 树脂具有较多的链端，从而阻碍了结晶，当聚合温度比较低时，pCBT 树脂的结晶度也比较低。随着聚合温度的升高，CBT 树脂的聚合反应速率增加。当 pCBT 树脂的分子量达到一定程度时，聚合物熔体黏度增大，聚合物链的活性端被包埋在聚合分子链中从而导致聚合反应基本停止。但是，pCBT 树脂的结晶仍在进行，因此得到了较高的结晶度，所以 pCBT 树脂的结晶度随聚合温度的升高而增加。随着聚合温度的进一步升高，聚合反应速率增大，pCBT 树脂的分子量增大。结晶速率虽然随分子量的增加而增大，但是随聚合温度的增加而降低。当聚合温度较高时，温度对结晶速率的影响可能较分子量对结晶速率的影响更加明显。因此，随着聚合温度的进一步增加，结晶度会略有降低。

为了进一步探讨聚合温度对 GF/pCBT 复合材料基体树脂的分子量和结晶度的影响，采用 DSC 对 GF/pCBT 复合材料基体树脂进行分析。图 3.45 为不同聚合温度制备的 GF/pCBT 复合材料基体树脂的 DSC 曲线。从图中可以看出，随着聚合温度从 180℃升高到 190℃，复合材料基体树脂的熔融温度从 205℃升高到 226℃，随着聚合温度的进一步增加，复合材料基体树脂的熔融温度开始降低。当聚合温度为 180℃时，其基体树脂的熔融温度比较低，进一步说明了其基体树脂的分子量比较低。当聚合温度高于 190℃时，基体树脂的熔融温度下降；当聚合温度为 210℃时，DSC 曲线中出现了熔融双峰，说明了基体树脂结晶不完全[28]。

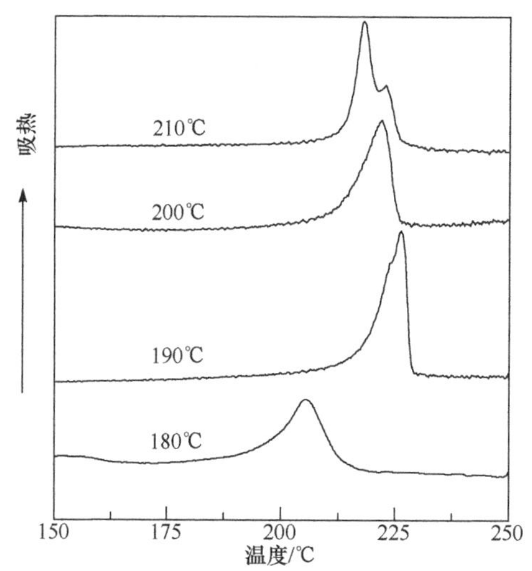

图 3.45　不同聚合温度制备 GF/pCBT 复合材料基体树脂的 DSC 曲线

催化剂为单丁基三异辛酸锡，催化剂含量为 0.5%，聚合时间为 60min

图 3.46 为聚合温度对 GF/pCBT 复合材料力学性能的影响。从图中可以看出，GF/pCBT 复合材料的拉伸强度、弯曲强度和层间剪切强度随聚合温度的增加而增加，当聚合温度为 190℃时，均达到最大值，其中拉伸强度最大为 549MPa，弯曲强度最大为 585.2MPa，层间剪切强度最大为 47.1MPa。因为在 190℃时，基体

树脂的结晶度和分子量达到最大,所以其力学性能均达到最大值。但是,拉伸模量和弯曲模量随催化剂含量的增加变化不大。

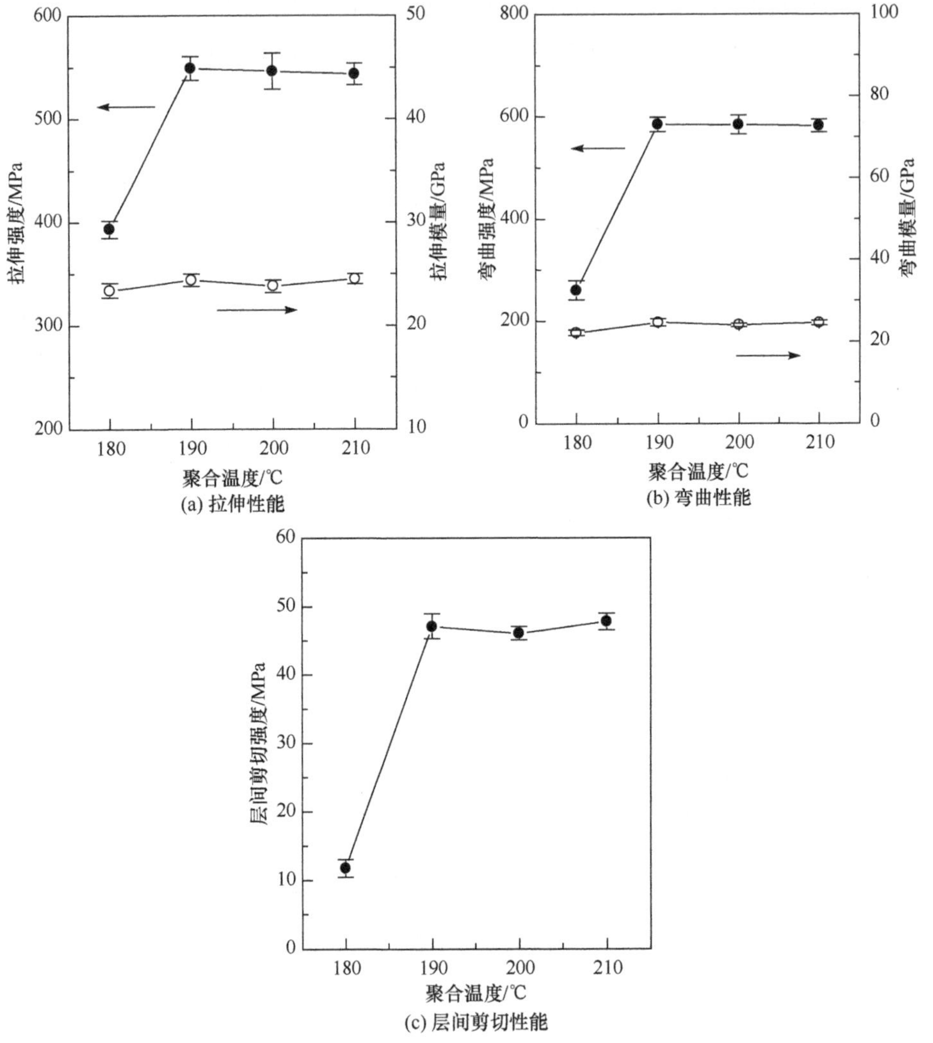

图 3.46 聚合温度对 GF/pCBT 复合材料力学性能的影响

催化剂为单丁基三异辛酸锡,催化剂含量为 0.5%,聚合时间为 60min

不同聚合温度制备的 GF/pCBT 复合材料拉伸断裂形貌如图 3.47 所示。从图 3.47(a)中可以看出,在聚合温度为 180℃时,纤维表面黏附的树脂较少,说明树脂与纤维之间的界面性能较差。当聚合温度高于 190℃时,纤维表面黏附的树脂较多,如图 3.47(b)～(d)所示,说明树脂与纤维之间的界面性能较好,而且树脂表面韧性变形更加明显,这是由于在较高的聚合物浓度下生成了较高的分子量。

(a) 180℃ (b) 190℃

(c) 200℃ (d) 210℃

图3.47 不同聚合温度制备的GF/pCBT复合材料拉伸断裂形貌

3.3.4 CBT/ε-己内酯共聚酯的非等温结晶动力学研究

CBT树脂开环聚合的同时伴随着结晶，容易快速结晶形成晶粒尺寸较大、高度完美的结晶结构，导致树脂基体韧性不足，脆性大，从而阻碍了CBT在热塑性复合材料领域的应用[48]。为了提高pCBT树脂基体的韧性，有文献报道，将CBT与ε-己内酯共聚合或与聚己内酯(PCL)进行酯交换反应[49]，最终达到增韧的目的，但对共聚酯增韧体系的结晶动力学的研究尚未见报道。通常实际生产均为非等温生产过程，因此关于共聚酯非等温结晶的研究对控制材料的最终性能具有十分重要的指导意义。将CBT与ε-己内酯(CL)共聚，并对共聚酯进行非等温结晶动力学研究，为有效控制增韧pCBT树脂基复合材料成型加工提供理论依据。

采用CBT和CL单体开环聚合制备CBT/CL共聚酯。CBT树脂采用油浴加热，温度为200℃，加热至CBT树脂完全融化后，依次加入CL和催化剂，机械搅拌1min使催化剂与单体充分混合，保持温度，反应60min制得CBT/CL共聚酯，整个反应是在氮气保护的条件下进行的。根据添加不同的CL单体质量分数(0%、

2%、6%、10%)分别将聚合物命名为 pCBT、CBT/CL(98/2)、CBT/CL(94/6)和CBT/CL(90/10)。

1. CBT/CL 共聚酯的非等温结晶行为

图 3.48 为 CBT/CL 共聚酯的非等温 DSC 结晶放热曲线。表 3.9 为不同冷却速率下 CBT/CL 共聚酯的结晶动力学参数。由图 3.48 可以看出,所有 DSC 曲线上只有一个明显的结晶放热峰,随着冷却速率的提高,初始结晶温度(T_0)、最大结晶速率温度(T_c)均向低温方向移动,结晶峰的形状逐渐变宽,结晶峰宽增大。这是由于高分子链重排进入晶格是一个松弛过程,需要一定时间完成,当冷却速率较低时,分子链可获得较长的时间规整排列成晶胞,进一步形成晶核,并有充足的时间使晶粒得以生长。反之,冷却速率过快,分子链段来不及跟上温度的变化,链段活动能力变差,结晶过程相对滞后,结晶起始温度变低。同时,随着冷却速率增大,

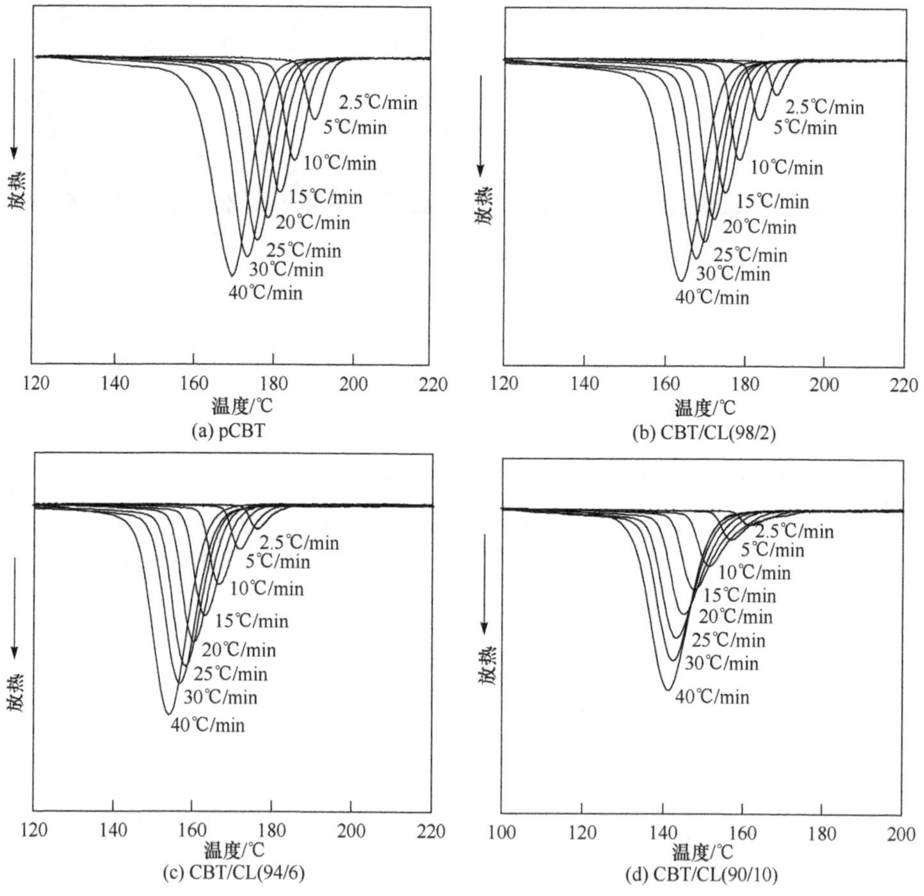

图 3.48 CBT/CL 共聚酯的结晶放热曲线

表 3.9　不同冷却速率下 CBT/CL 共聚酯的结晶动力学参数

样品	冷却速率/(℃·min^{-1})	T_0/℃	T_c/℃	$T_{1/2}$/℃	$t_{1/2}$/min
pCBT	2.5	200.2	194.0	194.2	2.392
	5	196.3	189.9	190.2	1.233
	10	191.9	185.1	185.4	0.667
	15	189.2	181.5	181.7	0.500
	20	187.0	178.7	178.8	0.408
	25	184.6	175.8	176.0	0.342
	30	182.5	173.5	173.5	0.300
	40	180.1	169.5	169.5	0.267
CBT/CL(98/2)	2.5	197	187.5	188.1	3.540
	5	193	183.2	183.9	1.808
	10	189.9	178.3	178.9	1.100
	15	187.9	174.9	175.4	0.833
	20	186.3	172.0	172.6	0.683
	25	184.1	169.6	170.2	0.558
	30	183.5	167.5	168.0	0.517
	40	180.1	164.1	164.1	0.400
CBT/CL(94/6)	2.5	190.0	176.5	177.5	4.983
	5	187.7	172.0	172.9	2.950
	10	182.6	166.6	167.7	1.492
	15	179.7	163.2	164.1	1.041
	20	177.3	160.6	161.1	0.808
	25	176.2	158.3	158.7	0.700
	30	175.5	157.0	157.3	0.608
	40	174.1	154.1	154.4	0.492
CBT/CL(90/10)	2.5	179.0	161.7	164.3	5.875
	5	175.3	157.1	159.3	3.208
	10	170.4	151.4	153.5	1.692
	15	168.0	147.7	149.5	1.225
	20	165.6	144.9	146.6	0.958
	25	164.2	143.3	144.1	0.800
	30	163.5	142.5	143.0	0.683
	40	163.0	141.4	141.4	0.533

各个体系的结晶峰均存在变宽的趋势。当冷却速率为 2.5℃/min 时,纯 pCBT 树脂整个结晶过程从 200.2℃到 187.8℃持续 12.4℃的温度宽度,但当冷却速率为 40℃/min 时,整个结晶过程从 180.1℃到 158.8℃持续 21.3℃的温度宽度。这是由于冷却速率较高时,聚合物分子链在高温下的停留时间变短,分子链只能在较低的温度下实现有序排列,需要较宽的温度范围来完成结晶过程。

根据 pCBT 树脂与 CBT/CL 共聚酯的 DSC 结晶放热曲线,可由式(3-5)计算得到不同冷却速率下 t 时刻的相对结晶度 X_t。图 3.49 是在不同冷却速率下 CBT/CL 共聚酯的相对结晶度与温度的关系。

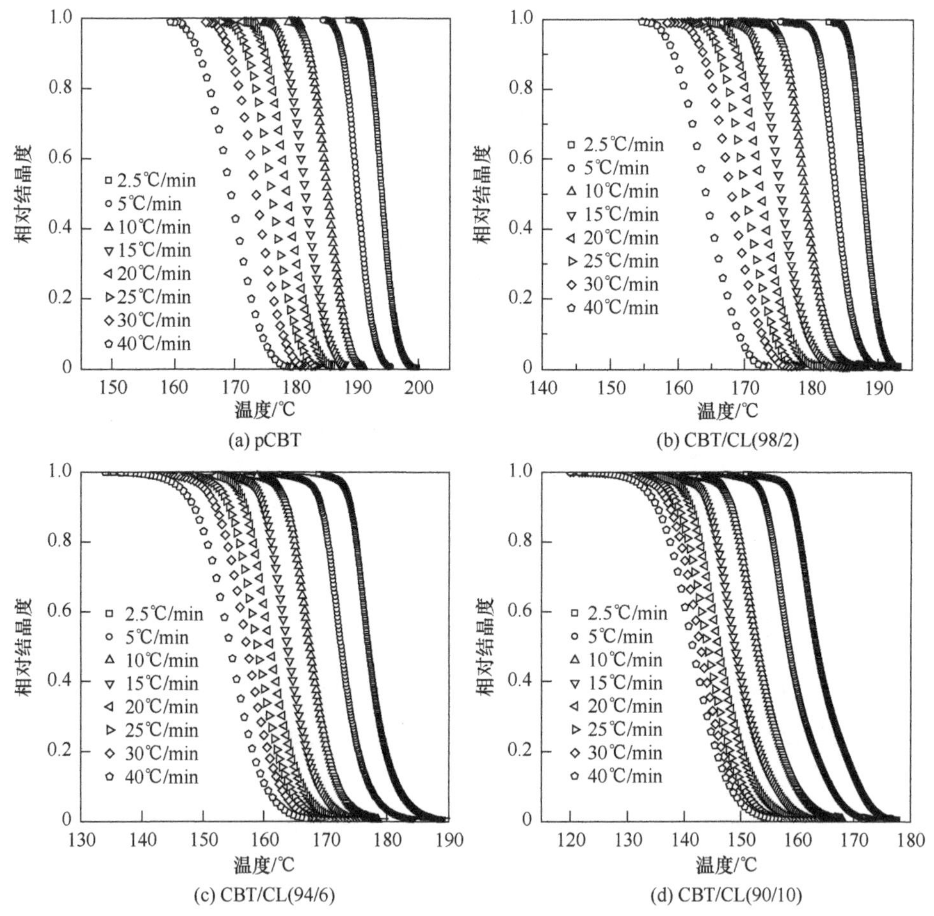

图 3.49 不同冷却速率下 CBT/CL 共聚酯的相对结晶度与温度的关系

对于恒速降温的非等温结晶过程,图 3.49 中的温度坐标可以根据式(3-6)转变为时间坐标,图 3.50 为不同冷却速率下 CBT/CL 共聚酯的相对结晶度与时间的关系图。

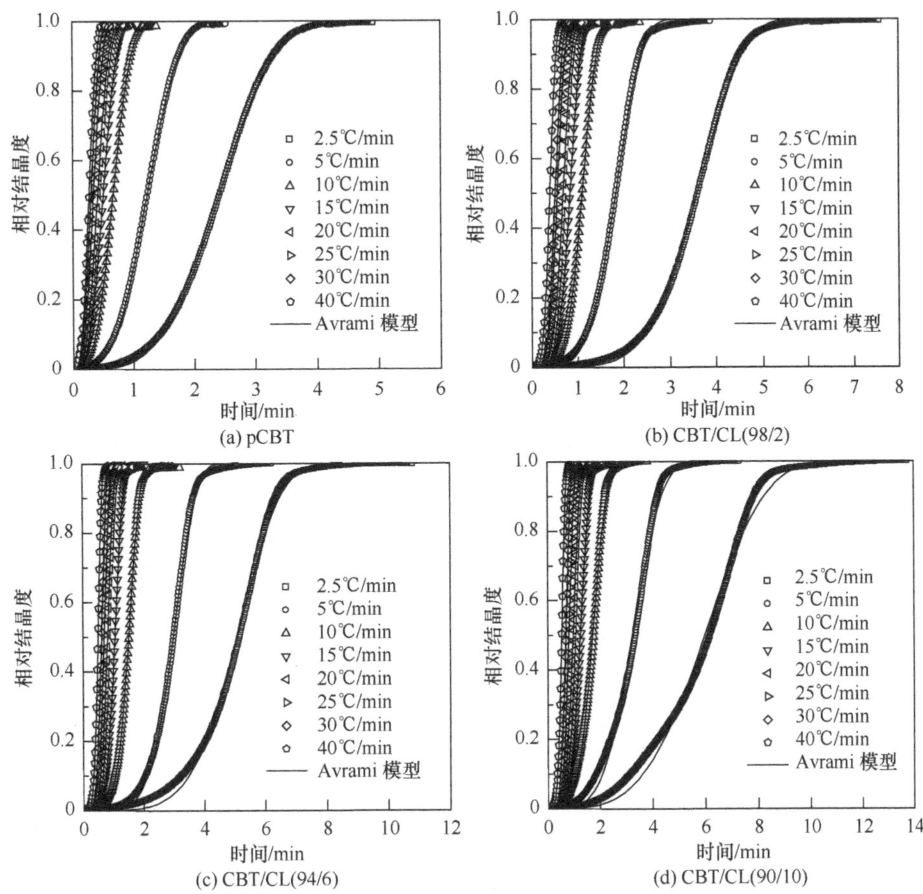

图 3.50　不同冷却速率下 CBT/CL 共聚酯的相对结晶度与时间的关系

图 3.49 和图 3.50 中所有曲线都是近 S(或反 S)型，表明在结晶过程中冷却速率对结晶有滞后效应。在结晶后期，可能由于各晶粒之间的相互作用，使曲线趋于平缓。在较大冷却速率下，结晶所需要的时间及温度范围变小，说明晶核生成作用控制着结晶过程的相转变。

在同一体系中，$T_{1/2}$、$t_{1/2}$随着冷却速率提高而减小，表明提高冷却速率可显著加快结晶速率；另外，在相同的冷却速率下，$t_{1/2}$随共聚酯中 CL 单元的增加而增大，$T_{1/2}$随 CL 单元的增加呈降低的趋势。将 CBT 与 CL 共聚合，发现当 CL 单体含量低于 50%时，与 CBT 共聚形成无规共聚物，PCL 链段破坏了 pCBT 分子链规整结构，并且 PCL 链段长度不足以形成晶区，使无定型区增加，阻止 pCBT 结晶，从而延迟结晶，因此需要在较低的温度、较长的时间实现有序排列。

2. 不同方程的 CBT/CL 共聚酯非等温结晶行为

采用 Avrami 方程来分析 pCBT 树脂和 CBT/CL 共聚酯的非等温结晶行为。根据 Avrami 方程表达式(3-8),对图 3.48 数据进行拟合可以得到 Avrami 的速率常数 K_0 和 Avrami 指数 n,列于表 3.10 中。从拟合得到的回归系数 R^2 值可以看出,Avrami 方程能很好地描述 pCBT 树脂和 CBT/CL 共聚酯的结晶过程。不同 CL 单元含量共聚酯的结晶总速率列于表 3.10 中。从表中可以看出,$1/t_{1/2}$ 随着冷却速率增加而增大,但随着 CL 单元含量增加而减小,由此说明共聚物中 PCL 分子链段导致其结晶速率降低。

采用式(3-9)将结晶速率常数用冷却速率(φ)来校正,K_j 的值列于表 3.10 中。从表中可以看出,随着冷却速率的提高,K_j 增加,而随着 CL 单元含量的增加,K_j 降低。这表明结晶速率随冷却速率的提高而增加,随 CL 单元含量的增加而降低。

表 3.10　不同共聚酯的非等温结晶动力学的 Avrami 分析

样品	冷却速率 /(℃·min^{-1})	$1/t_{1/2}$ /min^{-1}	n	K_0	K_j	R^2
pCBT	2.5	0.418	3.811	0.0242	0.2258	0.9999
	5	0.811	3.375	0.3406	0.8062	0.9999
	10	1.499	3.171	2.4897	1.0955	0.9998
	15	2.000	3.128	5.9928	1.1268	0.9998
	20	2.451	3.136	11.1951	1.1284	0.9998
	25	2.924	3.025	17.8939	1.1223	0.9998
	30	3.333	2.994	25.6522	1.1142	0.9997
	40	3.745	3.018	36.8807	1.0944	0.9999
CBT/CL(98/2)	2.5	0.282	5.144	0.0010	0.0620	0.9997
	5	0.553	4.603	0.0427	0.5321	0.9997
	10	0.909	4.747	0.4305	0.9192	0.9998
	15	1.200	4.809	1.6100	1.0323	0.9999
	20	1.464	4.731	4.0554	1.0725	0.9999
	25	1.792	4.419	8.9089	1.0914	0.9999
	30	1.934	4.432	12.9549	1.0891	0.9999
	40	2.500	3.957	26.5100	1.0854	0.9999

续表

样品	冷却速率 /(℃ · min^{-1})	$1/t_{1/2}$ /min^{-1}	n	K_0	K_j	R^2
CBT/CL(94/6)	2.5	0.201	5.003	0.0002	0.0332	0.9988
	5	0.339	5.570	0.0154	0.4340	0.9994
	10	0.670	5.300	0.0774	0.7742	0.9997
	15	0.961	5.187	0.5296	0.9585	0.9997
	20	1.238	5.112	2.0129	1.0356	0.9998
	25	1.429	5.144	4.3879	1.0609	0.9998
	30	1.645	5.038	8.0921	1.0722	0.9997
	40	2.033	4.895	21.5021	1.0797	0.9996
CBT/CL(90/10)	2.5	0.170	3.783	0.0001	0.0230	0.9968
	5	0.312	4.208	0.0048	0.3432	0.9977
	10	0.591	4.388	0.0639	0.7596	0.9987
	15	0.816	4.720	0.2443	0.9103	0.9993
	20	1.044	4.892	0.8089	0.9894	0.9996
	25	1.250	5.123	2.1016	1.0302	0.9998
	30	1.464	5.212	4.7787	1.0535	0.9998
	40	1.876	4.812	14.1966	1.0686	0.9997

Ziabicki[50]根据 Avrami 方程假定非等温结晶可以看成忽略二次结晶条件下的多个连续的等温结晶阶段，得到了聚合物熔体转化率 dX/dt 的一次动力学方程：

$$\frac{dX}{dt}=K_T(1-X_t) \tag{3-14}$$

式中，X_t为相对结晶度，是时间 t 的函数；K_T为 Ziabicki 速率常数，是温度 T 的函数。该方程方程忽略了非稳定状态的影响，成核和生长速率的时间依赖性只由外部条件变化引起，或只由热机理控制，突出了非等温特点。速率常数 K_T随温度的变化类似于高斯曲线[51]，可用下式描述：

$$K(T)\approx K_{max}\exp\left[-4\ln 2\left(\frac{T-T_m}{D^2}\right)^2\right] \tag{3-15}$$

式中，K_{max}为最大结晶速率常数；D 为结晶 DSC 曲线半高宽；T_m为聚合物熔点。K_{max}可用下式计算：

$$K_{max}=C_k\,(t_{max})^{-1},\quad C_k=\frac{\int_{t_0}^{t_{max}}\frac{dH}{dt}dt}{\int_{t_{max}}^{t_e}\frac{dH}{dt}dt} \tag{3-16}$$

式中，t_0、t_e、t_{max}分别为起始时间、终止时间以及最大结晶速率对应的时间。

Ziabicki[52]提出的聚合物动力学能力 G 可用下式计算：

$$G=\int_{T_g}^{T_m}K(T)\mathrm{d}T=\left(\frac{\pi}{\ln 2}\right)^{\frac{1}{2}}K_{\max}\frac{D}{2} \tag{3-17}$$

式中，T_g为聚合物的玻璃化转变温度。G 表征了整个结晶温度范围内(T_m～T_g)的结晶转化程度，可以作为聚合物结晶能力的比较量度。

G_c为单位冷却速率时的比动力学结晶能力，是一个无量纲量，表征单位冷却速率时在整个结晶范围内聚合物的互转化程度。考虑冷却速率 φ，对 G 进行适当修正[53]：

$$G_c=\frac{G}{\varphi} \tag{3-18}$$

Ziabicki 分析得到的 pCBT 树脂及 CBT/CL 共聚酯非等温结晶动力学参数列于表 3.11 中。所有聚合物的 $T_{\max}$随着冷却速率的提高而降低，并且随着 CL 单元

表 3.11 不同共聚酯非等温结晶动力学的 Ziabicki 分析

样品	冷却速率/(℃·min^{-1})	$T_{\max}$/℃	D/℃	$K_{\max}$	G/(℃·min^{-1})	G_c
pCBT	2.5	194.0	4.11	0.47	2.04	0.81
	5	189.9	4.95	0.92	4.86	0.97
	10	185.1	5.90	1.58	9.93	0.99
	15	181.5	6.67	2.14	15.16	1.01
	20	178.7	7.36	2.45	19.15	0.96
	25	175.8	7.98	3.10	26.38	1.06
	30	173.5	8.71	3.28	30.37	1.01
	40	169.5	10.16	3.61	39.09	0.98
平均						0.97
CBT/CL(98/2)	2.5	187.5	4.22	0.38	1.71	0.68
	5	183.2	4.91	0.76	3.99	0.80
	10	178.3	5.87	1.22	7.63	0.76
	15	174.9	6.66	1.42	10.08	0.67
	20	172.0	7.36	1.83	14.30	0.72
	25	169.6	8.13	2.21	19.10	0.76
	30	167.5	8.94	2.34	22.23	0.74
	40	164.1	10.52	2.57	28.82	0.72
平均						0.7

续表

样品	冷却速率/(℃·min^{-1})	T_{max}/℃	D/℃	K_{max}	G/(℃·min^{-1})	G_c
CBT/CL(94/6)	2.5	176.5	5.56	0.27	1.61	0.64
	5	172.0	6.18	0.45	2.94	0.59
	10	166.6	6.91	0.95	6.99	0.70
	15	163.2	7.46	1.24	9.85	0.66
	20	160.6	7.97	1.45	12.29	0.61
	25	158.3	8.56	1.70	15.47	0.62
	30	157.0	9.25	1.71	16.83	0.56
	40	154.1	10.23	2.21	24.00	0.60
平均						0.62
CBT/CL(90/10)	2.5	161.7	8.29	0.16	1.41	0.57
	5	157.1	8.36	0.35	3.11	0.62
	10	151.4	9.00	0.66	6.32	0.63
	15	147.7	9.43	0.93	9.34	0.62
	20	144.9	9.64	1.12	11.49	0.58
	25	143.3	9.79	1.54	16.07	0.64
	30	142.5	10.00	1.61	17.12	0.57
	40	141.4	11.19	1.92	22.83	0.57
平均						0.60

含量的增加降低；D随着冷却速率的提高而增大，并且随着CL单元含量的增加增大；K_{max}、G随着冷却速率的提高而增大，并且随着CL单元的增加而减小；随着PCL含量的增加，G_c平均值逐渐减小，说明随着共聚物中CL单元的增多，分子链规整度下降，导致共聚物结晶能力下降。

采用Kissinger法，根据式(3-7)，用$\ln(\varphi/T_p^2)$对$1/T_p$作图，斜率为$-\Delta E/R$，求得pCBT、CBT/CL(98/2)、CBT/CL(94/6)和CBT/CL(90/10)的结晶活化能分别为$-257.0kJ \cdot mol^{-1}$、$-248.6kJ \cdot mol^{-1}$、$-230.3kJ \cdot mol^{-1}$和$-205.5kJ \cdot mol^{-1}$，计算得到的pCBT结晶活化能与文献报道的PBT结晶活化能$275kJ \cdot mol^{-1}$[54]、$260.4kJ \cdot mol^{-1}$[55]接近。纯pCBT树脂的结晶活化能较CBT/CL共聚酯的活化能都小，体系更容易结晶，随着CL单元含量的增加，结晶活化能逐渐增大，体系结晶能力降低，与Ziabicki方程分析结果一致。

采用DSC研究CBT/CL共聚酯的非等温结晶行为，Avrami方程能较好地描述共聚酯的非等温结晶过程。随着共聚酯中 CL 单元的增加，半结晶时间增大，结晶速率降低；Ziabicki 方程分析结果表明，随着 CL 单元的增加，共聚酯的结晶能力降低；采用 Kissinger 法计算共聚酯的结晶活化能，随着 CL 单元增加，结晶活化能增大，结晶能力降低，与 Ziabicki 方程分析结果一致。

参考文献

[1] Brouwer W D, Van Herpt E C F C, Labordus A. Vacuum injection moulding for large structural applications[J]. Composites Part A—Applied Science and Manufacturing, 2003, 34(6): 551-558.

[2] Subramanian C, Deshpande S B, Senthilvelan S. Effect of reinforced fiber length on the damping performance of thermoplastic composites[J]. Advanced Composite Materials, 2011, 20(4): 319-335.

[3] Chollakup R, Tantatherdtam R, Ujjin S, et al. Pineapple leaf fiber reinforced thermoplastic composites: Effects of fiber length and fiber content on their characteristics[J]. Journal of Applied Polymer Science, 2011, 119(4): 1952-1960.

[4] 杨铨铨，梁基照. 连续纤维增强热塑性复合材料的制备与成型[J]. 塑料科技，2007，35(6)：34-40.

[5] Van Rijswijk K, Bersee H E N. Reactive processing of textile fiber-reinforced thermoplastic composites—An overview[J]. Composites Part A—Applied Science and Manufacturing, 2007, 38(3): 666-681.

[6] 卢红，史德军，靳楠，等. 原位聚合玻纤-尼龙 6 热塑性复合材料的研究[J]. 功能高分子学报，2005，18(3)：405-408.

[7] Van Rijswijk K, Van Geenen A A, Bersee H E N. Textile fiber-reinforced anionic polyamide-6 composites. Part Ⅱ: Investigation on interfacial bond formation by short beam shear test [J]. Composites Part A—Applied Science and Manufacturing, 2009, 40(8): 1033-1043.

[8] Parton H, Verpoest I. In situ polymerization of thermoplastic composites based on cyclic oligomers[J]. Polymer Composites, 2005, 26(1): 60-65.

[9] Parton H, Baets J, Lipnik P, et al. Properties of poly(butylene terephthalate) polymerized from cyclic oligomers and its composites[J]. Polymer, 2005, 46(23): 9871-9880.

[10] Tripathy A R, MacKnight W J, Kukureka S N. In-situ copolymerization of cyclic poly (butylene terephthalate) oligomers and ε-caprolactone[J]. Macromolecules, 2004, 37(18): 6793-6800.

[11] 朱树新. 开环聚合[M]. 北京：化学工业出版社，1987.

[12] Yan C, Li H, Zhang X, et al. Preparation and properties of continuous glass fiber reinforced anionic polyamide-6 thermoplastic composites[J]. Materials & Design, 2013, 46: 688-695.

[13] 钱人元，施良和，史观一. 己内酰胺的特性黏数[J]. 化学学报，1995，21(1)：50-62.

[14] Cartledge H C Y, Baillie C A. Studies of microstructural and mechanical properties of nylon/glass composites Part Ⅰ: The effect of thermal processing on crystallinity, transcrystallinity and crystal phases[J]. Journal of Materials Science, 1999, 34(20): 5099-5111.

[15] Kohan M I. Nylon Plastics Handbook[M]. Munich: Hanser, 1995.

[16] Wicks D A, Wicks Z W. Blocked isocyanates Ⅲ: Part A. Mechanisms and chemistry[J]. Progress in Organic Coatings, 1999, 36(3): 148-172.

[17] Van Rijswijk K, Bersee H E N, Beukers A, et al. Optimisation of anionic polyamide-6 for vacuum infusion of thermoplastic composites: Influence of polymerisation temperature on matrix properties[J]. Polymer Testing, 2006, 25(3): 392-404.

[18] Ueda K, Yamada K, Nakai M, et al. Synthesis of high molecular weight nylon 6 by anionic polymerization of epsilon-caprolactam[J]. Polymer Journal, 1996, 28(5): 446-451.

[19] Dave R S, Kruse R L, Stebbins L R, et al. Polyamides from lactams via anionic ring-opening polymerization. 2. Kinetics[J]. Polymer, 1997, 38(4): 939-947.

[20] Udipi K, Dave R S, Kruse R L, et al. Polyamides from lactams via anionic ring-opening polymerization. 1. Chemistry and some recent findings[J]. Polymer, 1997, 38(4): 927-938.

[21] Rusu G, Ueda K, Rusu E, et al. Polyamides from lactams by centrifugal molding via anionic ring-opening polymerization[J]. Polymer, 2001, 42(13): 5669-5678.

[22] Wicks D A, Wicks Z W. Blocked isocyanates Ⅲ: Part B. Uses and applications of blocked isocyanates[J]. Progress of Organic Coating, 2001, 41(1-3): 1-83.

[23] Van Rijswijk K, Joncas S, Bersee H E N, et al. Sustainable vacuum-infused thermoplastic composites for MW-size wind turbine blades—Preliminary design and manufacturing issues [J]. Journal of Solar Energy Engineering—Transactions of the Asme, 2005, 127(4): 570-580.

[24] 于丽萍. 连续玻璃纤维增强阴离子聚酰胺 6 复合材料的制备及性能研究[D]. 大连:大连工业大学, 2013.

[25] Pillay S, Vaidya U K, Janowski G M. Liquid molding of carbon fabric-reinforced nylon matrix composite laminates[J]. Journal of Thermoplastic Composite Materials, 2005, 18(6): 509-527.

[26] Mateva R, Delev O, Kaschcieva E. Structure of poly(epsilon-caprolactam) obtained in anionic bulk-polymerization[J]. Journal of Applied Polymer Science, 1995, 58(13): 2333-2343.

[27] Risch B G, Wilkes G L, Warakomski J M. Crystallization kinetics and morphological features of star-branched nylon-6—Effect of branch-point functionality[J]. Polymer, 1993, 34 (11): 2330-2343.

[28] Lu X F, Hay J N. Crystallization orientation and relaxation in uniaxially drawn poly (ethylene terephthalate)[J]. Polymer, 2001, 42(19): 8055-8067.

[29] Di Lorenzo M L, Silvestre C. Non-isothermal crystallization of polymers[J]. Progress in

Polymer Science,1999,24(6):917-950.
[30] 单桂芳,杨伟,唐雪刚,等. PA6 非等温结晶动力学研究[J]. 合成树脂及塑料,2010,27(6):53-56.
[31] Xu W,Ge M,He P. Nonisothermal crystallization kinetics of polypropylene/montmorillonite nanocomposites[J]. Journal of Polymer Science Part B—Polymer Physics,2002,40(5):408-414.
[32] Yang Z,Huang S,Liu T. Crystallization behavior of polyamide 11/multiwalled carbon nanotube composites[J]. Journal of Applied Polymer Science,2011,122(1):551-560.
[33] Wang B,Sun G P,Liu J J,et al. Crystallization behavior of carbon nanotubes-filled polyamide 1010 [J]. Journal of Applied Polymer Science,2006,100(5):3974-3800.
[34] Hay J N,Fitzgerald P A,Wiles M. Use of differential scanning calorimetry to study polymer crystallization kinetics[J]. Polymer,1976,17:1015-1018.
[35] Weng W G,Chen G H,Wu D J. Crystallization kinetics and melting behaviors of nylon 6/foliated graphite nanocomposites[J]. Polymer,2003,44(26):8119-8132.
[36] Liu X H,Wu Q J. Non-isothermal crystallization behaviors of polyamide 6/clay nanocomposites[J]. European Polymer Journal,2002,38(7):1383-1389.
[37] 刘晶如,徐洁,董鸿超,等. 超支化聚酯对聚乙二醇非等温结晶行为的影响[J]. 物理化学学报,2012,28(3):528-535.
[38] Kissinger H E. Variation of peak temperature with heating rate in differential thermal analysis[J]. Journal of Research of the National Bureau of Standards, 1956, 57(4): 217-221.
[39] 王玮,党国栋,贾赫,等. 一种典型半结晶型聚酰亚胺的非等温结晶动力学[J]. 高分子学报,2011,(11):1273-1276.
[40] Huang I W. Effect of nanoscale fully vulcanized acrylic rubber powers on crystallization of poly(butylenes terephthalate):Nonisothermal crystallization[J]. Journal of Applied Polymer Science,2007,106(3):2031-2040.
[41] Avrimi M. Kinetics of phase change. Ⅰ. General theory[J]. Journal of Chemical Physics,1939,7(12):1103-1112.
[42] 张翼鹏. 连续纤维增强热塑性 PCBT 基复合材料工艺及性能研究[D]. 大连:大连工业大学,2012.
[43] Ishak Z A M,Gatos K G,Karger-Kocsis J. On the in-situ polymerization of cyclic butylene terephthalate oligomers:DSC and rheological studies[J]. Polymer Engineering and Science,2006,46(6):743-750.
[44] Samperi F,Puglisi C,Alicata R,et al. Thermal degradation of poly(butylene terephthalate) at the processing temperature[J]. Polymer Degradation and Stability,2004,83(1):11-17.
[45] Brunelle D J,Bradt E J,Serth G J,et al. Semicrystalline polymers via ring-opening polymerization:Preparation and polymerization of alkylene phthalate cyclic oligomers[J]. Macromolecules,

1998,31(15):4782-4790.

[46] Mark J E. Polymer Data Handbook[M]. Oxford:Oxford University Press,1999.

[47] 高峰,姚穆. 平纹织物结构对织物增强复合材料层间断裂韧性影响的研究[J]. 复合材料学报,1997,14(1):54-57.

[48] Zhang J Q,Wang Z B,Wang B J,et al. Living lamellar crystal initiating polymerization and brittleness mechanism investigations based on crystallization during the ring-opening of cyclic butylene terephthalate oligomers[J]. Polymer Chemistry,2013,4(5):1648-1656.

[49] Baets J,Dutoit M,Devaux J,et al. Toughening of glass fiber reinforced composites with a cyclic butylene terephthalate matrix by addition of polycaprolactone[J]. Composites Part A—Applied Science and Manufacturing,2008,39(1):13-18.

[50] Ziabicki A. Kinetics of polymer crystallization and molecular orientation in the course of melt spinning[J]. Applied Polymer Symposium,1967,6:1-18.

[51] Ziabicki A. Przyblizona teoria nieizotermicznej krystalizacji polimerow[J]. Polimery,1967,12:405-410.

[52] Ziabicki A. Fundamentals of Fiber Spring[M]. New York:Wiley,1976.

[53] Jeziorny A. Parameters characterizing the kinetics of the nonisothermal crystallization of poly(ethylene terephthalate) determined by DSC[J]. Polymer,1978,19(10):1142-1144.

[54] Wu D F,Zhou C X,Fan X,et al. Nonisothermal crystallization kinetic of poly(butylene terephthalate)/montmorillonite nanocomposites[J]. Journal of Applied Polymer Science,2006,99(6):3257-3265.

[55] Yu J S,Zhou D,Chai W. Synthesis and non-isothermal crystallization behavior of poly(ethylene-co-1,4-butylene terephthalate)s[J]. Journal of Applied Polymer Science,2003,11(1):25-35.

第 4 章　纤维变角度牵引铺缝预成型及应用技术

4.1　概　　述

4.1.1　VAT 技术的基本原理

纤维自动铺放技术是近年来发展速度最快的自动化成型制造技术之一。该技术主要通过控制纤维牵引方向，自由设计随空间位置连续变化的纤维取向。制得的变刚度复合材料，与传统的复合材料相比，在减轻结构重量、提高结构性能和降低成本等方面显示出极大的优势和发展潜力。目前，变刚度复合材料凭借突出的性能优势已成为一类极为重要的军工和民用新型高性能材料。常见的纤维铺放技术主要包括自动铺丝/铺带和变角度牵引铺缝（variable angle tow placement，VAT）等。如图 4.1 所示，VAT 技术的基本原理是将纤维丝束采用纱线自动缝合在基材上（如多轴无纺织物）形成纤维预成型体，然后通过复合材料成型技术（如液体模塑成型或热压成型）制备变刚度复合材料。常见的自动铺丝/铺带技术则是在缠绕成型技术上发展起来的一种全自动数控制造技术，是采用有隔离衬纸的单向预浸丝/带，在铺带头中完成预定形状的切割、定位，加热后按照一定设计方向在压辊作用下，直接铺叠到模具表面[1]。

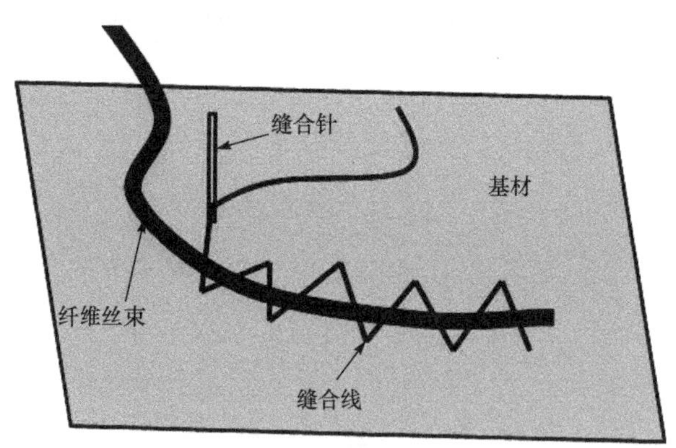

图 4.1　VAT 技术铺缝原理示意图

可用于 VAT 技术的纤维可分为增强纤维和树脂纤维两大类。其中增强纤维包括碳纤维、玻璃纤维、玄武岩纤维、芳纶纤维、天然纤维等，树脂纤维包括尼龙纤维、聚苯硫醚纤维、聚丙烯纤维等热塑性树脂纤维。增强纤维可以单独使用，也可以和树脂纤维形成混纤使用。

作为一种先进的纤维铺放技术，VAT 技术有以下一系列的优点：

(1) 在各个单层内可自由设计纤维的取向；

(2) 实现刚度和强度的同步剪裁优化设计；

(3) 单丝的叠加可实现厚度上的逐渐变化；

(4) 改变传统的局部加强/补强/加筋方式；

(5) 实现预成型体净体的连续自动化生产；

(6) 突破开窗/孔特殊形状构件的制备及连接；

(7) 纤维层间的缝合可提高冲击/层剪性能；

(8) 实现多种纤维形态材料的混合编织；

(9) 采用纤维丝束制备，几乎无材料浪费。

4.1.2　VAT 技术的发展现状

VAT 技术最早起源于欧洲，是由德国德累斯顿聚合物研究中心(Institute of Polymer Research Dresden)在缝纫机设备的改造基础上研发出来的。1998 年，德国斯旺达(Swinta)公司与德国德累斯顿聚合物研究中心合作研发出国际上首台 VAT 设备。2000 年，德国航空航天中心研究人员在研制空客 A340 水平尾翼的三孔连接梁时，发现采用常规纤维织物制备出的复合材料三孔连接梁无法承受拉伸、拉压和弯曲三种不同情况下的载荷，而采用 VAT 技术制备出的三孔连接梁则可满足所有的力学性能要求[2]。随后，他们历经五年时间先后通过 KRAFT 项目(2003～2007 年)、EMIR 项目(2003～2006 年)和 ROVING 项目(2003～2006 年)研究和验证了 VAT 技术的可行性，并开发出基本的纤维轨迹算法及软件，如图 4.2所示[3]。

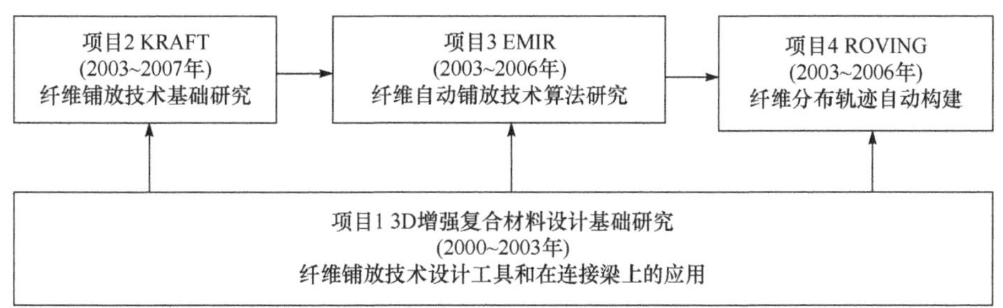

图 4.2　德国航空航天中心 VAT 技术研究历程

由于 VAT 技术制备的变刚度复合材料层合板可以通过纤维曲线轨迹调整面内载荷分布，使主要载荷从层合板的中心区域转移至周边区域。因此，VAT 技术在解决复合材料构件的应力集中和提高层合板的屈曲性能等方面具有显著的效果。

复合材料构件为了满足实际应用中的各种需求，如设备安装、检查维修、连接装配、减重等，通常需要进行局部开孔。开孔会切断部分纤维，使得复合材料构件局部受损并形成应力集中区，将严重降低复合材料结构的承载能力，一般需要对开孔部位进行局部加固补强。采用传统的纤维织物铺层制备补强片，同样会因局部开孔导致补强效果有限。而采用 VAT 技术通过控制纤维牵引方向，自由设计和优化纤维的取向来制备补强片，则可以避免切断纤维且使纤维承载方向尽可能和受力方向一致，进而大幅提高开孔构件的承载能力。Crothers 等[4]根据 E 玻璃纤维多轴向织物开孔复合材料层合板轴向的受力情况，通过 VAT 技术采用 E 玻璃纤维丝束制备出补强片，对开孔层合板进行了补强研究，取得了较好的补强效果。Gliesche 等[5]采用碳纤维丝束制得纤维取向与主应力方向尽可能一致的补强片，对碳纤维多轴向无屈曲织物开孔复合材料层合板进行局部补强，实验结果发现，补强试样的拉伸破坏载荷达到未开孔试样的 94%，补强试样的断裂破坏发生在补强片范围之外。这些研究均表明，VAT 技术制得的补强片具有高效的补强效果和巨大的应用市场。

对于复合材料层合板，通常±45°铺层因较好的抵抗扭曲变形能力可以提高层合板的屈曲载荷；0°和 90°的铺层则因有效抵抗横向面内拉伸和纵向面内压缩变形可以提高层合板的后屈曲载荷[6]。VAT 技术可以在单层内同时实现各种纤维角度的铺放，因此在提高复合材料层合板屈曲性能方面具有独特的优势。Weaver 等[6]采用准各向同性复合材料层合板作为基准试样，与 VAT 技术铺放的复合材料层合板试样进行了对比研究，发现采用 VAT 技术制备的复合材料层合板的屈曲载荷比基准试样提高了 30%，面外挠度也显著降低，验证了 VAT 技术在提高复合材料结构有效性方面具有较大的潜力。

目前，VAT 技术已应用于军用和民用领域。德国累斯顿聚合物研究中心、德国航空航天中心、法国达索飞机制造公司、欧洲直升机公司、空客、斯勒体育用品波马股份公司、德国库卡机器人集团、西格里集团等都采用 VAT 技术成功开发出一系列产品。典型应用包括航空航天领域的飞机窗户、起落架、T 型梁、工型梁、雷达反射面、航空相机盒等特殊部件，交通运输领域的汽车骨架、汽车加热座椅、加热方向盘、加热操作面板等，体育运动器材方面的自行车架、山地自行车刹车板、曲柄、滑雪板等，医用领域的医用矫正鞋、加热靴等，以及其他领域的机器人手臂、测微仪等。

2011 年，我们引进了国内首台 VAT 设备，如图 4.3 所示，在国内率先开展了 VAT 技术的相关研究，并开发了 VAT 技术新的应用领域。例如，VAT 可以用于缝合纤维预成型体以提高复合材料层合板的层间力学性能；采用树脂纤维和增强纤维组成的混合纤维通过 VAT 技术和热压成型制备热塑性复合材料等。

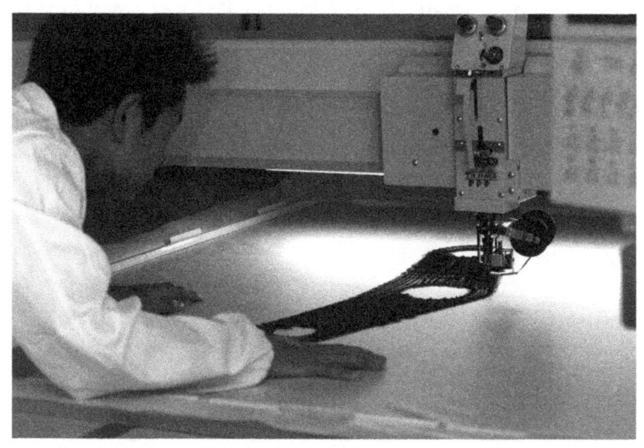

图 4.3　VAT 设备

4.2　VAT 技术制备纤维预成型体[7~9]

4.2.1　VAT 技术用基材的优选[7,8]

在采用 VAT 技术制备复合材料时，根据实际要求优选合适的基材是 VAT 技术应用首先要解决的问题。基材是 VAT 技术的关键辅助材料之一，纤维丝束经纱线缝合固定在基材上，基材起着载体和辅助定型的作用。为了保证铺缝时纤维轨迹的精确性和设备的正常运行，基材需要具备良好的可操作性和一定的力学性能。一方面，基材要便于在工作台面平整夹持；另一方面，基材要具有一定的强度和韧性，以保证设备在工作过程中不发生撕裂破坏。

在制造 VAT 纤维预成型体时，根据纤维铺缝厚度要求和基材本身的性能，通常需要引进一层或多层基材。对于不同材质的基材，其面密度、厚度、树脂浸润性、与树脂/纤维的相容性、力学性能等各不相同。因此，基材的引入对复合材料的重量、厚度和力学性能等都会带来一定程度的影响。当基材比缝合纤维与树脂的相容性更好时，基材可能容易吸收较多的树脂，使得复合材料的厚度和重量明显增加。当基材的力学性能与纤维本体材料性能相差较大时，若采用多个 VAT 预成型体层叠制作复合材料，在层间引入一层基材相当于引入一层富树脂区，将会引起复合材料力学性能的显著下降。因此，VAT 技术用基材的优选必须满足两个基本条件，即既能使纤维顺利缝合成预成型体，又对复合材料构件的结构和性能影响最小。

适用于 VAT 基材的材料主要包括纤维织物、表面毡、筛绢、无纺布、树脂纸或薄膜等。其中纤维织物、表面毡、筛绢和无纺布的通用性相对强些，树脂纸或薄膜主要适合于热塑性树脂基复合材料的制备。选取纤维织物作为基材时，一般主要考虑的是厚度、重量和成本。根据复合材料的性能特点，我们对表面毡、筛绢和无纺布三类材料分别选取了一种通用性较强的代表性品种进行对比研究，主要包括玻璃纤维表面毡、尼龙筛绢以及 PP 无纺布这三种薄而轻的材料；着重分析了这三种基材的性能特点以及对复合材料厚度、重量、层间剪切性能及弯曲性能的影响，实验结果可为 VAT 技术的基材优选提供一定的指导作用。

1. 基材的工艺可操作性

表面毡、筛绢和无纺布三种基材的结构如图 4.4 所示。

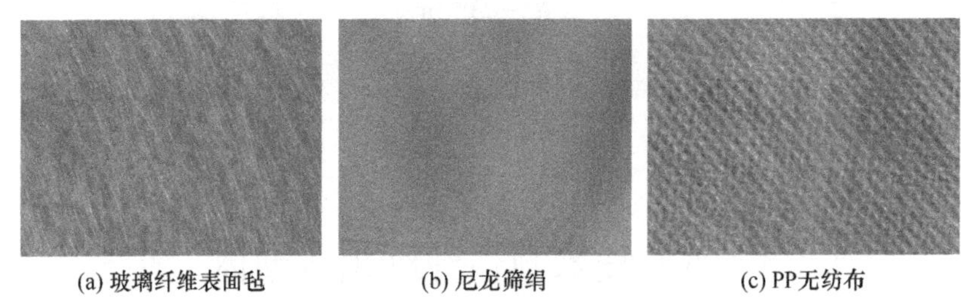
(a) 玻璃纤维表面毡　(b) 尼龙筛绢　(c) PP无纺布

图 4.4　三种基材的形貌

玻璃纤维表面毡主要用于玻璃纤维增强复合材料制品表面胶衣层的增强，具有纤维随机分布均匀、表面平整、树脂容易浸透、铺敷性能较好等特点。玻璃纤维表面毡通常可分为缠绕型和手糊型，缠绕型表面毡的强度要优于手糊型表面毡。

尼龙筛绢是由尼龙纱线形成的网织物，通常起过滤作用。尼龙筛网的特点是薄而轻，强度和韧性好，耐磨性强。适合于 VAT 技术用的尼龙筛绢目数要适中，目数过小时，孔径过大，可能无法固定缝合线；目数过大时，孔径太小，不利于缝合，且使得单位面积基材的重量增加。

无纺布是一种非织造布，它是直接利用高聚物切片、短纤维或长丝将纤维通过气流或机械成网，然后经过水刺、针刺或热轧加固，最后经过后整理形成无编织的布料。无纺布是一种具有平面结构的新型纤维制品，优点是不产生纤维屑，强韧、耐用、柔软，可以作为增强材料的一种。PP 无纺布是目前工业上应用较多的一类无纺布。

对三种基材的单层进行夹持操作和 VAT 铺缝测试，发现单层玻璃纤维表面毡在夹持的过程中极易发生撕裂破坏，需要使用 2～3 层叠在一起使用，而单层尼龙筛绢和 PP 无纺布柔韧性较强，容易平整夹持，且夹持过程中不易破裂，可以满足制备一般厚度纤维预成型的要求。在制备较厚的纤维预成型体时，由于在缝合过程中针线反复穿刺基材，可能会损伤基材导致基材强度降低发生撕裂破坏。因此，此时一般需要将多层基材层叠使用或采用较厚的基材，以防止在纤维铺缝过程中缝合造成基材撕裂损伤破坏。经测试，由于尼龙筛绢强度较高，单层低面密度的尼龙筛绢也能满足较厚纤维预成型体的铺缝要求，因此尼龙筛绢作为基材的综合性能比玻璃纤维表面毡和无纺布要强。三种基材的可操作性对比如表 4.1 所示。

表 4.1　三种基材的可操作性对比

基材类型	是否便于平整夹持	单层基材是否满足铺缝要求
玻璃纤维表面毡	扎手，不易平整夹持	单层易撕裂，通常 2～3 层重叠使用
PP 无纺布	不扎手，柔韧性好，易平整夹持	单层可用于铺缝较薄的纤维预成型体，铺缝较厚的纤维预成型体需采用多层或更厚的无纺布
尼龙筛绢	不扎手，柔韧性好，易平整夹持	单层尼龙筛绢可以满足较厚的铺缝要求

2. 基材对复合材料重量和厚度的影响

采用 VAT 预成型体制备复合材料时，引入基材吸收树脂后会增加复合材料的整体重量，同时可能会形成富树脂层影响复合材料的性能。为了减小基材的引入对复合材料结构性能的影响，基材在满足操作性能的同时应该尽可能薄而轻。三种基材的面密度和单层厚度测试结果如表 4.2 所示，面密度均在 30g/m^2 左右，单层厚度相差不大。

表 4.2　三种基材的面密度及单层厚度

基材类型	玻璃纤维表面毡	尼龙筛绢	PP 无纺布
面密度/(g/m^2)	32.53	32.53	29.87
单层厚度/mm	0.05	0.06	0.06

不同类型的基材，与树脂的相容程度直接影响基材吸收树脂的能力，对复合材料的厚度变化会带来不同程度的影响。实验测得含三种不同基材的碳纤维/环氧复合材料层合板试样的厚度，如图 4.5 所示。这三种基材的面密度和单层厚度基

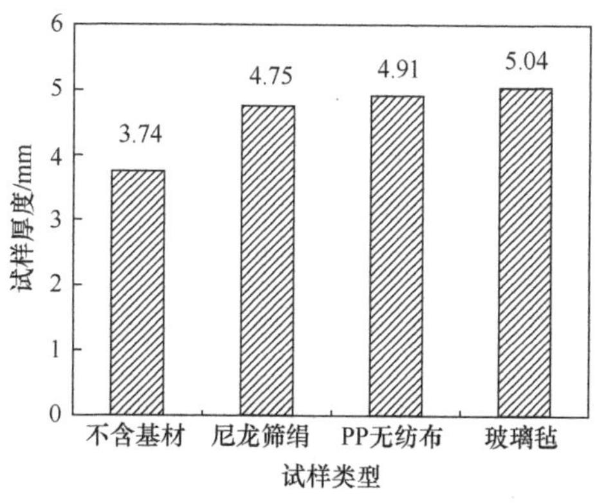

图 4.5　基材对碳纤维/环氧复合材料层合板试样厚度的影响

本相同,但是实验发现,尼龙筛绢对复合材料试样厚度的影响最小,玻璃纤维表面毡对复合材料试样厚度的影响最大。相对于尼龙筛绢基材试样和PP无纺布基材试样,玻璃纤维表面毡基材试样的厚度分别增加了6.1%和3.4%。这主要是由于玻璃纤维表面毡吸收树脂的能力比PP无纺布和尼龙筛绢要高得多。

3. 基材对复合材料力学性能的影响

基材的引入对复合材料的力学性能也会带来影响。三种基材的引入对碳纤维/环氧复合材料弯曲性能的影响如图4.6所示。可以看出,基材的引入明显降低了复合材料的弯曲强度和弯曲模量,其中玻璃纤维表面毡和尼龙筛绢的引入对复合材料的弯曲性能影响较小,对应试样的弯曲强度相对于不含基材试样分别降低了7.1% 和8.9%。PP无纺布的引入对复合材料弯曲性能影响最大,其弯曲强度相对于不含基材试样下降了25.1%。在复合材料成型过程中,当基材力学性能比本体材料差得多,与树脂、纤维的相容性较差时,容易造成复合材料层间分裂,与树脂、纤维相容性较好时可能会产生富树脂区,同样会导致复合材料力学性能的下降。玻璃纤维表面毡的力学性能以及与碳纤维和树脂的相容性比尼龙筛绢和PP无纺布要好,因此含玻璃纤维表面毡试样的弯曲强度下降幅度最小。而PP无纺布力学性能最差,相容性较差的异质界面面积比含尼龙筛绢(筛孔比无纺布大)的试样要大,故其对应试样的弯曲强度下降最明显。

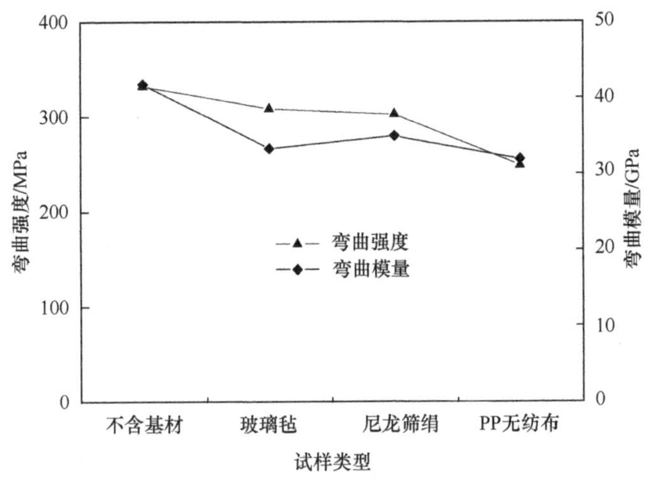

图4.6　基材对碳纤维/环氧复合材料层合板试样弯曲性能的影响

此外,三种基材的引入对复合材料的刚度也有较为明显的影响,含基材试样的弯曲模量相对于不含基材试样下降了16.4%～30.8%,其中尼龙筛绢对弯曲模量的影响最小。基材引入对复合材料刚度的影响,一方面与试样的树脂含量有关,另一方面与基材本身的力学性能有关，这两个因素相互竞争，共同影响最终复合材料的刚度性能。从图 4.6 中可以看出，含玻璃纤维表面毡试样的弯曲模量反而比含尼龙筛绢试样小，这主要是由于尼龙筛绢是空心网格结构，而且玻璃纤维表面毡与环氧树脂的相容性更好，使得在复合材料制备过程中玻璃纤维表面毡比尼龙筛绢吸收了更多的树脂，导致对应试样树脂含量较高，尽管玻璃纤维表面毡力学性能要好于尼龙筛绢，但前者起了主导因素，所以含玻璃纤维表面毡试样的弯曲模量比含尼龙筛绢试样小。PP 无纺布吸收的树脂较多，本身的力学性能最低，故其对应试样的弯曲模量最小。

4. 制备较厚的预成型体时需注意的问题

在采用 VAT 技术制备纤维预成型体的过程中，当纤维预成型体铺缝厚度较厚时(如 8mm 左右)，如果基材本身力学性能较差或层数过少，在铺缝过程中基材容易发生撕裂破坏，可能无法制备出满足要求的 VAT 纤维预成型体；相反，当基材层数过多时，对复合材料的结构和性能会带来不利的影响。因此，制备较厚的预成型体时，应选取合适的基材种类和层数，既保证铺缝要求，同时尽量降低基材对复合材料结构和性能的影响。此外，采用 VAT 技术制得的纤维铺层层叠制备复合材料时应使带基材的一面尽量朝外铺放，可以减小基材对复合材料制件性能的影响。

对于上述三种密度、厚度类似的基材，各有优缺点，需要根据实际情况选择。例如，如果仅考虑制件的性能，可优先选择玻璃纤维表面毡作为基材；如果需要考虑制件性能并兼顾减重及厚度等要求，综合性能最好的尼龙筛绢则为基材的首选。

4.2.2　纤维轨迹规划[9]

1. 平移法和平行法

纤维轨迹规划是 VAT 技术的核心和难点。最基本的纤维轨迹规划方法主要包括平移法(shifted method)和平行法(parallel method)[10,11]。

Gürdal 和 Olmedo[12,13] 提出复合材料变刚度概念和一种纤维曲线铺放参考路径的建模方法(图 4.7)，假设纤维方向角度沿着参考几何轴线性变化，从而形成曲线纤维参考路径。

如图 4.8 所示，纤维曲线铺放的变刚度复合材料层表示为 $\Phi\langle T_0 \mid T_1\rangle$，其中 Φ 为曲线铺放的纤维参考坐标轴 r 和 x 轴的夹角，T_0 为曲线铺放的纤维在原点处和 r 方向的夹角，T_1 为曲线铺放的纤维在距离参考坐标系原点距离为 d 处和 r 方向的夹角。

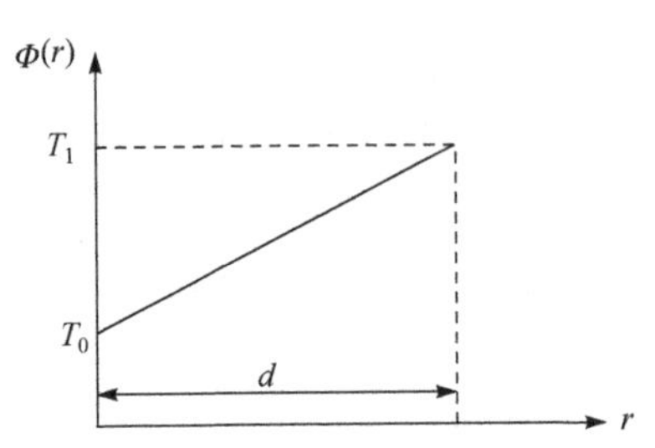

图 4.7　纤维曲线铺放参考路径的描述

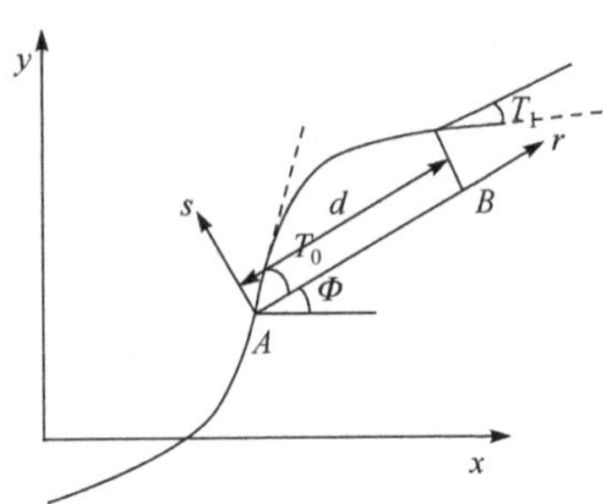

图 4.8　纤维曲线铺放参考路径的定义

当 $\Phi=0$ 时，$\Phi\langle T_0|T_1\rangle$ 可以表示为 $\langle T_0|T_1\rangle$。在这个表达方式前加“±”号表示有大小相等、方向相反 T_0 和 T_1 的两个连续层，如 $\Phi\pm\langle T_0|T_1\rangle$。当 Φ、T_0、T_1 已知时，曲线铺放的纤维在任意点和 x 轴方向的夹角 θ 只随 r 的坐标而改变，可以表达为

$$\theta=\Phi+(T_1-T_0)r/d+T_0 \tag{4-1}$$

在设置好参考路径后，可以采用平移法或平行法进行轨迹规划。如图 4.9 所示，平移法是连续地将丝束沿 s 方向等距离平移参考路径而制成纤维铺层的方法。这种方法由于宽度方向的两个边缘曲率的差异，容易引起重叠铺放区域。

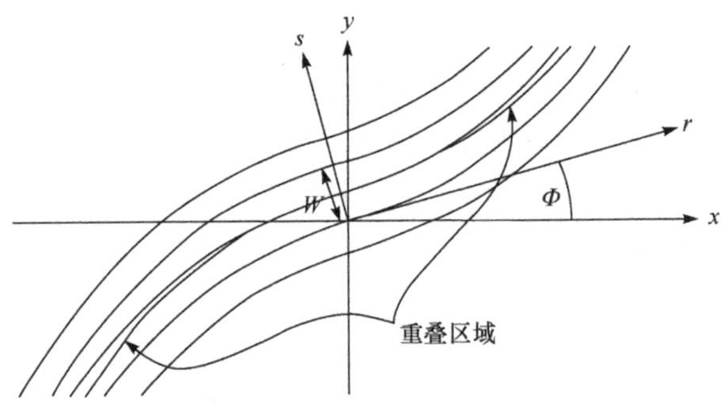

图 4.9　纤维轨迹规划平移法

平行法是将参考路径平行移动形成纤维铺层。如图 4.10 所示，平行法相邻两个纤维轨迹是平行的，即它们之间的垂直距离(HW)处处相等。

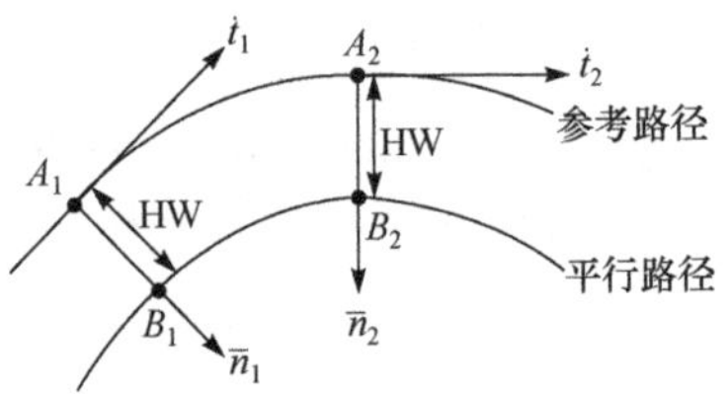

图 4.10　曲线纤维平行铺放法

这两种轨迹规划方法的主要差别如下。

(1) 几何铺放模式。

当纤维角度变化较小时,两种方法的几何铺放模式较为接近,如图 4.11 所示;但当纤维角度变化较大时,两种方法的几何铺放模式有较大差异,如图 4.12 所示。

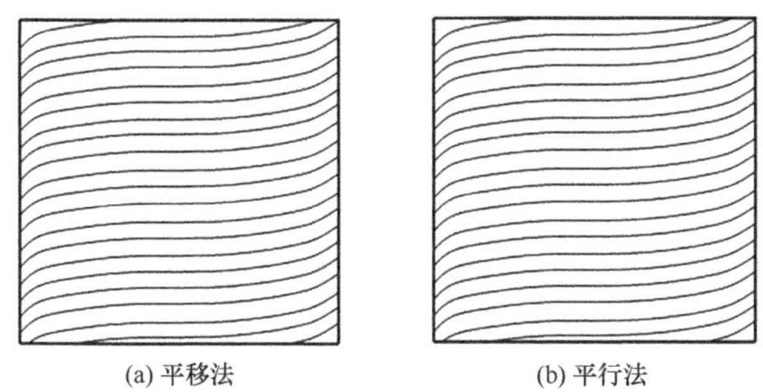

图 4.11 平移法和平行法表示的 0⟨0|15⟩的铺层

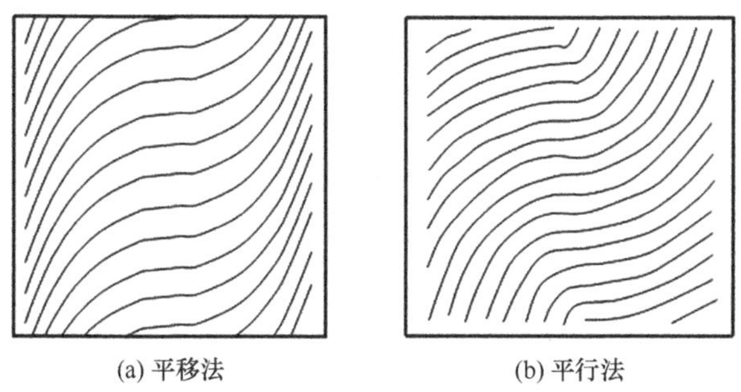

图 4.12 平移法和平行法表示的 0⟨0|80⟩的铺层

此外,如图 4.13 所示,平移法在铺放过程中容易造成纤维重叠区或空隙区,容易造成制品厚度不均或局部富树脂区。而平行法相邻两个曲线铺放的纤维丝束是平行的,不存在重叠和空隙。

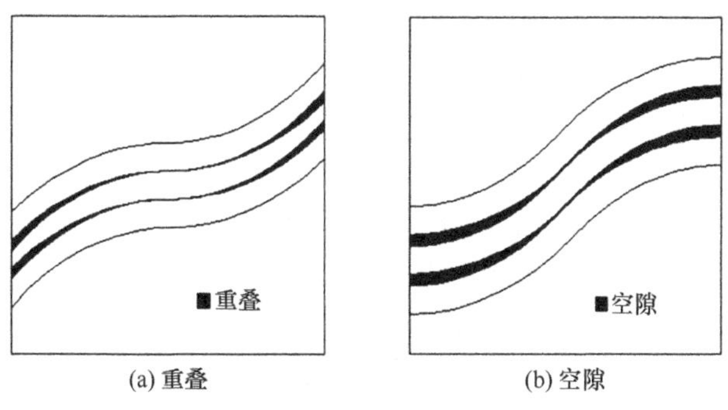

图 4.13 按平移法铺放生成的重叠和空隙

(2) 刚度的平衡变化。

采用平移法铺放时，二维刚度变化保留对称的属性，相邻两层同一点所对应的纤维方向角度大小相等。而平行法铺放会造成相邻两层同一点对应的纤维方向角度大小不等，从而导致其刚度变化不再保持平衡的特点。如图 4.14 所示，根据平行的垂直特点，P 点在〈+〉层所对应的纤维角度是($+\varphi_p$)，在〈−〉层对应的纤维角度是($-\varphi_p$)，这两个角度大小显然是不一样的。

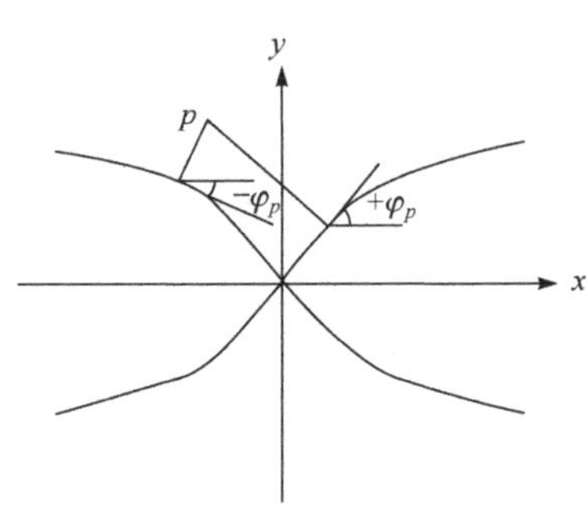

图 4.14　平行法中相邻两层的刚度不平衡性

(3) 层合板的力学性能。

纤维曲线铺放时受到纤维曲率的约束，平移法只是简单地对参考路径进行平移，而平行法则要考虑每条纤维的曲率，使得平行法所制得的层合板的刚度变化比平移法要平稳得多。Waldhart[11]对比研究了平移法和平行法制得的层合板的性能，证明平移法比平行法在提高复合材料层合板屈曲性能方面更具优势。Jegley 等[14]也通过研究发现，在平移法中纤维铺层有重叠的层合板比纤维铺层有空隙的层合板在提高屈曲性能方面效果更好。由于重叠的纤维使预成型体局部厚度增加，相当于加强筋，可以提高层合板的整体性能。

2. 曲线优化法

平移法和平行法适合于形状比较规则的构件，通过设定一条合适的参考路径可以实现整个构件的纤维轨迹规划。当构件存在异型结构，如局部开孔、开窗等时，通过平移法或平行法较难实现开孔、开窗部位的连续纤维轨迹规划，因此一些学者提出曲线优化法对纤维轨迹进行规划。曲线优化法的基本思想是先采用曲线或函数来描述纤维轨迹，然后根据具体的优化参数对纤维轨迹目标函数进行优化，优化方法主要包括主应力法和函数曲线系数法等。这类方法的主要优点是优化参数较少，算法简单，较易实现，但是设计自由度小，优化结果多是局部优化值或不连续的优化解。Brandmaier[15]等对纤维的轨迹优化进行了探索研究，发现当主应力方向与纤维方向偏差越小时，复合材料的强度越大。在此基础上，Tosh 等[16]提出了主应力轨迹优化方法。他们首先通过有限元力学分析得到各向同性开孔层合板在销孔挤压力作用下的拉伸主应力和压缩主应力分布,然后根据主应力分布描绘出相应的纤维轨迹,如图 4.15 所示。发现沿着两个主应力轨迹方向铺放纤维可以有效抵抗传统的失效模式,如拉伸、压缩、剪切或者组合失效模式。对于各向异性材料,其主应力轨迹分布可以通过对各向同性材料的轨迹分布进行大量的有限元迭代计算得到,图 4.16 为拉伸作用下的主应力轨迹。他们根据优化的纤维轨迹制备了悬臂梁并进一步通过力学性能测试进行了验证。

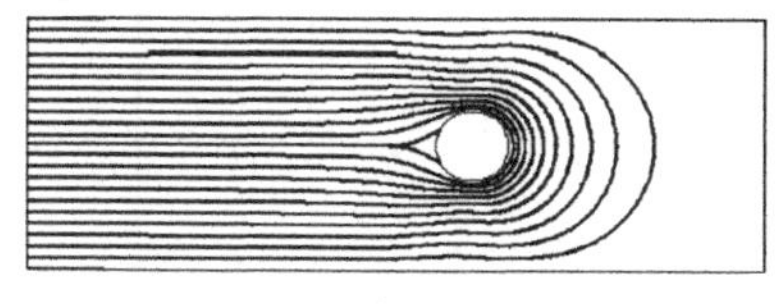

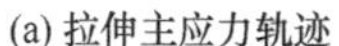

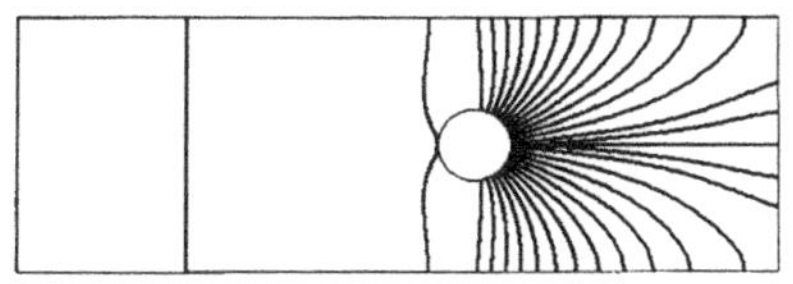

(a) 拉伸主应力轨迹　　(b) 压缩主应力轨迹

图 4.15　各向同性开孔层合板在销孔挤压力作用下的主应力轨迹[16]

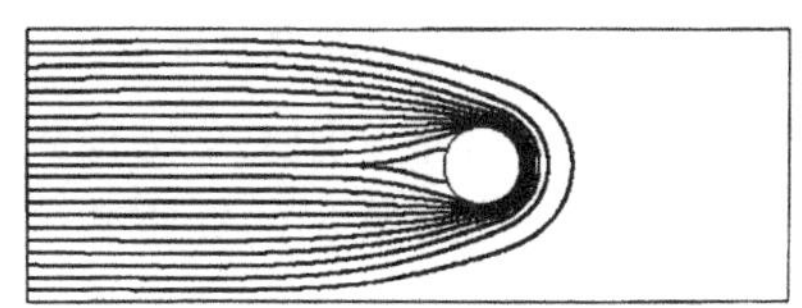

图 4.16　各向异性材料拉伸作用下的主应力轨迹分布[16]

函数法先假设采用某曲线族函数来描绘纤维轨迹,然后结合约束条件和优化目标函数对纤维轨迹进行优化。Parnas 等[17]采用贝塞尔曲线与曲面(Bezier curves 和 Bezier surfaces)分别对纤维取向和铺层厚度进行描述,以复合材料层合板的重量最小为优化目标,以应力失效准则(Tsai-Hill 失效准则)为约束条件,分别或同时对纤维取向和铺层厚度分布进行了优化,取得了较好的减重效果。

3. 单元优化法

近年来,为了得到更精确的纤维轨迹优化结果和提高优化纤维轨迹的可制造性,国内外不少学者开发出单元优化法。单元优化法的基本思路是将优化目标域离散化,对每一个离散单元进行局部优化进而得到整体的优化目标。常用的优化算法主要包括遗传算法(genetic algorithm,GA)、细胞自动机(cellular automata,CA)、层合板参数(lamination parameters)法等。

荷兰代尔夫特理工大学的 Gürdal 教授采用 CA 对纤维轨迹进行了优化[18],通过利用局部的收敛法则对全局进行迭代直至全部收敛。传统的轨迹优化方法通常需要重复大量的有限元分析，计算量巨大且耗时。CA 克服了这种不足，并考虑了一些可制造性因素进行优化。利用 CA 建模时，多采用一些规则的多边形来离散目标区域，如正方形、三角形、六边形。Gürdal 教授[18]采用正方形格子单元来划分目标区域，每一个方格定义一个点，这个点包含了这个单元的 x 和 y 坐标、厚度以及纤维角度等信息，通过相邻细胞的状态信息和指定的法则对每一个单元进行迭代更新。图 4.17 是两种常用的相邻单元模型。

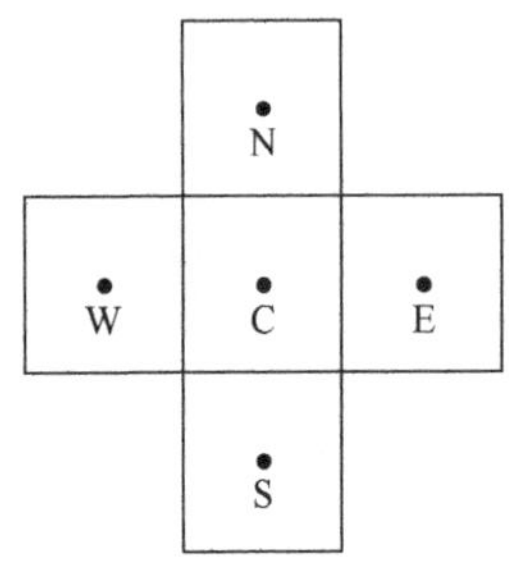

(a) 冯·诺依曼相邻单元

NW　N　NE
W　C　E
SW　S　SE

(b) 穆尔相邻单元

图 4.17　CA 中常用的单元模型[18]

图 4.18(a)是弯曲作用下的某悬臂梁采用 CA 法得到的每一个节点处的纤维方向，根据该图可以描述出如图 4.18(b)所示的纤维轨迹。经试验测试表明，CA 优化后的悬臂梁，其弯曲性能得到了大幅提高[18]。

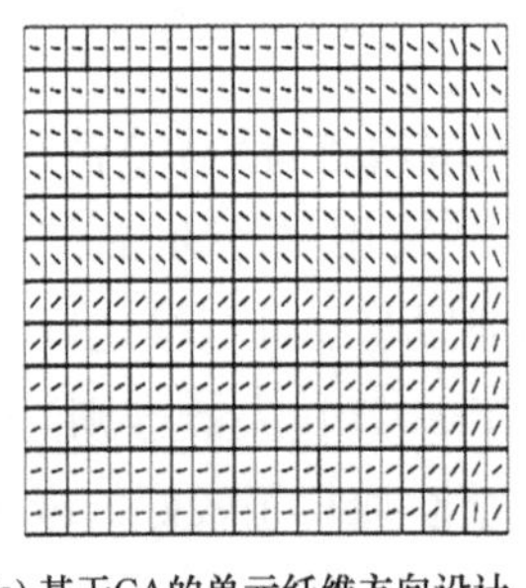

(a) 基于CA的单元纤维方向设计

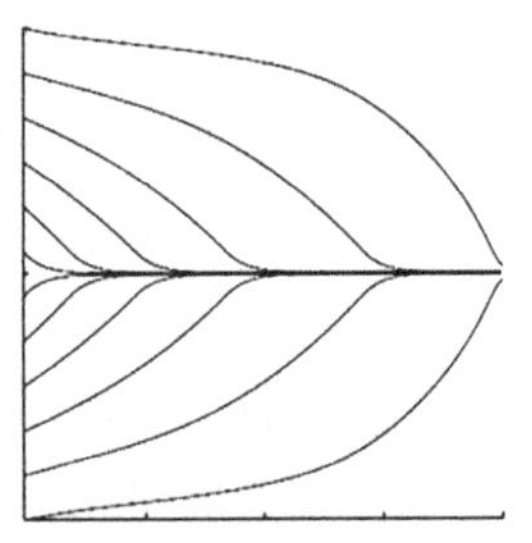

(b) 纤维轨迹路径

图 4.18　基于 CA 的纤维轨迹规划[18]

遗传算法是模拟自然选择和遗传机制的全局优化算法，具有不依靠梯度信息、鲁棒性强、对初始值不敏感等优点。Soremekun 等[19]采用了 GA 对复合材料层合板进行了优化设计。当层合板叠层序列优化问题中含有离散的设计变量，以及层合板优化中含多重搜索空间的问题时，GA 相对于传统方法较有优势。

层合板参数法的核心思想是对层合板的每一单元定义一组层合板参数，以这一组层合板参数作为设计变量，经过相应的优化算法得到优化后新的层合板参数，即可得到纤维角度的分布状态进而得到纤维轨迹。Khani 等[20]用层合板参数法对层合板的强度进行优化，结合变形后的蔡-吴失效准则，得到了目标函数失效指数的分布，并通过流线方程得到了纤维轨迹。层合板参数进行结构优化设计已运用于许多优化问题，如刚度优化、屈曲优化等。

4.2.3 开孔/开窗预成型体制备

当纤维轨迹规划完成后，将相应文件导入 VAT 设备中，根据实际需求设置合适的缝合参数和选择合适的基材和纤维材料，然后可以铺缝制备出 VAT 纤维预成型体。下面将以复合材料拉压杆和全碳纤维复合材料电动汽车侧围的纤维预成型体的制备为例，说明 VAT 技术制备开孔/开窗结构件预成型体的过程。

1. 复合材料拉压杆预成型体的制备

开孔拉压杆属于一种连接杆，载荷通过连接轴传递给杆件。当拉压杆进行拉伸或压缩测试时，杆件主要承受两种载荷：连接轴对杆件整体的拉伸或压缩以及轴对孔周边的挤压作用。

先采用 ANSYS 软件对拉压杆在承受面内拉伸载荷和压缩载荷条件下进行有限元力学分析，可以得到不同载荷条件下的主应力方向，如图 4.19 所示。

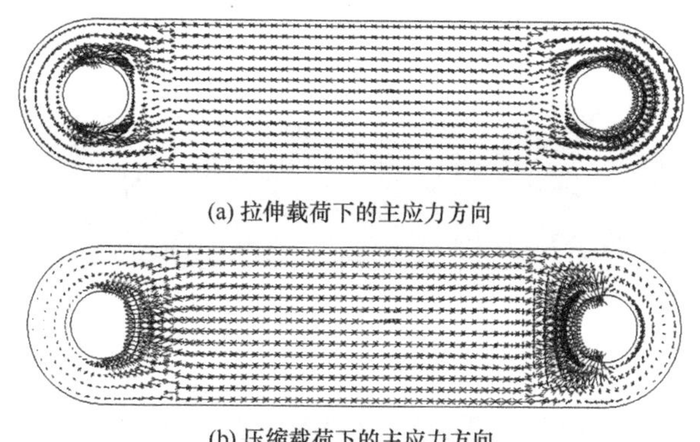

(a) 拉伸载荷下的主应力方向

(b) 压缩载荷下的主应力方向

图 4.19　拉压杆在不同载荷下的主应力方向

从图 4.19 可以看出，当拉压杆在承受拉伸载荷时，拉应力的轨迹在孔周围近似于同心圆弧，而压应力的轨迹为沿孔半径方向的线段，中间未开孔区域则为直线型；当拉压杆在承受压缩载荷时，拉应力的轨迹在孔周围近似于同心圆弧，而压应力的轨迹在孔周围为沿孔半径方向的线段，中间未开孔区域则为直线段。因此，根据这三段轨迹的特点，拉压杆的整体和开孔部分可分别设计如图 4.20 所示的两种纤维轨迹。

将图 4.20 中设计的两种纤维铺层组合起来可以得到如图 4.21 所示的拉压杆纤维轨迹。该设计综合考虑了复合材料拉压杆受拉伸和压缩时的主应力方向，优化了纤维的方向，使构件可同时有效地承受拉伸和压缩载荷。同时，采用单根纤维丝束保证开孔部位纤维的连续性，可以大幅提高拉压杆的承载性能。

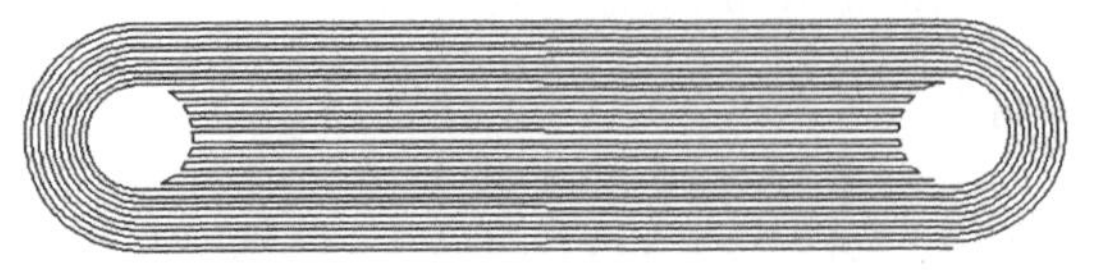

(a) 拉应力轨迹　　(b) 压应力轨迹

图 4.20　拉压杆纤维铺层轨迹设计

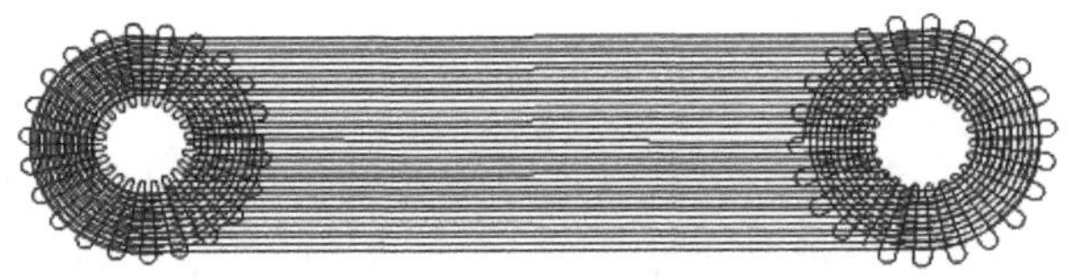

图 4.21　拉压杆纤维轨迹设计

将设计好的纤维轨迹文件导入 VAT 设备中，采用 12K 碳纤维丝束即可制备出拉压杆预成型体，如图 4.22 所示。然后采用复合材料液态成型技术制得复合材料拉压杆如图 4.23 所示。

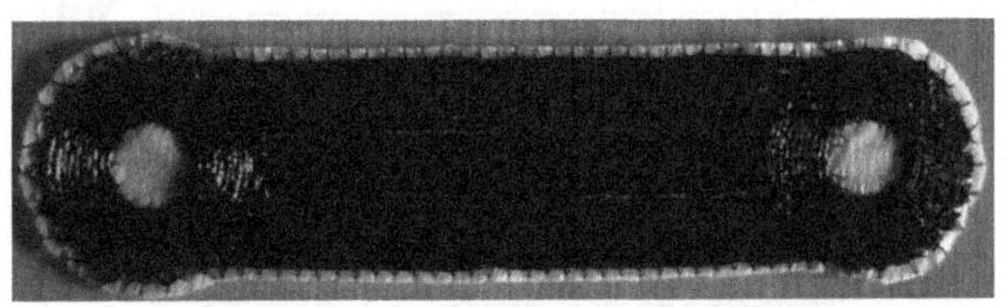

图 4.22　采用 VAT 技术制备的纤维预成型体

图 4.23　碳纤维复合材料拉压杆

2. 全碳纤维复合材料电动汽车侧围的制备

汽车侧围是汽车骨架最重要的主承力结构的组成部分之一，如何规划其纤维轨迹以充分发挥纤维的承载性能是制备难点。汽车侧围受力情况相当复杂，未知的不可控条件和因素较多，若通过有限元力学分析来优化确定纤维的轨迹，需要进行大量的设计和计算工作,极为复杂烦琐。如图 4.24 所示,根据侧围的形状特点和受力特点,可以考虑一种简便、普适性较强的纤维轨迹设计方案,即直接根据侧围的外形设计纤维轨迹,环形纤维轨迹需要和侧围的外行轮廓基本一致,并通过径向轨迹对环形轨迹加强。因此,侧围单层预成型体的纤维轨迹可设计由两层纤维层组成,第一层为和侧围形状基本一致的环形轨迹,第二层为径向轨迹,如图 4.25 所示。

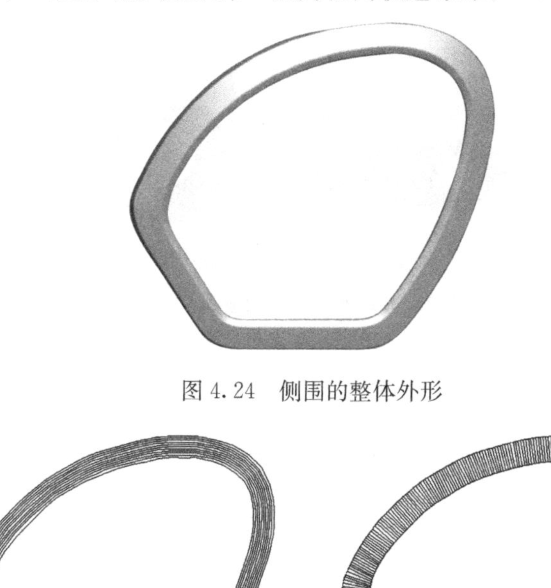

图 4.24　侧围的整体外形

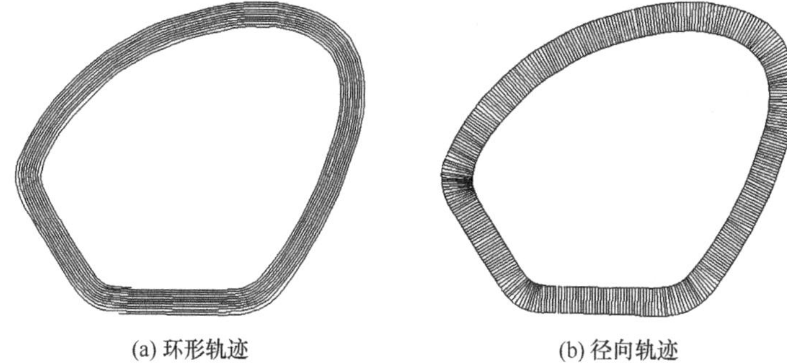

图 4.25　侧围单层预成型体的纤维轨迹

将设计好的纤维轨迹文件导入 VAT 设备中,采用 12K 碳纤维丝束即可制备出汽车侧围预成型体,然后采用复合材料液态成型技术制得复合材料汽车侧围如图 4.26 所示,并成功实现了在整车上的装配。

图 4.26　采用 VAT 技术制备的汽车侧围

此外,还采用 VAT 技术成功制备了一系列其他的碳纤维复合材料开孔/开窗样件,如飞机窗框、多孔连接件、开孔圆盘等,如图 4.27 所示。

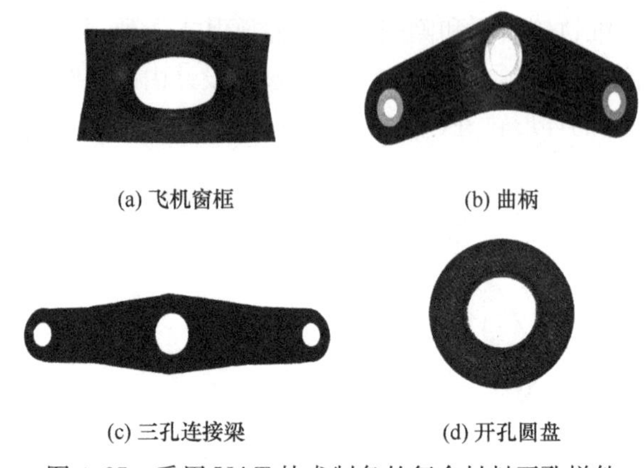

(a) 飞机窗框　(b) 曲柄

(c) 三孔连接梁　(d) 开孔圆盘

图 4.27　采用 VAT 技术制备的复合材料开孔样件

4.3　基于 VAT 技术的复合材料开孔补强技术[7]

4.3.1　基于 VAT 技术的一体化开孔补强技术

补强片补强是工程上常用的一种补强方法。影响复合材料补强片补强效果的因素主要有补强片中纤维的铺层形式、补强方式、补强片的形状、补强片的大小、补强片的厚度、补强片的材质等。国内外诸多学者对以上因素进行了大量的理论和实验研究,但目前补强方面的相关研究主要集中在纤维呈平行顺直型的商用纤维织物上,对采用 VAT 技术制备补强片用于复合材料层合板的开孔补强的研究报道甚少。我们在国内率先开展了基于 VAT 技术的复合材料开孔补强技术研究。

1. VAT 补强片纤维铺放路径设计和制备

待补强的中心开孔复合材料试样的大小为 250mm×60mm,孔径为 20mm,两侧受轴向拉力作用,如图 4.28 所示。针对开口处形状和试样受力方向,设计了两种补强片纤维轨迹,分别为环形和椭圆形,如图 4.29 所示。采用 VAT 设备制得的补强片如图 4.30 所示,同时采用玻璃纤维平纹布补强片做补强效果对比研究。复合材料开孔层合板补强主要有单面补强、面外补强、夹层补强等三种方式,如图 4.31 所示。

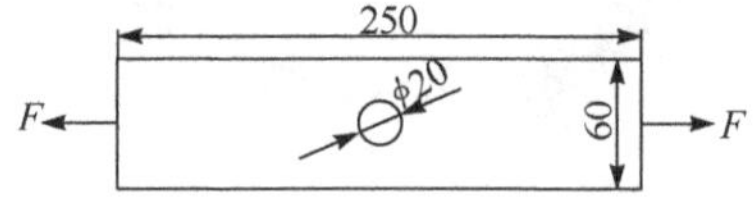

图 4.28　开孔复合材料试样的几何尺寸(单位:mm)

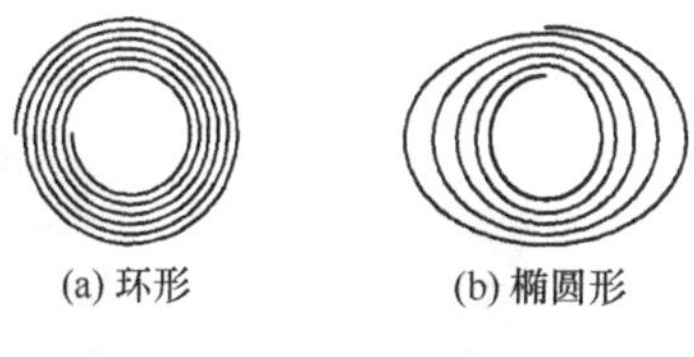

图 4.29　VAT 补强片纤维铺放路径

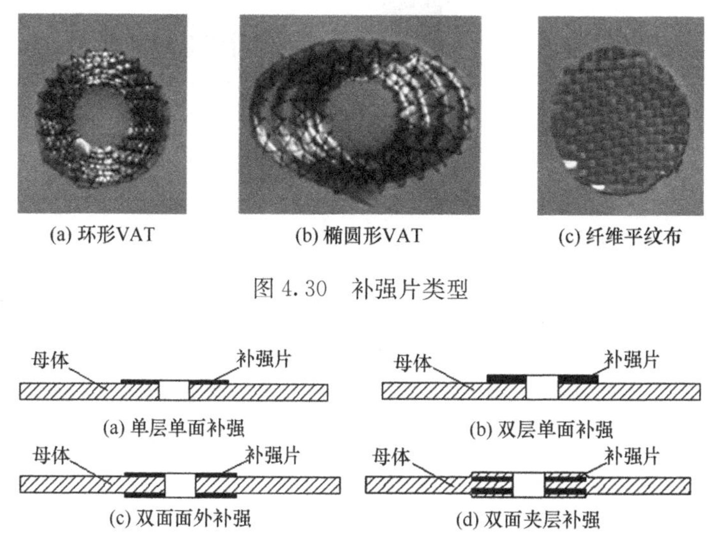

图 4.30　补强片类型

图 4.31　补强片铺放方式

2. 补强片厚度对开孔复合材料层合板性能的影响

采用两种 VAT 补强片对开孔层合板分别进行了单层单面和双层单面补强实验研究，对补强后的开孔复合材料层合板进行了拉伸测试，实验结果如图 4.32 所示。可以看出，对于环形 VAT 和椭圆 VAT 两种补强片，采用双层单面补强时开孔复合材料层合板的最大拉伸载荷仅比采用单层单面补强时分别提高了 6.6% 和 11.6%。

本实验中补强结构的母体为复合材料薄板，采用单层补强片进行补强已经可以达到较好的补强效果。补强效果主要是通过补强片与母体接触界面的纤维层起作用[4,21]，只有与母体接触的纤维层才能有效地使载荷重新分布，降低应力集中，从而提高承载能力。因此，增加补强片的厚度对提高复合材料薄板的开孔补强效果作用不大。当母体为复合材料厚板时，补强片的厚度对补强效果的提高可能会更敏感些。

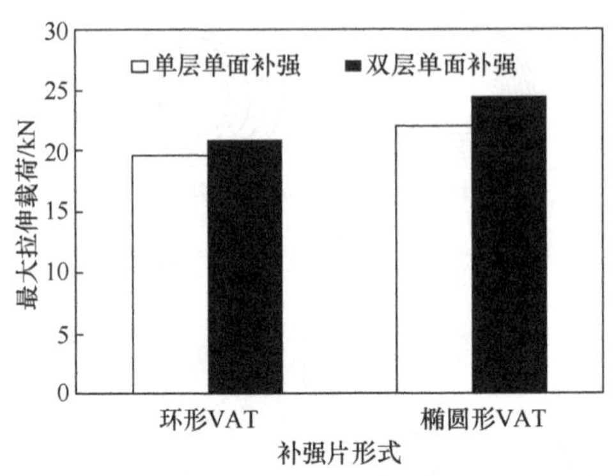

图 4.32　补强片厚度对开孔复合材料层合板性能的影响

3. 补强片形式对开孔复合材料层合板性能的影响

采用环形 VAT、椭圆形 VAT 补强片以及平纹布补强片通过双面面外补强形式对开孔复合材料层合板进行了补强研究，实验测得未开孔、开孔未补强以及各种补强试样的最大拉伸载荷结果如图 4.33 所示。可以看出，复合材料层合板开孔未补强时最大拉伸载荷下降 50%以上，采用传统织物如平纹布补强片进行补强达到一定的效果，最大拉伸载荷比开孔未补强层合板提高了 43.1%，但相比于未开孔试样，传统平纹布补强试样的最大拉伸载荷下降了 33.7%。而 VAT 补强片的补强效果明显优于传统织物，采用环形 VAT 补强片和椭圆形 VAT 补强片补强的试样，其最大拉伸载荷相对于开孔未补强试样分别提高了 73.8% 和 103.9%，相对于纤维平纹布补强试样分别提高了 21.4% 和 42.4%，椭圆形 VAT 补强试样的最大拉伸载荷甚至和未开孔试样接近，达到未开孔试样的 94.3%。典型试样的破坏

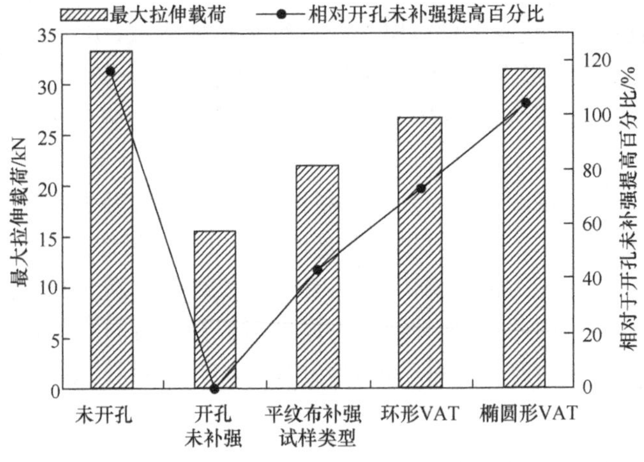

图 4.33　补强片形式对开孔复合材料层合板性能的影响

模式如图 4.34 所示。可以看出，未补强试样和平纹布补强试样的破坏主要发生在开孔区及补强区内，然而 VAT 补强片补强试样的破坏主要发生在补强区外，尤其是椭圆形 VAT 补强片补强试样，补强片本身没有明显的损伤破坏。

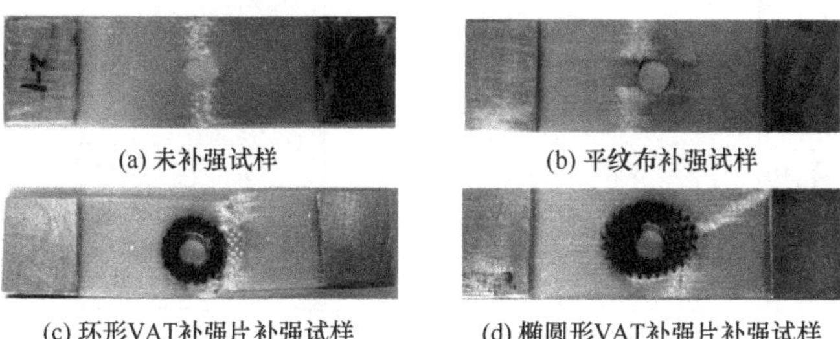
(a) 未补强试样　(b) 平纹布补强试样
(c) 环形VAT补强片补强试样　(d) 椭圆形VAT补强片补强试样

图 4.34 不同补强片补强试样的断裂破坏形貌

采用传统织物对复合材料层合板补强时，补强片在开孔部位仍然被切断，导致纤维的不连续性，承载能力有限。而 VAT 补强片通过纤维轨迹规划避开了在开孔部位打断纤维，可以更有效地传递载荷，充分发挥了纤维的承载性能，因此进一步大幅提高了复合材料层合板的补强效果。对于环形和椭圆形 VAT 两种补强片，从实验结果可以看出，椭圆形 VAT 补强片要优于环形 VAT 补强片。这主要是由于复合材料层合板在受轴向拉伸载荷的作用下，椭圆形 VAT 补强片的纤维轨迹与层合板开孔处的主应力分布更为接近，所以椭圆形 VAT 补强片更有利于孔周边区应力集中的转移和分散，保护了开孔区，从而进一步提高了开孔复合材料层合板的拉伸力学性能。

4. 补强方式对开孔复合材料层合板性能的影响

由于 VAT 补强片带有基材，对于相同的补强片，铺放位置的不同对开孔复合材料补强效果也有影响。采用双层单面补强、双面夹层补强和双面面外补强三种补强方式对开孔复合材料层合板进行了实验对比研究，测得的不同补强试样的最大拉伸载荷结果如图 4.35 所示。从图中可以看出，双面面外补强方式的补强效果最好，双层单面补强方式的补强效果最差。

对于相同的补强片，双面补强效果明显优于单面补强，最大拉伸载荷提高 23.5%～28.1%。这主要是由于双面补强试样补强片与母体的接触界面为单面补强试样的两倍，纤维的有效承载能力更大。同时，单面补强属于非对称补强，非对称模式容易造成补强试样发生偏弯，从而降低了补强效果。

当采用夹层补强时，在一定的载荷作用下，如果补强片带有基材的一面与母体材料之间的界面黏结强度较差，补强片容易与母体发生分离，导致材料过早分层破坏，从而使试样的承载能力降低。

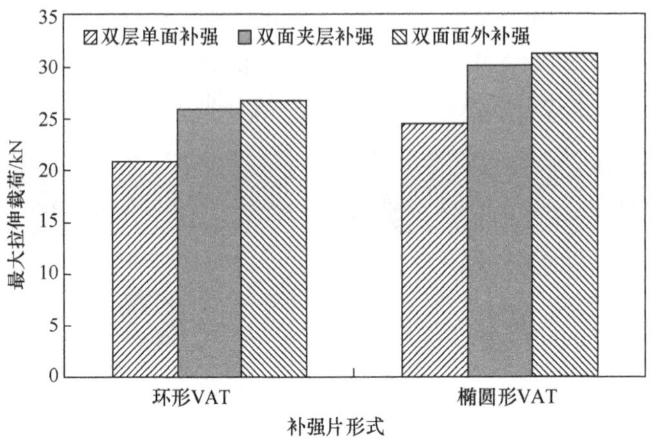

图 4.35 补强方式对开孔复合材料层合板性能的影响

5. 补强片材质对开孔补强的影响

选用玻璃纤维和碳纤维作为补强材料制备环形和椭圆形 VAT 补强片，分别对同一玻璃纤维复合材料开孔层合板进行补强，测得的最大拉伸载荷实验结果如图 4.36 所示。玻璃纤维 VAT 补强片的补强效果要优于碳纤维，对于环形和椭圆形 VAT 两种补强片，玻璃纤维 VAT 补强片补强试样的最大拉伸载荷比碳纤维补强的试样分别提高了 6.1%和 10.1%。这主要是由于当母体和补强片均为同种材料(玻璃纤维)时，两者的热膨胀系数等物理性质接近，使得补强片与母体之间的界面比异质界面更好，有利于更加充分发挥补强片的承载能力。此外，玻璃纤维比碳纤维的延伸率更高，采用高延伸率的玻璃纤维可能有利于阻止和延缓裂纹尖端的扩展，减小损伤区，从而提高承载能力[22]。

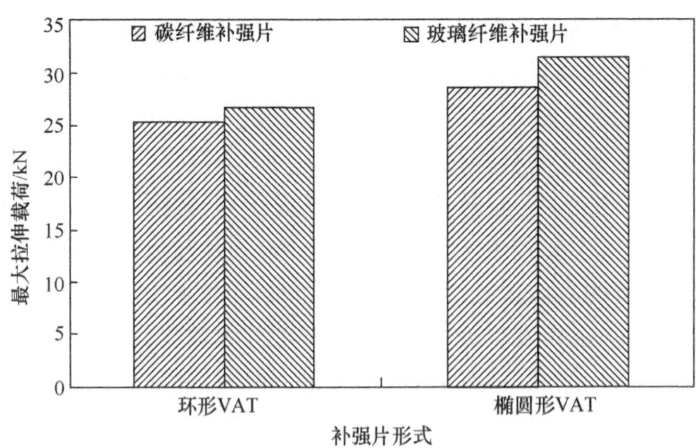

图 4.36 补强片材质对开孔复合材料层合板性能的影响

6. 补强片大小对开孔复合材料层合板性能的影响

补强片大小是补强片补强设计的一个重要参数，补强片应满足一定的尺寸大小，以保证补强片贴补时有足够的层间剪切强度[23,24]。因此，研究补强片大小对开孔复合材料层合板性能的影响是非常必要的。对于环形 VAT 补强片，通过保持补强片内径不变、改变外径来研究补强片大小对补强效果的影响；对于椭圆形 VAT 补强片，则通过保持补强片的短径不变、改变长径的方式进行研究。

在环形 VAT 补强片补强实验中，补强片半径与开孔半径之比 R/r 分别取 2.25、2.75、3.25、3.75、4.25，实验测得不同复合材料层合板试样的极限拉伸载荷，并绘制其随 R/r 的变化曲线，如图 4.37 所示。随着补强片半径的增大，试样的失效载荷明显逐渐提高，当 R/r 值超过 3.25 后，失效载荷的增大随着补强片半径的增大而渐趋平缓。复合材料试样拉伸测试后的破坏形貌如图 4.38 所示，可以看出，所有补强结构试样的最终失效破坏均是界面分层损伤导致的。当补强片面积较小时，增大补强片面积相当于增大了补强片和母板之间的有效接触界面，此时有效接触界面面积占主导因素，所以补强效果显著提高。由于补强片与母板间的界面强度有限，当补强片面积增大到一定程度时，补强片和母板间的接触面积的增大对界面强度的提高作用不大，因此补强结构的强度变化逐趋平缓。从破坏形貌可以看出，层合板的损伤主要发生在母板中，补强片未发生明显的损伤扩展。

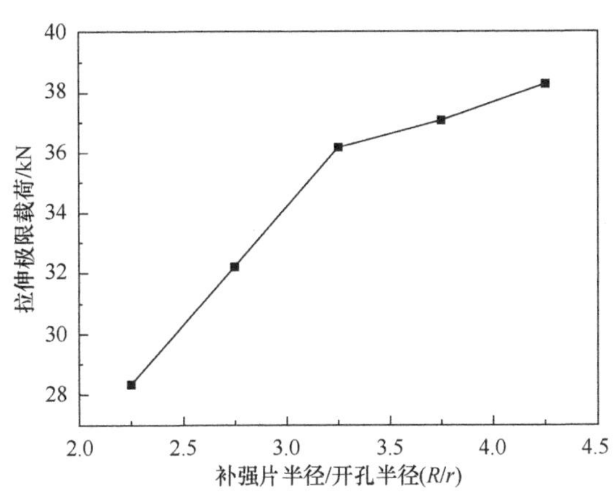

图 4.37　试样极限拉伸载荷随 R/r 的变化

从实验中可以看出，补强片补强结构的最终破坏是补强片与母板的脱黏导致的。当补强片的尺寸过大时，补强效果也只能达到某一极限，同时可能会引起结构增重过量；当补强片尺寸过小时，可能达不到补强极限效果。因此，设计补强片的尺寸时需综合考虑补强效果和增重的影响。特别在一些对重量极为敏感的领域中

图 4.38　不同尺寸环形 VAT 补强片补强试样破坏形貌

应用，如飞机结构件、汽车结构件等的补强，需要探索最佳的补强范围，在充分发挥补强片补强效果的基础上，尽可能地减轻补强结构的重量。

通常，用强度与重量的比值来表征复合材料的结构有效性，也可用失效载荷与重量的比值来表征，即重量归一化失效载荷(weight-normalized failure load)[25]。图 4.39是环形 VAT 补强片补强试样的重量归一化失效载荷随 R/r 的变化曲线。从图中可以看出，试样的重量归一化失效载荷开始随着补强片半径的增加而增加，当 R/r 值超过 3.25 后，试样的重量归一化失效载荷随着补强片半径的增加而下降。当补强片半径增加时，导致试样重量的增加并不明显，试样的失效载荷却明显地提高，所以试样的重量归一化失效载荷仍明显上升；当补强片半径达到一定值后，随着半径的进一步增大导致试样重量的增加开始变得明显，而试样的失效载荷增幅变化逐趋平缓，所以试样的重量归一化失效载荷呈现下降趋势。根据图 4.40 和图 4.41 中曲线的变化规律，可以看出 R/r 取值在 3.25～3.75 时，综合补强效果最好。

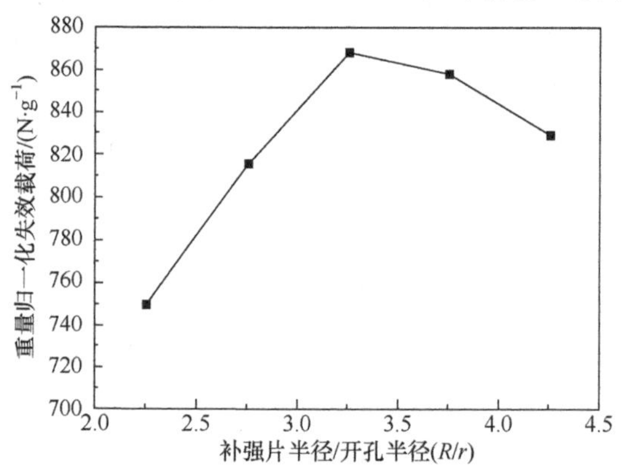

图 4.39　环形 VAT 补强片补强试样重量归一化失效载荷随 R/r 的变化

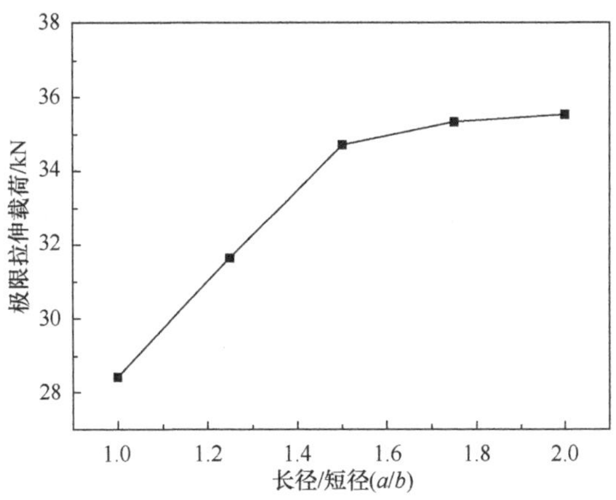

图 4.40　试样极限拉伸载荷随 a/b 的变化

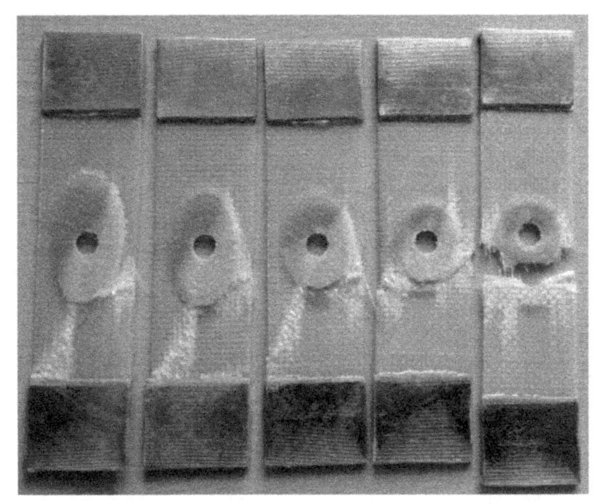

图 4.41　不同尺寸椭圆形 VAT 补强片补强试样破坏形貌

在椭圆形 VAT 补强片补强实验中，补强片长径与短径之比 a/b 分别取 1、1.25、1.5、1.75、2，实验测得不同开孔复合材料层合板的补强试样的极限拉伸载荷，并绘制其随 a/b 的变化曲线，如图 4.40 所示，整体变化趋势与环形 VAT 补强片的补强效果类似。随着补强片长径的增加，补强试样的失效载荷明显大幅提高，当 a/b 值达到 1.5 后，失效载荷变化逐趋平缓，接近某一极限值。不同补强试样测试后的破坏形貌如图 4.41 所示，同样可以看出，补强结构的最终破坏仍然是界面分层损伤导致的，补强片未发生明显的损伤破坏。

图 4.42 是补强试样重量归一化失效载荷随 a/b 的变化曲线，其变化趋势与环形 VAT 补强片的补强效果也类似，进一步说明补强片的补强存在一个最佳补强尺寸。超过该最佳补强尺寸，对补强效果的提高作用不大，反而增重了复合材料结

构的重量。根据图 4.40 和图 4.42 中曲线的变化规律可以看出，对于环形 VAT 补强片，a/b 值的最佳范围为 1.5～1.8，此时综合补强效果最好。

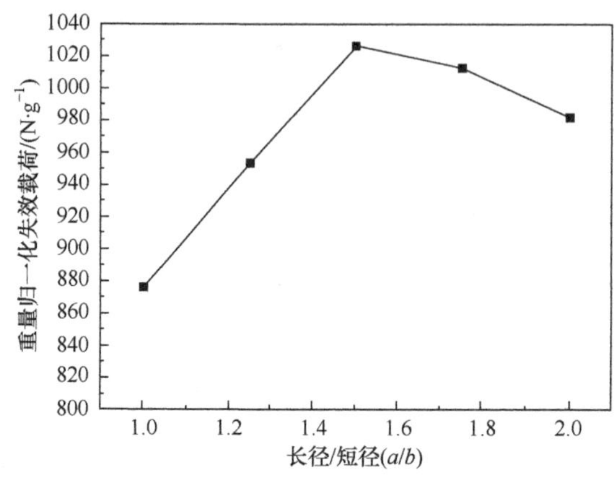

图 4.42　试样重量归一化失效载荷随 a/b 的变化

4.3.2　基于 VAT 技术的螺栓连接补强技术[7,26]

螺栓连接可以传递较大的载荷，便于拆卸和检查维修，所以螺栓连接是复合材料承力结构件的主要连接方式之一。然而，螺栓连接需在连接区上进行开孔处理，开孔打断了纤维的连续性，将会导致螺孔周围产生严重的应力集中，使其成为复合材料结构中最薄弱的区域。国内外许多学者对复合材料层合板的螺栓连接已开展了深入的理论和实验研究，重点集中在复合材料层合板螺栓连接的影响因素方面，包括纤维取向、铺层方式、螺栓预紧力的大小、配合干涉量或配合间隙的大小、孔边距和孔端距、螺栓的材质、垫片的尺寸等，但对复合材料螺栓连接的补强研究报道甚少。采用 VAT 技术制得的补强片，在补强效率上远高于传统的补强片，因此开展基于 VAT 技术的螺栓连接补强技术具有很强的工程应用意义。

1. 补强片纤维铺放路径的设计和制备

两块相同的玻璃纤维/环氧复合材料层合板单剪搭接试样尺寸如图 4.43 所示。在两端施加单向轴向拉伸载荷时，单剪搭接螺栓连接试样主要承受拉伸载荷以及螺栓对螺孔的挤压载荷。对复合材料层合板单剪搭接试样进行初始失效有限元力学分析，得到螺孔周围的主应力分布如图 4.44 所示，其中半圆形线条为拉应力轨迹，径向线条为压应力轨迹。对于复合材料，其应力状态与纤维的方向是耦合的，纤维方向发生改变，应力状态也会随着变化。因此，在初始失效分析按主应力方向铺设纤维后需再次进行应力分析，调整纤维方向，如此反复，直至最终主应力方向和纤维方向重合。按照这种方法设计 VAT 补强片，能够充分发挥纤维的承载能力，但此方法相当烦琐耗时，需要进行大量的计算和设计工作。

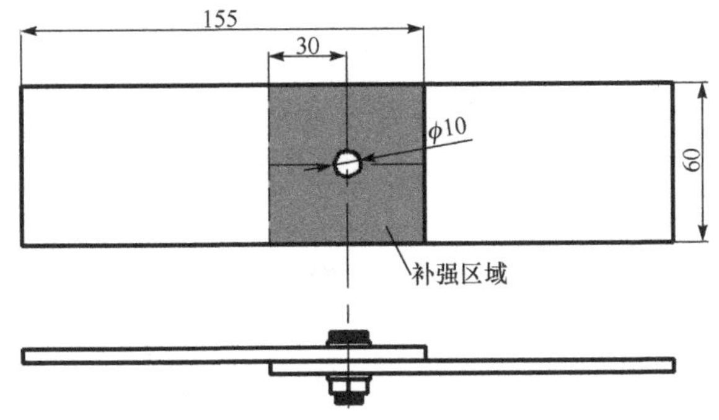

图 4.43　螺栓连接试样几何尺寸(单位：mm)

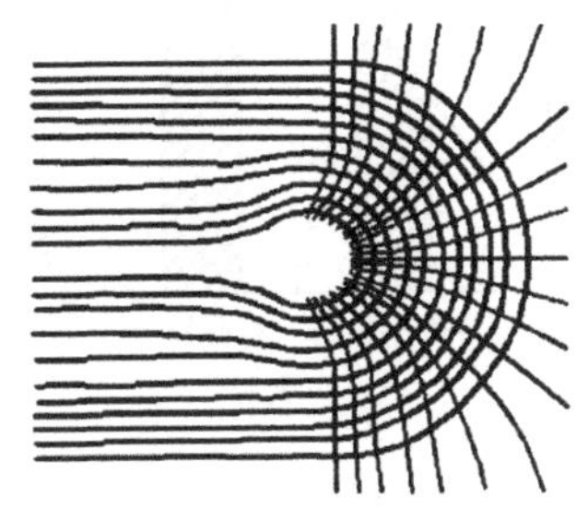

图 4.44　螺孔附近主应力轨迹

为了大幅减少前期计算和设计时间，根据初始失效分析的拉应力和压应力轨迹特征，可设计一种简便制作、可适应各种综合受力情况的补强片纤维轨迹，如图 4.45(a)所示。补强片的纤维轨迹由两层组成，一层是均匀分布的径向纤维层，一层是近圆形螺旋线纤维层。径向层相对应于压应力轨迹线，近圆形螺旋线层相对应于拉应力轨迹线。这样使得纤维的取向尽可能与螺孔周围的主应力方向一致，且容易采用 VAT 技术制作出补强片，如图 4.45(b)所示。由于纤维轨迹在各个方向几乎呈对称分布，这种补强片可以推广应用于各种不同受力情况下开孔构件的补强，应用极为广泛。

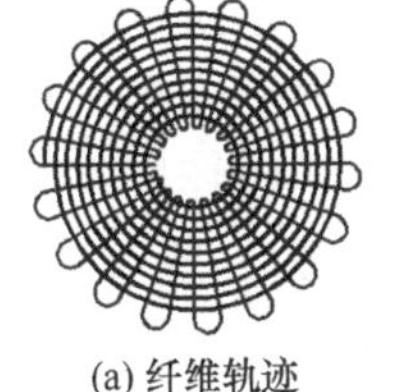

(a) 纤维轨迹

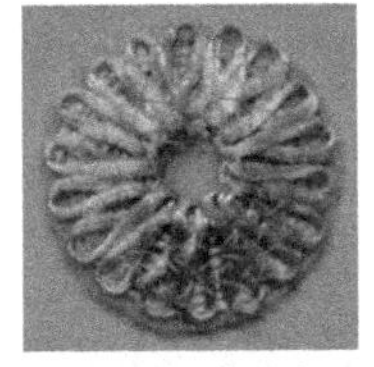

(b) VAT补强片

图 4.45　VAT 补强片设计与制备

2. 补强片形式对复合材料螺栓连接补强效果的影响

分别采用平纹玻璃纤维织物和 VAT 补强片对复合材料单剪搭接试样的开孔处进行了补强，测得的归一化最大连接载荷如图 4.46 所示。从图中可以看出，VAT 补强片大幅提高了螺栓连接复合材料层合板的性能，归一化最大连接载荷相对于未补强试样和纤维平纹布补强试样分别提高了 117.7% 和 37.3%。复合材料螺栓连接用 VAT 补强片由单根连续纤维直接根据螺孔周围的主应力分布轨迹制备而成，补强片中的纤维承载能力远远高于平纹织物补强片的纤维承载能力，且 VAT 补强片中的螺旋线状纤维在承载过程中更有利于防止裂纹的扩展。因此，VAT 补强片对复合材料层合板的螺栓连接补强效果比平纹织物补强片高得多。此外，平纹织物的制作过程中，纤维织物极易散落，在补强过程中，操作也不如 VAT 补强片方便。

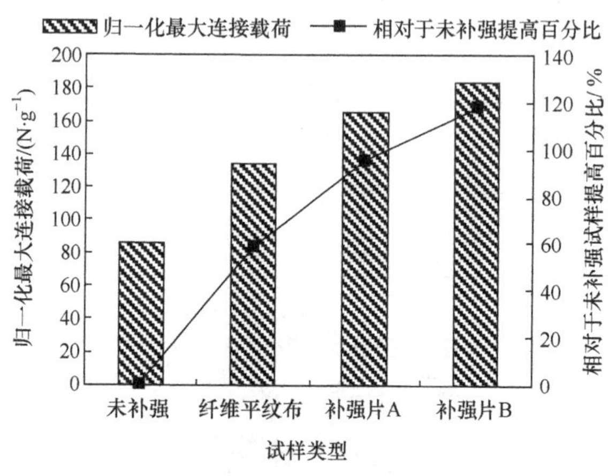

图 4.46　各种试样的归一化最大连接载荷

3. 补强片形式对复合材料试样破坏模式的影响

复合材料螺栓连接的破坏模式通常有剪切破坏、挤压破坏、拉伸破坏和螺栓破坏几种形式[27]。剪切破坏是一种强度最低的破坏模式，应尽量避免发生。挤压破坏则是局部区域发生的逐渐失效损伤，通常不会引起复合材料结构的灾难性破坏，设计时尽量使连接处发生挤压破坏。

开孔未补强复合材料连接试样、平纹布补强复合材料连接试样以及 VAT 补强复合材料连接试样的破坏模式如图 4.47 所示，可以看出，未补强试样和平纹布补强试样均发生剪切破坏，而 VAT 补强试样则发生挤压破坏，这与实验测得的归一化最大连接强度结果一致。显然，VAT 补强片的整体连续纤维形态改变了开孔处的应力集中状态，将孔周边的集中应力转移至了补强区外，从而将复合材料层合板的剪切破坏模式改变为挤压破坏，显著提高了螺栓连接的安全性。此外，VAT 补强片受螺栓挤压一侧的纤维分布均是由一圈圈半圆形(或近半圆形)纤维组成的，这种结果可以进一步延缓或阻止裂纹尖端的扩展，在一定程度上有利于提高复合材料螺栓连接试样的最大连接载荷。

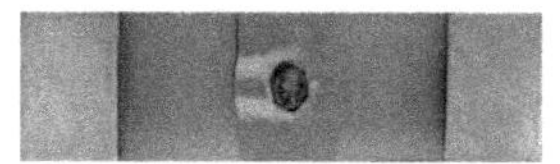
(a) 开孔未补强试样

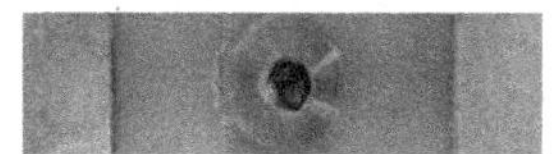
(b) 平纹布补强试样

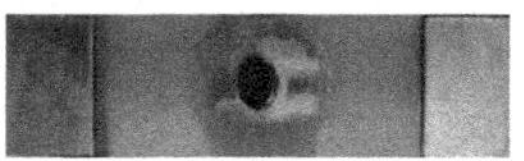
(c) VAT补强试样

图 4.47　复合材料螺栓连接试样的破坏形貌

4. 次弯曲效应的影响

在单剪搭接机械连接中，由于载荷的偏心作用，连接区会产生附加弯曲，称为次弯曲(secondary bending)。在对复合材料单剪搭接试样进行轴向拉伸性能测试时，发现试样产生了次弯曲现象。

一方面，次弯曲效应可以增大螺栓与孔边的接触面积从而降低挤压应力，有利于复合材料连接强度的提高[28]。然而，随着拉伸载荷的增加，次弯曲效应也增大，当增大到一定程度时，次弯曲效应会导致补强片和母体的界面发生剥离分层破坏，如图 4.48 所示，不利于充分发挥补强片的承载性能，可能会降低复合材料的连接强度。

图 4.48　补强片与母体发生分层破坏

4.4　基于 VAT 技术的热塑性复合材料热压制备技术[29]

将热塑性树脂纤维和增强纤维混合成混纤，然后采用 VAT 技术制备纤维预成型体，再通过热压技术制备热塑性复合材料。该方法充分利用了 VAT 技术的优点和热压技术特点，为制备变刚度热塑性复合材料提供了一条新的途径。

4.4.1　热塑性复合材料层合板的制备

采用 VAT 技术制备热塑性复合材料主要有三个步骤，即混纱、预成型体制备以及热压成型。混纱是将树脂纤维和增强纤维按一定比例在混纱机上进行混合，形成均匀的混纤，基本原理如图 4.49 所示。树脂纤维和增强纤维的比例主要取决于对力学性能的要求，通常制得的最终复合材料层合板的纤维体积含量比理论计算值要低。

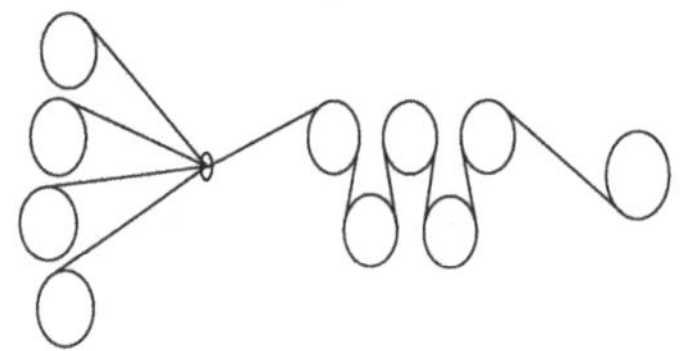

图 4.49 混纱原理图

采用制得的混纤通过 VAT 技术可以制备连续纤维增强热塑性复合材料预成型体。例如,采用玻璃纤维/尼龙 6 的混合纤维制得的单层预成型体如图 4.50 所示。

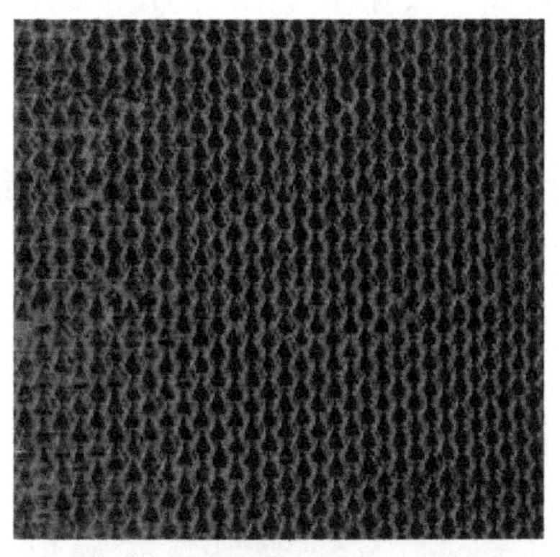

图 4.50 VAT 技术制备的连续纤维增强尼龙 6 预成型体

所制得的单层混合纤维预成型体通过热压成型技术可以制备成复合材料层合板,即将干态预成型体放入封闭模具中,加热加压模具,树脂在一定的压力下发生流动浸渍纤维,如图 4.51 所示,然后冷却得到复合材料单层板。

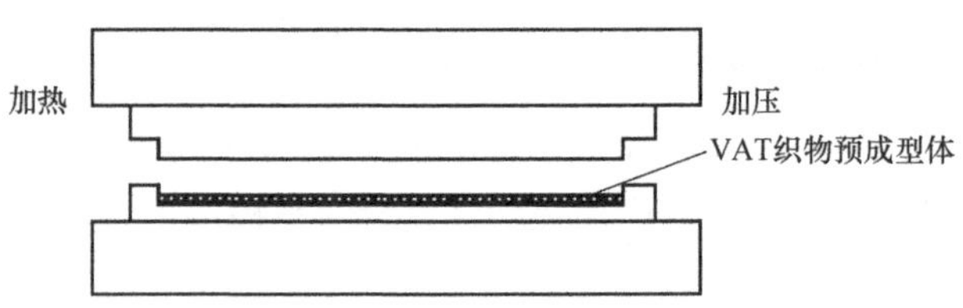

图 4.51 热压工艺示意图

将多个单层板按一定的铺层顺序叠加进行二次热压即可制成一定厚度的热塑性复合材料层合板。

4.4.2　成型工艺参数对复合材料层合板结构和性能的影响

1. 热压温度对复合材料层合板性能的影响

温度是影响热塑性复合材料层合板结构和性能的主要因素之一。图 4.52 是在成型压力为 3.5MPa、热压时间为 10min 时，在不同热压温度下制得的玻璃纤维/尼龙 6 复合材料层合板的力学性能。随着热压温度的升高，复合材料层合板的拉伸、弯曲性能明显提高，但当热压温度高于 250℃时，复合材料层合板的力学性能随着温度的升高而降低。从图中可以看出，在 250℃时复合材料层合板的拉伸强度、拉伸模量、弯曲强度和弯曲模量比 240℃时分别提高了 7.6%、7.4%、5.8%和 5.7%。当温度上升时，尼龙 6 树脂的黏度逐渐降低，树脂的流动性增强，有利于浸渍纤维，因此随着温度升高，力学性能逐渐升高。而当热压温度高于 250℃时，树脂黏度进一步降低，树脂的流动将导致单向连续玻璃纤维可能发生弯曲，进而引起树脂富集区，甚至造成树脂在高温下发生部分降解，降低力学性能。实验发现，260℃、270℃时复合材料层合板的拉伸强度比 240℃分别降低了 8.2%、13.7%，拉伸模量分别降低了 0.4%、4.6%，弯曲强度分别降低了 1.1%、10.3%。因此，240～250℃是玻璃纤维/尼龙 6 复合材料层合板最适合的成型温度区间。

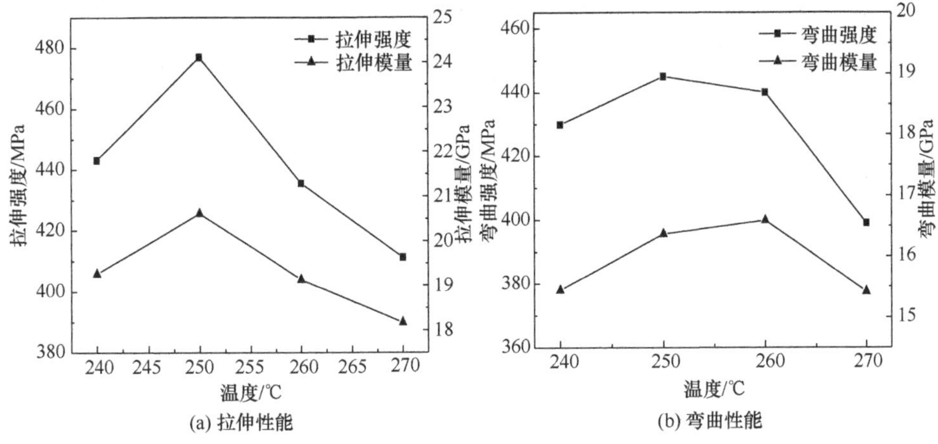

(a) 拉伸性能　　(b) 弯曲性能

图 4.52　热压温度对玻璃纤维/尼龙 6 复合材料层合板力学性能的影响

图 4.53 是在不同热压温度下制得的玻璃纤维/尼龙 6 复合材料层合板的横截面 SEM 照片。可以看出，在较低温度 240℃、250℃下制得的复合材料，纤维分布较为均匀，无明显的富树脂区；260℃、270℃下制得的复合材料，纤维分布不均，局部分散较大，存在较明显的富树脂区，这与测得的力学性能结果一致。

图 4.54 是在不同热压温度下制得的复合材料层合板试样的拉伸断口 SEM

照片。从图中可以看出,复合材料断裂不整齐,破坏发生在多个层面。240℃下制得的试样的断裂形貌显示出纤维的浸渍效果非常差,界面发生的破坏方式为脱黏破坏。随着温度的升高,从250℃、260℃、270℃下分别制得的试样的断裂形貌图可以看出,暴露的纤维表面覆盖着树脂,树脂呈现柔性形变,界面发生的破坏方式为树脂基体内部破坏。这说明温度升高后增强了玻璃纤维/尼龙6的界面黏结性能,在外界加载时,纤维能更有效地传递载荷。

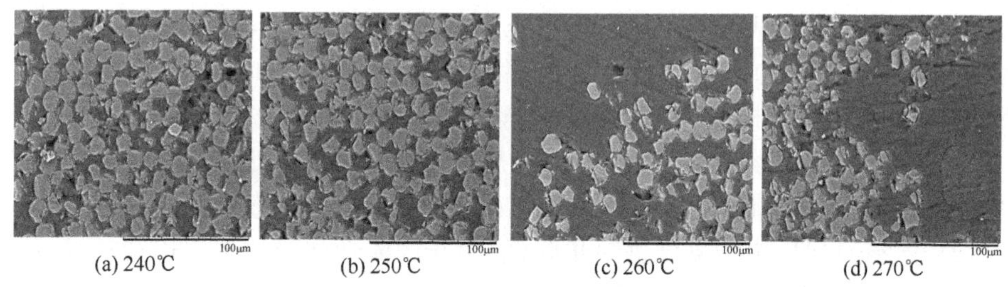

(a) 240℃ (b) 250℃ (c) 260℃ (d) 270℃

图4.53 不同热压温度下试样横截面形貌

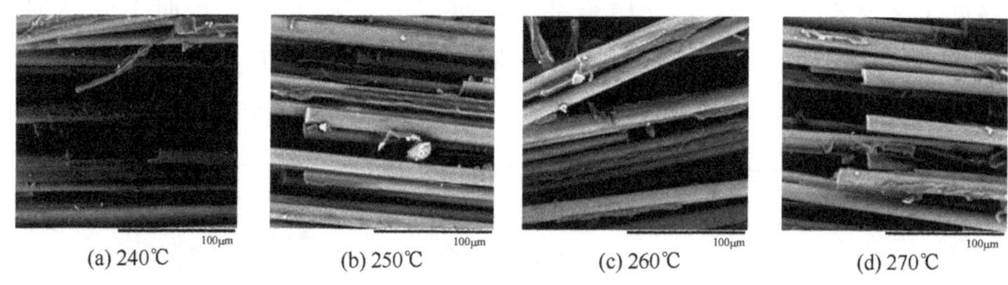

(a) 240℃ (b) 250℃ (c) 260℃ (d) 270℃

图4.54 不同热压温度下试样的拉伸断口形貌

2. 成型压力对复合材料层合板性能的影响

成型压力对纤维的浸润和复合材料的界面有着直接的影响。在熔融温度以上,尼龙6树脂的黏度依然较大(>100Pa·s),必须通过施加压力使树脂可以向层间及层内流动进行迁移渗透。此外,对于多层叠加层压时,加压可以进一步减小层与层间的空隙,提高复合材料层合板的力学性能。

当热压温度为250℃、热压时间为10min时,在不同成型压力下制得的玻璃纤维/尼龙6复合材料层合板的力学性能如图4.55所示。从图中可见,随着压力的增大,复合材料层合板的力学性能逐渐增大。当压力大于3.5MPa时,拉伸、弯曲性能随着压力的增大而逐渐减小,而层间剪切性能则随着压力的增大继续逐渐增大。当压力为3.5MPa时,拉伸和弯曲性能分别为拉伸强度476MPa、拉伸模量20.61GPa和弯曲强度445MPa、弯曲模量16.37GPa。当压力开始增大时,有利于熔融树脂的流动,浸渍性变好,并使层压板密实减少了空隙。但当压力超过一定值时,过高的压力容易使玻璃纤维发生弯曲改变了纤维的取向,形成富树脂区,引起复合材料层合板力学性能的大幅下降。

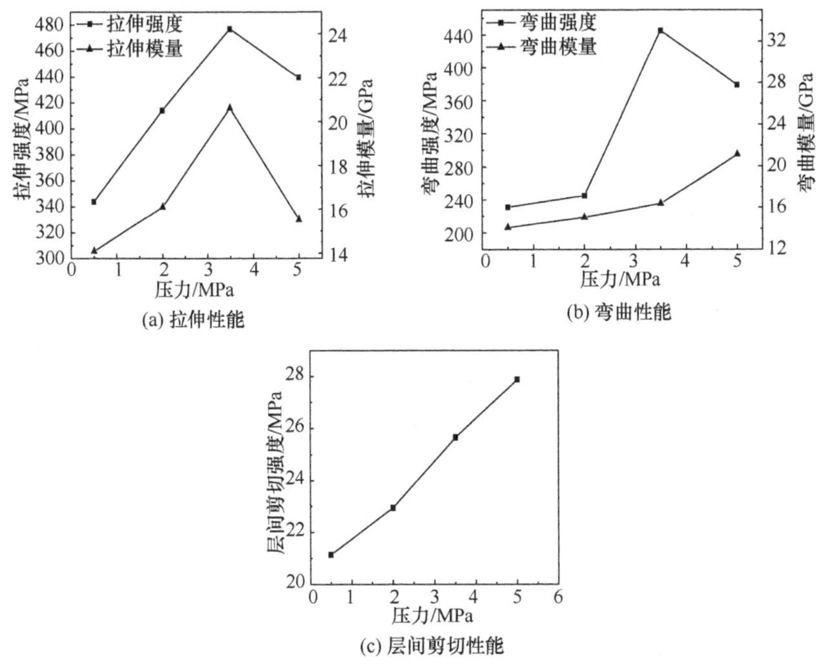

图 4.55　成型压力对玻璃纤维/尼龙 6 复合材料层合板力学性能的影响

从图 4.56 可以看出,成型压力对复合材料层合板的孔隙率有着重要的影响,随着成型压力的增大,层合板的层间剪切强度逐渐提高,孔隙率从 1.8%降低到 0.3%。这说明压力的增大可以提高层与层之间的结合程度,降低整个复合材料的孔隙率。

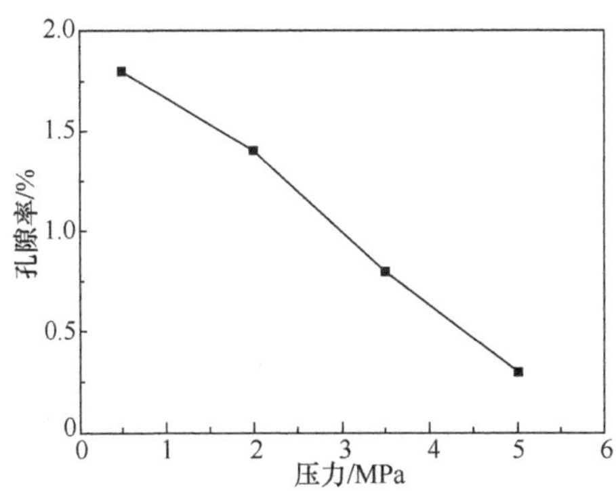

图 4.56　玻璃纤维/尼龙 6 复合材料层合板孔隙率随成型压力变化曲线

3. 热压时间对复合材料层合板力学性能的影响

热压时间的长短影响树脂基体对纤维片层的浸透程度，时间越长越有利于浸渍纤维，但也会引起树脂降解及老化等现象。同时，热压时间对多余树脂的挤出也有重要的作用，进一步影响复合材料层合板的纤维体积含量、纤维分布的均匀性以及树脂的富集等。因此，研究热压时间对复合材料层合板的力学性能影响具有重要意义。

当成型压力为 3.5MPa、热压温度为 250℃时，在不同热压时间下测得的玻璃纤维/尼龙 6 复合材料层合板的力学性能如图 4.57 所示。从图中可以看出，随着热压时间的延长，复合材料层合板的拉伸性能、弯曲性能均呈现先增大后降低的趋势。当热压时间为 10min 时，复合材料层合板的力学性能最佳，比热压时间为 5min 时制得的复合材料层合板的拉伸强度、弯曲强度、拉伸模量和弯曲模量分别提高了 16%、111%、38%和 29.3%。当热压时间超过 10min 时复合材料层合板的力学性能逐渐下降，当热压时间为 20min 时，复合材料层合板的拉伸强度、弯曲强度、拉伸模量和弯曲模量比 10min 时分别降低了 34.4%、40.4%、40.7%和 22%。可见，当热压时间小于 10min 时，随着时间的延长有利于树脂浸渍纤维，复合材料的力学性能也提高；当热压时间超过 10min 时，随着时间的延长树脂的黏度逐渐变大并发生分解，使得复合材料力学性能逐渐下降。因此，玻璃纤维/尼龙 6 复合材料层合板的热压时间为 10min 时较为合适，最佳工艺条件下制得试样的微观结构如图 4.58 所示。可以看出，连续纤维比较平直，在树脂中分布均匀，无明显空隙，浸润情况非常好。

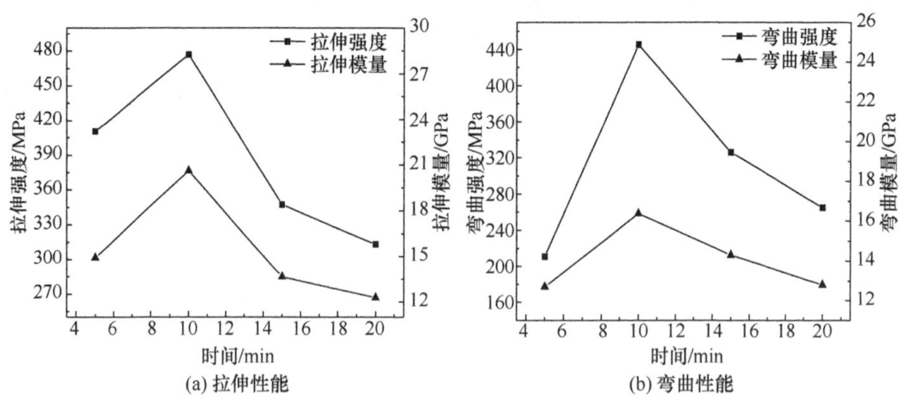

图 4.57 热压时间对玻璃纤维/尼龙 6 复合材料层合板力学性能的影响

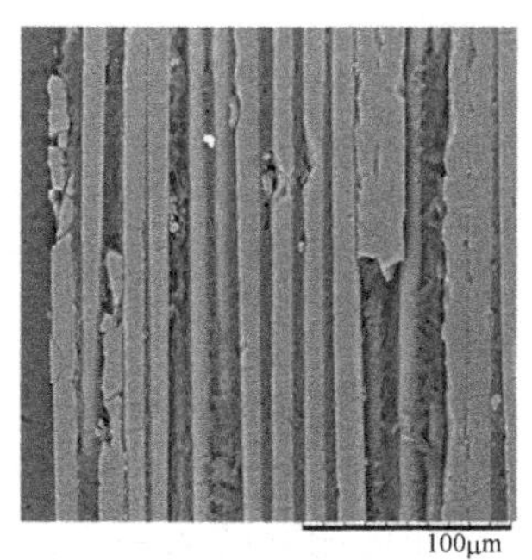

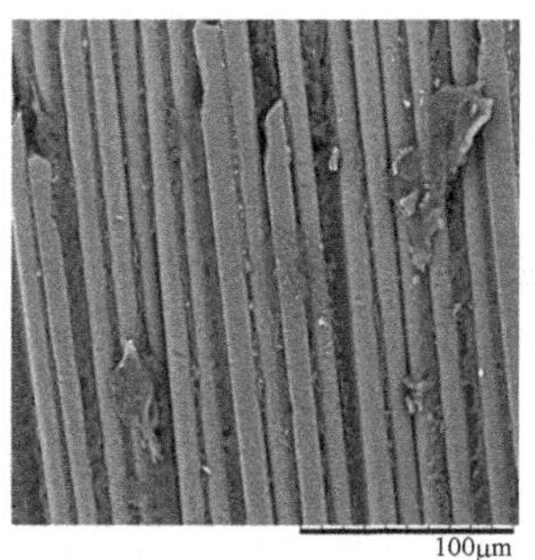

图 4.58　玻璃纤维/尼龙 6 复合材料层合板侧面 SEM 照片

4. 不同纤维体积含量对复合材料层合板性能的影响

在复合材料体系中，增强材料承受 70%～90%的载荷，所以纤维体积含量对复合材料的力学性能起着决定性的作用。在通过实验确定的最佳成型工艺参数(温度 250℃、压力 3.5MPa、热压时间 10min)条件下，测试不同纤维体积含量对玻璃纤维/尼龙 6 复合材料层合板力学性能的影响情况。如图 4.59 所示，随着纤维体积含量的增加，玻璃纤维/尼龙 6 复合材料层合板的力学性能逐渐增加。纤维体积含量为 52%时复合材料层合板的拉伸强度、弯曲强度、拉伸模量和弯曲模量比纤维体积含量为 40%时分别提高了 14.23%、53.46%、33.37%和 15.75%。当纤维体积含量超过 45%时，复合材料层合板力学性能的变化随着纤维体积含量的增大逐渐趋于平缓，并非理论上预期的线性增加。这主要是由于热塑性树脂黏度较大，浸渍纤维比较困难，当树脂含量低时难以充分浸渍纤维，使得纤维不能有效地传递应力，所以复合材料层合板力学性能的提高受到限制。

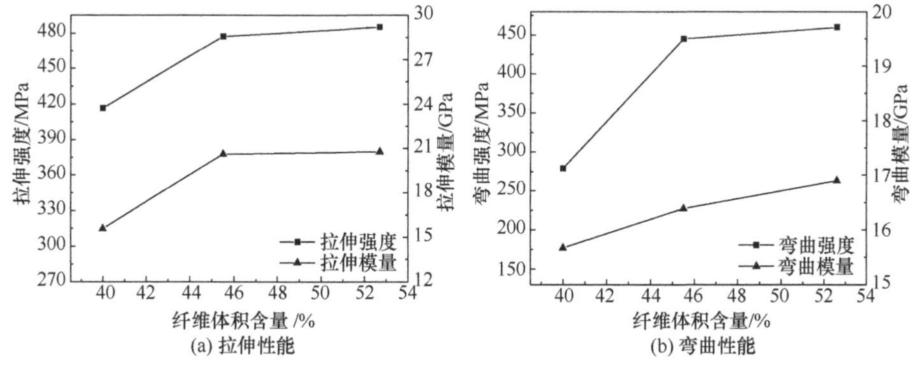

图 4.59　不同纤维体积含量对玻璃纤维/尼龙 6 复合材料层合板力学性能的影响

4.4.3 热处理对复合材料层合板结构和性能的影响

1. 热处理时间对复合材料层合板力学性能的影响

图 4.60 为在 180℃条件下不同热处理时间对玻璃纤维/尼龙 6 复合材料层合板拉伸、弯曲性能的影响。可以看出,对于快速冷却的样品,退火处理可以适当提高其力学性能。经过热处理数小时后其拉伸性能有所提高,但提高幅度不大。这主要是因为在复合材料拉伸试样中,增强纤维的力学性能要远远大于树脂基体的力学性能,改变基体的结晶性能对材料总体拉伸性能影响不大。经过热处理后复合材料弯曲性能有一定程度的提高,且随着热处理时间的延长呈现逐渐增大的趋势。退火 10h 后弯曲强度比未退火时提高了 18%,弯曲模量提高了 20%。热处理后提高了 PA6 晶体的完善程度,使分子链之间的作用力相互加强,形成了相互贯穿的网络,在一定程度上提高了其弯曲性能,所以弯曲性能随着热处理时间的延长呈现逐渐增大的趋势[30]。

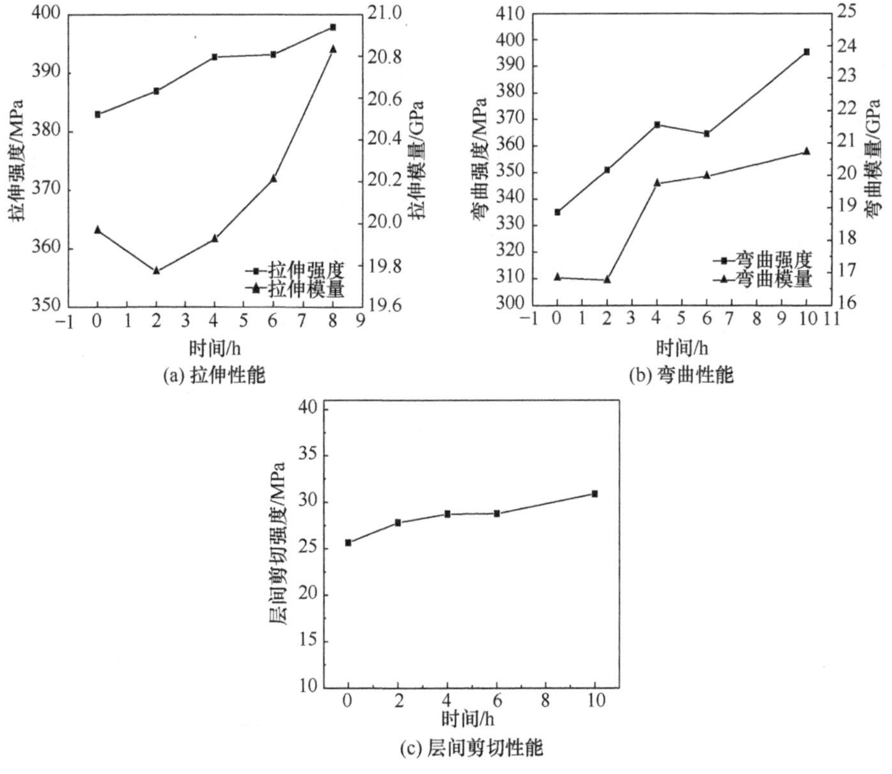

图 4.60 180℃下不同热处理时间的力学性能

从图 4.60 可以看出,热处理后改善了层间剪切性能,随着热处理时间的延长,剪切强度逐渐变大,退火 10h 后剪切性能比未退火时提高了 20.38%。这主要是由于复合材料的剪切强度与纤维树脂界面黏结强度和基体树脂强度相关。经过处理后基体的结晶度提高，PA6 分子链间结合强度提高，使基体与纤维的结合增强，材料所受的残余热应力减小[31]，表现为剪切强度有较大的提高。

2. 热性能

图 4.61 是经过不同热处理时间后玻璃纤维/尼龙 6 复合材料的 DSC 升温曲线。可以看出，随着热处理时间的延长，热熔融焓逐渐增大，表明复合材料结晶程度逐渐完善，发生了由非晶相向晶相的转变。

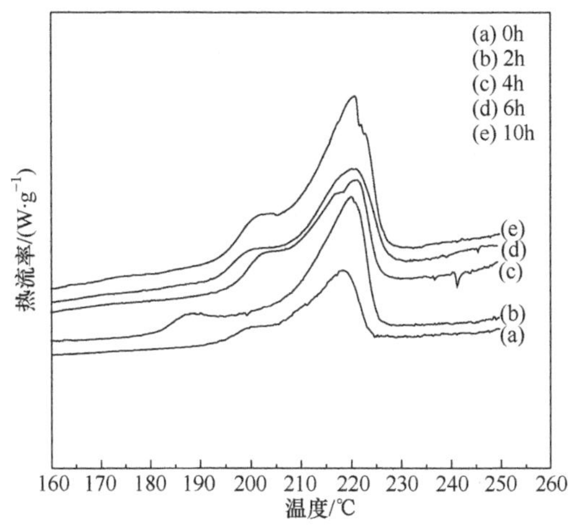

图 4.61　180℃下不同热处理时间的 DSC 升温曲线

得到曲线的熔融放热焓后，根据结晶度计算公式可计算出经过不同热处理时间后的结晶度，结果如图 4.62 所示。随着热处理时间的延长，材料的结晶度逐渐

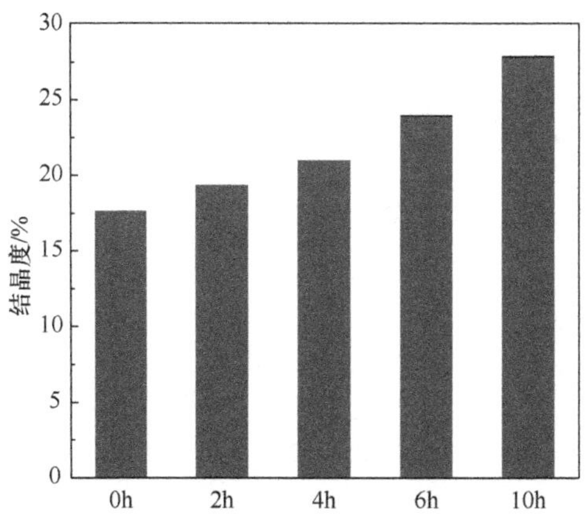

图 4.62　不同热处理时间对试样结晶度的影响

增大,说明热处理促进了PA6分子链由非晶相向晶相的转变,使结晶完善程度提高。对比快速冷却纯PA6的结晶度,其值均要高于加入玻璃纤维后的结晶度,说明玻璃纤维阻碍了PA6分子链的规整排列,阻碍了结晶。但经过充分的热处理时间后,其结晶度已经接近了快速冷却纯PA6的结晶度,证明经过热处理后确实能使分子链充分运动,提高其结晶度。

4.5 基于VAT技术的复合材料缝合技术[32]

缝合层间增强法是采用强度较高、耐磨损的缝合线(如芳纶纤维)通过缝合设备对纤维铺层织物进行缝合,使其在垂直于铺层平面的方向上得到增强,从而达到提高层间性能的目的[33]。缝合式层间增强技术通过对二维织物在厚度方向上的缝合使纤维预成型体具有了三维织物的立体结构性能,能很大程度地提高复合材料层合板的抗分层能力,获得整体性能较好的制件。国内外对复合材料缝合技术开展过大量的理论和实验研究,并在工程领域得到广泛的应用。VAT技术不仅可以制备纤维预成型体,也可以对纤维铺层材料进行缝合,为复合材料的缝合提供一种新的技术途径。

4.5.1 基于VAT技术的缝合复合材料层合板的制备

VAT技术可通过常用的改进锁式缝合(图4.63)制备缝合纤维预成型体。实验分别采用400D无捻芳纶纤维和200D加捻芳纶线作为缝合线和缝合底线,按设置的缝合方式和缝合密度(行距(mm)×针距(mm):0×0、8×8、5×5、3×3),通过纤维变角度牵引铺缝机对10层玻璃纤维方格布进行缝合进而得到缝合的纤维预成型体(图4.64)。然后采用真空辅助注射成型和环氧树脂将缝合的纤维预成型体制备成复合材料层合板,再进行复合材料力学性能测试。

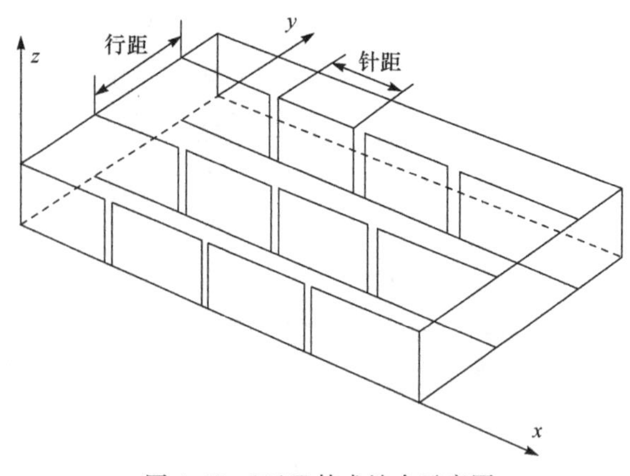

图4.63　VAT技术缝合示意图

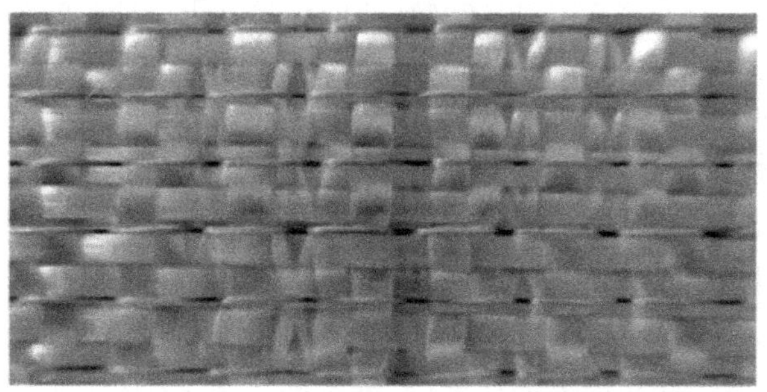

图 4.64　VAT 技术缝合的纤维预成型体

4.5.2　缝合对复合材料面内力学性能的影响

1. 缝合密度对复合材料层合板纤维体积含量的影响

缝合密度对缝合玻璃纤维/环氧复合材料层合板纤维体积含量的影响如图 4.65所示。可以看出,随着缝合密度的提高,纤维体积含量增大。在改进的锁式缝合过程中,缝合线在一定张力作用下引入纤维束间,受拉的缝合线使得纤维之间挤压得更加密实,纤维束之间的空隙变小,因此纤维体积含量有所提高,这是缝合带来一种的"挤压效应"。由于缝合密度引起复合材料层合板纤维体积含量的变化,进而对复合材料层合板的力学性能带来影响。

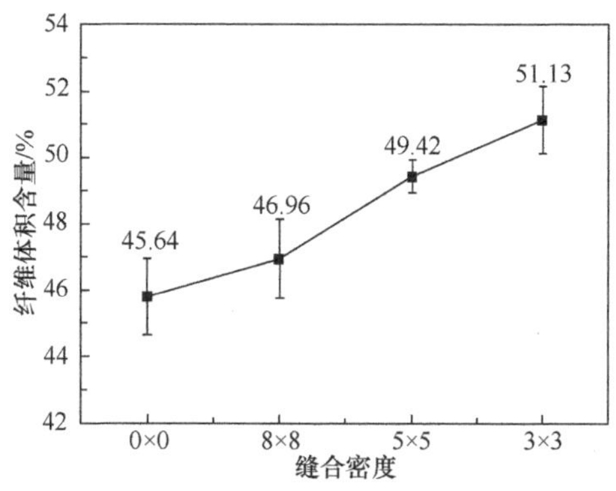

图 4.65　缝合密度对缝合复合材料层合板纤维体积含量的影响

2. 缝合密度对复合材料层合板拉伸性能的影响

缝合密度对缝合复合材料层合板拉伸性能的影响如图 4.66 所示。随着缝合密度的提高,复合材料层合板的拉伸强度呈现整体下降的趋势,其中 3×3 缝合试样的拉伸强度下降最为严重,达 7.3%,缝合密度为 8×8 和 5×5 的两个试样的拉伸强度相差不大。一方面,缝合可能导致面内纤维发生弯曲和断裂,纤维断裂相对较少可以忽略,但是面内纤维的弯曲及其所带来的缝合针脚处富树脂区对拉伸强度会产生较大的影响。缝合预成型体的表面缝合针脚处的纤维如图 4.64 所示。可以看出,缝合针脚处的纤维发生弯曲,形成无纤维区。如图 4.67 所示,在复合材料层合板成型后缝合线之间形成了表面富树脂区。富树脂区强度低下容易成为裂纹和应力集中的起始点。在载荷传递过程中,裂纹向周围的富树脂区扩展延伸形成较大的富树脂带,使复合材料层合板的拉伸强度下降。另一方面,缝合带来的"挤压效应"使纤维之间挤压更加密实,纤维束间空隙变小,纤维体积含量增加,使拉伸强度有所提高。"挤压效应"在一定程度上可抵消部分纤维弯曲和富树脂区的负面作用,因此缝合对复合材料层合板的拉伸性能造成一定的损伤,其影响程度是这两种作用相互竞争的结果。

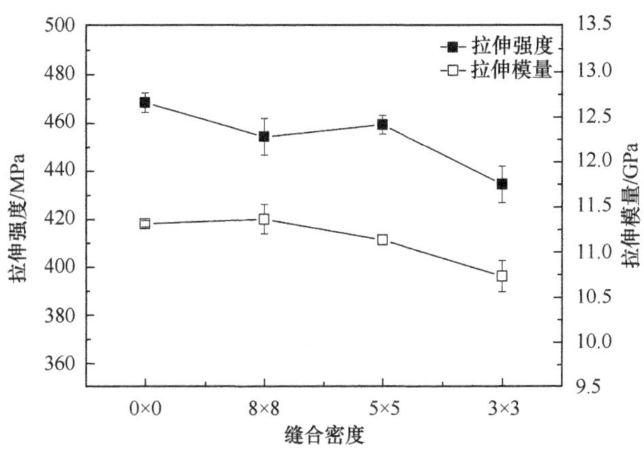

图 4.66　缝合密度对缝合复合材料层合板拉伸性能的影响

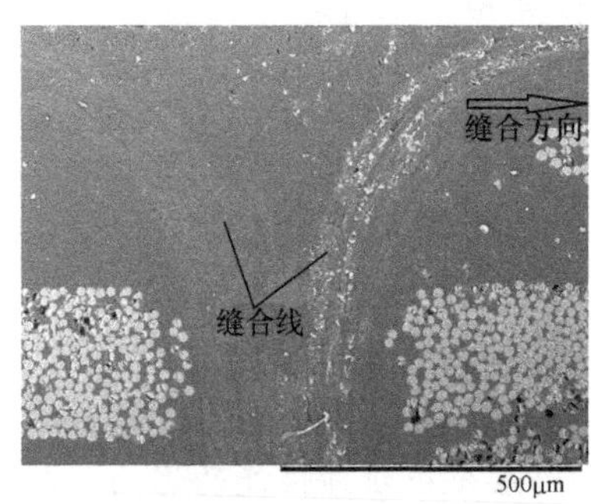

图 4.67　缝合复合材料层合板缝合针脚处富树脂区 SEM 照片

从图 4.66 还可以看出,缝合密度对缝合复合材料的刚度影响不大,变化幅度在 5%以内。随着缝合密度的增大,拉伸模量呈现先升高后下降的趋势,8×8 复合材料试样的拉伸模量最大，3×3 复合材料试样的拉伸模量最小。缝合复合材料层合板的面内拉伸模量主要取决于铺层纤维的轴向模量，在缝合过程中，芳纶缝合线的引入造成了纤维体积含量和纤维顺直性的改变以及纤维的断裂，这是影响层合板面内拉伸模量的 3 个主要因素，其中实际缝合过程造成的纤维断裂比例很小，对拉伸模量的改变很微弱，可以忽略不计。缝合带来的“挤压效应”使纤维体积含量增加，有利于面内拉伸模量的提高。这种“挤压效应”可由归一化模量趋势的变化进一步证明和解释。另外，缝合线的引入使针脚附近纤维发生局部弯曲变形，使铺层纤维轴向的顺直度降低，导致弹性模量降低。图 4.68 是缝合复合材料层合板试样的剖面微观结构 SEM 照片。可以看到，未缝合试样和 8×8 缝合试样的纤维顺直度差别很小，此时缝合带来的“挤压效应”使 8×8 缝合试样的拉伸模量增大。从图 4.68 中还可以看到，随着缝合密度的增大，纤维弯曲程度加剧，顺直度逐渐降低，因此使缝合层合板的面内拉伸模量逐渐降低。可见，缝合对层合板面内拉伸模量的影响主要是缝合带来的“挤压效应”与纤维顺直度变化相互作用的结果，缝合密度较小时，缝合提高了层合板的面内拉伸模量，而缝合密度较大时，拉伸模量有所降低。

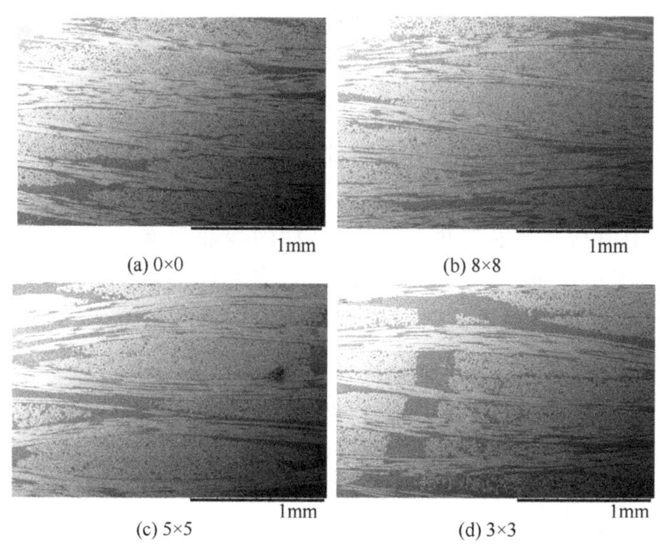

图 4.68　缝合复合材料层合板剖面的 SEM 照片

缝合密度对缝合复合材料层合板归一化拉伸性能的影响如图 4.69 所示。从图中可以看出，归一化拉伸强度和模量随着缝合密度的提高呈现整体下降的趋势，且下降幅度随着缝合密度的增大而增大。对复合材料层合板的拉伸性能进行归一化处理可以消除缝合带来的“挤压效应”对复合材料力学性能的影响，可以看出，缝合所带来的针脚富树脂区和导致的纤维顺直度下降对拉伸性能造成一定的损伤，使拉伸强度逐渐下降。同时，对比缝合密度对拉伸性能和归一化拉伸性能的影响，可以看到，缝合带来的"挤压效应"使拉伸性能提高，进一步证实了缝合对拉伸性能的影响及其影响程度是缝合所带来的纤维"挤压效应"、纤维顺直度下降与纤维弯曲及其带来的富树脂区之间相互作用的结果。

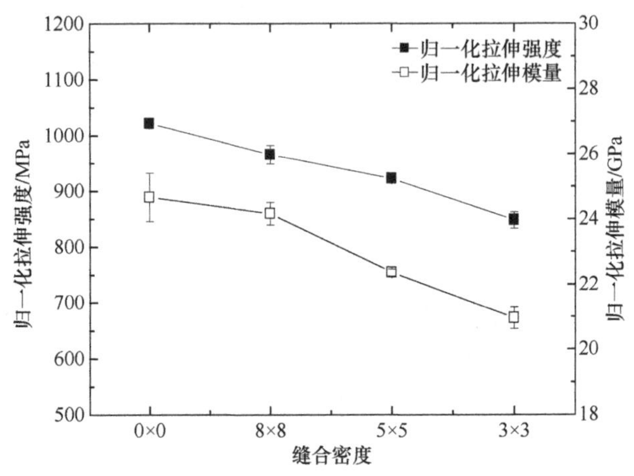

图 4.69　缝合密度对缝合复合材料层合板归一化拉伸性能的影响

3. 缝合密度对试样弯曲性能的影响

缝合密度对缝合复合材料层合板弯曲性能的影响如图 4.70 所示。从图中可以看出，缝合对层合板弯曲强度的影响较小，随着缝合密度的增大，复合材料的弯曲强度呈现先上升后下降的趋势；而缝合试样的弯曲强度呈现整体逐渐下降的趋势，8×8 复合材料层合板弯曲强度最大，3×3 复合材料层合板弯曲强度最小。缝合密度较低时纤维弯曲损伤较小，富树脂区也较少；同时，纤维"挤压效应"使复合

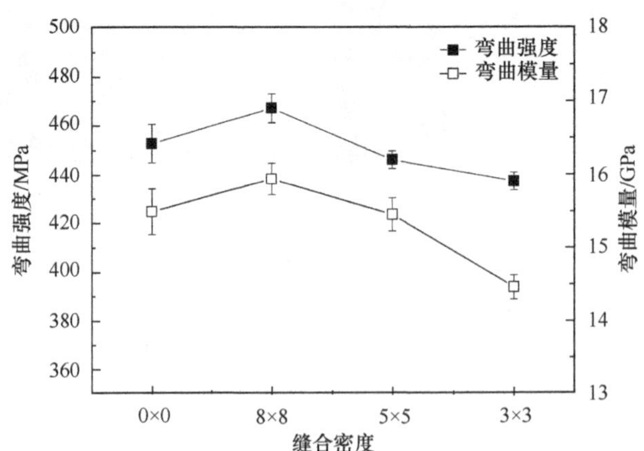

图 4.70　缝合密度对缝合复合材料层合板弯曲性能的影响

材料的纤维体积含量略增，层间缝合可减缓分层现象，因此复合材料层合板的弯曲强度有一定的提高。随着缝合密度增大，纤维弯曲损伤也逐渐增大，容易形成较大的富树脂带，抵消了纤维“挤压效应”和缝合线的减缓分层作用，使得复合材料弯曲强度略有下降。因此，缝合对复合材料层合板弯曲强度的影响主要是纤维“挤压效应”、缝合线抑制分层作用与纤维弯曲及其带来的富树脂区相互竞争的结果。

从图 4.70 中还可以看出，缝合对层合板的弯曲模量有一定的影响，与缝合对弯曲强度的影响趋势相似。随着缝合密度的增大，复合材料的弯曲模量随缝合密度增大先升高后下降；而缝合试样的弯曲模量呈现整体逐渐下降的趋势，8×8 复合材料层合板的弯曲模量最大，3×3 复合材料层合板的弯曲模量最小，下降了 6.7%。当缝合密度较小时，如 8×8，纤维的顺直度与无缝合时非常接近，同时缝合带来的“挤压效应”使纤维体积含量增加，因此复合材料层合板的弯曲模量有所增大；当缝合密度增大时，如 5×5，缝合带来的“挤压效应”与缝合导致的纤维弯曲所产生的负面影响相抵消，因此缝合与未缝合复合材料层合板的弯曲模量相差不大；当缝合密度进一步增大时，如 3×3，纤维的弯曲程度较大并且较为密集，使得复合材料层合板的弯曲模量下降。因此，缝合对弯曲模量的影响程度和趋势是缝合所带来的纤维“挤压效应”与纤维弯曲变化相互作用的结果。

缝合密度对缝合复合材料层合板归一化弯曲性能的影响如图 4.71 所示。从图中可以看到，归一化弯曲强度和模量随着缝合密度的提高呈现整体下降的趋势。一方面，缝合所带来的针脚处富树脂区对弯曲强度带来一定的影响。另一方面，对比缝合密度对弯曲性能和归一化弯曲性能的影响，可以看到，缝合带来的“挤压效应”使弯曲性能提高，进一步证实了缝合对弯曲性能的影响及其影响程度是缝合所带来的纤维“挤压效应”、缝合线的减缓分层作用与纤维弯曲及其带来的富树脂区之间的相互作用结果。

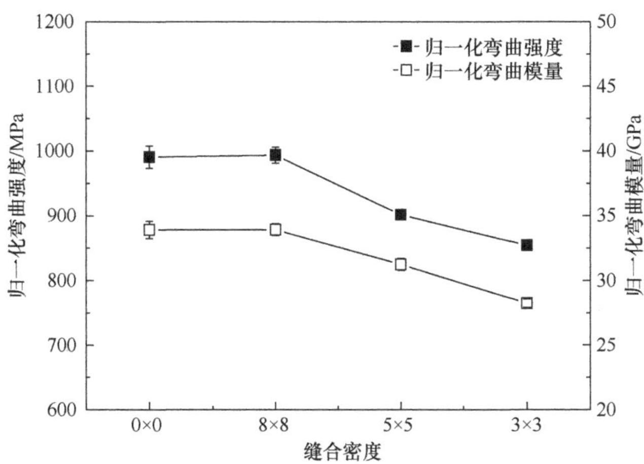

图 4.71　缝合密度对缝合复合材料层合板归一化弯曲性能的影响

4. 缝合密度对试样层间剪切强度的影响

缝合密度对缝合复合材料层合板层间剪切强度的影响如图 4.72 所示。从图中可以看到,与未缝合试样相比,缝合试样层间剪切强度呈现整体上升的趋势,最高达 7.7%,而不同缝合密度对试样的层间强度几乎没有影响。未缝合的试样在发生层间剪切破坏时,主要是层间承受剪应力,发生层间基体树脂的剪切破坏。缝合线的引入以及缝合密度的提高使层间剪切破坏机理发生变化,由原来单一的基体剪切破坏变为基体剪切破坏和缝合线的剪切与拉伸破坏。缝合线的拉伸变形需要消耗一部分能量,缝合线抑制了裂纹的扩展,使层间剪切强度提高。缝合复合材料层合板层剪切破坏剖面微观结构扫描图如图 4.73 所示。从图 4.73(a)中可以看到,裂纹在纤维束间进行扩展,且裂纹也出现了跨层扩展,说明复合材料层合板的面内纤维和纤维束之间均出现了破坏;从图 4.73(b)中进一步看到,裂纹在扩展到缝合线附近时,沿缝合线扩展,裂纹扩展方向发生改变,说明缝合线阻止了裂纹的扩展,有效地抵抗了缝合复合材料层合板的分层问题。另外,方格布层叠处存在空隙,在注胶固化成型后,层与层之间易形成较小的富树脂区;而缝合线的引入将这些缺陷贯通起来,形成厚度方向的薄弱富树脂区,一定程度上抵消缝合线带来的积极作用,层间剪切强度随缝合密度变化不大。可见,缝合改善了复合材料层合板的层间性能,层间剪切强度有了一定的提高,主要是缝合线引入的破坏机理变化和缝合导致的薄弱富树脂区相互作用的结果。

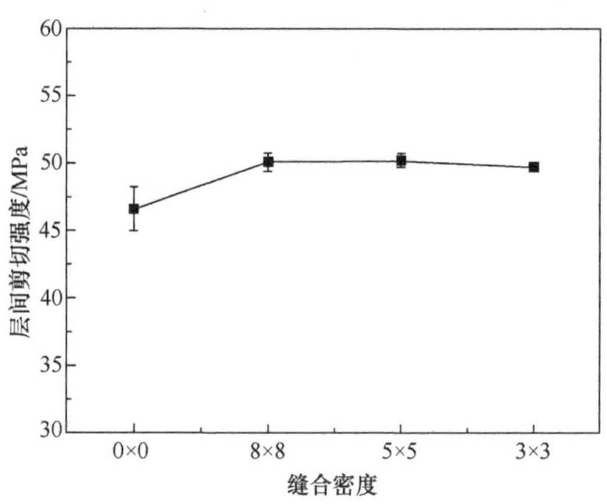

图 4.72　缝合密度对缝合复合材料层合板层间剪切强度的影响

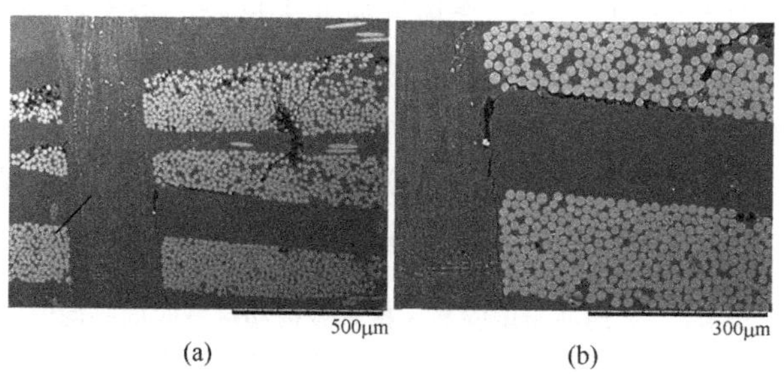

图 4.73　缝合复合材料层合板层剪破坏剖面 SEM 照片

4.5.3　缝合对复合材料低速冲击响应和损伤的影响

1. 接触载荷历程

冲击试验开始，锤头向下运动，载荷传感器记录锤头与缝合层合板上表面开始接触到锤头与缝合层合板分离整个过程的接触载荷的变化。典型缝合玻璃纤维/环氧复合材料层合板(5×5)在低速冲击试验中的接触载荷历程如图 4.74 所示。从图中可以看出，5×5 缝合试样在不同能量冲击下的接触载荷随时间的变化曲线都近似于正弦曲线状变化，呈现较为规则的波动，接触载荷随时间经历了第一个拐点、第二个拐点和最大接触载荷后卸载。不同能量冲击下，曲线的变化形式基本相同，说明低速冲击过程中的冲击损伤过程与冲击能量关系不大。冲击过程中的最大接触载荷随冲击能量增大逐渐增加，而接触时间随冲击能量的增大略有下降。

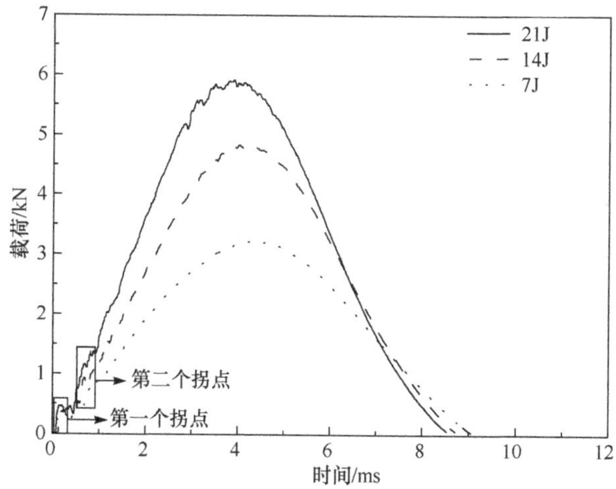

图 4.74　典型试样(5×5)在低速冲击试验中接触载荷与时间的关系曲线

其他缝合密度的试样在不同能量冲击下接触载荷与时间的关系曲线同典型试

样(5×5)相似。实验测得的缝合层合板低速冲击试验的最大接触载荷和接触时间平均值见表4.3。冲击过程中的最大接触载荷随着冲击能量增大而逐渐增加，而接触时间随着冲击能量增大呈现整体下降的趋势；在同一冲击能量下，冲击过程中的最大接触载荷和接触时间随着缝合密度的增大变化不大，波动幅度在5%以内，说明缝合密度对缝合层合板的冲击载荷历程影响很小。

表4.3　低速冲击试验最大接触载荷和接触时间平均值

试验编号	缝合密度	冲击能量/J	最大接触载荷/kN	接触时间/ms
1	0×0	21	5.81	8.63
2	8×8	21	5.86	8.56
3	5×5	21	5.86	8.57
4	3×3	21	5.92	8.46
5	0×0	14	4.76	8.88
6	8×8	14	4.74	8.92
7	5×5	14	4.83	8.68
8	3×3	14	5.00	8.57
9	0×0	7	3.17	8.84
10	8×8	7	3.16	9.15
11	5×5	7	3.20	9.11
12	3×3	7	3.32	8.96

2. 能量吸收历程

冲击试验开始，锤头向下运动，传感器记录锤头开始接触缝合层合板上表面到锤头与缝合层合板分离整个过程吸收能量的变化。典型缝合玻璃纤维/环氧复合材料层合板(5×5)在不同能量(21J、14J、7J)冲击下的吸收能量与时间的关系如图4.75所示。从图中可以看出，锤头刚接触到复合材料上表面记为时间零点，在0～2ms，吸收能量随着时间增加缓慢上升；在2～4.5ms，吸收能量随着时间增加较为迅速并且达到吸收能量的最大值(变形位移最大值)；继而锤头开始反向回弹，缝合层合板释放存储的弹性形变能，吸收能量随着时间增加缓慢下降；在9ms位置附近锤头与层合板分离，吸收能量趋于恒定值。因此，冲击过程中的最大吸收能量和最终吸收能量随冲击能量增大逐渐增加。

其他缝合密度的试样在不同能量冲击下吸收能量与时间的关系曲线同典型试

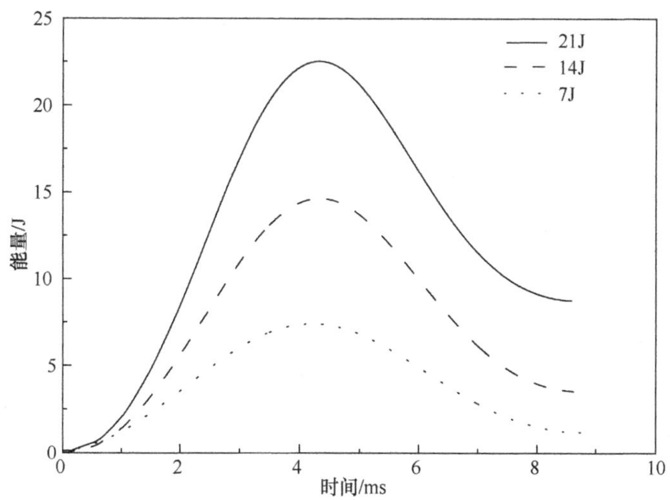

图 4.75　典型试样(5×5)在低速冲击试验中吸收能量与时间的关系曲线

样(5×5)相似,实验测得的缝合层合板低速冲击试验的最终吸收能量和能量吸收率的平均值见表 4.4。冲击过程中的最终吸收能量和能量吸收率随着冲击能量增大而逐渐增大;在同一冲击能量下,最终吸收能量和能量吸收率随着缝合密度的增大而逐渐增大。

表 4.4　低速冲击试验吸收能量和吸收率的平均值

试验编号	缝合密度	冲击能量/J	实际冲击能量/J	吸收能量/J	能量吸收率①/%
1	0×0	21	20.2	6.62	32.77
2	8×8	21	21.0	7.1	33.81
3	5×5	21	21.5	7.9	36.74
4	3×3	21	22.11	8.19	37.04
5	0×0	14	13.45	3.04	22.60
6	8×8	14	14.03	3.58	25.52
7	5×5	14	14.27	3.74	26.21
8	3×3	14	14.75	3.88	26.31
9	0×0	7	6.75	0.86	12.74
10	8×8	7	7.0	1.04	14.86
11	5×5	7	7.17	1.17	16.32
12	3×3	7	7.34	1.35	18.39

① 能量吸收率=吸收能量/实际冲击能量。

3. 变形位移历程

冲击试验开始，锤头向下运动，位移传感器记录锤头开始接触层合板上表面到锤头与缝合层合板分离整个过程变形位移的变化。典型缝合玻璃纤维/环氧复合材料层合板(5×5)在不同能量(21J、14J、7J)冲击下的变形位移与时间的关系曲线如图 4.76 所示。在不同能量冲击下复合材料层合板的变形位移随时间的变化曲线都近似于正弦曲线状变化，随着时间增加，锤头带动复合材料层合板向下移动；在 4.5ms 位置附近时，变形位移达到最大值；锤头继而开始做反向回弹，在 9ms 位置附近锤头与复合层合板分离，但还未达到初始原点位置，即复合材料层合板发生一定的塑性变形。因此，冲击过程对缝合复合材料层合板造成一定的变形，且最大变形位移和残余变形位移均随冲击能量增大逐渐增加。

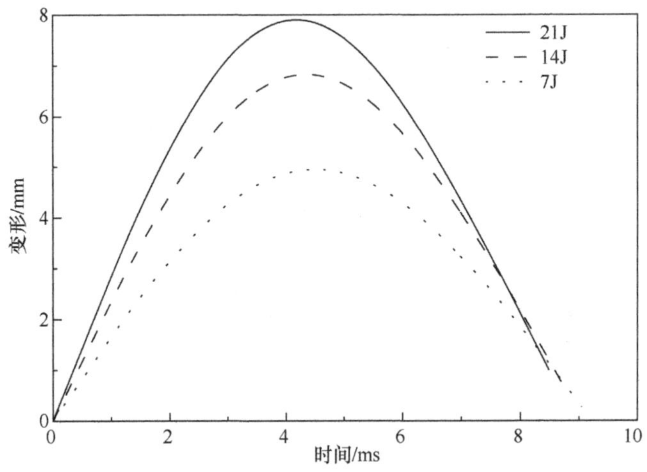

图 4.76　典型试样(5×5)在低速冲击试验中变形位移与时间的关系曲线

其他缝合密度的试样在不同能量冲击下变形位移与时间的关系曲线同典型试样(5×5)相似。实验测得缝合层合板低速冲击试验的最大变形位移和残余变形位移平均值见表 4.5。冲击过程中的最大变形位移和残余变形位移随着冲击能量增大而呈现整体上升的趋势；在同一冲击能量下，试样在冲击过程中的最大变形位移和残余变形位移随着缝合密度的增大逐渐下降。冲击过程所有试样的最大变形位移增大和减小的幅度在 10%以内，说明缝合密度对最大变形位移影响不大，而残余变形位移增大和减小的幅度在 20%，说明缝合密度对残余变形位移有一定的影响。残余变形位移是在冲击过程中复合材料层合板发生的塑性变形，在一定程度上可以体现层合板的损伤变形情况，残余变形位移随着缝合密度的增大逐渐下降，即材料的损伤变形随着缝合密度的增大逐渐减弱，说明缝合能够减弱缝合复合材料的损伤情况，提高材料的损伤阻抗。

表 4.5　低速冲击试验最大变形位移和残余变形位移平均值

试验编号	缝合密度	冲击能量/J	最大变形位移/mm	残余变形位移/mm
1	0×0	21	8.06	1.10
2	8×8	21	8.05	1.04
3	5×5	21	7.90	0.97
4	3×3	21	7.75	0.95
5	0×0	14	6.68	0.70
6	8×8	14	6.69	0.70
7	5×5	14	6.63	0.63
8	3×3	14	6.55	0.58
9	0×0	7	4.95	0.28
10	8×8	7	4.92	0.27
11	5×5	7	4.59	0.26
12	3×3	7	4.67	0.20

4. 冲击损伤面积

采用超声波 C 扫描仪可以检测缝合复合材料层合板在受到冲击后的损伤情况。不同缝合密度玻璃纤维/环氧复合材料层合板在不同能量冲击下的损伤情况如表 4.6 所示。可以看出，未缝合与缝合试样的低速冲击损伤形状相似，冲击损伤的投影近似为椭圆形，并且分层损伤具有一定的方向性，椭圆长轴多沿着缝合线铺放的方向。冲击损伤的形状和方向性说明缝合线改变裂纹在层合板中扩展的方向，体现了缝合线抑制裂纹传播和扩展的作用。缝合线冲击损伤的投影直径和投影面积随着冲击能量的增加而逐渐增大，在同一冲击能量下，冲击损伤的投影直径和投影面积随着缝合密度的增大逐渐下降，具体的损伤面积大小以及变化趋势见图 4.77。

表 4.6　不同缝合密度玻璃纤维/环氧复合材料层合板在低速冲击后超声 C 扫描图

冲击能量	0×0	8×8	5×5	3×3
21J	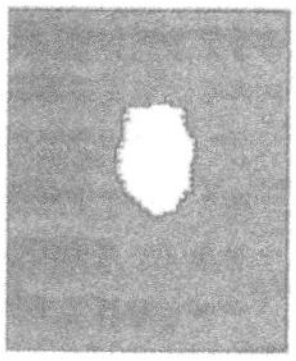		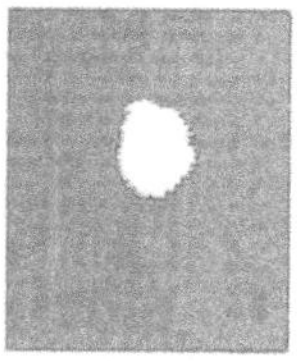	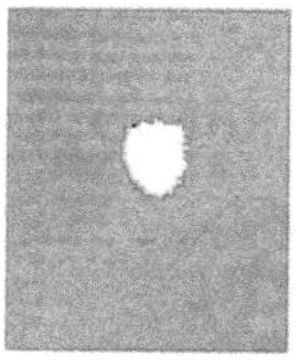

续表

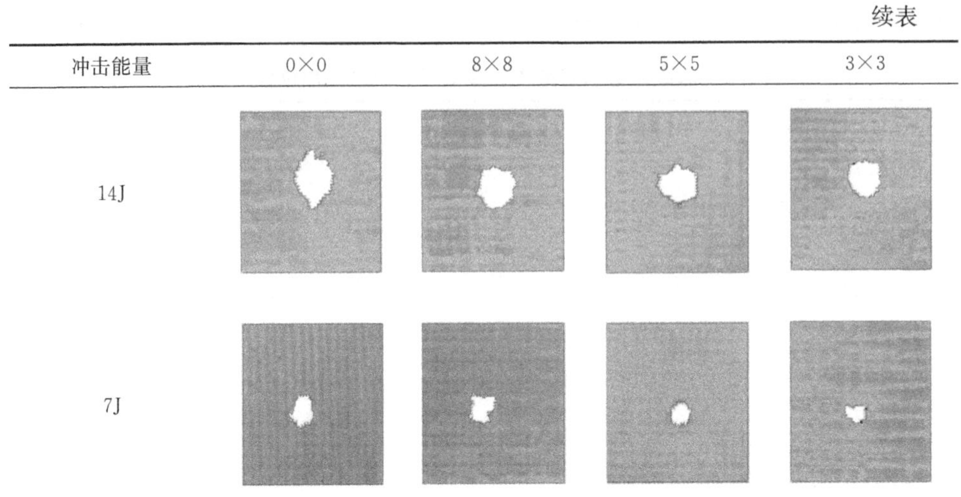

冲击能量	0×0	8×8	5×5	3×3
14J				
7J				

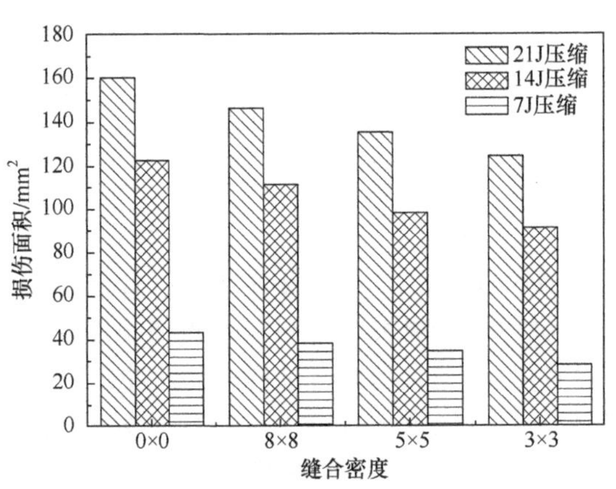

图 4.77　缝合密度对缝合复合材料层合板低速冲击损伤面积的影响

从图 4.77 可以看出，在同一缝合密度下，冲击损伤面积随着冲击能量增大逐渐增加，在 7J 能量冲击下损伤面积较小，随着能量的增大，损伤面积急剧增加；在同一冲击能量下，冲击损伤面积随着缝合密度的增大逐渐增加。在缝合复合材料低速冲击试验中，发生的破坏主要是基体的开裂、分层和纤维的断裂，当冲击能量较低时，损伤主要是基体的开裂和分层，损伤面积较小，然而随着冲击能量的增加，出现了冲击试样底部纤维的断裂，损伤面积增长较为迅速。未缝合与缝合试样的冲击损伤情况如图 4.78 所示。从图中可以看到，在 7J 能量冲击下试样的背面还是较为平整，只是发生基体的开裂和微小的分层；而在 21J 能量冲击下试样的背面有明显的凸起，甚至发生纤维的断裂，损伤主要是分层和纤维的断裂。可见，缝合线阻碍基体裂纹沿厚度方向的扩展，能够有效抑制分层的产生和损伤的扩展，这种作用随着缝合密度提高而更加强烈，使冲击损伤面积减小，提高缝合复合材料层合板的抗冲击性能。

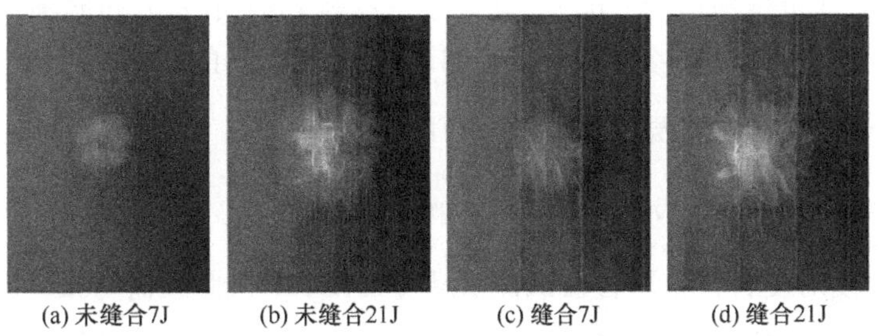

图 4.78　未缝合与缝合试样(5×5)在 7J 和 21J 冲击下的损伤形貌

5. 冲击后压缩强度

冲击后压缩强度(CAI)是反映复合材料层合板抗冲击性能的一个重要的指标。冲击能量和缝合密度对缝合复合材料层合板 CAI 的影响如图 4.79 所示。从图中可以看到，在同一冲击能量下，CAI 随着缝合密度的增大呈现整体逐渐增大趋势，在 21J 能量冲击下 CAI 随着缝合密度的增大而显著增加，增幅为 28%；在同一缝合密度下，CAI 随着冲击能量的减小呈现整体逐渐增大的趋势。

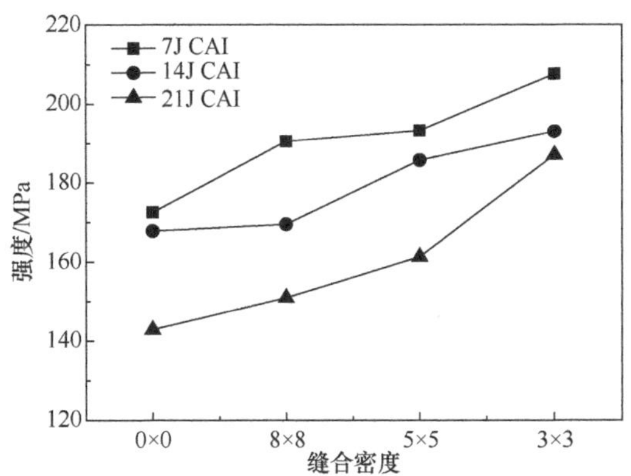

图 4.79　缝合密度对缝合复合材料层合板 CAI 的影响

在同一冲击能量下，CAI 随着缝合密度增大而提高的原因主要有两个：一是初始损伤面积，初始损伤面积随着缝合密度的增大而减小，初始损伤越小，发生压缩破坏需要的载荷越大，CAI 也就越大；二是缝合线的作用，在 CAI 测试过程中，裂纹由初始冲击损伤处逐渐向两侧扩展，扩展和破坏的过程中需要破坏缝合线的作用，然而缝合线抑制裂纹扩展与分层的作用随着缝合密度的增大而增大，发生压缩破坏需要的载荷越大,CAI 也就越大。在同一缝合密度下,缝合线的作用相同,初始损伤面积随着冲击能量的减小而减小,初始损伤越小发生压缩破坏所需要的载荷越大,CAI 也逐渐增大。因此,缝合复合材料 CAI 主要由初始损伤和缝合线的作用共同决定;缝合能够提高材料 CAI,显著改善材料的损伤容限。

4.5.4 缝合对复合材料层间断裂韧性的影响

1. 缝合密度对载荷与张口位移的影响

缝合密度对复合材料层合板试样双悬臂梁(DCB)试验载荷与张口位移的影响如图 4.80 所示。在达到最大载荷之前,载荷随张口位移增加呈现近似线性增长;在达到最大载荷以后,随着裂纹的继续扩展,载荷呈现整体下降的趋势。不同缝合密度试样 DCB 试验在达到最大载荷前,其载荷与张口位移曲线近似重合,随着缝合密度的增加,试样对应的最大载荷值也依次增大,其中 3×3 缝合试样对应的最大载荷值是未缝合试样对应的最大载荷值的 2.3 倍。

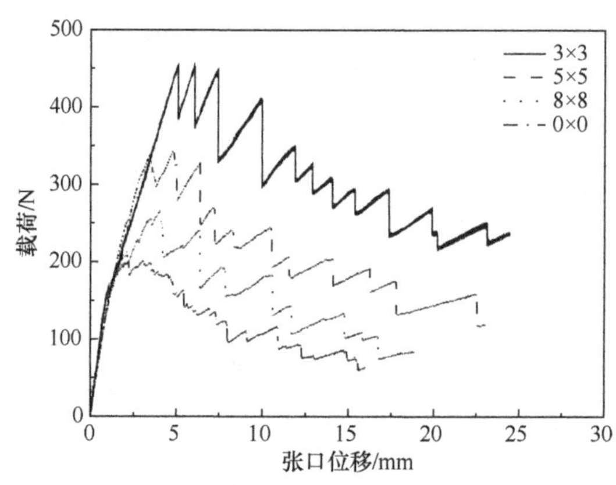

图 4.80 不同缝合密度试样的典型载荷与张口位移关系曲线

从图 4.80 还可以看出,未缝合试样的载荷与张口位移曲线是一个连续、逐渐变化的曲线,在达到最大载荷以后载荷随着张口位移的增加总体上呈现较稳定、较均匀的下降趋势。而缝合试样的载荷与张口位移曲线是一个循环、急剧变化的曲线,由于缝合线的作用,在裂纹持续传播过程中,破坏缝合线需要较大的载荷,因而在缝合线作用处载荷迅速增大,在缝合线被拉断以后,载荷又急剧下降,裂纹继续向下一个缝合线位置传播。不同程度载荷的迅速上升和急剧下降往复循环,呈现不连续、不稳定的裂纹扩展。可见,与未缝合复合材料层合板相比,缝合复合材料层合板的层间破坏需要相对较大的载荷,并随着缝合密度的增加逐渐增大,说明缝合线的存在能够有效阻止层间破坏和开裂。

2. 缝合密度对载荷与裂纹长度的影响

缝合密度对复合材料层合板 DCB 试验载荷与裂纹长度的影响如图 4.81 所示。可以看出，不同缝合密度试样 DCB 试验的平均载荷均随着裂纹长度的增加呈现整体下降的趋势；未缝合试样的 DCB 试验的平均载荷随裂纹长度的增加呈近似线性下降，而缝合试样的 DCB 试验的平均载荷随裂纹长度的增加呈起伏状下降。在同一裂纹长度下平均载荷值随着缝合密度的增加而增大，其中缝合试样(8×8、5×5和 3×3)在裂纹长度为 75mm 处的平均载荷较未缝合试样(0×0)依次提高 30%、83%和 151%，说明缝合密度越大，层间开裂破坏需要的载荷越大，层间断裂韧性性能越好。未缝合试样的层间性能主要取决于纤维/基体的界面，而缝合试样的层间性能主要取决于纤维/基体界面和缝合线的作用。在未缝合试样的 DCB 试验过程中，裂纹前沿只需要破坏纤维/基体界面，界面交联点相似，裂纹较稳定、均匀地向前扩展，因此载荷随着裂纹长度的增加呈近似线性下降；而缝合试样的 DCB 试验过程中，裂纹的扩展不仅需要破坏纤维/基体界面，还需要摆脱缝合纤维的束缚，从而使载荷随着裂缝长度的增加呈起伏状下降。可见，与未缝合复合材料层合板相比，缝合复合材料达到相同的裂纹长度需要更大的载荷，并随着缝合密度的增加逐渐增大，说明缝合线能够有效地抑制裂纹的扩展和分层的产生。

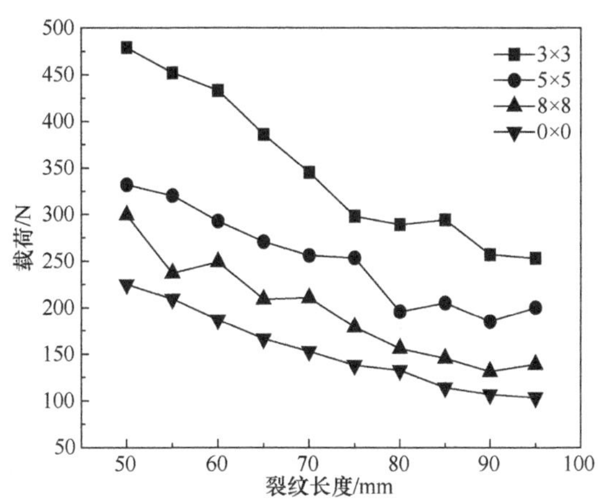

图 4.81　不同缝合密度试样平均载荷与裂纹长度的关系曲线

3. 缝合密度对Ⅰ型能量释放率的影响

缝合密度对Ⅰ型能量释放率 G_{IC} 和裂纹长度的影响如图 4.82 所示。可以看出，不同缝合密度试样的Ⅰ型能量释放率 G_{IC} 随着裂纹长度的增加呈现稳中上升的趋势;在相同裂纹长度下试样的Ⅰ型能量释放率 G_{IC} 随着缝合密度的增加而呈现不同程度的提高,相对于未缝合试样,缝合试样(8×8、5×5、3×3)的Ⅰ型能量释放率 G_{IC} 分别是原来未缝合试样的 1.35、1.97、4.31 倍。

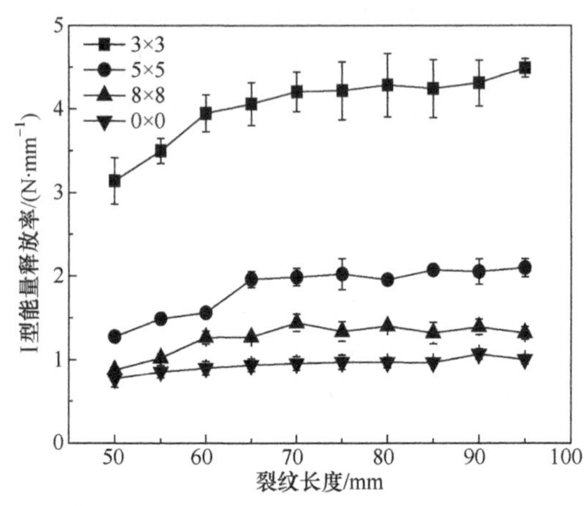

图 4.82　不同缝合密度试样Ⅰ型能量释放率 G_{IC} 与裂纹长度的关系曲线

G_{IC} 值反映材料阻止裂纹失稳扩展的能力,即裂纹扩展单位面积所需要消耗的能量。对于缝合复合材料来说,G_{IC} 值包括 4 个方面:一是基体断裂消耗的能量,由树脂的变形能力决定;二是纤维断裂消耗的能量,由纤维的强度决定;三是纤维/基体界面破坏需要的能量;四是厚度方向上缝合线的拔出和断裂所消耗的能量[34]。图 4.83 为未缝合试样与缝合试样的断裂面照片,从图中可以看到,未缝合试样断面主要发生纤维/基体界面的破坏;缝合试样断面主要发生的是纤维/基体界面的破坏和厚度方向上缝合线的断裂。基体和纤维断裂所消耗的能量相对于界面破坏及缝合线的拔出和断裂所消耗的能量小,可以忽略不计,所以缝合复合材料的 G_{IC} 值主要取决于纤维/基体界面破坏所需的能量及缝合线的拔出和断裂消耗的能量。与未缝合试样相比,缝合试样(8×8、5×5、3×3)的Ⅰ型能量释放率 G_{IC} 分别是原来未缝合试样的 1.35、1.97、4.31 倍,可以看出,纤维/基体界面的作用较大,缝合密度较小时对 G_{IC} 影响不大,随着缝合密度的提高 G_{IC} 显著增加,并且 G_{IC} 随着缝合密度的增大呈现近似线性的增加。可见,缝合可以提高复合材料层合板的层间断裂韧性值(Ⅰ型能量释放率 G_{IC}),G_{IC} 与缝合密度呈现较好的线性关系。未缝合复合材料层合板层间断裂机理主要是纤维/基体界面的破坏,而缝合复合材料层合板层间断裂机理主要是纤维/基体界面的破坏及缝合线的拔出和断裂。

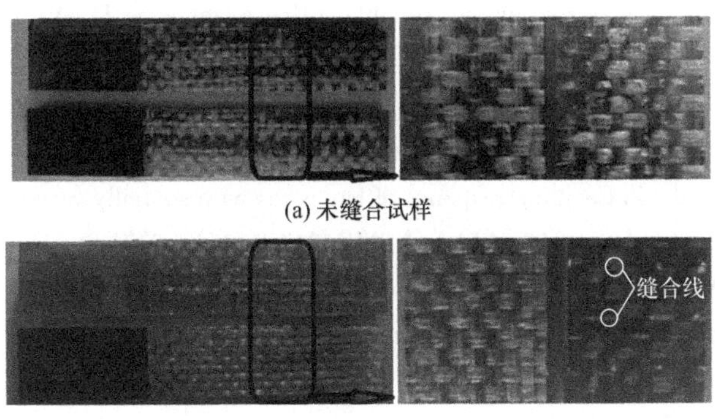

图 4.83 未缝合试样与缝合试样 DCB 试验的断面照片

参考文献

[1] 肖军,李勇,李建龙.自动铺放技术在大型飞机复合材料结构件制造中的应用[J].航空制造技术,2008(1):50-53.

[2] Rolfes R,Tessmer J,Degenhardt R,et al. New design tools for lightweight aerospace structures[C]. Proceedings of the 7th International Conference on Computational Structures Technology,Lisbon,2004.

[3] Temmen H,Degenhardt R,Raible T. Tailored fiber placement optimization tool[C]. The 25th International Congress of the Aeronautical Sciences,2006:1-10.

[4] Crothers P J,Drechsler K,Feltin D,et al. Tailored fiber placement to minimise stress concentrations[J]. Composites Part A—Applied Science and Manufacturing,1997,28(A):619-625.

[5] Gliesche K,Hubner T,Orawetz H. Application of the tailored fiber placement (TFP) process for a local reinforcement on an "open-hole" tension plate from carbon/epoxy laminates[J]. Composites Science and Technology,2003,63:81-88.

[6] Weaver P M,Potter K D. Buckling of variable angle tow plates:from concept to experiment [C]. 50th AIAA/ASME/ASCE/AHS/ASC Structures,Structural Dynamics,and Materials Conference,Palm Springs,2009.

[7] 秦永利.纤维变角度牵引铺缝技术在复合材料开孔、开窗结构上的应用研究[D].武汉:武汉理工大学,2013.

[8] 秦永利,祝颖丹,蔡晶,等.纤维变角度牵引铺缝技术用基材的研究[C].第 17 届全国复合材料学术会议论文集,北京,2012:519-522.

[9] 秦永利,祝颖丹,范欣愉,等.纤维曲线铺放制备变刚度复合材料层合板的研究进展[J].玻璃钢/复合材料,2012,1:61-66.

[10] Tatting B F,Gürdal Z. Design and manufacture of tow-placed variable stiffness composite laminates with manufacturing considerations[C]. Proceedings of the 13th US National Congress of Applied Mechanics (USNCAM),Gainesville,1998:60-153.

[11] Waldhart C. Analysis of tow-placed, variable stiffness laminates[D]. Virginia: Virginia Polytechnic Institute and State University, 1996.

[12] Gürdal Z, Olmedo R. In-plane response of laminates with spatially varying fiber orientations: Variable stiffness concept[J]. AIAA Journal, 1993, 31(4): 751-758.

[13] Olmedo R, Gürdal Z. Buckling response of laminates with spatially varying fiber orientations [C]. Proceedings of the 34th AIAA/ASME/ASCE/AHS/ASC Structures, Structural Dynamics and Materials Conference, La Jolla, 1993.

[14] Jegley D, Tatting B, Gürdal Z. Optimization of elastically tailored tow-placed plates with holes[C]. Proceedings of the 44th AIAA/ASME/ASCE/AHS/ASC Structures, Structural Dynamics, and Materials Conference, 2003.

[15] Brandmaier H. Optimum filament orientation criteria[J]. Composite Materials, 1970, (4): 422-425.

[16] Tosh M W, Kelly D W. Fibre steering for a composite C-beam[J]. Composite Structures, 2001, 53(2): 133-141.

[17] Parnas L, Oral S. Optimum design of composite structures with curved fiber courses[J]. Composites Science and Technology, 2003, 63(7): 1071-1082.

[18] Setoodeh S, Gürdal Z. Design of composite layers with curvilinear fiber paths using cellular automata[C]. Proceedings of the 44th AIAA/ASME/ASCE/AHS Structures, Structural Dynamics, and Materials Conference, 2003: 7-10.

[19] Soremekun G, Gürdal Z, Haftka R T, et al. Composite laminate design optimization by genetic algorithm with generalized elitist selection[J]. Computers & Structures, 2001, 79(2): 131-143.

[20] Khani A, IJsselmuiden S T, Abdalla M M, et al. Design of variable stiffness panels for maximum strength using lamination parameters[J]. Composites Part B—Engineering, 2011, 42(3): 546-552.

[21] 姚辽军，赵美英，万小朋. 基于 CDM-CZM 的复合材料补片补强参数分析[J]. 航空学报，2012，33(4)：666-671.

[22] 赵伟栋，李卫芳. 碳 KH-304 复合材料构件开口补强技术研究[J]. 宇航材料工艺，2003，1：40-52.

[23] Institute of Aircraft Design. Sticktechnik—Tailored Fiber Placement (TFP)[DB/OL]. http://www.ifb.uni-stuttgart.de/en/forschung/fertigungstechnik/38-ft-textile-vorformlingtechnologie/221-ft-sticktechnik-tailored-fibre-placement. [2013-4-4].

[24] 航空航天工业部科学技术研究院. 复合材料设计手册[M]. 北京：航空工业出版社，1990.

[25] Wu K C, Gürdal Z, Starnes J H. Structural response of compression-loaded, tow-placed, variable stiffness panels[C]. 43rd AIAA/ASME/ASCE/AHS/ASC Structures, Structural Dynamics, and Materials Conference, Denver, 2002.

[26] 秦永利，祝颖丹，蔡晶，等. 基于 VAT 技术的复合材料层合板螺栓连接补强研究[J]. 玻璃钢/复合材料，2012，(S1)：68-72.

[27] Ireman T. Design of composite structures containing bolt holes and open holes[D]. Stockholm: Royal Institute of Technology, 1999.

[28] Ekh J, Schon J. Effect of secondary bending on strength prediction of composite, single shear lap joints[J]. Composites Science and Technology, 2005, (65): 953-965.

[29] 孟令军. 连续纤维增强 PA6 复合材料的制备及性能研究[D]. 武汉:武汉理工大学, 2013.

[30] Deporter J, Baird D G. The effects of thermal history on the structure-property relationship in polyphenylenesulfide carbon-fiber composites[J]. Polymer Composites, 1993, 14(3): 201-213.

[31] 张燕珠, 刘四伟, 黄爱萍, 等. 热处理对尼龙 6 及其与聚酰胺嵌段共聚物共混体系晶体熔融行为和结晶结构的影响[J]. 高分子学报, 2010, (2): 231-237.

[32] 滑聪. 缝合复合材料层合板的制备及性能研究[D]. 武汉:武汉理工大学, 2013.

[33] 吴刚, 赵龙, 高艳秋. 缝合技术在复合材料液体成型预制体中的应用研究[C]. 第 17 届全国复合材料学术会议, 北京, 2012.

[34] 饶军, 亢雅君. 热塑性复合材料层间断裂韧性研究[J]. 航空制造工程, 1995, 2: 23-26.

第 5 章 快速树脂传递模塑成型技术

5.1 概 述

20 世纪 90 年代以来，欧美先进工业国家和地区针对树脂基复合材料提出了先进复合材料的低成本化（cost-effective composites）以及买得起的复合材料（affordable composites）等概念和技术发展的方向，并投入巨资开展了 ACT（advanced composite technology）、ATP（advanced technology plan）等一系列计划，以大力发展复合材料液体模塑成型技术（LCM）[1]。目前，先进复合材料的需求与日俱增，而其成本已成为制约复合材料规模化应用的瓶颈，以快速树脂传递模塑（RTM）成型技术为代表的低成本复合材料技术已成为目前世界上复合材料领域的研究热点之一。复合材料的成本主要体现在原材料和制造成本，其中制造成本占总成本的 50%以上，复合材料产品的性能与成本之间存在着明显的非线性关系。在过去的几十年中，复合材料的研究与开发重点集中放在材料性能和工艺改进上，目前的重点是先进复合材料的低成本量产技术，各种低成本技术的开发和应用将是复合材料发展的主流[2]。

RTM 是 LCM 典型工艺之一。其主要工艺原理是，先在模腔中铺放按结构和性能要求设计好的纤维增强材料或预成型体，然后采用 RTM 注胶设备将专用低黏度树脂体系注入或通过真空吸入闭合模腔中，充分浸润纤维，树脂固化脱模得到复合材料制品。图 5.1 为典型 RTM 工艺原理图。

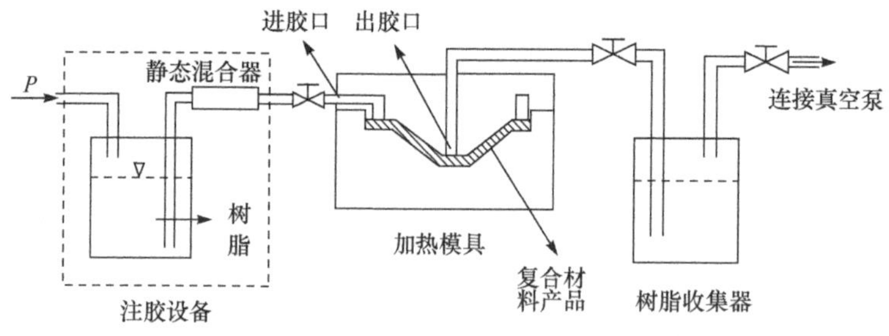

图 5.1 典型 RTM 工艺原理图

RTM 工艺具有一系列的优点，可以一次性快速成型大型、复杂（包括带夹芯或插件）的构件；无需胶衣涂层即可为构件提供光滑表面，后处理工作量小；预成型体尺寸易控，可设计性强；生产周期适中，可实现半自动或自动化生产，效率高；纤维含量较高；能够应用计算机辅助设计进行模具和产品设计，可实现充模过程的模拟；无需二次黏结。为了实现 RTM 技术的自动化成型，通常将 RTM 工艺分为若干个并行的子流程，如图 5.2 所示。该流程主要有纤维增强材料的预成型、树脂的注胶、固化以及后固化处理等完全独立的工序，这样可以大幅减少模具的占用时间，提高生产效率。

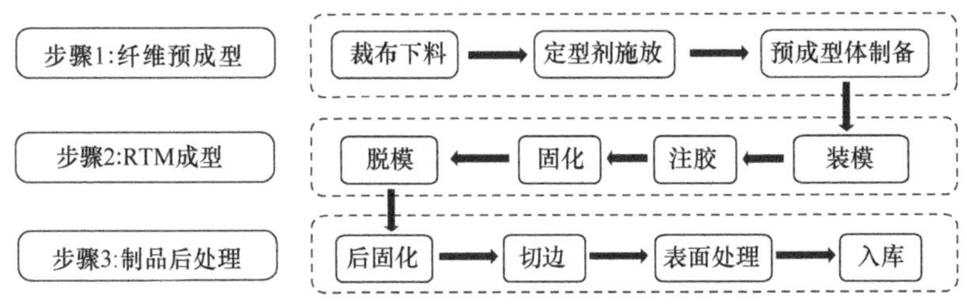

图 5.2　RTM 成型工艺流程

RTM 工艺起源于 20 世纪 50 年代的冷模浇铸工艺，至今已有 60 年的历史，但 RTM 工艺真正被人们所重视并得到迅速发展只有近十几年的时间。RTM 工艺在发达国家得到了成功开发。在美国，RTM 正以每年 20%～25%的速率增长，日本 RTM 成型技术的发展速度更是惊人，从 70 年代初到 90 年代末，短短的 20 年间，RTM 的发展已经历了三个阶段，其第三代 RTM 的生产效率可与 SMC 匹敌(模具占用时间约 3min)，所得制品的强度可靠性达到更高水平。2009 年 1 月，东丽株式会社宣布在欧洲建立一个碳纤维增强塑料的研发基地，并且专门成立了汽车用复合材料研究中心，该中心以 RTM 为核心工艺，重点攻关碳纤维复合材料的产业化应用技术。近年来，德国加工机械领域的专家迪芬巴赫公司(Dieffenbacher)和克劳斯玛菲公司(KraussMaffei)在 RTM 技术领域展开了合作，开发了一条高压树脂传递模塑成型工艺(HP-RTM)的自动化生产线，相比于传统的 RTM 工艺，该 HP-RTM 工艺减少了树脂注射次数，提高了预制件的浸渍质量，并缩短了成型周期。

国内 RTM 成型工艺技术起步于 20 世纪 80 年代，受当时国际 RTM 技术高速发展的影响，一些中小企业基于改变传统手工操作局面的想法，引进了许多 RTM 注胶设备，一度形成了“热点”。但是，由于当时原材料配套系统的不完善以及工艺理论研究的欠缺，致使该工艺基本停留在手糊和 RTM 工艺之间的研究开发状态，没有形成规模化生产。将 RTM 工艺应用于汽车行业，对其技术进行系统研究起步于 90 年代。2008 年，我们开始了将连续碳纤维复合材料应用于汽车覆盖件、结构件以及全碳纤维复合材料车身的研究，开发了快速 RTM 成型技术，使汽车用复合材料制件的成型周期从几小时缩短到几十分钟。期间,与国内整车生产企业合作共同开发了全碳纤维复合材料电动车。

5.2 注胶设备

RTM 制造有三个重要组成部分,包括注胶设备、模具和材料。合适的注胶设备可以有效控制工艺过程、提高生产效率以及降低树脂原材料的浪费等。RTM 成型用注胶设备的选择一般应考虑材料种类/流变性能/反应动力学、制件的尺寸(设备能力)、生产规模(部件总数量)、生产率、为质量控制记录所需采集的特征数据以及价格等。

5.2.1 设备选型因素[3]

首先要确定加工树脂体系的类型和性质,而设备的技术要求则由树脂体系的成型工艺参数来确定。例如,大多树脂体系要求预热以降低树脂的黏度,低黏度是在合理时间内树脂对预制件良好浸润所必需的条件;树脂体系需均匀加入固化剂、添加剂及填料等,并进行脱泡处理。这些工艺要求使设备必须具有可加热的储料罐、泵、注射管道、阀和注射头等。

制件的尺寸及结构形状将决定设备的注射容量和注射速率指标,设备的最大注射容量应能够一次提供充足的树脂以充满模具的型腔。材料的凝胶时间、注射系统容量和生产率等综合因素将决定设备的注射速率指标。树脂体系的适用期和系统组分的数量将决定设备清理和维护的频率。

产品的生产效率将决定注射系统的自动化程度,大的生产流水作业和高的制造速度能更好地支撑自动化设备的成本。产品质量控制要求将决定设备所需要的数据采集功能,包括温度、压力(储料罐、输送管和工装)、流动速度、注射量、黏度、注射用时和树脂的介电性能(用来确定树脂流动前峰的位置和树脂固化状态)等,所有这些因素都纳入设备的成本中。

此外,选择适当的设备时要预先考虑目前和将来的潜在应用,该设备应该提供能力增长和功能扩展的空间。一般来说,大多数制造商为用户提供一个选择分类和升级方案,使其产品符合客户的特殊需要。因此,对于一些附件的可选择性和实用性以及产品设计者的技术支持也应成为考虑的因素。

5.2.2 RTM 注胶机工作原理及设备

传统的 RTM 注胶机如图 5.3 所示,由树脂组分室(51)、添加剂或催化剂组分室(52)、树脂泵 1(53)、树脂泵 2(54)、加热混合器(55)、搅拌器(56)、电磁阀(57)、计量泵(58)、模具(59)、温度传感器(60)组成。树脂、催化剂等组分经过计量，确定对应比例后，在树脂泵1(53)和树脂泵2(54)作用下进入加热混合器(55)进行加热，同时搅拌器(56)通电进行搅拌使之充分混合，当树脂混合物达到预定温度时，温度传感器(60)便会发出一个信号，随之开启电磁阀(57)，然后根据需要计量泵(58)将树脂混合物注入模具中。

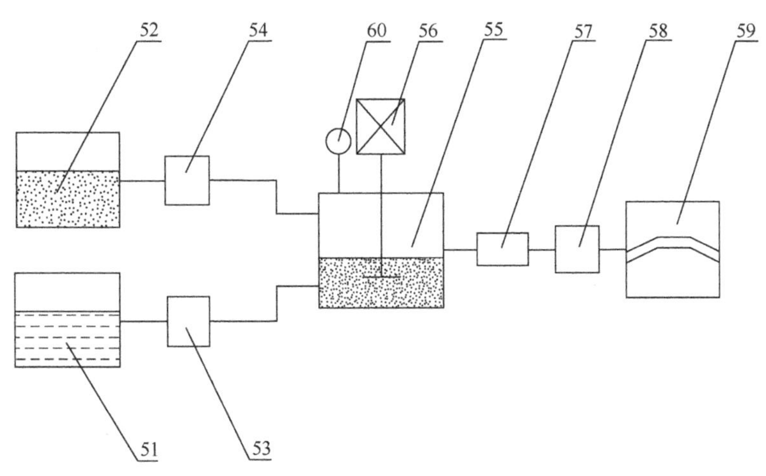

图5.3　传统RTM注胶机的工作原理图

这种注胶机的缺点是无法精确控制树脂混合物的注射量，树脂和催化剂的配比单一，且树脂和催化剂只能事先按比例配比好。

为了解决传统RTM注胶设备的不足，我们研发了一种新型的高精度注胶设备。该设备不仅能够精确控制树脂混合物的注射量，而且可以实现不同配比制备树脂混合物，有效地提高了树脂传递模塑工艺的效率。主要技术方案是：在注胶机中，将树脂加热桶、伺服电动缸、树脂缸连接作为一个注射单元，根据树脂、添加剂或者催化剂的种类数确定注射单元的数量。树脂、添加剂或者催化剂先在树脂加热桶中加热到预定温度，然后伺服电动缸驱动活塞将树脂抽入树脂缸内，控制系统调入预先设置的伺服电动缸运行参数，控制树脂缸内活塞的行程和速度，将所需的配比量进入静态混合器中混合，再将得到的树脂混合物注入模具中。

如图5.4所示，在装有温度传感器1(10)的树脂加热桶1(1)连接电磁阀1(12)，再连接与伺服电动缸1(3)机械法兰连接的树脂缸1(5)，树脂缸1(5)连接温度传感器3(16)和压力开关1(14)，再连接电磁阀3(18)，以上元件组成一个注射单元。第二个注射单元由装有温度传感器2(11)的树脂加热桶2(2)连接电磁阀2(13)，再连接与伺服电动缸2(4)机械法兰连接的树脂缸2(6)，树脂缸2(6)连接温度传感器 4(17)和压力开关 2(15),再连接电磁阀 4(19)组成。伺服电动缸 1(3)和伺服电动缸 2(4)连接控制系统(7)。两个注射单元再连接静态混合器(8),静态混合器出口端连接温度传感器 5(20)和压力传感器(21),最后连接模具(9)的注胶口。

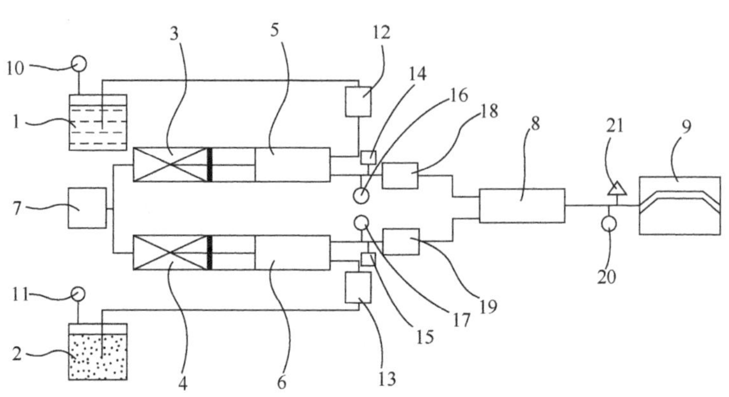

图 5.4 高精度 RTM 注胶机工作原理图

树脂和添加剂分别放置于树脂加热桶 1(1)和树脂加热桶 2(2),接通电源使其加热至预定温度,两者都到达给定温度之后,温度传感器 1(10)和温度传感器 2(11)会给控制系统(7)一个信号,控制系统(7)收到信号后,控制电磁阀 1(12)和电磁阀 2(13)开启,关闭电磁阀 3(18)和电磁阀 4(19),控制系统(7)驱动伺服电动缸 1(3)和伺服电动缸 2(4)推动活塞使树脂和催化剂进入树脂缸 1(5)和树脂缸 2(6)。足量的树脂和催化剂进入树脂缸 1(5)和树脂缸 2(6)内后,控制系统(7)关闭电磁阀 1(12)和电磁阀 2(13),开启电磁阀 3(18)和电磁阀 4(19),再驱动伺服电动缸 1(3)和伺服电动缸 2(4)推动活塞并控制其行程和速度,使树脂和催化剂按比例匀速进入静态混合器(8)中混合,混合后注入模具(9)中,完成一个注射过程。当树脂缸 1(5)或树脂缸 2(6)内的树脂或催化剂不足时,控制系统(7)立即停止驱动伺服电动缸 1(3)和伺服电动缸 2(4),关闭电磁阀 3(18)和电磁阀 4(19),停止注射,而后可以操作控制系统(7)选择停止或者重复注射。温度传感器 3(16)、温度传感器 4(17)和温度传感器 5(20)为系统提供树脂、催化剂和树脂混合物在其位置的温度。压力开关 1(14)和压力开关 2(15)为保证树脂缸 1(5)或树脂缸 2(6)内处于一定范围内的压力,防止压力过载。压力传感器(21)为系统提供注入模具(9)时树脂混合物的压力值。

图 5.5 是我们自主研发的高精度 RTM 注胶机。

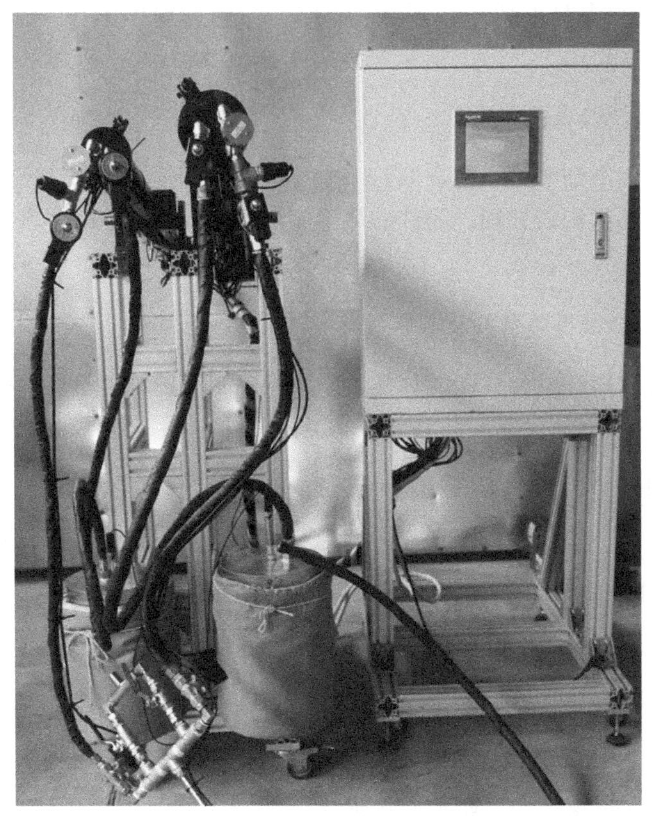

图 5.5　自主研发的高精度 RTM 注胶机实物

5.3　基于多点注射的快速 RTM 模具设计技术

复合材料在模具中成型时历经材料的聚合与固化过程，成型过程需要特定的外在工艺条件，如加压、加热及抽真空等。因此，复合材料成型模具决定了复合材料构件形状、尺寸、结构、外缘控制、表面质量等。若模具设计的任意一个环节考虑不周，不仅难以保证制品的质量，也很容易发生爆模或产品无法从模具中脱模等意外。因此，模具在设计时应按步骤仔细考虑每一个环节，同时要遵循结构简单、功能完备、经济实用的原则。

5.3.1　RTM 模具设计前注意事项

1. 熟悉制件几何形状、明确使用要求

模具设计者在掌握制件的几何结构模型基础上，要充分了解制件的用途及各部分的功能;明确制件的成型收缩率、尺寸公差、表面粗糙度、允许的变形范围等因素。

2. 检查制件的成型工艺性

确认产品各个细节是否符合 RTM 成型的工艺要求,如有不符合项目,应及时与制件的设计部门沟通处理。制件的结构能否满足成型工艺的要求对模具设计至关重要。

3. 明确制件所用材料的基本信息及相关性能

了解制件所用纤维和树脂的种类、牌号;明确制件纤维含量要求以及基体树脂在注胶温度下的黏度、凝胶时间、固化反应规律等。

4. 明确 RTM 注胶机和合模机的型号和规格

设计前要确定采用何种型号规格的 RTM 注胶机和合模机,才能在模具设计中有的放矢,正确处理好模具与注胶机和合模机之间的连接关系。

5. 明确制件注胶及固化工艺条件

制件的注胶及固化工艺参数主要包括注射温度、模具温度、冷却介质温度、注射压力、注射速度、锁模力、固化温度、升/降温速率等。

5.3.2 RTM 模具设计的一般步骤及要求

1. RTM 模具材料选择

选择 RTM 模具材料应综合考虑多种因素,主要有模具强度、刚度、耐久性及模具成本、单模成型制品数量、表面质量要求、使用温度和热性能等。目前常用的 RTM 模具有钢模、镀镍铸模、铝合金模、玻璃钢模具以及无机或有机浇铸模等。

模具材料的热性能,包括热传导性能和热膨胀性能,对制品质量和生产效率都有直接影响。热传导性能决定着模具加热和冷却的速率,也就是决定着将树脂加热到注射或固化温度的时间,决定着树脂反应放热能否被散发以及将模具冷却到可脱模温度的时间等,因而决定着总的制品成型周期和效率。热膨胀性能则关系着成型过程中模具的收缩和膨胀量,从而影响制品的形状、位置精度和表面质量等。对尺寸和表面质量要求较高的制品,必须认真考虑这一因素。

2. RTM 模具的形状设计

1) 净尺寸模具与带余量模具

在 RTM 工艺中,尽管可以生产出净尺寸的制品,即成型的制品无须进行裁边修理，但在实际批量生产中，最有效率的方法还是先成型出带余量的制品，然后裁边成最终产品。这是因为在成型净尺寸制件时，需要预先成型较高精度的预成型件，并且要耗费较多的时间将预成型件放置在净尺寸模具中，同时，还要注意预成型件与模具边缘是否存在缝隙产生流胶通道。流胶通道的存在直接影响树脂对纤维预成型体的均匀浸渍[3]，也是造成产品存在干斑缺陷的主要因素。

2）分型面的设计

在设计 RTM 模具时，首先要考虑是否需要进行分模或者做活动块，这一步将影响开合模的操作是否顺利，制品成型后是否能顺利脱模。同时，还影响模具加工的难易程度、模具部件的重量、制件的精度及操作的便利性（即模具的清理、装模、开模和脱模简单易行）等。

分型面的选择要考虑制品的结构，使得制品能够顺利地从模具中脱出，必要时在相应的半模上设置脱模顶出装置。同时，分型面应不影响制品的表面质量和与其他构件的装配精度，另一个要考虑的重要因素是织物或预成型体在模具中的铺放问题。当采用织物直接铺放在模具中时，织物最好在阳模上铺放和定位，以便合模时纤维不被挤压错位；当采用预成型体时，应方便检查预成型体是否与模具面很好地贴合，并保证纤维的正确位置和取向。

模具在设计制作过程中还要考虑 R 角的处理，通常制品厚度越大，其 R 角也就越大，一般 $R \geqslant 3\text{mm}$。另外，还要考虑到拔模斜度的问题，有拔模斜度的制品脱模力小，脱模顺利且不易损伤模具表面。

3）模具凸缘的设计

模具凸缘应足够宽，以便容纳该模具必需的各类设计细节，如密封槽、树脂分配流道、注胶口、真空口（出胶口）、树脂暂存槽、预成型体压边条、模具定位销或导向结构、锁模螺栓孔、脱模操作空间、模具接合面等特征。

（1）模具密封的设计。

RTM 模具的密封结构和密封程度主要由制品纤维体积含量、注射压力、树脂黏度、合模压力和生产速率等因素决定。对于纤维体积含量较低的制品，注射压力一般较小，且要求制品生产效率高时，模具可以不采用任何弹性体密封，而只需要将合模面的配合精度和光洁度稍稍提高，靠合模压力即可保持一定的密封程度。这种设计不仅模具结构简单，而且可以省略生产过程中对密封件的反复清理和更换，从而提高生产效率。

对于成型纤维体积含量较高且树脂需加热固化的制品，树脂的注射压力较大，尤其在使用真空辅助注射时，模具的密封问题就显得尤为重要。密封材料要根据模具使用的温度条件和密封程度及使用寿命来选择，一般使用橡胶或改性橡胶弹性体，当模具温度超过 120℃时，最好选择硅橡胶密封。密封圈一般选用 O 型或 V 型，密封槽的结构尺寸由所选用的密封圈的外形尺寸来确定。

模具的密封也需要精准的定位和锁模来保证，当模具闭合后，需有大于模具分离力的夹紧力在树脂注入前作用于模具型面上。同时，为了保证模具某些部位的位置准确，模具还应具有可靠的定位装置和锁模装置。在传统的RTM工艺中，大部分合模机构采用螺栓来锁紧合模，这种合模方式效率低下，根据制品情况也可采用气缸或用压机合模平台来进行合模，通过轨道或圆锥形定位销等进行上、下模的合模定位，能有效地降低制品的成型时间。

(2) 模具定位特征。

在闭模前，阴阳模必须对齐，当采用锥形销钉或凸台时，锥形部分应在要求模具严格对正的点上结束。具有较高拔模斜面的零件直至完全合模时都有可能不需要定位结构，而仅要求模具有一个很短的锥形面即可对正。如果模具材料强度较低，在凸缘采用分散的会聚几何外形是较为可取的。对于芯模较深的情况，可能需要较长的圆角或斜角定位销。

(3) 预成型体控制及压实机构的设计。

预成型体有很大的压缩比，必须与模具相协调。当纤维被夹在两个闭合的型面之间损伤增强体和模具时，会造成工艺上的困难。垂直于分型面的压缩量通常是根据未压实的预成型体的高度将模具分型线从零件分型线偏移出来而得到的。因此，零件型腔会在其中一块模具上凹进去一些，另一块模具在接触到预成型体前碰不到它。当压缩比太大时，如果预成型体不能沿着织物斜面分布压力，最外层铺层很可能出现褶皱。所以，在装模前将预成型压实是解决此问题的最佳方法，但当该步实施较为困难或者成本不允许时，可以用其他模具进行压实操作。

(4) 零件脱模机构的设计。

零件可能与分型线齐平或者凹向其中一块模具，没有在其下方留出撬取或施加脱模力的位置。有时也很难预测制品最终留在阳模还是在阴模上，但大多数情况下零件会留在有一个或多个以下情形的一侧：①与树脂接触面积最大的一面；②拔模斜度最小的一面；③带有突出物的一面；④带有芯模定位销钉的一面；⑤最粗糙的一面。

在恒温模具条件下，由于树脂的收缩，零件倾向于附着在具有凸起的模具上。要在脱模前先让模具冷却，则需要考虑制件和模具热膨胀系数不同的问题。经过冷却后，在模具中固化的与模腔相同尺寸的复合材料制件很容易卡在阴模模腔里。

3. RTM模具的工艺设计

产品从成型至脱模，要经历预成型体的成型、压实、抽真空、浸渍树脂、固化等工序，每一步都需要模具中有相应的配套机构。

1) 注胶口

注胶口必须与RTM注胶机的进胶管路密闭连接，而且要易于清理固化黏附在模具表面的树脂。此外，注胶口不能妨碍脱模或者损坏制件表面光洁度。连接处的密封可以通过静配合来保证，如锥形、球形接头或 O 型密封圈。有些情况下，可以将注胶口设置在制件分型线上，以便于清理和检查，这种方式称为分型注射；还有的情况下，浇口必须远离任何分型线，称为面注射。分型线注射的不利之处是影响上下模的密封，采用这种形式必须要考虑如何保证不漏气或树脂泄漏问题；面注射和出胶口的位置通常仅是管路静配合的开孔。

2）注胶口和出胶口定位

最常用的注胶口位置是在模具的最低端，靠近制件质心的位置，出胶口的位置一般都设置在每条流道的最远端。另外一种方式就是在制件的中心注射，此时注胶口到树脂流道末端的距离会减半。在很多情况下，通过外缘、流胶槽或裁边线以外预成型体与模腔的间隙进行注胶是有利的。这种注射方式能够减少出胶口，只需要在制件的中心部位设置一个即可。树脂分配系统应该足够大，以保证能够将树脂均匀分配到各边。由于注射面积大，这种注射方法只需要很小的压力就能达到相同的流速。

目前，对于较复杂结构的制品，一般可通过充模过程仿真模拟确定注胶口和出胶口的位置。例如，利用 Moldflow、PAM-RTM 等模拟软件可实时模拟树脂的充模过程，在模拟过程中可对注入系统进行反复修改，直至达到满意的充模过程和制品质量。这种虚拟制造技术可大幅降低 RTM 模具设计成本，显著缩短设计周期。

以下为注入系统初步设计的一些基本原则。

(1) 流程最短原则：树脂被注入模具后其压力从注胶口到流动前沿是逐渐减小的，流动距离越长，压力的损失越大，要使距离注胶口最远的地方也能充满树脂并充分浸润，就需增大注射压力。压力增大不但对注射设备和管路提出更高的要求，且容易使注胶口附近压力过大而将增强纤维冲乱；另外，长距离的流程会增加成型周期，影响生产效率。因此，在设计模具注入系统时在模具上要设置多个注胶口和树脂流道来减小流程。

(2) 树脂由下而上的流动原则：树脂由增强材料预成型体的最低位置流向高位置，这样可以使增强体中的气体容易排除，并达到良好的充模和浸润。注胶口不一定设置在最低位置、出胶口设置在最高位置，就能够达到完全浸润的充模，因为最高位置并不一定是树脂最后到达的位置，树脂最后到达的位置还受制品结构和预成型体各处渗透率的影响。因此，在制品的死角处或纤维体积含量较高的地方设置出胶口也是必要的。另外，要求增强体中树脂从下到上的流动并不意味着注胶口要设置在下半模上或模具下部。为了注射方便，很多情况下将注胶口依然设置在上半模，这种设计可以防止注射完成后树脂的倒流。

(3) 各排气口同时流胶原则：如果模具需要设置多个排气口，那么应尽量在注射后使树脂从各个排气口同时流出，这样可以保证增强体各处都得到良好浸润。

如果某个排气口提前流出树脂，模具内部的压力就很难提高，这样模具其他位置就可能注不满，同时会造成树脂的大量浪费。对试验性模具，可以多设置几个排气口，在注射试验时观察出胶口流胶的次序，并用塞子有选择性地将一些排气口堵上再进行试验，最后选择合适的排气口位置。

3）树脂分配支路的设计

在 RTM 注胶过程中，将树脂输送到制件的边缘以及制件的不同位置是必需的，这种情况可以通过内部或外部管路实现。内部管道通常包括在一个或两个模具的配合面上设置流胶槽。外部管道通常使用一次性的金属或塑料管路，管子进入模具内部并在模具上进行密封。当在一条树脂流道上有多个进胶孔时，称为分支管路，并且必须进行计算以保证能提供所有进胶孔的流量。当分支管路用于较长的距离时，其截面积应该至少是进胶孔截面积总和的两倍以减少不希望出现的压力变化。当仅有一个进胶孔，或者是每次只开一个进胶孔时，称为快速流道或支路，其尺寸应能使足够的流量流过足够的距离，而不产生过大的压力损失。

4. RTM 模具加热系统选择

RTM 模具的加热方式主要有平板加热、烘箱加热、模具整体加热以及电磁感应加热。

平板加热是将模具放在两块加热板或热压机模板间进行加热，加热过程主要依赖于模具的热传导。对于传热性能不好的模具（复合材料模具）或大型模具，加热时间会很长，对于复杂模腔的模具，可能造成温度的不均匀。平板加热的优点是因模具本身不需要加热而无需考虑模具的加热问题，模具结构简单，成本较低。

烘箱加热是将整个模具放入烘箱中进行加热，由于依靠空气对流加热，所以升温速率非常低，但模具本身结构简单，适用于少量制品的生产。

最常用的加热方式是模具整体加热，即在模具制造时就在模具上设置可进行加热或冷却的结构或元件，使用时对模具本身进行加热或冷却，如果设置合理，可保证其具有较高的温度均匀性，并能实现加热和冷却的快速控制，非常适用于大批量的生产。常用的内置加热手段有水循环法、油循环法、电热棒加热和电热毯加热等。

电磁感应加热是一种新兴的快速加热方式。将感应加热应用到模具加热主要利用了感应加热的集肤效应和邻近效应。由于感应加热的集肤效应，感应涡流主要集中在模具型腔表面，而在内部很弱，在芯部则接近于零。利用这一特性，可以对模具进行局部加热，使模具型腔表面温度快速升高，而模具其他地方的温度仍然能保持很低。如在靠得很近的两平行板上施加方向相反的高频电流，则感应涡流会集中在两相邻平行板的表面；如在两个导磁的模芯中施加方向相反的高频交变电流，则在型腔表面会产生大量感应涡流，其他地方涡流较少，同样可以实现模具的局部快速加热[4]。法国 Loctool 公司采用电磁感应加热技术对 RTM 模具进行快速加热，实现 5～10℃/s 的加热速率，同时采用模具内置冷却管道的方法，达到 5℃/s 的快速冷却速率。

在选择加热系统时需要考虑很多因素，模具加热系统和锁模系统必须匹配。下面是选择加热系统时需要关注的因素：

(1) 设备的匹配性；

(2) 生产率；

(3) 锁模机构(便携的还是固定的)；

(4) 模具材料(热导率和比热容)；

(5) 能耗(电、气、油等)；

(6) 模具尺寸(管路系统、流体重量、控制系统)。

无论采用何种加热系统，为了实现可靠、可重复的工艺，模具温度必须均匀分布并精确控制，所需的控制精度取决于加热系统、升温速率和使用温度的工艺要求。在所有加热的模具中，都必须有测量模具温度的手段。根据制件形状以及控制精度的要求，一个或多个加热器可以分区控制，传感器应该靠近每一个区域的中心。

5. 绘制模具的结构草图

在以上 1～4 工作的基础上绘制 RTM 模具的完整结构草图。总体结构设计时应优先考虑采用简单的模具结构形式，切忌将模具结构设计得过于复杂，因为实际生产中所出现的故障，大多是模具结构复杂化所引起的。结构草图完成后，应与产品设计人员、工艺人员以及模具制造和使用人员共同研讨其方案，直至相互认可。

6. 校核模具与 RTM 注胶机、合模机等设备的连接配合尺寸

因为每副模具只能安装在与其相适应的 RTM 注胶机和合模机上使用，所以必须对模具与 RTM 注射机和合模机上相关尺寸进行校核，以保证模具的正常使用。

7. 校核模具有关零件的强度及刚度

对成型零件及主要受力的零部件都应进行强度及刚度的校核。一般而言，注射模的刚度问题比强度问题显得更重要一些。

8. 绘制模具的装配图

应尽量按照国家制图标准绘制，要清楚地表明各个零件的装配关系，便于工人装配。当凹模与型芯镶块较多时，为了便于测绘各个镶块零件，还有必要先绘制动

模和定模部装图，在部装图的基础上再绘制总装图。装配图上应包括必要的尺寸，如外形尺寸、定位尺寸、安装尺寸、极限尺寸（如活动零件移动的起止点）。在装配图上应将全部零部件按顺序编号，并填写明细表和标题栏。一般装配图上还应明确标注相关技术要求，技术要求内容主要如下。

(1) 对模具某些结构的性能要求，如对推出机构、抽芯机构的装配要求；

(2) 对模具装配工艺的要求，如分型面的贴合间隙、模具上下面的平行度要求；

(3) 模具的使用说明；

(4) 防氧化处理、模具编号、刻字、油封及保管等要求；

(5) 有关试模及检查方面的要求。

9. 绘制模具零件图

由模具装配图或部装图测绘零件，零件图测绘顺序一般为：先内后外，先复杂后简单，先成型零件后结构零件。

10. 复核设计图样

应按制品、模具结构、成型设备、图纸质量、配合尺寸、零件的可加工性等项目进行自我校对或他人审核。

5.3.3 RTM 模具设计实例

以碳纤维复合材料汽车前地板为例，具体说明碳纤维复合材料地板 RTM 模具设计的方案构思及设计步骤。该前地板用于奇瑞某款量产 A 级车，该件为前地板，它和中地板、后地板连接组合为汽车地板部分。

1. 复合材料前地板 RTM 模具设计依据

钢制前地板的使用及几何形状：产品设计初期，由奇瑞公司提供了钢制的汽车前地板实物，如图 5.6 所示。该钢制前地板外形尺寸 1.7m×1.3m，重量 27.7kg，由 17 个钣金冲压件组装焊接而成。该前地板的本体横截面呈“几”字形，本体(1)的中间有中央通道(2)；中央通道(2)的上表面有一块较大的加强筋板(3)，与中央通道(2)焊接固定，使中央通道(2)形成双层结构；加强筋板(3)的上表面固定焊接有 2 件连接件(6)；中央通道(2)两侧焊接固定有座椅安装横梁(4)，座椅安装横梁(4)上焊接固定有座椅安装支架(5)，前地板本体(1)下表面中央通道(2)左右两侧各焊接固定有横梁(4)。中央通道(2)两侧的本体表面对称加工有 10 个工艺用漏液孔(7)和 2 个安装孔(8)，漏液孔(7)用于涂装车间电泳工段时的漏液，安装孔(8)用于前地板与中地板连接时的操作；本体表面还布置了大量的复杂筋条以提高前地板刚度。

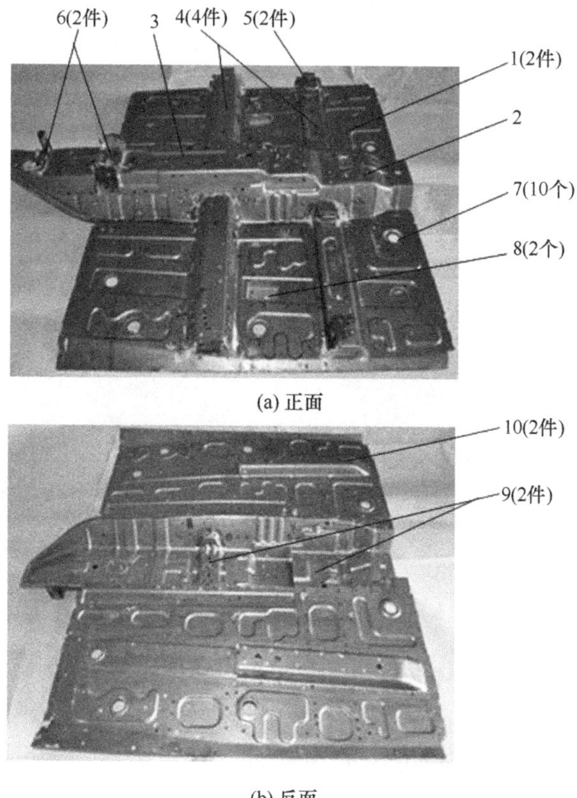

(a) 正面

(b) 反面

图 5.6　汽车钢制前地板

在进行碳纤维复合材料前地板设计前，为了充分发挥碳纤维复合材料性能及适应 RTM 工艺特点，需要将原钢制地板进行局部的设计修改，修改内容主要有以下几个方面：

(1) 取消加强筋板及多余的复杂筋条：充分发挥碳纤维复合材料的比强度、比模量高和可设计性等优点，在前地板不同部位根据等刚度设计不同厚度，尽量取消加强筋板及多余的复杂筋条。

(2) 取消工艺用漏液孔：碳纤维复合材料前地板不同于钢地板，产品焊接组装完成后无须在涂装车间进行电泳工序，所以可以取消各工艺用漏液孔。

(3) 座椅安装横梁采用泡沫夹芯结构：采用复合材料泡沫夹芯结构，不仅提高了本体刚度，而且当汽车在侧面碰撞发生时可起到很好的支撑与传递能量的作用，抑制地板的横向变形，降低乘员伤害。

(4) 产品内、外表面的转折处均设计成圆角：这种设计不但使产品机械强度提高，外表美观，而且树脂在型腔内的流动也比较容易；否则，产品在使用时夹角处易受压而破坏，成型冷却时易产生内应力或裂纹。

(5) 在设计产品壁厚时，厚薄不应有突变，厚薄不同的部位应逐渐过渡。在成型过程中，收缩和固化同时发生，薄的部分比厚的部分冷却快，厚的部分比薄的部分收缩量大。

根据以上分析，重新修改设计后的碳纤维复合材料前地板数模如图 5.7 所示。

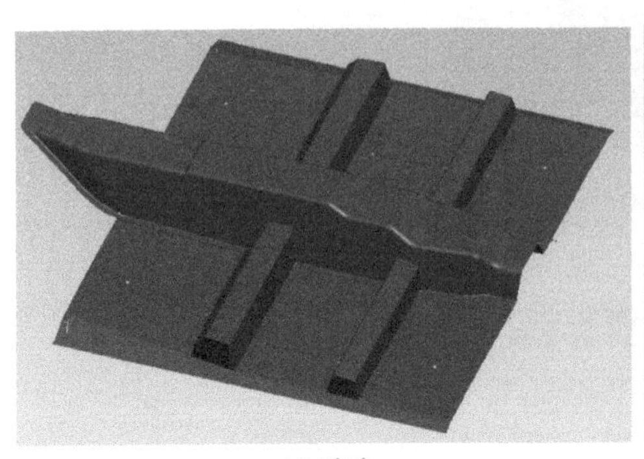

(a) 正面

(b) 反面

图 5.7　碳纤维复合材料前地板数模

主要原材料：纤维增强体采用东丽 T700 碳纤维织物，面密度分别为 480g/m^2 和 200g/m^2，单轴向布 200g/m^2；基体采用快速固化的环氧树脂体系 EpoTech 167A/167B，生产厂家为广州市博汇新材料科技有限公司，其主要性能指标如表5.1 所示。

表 5.1　EpoTech 167A/167B 主要性能指标

性能	组分 A	组分 B
25℃条件下的黏度/(Pa · s)	10～12	0.01
环氧当量/(g/equiv.)	180～190	—
胺当量/(g/equiv.)	—	37
25℃条件下的密度/(g/cm^3)	1.14～1.16	0.94～0.95
质量分数/%	100	20
60℃条件下的混合黏度/(Pa · s)	0.23	
25℃条件下的凝胶时间(100g)/min	60～70	
60℃条件下的凝胶时间/min	11～13	
80℃条件下保温 15min 后的 T_G/℃	>90	
12℃条件下保温 1h 后的 T_G/℃	>130	

注：以上数据由广州市博汇新材料科技有限公司提供。

RTM 注胶机的主要技术参数：最大注射压力为 1MPa；最大注射流量为 20mL/s。

合模机的主要性能参数：台面尺寸 2.0m×1.6m、最大锁模力 1000kN、滑块最大行程 700mm、顶出行程 200mm。

模温机的主要性能参数：最高加热温度 280℃，加热能量 150kW，传热媒体为导热油。

其他与模具设计有关的参数：模具铝合金材料的热膨胀系数是 2.38×10^{-5}/℃。

2. 模具结构设计

根据碳纤维复合材料前地板的结构特征，以及 RTM 模具与合模机配合使用考虑，模具的结构类型可以采用多点浇口的三板式注射模具。对于该汽车地板制件而言，虽然处于试制阶段，产量无须考虑，但产品需要装配，尺寸精度要求较高；因产品结构复杂、尺寸大，所以注胶过程中的压力（1MPa 左右）也较高；生产效率较高，要求快速成型，所以材料的导热性能要好；另外，该模具需采用现有的 100 吨合模机作为启模、闭模的机构，所以模具重量不易过大。经初步设计分析，如果采用钢模，模具质量达 12 吨左右，而采用铝模，其质量仅为 5 吨左右。综合以上考虑，该汽车前地板 RTM 模具采用了高强度铝合金材料。

考虑到铝合金材质的硬度小于钢材质，在一些设计细节上需要作如下考虑：①所有螺纹孔必须安装钢丝螺套，以防止螺牙被螺栓磨损；②模具上设置的顶出点需要安装钢垫块；③导柱采用轴承套导柱，减少导柱的摩擦力。图 5.8 为该模具总体设计结构。

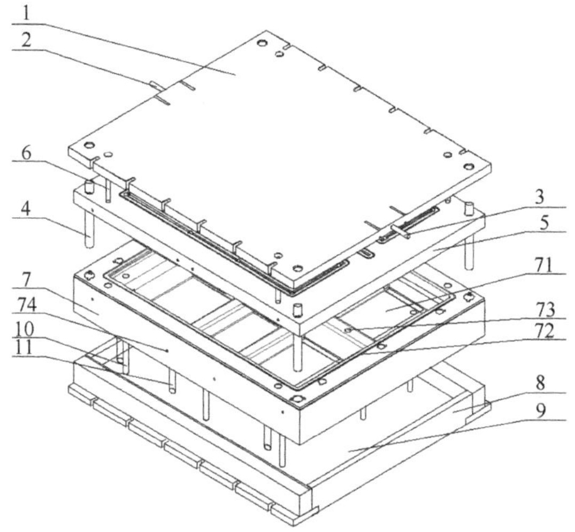

图 5.8　模具总体结构爆炸图

分型面:上模具(5)和下模具(7)之间,即产品上表面最大外廓处。

上模压板(1):其包括进胶口(2)、排气口(3)、导向装置(4)以及用于与上模具(5)打开时相连的拉杆(6)。进胶口(2)与排气口(3)分别设置于上模压板(1)的两侧,同时与上模具(5)的导流槽和排气槽相通;导向装置(4)由四根导柱组成,分别置于模具四个角,同时对上模压板(1)及上模具(5)进行定位导向;拉杆(6)设置有四件,均布于模具四个角,用于压机或合模机打开时,滑块带动上模压板(1)先抬起,当抬至一定位置后拉杆(6)起作用拉起上模具(5),实现开模。

上模具(5):其包括上模型腔、注胶孔、排气孔、导流槽、排气槽、密封槽及上模导热油进出口。上模型腔与下模型腔(71)形成一个完整的产品模腔;注胶孔设置有 20 个,与导流槽相通;排气孔设置有 1 个,位于上模型腔的中心,与排气槽相通;导流槽和排气槽互不干涉,不得交叉相通;密封槽开设有两处,一处用于导流槽的密封,另一处用于排气槽的密封,密封槽内需安装合适的密封胶条;上模导热油进出口设置为两进两出结构。

下模具(7):其包括下模型腔(71)、密封槽(72)、顶出孔(73)及下模导热油进出口(74)。下模型腔(71)与上模型腔形成一个完整的模腔;密封槽(72)开设有两道,密封槽(72)内需安装合适的密封胶条,当上模压板(1)、上模具(5)、下模具(7)合模压紧后,便形成了一个密封的型腔;顶出孔(73)设置有 8 处,用于产品脱模顶出;下模导热油进出口(74)与上模导热油进出口一致,均为两进两出结构。

顶出装置(8):其包括导向板(9)、导向装置(10)和顶出杆(11)。导向装置(10)由九根导柱组成,三排三列均布于导向板(9)上,用于顶出装置(8)顶出、退回时的定位导向;顶出杆(11)固定于导向板(9)上,其用于配合下模具(7)的顶出孔(73),由 8 根组成,分别通过下模具(7)的顶出孔(73)对产品进行顶出脱模,顶出杆退回时应与下模具型腔平齐。为了保证顶出杆与下模具间的密封,顶出杆头部设置为锥形,与下模具顶出孔上部锥形配合,中间增加四氟密封垫。

该前地板 RTM 注射模具总质量约 4.5 吨,属于大型模具。

3. 实际效果

碳纤维复合材料前地板 RTM 注射模设计、制造、组装完毕后,安装在 T100 合模机上,与 RTM 注胶机连接,分别采用热固性和热塑性两种树脂基体进行了 RTM 工艺、模具验证。图 5.9 为 RTM 工艺试制现场。

1) 碳纤维增强热固性环氧树脂复合材料前地板试制

基体采用快速固化的环氧树脂体系 EpoTech 167A/167B。主要工艺参数为:胶液温度 50℃,模具温度 55℃,注胶流量 10～20mL/s,固化温度 90℃,保温时间 20min。为了预防在注胶过程中发生爆模,注胶压力不得超过 1MPa。产品从注胶到脱模,成型周期在 40min 以下,基本达到了 RTM 快速成型的要求。产品重量 16kg,与钢制地板相比减重 42%。图 5.10 为最终成型的碳纤维增强环氧复合材料前地板。

图 5.9　RTM 工艺试制现场

(a) 宽度方向　　(b) 高度方向

图 5.10　碳纤维增强环氧复合材料前地板

该模具虽属非平衡的 12 个点浇口进料，但仍能顺利充满型腔的各个深处与角落；脱模系统设计合理，产品固化后能顺利脱模；加热系统运行效果良好，能有效地精确控制模具温度。

2）碳纤维增强热塑性 APA6 复合材料前地板试制

我们采用类似的另一前地板模具和热塑性 APA6 树脂成功制备了碳纤维增强热塑性 APA6 复合材料汽车前地板。所用单体为己内酰胺，催化剂为己内酰胺溴化镁(C1)，助催化剂为六亚甲基-1，6-二甲酰己内酰胺(C20)，其中 C1 ∶ C20＝1.0 ％ ∶ 1.0％(摩尔分数)。采用非等温注胶工艺，胶液温度为 120℃，模具温度为 150～160℃，聚合时间为 60min。图 5.11 为最终成型的碳纤维增强热塑性 APA6 复合材料前地板。

(a) 正面

(b) 反面

图 5.11　碳纤维增强热塑性 APA6 复合材料前地板

5.4　注胶工艺设计与优化

5.4.1　纤维预成型技术

纤维预成型技术是 RTM 工艺的一个重要环节，对质量要求高、性能稳定、结构复杂、自动化程度要求高的制品来说，这项技术显得尤为重要。该技术是 20 世纪 90 年代初开发的一种新颖、实用的纤维预成型体制备技术。其原理是采用增黏剂/定型剂或编织/缝纫等技术把增强材料固结成与制品相同形状的半成品。纤维预成型技术在保证产品质量、生产工艺快速及自动化方面具有重要意义，是实施 RTM 低成本化的重要途径及手段。

纤维预成型技术大致可以分为两大类：第一类是纺织预成型技术，如缝合、机织、针织、编织和变角度铺放技术等；第二类是增黏剂或定型剂施放技术，该技术原理是在增强纤维或织物表面涂覆少量的特殊增黏材料（增黏剂或定型剂），通过溶剂挥发、升温软化或熔融（预固化）后冷却等手段使叠层织物或纤维束之间黏合在一起。同时，借助压力和形状模具的作用来制备所需形状、尺寸和纤维体积含量的纤维预成型体。通常情况下，RTM 成型时一般采用增黏剂或定型剂施放技术，但对复合材料力学性能要求高时采用纺织预成型技术。

下面以碳纤维复合材料汽车地板预成型体的制备为例，具体介绍采用增黏剂或定型剂的施放技术制备预成型体的过程。

1. 增黏剂或定型剂材料

增黏剂或定型剂材料是纤维预定型工艺的一个重要部分，它的使用不仅有利于纤维增强体稳定性提高，而且便于复杂结构的多个预成型件以及镶嵌件、泡沫芯等零件的固结，使得形成整体性更强的结构件。

定型剂一般分为热塑性和热固性两种：热塑性增黏剂有尼龙、PET、PP 和 PPS 等；热固性增黏剂有环氧、乙烯基酯、聚酯、双马来酰亚胺等树脂。这类树脂具有常温下为固态而加温后易于熔化的特性。增黏剂或定型剂熔化后降温时重新固结且黏结纤维束或织物为一个整体。决定黏结剂或定型剂选择的因素主要包括：①与注射阶段树脂基体的相容性；②可操作性；③工艺环境控制；④产品性能及预定型技术。

美国 Airtech 公司研制生产的 Airtac 2 就是一种典型的喷洒法用增黏剂。美国 Zeon 化学公司研制生产的 DuoMod ZT-1、DuoMod ZT-2 是一类具有增韧作用的增黏剂树脂，一般溶于丙酮中配成丙酮溶液，易于喷洒。此类增黏剂可以大大提高环氧树脂基体的层间断裂韧性，并可显著提高复合材料的损伤容限 CAI 值。两者区别在于：DuoMod ZT-1 一般用于固化温度高于 124℃的复合材料树脂基体；DuoMod ZT-2 一般用于固化温度低于 124℃的复合材料树脂基体。美国 Cytec 公司针对注射环氧树脂和双马来酰亚胺树脂研制了相应的增黏剂，如 CYCOM 782RTM 是一种改性双马来酰亚胺结构的预成型体增黏剂，可与 5250-4RTM、5280-1RTM 和 824RTM 等双马来酰亚胺树脂基体并用；CYCOM 790RTM 是一种改性环氧树脂结构的预成型体增黏剂，可与 823RTM、875RTM 和 890RTM 等环氧树脂基体并用[5]。美国 3M 公司生产的 PT500 是一种典型的粉末增黏剂，熔点在 70℃左右，常与 RTM 专用环氧树脂 PR500 配合使用。此外，法国宇航马特拉公司的研究中心与法国 Structil 公司合作开发的一种喷射用胶黏剂 ST1153 也是典型的喷洒法用增黏剂，加入后复合材料性能变化不大，可室温储存 7 个月。

国内研究定型剂或增黏剂的单位不多，如北京航空材料研究院研发的 ES-T324定型剂。该定型剂是一种以改性环氧为主要组分的非反应性定型剂[6]。

2. 纤维预成型体的制备工艺

纤维预成型体的制备过程一般包括：将黏结剂或定型剂施放在织物表面；织物铺敷并压实；将多个预成型体零件缝合、组装成一个整体。预成型体必须满足一系列的工艺要求[7,8]才能保证复合材料制件的质量和性能，这种工艺要求主要有预成型体的浸渗特征、浸润性、抗冲刷性、可操作性和表面平整性。

1）黏结剂或定型剂的施放技术

黏结剂或定型剂在给预成型体提供足够定位效果的同时，不应对预成型体或复合材料的性能产生明显的负面影响，因此黏结剂或定型剂的施放技术十分重要。

定型剂通常为固体颗粒，定型剂施放的通用方法是涂覆、液体/溶液喷洒以及撒粉等。涂覆、液体/溶液喷洒属于湿法定型，具体方法是将定型剂溶解到溶剂中，利用喷涂设备或手工涂刷到增强材料上，然后晾干、裁剪下料，再将裁片铺放到预成型模具中，通过加压或真空、加热制备得到预成型体；撒粉属于干法定型，具体方法是将固体定型剂颗粒直接喷撒到增强材料上，然后裁剪下料，再将裁片铺放到预定型模具中，通过加压或真空、加热制备得到预成型体。

湿法定型的方法不是非常实用，因为这种方法易于导致材料少量浪费且因黏结时需溶剂挥发而降低生产效率，同时常规液态黏结剂含有稳定剂，会造成环境污染。干法定型增加了环境友好性，是一种较好的黏结剂或定型剂施放技术。近年来，随着纤维预成型技术的不断发展，国外已针对干法定型技术也研制出了专用的涂层设备。

2）铺敷和压实

铺敷就是使用外力将纤维增强体约束在模具工装表面。与制坯相反，铺敷要求纤维增强体变形到工装自由边界后再进行约束，并和工装面贴合。因此，控制变形的机理是纤维间剪切而非制坯时的拉伸和压缩。由于铺敷时纤维间剪切，纤维经向和纬向的初始角会增强到“锁紧角”[3]。

织物的剪切变形是有一定范围限制的，随着剪切变形的增加，织物中经纬纱线的夹角变小，纤维束间的间距也逐渐减少。当到达一定限度后，织物就会发生锁定现象，此时纤维束间间隙为零，织物紧密程度越高，则锁紧角越大，织物越容易起皱。

完成铺敷的预成型体常需要在真空辅助作用下压实以获得所需的纤维体积分数和厚度。压实也可以在预成型模具中采用合模机加压完成，图 5.12 为汽车地板预成型体在合模机中的压实定型。压实过程中通常需要加热以便于分布在相邻纤维层间的定型剂熔化，然后冷却至室温硬化，此时定型剂将纤维层黏合在一起，形成具有立体结构的刚性纤维黏合体。

图 5.12　预成型体在合模机中压实定型

3）缝合、组装

如果最终制品的几何形状复杂，则预成型体往往会由多个零件组成，这时采用一种方法便很难一次获得净尺寸的预成型体，这就需要将预成型体分解成几个部分，再分别预制出这几个部分的预成型体，然后缝合、组装成一个整体。各零件在纤维层厚度方向（Z 向）缝合固定，常用的缝合线有聚酯纤维、玻璃纤维及凯夫拉（Kevlar）纤维。尽管这种方法速度较慢，但增强体位置及纤维方向的精确定位使得结构效率很高。

图 5.13 为某汽车前地板纤维预成型体，该产品由 7 个单独的预成型件缝合、组装成一个整体。图 5.14 为通过预成型技术制备的汽车前地板碳纤维预成型件，该预成型件采用了美国 Airtech 公司研制生产的 Airtac 2 增黏剂，通过研究确定最佳工艺条件为：增黏剂喷涂量 4%～6%、定型加热温度 90～100℃、定型时间 20～25min。

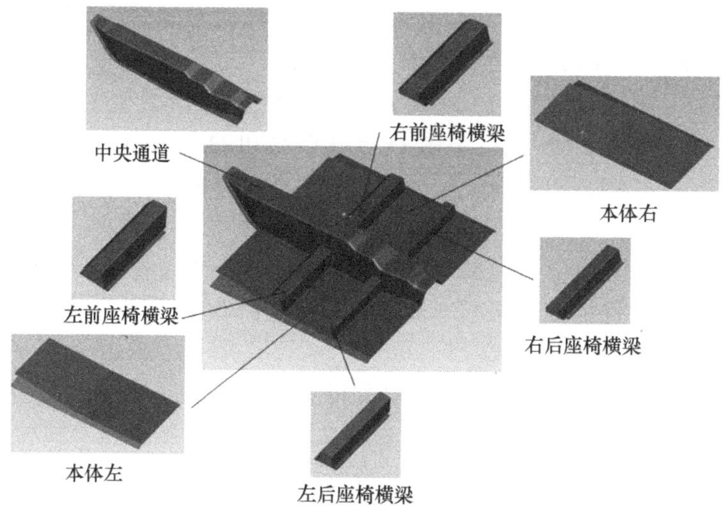

图 5.13　汽车前地板碳纤维预成型体在放入模具前组装

图 5.14　汽车前地板碳纤维预成型件

5.4.2 环氧树脂体系的选择

在 RTM 生产过程中,树脂体系的特性直接影响 RTM 工艺参数的确定、产品性能的优劣和生产成本的高低。树脂品种的确定必须综合考虑纤维预制件的特性、产品性能要求(如力学、物理性能等)、产品使用环境(如温度、湿度)、树脂的可加工性能、成本与安全性等因素,优化选择树脂体系的品种和性能使 RTM 产品实现较高的技术与经济价值。

对于 RTM 成型工艺,尤其是要求达到高效率、大规模工业化生产,对树脂要求十分严格,通常要求树脂应具有:①低黏度(一般小于 1.0Pa · s)、与纤维浸润性好,便于树脂在模腔内顺利地通过高密度预成型体,并能充分浸润、渗透;②固化放热峰低,以 80～140℃为宜;③活性高,固化时间短,但在注射时又要有较长的凝胶时间;④树脂系统不含溶剂,固化时无低分子物析出,同时又适宜添加填料,尤其是树脂消泡性要好;⑤收缩率低,以保证制品尺寸准确。不能满足上述要求的树脂,即使勉强使用,所制作的产品也达不到高品质要求,更发挥不了高效率的作用。

近年来,RTM 专用树脂的工业化引起了高度重视,研发和生产 RTM 树脂的国外大公司及主要树脂牌号有:美国 Dow 化学公司的 Derakane 8084、DER 330/331/32/383/354; ATARD lab 公司的 SI-ZG-5A; Hexcel 公司的 3501-6RC; Applied Polyerics公司的 SC-1/4/15; Shell 公司的 Epond DPL-862/RSC 763、Epond HPT-1071、Epond 825/826/828;3M 公司的 Scofchphy PR500;美国 DF 研究中心用二烯酯改性的双马来酰亚胺(BMI)树脂;荷兰 DSM 高等复合材料中心用乙基单体改性的 BMI 树脂等[9,10]。

国内一些树脂厂在这方面的研究也取得了很好的进展,如金陵帝斯曼开发的 RTM 专用树脂 S350-952,该树脂是基于四溴苯酐的反应型阻燃不饱和聚酯树脂,其工艺性能良好、流动性能好,制品无开裂及缺胶现象。西北工业大学已开发成功的 4503 型树脂基体是一种 RTM 工艺制造高性能雷达罩用 BMI 基体树脂。它具有传递温度低、适用期长、传递压力小、成型温度低、反应性好等优点。此外,还有 TDE-85 环氧-马来酸酐体系;TDE-85 环氧-DDS、BF_3、MFA 体系;双酚 A 环氧树脂 CYD-128、648 体系等;广州市博汇新材料科技有限公司针对 RTM 快速固化开发的环氧树脂 EpoTech 体系。

5.4.3 树脂化学流变行为的影响

在 RTM 工艺中,所选树脂的化学特性和工艺过程之间存在较强的关联关系,如果不考虑被选树脂的化学特性(如流变性能、固化反应动力学等),则 RTM 成型工艺参数(如成型时间、温度、压力等)也就无法确定。同样,仅基于性能来选择 RTM 树脂而不考虑其工艺性的做法也是不切实际的。

热固性树脂的种类(如酚醛、环氧和双马树脂)将决定最终交联聚合物的热性能、力学性能和耐环境性能。树脂配方的构成和反应温度的选择决定了化学动力学(固化速率)、化学流变学特性(黏度-温度随时间变化的关系)和化学反应热力学(放热)。在成型工艺过程中,制件(模具)尺寸和形状、增强体类型、工艺参数(模具类型、温度、树脂注胶压力、进出胶口分布等)决定着过程的传热速率和传质过程。

1. 热固性树脂的流变模型

1) 动态黏度测试分析

树脂黏度较低时,有利于 RTM 注射和浸渍纤维预成型体。一般情况下,适合于 RTM 工艺的树脂黏度应低于 1000mPa · s。为了确定 RTM 注射温度,测试了该树脂体系黏度-温度曲线,如图 5.15 所示。

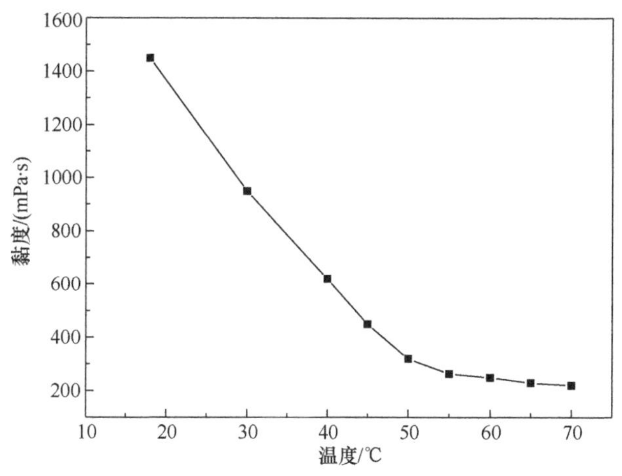

图 5.15　树脂体系黏度-温度曲线

由图 5.15 可以看出,当温度低于 40℃时,黏度随温度上升而快速下降;40℃时树脂黏度为 620mPa · s;在 40～60℃较宽的温度范围内,黏度都小于 800mPa · s;在温度高于 65℃时,黏度随温度上升变化较小;通过动态黏度试验,在 40～60℃内确定等温黏度试验温度点。

2) 等温化学流变模型建立

选取 40℃、45℃、50℃、55℃、60℃为等温黏度试验温度点,测试得到所选树脂体系的等温黏度曲线,如图 5.16 所示。可见,树脂黏度随时间的增加逐渐上升,且随着温度的提高,上升的斜率越来越大,即固化反应速率提高。

这里采用双 Arrhenius 黏度模型方程研究该环氧树脂体系在整个工艺温度范围内的黏度特性[11],其黏度方程如下:

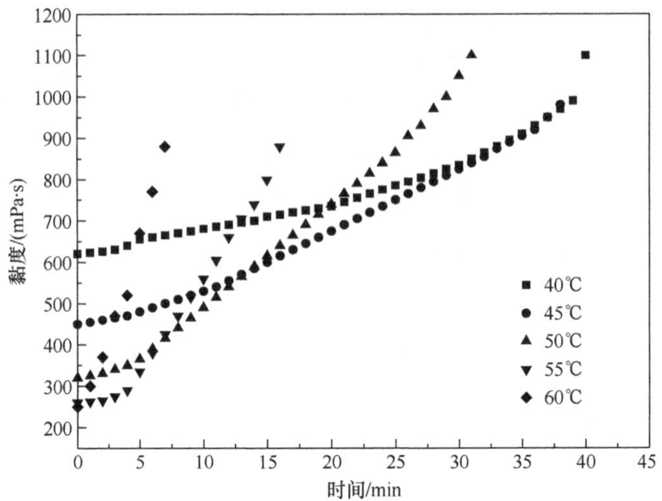

图 5.16 等温条件下树脂体系的黏度-时间曲线

$$\frac{\eta_t}{\eta_0}=\exp(nt) \tag{5-1}$$

式中，η_t 为树脂在 t 时刻的黏度；η_0 为树脂在起始时刻的黏度；n 为模型参数；t 为保温时间。其中，树脂起始时刻的黏度 η_0 和模型参数 n 符合 Arrhenius 黏度模型方程，即

$$\eta_0=k_1\exp\left(\frac{k_2}{T}\right) \tag{5-2}$$

$$n=k_3\exp\left(\frac{k_4}{T}\right) \tag{5-3}$$

式中，k_1、k_2、k_3、k_4 分别为热固性树脂化学流变模型参数。

由以上理论分析可知，要建立黏度的流变模型，需找出线性关系拟合出 k_1、k_2、k_3、k_4。由 $\ln\eta_0$ 对 $1/T$ 作图可得图 5.17。

从图 5.17 可看出，$\ln\eta_0$ 对 $1/T$ 的线性关系非常好，且实验值与其符合得比较理想，由 $\ln\eta_0$ 对 $1/T$ 曲线进行线性分析，可得

$$\ln\eta_0=-19.616+\frac{7113.2}{T} \tag{5-4}$$

由该直线方程可求出该环氧树脂体系初始黏度模型参数 k_1、k_2，从而得到如下关系：

$$\eta_0=3.025\times10^{-9}\exp\left(\frac{7113.2}{T}\right) \tag{5-5}$$

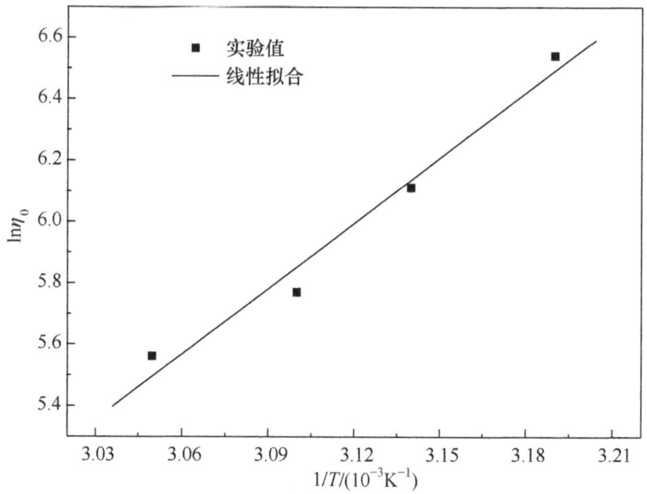

图 5.17　环氧树脂体系初始黏度模型参数计算

将 η_t/η_0 定义为相对黏度，并对时间作图，如图 5.18 所示。将相对黏度与时间的关系（η_t/η_0-t）进行非线性最小方差分析，拟合得到不同温度下的模型参数 n 值，见表 5.2。将不同温度下的模型参数 n 拟合值取对数，并且将 $\ln n$ 与 $1/T$ 作图，便可得图 5.19。

表 5.2　不同温度下的模型参数（n）拟合值

温度 T/℃	40	45	50	55	60
模型参数 n	0.09425	0.09524	0.10207	0.10149	0.11959

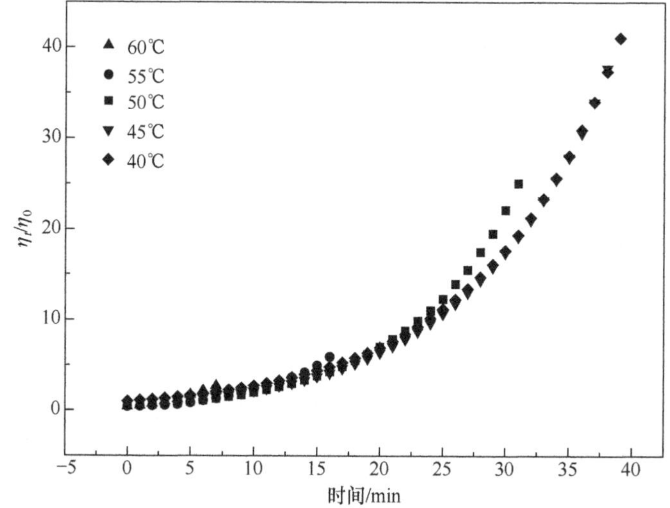

图 5.18　不同温度下环氧树脂体系的相对黏度

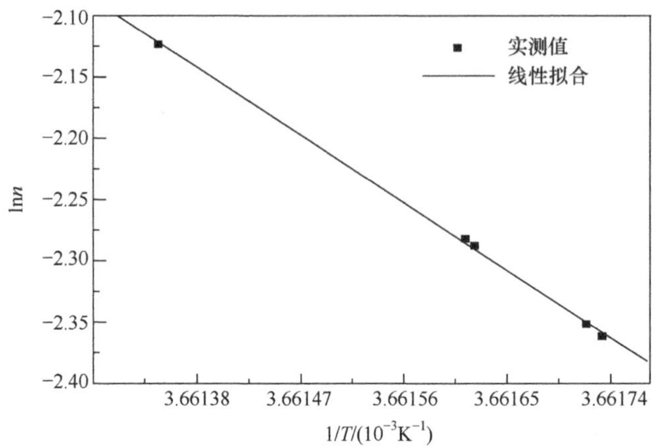

图 5.19 环氧树脂体系初始黏度模型参数

由图 5.19 可看出,$\ln n$ 与 $1/T$ 的线性关系较好,表明以上热固性树脂化学流变模型对所选环氧树脂体系的拟合具有很好的可靠性。通过对 $\ln n$ 与 $1/T$ 的线性拟合,可计算出参数 k_3、k_4,从而进一步可得模型参数 n 的具体表达式:

$$\ln n = 25.55 - \frac{6985.25}{T} \tag{5-6}$$

将式(5-6)代入式(5-1),得到该环氧树脂体系的等温相对黏度模型:

$$\frac{\eta_t}{\eta_0} = \exp\left[\exp\left(25.55 - \frac{6985.25}{T}\right)t\right] \tag{5-7}$$

将式(5-7)与式(5-6)相结合,便可得到该环氧树脂体系黏度计算数学模型:

$$\eta_t = 3.025 \times 10^{-9} \exp\left[\frac{7113.2}{T} + \exp\left(25.55 - \frac{6985.25}{T}\right)t\right] \tag{5-8}$$

根据式(5-8)的数学模型,可以方便地计算出给定工艺条件(温度对时间的变化条件)下黏度的变化规律,从而对工艺过程中的黏度进行预测。

2. 非等温 DSC 法研究环氧树脂固化反应动力学[12,13]

热固性树脂的固化反应过程比较复杂,利用固化反应热和固化过程中消耗反应基团的量成正比的规律,可用 DSC 测定出的放热曲线研究其固化反应过程,推测固化反应机理,并求出固化反应动力学参数[14],即某一时刻或某一温度下反应程度的大小。反应速度快慢与成型加工过程中材料内部的温度、黏度分布以及低分子物质的脱除密切相关,并影响聚合物产品的最终性能[15]。这为优化热固性树脂基复合材料的工艺参数、提高复合材料制品性能提供了必要的科学依据。

1) n 级反应模型

目前用于描述固化反应最为简单的模型是 n 级模型:

$$f(\alpha)=(1-\alpha)^n \tag{5-9}$$

其中，n 为反应级数。

一般采用 Kissinger 方程[16]和 Crane 方程[17]对不同升温速率下的 DSC 数据进行处理，以求得表观活化能 E_α、指前因子 A 和反应级数 n 等反应动力学参数。

Kissinger 方程：

$$\ln\frac{\beta}{T_{\mathrm{p}}^2}=\ln\left(\frac{AR}{E_\alpha}\right)-\frac{E_\alpha}{RT_{\mathrm{p}}} \tag{5-10}$$

Crane 方程：

$$\frac{\mathrm{d}(\ln\beta)}{\mathrm{d}(1/T_{\mathrm{p}})}=-\left(\frac{E_\alpha}{nR}+2T_{\mathrm{p}}\right) \tag{5-11}$$

其中，β 为升温速率；A 为指前因子；E_α 为表观活化能；R 为气体常数；n 为反应级数；T_{p} 为 DSC 曲线峰顶温度。

当 $E_\alpha/(nR)$ 远大于 $2T_{\mathrm{p}}$ 时，Crane 方程变为

$$\frac{\mathrm{d}(\ln\beta)}{\mathrm{d}(1/T_{\mathrm{p}})}=-\frac{E_\alpha}{nR} \tag{5-12}$$

通过不同升温速率 DSC 扫描，根据 Kissinger 方程以 $\ln(\beta/T_{\mathrm{p}}^2)$ 对 $1/T_{\mathrm{p}}$ 作图，线性拟合得直线，斜率为 $-E_\alpha/R$，截距为 $\ln(AR/E_\alpha)$，可得 E_α 和 A。将求得的 E_α 代入 Crane 方程，以 $\ln\beta$ 对 $1/T_{\mathrm{p}}$ 作图，线性拟合得直线，其斜率为 $-E_\alpha/(nR)$，可求得 n。

环氧树脂 EpoTech 167A/167B 在 2.5℃/min、5℃/min、10℃/min、15℃/min 升温速率下的非等温固化 DSC 曲线见图 5.20，热力学数据列于表 5.3。

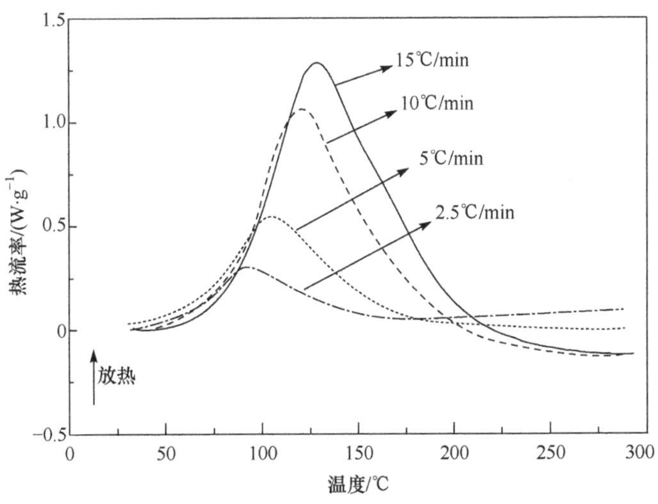

图 5.20　不同升温速率下的 DSC 曲线

表 5.3 不同升温速率下的 DSC 扫描结果

β/(℃/min)	T_i/℃	T_p/℃	T_f/℃	ΔH/(J/g)
2.5	58.33	95.86	139.62	353.97
5.0	67.46	104.67	157.17	364.65
10	77.47	119.11	179.46	445.33
15	83.17	126.53	194.47	450.78

由图 5.20 和表 5.3 可以看出，随着升温速率的增大，固化反应放热峰的峰始温度 T_i、峰顶温度 T_p 和峰终温度 T_f 升高，放热曲线向高温方向移动，且固化温度范围变宽而固化时间变短，体系的放热焓逐渐增加。这是因为随着升温速率的增加，dH/dt 变大，即单位时间产生的热效应变大，热惯性变大，产生的温度差增加，因此使得固化反应放热峰向高温方向移动且变高[18]；升温速率增加使得固化反应温度提高，因此固化时间缩短[19]；由于存在诸多环氧基团，升温速率增大时发生更多、更复杂的固化反应，因此放热焓增加[19]。

图 5.21 为 $\ln(\beta/T_p^2)$-$1/T_p$ 关系曲线图，线性拟合后的直线斜率 $-E_\alpha/R=-7601.24$，截距 $\ln(AR/E_\alpha)=9.76$。计算可以得到 E_α 为 63.20kJ/mol，A 为 $13.17\times10^7\,s^{-1}$。

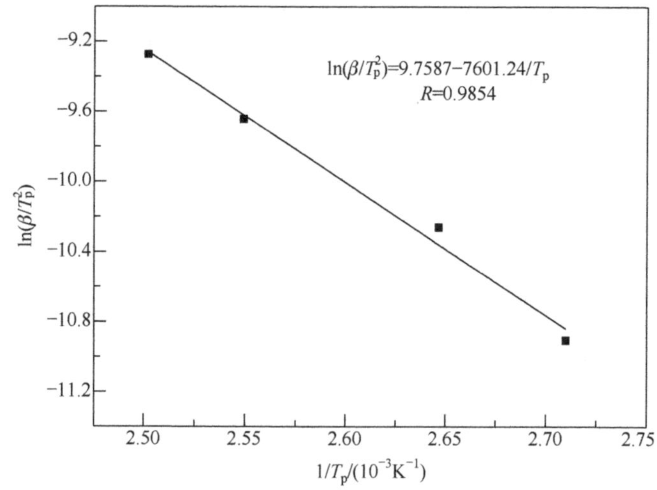

图 5.21 $\ln(\beta/T_p^2)$与 $1/T_p$ 的关系曲线

图 5.22 为 $\ln\beta$-$1/T_p$ 关系曲线图，直线斜率 $-E_\alpha/(nR)=-8369.11$，结合已计算的 E_α 可得 n 为 0.91，不是整数，说明该环氧树脂体系的固化反应为复杂反应。由所求得的动力学参数可得出该树脂体系的 n 级固化反应动力学模型方程为

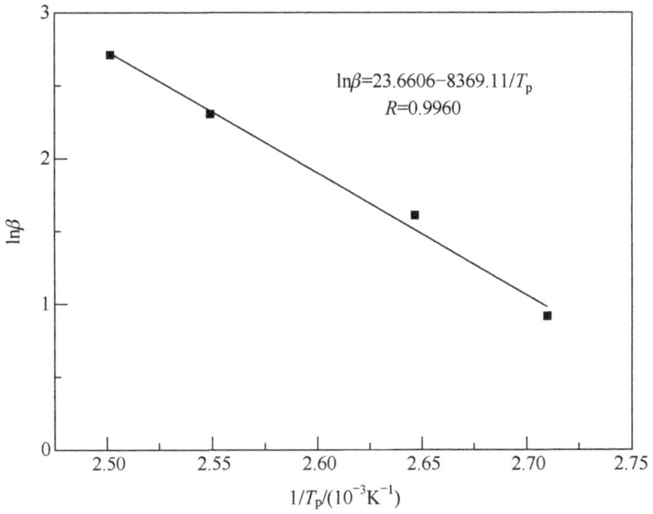

图 5.22　$\ln\beta$ 与 $1/T_p$ 的关系曲线

$$\frac{d\alpha}{dt}=A\exp\left(\frac{-7601.24}{T}\right)(1-\alpha)^{0.91} \tag{5-13}$$

图 5.23 是升温速率为 5℃/min 时，通过对比 n 级固化反应动力学模型计算的 $(d\alpha/dt)$-T 的关系曲线及实验得到的曲线，以验证 n 级反应模型的合理性。从图可以看出，对于伴有自催化的固化反应，用简单的 n 级模型模拟固化反应动力学时，模型曲线与实验曲线存在较大偏差[17]，说明 n 级反应不能很好地描述该树脂体系的固化过程。

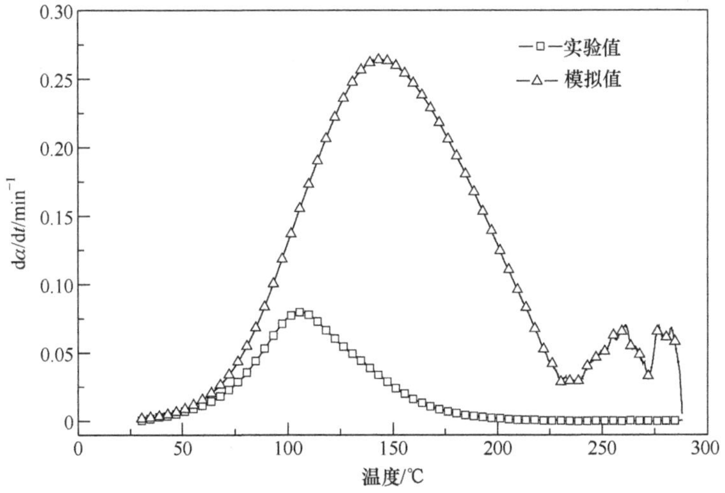

图 5.23　实验值与由 n 级模型计算值的比较

2) Malek 等转化率法

首先通过等转化率(等固化度)法[20]求得固化反应表观活化能:

$$\frac{\mathrm{d}\alpha}{\mathrm{d}t}=A\exp\left(\frac{-E_\alpha}{RT}\right)f(\alpha) \tag{5-14}$$

$$\ln\left(\frac{\mathrm{d}\alpha}{\mathrm{d}t}\right)=\ln[Af(\alpha)]-\frac{E_\alpha}{RT} \tag{5-15}$$

式中,α 为固化反应程度;$f(\alpha)$为 α 的函数,由固化反应机理决定。

从式(5-15)可知,在不同的升温速率下,取相同的 α,此时 $\ln(\mathrm{d}\alpha/\mathrm{d}t)$ 与 $1/T$ 成正比。通过 $\ln(\mathrm{d}\alpha/\mathrm{d}t)$-$1/T$ 关系曲线,可求得 E_α。

图 5.24 为固化度在 0.2～0.8 的 $\ln(\mathrm{d}\alpha/\mathrm{d}t)$-$1/T$ 曲线,由曲线求得等转化率下的活化能 E_α,如图 5.25 所示。

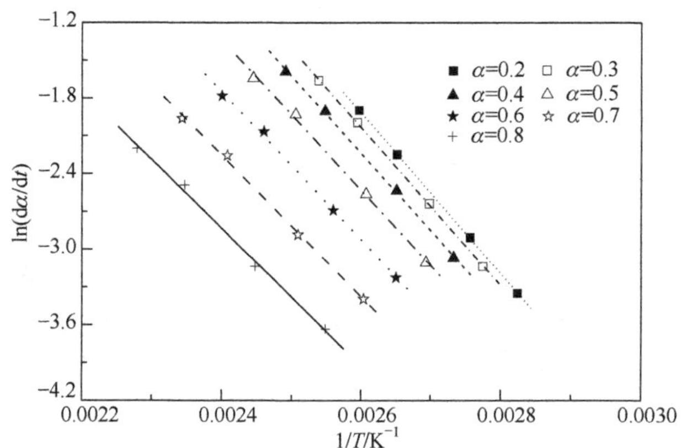

图 5.24 $\ln(\mathrm{d}\alpha/\mathrm{d}t)$与 $1/T$ 的关系曲线

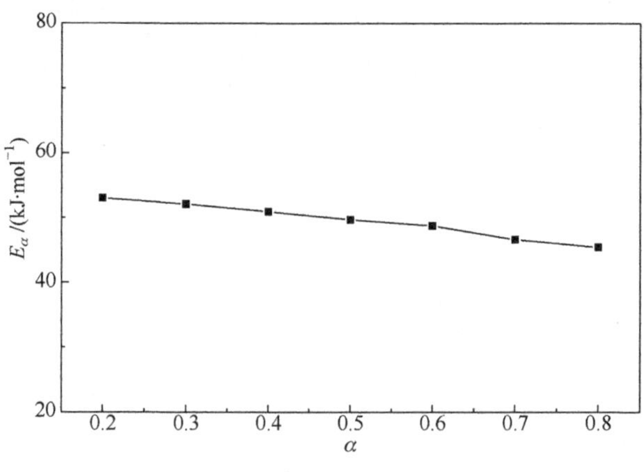

图 5.25 E_α 与 α 的关系曲线

从图 5.25 可知，随着转化率的提高活化能略有下降，活化能平均值为 49467.39J/mol。为了确定反应动力学模型，Malek 引入了两个特殊的方程 $y(\alpha)$ 和 $z(\alpha)$[20]：

$$y(\alpha)=\left(\frac{\mathrm{d}\alpha}{\mathrm{d}t}\right)\exp(x) \tag{5-16}$$

$$z(\alpha)=\pi(x)\left(\frac{\mathrm{d}\alpha}{\mathrm{d}t}\right)\left(\frac{T}{\beta}\right) \tag{5-17}$$

其中，x 为 $E_\alpha/(RT)$；T 为热力学温度；$\pi(x)$是温度积分的表达式。

由式(5-16)和式(5-17)可知，$y(\alpha)$与 $f(\alpha)$成正比，其中 $y(\alpha)$代表了动力学模型的变化趋势。

$$\frac{\mathrm{d}\alpha}{\mathrm{d}t}=A\exp\left(-\frac{E_\alpha}{RT}\right)f(\alpha) \tag{5-18}$$

Montserrat 等[21]指出，$\pi(x)$可以用 Senum 和 Yang 提出的表达式[22]来表示：

$$\pi(x)=\frac{x^3+19x^2+88x+96}{x^4+20x^3+120x^2+240x+120} \tag{5-19}$$

用获得的 E_α 值分别计算 $y(\alpha)$和 $z(\alpha)$，$y(\alpha)$和 $z(\alpha)$归一化后与 α 的关系曲线分别如图 5.26 和图 5.27 所示。$y(\alpha)$和 $z(\alpha)$最大值所对应的固化度分别记为 α_m 和 α_p^∞，由这两个值可以判断机理函数的表达形式[19]。不同升温速率下的 α_m 和 α_p^∞ 值列于表 5.4，其中 α_p 是 DSC 曲线中 T_p 处的固化度。由表可见，该体系中 α_m 和 α_p^∞ 与升温速率无关。

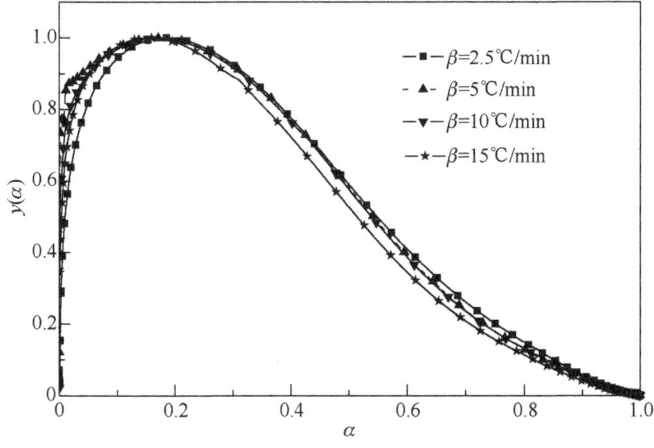

图 5.26　$y(\alpha)$与 α 的关系曲线

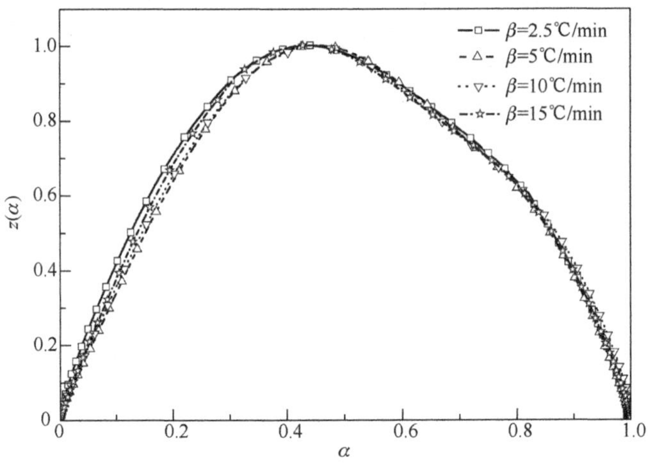

图 5.27　$z(\alpha)$与 α 的关系曲线

表 5.4　不同升温速率下的 α_p，α_m 和 α_p^∞ 值

β/(℃/min)	α_p	α_m	α_p^∞
2.5	0.4579	0.1753	0.4394
5	0.4098	0.1635	0.4575
10	0.4001	0.1661	0.4400
15	0.3774	0.1456	0.4353

根据 Malek 等[23]的判断标准，该体系固化过程可以用 Sestak-Berggren 双参数自催化动力学模型[22]来表示：

$$f(\alpha)=\alpha^m(1-\alpha)^n \tag{5-20}$$

由式(5-15)和式(5-20)可得

$$\ln\left[\left(\frac{d\alpha}{dt}\right)\exp(x)\right]=\ln A+n\ln[\alpha_p(1-\alpha)] \tag{5-21}$$

在 $\alpha\in(0.2,0.8)$，$\ln[(d\alpha/dt)\exp(x)]$与 $\ln[\alpha_p(1-\alpha)]$的关系曲线如图 5.28 所示，可求得动力学参数 n 和 A。其中 $p=m/n$，且 $\alpha_m=m/(m+n)$[23]，即 $p=\alpha_m/(1-\alpha_m)$，求出 n 后通过 $m=pn$ 可求得 m。求得的动力学参数列于表 5.5，

由所求得的动力学参数可以得出该环氧树脂体系的固化反应动力学模型如下：

$$\frac{d\alpha}{dt}=A\exp\left(\frac{-49467.39}{RT}\right)\alpha^{0.39}(1-\alpha)^{1.93} \tag{5-22}$$

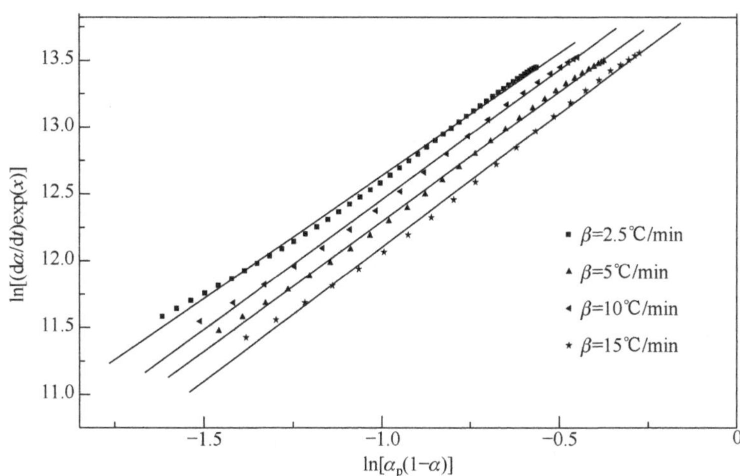

图 5.28　ln[$(d\alpha/dt)\exp(x)$]与 ln[$\alpha_p(1-\alpha)$]的关系曲线

表 5.5　自催化模型动力学参数

β/(℃/min)	m	n	ln$A$	E_α/(J/mol)
2.5	0.426	1.854	14.325	
5	0.378	1.925	14.355	
10	0.388	1.929	14.398	
15	0.379	2.018	14.414	
平均值	0.39	1.93	14.37	49467.39

从图 5.29 可以看出，不同升温速率时的模型曲线和实验曲线基本吻合，只是在固化反应的后期出现一些偏差。产生偏差的原因可能是随着温度的升高，固化反应由化学反应活性控制转化为扩散控制。总体而言，该模型在 2.5～15℃/min 的升温速率范围内都可以较好地描述该环氧树脂体系的固化反应过程。

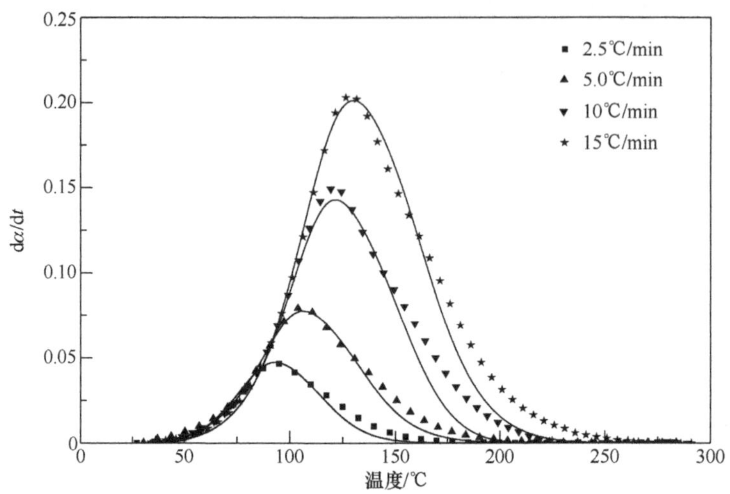

图 5.29　实验值与由自催化型计算值的比较

5.5　RTM 工艺质量与稳定性控制

5.5.1　RTM 工艺常见缺陷的形成及预防

RTM 制备的复合材料产品质量可以由缺陷的水平来评估。缺陷的存在降低了复合材料的质量,主要体现在力学性能、表观质量及耐环境湿热性能的下降等。RTM 工艺中的缺陷具体表现形式主要有气泡、干斑、皱褶和起皱等。

1. 气泡

气泡是 RTM 工艺常见的缺陷之一,气泡缺陷的存在会导致纤维浸润性降低,树脂与纤维界面黏结性变差,造成复合材料制品强度下降。

从理论上分析,产生这种现象的原因有四种:①模腔内树脂固化反应放热过高,固化时间过短,导致模腔中的气体没有完全排出;②树脂注入模腔时带入空气过多,灌注时间内无法全部排出,甚至气泡一直存在于模腔顶部,从上而下的树脂不能将其携带出去;③树脂黏度过大,气泡在灌注时间内不能全部从产品中溢出;④树脂注入模腔的压力过大,致使气泡包容在树脂中难以排出。

对应的解决措施为:①对树脂配方进行 DSC 分析,获得树脂起始反应温度和峰值温度,准确制定产品固化制度;②树脂在灌注前静置一段时间或抽真空,以防树脂中气泡随树脂一并进入模腔;③通过树脂黏度-温度分析,准确制定树脂注胶温度及模具温度;④降低树脂注射压力,增加树脂注射量,从而降低树脂模腔中的层流速度,增加渗流量。

2. 干斑

干斑也是RTM工艺的常见缺陷之一，尤其是产品研发初期在工艺还未稳定的情况下极易形成。其产生的主要原因有：①模具进、出胶口设计不合理；②树脂浸润纤维预成型体不充分；③树脂凝胶时间太短；④预成型体铺层结构不合理造成局部纤维含量过高；⑤充模过程中发生快速流道效应和边缘效应等。干斑缺陷的存在会使构件力学性能大幅下降，严重影响构件质量甚至报废。

对应的解决措施为：①大型复杂的RTM制件，在模具设计时通常会设置多个进胶口和排气口。如果树脂在分散介质中间和底面流动前沿的位置不同，先到达的树脂在底部没有完全将纤维浸润就封闭了排气口，从而在排气口和随后的树脂流动前沿间包裹空气，形成干斑；如果树脂由于分散层高的渗透性流向顶部，使得树脂在从顶部流动到达底部的过程中形成放射性的喷射从而形成大面积的干斑。针对以上情况，需在试制过程中，仔细观察注胶过程中各排气口溢胶的先后顺序，并记录时间，随后在各排气口上安装阀门，在注胶过程中根据实际情况采取排气口依次打开的方式解决。②降低注胶速率或注胶完成后关闭排气阀固化。③更换树脂，采用凝胶时间较长的专用RTM树脂。④Han和Lee指出了通过憋胶和放胶工艺形成干斑和消除干斑的方法[24,25]。憋胶工艺是在注射的过程中(利用反向压力)封堵出胶口(管路)，这种工艺增加了作用于干斑周围的压力，使得干斑收缩，干斑内部压力增大。放胶是在憋胶后打开出胶口(管路)，导致干斑和出胶机构间瞬时的压力变化，驱使被困空气向出胶口方向移动。⑤预成型铺放完成后，仔细检查模具边缘是否存在快速流道。

3. 皱褶

皱褶是由于布层起皱，脱模后产品外观可清晰看见布褶，但布褶间被树脂填满。

皱褶产生的主要原因是：①合模时，由于模具对布层的挤压而产生皱褶；②树脂在模腔中流动时将布冲挤变形而产生皱褶。生产RTM工艺制品时，要注意合模操作方法及布层厚度；降低注射压力，从而降低树脂对布层的冲力。

4. 起皱

胶衣起皱的主要原因是在施加灌注用树脂之前，胶衣树脂固化不完全，灌注用树脂中的单体部分地溶解了胶衣树脂，引起膨胀，产生皱纹。

5.5.2 RTM 工艺稳定性控制

精确的工艺控制可以确保生产出可靠的高质量的产品，降低不合格品率。因此，有效的工艺控制是生产竞争力强的商业化复合材料制件的重要途径。通常情况下，影响工艺稳定性的因素主要有原材料、设备、工艺参数的范围及控制。

1. 原材料的影响

工艺控制可能会影响材料的性能，但这一般是为了满足较宽的成型工艺窗口的需要。因此，材料评价和筛选的首要任务是材料的工艺性和结构性能。

选择 RTM 树脂体系考虑的主要工艺因素为：①注射温度；②固化温度和时间；③与固化温度相关的注射温度；④动态测试中的树脂表观最小黏度；⑤等温黏度曲线；⑥储存期及储存温度。

渗透性能是纤维增强体最重要的特性之一，而影响渗透性能的最主要因素是制件的纤维体积分数。从结构上讲，60%的纤维体积分数是一个优化后的折中选择，因为在这个体积分数上，结构减重和应力传递可以同时实现。低的纤维体积分数可以带来工艺上的方便。降低纤维体积分数可以使渗透率增大，从而满足快速注射或大型制件长距离流动的需要，但复合材料的力学性能也会有所降低。

2. 设备的影响

RTM 工艺设备由三个系统组成：①模具系统；②注射系统；③固化系统。

模具设计是产品研发的关键步骤，当设计方案确定，且制造的模具与工艺过程匹配时，在生产的过程中便不需要进一步的附加操作。当然，模具必须定期检测以确保自身没有损伤，更重要的是要保证在 RTM 工艺中没有渗漏。

RTM 工艺中需要更加重视注射系统。RTM 工艺所用的树脂体系一般分为两类：单组分体系和双组分体系，两种体系注射需要的压力和温度控制是相似的，只有给出工艺参数的限制，才能控制生产工艺中树脂对纤维的浸渍。注射设备必须具备对压力、注胶速率、注射树脂的重量(体积)及注胶温度等参数的监控能力。单组分树脂在注射过程中没有混合比的问题，但对双组分树脂而言，注射工艺中确保混合比很重要，因为错误的混合比会导致制件所注入树脂的不固化或爆聚。

相对于注射工序，固化工序可以在不同的设备中进行，如烘箱、压机、热压罐等传统设备及整体加热的模具。升温速率随设备的加热能力变化较大，烘箱的升温速率最慢；带内压的热压罐能提供更高的升温速率；而与模具直接接触的设备，如压机，以及整体加热的模具允许快速加热，但升温速率越高，温度控制越难。

3. 工艺参数的范围及控制[3]

所有影响材料及制件性能的工艺参数都必须在工艺过程中进行控制。当材料选定后，其工艺窗口必须确定，如树脂混合比要限定在一定的变化范围内，同时也必须限定注射温度、模具温度、升温速率、注射压力等工艺参数的变化。

在 RTM 质量控制中，树脂是质量控制的首要关注点。不管是使用单组分树脂，还是双组分树脂，控制树脂的混合比和化学反应十分关键。单组分树脂由材料生产商在出厂前已批量混合，质量相对稳定。少量的双组分树脂则需要采取手工混合或在注射时用计量混合器混合。另外，树脂的注射温度、模具温度、注射压力、注射速率、固化温度、升温速率等工艺参数都需要重点控制并应尽可能监控。

质量控制的第二个关注点是增强纤维或预成型体。预成型体的纤维方向和铺层数量必须在组装和生产的过程中严格控制，如果此处发生错误，将会导致因铺层太多而不能合模或因铺层丢失而影响渗透性。

充模和制件质量会受注射真空的影响。辅助真空的实施在移除充模过程中所困的气体、抑制空隙的形成是很有必要的。

总的来说，工艺控制的关键特性可以概括为以下几个方面：

(1) 树脂混合率；

(2) 树脂存储期；

(3) 预成型体和定型剂储存期；

(4) 纤维铺层方向、递减位置及层数；

(5) 预成型体制造方式；

(6) 树脂的预热温度；

(7) 树脂脱气泡；

(8) 模具真空检漏；

(9) 合模间隙控制；

(10) 注射时模具温度；

(11) 树脂注入的体积或质量；

(12) 注射压力和速率；

(13) 注射时间控制；

(14) 固化温度及时间；

(15) 升温速率；

(16) 开模方式；

(17) 修整。

5.5.3 RTM 工艺质量控制

先进复合材料成型工艺过程对产品造成影响的因素十分复杂，传统的工艺过程由于难以得到所加工材料内部状态变化的信息，只能遵循经验。一旦原材料、工作环境稍有波动，复合材料产品性能就暴露出可重复性较差、随炉件的数据离散性大等缺点。因此，必须对先进复合材料成型工艺过程进行严格的质量控制。

1. 工艺文件的编制与管理

工艺文件是技术文件的重要组成部分，工艺文件的编制与管理是产品质量控制的基础，也是企业质量管理的重要组成部分。工艺文件或规范是产品生产的主要依据，是指导生产操作，编制生产计划，调动劳动组织，安排物资供应，进行产品技术检验、工装设计与制造等的依据。

工艺文件主要包括工艺文件目录、工艺总方案、工艺路线表、各类工艺规程、关键工序明细表、专用工艺装备明细表、外购外协件明细表、材料消耗工艺定额文件等。工艺文件目录是指整套文件的目录，最重要的是需要标明当前各文件的有效版本。工艺总方案是根据产品设计要求、生产类型和生产能力，提出工艺技术准备、工作具体任务和措施的指导性文件，是编制工艺规程和制订工艺技术措施计划的依据。工艺路线表规定的是先干什么后干什么，必要时提供这些流程中的操作者及对操作者的素质要求，需要几个人力，每一个工序要花多少时间，操作要点是什么，要达到什么样的标准，用什么特殊工具，都是以流程图为基础来展开的。工艺规程就是具体到每一个环节，通常为操作者使用，规定用什么材料，用什么工具，操作中要注意哪些事项，执行要达到什么标准，更多的内容是操作步骤顺序和方法。材料消耗工艺定额是指在节约和合理使用材料的条件下，生产单位生产合格产品所需要消耗一定品种规格的材料数量标准，包括材料的使用量和必要的工艺性损耗及废料数量，制定材料消耗定额主要就是利用定额这个经济杠杆，对物资消耗进行控制和监督，达到降低物耗和工程成本的目的。

工艺文件的编制要做到正确、完整、一致和清晰，能切实指导生产，保证生产质量稳定。工艺文件编制格式、签署、更改、关重件标注等均应执行相关的标准。

工艺文件的管理主要包括：①工艺文件的编制和签署；②工艺文件的借阅和使用；③工艺文件的更改；④工艺文件的保密。

2. 原材料质量的控制

原材料质量的控制主要是原材料的入库验收和出库(使用前)检查。不同的原材料都应建立独立的材料规范，以确保出、入库原材料的合格。在 RTM 工艺制造中，主要原材料有纤维(织物)、树脂及固化剂。纤维和树脂固化体系的成分和性能的波动直接影响产品的质量。在验收纤维时，一般要测试纤维的拉伸强度、拉伸模量、断裂应变、密度及捻度等；如果该纤维还有其他特殊用途，还应在规范中增加相应的检测指标及检测方法。

在验收树脂及固化剂时，按传统方法，一般只测定树脂的密度、黏度或软化点、水分、挥发物、环氧当量等。事实表明，这些指标远不能控制树脂的化学成分，甚至不同类型的环氧树脂可以有相同的黏度（或软化点）和环氧当量。人们现已开始逐渐注意控制树脂的化学成分和化学特征，并且出现了将其列入材料标准中作为控制指标的趋势。目前国内外用于鉴定树脂化学组成常用的方法有凝胶渗透色谱法、高效液相色谱法、红外光谱法、元素分析法等。

3. 工艺过程的控制

复合材料成型具有材料形成和构件成型同时完成的特点，所以工艺过程的控制直接决定了复合材料制件质量的好坏。工艺过程的质量可从两个方面进行控制：一是控制各道工序的操作应完全符合规范动作，且各工艺参数满足规范要求；二是强化工序间的检查，上道工序有不符合规范规定的项目时，在问题未解决前绝不流转到下道工序。这是两种不同性质的控制，前者直接控制影响产品性能的因素，是积极的方面；后者帮助了解操作和工艺参数是否正确掌握，并防止不合格品流入下道工序，所以也是必不可少的工艺过程控制。

RTM 工艺过程中的每一监测点必须永久地记录在验收记录本上，以便产品出现质量问题时进行质量问题分析，判定责任。这种监测点应设立在工序的关键控制点上，就 RTM 工艺而言，关键控制点主要有：

(1) 纤维预定型前，需要检验员核实铺层递减的精确性；

(2) 注胶前，检测注胶机工艺参数（如混合比例、胶液温度、注胶速率、注胶压力上限值设定等）、模具温度、真空检漏是否符合工艺规范要求；

(3) 注胶完成后，固化过程中的升温速率、固化温度及保温时间是否满足工艺规范要求。

在 RTM 工艺中，工序间的检查主要有：

(1) 纤维预成型工序，即领取纤维织物及定型剂等材料时，应检查出库的原材料标识是否满足规范要求，如是否有材料牌号、规格、供应商、批号及生产日期、验收合格证等；

(2) 注胶工序，即无论半成品（预成型体）是从上道工序转来的还是从库房领取的，都应检查预成型体是否满足规范要求，如表面是否有超出规范的任何形式的纤维移动、架桥、褶皱或滑动等；

(3) 后处理工序，从上道工序转来的半成品是否有超出规范的任何形式的缺陷，如干斑、气泡等。

4. 成品检验

成品检验也称为终检，是复合材料制件质量控制的最后一道关，是提供最终放行产品（包括服务）依据的活动（检查、检验、测量或试验）。就复合材料制件而言，成品检验除检查外观、尺寸、重量，还应用无损检验方法检查制件内部是否有不符合要求的缺陷。目视外观检查可以发现 RTM 复合材料制件的常见缺陷，如富树脂层、树脂开裂、预成型体移动、起皱、皱褶、干斑、表面气泡等。目前可用于复合材料无损检测的方法有超声检测、射线探伤、激光散斑检测、声发射等。通常应根据材料和结构的特点以及设计要求来选择一种或几种无损检测方法，既要考虑检测的有效性和可靠性，还要考虑实用性和经济性。

参考文献

[1] 杨乃宾，梁伟. 民机复合材料结构研发技术[J]. 航空制造技术，2009，(25)：108-111.

[2] 刘东辉. 复合材料低成本化进展与分析[J]. 纤维复合材料，2012，(2)：41-44.

[3] Kruckenburg T，Paton R. 航空航天复合材料结构件树脂传递模塑成形技术[M]. 李宏运，译. 北京：航空工业出版社，2009.

[4] 蒋炳炎，蓝才红，等. 注射成型模具电磁感应加加热技术[J]. 工程塑料应用，2008，(36)：36-39.

[5] 廖勇波. 预定型剂对复合材料力学性能的影响[D]. 太原：华北工学院，2004.

[6] 乌云其其格，胡仁伟，等. 定型剂对复合材料性能影响的研究[J]. 高科技纤维与应用，2013，(38)：28-33.

[7] Owen M J，Middleton V，Rudd C D. Fibre reinforcement for high volume resin transfer moulding (RTM)[J]. Composites Manufacturing，1990，(1)：74-78.

[8] Arndt R D. Fabric preforming for structural reaction injection moulding[C]. Proceedings of the Advanced Composite Materials，New Developments and Applications，1991：35-40.

[9] 潘玉琴. 玻璃钢复合材料基体树脂的发展现状[J]. 纤维复合材料，2006，(12)：56-57.

[10] 李小兵，孙占红，曹正华. 真空辅助成型技术及其配套基体树脂研究进展[J]. 热固性树脂，2006，(9)：39-43.

[11] 郭战胜，杜善义，张博明，等. 先进复合材料用环氧树脂的固化反应和化学流变[J]. 复合材料学报，2004，(4)：146-151.

[12] Gao J G. Kinetics of epoxy resins formation from bisphenol-A，bisphenol-S and epichlorohydrin[J]. Journal of Applied Polymer Science，1993，48(2)：237-241.

[13] Wang Q，He T B，Xia P，et al. Cure processing modeling and cure cycle simulation of epoxy-terminated poly(phenylene ether ketone) Ⅰ：DSC characterization of curing reaction[J]. Journal of Applied Polymer Science，1997，66：789-797.

[14] Wang Q，He T B，Xia P，et al. Cure processing modeling and cure cycle simulation of epoxy-terminated poly(phenylene ether ketone) Ⅴ：Estimation of temperature distribution during

cure process[J]. Polymer Engineering and Science, 1998, 38: 420-428.

[15] 卢红斌，何天白. 聚合物模压成型加工的计算模拟[C]//胡汉杰，瞿金平. 聚合物成型原理及成型技术. 北京：化学工业出版社，2000：301-317.

[16] Kissinger H E. Reaction kinetics in differential thermal analysis[J]. Analytical Chemistry, 1957, 29(11): 1702-1706.

[17] Crane L W, Dynes P J, Kaelble D H. Analysis of curing kinetics in polymer composites[J]. Journal of Polymer Science Part C—Polymer Letters, 1973, 11(8): 533-540.

[18] 于伯龄，姜胶东. 实用热分析[M]. 北京：纺织工业出版社，1990.

[19] Rosu D, Mustata F, Cascaval C N. Investigation of the curing reactions of some multifunctional epoxy resins using differential scanning calorimetry[J]. Thermochimica Acta, 2001, 370(1-2): 105-110.

[20] Malek J. The kinetics analysis of non-isothermal data[J]. Thermochimica Acta, 1992, 200: 257-269.

[21] Montserrat S, Malek J. A kinetic-analysis of the curing reaction of an epoxy-resin[J]. Thermochimica Acta, 1993, 228: 47-60.

[22] Senum G I, Yang R T. Rational approximations of integral of Arrhenius function[J]. Journal of Thermal Analysis, 1977, 11(3): 445-449.

[23] Malek J. Kinetic analysis of crystallization processes in amorphous materials[J]. Thermochimica Acta, 2000, 355(1-2): 239-253.

[24] Sestak J, Berggren G. Study of the kinetics of the mechanism of solid-state reactions at increasing temperatures[J]. Thermochimica Acta, 1971, 3(1): 1-12.

[25] Han K, Lee L J. Dry spot formation and changes in liquid composites molding: 1—Experimental[J]. Journal of Composites of Composites Materials, 1996, 30(13): 1458-1474.

第 6 章　热塑性复合材料热压成型技术

6.1　概　　述

复合材料是指由两种或两种以上具有不同物理、化学性质的材料，通过一定的复合工艺制备而成的新型材料。它既能保留原有组成材料的主要特色，又能通过材料集成和结构设计使各组分的性能相互补充并彼此关联，发挥复合效应获得原组分所不具备的卓越性能。其中，树脂基复合材料是采用热固性或热塑性树脂为基体制备而成的复合材料，具有质轻、高强、耐腐蚀、抗疲劳、结构功能可设计、可大面积整体成型等特点[1~3]。与热固性树脂基复合材料相比，热塑性树脂基复合材料具有很多独特优点，如韧性好、耐反复冲击、损伤容限大、耐化学性能好、预浸料无储存时间限制等。在成型加工方面，热塑性树脂基复合材料的成型周期短，可二次成型和回收再利用，易实现连续化、自动化制备，能够显著提高生产效率，降低制造成本。正是凭借以上这些优点，热塑性树脂基复合材料自 20 世纪 70 年代兴起以来，引起了人们极大的研究热情，目前其发展速度大大超过了热固性树脂基复合材料，产量已占树脂基复合材料总量的 1/3。国内外许多先进的研究机构和航空航天公司都为此投入了大量资源，并在多个技术领域取得了重要突破，如树脂原材料技术、预浸渍技术、成型技术、连接技术、修补技术和回收再利用技术等，应用领域涵盖了飞行器、汽车、医疗、建筑、机械、体育等，并带来了可观的经济和环保效益[4~8]。随着节能减排、低碳环保政策和理念深入人心，热塑性树脂基复合材料必将在未来获得更广阔的发展和应用。

高性能碳纤维增强热塑性树脂基复合材料的力学性能十分突出，在军用和民用飞机承力结构件上具有重要应用[9]，但其制备技术瓶颈也日益明显。热塑性树脂，尤其是高性能耐高温树脂如聚苯硫醚(PPS)、聚醚醚酮(PEEK)等具有巨大的分子量和高结晶度，造成树脂熔点很高且熔体黏度很大，难以浸渍纤维，在预浸和成型过程中必须设置很高的温度(＞300℃)和很大的压力，才能驱使树脂熔体充分浸渍增强纤维。这一方面会增大设备投入和能源消耗，另一方面也会给复合材料的力学性能带来不利影响。因此，高性能热塑性复合材料制造的技术和成本瓶颈大大制约了其推广应用[5,10,11]，开发高效低成本的热塑性复合材料成型工艺具有十分重要的经济和战略意义。

本章重点介绍在国家高技术研究发展计划(863 计划)项目的支持下，我们在连续碳纤维增强聚苯硫醚(CF/PPS)复合材料低成本成型制备方面的研究内容和成果，包括熔融预浸技术、层合板连续热压制备技术和复合材料部件（如汽车副保险杠）快速冲压成型技术。

6.2　热压成型用热塑性树脂基体的热性能和流变特性研究

PPS 是分子链上苯基和硫基交替连接而成的高刚性结晶聚合物，属于特种工程塑料。PPS 的耐热性能优良，长期使用温度在 180℃以上；耐蠕变，耐疲劳，耐化学溶剂；是目前耐高温聚合物中最经济，并且易加工成型的品种。其基本物性见表 6.1。PPS 的拉伸强度、弯曲强度较为优异，但断裂伸长率和冲击强度较差，采用无机填料、玻璃纤维和碳纤维增强能够显著提高抗冲击性能。玻璃纤维和碳纤维增强 PPS 复合材料的热变形温度可达 260℃以上。在长期力负荷或热负荷下，PPS 都具有良好的抗蠕变性，即使在较高温度下，其蠕变也很小。由于分子结构中带有硫原子，本身就具有优秀的阻燃性，不需额外添加阻燃剂。此外，PPS 还具有较高的硬度和耐磨性，摩擦系数和磨耗量都很小[12,13]。正是由于 PPS 的诸多优异性能，其在高性能结构材料应用方面的表现十分突出，现已作为承力结构件应用在航空飞行器和汽车等交通工具上。

表 6.1　PPS 的基本物性[12]

性能	数值	性能	数值
密度/(g/cm^3)	1.3～1.4	断裂伸长率/%	1.6
结晶度/%	75	压缩强度/MPa	112
熔点/℃	285	弯曲强度/MPa	98
玻璃化转变温度/℃	90	缺口冲击强度/(J/m)	27
成型温度/℃	290～350	介电系数/(10^6 Hz)	3.1
吸水率/%	<0.02	介电损耗/(10^6 Hz)	0.00038
拉伸强度/MPa	67		

热塑性树脂的热性能和熔融流变性能对复合材料的成型加工工艺具有十分重要的影响。在成型加工过程中，树脂的熔融黏度不仅影响其对增强纤维的渗透、浸渍以及填充和排气等过程，还影响了对纤维表面的浸润与黏结状况，因此从根本上决定了复合材料的成型加工特性。所以，在研究热塑性 CF/PPS 预浸片材的熔融浸渍制备工艺及其复合材料的热压成型工艺之前，必须先对 PPS 树脂的热性能和流变性能进行检测分析。从图 6.1 可以看出，PPS 树脂在升温过程中 DSC 曲线存在一个尖锐的吸热峰，其峰值对应的温度为 279℃，因此确定 PPS 树脂的熔点在 280℃左右。熔融热焓值为 42.5J/g，按照完全结晶 PPS 树脂的吸热焓值 112J/g[14]计算出结晶度为 37.9%，属半结晶聚合物。由于树脂基体的结晶状况也

会显著影响复合材料的力学性能，在成型加工过程中应注意热历史对树脂结晶行为造成的影响。

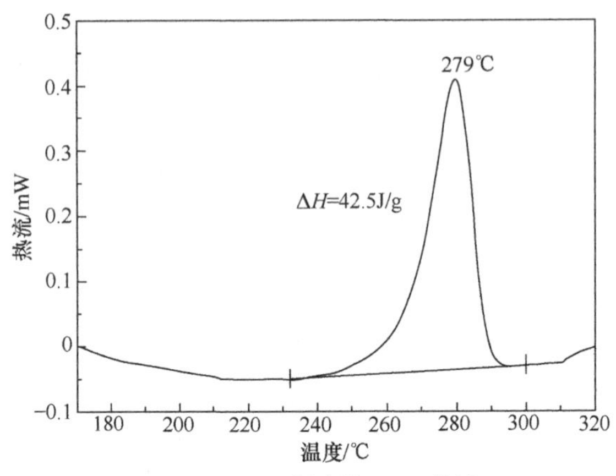

图 6.1　PPS 树脂的 DSC 曲线

图 6.2 是 PPS 树脂的熔融黏度随温度升高的变化曲线。从图中可见，随着温度从 280℃升高到 290℃，树脂黏度从 6000Pa · s 急剧降低到 150Pa · s；当温度达到 333℃时，黏度又降至最低值 75Pa · s；但温度继续升高到 380℃时，黏度持续快速增大至 1000Pa · s。可见，PPS 树脂的黏度随温度升高的变化波动较大。PPS 树脂的黏度对温度的敏感性很高，在熔点以上 10℃黏度即迅速降低，但其黏度变化并不符合 Arrhenius 方程，造成这种现象的原因是在高温下 PPS 树脂发生氧化降解，引发交联反应，形成体型网络结构。这种交联反应在温度超过 340℃时被大大加强，因此才会出现黏度快速增大的现象。从图 6.2中的结果可以得出，PPS 树脂基复合材料的最佳成型加工温度在 330～340℃，且为了降低交联带来的负面影响，应尽量保证温度不能超过 340℃。由于氧化交联、黏度增大现象容易对 PPS 树脂基复合材料的熔融加工成型造成不利影响，所以很有必要观察其在适宜加工温度下黏度随时间的变化情况。从图 6.3 可见，在 330℃下，PPS 树脂的黏度在 15min 内能够一直保持在 80Pa · s 左右，加工时间延长之后黏度开始缓慢增大，到 33min 时达到 150Pa · s 左右，加工时间进一步延长时，树脂黏度迅速升高到 260Pa · s。由此可见，在 330℃下，PPS 树脂的加工时间不宜超过 15min，否则由于交联变黏可能损害树脂对纤维的渗透、浸渍和界面黏结效果。

图 6.4 是 PPS 树脂在不同温度下黏度与剪切速率的关系曲线。从图中可见，300～330℃下，PPS 树脂在 1～500s^{-1}的剪切速率范围内都没有表现出明显的剪切变稀现象。这是因为 PPS 树脂分子链间的缠结作用较强，在低剪切速率下解缠程度小，所以表观黏度没有发生明显的下降。综合以上结果，对于 PPS 树脂基复合材料的热压成型工艺来讲，剪切作用对树脂流变性能的影响不大，应重点考虑成型温度和时间的控制。

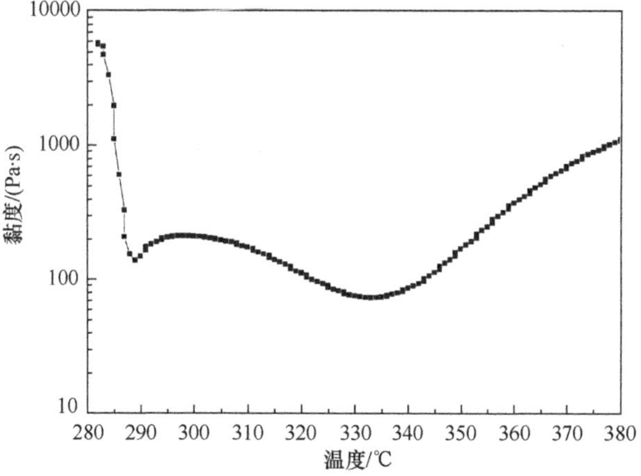

图 6.2　PPS 树脂黏度随温度的变化情况

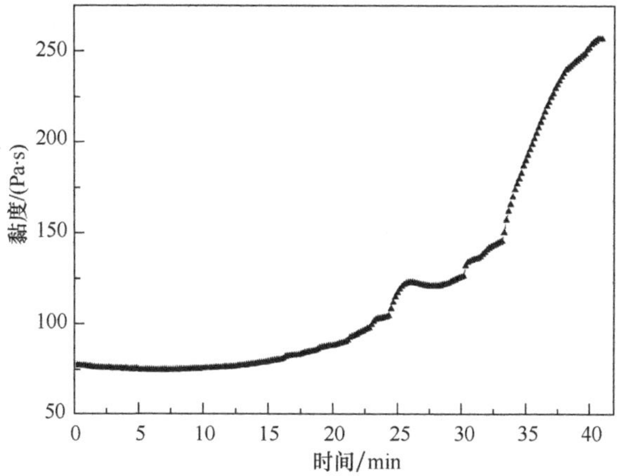

图 6.3　温度 330℃下 PPS 树脂黏度随时间的变化情况

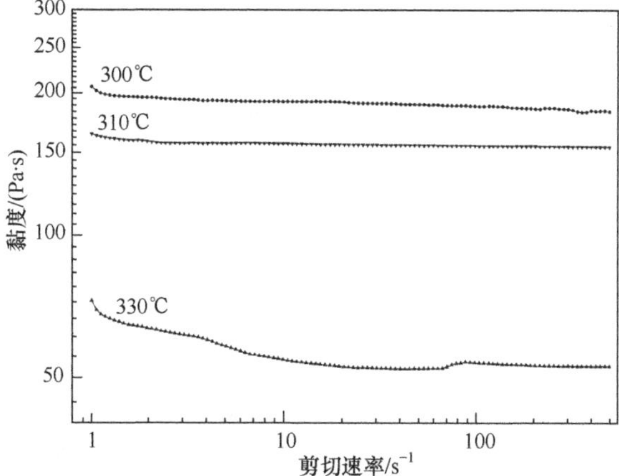

图 6.4　不同温度下 PPS 树脂黏度与剪切速率的关系曲线

6.3 热塑性预浸片材的制备

预浸料是树脂基体和增强体在一定工艺条件下浸渍而成的组合体，是制备复合材料的重要中间材料。预浸料是具有一定结构和力学性能的单层复合材料，可以非常方便地用来进行结构设计和铺层。预浸料的性能很大程度上决定了复合材料的工艺性能和力学性能，因此对复合材料的发展和应用具有十分重要的意义[15]。随着多种高性能纤维和树脂的问世，预浸料的新品种和新工艺不断被开发出来，工艺技术日趋成熟，产品质量和稳定性也日趋完善，商业化产品能够满足不同成型方法的要求。但对于高性能热塑性树脂而言，熔点高、黏度大和难溶解造成浸渍困难，对预浸工艺和设备的要求较高，因此当前市场上的高性能热塑性预浸料品种较少且价格昂贵。纤维增强热塑性预浸料主要分为粒料和片材两种，制备工艺主要有溶液法、熔融法、粉末法、混纤/混编法和包缠纱法等[16]。本节内容重点介绍连续碳纤维增强聚苯硫醚预浸片材的熔融浸渍制备工艺和性能。

6.3.1 热塑性预浸片材的熔融浸渍制备工艺

熔融浸渍技术的核心是将加热后低黏度的树脂熔体通过一定的方式渗透浸渍到纤维束内部，并冷却固结形成预浸料。熔融法的优点是不使用化学试剂、无环境污染，树脂含量控制精度高，产品质量好，生产效率高，目前已应用在纤维增强 PP、PBT、PET 和 PC 等热塑性预浸料的生产中。但也存在缺点，如高黏度的树脂和厚度较大的织物难于浸透、离型纸用量大等。

我们采用自研的干态预浸机制备单向和织物型热塑性 CF/PPS 预浸片材。制备热塑性 CF/PPS 单向预浸片材的工艺过程示意图见图 6.5。原料选用 T700-12K 碳纤维纱线和 PPS 树脂薄膜。碳纤维纱线从纱架上引出后进入梳形理纱装置排纱，经理纱整理后整齐平行地进入展纱机构。展纱机构主要由展纱辊和旋转张紧机构组成，通过控制张紧机构的旋转角度，可以调节碳纤维纱线的张力。当碳纤维纱线在一定张力下以一定包覆角绕过展纱辊表面时，外层的纤维将向内层挤压，从而使纱线的厚度变小，同时宽度变大填充纱束之间的缝隙。经充分展纱的碳纤维纱线连同上下表面覆盖的树脂薄膜和离型纸在牵引辊的牵引下进入加热浸渍区间；浸渍区间由三个加热辊组成，多层物料依次穿过并紧贴加热辊表面移动，树脂在此区间内被快速加热至熔融状态，并在底部加压辊的压力作用下向纤维束内部快速渗透浸渍；最后，经压平、冷却，收卷得到热塑性单向预浸片材。

熔融浸渍法制备热塑性 CF/PPS 织物预浸片材的工艺过程示意图见图 6.6。原料选用碳纤维斜纹织物和 PPS 树脂薄膜。与制备单向预浸片材不同，碳纤维织物不需要经历展纱，而是在一定张力下直接与树脂薄膜和离型纸叠合后进入加热浸渍区间。

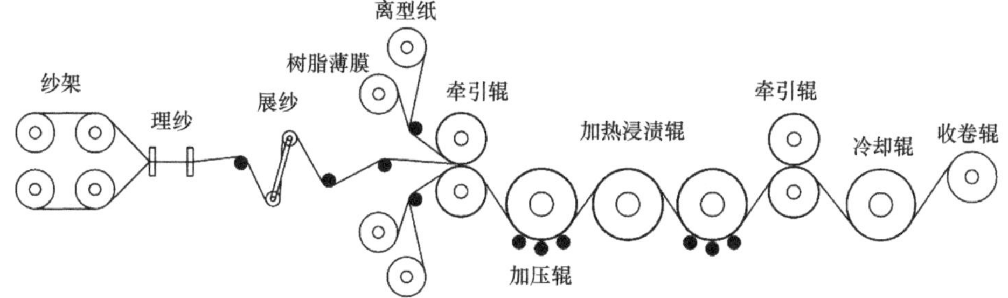

图 6.5　熔融浸渍法制备热塑性 CF/PPS 单向预浸片材工艺过程示意图

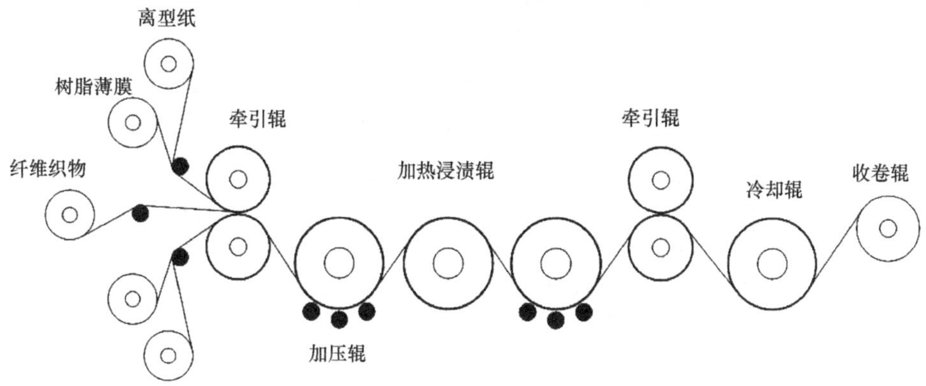

图 6.6　熔融浸渍法制备热塑性 CF/PPS 织物预浸片材工艺过程示意图

热塑性预浸片材的外观质量一般要求不能有油污、粉尘杂质，无明显损伤、浮胶等现象。内在指标主要要求树脂含量、纤维体积含量、挥发分含量和浸渍程度等合格。为保证热塑性预浸片材的浸渍程度和表面质量，需合理控制以下几个关键因素。

1）纤维和树脂材料的选择

在制备单向预浸片材时，首先根据幅宽确定合适的碳纤维纱束数量，然后根据树脂含量要求选择面密度合适的树脂薄膜。在制备织物型预浸片材时，所选用的碳纤维织物的面密度不宜太大，否则会因厚度过大、浸渍距离太长而使最终的浸渍效果很差。

2）张力调节，展纱扩幅

展纱是制备单向预浸片材过程中非常重要的步骤，展纱效果的好坏大大影响了预浸片材最终的浸渍程度、均匀性以及缝隙的数量，对其他工艺条件如加热温度、牵引速度和压力的确定也有影响。展纱水平是通过调节纤维所受张力的大小来控制的。一般来说，随着旋转张紧机构角度的变大，纤维受到的张力也逐渐增大，纤维束在展纱辊表面的散开程度就越大，有利于填充并消除纤维束间存在的缝隙，在降低纤维束厚度的同时提高纤维在横向上的分布均匀性，从而能够有利于树脂浸透纤维束并改善预浸片材的质量均匀性。但当张力过大时，纤维在展纱辊表面受到过强的挤压、摩擦等作用，容易发生断丝、起毛现象，因此施加在纤维束上的张力存在上限值。另外，应保证每束纱线所受到的张力基本一致，才能获得均匀的展纱效果，减少缝隙的产生，从而保证单向预浸片材质量的均匀性和稳定性。良好的碳纤维纱束展纱效果见图 6.7。

图 6.7　良好的碳纤维纱束展纱效果图

在制备织物预浸片材时不需要进行展纱，但同样需要施加一定的张力保证纤维织物的平整性。张力的大小应根据纤维织物的规格和性质来确定。张力过小易造成纤维织物松散、跑偏和堆积，使纤维织物受挤压断裂，无法稳定生产出质量均匀的预浸片材；而张力过大会造成纤维织物横向收缩和变形过量，纵向拉长，纤维束被过分拉紧致使树脂浸渍更加困难。同时，还需确保纤维织物运行时各部位的张力一致，不能出现两端张力不均的现象，以确保纤维织物平整地进入和通过加热浸渍区间。

3）牵引速度

牵引速度决定了纤维和树脂通过加热浸渍区间所用的时间，也就影响了树脂熔体向纤维束内部流动渗透的距离，即浸渍程度。当牵引速度过小时，虽然预浸片材的浸渍程度较好，但生产效率大大降低，同时加热能耗变大；反之，过快的牵引速度会造成树脂向纤维束内部渗透浸渍的时间过短，导致大部分树脂分布在纤维层表面且易分布不均，无法制得质量合格的预浸片材。合适的牵引速度要根据树脂熔体黏度、纤维层厚度和加热浸渍区间长度等多个条件来确定。另外，在图 6.5 和图 6.6 中，从左至右，牵引辊、加热辊、冷却辊和收卷辊的运行速度要依次适当加大，保证物料被适度拉紧，不能出现弯曲、偏斜和堆积等现象。

4）加热温度，树脂熔体黏度

树脂熔体的黏度直接影响了其对单向纤维束或织物的浸透能力和表面树脂层的厚度。在实际制备时，通过调节加热辊表面的温度来控制树脂黏度。一般来说，提高加热温度能够降低树脂黏度，有利于浸透纤维，但过高的温度容易引起聚合物降解或氧化交联。因此，需对所使用热塑性树脂的黏度及热稳定性进行分析，选择合理的加热温度。

5）浸渍压力

热塑性树脂的熔融黏度很大，造成其向纤维束内部横向流动时的阻力很大，这是制备热塑性预浸片材和复合材料时所面临的最大困难，因此必须施加一定的压力迫使树脂熔体向纤维束内部渗透浸渍。一般来说，压力增大能够改善纤维束的浸渍质量，但压力增大的同时也会造成纤维束的渗透率逐渐降低。当压力超过一定数值时，纤维束被紧密压实，渗透率过低反而造成树脂熔体更难以向其内部渗透浸渍。另外，过高的压力还容易对纤维纱线造成破坏，导致纤维变形扭曲，甚至断裂。因此，浸渍压力需控制在合理的范围之内。

6）其他

离型纸是制备预浸料和复合材料过程中常用的辅助材料，主要是为了防止树脂粘连在模具或设备上。离型纸虽然不进入最终的复合材料产品，但对预浸料的性能具有重要影响。一般来说，选用的离型纸要满足以下几个条件：要有足够的强度，使用中不断裂；与预浸片材结合牢固，不脱落，但同时能方便取下，无残留物；厚度均匀，在高温下的尺寸稳定性好，以利于树脂的均匀分布。

对离型纸和树脂膜也要施加一定的张力，使它们能够平整地进入加热浸渍区间。我们在自行研制的干态预浸机上专门添加了放卷机构来实现这一目的，通过手动张力控制器实现放卷张力控制。如果张力过小，离型纸和树脂膜无法被充分展平，会导致预浸片材表面出现大量蚯蚓状缺陷和贫、富树脂区；反之，如果张力过大，树脂膜和离型纸在通过加热区间时容易发生断裂，迫使生产中止。合适的张力大小受离型纸和树脂膜性质以及行程、机构的影响，一般选择能够展平上述两种材料的最小张力值即可。

6.3.2　热塑性预浸片材熔融浸渍制备的工艺优化

以 CF/PPS 单向预浸片材的熔融浸渍制备为例介绍工艺优化过程。首先采用数学方法对熔融浸渍过程进行分析。根据纤维和树脂的铺层方式建立如图 6.8 所示的渗透浸渍模型，主要发生的是树脂熔体同时从上下两面向纤维层内部渗透浸渍，即横向渗透浸渍过程，而沿纤维方向的轴向渗透浸渍过程十分有限，可忽略不计。树脂熔体向纤维层的渗透浸渍过程可分为束间和束内浸渍两个步骤，其中束间浸渍是树脂熔体填充两束纤维之间空隙的过程，速度很快，而束内浸渍是树脂熔体向纤维束内部渗透浸渍的过程，速度较慢，是熔融浸渍过程的控制步骤。为了简化计算，忽略束间浸渍过程，只考虑束内浸渍过程。树脂熔体向纤维束内部的渗透浸渍研究大都建立在达西定律之上，见式(6-1)，即流体流经多孔介质的理论基础：流体在多孔介质中的速度与压力梯度成正比，而与流体的黏度成反比。为进一步简化计算，忽略重力和毛细效应产生的影响。

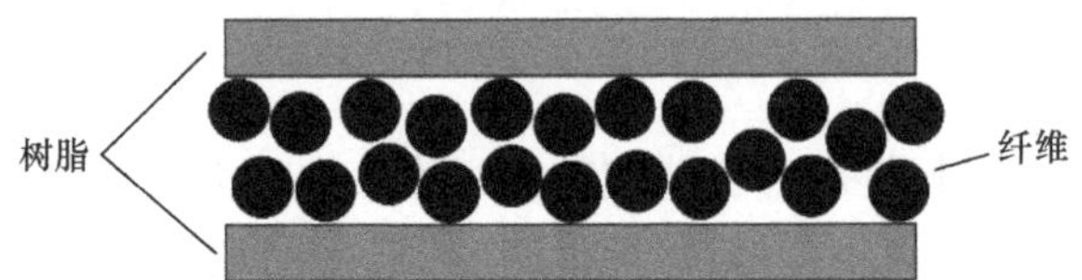

图 6.8　树脂向纤维层的熔融渗透浸渍模型

$$\frac{\mathrm{d}z}{\mathrm{d}t}=\frac{K_{\mathrm{p}}}{\eta}\frac{\mathrm{d}P}{\mathrm{d}z} \tag{6-1}$$

式中，z 为渗透浸渍距离，m；t 为所需的浸渍时间，s；K_{p} 为纤维束的横向渗透率张量，m^2；η 为树脂熔体的黏度，Pa·s；P 为外界施加的压力，Pa。对式(6-1)进行积分，即可建立所需渗透浸渍时间与树脂黏度、压力、浸渍距离和渗透率张量之间的数学关系，即

$$t=\frac{\eta z^2}{2PK_{\mathrm{p}}} \tag{6-2}$$

在本实例中，采用 T700-12K 碳纤维，PPS 薄膜，面密度为 $50\mathrm{g/m^2}$。根据 6.2 节中对 PPS 树脂黏度的分析结果，选择 330～340℃的加热温度，对应的树脂黏度 η 约为 80Pa·s。渗透率张量是纤维束的固有材料属性，由纤维的直径和排列结构所决定。Gebart 公式常用于计算单向纤维增强材料的横向渗透率[17]，如下：

$$K_{\mathrm{p}}=C_1\left(\sqrt{\frac{V_{\mathrm{f,max}}}{V_{\mathrm{f}}}}-1\right)^{2.5}R_{\mathrm{f}}^2 \tag{6-3}$$

式中，V_{f} 为纤维束中的纤维体积含量，%；R_{f} 为纤维单丝的半径，m；C_1 和 $V_{\mathrm{f,max}}$ 为公式常数，和纤维的排列方式有关，分为四边形和六边形两种，具体数值如下：

四边形排列：

$$C_1=\frac{16}{9\pi\sqrt{2}},\qquad V_{\mathrm{f,max}}=\frac{\pi}{4}$$

六边形排列：

$$C_1=\frac{16}{9\pi\sqrt{6}},\qquad V_{\mathrm{f,max}}=\frac{\pi}{2\sqrt{3}}$$

采用扫描电镜对压实状态下单向碳纤维束的横截面进行观察、计算，得出纤维单丝半径 $R_{\mathrm{f}}=3.55\mu\mathrm{m}$，纤维体积含量 $V_{\mathrm{f}}=72.4\%$。由于 V_{f} 更接近 $\pi/4$，故选择纤维成四边形排列，进而计算出单向纤维束的横向渗透率张量 $K_p = 1.745\times10^{-15}\text{m}^2$。

由于是树脂熔体同时从上下表面向纤维束内部渗透，达到完全浸渍时，渗透浸渍距离 z 为纤维束厚度 d 的一半。将以上数值代入式(6-2)，整理出完全浸渍状态下所需的浸渍时间 t 与纤维层厚度 d 和压力 P 间的数学关系式，即

$$t=\frac{10d^2}{1.745P}\times10^{-3} \tag{6-4}$$

式中，d 的单位是 μm，P 的单位是 MPa。分别假设压力为 0.5MPa、1.0MPa、1.5MPa 和 2.0MPa，作图建立浸渍时间 t 与纤维层厚度 d 之间的关系曲线，见图 6.9。从图中可以看出，随着纤维层厚度从 150μm 开始减小，所需的浸渍时间逐渐降低，当纤维层厚度减小到 100μm 时，所需的浸渍时间降低了 50%以上。尤其是在较低压力下，浸渍时间的下降程度更加明显。由此可见，通过充分有效的展纱手段减小纤维层厚度对于缩短浸渍时间的高效性。这对于提高预浸片材的浸渍质量和生产效率具有十分重要的意义，也就为接下来预浸工艺的优化指明了方向。

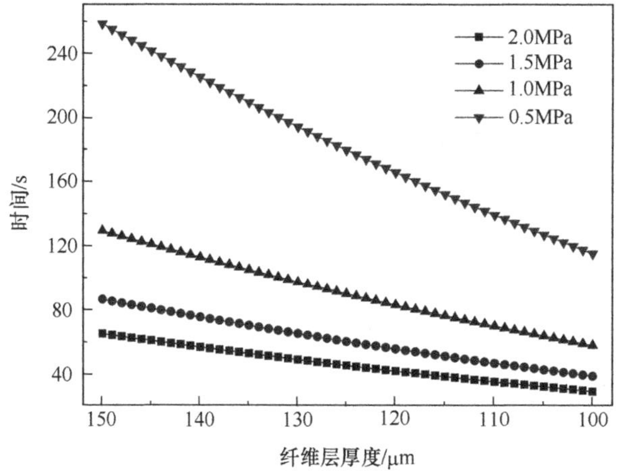

图 6.9　理论计算所需浸渍时间和纤维层厚度之间的关系曲线

另一方面，分别假设纤维层的厚度 d 为 150μm、125μm 和 100μm，建立浸渍时间 t 和浸渍压力 P 之间的关系，见图 6.10。从图中可见，在三种纤维层厚度下，浸渍时间都随压力增大而表现出三个变化阶段。首先，随着浸渍压力增大到 0.5MPa，所需的浸渍时间都急剧降低 70%～80%，可见只需要施加很小的压力，即可大大加快树脂熔体的渗透浸渍速率。当压力从 0.5MPa 逐渐增大到 2.0MPa 时，所需浸渍时间又逐渐降低至 100s 以内，但同时下降速率也越来越小。当压力超过 2.0MPa 后，浸渍时间虽进一步降低，但下降幅度已很小，说明此时进一步增大浸渍压力对于提高浸渍效率的作用已经非常有限。从上述计算分析结果可知，

在采用熔融浸渍工艺制备预浸片材的过程中，施加一定的压力对于改善浸渍效果、缩短加工时间具有极其重要的作用，但过高的浸渍压力并不会带来预期中更好的效果。图 6.10 是对熔融浸渍过程进行简化计算得出的结果，在工程应用中对于工艺参数的选择和优化具有一定的理论指导意义。但实际上，纤维束的渗透率会随压力的增大而逐渐降低，当压力超过一定数值后，纤维束会被过分压紧，留给树脂熔体的横向流动渗透空间被大大压缩，反而会对熔融浸渍过程带来负面效果，从而不会出现如理论计算中浸渍时间随压力增大而始终降低的现象。在实际操作过程中，合适的浸渍压力要综合纤维性质、展纱效果、运行速度和设备的机械强度等情况来决定。

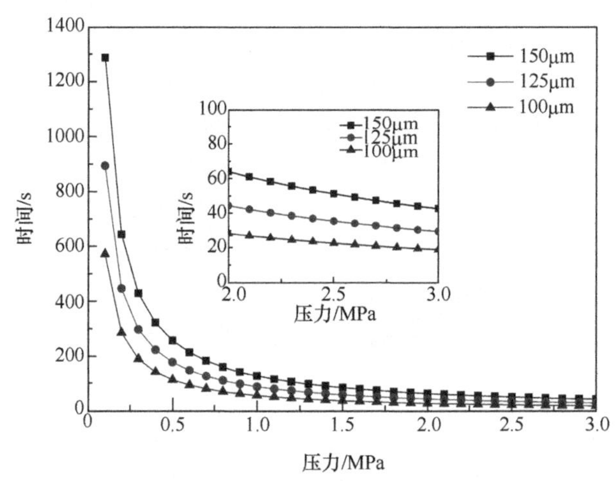

图 6.10　理论计算浸渍时间和浸渍压力之间的关系曲线

通过以上对完全浸渍状况的理论计算结果，明确了影响渗透浸渍速率的两个重要因素的作用程度。在实际制备过程中，需要调整和控制的工艺参数是：温度、压力、行进速度和展纱张力。温度当然是选择树脂黏度最低而又不发生降解和交联反应的温度值，如对于 PPS 树脂选择 330～340℃的加热温度，而压力、行进速度和展纱张力的数值需要根据设备条件的限制以及对产品质量和成本控制的要求等进行综合优化，才能以最低的消耗、最大的效率生产出满足质量要求的热塑性预浸片材。

在文献报道中，通常以浸渍距离 z 来衡量预浸片材的浸渍质量。因此，为了建立工艺窗口来指导 CF/PPS 单向预浸片材制备工艺参数的优化，对式(6-2)进行了变换，建立浸渍距离 z 与压力 P 和时间 t 之间的关系式，见式(6-5)，并作图，见图 6.11。

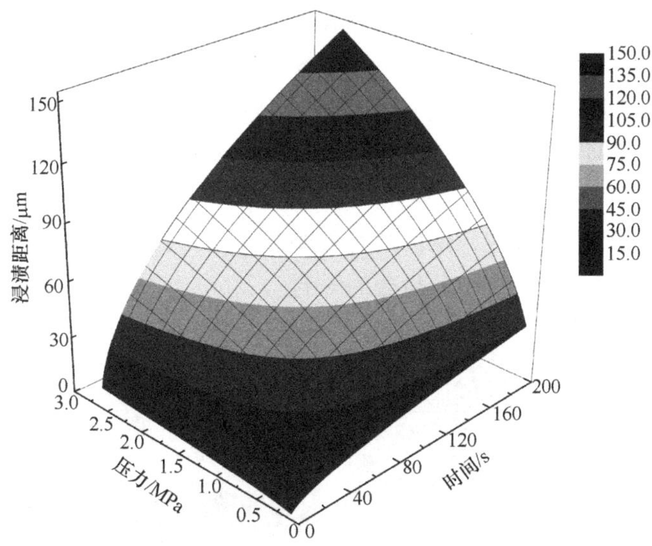

图 6.11　理论计算浸渍距离 z 与压力 P 和时间 t 的关系

$$z=\sqrt{43.6Pt} \tag{6-5}$$

实现热塑性预浸片材的完全浸渍是一项非常困难且成本很高的工作。由于预浸片材在下一步复合材料层合板的热压成型过程中还要经历进一步熔融浸渍的过程，所以并不要求其必须实现完全浸渍，而是达到某一浸渍程度即可，即要求浸渍距离 z 达到某一数值。由图 6.11 可以初步确定实现该浸渍效果所要设定的工艺参数值。例如，当在一定的展纱张力下，纤维层厚度为 100μm 时，若需要实现 90% 的浸渍程度，则可计算出浸渍距离 z 为 45μm，那么就可根据对生产效率的要求和机械设备的能力从图 6.11 中选择合适的浸渍时间和压力，进而根据加热浸渍区间的长度计算出设备的运行速度。反之，如果工艺要求运行速度和浸渍压力必须限制在某一范围内，则可首先计算出有效的浸渍距离，进而根据浸渍程度得到纤维层厚度的上限值，最后通过展纱机构调解张力大小，将纤维层厚度控制在上限值以内。另外，由于上述理论计算是对熔融浸渍过程进行多个简化后得到的结果，虽然在工程应用上能够非常方便地用来指导工艺参数的制定，但不能完全准确地预测浸渍质量。因此，在上述计算结果得到的工艺参数下制备出预浸片材后，要对其浸渍质量进行检测，如采用扫描电镜或光学显微镜观察其横截面上树脂的分布状况，再根据浸渍质量和上述理论分析结果对制备工艺参数进行进一步优化，才能最终获得完全符合质量要求的预浸片材。

根据上面对预浸片材熔融浸渍过程的理论计算结果和建立的工艺窗口，我们对 CF/PPS 预浸片材的熔融浸渍制备工艺进行了优化。图 6.12 是所制备的热塑性 CF/PPS 单向和织物预浸片材及其外观细节图。从图中可见，经工艺优化后制备出的单向预浸片材中碳纤维排列非常整齐，没有发生弯曲、断裂现象，纤维束之间的缝隙数量很少并且缝隙宽度被有效地控制在 1mm 以下，树脂在预浸片材表面分布均匀，没有明显的贫、富树脂区出现，也没有残留的气泡；织物预浸片材同样具有优良的表面质量，并且纤维编织布的纹理没有发生明显的变形，这对于保证复合材料层合板的质量和性能稳定性具有重要意义，因为铺层纤维的取向对各向异性复合材料的力学性能具有十分显著的影响。

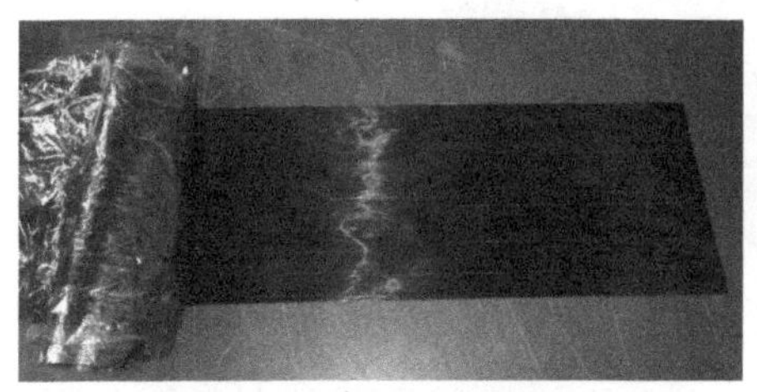

(a) CF/PPS单向预浸片材

(b) 单向预浸片材的外观细节

(c) CF/PPS织物预浸片材

(d) 织物预浸片材的外观细节

图 6.12　熔融浸渍法制备的 CF/PPS 预浸片材

采用随机取样方法对所制备的不同型号热塑性预浸片材的若干重要指标，如树脂含量、面密度等进行了测试，结果见表 6.2。从表中可见，预浸片材的树脂含量和面密度偏差都很小，完全符合最初的设计目标和使用要求，说明了该工艺方法具有较高的稳定性。

表 6.2　热塑性 CF/PPS 预浸片材的基本性质

型号	树脂质量含量/%	理论纤维体积含量/%	面密度/(g · m^{-2})	幅宽/mm	厚度/mm	表面质量
单向型	39.3±1.0	53.7	165.2±2.9	500	0.15	优良
	51.3±0.8	41.6	203.3±7.6	500	0.16	优良
织物型	40.3±0.4	52.6	352.7±5.3	500	0.31	优良
	50.6±0.2	42.3	403.5±7.9	500	0.31	优良

预浸片材的另一个重要质量指标是其浸渍程度。采用 SEM 观察了两种预浸片材的横截面形貌，结果分别见图 6.13 和图 6.14。在工艺优化前，如图 6.13(a)

和图 6.14(a)所示，单向和织物预浸片材的浸渍质量都很差，树脂几乎没有渗透到纤维层内部，而只是浮在纤维层的上下表面，中间的绝大部分纤维仍然是干纱状态；对工艺参数进行优化后，见图 6.13(b)和图 6.14(b)，可以发现两种预浸片材的浸渍质量都有了非常显著的改善，树脂已经浸渍了片材内部的大部分纤维。尽管最中间部分纤维仍然没有被充分地浸渍，尤其是厚度较大的织物预浸片材，但这并不表明预浸片材的浸渍程度不合格，因为对该部分纤维的浸渍可在层合板的热压成型过程中完成。

(a) 优化前

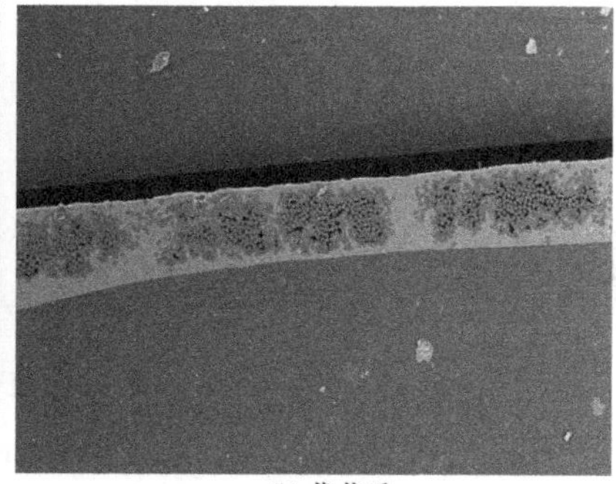
(b) 优化后

图 6.13　优化前后单向预浸片材的横截面 SEM 照片

(a) 优化前

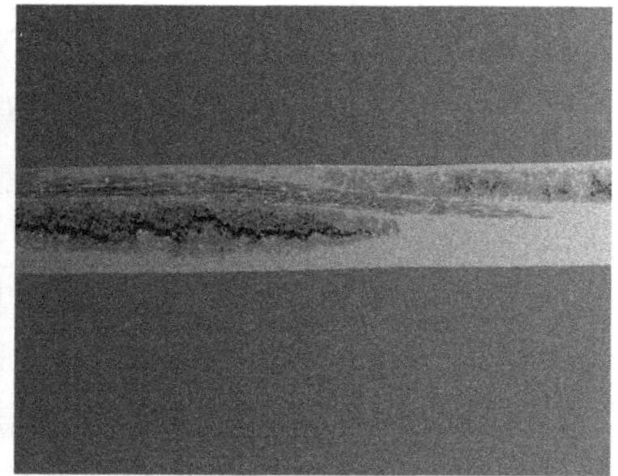
(b) 优化后

图 6.14　优化前后织物预浸片材的横截面 SEM 照片

为了检验上述预浸片材是否符合热塑性复合材料的连续化热压成型制备工艺的要求，我们分别以工艺优化前后的 CF/PPS 预浸片材为原料，在完全相同的铺层顺序和热压工艺条件下制备了复合材料层合板，并测试了其孔隙率和弯曲强度数值，结果见图 6.15。从图中可见，预浸工艺优化前，复合材料的孔隙率高达 6.1%，弯曲强度仅有 350MPa，而预浸工艺优化后，复合材料的孔隙率降低至 3.3%，减小了约 46%，弯曲强度提高到 630MPa，增大了约 80%。

由此可见改善预浸片材的浸渍质量对于提高复合材料力学性能的重要性，同时也证明了通过预浸工艺优化所制得的热塑性单向和织物预浸片材完全满足复合材料热压成型工艺的需要，为高性能热塑性复合材料的低成本化制备奠定了良好的基础。

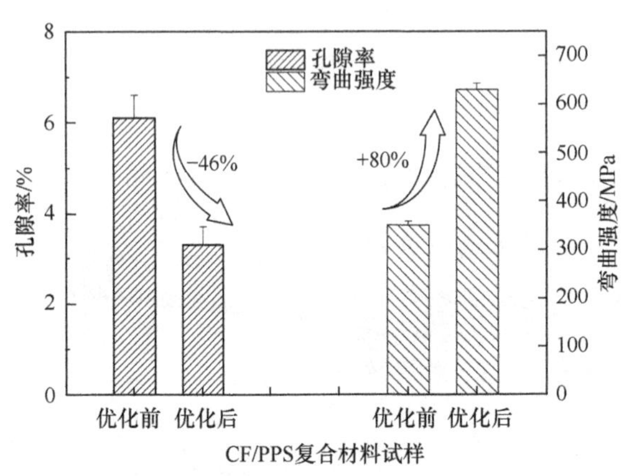

图 6.15 预浸片材优化前后复合材料孔隙率和弯曲强度的变化情况

6.4 热塑性复合材料层合板的连续化热压成型制备

6.4.1 热塑性复合材料的层压成型技术

层压成型的工艺过程是先将预浸料裁切，再按照铺层设计要求进行叠合，然后将其加热到一定温度，之后在压力机中施加一定的压力，并在一定温度下保压合适的时间，最后经冷却、脱模制成复合材料层合板。该技术是复合材料成型工艺中发展较早、较为成熟的成型方法，适合用来生产平面尺寸大、厚度大的热固性和热塑性塑料板材，以及波形板、覆铜板或结构形状简单的复合材料制品。20 世纪 60～70 年代以来，随着合成纤维和树脂工业新技术的快速发展，大量高性能的增强纤维和耐高温树脂相继面世并投入市场，如高强、高模的碳纤维、芳纶纤维、SiC 纤维、硼纤维、PBO 纤维以及热固性聚酰亚胺树脂、双马来酰亚胺树脂、热塑性聚醚醚酮、聚苯硫醚、聚醚酰亚胺树脂等。这些新材料在复合材料层合板中的应用大大提高了制品的各项性能并拓宽了其使用范围，目前产品已广泛应用在航空航天、汽车船舶、建筑装饰、电工电子等工业领域，成为现代科学技术发展中不可或缺的新型工程材料[4]。

由于层压成型技术是将已浸胶的片材逐层铺叠后放入模具或平板之间加热、加压固化/固结，所以产品质量和性能稳定性都有显著的提升，并且生产的机械化、自动化程度较高，易于实现大批量生产。但同时也存在一些缺点，如产品尺寸规格受到设备的限制，不适合生产形状结构复杂的制品，一次性投资高，多为间歇式生产，效率低。另外，虽然层压成型工艺较为简单，而对其制品的质量控制却是一个复杂的问题，因此对其工艺操作规程的要求也十分严格[4,15]。为解决热塑性复合材料层合板制备效率低的难题，我们自主研制了具有连续化制备热塑性复合材料层合板能力的关键装备——双钢带压机。该设备的最大加热温度为 350℃，可加工最大幅宽 1.4m、厚 30mm 的复合材料层合板或蜂窝夹心板材，运行速度可在 0～4m/min连续调节，能够适应常见的通用和高性能热塑性树脂基复合材料层合板的成型加工。其具备连续化生产的能力，可将单件复合材料层合板的平均生产周期降低至 10min 以内，大大提高生产效率，在热塑性复合材料层合板的大批量生产制造方面具有巨大的应用潜力和优势。

采用双钢带压机制备热塑性 CF/PPS 复合材料层合板的工艺示意图见图 6.16。基本过程为：将按结构设计要求进行铺层后的预浸片材置于双钢带压机的进料端，预浸片材随运动的钢带进入设备加热区，发生熔融及一定程度的压实；再随运动的钢带进入设备的加压区，实现对预浸片材的进一步压实；随后，材料随钢带进入冷却区，实现对热塑性复合材料的冷却定型；最后从出料端得到层合板材。为避免材料粘连钢带，需要在预浸片材的上下两面各铺覆一层离型纸，如聚酰亚胺(PI)薄膜、特氟龙布等，或者在钢带表面喷涂若干层脱模剂。在整个成型过程中，物料所发生的变化情况是：首先多层预浸片材被上下钢带压实，既能排出层间积存的空气，又能有利于热量向物料中心的快速传递；随着温度迅速升高，预浸片材逐渐软化，物料被进一步压实并排除气体；当温度超过熔点以后，树脂开始熔融流动，不同片层的基体树脂发生合并、自黏合，进而向未浸渍区域渗透并排除气体，树脂熔体在浸渍纤维的同时与纤维表面形成化学键合、物理嵌合等多种界面作用形式；通过加压辊时，物料被从前至后进一步压实到设定的厚度；进入冷却区后，物料温度快速下降，树脂重新凝固，板材定型为最终的形态，如果基体是半结晶树脂，则还会发生非等温结晶现象。

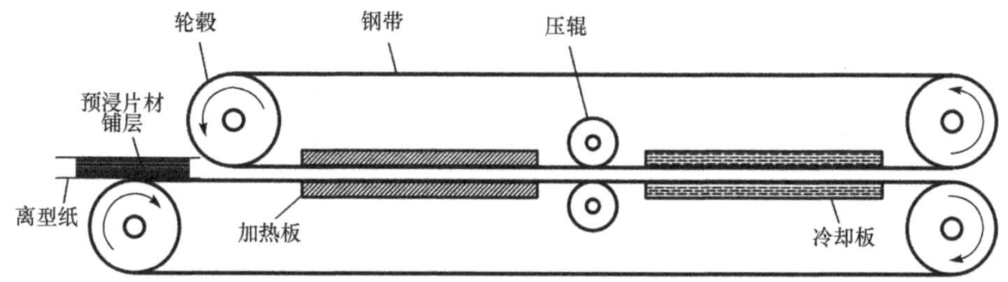

图 6.16　双钢带压机工艺示意图

使用双钢带压机制备 CF/PPS 复合材料层合板的具体过程和工艺控制关键点如下：

(1) 预浸片材裁剪和铺层。根据层合板尺寸裁剪出一定大小的预浸片材，要求尺寸精确，尤其当结构设计要求一定的铺层角度时更要严格按尺寸要求裁剪预浸片材。可采用自动裁布机完成，以避免手工裁剪带来的过大偏差。此外，需为层合板留出 20mm 以上的切割余量。预浸片材的铺层应满足结构设计要求。图 6.17是已铺层好的 CF/PPS 预浸片材，采用单向和织物混合铺层方式，为了使制品的外观符合要求，选择在上下表面使用织物预浸片材。最后，在铺层预浸片材的上下两面再各自铺敷一层 PI 薄膜。

图 6.17　CF/PPS 单向和织物预浸片材混合铺层

(2) 工艺参数设定。双钢带压机成型工艺的关键是确定合适的工艺参数，主要包括：加热温度、钢带行进速度和钢带间隙。加热温度设定值决定了物料所能达到的最大温度值。与等温热压法不同，双钢带压机制备复合材料的过程是典型的非等温成型工艺，不存在明显的分段升温、保温过程，加上热传导效率的影响，致使温度设定值还可影响物料在熔融状态下的保温时间。合适的温度设定值要根据物料的热性能、流变性能、热传导性能和铺层厚度来决定。钢带行进速度决定了物料在加热区的停留时间，既能影响树脂向纤维渗透浸渍的时间，又能影响纤维和树脂界面处发生化学和物理作用的时间。此外，随着行进速度的提高，物料在冷却区的降温速度也会增大，对结晶性树脂基复合材料的力学、耐热和耐化学性能也会带来影响。因此，合适的行进速度既要满足复合材料固结质量的要求，还要兼顾界面和结晶性质。钢带间隙影响了复合材料成型过程中受到的压力和产品的最终厚度，主要是通过调节油缸和压辊的位置高低来控制的。当钢带间隙过大时，物料无法被充分压实导致层合板中残留的孔隙缺陷过多，同时层间结合强度很弱；反之，当间隙过小时，容易导致过多树脂从层合板边缘流出，并且纤维也会从层合板末端挤出，造成板材厚度不达标和纤维取向混乱等问题。可以采用逐渐减小钢带间隙的方法来确定最佳的间隙值。

(3) 进料。待实际温度达到设定温度的±5℃时，将铺层预浸片材从双钢带压机的进料端放入。因为热塑性预浸片材没有黏性且表面光滑，彼此间容易发生滑移，所以进料时应注意保持原有铺层片材的整齐性，不能在前进过程中发生明显的错位移动。另外，要确保 PI 薄膜的平整性，不能出现明显的变形、折叠，以防损害复合材料层合板的外观。

（4）裁切。将复合材料层合板从双钢带压机的末端取出后，撕去表面的离型纸即可进行后续的裁切工作。可以采用手工切割、机械切割或高压水射流切割方法。裁切时应注意实施方法，不要使复合材料发生熔融、焦煳和分层现象。与采用电动砂轮机等切割方法相比，高压水射流切割的优点是：自动化程度高、切割尺寸精确、切缝窄、不发热、无粉尘污染、工件不变形等，是切割复合材料的理想手段。图 6.18(a)为双钢带压机制备的未经切割加工的 CF/PPS 复合材料层合板，图 6.18(b)为切割后的复合材料层合板。

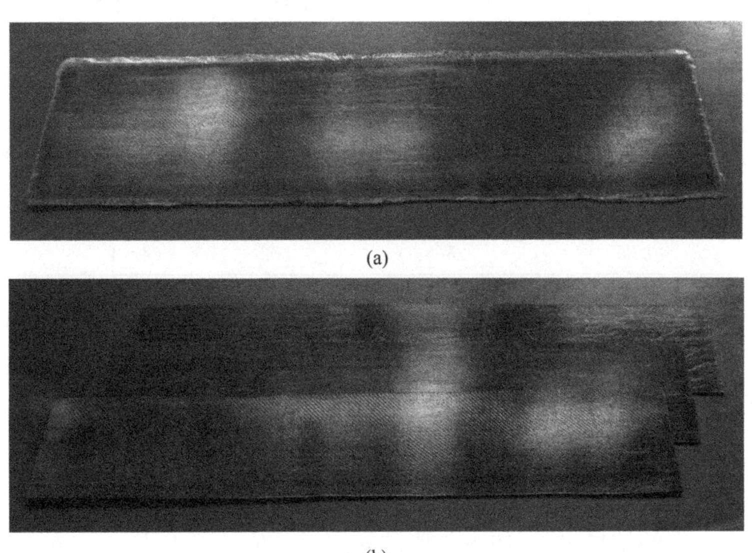

(a)

(b)

图 6.18　未经切割的 CF/PPS 复合材料层合板和切割后的复合材料层合板

6.4.2　连续化热压成型工艺参数优化以及对复合材料结构性能的影响

1. 成型速度的影响

按照标准 ASTM D3171 采用浓硝酸消化法测量出 CF/PPS 复合材料层合板的树脂质量含量为 48.0%±0.16%，比预浸片材中的树脂质量含量（约 51%）略小，这是由于少量树脂在复合材料成型过程中从层合板的边缘挤出。表 6.3 列出了采用双钢带压机在不同成型速度下制备的 CF/PPS 复合材料层合板的基本性质。为了做对比，采用完全相同的材料和铺层顺序，经硫化机模压法制备了另一块层合板，标记为 CFPPS-M。从表 6.3 可见，复合材料的纤维体积含量为 43.4%～44.7%，说明成型速度的变化对纤维体积含量的影响很小。样本 CFPPS-M 具有最大的密度值 1.549g · cm^{-3}和最低的孔隙率 0.19%，说明经硫化机模压法制备的复合材料已基本实现完全固结。对于经双钢带压机制备的复合材料，其密度均小于 CFPPS-M并且随着成型速度从 0.15m/min 提高到 0.35m/min，复合材料的密度从 1.526g · cm^{-3}降低到 1.502g · cm^{-3}，相应的孔隙率从 1.68%增大到 3.22%，说明成型速度的变化对复合材料固结质量具有显著的影响。此外，上述结果虽然说明采用双钢带压机连续化制备的 CF/PPS 复合材料层合板的固结质量比经硫化机模压法制备的稍差，但其孔隙含量仍然能够被降低至 3%以下，可以满足大部分使用环境对复合材料固结质量的要求。

表 6.3　不同成型速度下制备的 CF/PPS 复合材料层合板的基本性质

序号	速度/(m · min^{-1})	大于 330℃的时间/s	密度/(g · cm^{-3})	纤维体积含量/%	孔隙率/%
CFPPS-M	—	610	1.549	44.7	0.19
CFPPS-0.15	0.15	635	1.526	44.1	1.68
CFPPS-0.20	0.20	440	1.515	43.8	2.38
CFPPS-0.25	0.25	340	1.508	43.5	2.84
CFPPS-0.35	0.35	225	1.502	43.4	3.22

复合材料的固结质量主要受成型温度、压力和时间的影响。为了监控整个热压成型过程中的温度变化情况，我们在复合材料层合板内部埋入热电偶记录温度变化情况，见图 6.19。从得到的温度数据计算出不同成型速度时处于 330℃以上的时间 t_{330}，见表 6.3。样本 CFPPS-0.15 的 t_{330}值比 CFPPS-M 大 25s，但前者的孔隙率相对后者增大了 7.8 倍。这应该是两种成型工艺中所施加的压力差别很大所致。从图 6.2 中的结果可见，PPS 树脂的黏度最低值约为 80Pa · s，对于浸渍纤维来说黏度仍然较大，因此需要较高的成型压力。但由于双钢带压机中上下钢带间的压力较小(<2MPa)，无法迫使树脂熔体快速流动并充分浸渍纤维，从而造成残留孔隙率远远高于模压制品。并且很显然，t_{330}的持续减少会造成浸渍效果越来越差，孔隙率越来越高。

采用 SEM 观察不同 CF/PPS 复合材料样本横截面形貌，见图 6.20。从图 6.20(a)可见，在样本 CFPPS-M 中碳纤维均匀地分布在树脂基体中，几乎看不到明显的孔隙存在，说明经模压法制备的复合材料已经达到了完美的固结状态。而在图 6.20(b)～(d)中，可以发现一些孔隙出现在了纤维束内，并且孔隙的数量和尺寸随着成型速度的提高而逐渐增大，但碳纤维的分布状况依然良好。当成型速度达到 0.35m/min 时，见图 6.20(e)，碳纤维出现了明显的聚集现象并同时出现了大面积的富树脂区，此外，孔隙不只出现在纤维束内还存在于富树脂区中。由此

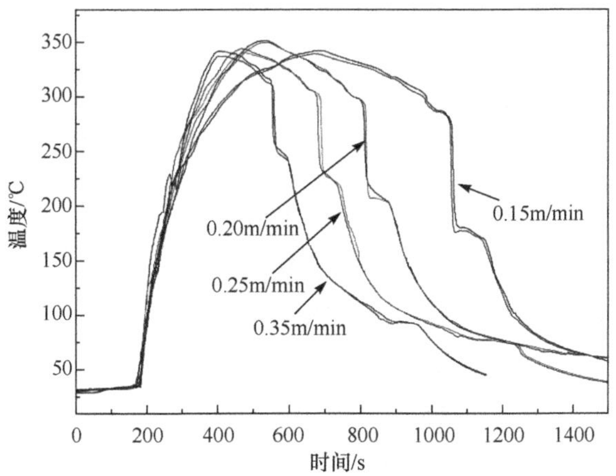

图 6.19　不同成型速度下温度的变化情况

可见，成型速度极大地影响了复合材料内部纤维、树脂和孔隙的分布状态。树脂熔体向纤维内部的渗透浸渍是一个连续过程。因为成型速度决定了树脂熔体浸渍纤维的时间，也就造成了上述浸渍质量连续变化的现象。随着加热的进行，预浸片材的温度快速升高，当达到基体的熔点以上时，熔融的树脂开始流动、合并，并将层间积存的气体排出；随后熔体向纤维束内部扩散，将其分散并浸渍单根纤维。这个过程可因外界施加足够高的压力而被加速，如采用模压法；但是在压力较低的双钢带压机中，该过程的进展相对较慢，且持续的时间取决于成型速度，当被移出加热区后，浸渍过程随即停止，从而留下不同的浸渍效果。

从上面的结果可以推断，在双钢带压机中使用所制备的 CF/PPS 预浸片材制作复合材料层合板时，要充分分散并浸渍碳纤维所需的时间 t_{330} 必须大于 600s。但由于复合材料的性能还受组分、结晶和铺层结构的共同影响，孔隙率并不能成为衡量复合材料最终性能的定量指标。因此，必须对复合材料的其他性质进行测试来确定最佳的成型工艺条件。

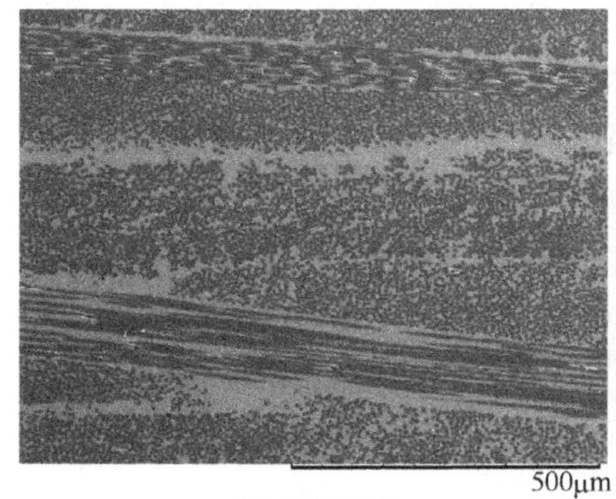

(a) CFPPS-M

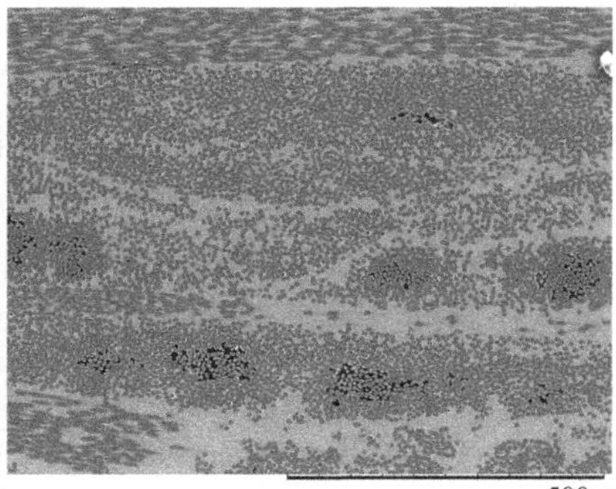

(b) CFPPS-0.15

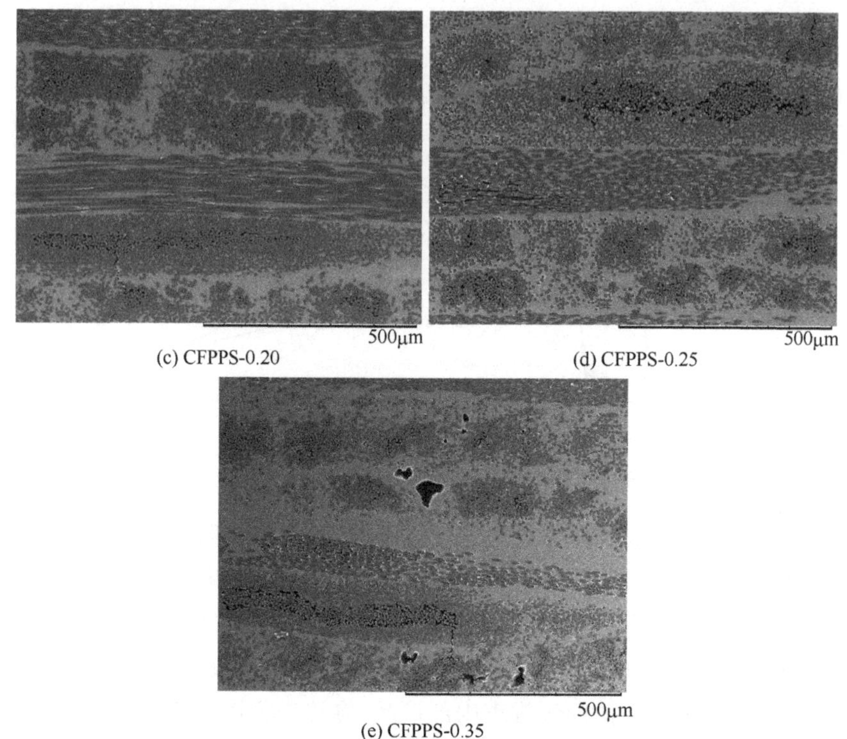

(c) CFPPS-0.20　(d) CFPPS-0.25

(e) CFPPS-0.35

图 6.20　不同成型工艺和速度下制备的 CF/PPS 复合材料的横截面图像

图 6.21 为复合材料的拉伸性能随成型速度的变化情况，其中速度为 0 的样本代表 CFPPS-M。从图中可见，经模压法制备的复合材料具有最佳的拉伸强度、模量、断裂伸长率和拉伸断裂韧性。对于经双钢带压机制备的复合材料，当成型速度不高于 0.20m/min 时，复合材料的各项拉伸性能与 CFPPS-M 基本一致，但随着成型速度进一步提高，拉伸性能逐渐下降，尤其是拉伸强度和断裂韧性分别降低了 44.9%和 52.9%。图 6.22 为复合材料的弯曲性能随成型速度的变化情况。同样，CFPPS-M 具有最大的弯曲强度和模量。CFPPS-0.15 和 CFPPS-0.20 的弯曲性能基本一致，但是弯曲强度比 CFPPS-M 降低了 18.4%，模量降低了 9.3%；并且随着成型速度的进一步提高，弯曲强度和模量分别最大降低了 36.5% 和 18.5%。复合材料的层间剪切强度数值见图 6.23。CFPPS-M 具有最大的 ILSS 值 50.6MPa，而经双钢带压机在 0.15m/min 速度下制备的复合材料的 ILSS 最大值为 48.1MPa，仅比 CFPPS-M 减少了 4.9%，但是随着成型速度的提高，ILSS 值持续降低至 37.4MPa。上述结果说明，成型速度大大影响了复合材料的静态力学性能，更重要的是证明了双钢带压机能够连续化制备具有优异力学性能的热塑性 CF/PPS 复合材料层合板。

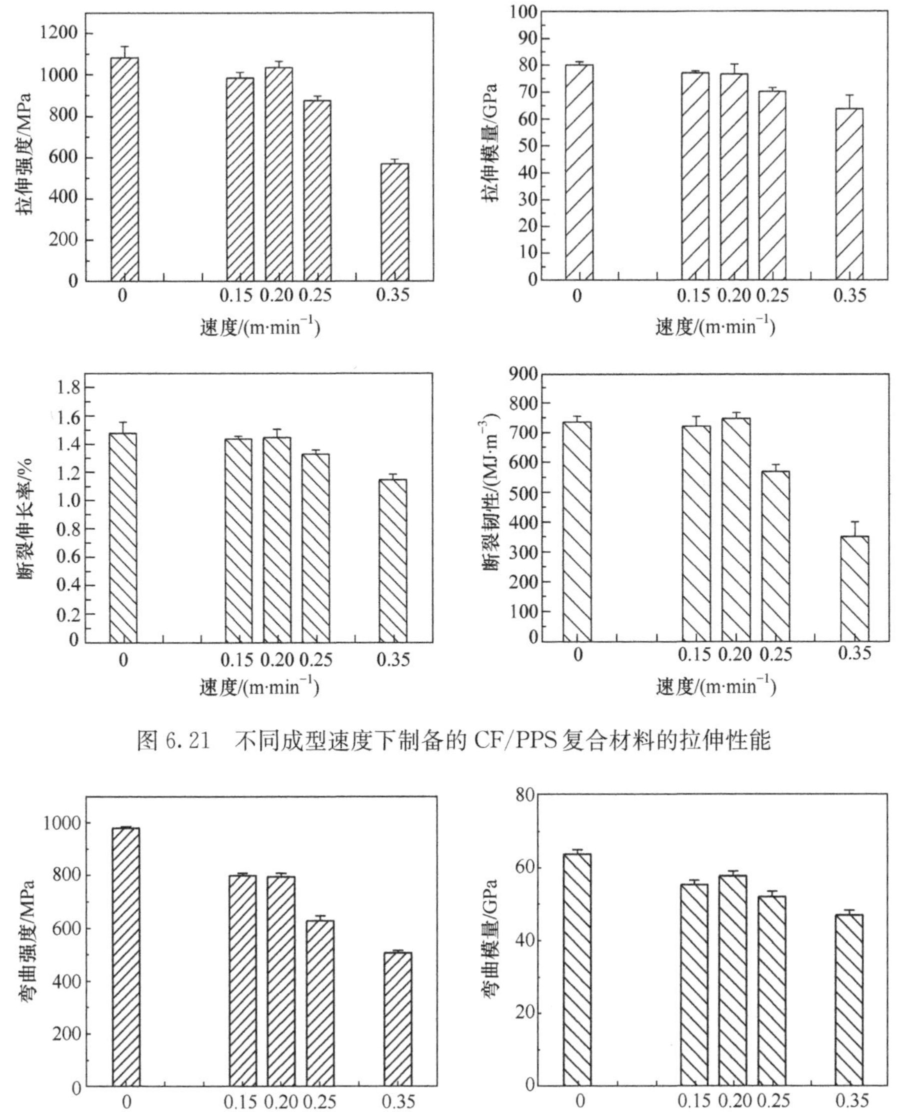

图 6.21　不同成型速度下制备的 CF/PPS 复合材料的拉伸性能

图 6.22　不同成型速度下制备的 CF/PPS 复合材料的弯曲性能

复合材料的拉伸性能是由增强纤维主导的，而界面负责将拉伸载荷传递给纤维。尽管 CFPPS-0.15 和 CFPPS-0.20 复合材料的孔隙率远远高于 CFPPS-M，但它们的界面黏结强度与 CFPPS-M 相差很小，这可能是造成三者的拉伸性能处于同一水平的重要原因。当成型速度增大到 0.25m/min 以上时，界面黏结性能显著降低，致使树脂承受更多的拉伸载荷，而在室温下呈玻璃态的 PPS 树

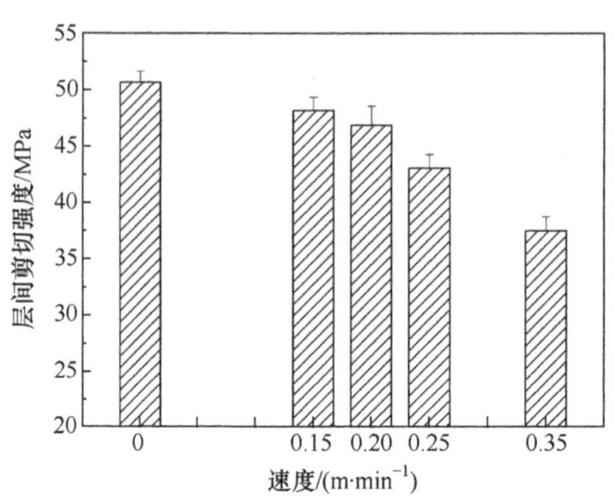

图 6.23　不同成型速度下制备的 CF/PPS 复合材料的层间剪切强度

脂的柔性很差,伴随孔隙数量大大增多,导致裂纹容易发生在界面上和树脂缺陷中,从而大大降低了复合材料的拉伸性能。另外,对比图 6.21～图 6.23 中的数据可以看出,CFPPS-0.15 的拉伸和层间剪切性能与 CFPPS-M 基本一致,但前者的弯曲性能明显低于后者。我们认为这是前者的孔隙含量较高所致。Wang 等[18]曾报道,玻璃纤维/尼龙 66 复合材料的弯曲强度随着浸渍程度的降低而逐渐减小,同时经弯曲测试后样本中的空腔变得越来越严重,因此说明复合材料内部的孔隙加剧了弯曲破坏。该发现与我们的试验结果非常相似,也就证明了孔隙对复合材料弯曲性能的负面影响程度要大于其对拉伸性能的影响。因此,从图 6.22 和表 6.3 中的对应数据可以得出,CF/PPS 复合材料层合板内的孔隙率必须控制在 2.4%以内。

在复合材料热压成型过程中,物料在加热区的停留时间不仅影响浸渍状态,还影响了树脂熔体对纤维表面的浸润时间,最终决定了界面上发生物理和化学键合作用的程度。从表 6.3 可见,CFPPS-M 和 CFPPS-0.15 的 t_{330}时间仅相差 25s,而它们的 ILSS 值也仅相差约 5%,该结果很好地证明了上述观点。随着成型速度增大,留给树脂浸润纤维的时间大大缩短,无法形成大量有效的物理和化学键合作用,可能导致界面上缺陷增大,载荷传递效率降低,最终使复合材料的 ILSS 值显著减小。

图 6.24 是不同成型速度下制备的 CF/PPS 复合材料的冲击强度。经模压法制备的复合材料具有最大的冲击强度,为 54.1kJ/m^2;CFPPS-0.15 和 CFPPS-0.20 的冲击强度约为 49kJ/m^2,比模压法制备的略小,而当速度增大到 0.25m/min 和 0.35m/min 时,冲击强度又稍有升高,为 51.5kJ/m^2,可见成型速度对复合材料的冲击强度影响较小。复合材料发生冲击破坏时,吸收能量的主要途径有树脂变形

及破坏、纤维拔出、纤维断裂和界面脱黏。CFPPS-M 的固结质量最好，界面黏结强度最大，因此发生破坏时纤维拔出、断裂、脱黏等吸收的能量也最大，抗冲击韧性最好；采用双钢带压机制备的复合材料，由于内部缺陷相对较多且界面黏结强度相对减弱，冲击破坏时吸收的能量减少，冲击强度变弱。而速度在 0.25m/min 以上冲击强度略有提高，可能是复合材料在受到冲击时发生分层破坏，额外吸收了部分能量所致。

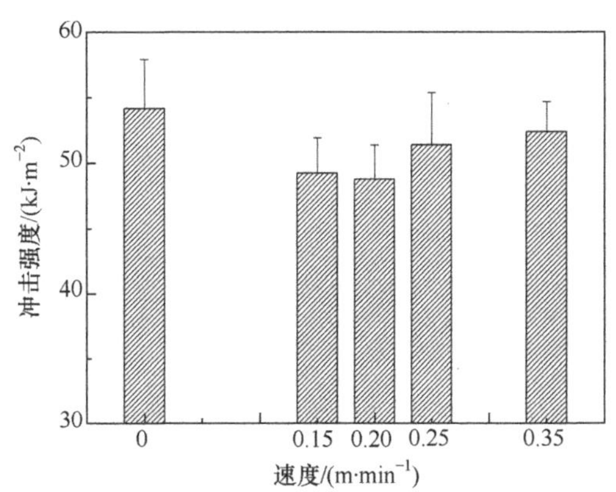

图 6.24　不同成型速度下制备的 CF/PPS 复合材料的冲击强度

图 6.25 是在不同成型速度下制备的 CF/PPS 复合材料的储存模量(M')和损耗因子随测试温度的变化曲线。从图中可以看出，在玻璃化转变温度前，CFPPS-M 的储存模量最大，为 56.6GPa，CFPPS-0.15 的储存模量为 54.0GPa，并且 M'随着成型速度的提高而逐渐下降，当速度达到 0.35m/min 时，M'大大降低至 43.3GPa。在玻璃化转变温度以上，高分子链段的运动能力加强，材料由玻璃态转变为橡胶态，刚度下降，因此所有样本的 M'都逐渐降低。复合材料的储存模量是其刚度的表现，主要受组分性质、基体形貌结构和增强效应的影响。一般来说，刚性组分增多或树脂结晶度提高会增大复合材料的储存模量；反之，则降低。在本研究中，复合材料的组分和结晶度基本没有变化，因此造成 M'随成型速度下降的原因是增强效果的改变。由于 CFPPS-M 的界面黏结强度最大，刚性较大的碳纤维对复合材料的增强效果最强，所以材料的刚度也最大，从而表现出最高的 M'值；CFPPS-0.15的界面黏结强度较 CFPPS-M 略小，因此增强效果稍有降低，致使材料的 M'降低了 4.6%；随着成型速度的提高，复合材料的界面黏结强度进一步降低，当速度达到最大时，ILSS 值降低了约 22.2%，纤维的增强效应受到显著的削弱，造成 M'降低了 19.8%。

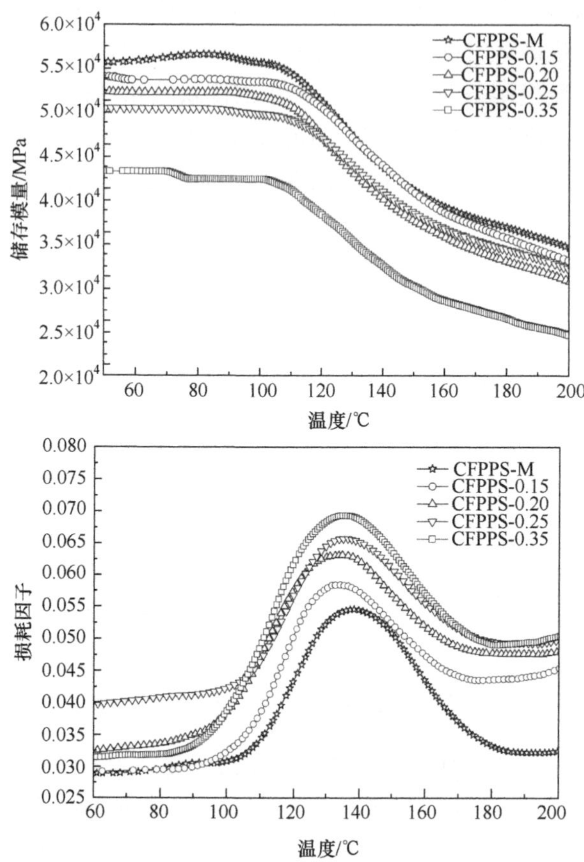

图6.25　不同成型速度下制备的CF/PPS复合材料的储存模量和损耗因子

损耗因子 tanδ 是损耗模量与储存模量的比值，能够反映材料的阻尼性质。一般情况下，随着测试温度的升高，高分子链段的运动能力增强，内耗会变大。当发生 α 转变时，tanδ 便出现峰值，峰值大小能反映高分子链之间或填料和树脂之间相互作用的强弱，而峰值对应的温度即材料的玻璃化转变温度[19]。从图 6.25 可见，CFPPS-M 具有最低的 tanδ 峰值，对应的 T_g 为 138℃；采用双钢带压机制备的复合材料的 T_g 值为 134～136℃，其 tanδ 峰值大于 CFPPS-M 并且随着成型速度的提高而呈逐渐变大的趋势。损耗因子峰值大小能反映发生转变时高分子链段因相对运动摩擦而耗散掉的能量高低。当分子链段运动受阻时，内耗减小，损耗因子便会随之降低。纤维对高分子链段运动的不同阻碍程度造成了上述 tanδ 峰值和 T_g 的变化。对于 CFPPS-M 来说，其界面结合强度最大，因此碳纤维对高分子链段运动的阻碍作用也最强，故发生 α 转变所需的温度最高，同时摩擦内耗也最小；而经双钢带压机制备的复合材料，其界面结合强度相对降低，因此高分子链段运动的受阻程度减小,故发生 α 转变所需的温度降低,同时因链段摩擦加剧使得内耗变大。这种效应随着成型速度提高、界面结合强度下降而越来越显著。

复合材料经一定加载方式断裂后,其断裂面上的宏观和微观形貌能够反映复合材料的浸渍固结质量和界面性能优劣等信息,从而可以推断复合材料的破坏机理,为改善其性能提供有用信息。经拉伸和层间剪切测试后的CF/PPS复合材料断裂面上的微观形貌分别见图6.26和图6.27。

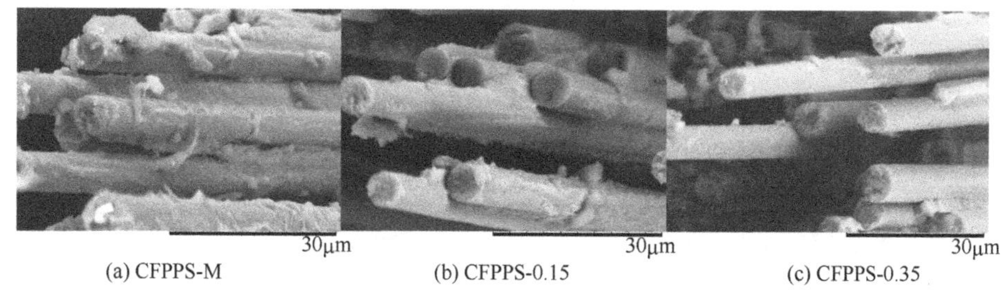

(a) CFPPS-M (b) CFPPS-0.15 (c) CFPPS-0.35

图6.26 典型CF/PPS复合材料的拉伸断裂形貌

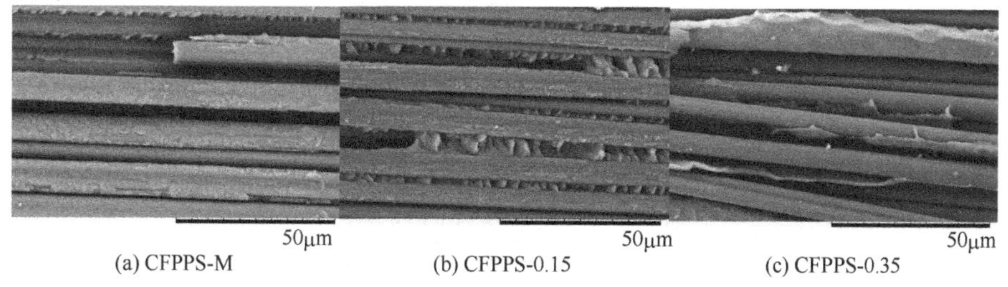

(a) CFPPS-M (b) CFPPS-0.15 (c) CFPPS-0.35

图6.27 典型CF/PPS复合材料的层间剪切断裂形貌

从图6.26(a)和(b)可见,CFPPS-M和CFPPS-0.15发生拉伸断裂后,树脂仍然牢牢地黏附在纤维表面,并且将多根纤维黏为一体,说明纤维和树脂间的结合非常牢固,但在图6.26(c)中,靠近断裂处的纤维表面上几乎看不到有黏附的树脂,纤维拔出现象非常明显。以上情况说明,CFPPS-M和CFPPS-0.15样本的拉伸断裂是由纤维或树脂破坏引起的,而CFPPS-0.35样本的断裂起始于界面脱黏。类似的现象也发生在复合材料的层间剪切破坏面上。从图6.27(a)和(b)可以发现,大量的树脂仍然黏附在纤维表面,说明剪切破坏发生在靠近界面处的树脂中,而在图6.27(c)中纤维表面非常光滑,并且可以清楚地看见树脂从纤维表面剥离的现象,说明剪切破坏起源于界面脱黏。以上对破坏面形貌的观察结果直观地说明了界面黏结强度对复合材料的力学性能具有至关重要的影响。

2. 成型温度的影响

在恒定成型速度(0.2m/min)下,复合材料的孔隙率随成型温度的变化情况见

图 6.28。从图中可见,随着成型温度的升高,孔隙率逐渐下降。当成型温度是 300℃时,复合材料的孔隙率为 4.3%,升高温度至 310℃和 320℃,孔隙率分别降至 3.4%和 2.8%;当温度达到 340℃时,孔隙率降低至最低值 2.38%,减少了约 44.7%。可见升高温度对复合材料的浸渍质量带来了明显的促进效果。

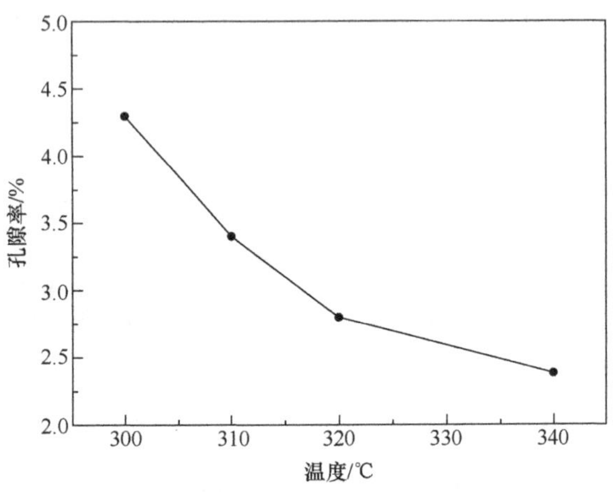

图 6.28　CF/PPS 复合材料的孔隙率随成型温度的变化情况

图 6.29 是在不同成型温度下制备的 CF/PPS 复合材料的横截面形貌。从图 6.29(a)中可见,碳纤维的分散性较差,出现了明显的富树脂区,纤维束内未浸渍区域的面积最大,并且在富树脂区也有孔隙的存在;在图 6.29(b)~(d)中,纤维的分散性变好,富树脂区面积大大减小,并且纤维束内未浸渍区域的数量和面积也都逐渐变小。以上图像从直观上证明了升高温度对促进浸渍效果的积极作用。温度决定了树脂的黏度,也就影响了树脂熔体浸渍纤维时的阻力。PPS 树脂的黏度在温度为 300~340℃的区间内逐渐减小,从而可以降低熔体向纤维内部渗透浸渍时的阻力并将聚集的纤维分散开,最终增大了浸渍程度。从 CF/PPS 复合材料要求孔隙率低于 2.4%的标准看,合适的成型温度要控制在 330~340℃。

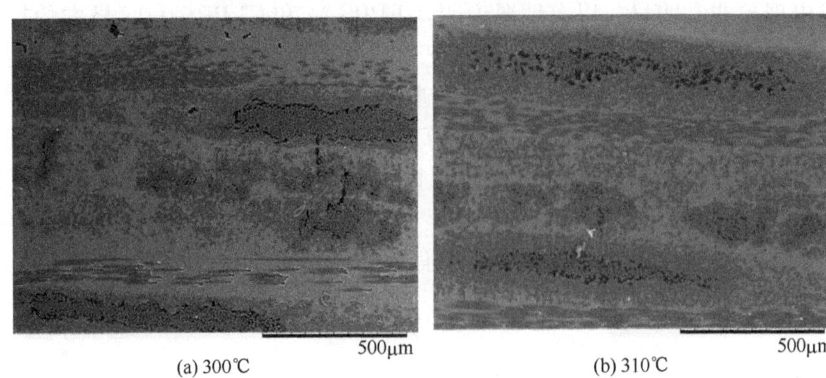

(a) 300℃　　(b) 310℃

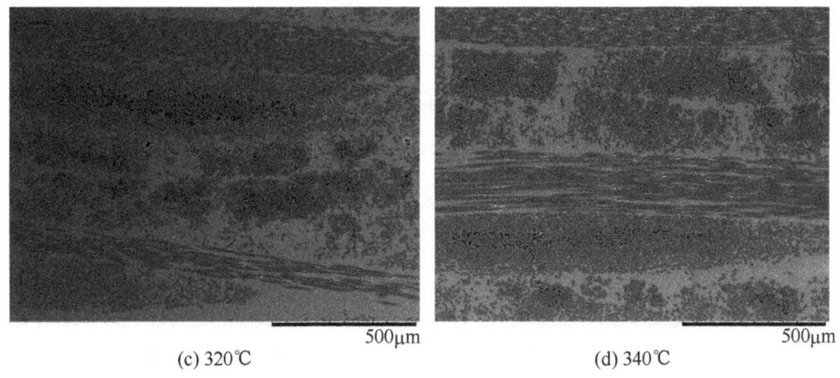

(c) 320℃　(d) 340℃

图 6.29　不同成型温度下制备的 CF/PPS 复合材料的浸渍程度

对不同成型温度下制备的 CF/PPS 复合材料进行了静态和动态力学性能测试，结果分别见图 6.30～图 6.34。从图 6.30 可见，随着成型温度从 300℃升高到 340℃，复合材料的拉伸性能明显提高，其中拉伸强度从 580.9MPa 增大到 1032.4MPa，断裂韧性从 385.2MJ/m^3 增大到 794.1MJ/m^3，断裂伸长率从 1.17%增大到 1.45%；拉伸模量从 300℃下的 60.0GPa 提高到 320℃下的 75.9GPa，但当温度进一步升高到 340℃时，拉伸模量基本保持不变。在图 6.31 和图 6.32 中，随着温度的升高，复合材料的弯曲强度从 540.9MPa 增大到 794.1MPa，弯曲模量从 47.5GPa 增大到 57.4GPa，层间剪切强度从 29.4MPa 增大到 45.4MPa。由此可见，成型温度的提高大大改善了复合材料的静态力学性能。温度升高能够显著降低树脂熔体的黏度，不仅有利于其向纤维内部的渗透浸渍，更能大大改善熔体在纤维表面的浸润铺敷程度，增大接触面积，使二者间形成更强的物理和化学键合作用，从而提高复合材料的浸渍固结质量和界面黏结强度，因此强化了力学性能。

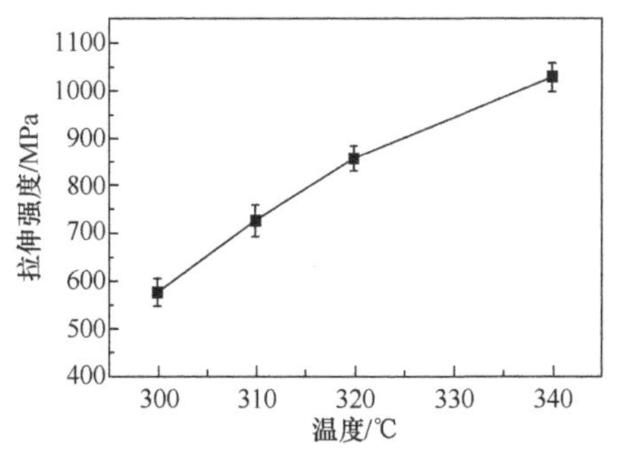

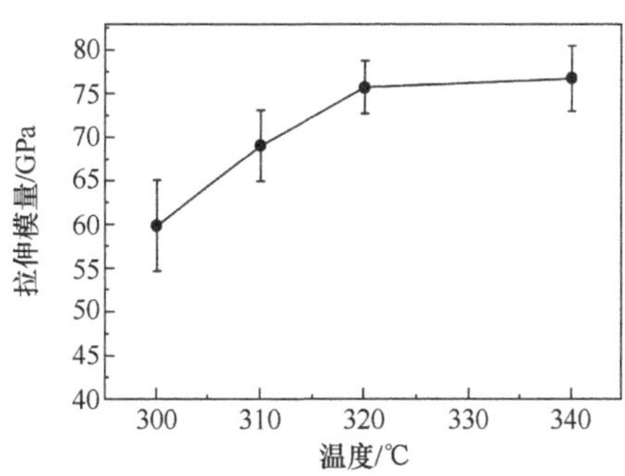

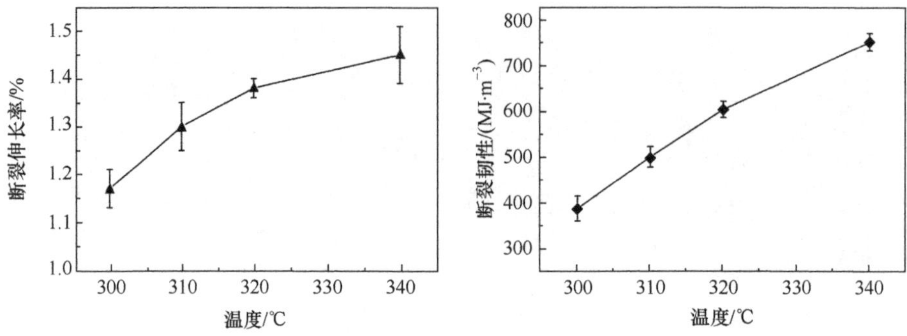

图 6.30　CF/PPS 复合材料拉伸性能与成型温度间的关系曲线

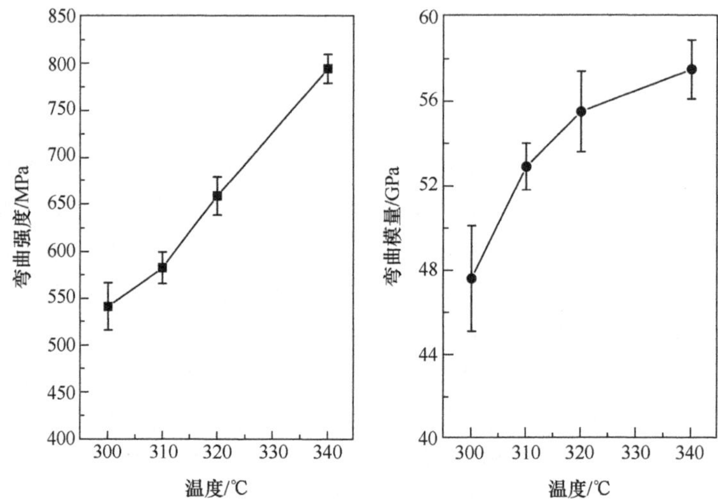

图 6.31　CF/PPS 复合材料弯曲性能与成型温度间的关系曲线

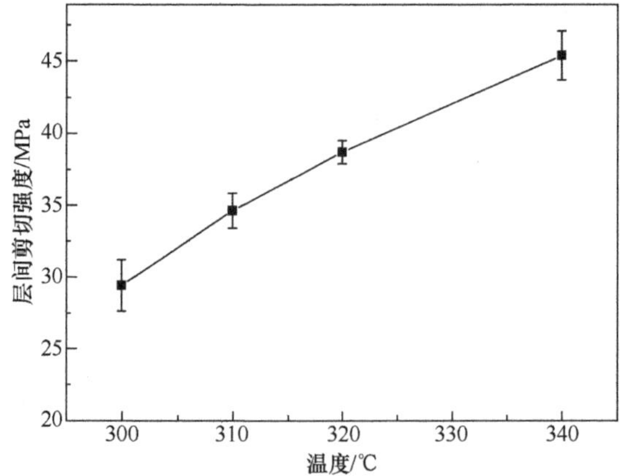

图 6.32　CF/PPS 复合材料层间剪切性能与成型温度间的关系曲线

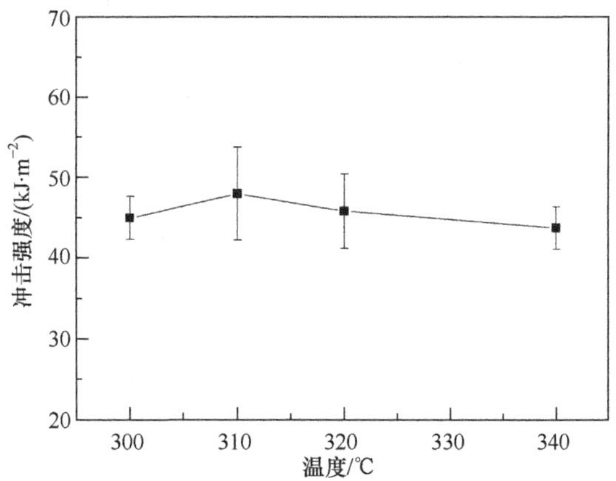

图 6.33　CF/PPS 复合材料冲击强度与成型温度间的关系曲线

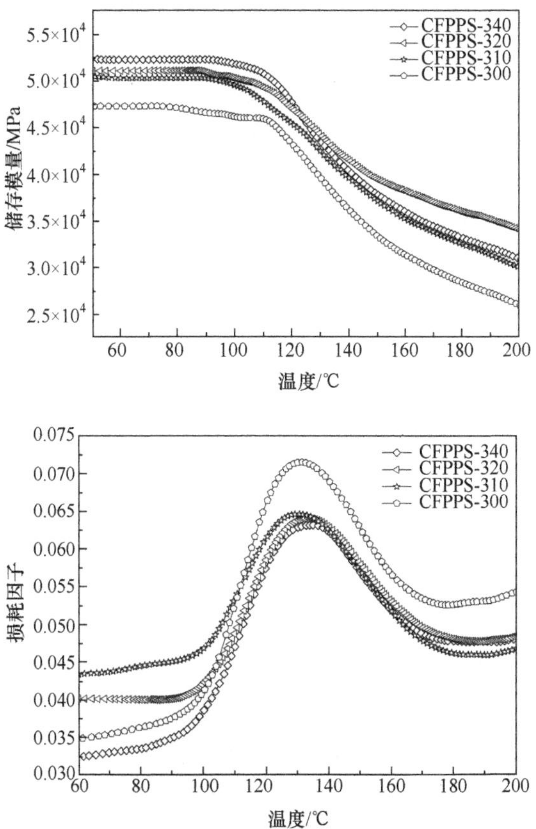

图 6.34　不同成型温度下制备的 CF/PPS 复合材料的储存模量和损耗因子

复合材料的冲击强度变化情况见图 6.33。从图中可见，冲击强度并没有随着成型温度的提高出现明显的变化，而是维持在 45～48kJ/m²。一般来说，复合材料在浸渍固结状况优良、界面黏结强度适中的情况下，冲击韧性较好。在成型温度低于 320℃时复合材料的残留孔隙率较高，同时界面黏结强度较低，但仍然表现出较高的冲击强度，可能是由于发生了较多的分层破坏，吸收的冲击能量略有增多。

不同成型温度下制备的 CF/PPS 复合材料的动态热机械分析结果见图 6.34。从图中可见，随着成型温度从 300℃升高到 340℃，复合材料的储存模量 M' 从 47.3GPa 增大到 52.3GPa，损耗因子 $\tan\delta$ 从 0.071 降低到 0.063，玻璃化转变温度 T_g 从 130℃提高到 135℃。原因可能是界面黏结强度的提高，使刚性碳纤维的增强效应更强，故储存模量增大，同时使纤维对高分子链段热运动的阻碍作用越来越强，发生 α 转变的温度提高，分子链段间摩擦热耗散变小，因此 $\tan\delta$ 降低。

在 340℃和 300℃下制备的 CF/PPS 复合材料的拉伸和层间剪切断裂形貌分别见图 6.35 和图 6.36。从图 6.35(a)可见，CFPPS-340 样本发生拉伸断裂后，纤维和树脂仍然牢牢地黏结在一起，没有观察到纤维从树脂中拔出的现象，而在图 6.35(b)中，CFPPS-300 样本断裂后纤维表面比较光滑，残留树脂很少，很显然发生了界面脱黏，导致光滑纤维从树脂中拔出。在图 6.36(a)中，CFPPS-340 发生层间剪切断裂后，纤维表面仍然较为均匀地黏结着一层残留树脂，说明二者黏结强度很好，导致破坏发生在临近界面处的基体中；而在图 6.36(b)中，断裂面上的纤维表面非常光滑，几乎没有残留树脂，并且可以看到树脂从纤维表面剥离后留下的残迹以及在树脂中留下的半圆柱形沟槽，说明破坏机理是界面脱黏。上述形貌观察结果清晰地确定了成型温度对复合材料破坏机理的影响，证实了纤维和树脂间的界面黏结强度受成型温度的显著影响，并因此极大地决定了复合材料的静态和动态力学性能。

(a) 340℃

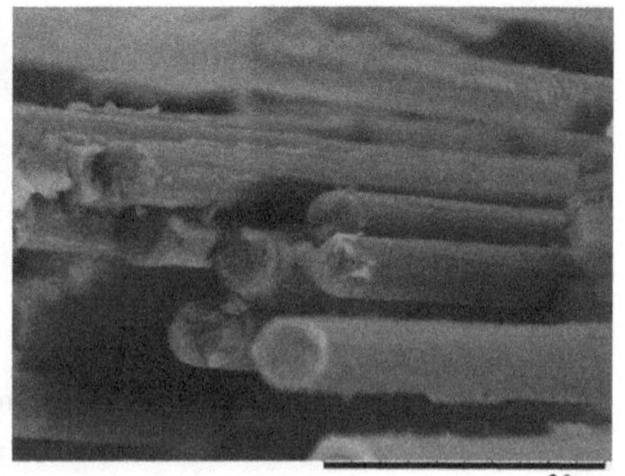

(b) 300℃

图 6.35　典型成型温度下制备的 CF/PPS 复合材料的拉伸断裂形貌

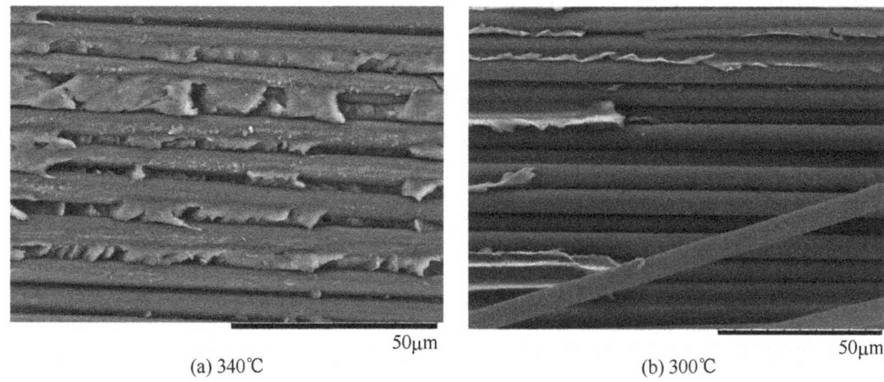

(a) 340℃　(b) 300℃

图 6.36　典型成型温度下制备的 CF/PPS 复合材料的层间剪切断裂形貌

6.5　热塑性复合材料结构件的快速冲压成型

6.5.1　热塑性复合材料制件的快速冲压成型技术

1. 冲压成型工艺过程和特点

冲压成型(stamp forming)工艺是一种快速制备热塑性复合材料制件的非等温成型技术,其原理是将铺层片材或已固结的热塑性复合材料层合板加热到树脂基体的软化点或熔点上下,再使用成型技术将其压制成预定形状的制件[20]。如图 6.37 所示,该工艺过程的主要步骤如下:首先是将复合材料层合板或铺层片材放在加热炉中进行加热,待达到一定温度或时间后便将其快速地传送到配套模具中,随后压机快速合模、加压,软化的物料按照模具形状发生变形,在一定温度下保压一段时间后即可脱模取出已定型的半成品,最后进行裁边、打磨等后处理工序便可得到成品。

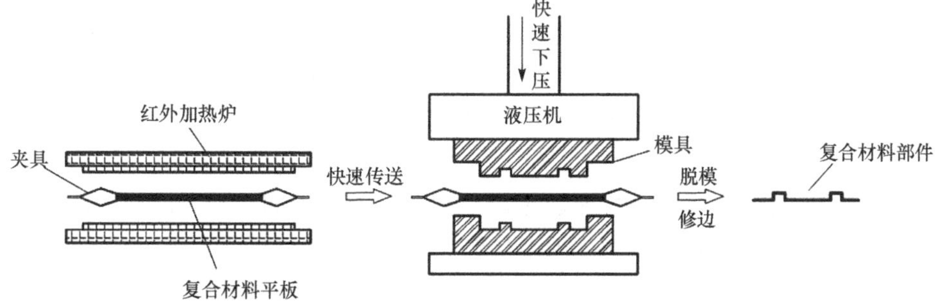

图 6.37　热塑性复合材料制件的冲压成型工艺示意图

冲压成型工艺的特点主要有:成型周期短,一般在 10min 以内,生产效率高;可一次成型形状较为复杂或尺寸较大的制件,还可预埋金属件共固结成型,节省后期装配费用;工艺过程简单,易实现机械化、自动化生产,产品质量稳定性高;适用范围广,从普通短切纤维增强热塑性复合材料制品到高性能连续纤维增强热塑性复合材料主结构件都可采用。

鉴于以上这些优点,冲压成型工艺成为热塑性复合材料制件成型方法的重要发展方向之一。此外,由于热塑性复合材料的冲压成型工艺是从传统金属部件的冲压工艺基础上发展起来的,在汽车零部件的生产中,可以发挥原有钣金生产线上相关冲压机械设备的作用,降低前期投入。目前产品在汽车行业中的应用较多,如挡泥板、电池槽、座椅骨架、保险杠等。

根据加热温度和物料在模具内变形过程的不同,可将冲压成型工艺分为固态冲压和流动态冲压成型两种[21]。

固态冲压成型过程是将坯料加热到低于树脂黏流态温度 10～20℃,然后迅速装入模具并快速合模加压,在一定模温下冷却定型后脱模,再经修边得到制品。该过程的特点是:适合压制形状较为简单的制品,成型压力小(一般低于 1MPa),周期短。

流动态冲压成型过程是将坯料加热到树脂熔点以上 10～20℃,迅速放入模具后再快速合模加压,迫使熔融状态的坯料流动并填充模腔,冷却定型后脱模,再经修边得到制品。该过程的特点是:树脂流动距离大,容易带动纤维移动,故不宜使用连续纤维增强物料;加热温度和成型压力较大;适合压制形状结构复杂、带加强筋或预埋件的制品。

2. 冲压成型工艺设备[21]

冲压成型工艺所需的设备主要有裁切机、加热炉、压机和模具。

裁切机是根据制品的形状和尺寸,将复合材料片材或层合板裁切为适当形状的设备,可以是自动裁布机、电动切割机和高压水射流切割机等。裁切料的重量应和制品的重量相等,尺寸应比模具的展开面积略小,裁切形状应根据物料性质、制品性能和生产效率等进行精心设计。另外,裁切时应尽量减少边角料,并做好回收,以降低原材料成本。

加热炉的作用是将物料快速加热,其性能关系到预热过程能否高效率地进行,是冲压成型工艺的关键设备。一般对加热炉的要求是:加热均匀、能短时间内加热到所需温度、控温精确且反应灵活。加热炉可以选择隧道式或烘箱式,尽量采用双面加热以提高加热效率。常用的加热方式有红外辐射加热、热风/热板加热和高频感应加热,其中红外辐射和电热板加热最能满足上述三点要求,高频感应适合加热厚度较大的物料。另外，由于预热时间在整个冲压成型工艺周期中所占的比例最大，加热炉应具备较大的尺寸，能够同时加热多件物料，以缩短单个制品的平均成型周期。

压机是执行合模、加压和脱模动作的设备，可以选择液压式和机械传动式，但必须具备合模速度快的功能。

冲压成型模具是耦合金属模，材料一般选择钢材，但当成型压力较小时可选用铝合金、玻璃钢，甚至是木材。设计模具时应考虑成型过程中材料的收缩率来确定型腔的尺寸。此外，带加热功能的模具必须要保证控温精确、稳定和均匀，以保障工艺条件和产品质量的稳定。

3. 冲压成型工艺控制关键要素

虽然冲压成型工艺过程简单，但控制参数很多，影响较大的主要是预热温度、冲压压力、保压时间、加压速率和模具温度，对工艺操作的要求十分严格，具体如下。

(1) 预热温度是物料在加热炉中所达到的最高温度，因为在合模加压后物料经历的是迅速降温过程，期间发生再浸渍、树脂迁移和纤维变形，这些变化都和树脂黏度有着紧密联系，而温度又是影响树脂黏度的最主要因素，因此预热温度对冲压成型制品质量和性能的影响最为显著。研究表明[22]，提高预热温度能够改善冲压成型制品中树脂对纤维的浸渍状态，降低孔隙率，提高材料的强度和刚度等力学性能；但过高的预热温度容易造成树脂氧化降解。

另外，在层合板预热过程中还会出现一个十分重要的现象，即脱固结(deconsolidation)。主要表现是层合板膨胀变形、片层分离和孔隙率剧增，原因是在无外界压力状态下加热后，树脂黏度急剧降低，发生流动迁移，同时纤维层摆脱束缚而释放之前因受压储存的弹性势能[23,24]。脱固结现象会给冲压成型制品的性能带来十分不利的影响。提高预热温度是一个抵消脱固结负面效应的有效方法，原因是能够延长后续加压时树脂再浸渍过程的时间。另一个解决方法是采用固态冲压成型，将层合板预热至基体树脂的玻璃化温度和熔融温度之间[24]。在该温度区间内冲压时，层合板仍然可以发生滞弹变形和定型。该种方法在制备半结晶树脂基体复合材料部件时最有效，因为结晶体的重新排列能够赋予材料永久变形的能力。采用该方法压制的制品表面质量很好，但要求层合板具有良好的固结质量，因为预热温度太低已无法发生再浸渍过程。此外，该方法的实施难点在于预热温度值的确定，受模具温度、压力和制品形状复杂程度的共同影响。

一般来说，连续纤维增强热塑性复合材料层合板的冲压成型过程中会发生片层间的滑移、旋转和层内剪切等变形现象[20]。当预热温度不足时，冲压变形过程中物料片层间滑移受阻，容易导致出现纤维面外屈曲、面内起皱，甚至断裂现象。

提高预热温度能够有效避免上述不良现象的出现，获得纤维排列和取向良好的制品。

(2) 冲压压力是压机合模后所施加的保压压力。压力首先影响了制品的厚度和压实程度。由于预热过程中脱固结现象的存在，加热后的层合板厚度会增大10%～20%。如果压力过小，就不能在板材冷却固结之前对其有效加压，导致制品无法被充分压实，出现厚度偏大且不均、孔隙率过高、分层和变形量不达标等多种问题；但太高的压力也会使过多树脂挤出，导致制品太薄[25]。

(3) 保压时间是材料从合模加压到开模卸压所经历的时间。研究表明，延长保压时间可以有效降低制品的孔隙率，提高材料的力学性能。但当达到一定时间后，再延长保压时间已无法进一步提高制品的性能，因为此时物料温度已降低到树脂的凝固点以下，制品已完全固结定型。在一般的冲压成型工艺中，保压时间范围大多在 20～180s，较厚的制品可以适当增加保压时间。可以对不同保压时间制品的孔隙率和力学性能进行测试，确定出最短的保压时间，以减少不必要的时间和能源浪费。

(4) 冲压成型过程中的加压速率一般分为两个阶段。首先当已加热物料到达模具内时，压机上台面应快速下压，速度一般在 50～200mm/s，以尽可能缩短物料在空气中的冷却时间；但是当上模具的导向柱即将接触下模具的导向孔时，必须将下压速率降低至 50mm/s 以下，以保护模具、压机和操作人员的安全。此外，有研究表明，如果第二步的下压速率过快，会造成部件回弹变形和纤维起皱的出现[25]。

(5) 模具温度对合模后物料的降温速率有着显著的影响，既能影响树脂再浸渍纤维的时间，又能影响半结晶树脂的结晶温度和结晶度[25]。升高模具温度可以降低物料的冷却速率，改善浸渍状况，减小孔隙率，对提高复合材料制品的力学性能和表面光泽度有利。但模具温度也不宜太高，否则易导致脱模后过多残余热应力的存在，使部件发生变形和分层开裂。

(6) 其他。物料从加热炉到模具的传送速度必须要快，使降温时间尽可能缩短，减少热量的流失。传送时间一般应控制在 5s 以内。如果传送速度过慢，会导致物料到达模具时的温度过低，从而缩短了加压时的树脂再浸渍时间和形变时间，造成制品中残余孔隙过多和尺寸不达标等问题。

6.5.2　热塑性 CF/PPS 复合材料副保险杠的快速冲压成型

我们自主研制了国内首套热塑性复合材料结构件专用冲压成型设备。以双钢带压机制备的 CF/PPS 复合材料层合板为原料，使用该设备快速制备热塑性复合材料汽车副保险杠。原有的金属副保险杠是由内板和外板两个壳体结构铆接在一起，含有较多的孔。为满足热塑性复合材料结构件整体成型工艺的需要，首先对这两个部件进行结构优化，改变或去掉不利于成型的局部结构。图 6.38 为结构优化后热塑性复合材料副保险杠内板、外板的三维数模图。

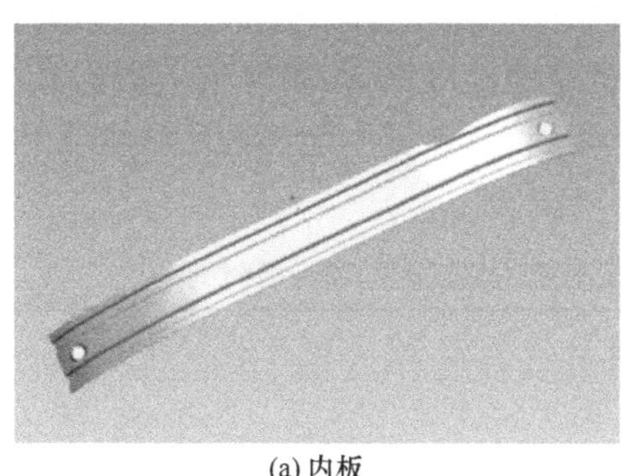

(a) 内板

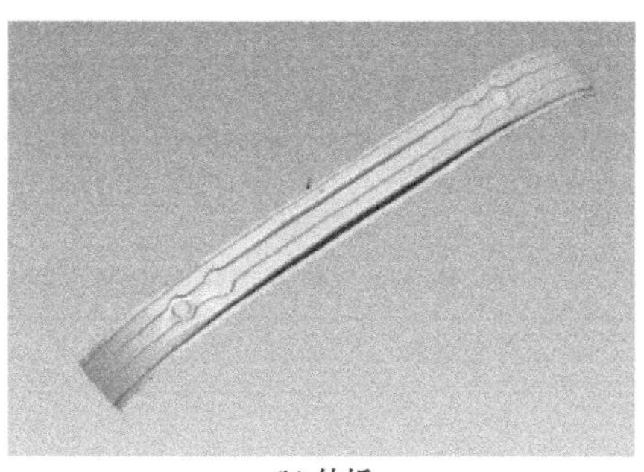

(b) 外板

图 6.38　复合材料副保险杠内板和外板的三维数模图

单个部件的制备工艺流程如下：

(1) 使用高压水射流切割机将 CF/PPS 复合材料层合板切割成合适的大小，长宽应比模具型腔略小，板材的四角做倒圆角处理。切割后的板材要经晾干或烘干，并用抹布擦净表面的铁砂等污染物。

(2) 将板材放到输送装置的进料端，用夹具夹紧。按下指令按钮，输送装置便会自动将板材传送到已升温的加热通道中，达到设定加热时间后，输送装置又会自动将已软化的板材快速传送到模腔上方。

(3) 一旦物料到达模腔上方，便立刻按下液压机控制按钮，迅速完成上模下行、合模、加压等动作。到达设定的保压时间后，液压机上台面会自动上行，开启模具。

(4) 使用真空吸盘工具将压制好的部件取出，进行修边等后处理工序。

(5) 采用胶/铆混合连接方式将复合材料内板、外板装配在一起。

这里分两个方面对冲压成型工艺进行优化。首先是输送速度和液压机下压速度的优化调试。前面已经叙述，板材在加热软化后传送到模具中的过程中存在热量流失，造成温度快速下降，对后续的压制成型带来不利影响，因此必须尽可能缩短物料在该区间内的传送时间和合模时间。决定传送时间的是行程和速度。安放预热装置和液压机时，在不产生干涉的前提下，加热通道后端距离模具中心线的长度最低为 1820mm，行程也就固定在该数值，因此必须尽可能地加快传送速度。通过实际带料运行，发现运行速度达到设计最大值 380mm/s 前设备易出现明显的振动，不利于安全、稳定生产，因此最终将传送速度设定为 325mm/s，传送时间为 5.6s。合模过程包括快下和慢下两步，因此合模时间由快下时间和慢下时间组成，相应的设置参数有快下行程、快下速度、慢下行程和慢下速度。应尽量降低上模高度，缩短快下行程，同时使慢下位置靠近下模，缩短慢下行程，另外将快下速度和慢下速度分别设置为设备的最大允许值 250m/s 和 30mm/s。副保险杠的内板、外板分别对应一套模具，相应的设置参数见表 6.4，其中模具位置为型腔面距离压机工作台面的高度，快下位置为压机上台面距离工作台面的高度，慢下位置为慢下开始(即快下结束)时压机上台面距离工作台面的高度。从表 6.4 中可知，内板、外板从加热结束到完成合模所需的时间分别为 9.8s 和 9.0s，基本能够满足时间低于 10s 的要求。

表 6.4　冲压工艺中设备参数以及对应的传送时间和合模时间

设备参数	内板	外板
传送行程	1820mm	1820mm
传送速度	325mm/s	325mm/s
传送时间	5.6s	5.6s
快下位置	1300mm	1300mm
快下速度	250mm/s	250mm/s
快下时间	2.5s	2.4s
慢下位置	720mm	720mm
慢下速度	30mm/s	30mm/s
模具位置	668mm	690mm
慢下时间	1.7s	1.0s
合模时间	4.2s	3.4s

工艺优化的最重要方面是对预热温度、冲压压力和保压时间以及模具温度的系统优化调整。为了能够准确了解物料在整个冲压成型过程中的温度变化情况，在制备复合材料层合板时就将两根热电偶分别埋在板材的表层和中间层内。图 6.39为典型冲压成型过程中的温度变化曲线，工艺条件为：设置加热温度 370℃，加热时间 210s，保压时间 200s，冲压压力 4MPa，模具温度 150℃。从图中可以得到如下信息：红外辐射加热效率高，升温快；板材表层与中心的最大温差为 7℃，加热较为均匀；由于板材与陶瓷红外辐射板的距离较远，加热力度降低，板材最高温度与设定温度之间存在较大差距，有必要适当增大加热时间提高板材最高温度；合模加压后板材温度迅速降低，约 60s 后稳定至模具温度，此时已不具备加压形变的条件，故可大大缩短不必要的保压时间。

在制备 CF/PPS 复合材料副保险杠内板、外板过程中出现的最严重问题是碳纤维断裂和部件回弹、扭转变形。由于碳纤维性脆、断裂伸长率较低，在受到快速强烈的剪切、挤压等作用力时容易发生断裂。最易出现纤维断裂的位置是在内板、外板两端用于钻孔连接的凸台处，见图 6.40。由于此处的碳纤维在较

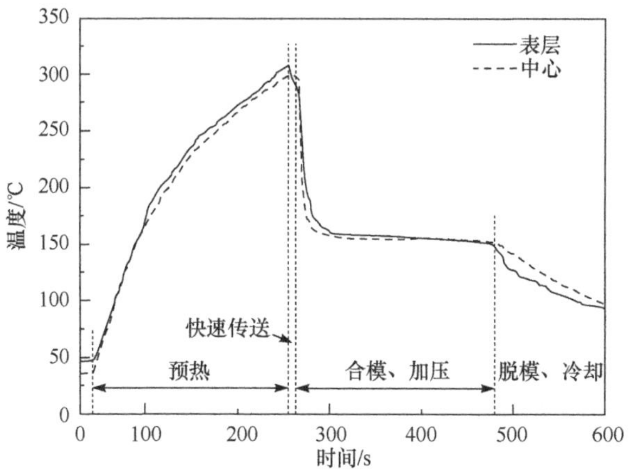

图 6.39　典型冲压成型过程中的温度变化曲线

短的距离上连续发生了多次转折形变，受到模具的挤压和剪切作用最强，故最容易出现断裂现象。这将大大损害复合材料部件的使用性能和安全性。借助热电偶记录的温度数据，发现当预热温度较低时出现纤维断裂的概率最大，其原因在于层合板从加热结束到完成合模的时间将近 10s，热量散失较多，出现硬化现象。如果预热温度不够高，板材在受压变形时的软化程度不够，片层间滑移困难，剪切作用力就会急剧增大，导致碳纤维断裂。通过适当延长加热时间提高预热最大温度，使板材在快速合模加压时仍具有足够的软化程度，确保不同片层的纤维和树脂都能共同快速地达到压制位置，从而大大降低碳纤维受到的剪切作用力，避免发生断裂。

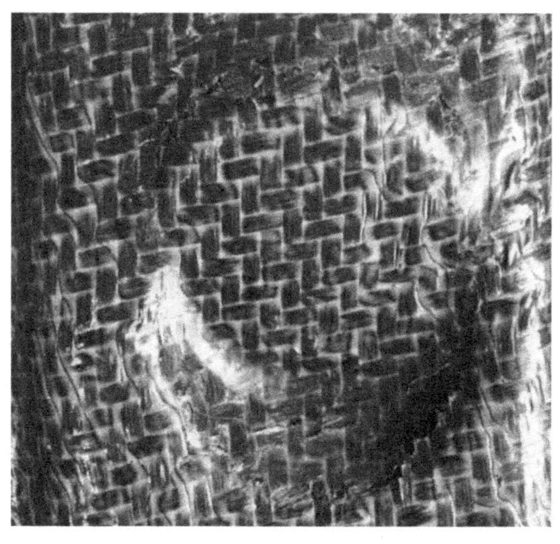

图 6.40　CF/PPS 复合材料部件凸台处的纤维断裂现象

CF/PPS 复合材料部件发生回弹扭转变形的现象见图 6.41，造成该现象的工艺因素有多种，如预热温度较低、板材温度不均、模具温度过高或不均、压力和加压速率不当等[26~28]。在我们实际的冲压成型工艺优化过程中得出的主要结论如下：当预热温度较低时，板材的软化程度不够，虽然在模具内达到了压制位置，但当脱模卸去压力后，储存的弹性势能立即释放出来，造成部件回弹扭转；板材或模具中各部位的温度差异较大时，容易导致部件中的残留应力过大，引起扭转变形；模具温度太高时，脱模后的部件温度过高，在冷却过程中容易出现各部位冷却速率不同，引发过大的热应力，最终使部件扭转变形量越来越大；如果施加的压力不足，就无法促使纤维和树脂快速移动到压制位置，各部位的变形量不够，并且在卸压后容易出现回弹，致使部件变形。

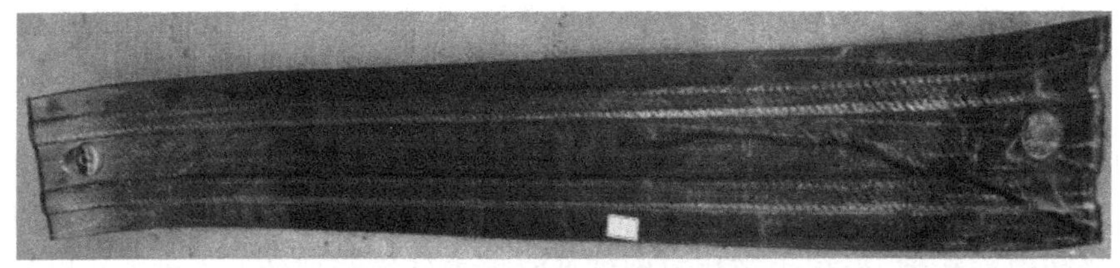

图 6.41　CF/PPS 复合材料内板的扭曲现象

在 CF/PPS 复合材料副保险杠冲压成型过程中出现的问题还有部件偏移和表面发黄现象。部件偏移即压制出来的内板、外板出现一端缺料、另一端余料过多的现象。原因在于板材在预热过程中两端的温度不均，软化后由于重力作用下垂时温度较高一端的伸长量大，而温度较低一端的伸长量小，致使板材中心向温度低的一端移动，从而出现偏移现象。解决该问题的方法，一是做好加热通道两侧密封，防止热量散失过多，二是改进加热硬件和软件的控温性能，确保预热过程中板材两端的温度均匀。部件表面发黄说明基体树脂发生了严重的氧化降解，该现象最易发生在部件的中间部位。因为板材被加热软化后受重力作用下垂而呈现弧形，中间部位与加热器的距离最近，受到的辐射作用最强，温度最高，往往在板材两端软化前就已发生氧化降解。解决该问题的方法是对夹具优化设计，使其能够在预热过程中自动调整板材与下加热板之间的距离。

以上的工艺优化调整并不是针对某一个参数单独进行的，因为各个参数之间还存在相互影响。通过分析大量实验数据、总结经验，最终确定了最佳的冲压成型工艺窗口，见表 6.5。所制备的 CF/PPS 复合材料副保险杠内板、外板以及胶铆混合连接成品见图 6.42，可以看出，制品的外观质量较好，没有明显的贫富树脂区、裂缝、变色等缺陷。按照标准 ASTM D3171 测试内板、外板各部位的孔隙率，结果低于 2.3%，可见制品内部的固结质量很好。

表 6.5　CF/PPS 复合材料部件的冲压成型工艺窗口

预热温度/℃	预热时间/s	保压压力/MPa	保压时间/s	模具温度/℃
360～370	300	5～9	60～70	150～160

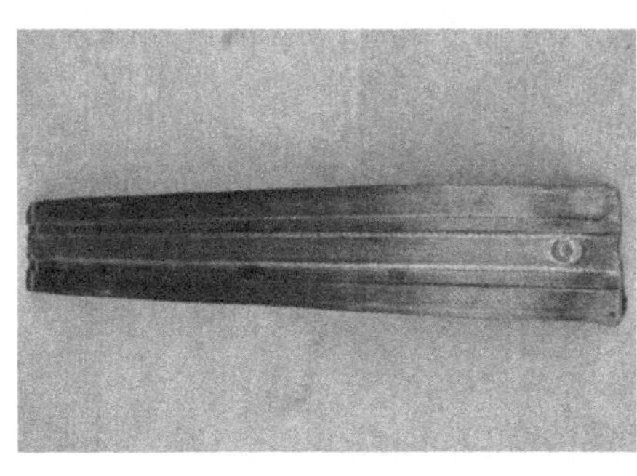

(a) 内板

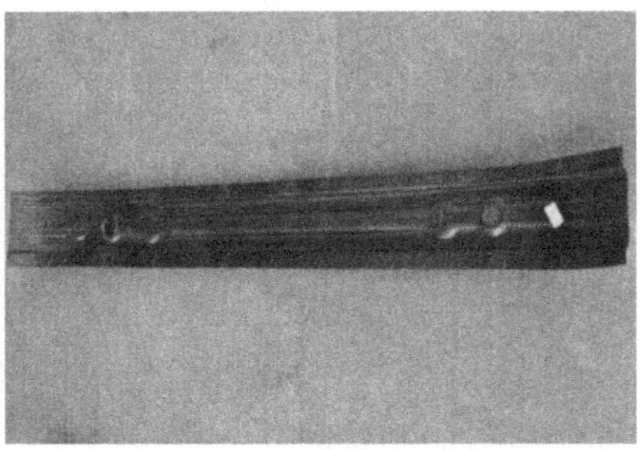

(b) 外板

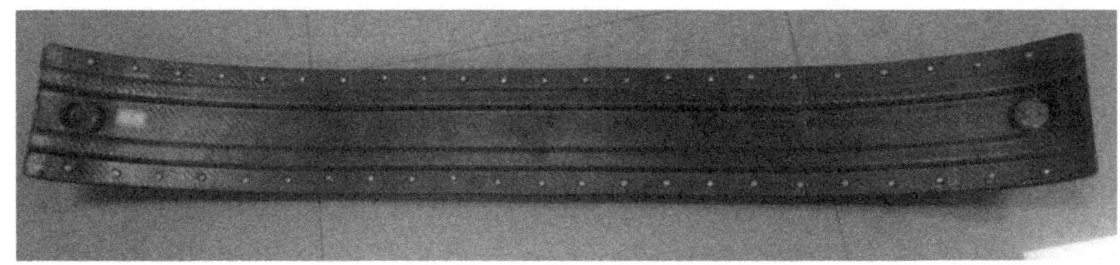

(c) 胶铆混合连接成品

图 6.42　CF/PPS 复合材料副保险杠内板、外板及胶铆混合连接成品

CF/PPS 复合材料副保险杠内板、外板的冲压成型工艺周期见表 6.6，单个部件的成型总时间小于 490s。但需要指出的是，该冲压成型设备在设计之初就考虑到了连续化生产的需要，完全可以对成型子流程进行统筹安排，进一步缩短单个部件的平均成型时间。例如，在连续制备复合材料副保险杠内板时，可以在模具合模后立即打开夹具，返回传送机架，进行下一块板材的装料和预热。这样在大批量生产时可将单个部件的平均成型时间缩短到 410s 左右，生产能力达到 8～9 件/h，完全能够满足汽车行业对生产效率的要求，具备良好的应用前景。

表 6.6　CF/PPS 复合材料部件的冲压成型工艺周期(单位:s)

装料	进料	预热	传送	合模	保压	开模	脱模	其他	总时间
60	7	300	6	4	60～70	10	10	<20	<490

6.6　热塑性复合材料结构件的性能表征及评价

6.6.1　热塑性 CF/PPS 复合材料副保险杠的尺寸精度测量

热塑性复合材料的热压成型过程是一个加热熔融、冷却固结的物理变化过程。由于热性能的各向异性，如复合材料沿纤维纵向和横向热膨胀系数的差异、面内和面外热膨胀系数的差异、增强纤维和树脂基体热膨胀系数的差异等，将导致成型部件的夹角发生变化；复合材料内应力分布不均匀将引起部件发生翘曲，即在平直部位的弯曲或扭转变形[26,29]。复合材料部件的回弹变形和扭转变形分别如图 6.43 和图 6.44 所示。部件回弹和翘曲都将影响其尺寸质量，而汽车零部件的尺寸质量是白车身质量评价指标体系中的三个一级指标之一[30]。回弹和翘曲将造成制备的复合材料部件与设计尺寸之间存在偏差，而这些偏差会影响装配组件的尺寸，从而影响车身总成的尺寸和形状精度，成为制约车身质量的一个重要因素。

图 6.43　复合材料部件回弹变形示意图

图 6.44　复合材料部件扭转变形示意图

尺寸测量与检测是尺寸质量控制的基础。卷尺、游标卡尺、塞尺等测量工具是尺寸测量过程中使用的最基本测量工具。在汽车工业，传统的车身及部件尺寸检测中最常用的是专用检具[31]。检具是利用产品数模数据制作的立体模型，能对目标零件或总成控制所有特征或关键尺寸。检具上设计有合适的定位、夹紧和测量装置，将部件安装在检具上后，通过目测、游标卡尺、塞尺等进行测量。通过目测或测量可以判断部件的轮廓大小、形状区域、相对位置与检具之间的偏差。随着测量技术与装备的发展，一些先进的测试手段开始应用于汽车车身及部件尺寸测量，如三坐标测量仪、光学坐标测量仪、激光跟踪测量仪、便携式多关节测量仪、结构光测量仪、测量机器人等[31]。其中，三坐标测量仪是通过测头系统与部件的相对移动探测得到部件表面各点的三维坐标，然后与部件数模对应点的三维坐标对比就可以得到测试部件的尺寸精度。三坐标测量仪具有精度高(0.001～0.01mm)、柔性强、自动化程度高等优势，已广泛应用于大多数汽车制造企业的车身尺寸精度测量。

针对确定工艺条件下制备的热塑性CF/PPS复合材料前副保险杠结构件，利用海克斯康公司的三坐标测量仪(型号Global Silver，见图 6.45)测量了前副保险杠内板、外板以及胶铆混合连接组合件的尺寸。在三坐标测量过程中，首先需将待测部件正确装夹于测量空间。图 6.46 为测试前副保险杠外板和内板的安装。将外板和内板水平放置于测量平台，为防止测量过程中部件的移动，在部件中间压上金属块。在测量连接组合件时，将外板接触平台，测量内板面上各点的坐标。

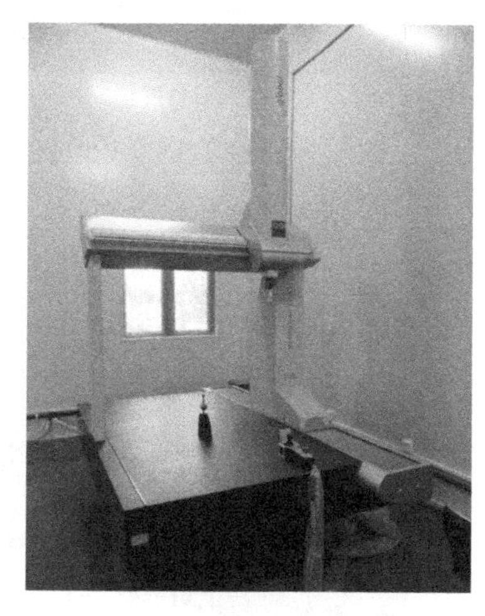

图 6.45　Global Silver 三坐标测量仪

三坐标测量过程中，待测部件安装好后必须建立一个合适的坐标系。坐标系的建立是后续测量的基础，如果建立了不正确的坐标系将直接导致测量尺寸的错误，因此建立一个合适的参考方向即坐标系是非常关键和重要的。建立坐标系的最常用方法有 3-2-1 法和迭代法。其中迭代法分为三步：①选择一组特征，使平面拟合特征的质心，以建立工作平面法线轴的方向，此步骤必须至少有三个特征；②选择第二组特征，使直线拟合特征，从而将工作平面的定义轴旋转到特征上，此步骤至少需要两个特征；③最后选取一组特征，用于将部件原点平移到指定位置。前副保险杠三坐标测量过程中使用迭代法建立坐标系。外板坐标系如图 6.47 所示：X 轴为外板中间段平面的法向，即点 1、点 2、点 3 和点 4 所构成平面的法向方向；Y 轴为点 5 和点 6 的连线，即平行于外板长度的方向；Z 轴为沿外板宽度方向。建立的内板和连接组合件(测量的是内板)的坐标系分别如图 6.48和图 6.49 所示。

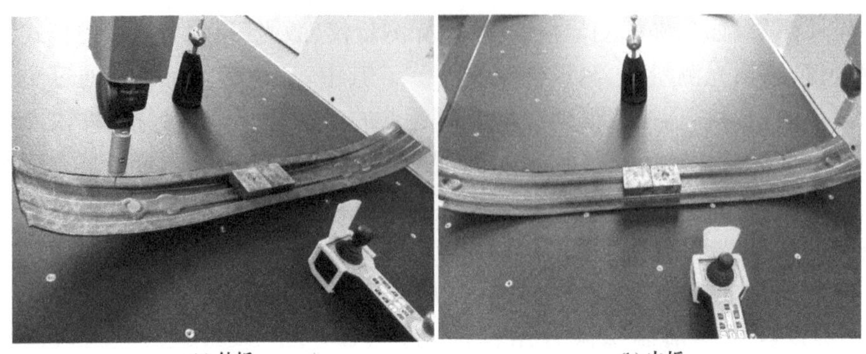

(a) 外板　　(b) 内板

图 6.46　三坐标测量时前副保险杠外板和内板的安装

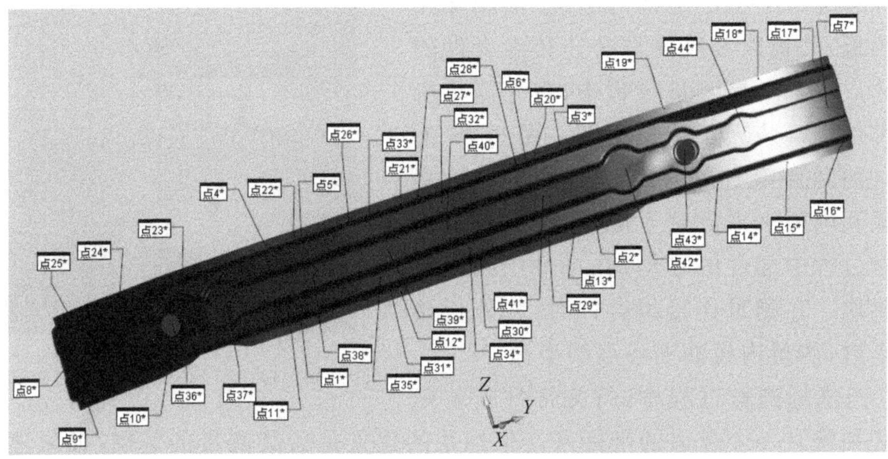

图 6.47　前副保险杠外板坐标系的建立和测量点的分布

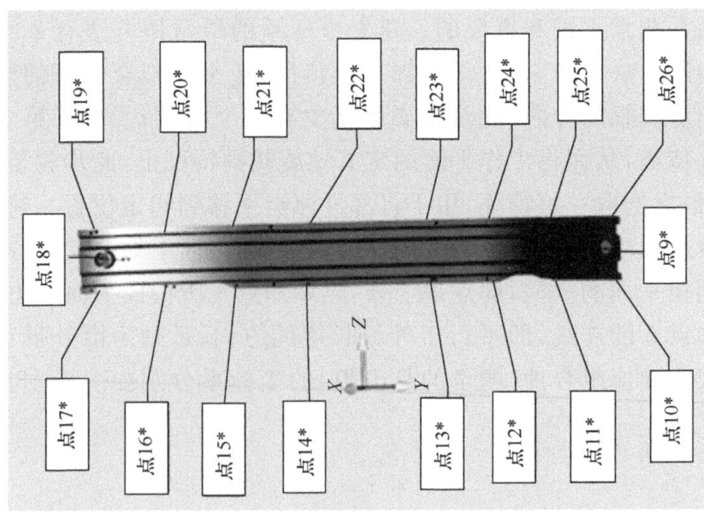

图 6.48　前副保险杠内板坐标系的建立和测量点的分布

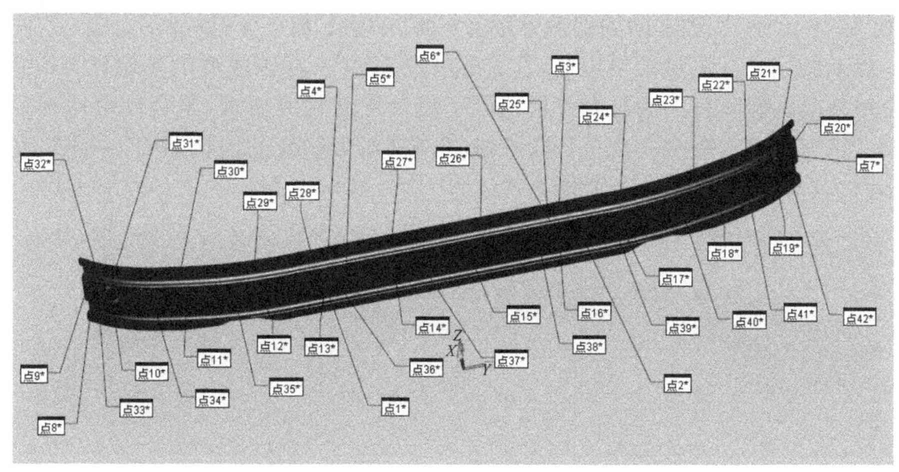

图 6.49　前副保险杠连接组合件坐标系的建立和测量点的分布

为了得到能够反映部件整体尺寸精度和局部特征结构尺寸精度的测量数据，在建立合适的坐标系后需要在部件上合理选择测量点。结合热塑性复合材料部件冲压成型过程中的变形特征和汽车前副保险杠的结构特征，在均匀布置测量点的原则下，将外板测量点布置成如图 6.47 所示的情况：点 36 和点 43 为特征结构凸台处的测量点，点 33、点 42 和点 44 为另一特征结构的测量点，其他测量点分布于外板边缘和内部的棱、槽中。内板和组合件的测量点分布情况见图 6.48 和图 6.49。

由外板的测量数据可知，各测量点在 X、Y、Z 轴方向上的测量数据与数模数据间的偏差均小于 1mm。相对于 Y 和 Z 轴方向，各点 X 轴方向上的测量数据与数模数据间的偏差较大(最大值出现在测量点 17，偏差 0.985mm)，这主要是热塑性复合材料部件冲压成型过程中发生回弹和扭转变形所致。测量点 9、点 16、点 17 和点 25 的 X 轴方向测量数据与数模数据间的偏差均大于 0，说明外板发生了回弹变形，各点在 X 轴方向上的偏差不同则说明部件发生了扭转变形。同时特征结构凸台测量点 36 和点 43 的结果也说明 X 轴方向上的偏差较大，这主要是凸台处局部形变较大所引起的。

内板的测量数据说明其尺寸偏差与外板相似，也是 X 轴方向上较大，最大偏差出现在测量点 14，值为 1.214mm。同时结合其他多个测量点的数据说明部件发生了回弹和扭转变形。另外，通过测量点 13、点 14、点 22 和点 23 在 X 轴方向的偏差可知，内板的回弹导致部件中间平直部分向反方向变形。对比内板、外板的测量偏差值可知，内板在 X 轴方向上的偏差比外板大，说明内板的回弹变形比外板大。这是由于外板中存在深度较大的凹槽，凹槽在部件成型后起到了加强筋的作用，能够抑制部件的回弹变形。

由组合件的测量结果可知，各点测量数据与数模数据间的偏差均在 X 轴方向上较大，且除了特征结构凸台外，其他各点 X 轴方向偏差均小于 1mm(凸台测量点 10 和点 19 在 X 轴方向的偏差分别为－1.263mm 和－1.213mm)。

以上的三坐标测量结果说明，在确定工艺条件下冲压成型的热塑性 CF/PPS 复合材料前副保险杠的内板和外板达到了设计尺寸精度要求，组合件也达到了装配尺寸精度要求。顺利实现了与碳纤维复合材料吸能盒的连接，并且一同装配于汽车白车身，分别见图 6.50 和图 6.51。

图 6.50　热塑性 CF/PPS 复合材料前副保险杠与碳纤维复合材料吸能盒的连接

图 6.51　热塑性 CF/PPS 复合材料前副保险杠与碳纤维复合材料吸能盒顺利装配于白车身

6.6.2　热塑性 CF/PPS 复合材料副保险杠的碰撞性能测试

副保险杠称为防撞梁或防撞横梁，是汽车保险杠系统的一部分，根据所在位置可以分为前防撞梁、侧门防撞梁(杆)和后防撞梁。其中前副保险杠主要承担着抵御碰撞变形、分散碰撞能量的作用，保护汽车在发生碰撞时少受或不受破坏而设计的梁结构，保护车内人或物少受甚至不受伤害。当车辆发生碰撞时，前副保险杠可以将各种形式的偏置和正面碰撞产生的能量均匀地传递到保险杠系统的吸能盒上，通过吸能盒的变形将碰撞过程中产生的能量转化为内能，吸收能量，并通过吸能盒将碰撞力均匀地传递到车身的前纵梁骨架。

目前，各国都颁布了针对汽车低速碰撞性能的相应法规，如 GB 17354—1998《汽车前、后端保护装置》、欧洲汽车保险评级通用标准 RCAR 等。RCAR 标准中的低速碰撞为 15km/h 的 40％偏置碰撞，其中防撞梁动态测试包括 10km/h 的 100％全宽碰撞和 5km/h 的 15％重叠偏置碰撞测试[32]。在使用复合材料代替金属材料进行轻量化设计的过程中，必须保证替代部件达到或超过原有金属部件的性能。因此，必须测试经冲压成型制备的热塑性 CF/PPS 复合材料汽车前副保险杠的碰撞性能，确定是否满足汽车结构件的使用要求，最终判断轻量化设计的合理性及制备工艺参数的可靠性。

目前用于研究汽车碰撞过程的方法主要为动态显式非线性有限元模拟技术。曹立波等[33]利用计算机模拟技术对轻量化设计的铝合金材料汽车前副保险杠进行了正面 100%重叠刚性壁障碰撞试验仿真和正面 40%重叠可变形壁障碰撞试验仿真。米林等[34]基于 LS-DYNA 软件对轻量化设计的吸能盒进行了碰撞仿真，探讨了截面形状和壁厚对碰撞吸能特性的影响，指出八边形截面吸能盒的吸能特性最好；在一定范围内增加壁厚，吸能量和比吸能量均显著提高。复合材料吸能研究一直处于试验阶段，并且主要关注管状结构件的轴向压缩性能，而复合材料结构件精确碰撞仿真分析结果的可靠性是当前耐撞性研究的重要方面之一。Davoodi 等[35]通过试验分析表明，应用聚合物基复合材料进行汽车保险杠吸能部件的设计是有效的。Hosseinzadeh 等[36]通过低速碰撞参数化仿真研究表明，相比传统材料的保险杠横梁，GMT 材料保险杠横梁具有较好的低速碰撞性能。Boria 等[37]采用台车正面碰撞试验获得了 CFRP 吸能盒结构动态行为信息，采用显式非线性仿真分析方法建立了有限元模型，发现数值仿真分析预测得到的变形与平均重力加速度的关系和试验结果完全吻合，同时通过仿真分析方法研究了铺层参数对吸能盒碰撞性能的影响。

我们与奇瑞汽车公司前瞻技术科学院合作，在奇瑞汽车公司碰撞安全实验室对冲压成型的热塑性 CF/PPS 复合材料汽车前副保险杠进行了碰撞试验测试和分析。具体的台车碰撞试验方案如下：

(1) 配重小车质量 1.109 吨，碰撞速度 14～18km/h，副保险杠和吸能盒在配重小车上的安装如图 6.52 所示；

图 6.52　副保险杠和吸能盒在配重小车上的安装照片

(2) 金属吸能盒表面喷涂黄色油漆，并在其表面画网格，网格大小为 20×20；

(3) 加工吸能筒，用于连接试验台车与吸能盒，该吸能筒起到前纵梁的作用，在低速碰撞过程中不发生形变；

(4) 如图 6.53 所示，在碰撞过程采用高速摄像机分别对试验台车进行上、左、右拍摄记录。

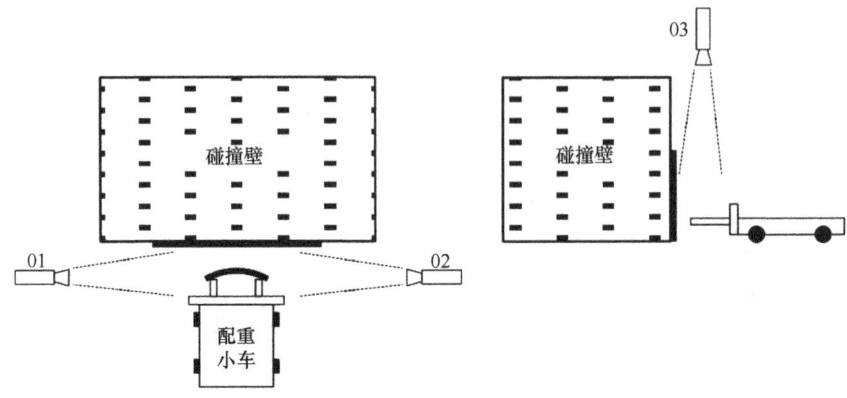

图 6.53 高速摄像机拍摄位置示意图

图 6.54 和图 6.55 分别为金属前副保险杠和金属吸能盒、CF/PPS 复合材料前副保险杠和金属吸能盒碰撞试验的加速度与时间曲线。从中可以发现，当前副保险杠为金属时，在撞击加速度达到最大值(最大加速度为 43.64g)之前存在 3 个小峰值。这 3 个加速度小峰值分别对应副保险杠与壁障接触瞬间引起的加速度变化、副保险杠横梁发生形变吸收能量过程以及吸能盒的初始溃缩。在第三个峰值之后加速度急剧上升，此时吸能盒基本上完全溃缩。当前副保险杠为 CF/PPS 复合材料时，撞击加速度达到最大值(最大加速度为 52.28g)之前只有 2 个小峰值，分别对应副保险杠与壁障接触瞬间引起的加速度变化和吸能盒的初始溃缩。这是由于金属为塑性材料，当金属前副保险杠与壁障撞击时发生很大的塑性形变，吸收了部分能量；CF/PPS 复合材料为刚性材料，与壁障碰撞时不会发生较大的塑性形变吸收能量，而是瞬间将能量传递给吸能盒。

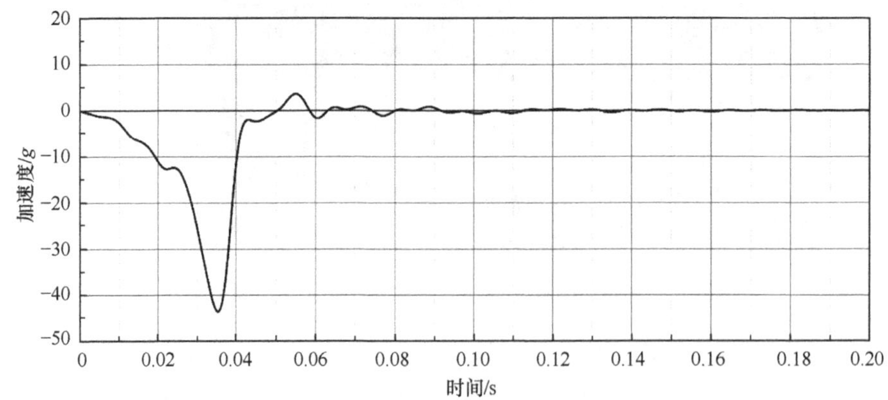

图 6.54 金属前副保险杠和金属吸能盒的加速度与时间曲线(碰撞速度 18km/h)

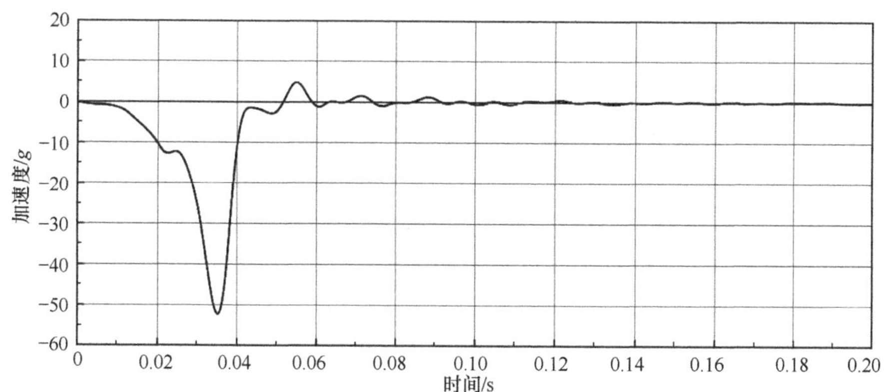

图 6.55　CF/PPS 复合材料前副保险杠和金属吸能盒的加速度与时间曲线(碰撞速度 18km/h)

为了比较不同材料、结构的吸能能力,需要对不同材料和结构的吸能系统进行比吸能量计算,在进行比吸能量计算前,需要根据吸能系统的碰撞加速度曲线进行吸能量计算。比吸能量按照式(6-6)进行计算:

$$\mathrm{SAE}=\frac{E}{m} \tag{6-6}$$

其中,SAE 为比吸能量,kJ/kg;E 为吸能量,kJ;m 为吸能系统质量,kg。

吸能量按照式(6-7)进行计算:

$$E=\int F\mathrm{d}S \tag{6-7}$$

其中,E 为吸能量,kJ;F 为保险杠所受到的碰撞力,kN;S 为碰撞过程中的压缩位移,m。

碰撞力 F 按照式(6-8)进行计算:

$$F=ma \tag{6-8}$$

其中,F 为保险杠所受到的碰撞力,kN;m 为试验台车质量,kg;a 为试验台车质心加速度,$\mathrm{m \cdot s^{-2}}$。

碰撞过程中的压缩位移 S 按照式(6-9)进行计算:

$$S=\int\left(\int a\mathrm{d}t\right)\mathrm{d}t \tag{6-9}$$

按照式(6-9)进行碰撞压缩位移计算,得到如图 6.56 所示金属前副保险杠和金属吸能盒、CF/PPS 前副保险杠和金属吸能盒碰撞压缩位移-时间曲线。从图中可以看出,由于 CF/PPS 前副保险杠刚度相对较高,在相同的碰撞时间内变形位移较金属前副保险杠小。按照式(6-8)进行碰撞力计算,得到如图 6.57 所示金属前副保险杠和金属吸能盒、CF/PPS 前副保险杠和金属吸能盒碰撞力-时间曲线。由图可以明显看出,在金属吸能盒完全初始溃缩之前,CF/PPS 前副保险杠和金属吸能盒组成的吸能系统受到的碰撞力低于金属前副保险杠和金属吸能盒组成的系统，但是在金属吸能盒完全溃缩时前者受到的碰撞力急剧增加，大于金属前副保险杠和金属吸能盒组成的系统所受到的碰撞力。对位移-时间曲线和力-时间曲线进行坐标变换得到力-位移曲线，如图 6.58 所示，由式(6-7)对图 6.58 中的力-位移曲线进行积分即可得到吸能量。表 6.7 为两组前副保险杠组合的碰撞测试吸能数据。由表中可以看出，两种前副保险杠组合的总吸能值相当，分别为 13617.77J 和 13502.15J，而使用 CF/PPS 复合材料前副保险杠的比吸能提高了 45.20%，具有明显的比吸能优势。

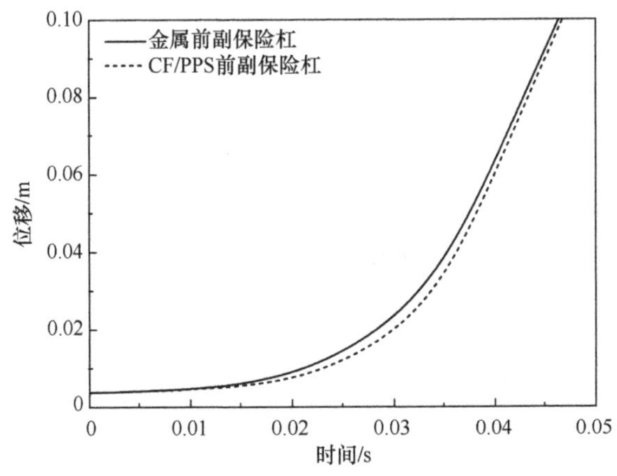

图 6.56　前副保险杠碰撞压缩位移-时间曲线

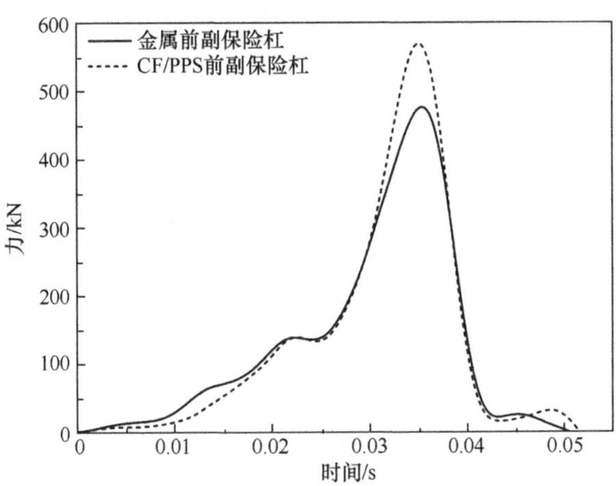

图 6.57　前副保险杠碰撞力-时间曲线

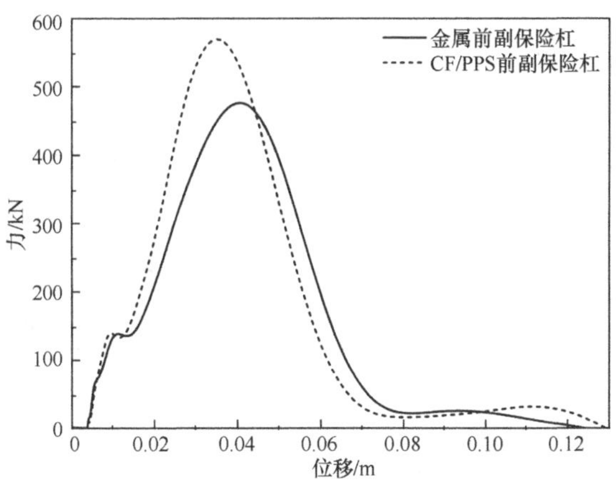

图 6.58　前副保险杠碰撞力-位移曲线

表 6.7　不同组合前副保险杠总成的吸能数据

总成组合	总成质量/kg	初速/($m \cdot s^{-1}$)	终速/($m \cdot s^{-1}$)	总吸能/J	比吸能/($J \cdot kg^{-1}$)	比吸能增加百分数/%
金属前副保险杠和金属吸能盒	5.08	5	−0.66	13617.77	2682.67	—
CF/PPS 前副保险杠和金属吸能盒	3.47	5	−0.81	13502.15	3895.15	45.20

图 6.59 和图 6.60 分别为金属前副保险杠和金属吸能盒、CF/PPS 复合材料前副保险杠和金属吸能盒组合碰撞前后的外观照片。由图可以看出，碰撞后金属前副保险杠发生了塑性形变，而 CF/PPS 复合材料前副保险杠则出现了局部开裂，并没有发生粉碎性破坏等严重状况。碰撞后 CF/PPS 复合材料前副保险杠能够保持整体结构的完整性，也就不会因为飞溅的碎块或锋利的断口对车内驾乘人员的生命安全带来灾难性的伤害。

胶铆混合连接 CF/PPS 复合材料前副保险杠成品的重量仅为 1.88kg，相比原金属部件减轻了 49%，但其吸能效果与金属部件不相上下。该结果说明，使用冲压成型工艺制备的 CF/PPS 复合材料代替金属材料进行汽车前副保险杠轻量化设计能够满足汽车工业的使用要求。

(a) 试验前俯视图

(b) 试验后俯视图

(c) 试验前正视图　　(d) 试验后正视图

图 6.59　金属前副保险杠和金属吸能盒组合的碰撞前后照片

(a) 试验前俯视图　　(b) 试验后俯视图

(c) 试验前正视图　　(d) 试验后正视图

图 6.60　CF/PPS 复合材料前副保险杠和金属吸能盒组合的碰撞前后照片

参 考 文 献

[1] Wang R M, Zheng S R, Zheng Y P. Polymer Matrix Composites and Technology[M]. Cambridge: Woodhead Publishing, 2011.

[2] Owen M J, Middleton V, Jones I A. Integrated Design and Manufacture Using Fibre-reinforced Polymeric Composites[M]. Boca Raton: CRC Press Inc., 2000.

[3] Balasubramanian M. Composite Materials and Processing [M]. Boca Raton:CRC Press Inc. , 2013.
[4] 黄家康.复合材料成型技术与应用[M].北京:化学工业出版社,2011.
[5] 益小苏.先进复合材料技术研究与发展[M].北京:国防工业出版社,2006.
[6] Kausch H H. Advanced Thermoplastic Composites[M]. Munich:Carl Hanser Verlag GmbH & Co. ,1992.
[7] Long A C. Composites Forming Technologies[M]. Cambridge:Woodhead Publishing,2007.
[8] Gutowski T G. Advanced Composites Manufacturing[M]. New York:Wiley,1997.
[9] Morgan P. Carbon Fibers and Their Composites[M]. Boca Raton:CRC Press Inc. ,2005.
[10] Mazumdar S. Composites Manufacturing:Materials,Product and Process Engineering[M]. Boca Raton:CRC Press Inc. ,2001.
[11] Biron M. Thermoplastics and Thermoplastic Composites[M]. 2nd Edition. Norwich:William Andrew,2012.
[12] 张晓明,刘雄亚.纤维增强热塑性复合材料及其应用[M].北京:化学工业出版社,2006.
[13] Ibeh C C. Thermoplastic Materials:Properties,Manufacturing Methods and Applications [M]. Boca Raton:CRC Press Inc. ,2011.
[14] Stoeffler K,Andjelic S,Legros N,et al. Polyphenylene sulfide (PPS) composites reinforced with recycled carbon fiber[J]. Composites Science and Technology,2013,84:65-71.
[15] 张玉龙.先进复合材料制造技术手册[M].北京:机械工业出版社,2003.
[16] 益小苏,杜善义,张立同.复合材料手册[M].北京:化学工业出版社,2009.
[17] 倪爱清,王继辉,朱以文.复合材料液体模塑成型工艺中预成型体渗透率张量的数值预测[J].复合材料学报,2007,24(6):50-56.
[18] Wang X,Mayer C,Neitzel M. Some issues on impregnation in manufacturing of thermoplastic composites by using a double belt[J]. Polymer Composites,1997,18(6):701-710.
[19] Díez-Pascual A M,Naffakh M. Tuning the properties of carbonfiber-reinforced poly(phenylene sulphide) laminates via incorporation of inorganic nanoparticles[J]. Polymer,2012,53:2369-2378.
[20] Friedrich K,Hou M. On stamp forming of curved and flexible geometry components from continuous glass fiber/polypropylene composites[J]. Composites Part A—Applied Science and Manufacturing,1998,29(A):217-226.
[21] 刘雄亚,谢怀勤.复合材料工艺及设备[M].武汉:武汉工业大学出版社,1997.
[22] Wakeman M D,Cain T A,Rudd C D,et al. Compression moulding of glass and polypropylene composites for optimised macro- and micro- mechanical properties-1 commingled glass and polypropylene[J]. Composites Science and Technology,1998,58:1879-1898.
[23] Ye L,Chen Z R,Lu M,et al. De-consolidation and re-consolidation in CF/PPS thermoplastic matrix composites[J]. Composites Part A—Applied Science and Manufacturing,2005,36:915-922.
[24] Bernet N,Michaud V,Bourban P E,et al. Commingled yarn composites for rapid processing

of complex shapes[J]. Composites Part A—Applied Science and Manufacturing，2001，32：1613-1626.

[25] Trudel-Boucher D，Fisa B，Denault J，et al. Experimental investigation of stamp forming of unconsolidated commingled E-glass/polypropylene fabrics [J]. Composites Science and Technology，2006，66：555-570.

[26] Hou M，Friedrich K. Optimization of stamp forming of thermoplastic composite bends[J]. Composite Structures，1994，27：157-167.

[27] Vanclooster K，Van Goidsenhoven S，Lomov S V，et al. Optimizing the deep drawing of multi-layered woven fabric composites[J]. International Journal of Material Forming，2009，2：153-156.

[28] Long A C，Wilks C E，Rudd C D. Experimental characterisation of the consolidation of a commingled glass/polypropylene composite[J]. Composites Science and Technology，2001，61：1591-1603.

[29] 魏冉，贾丽杰，晏冬修，等. 热固性复合材料结构固化回弹变形研究进展[J]. 航空制造技术，2013，23/24：104-107.

[30] 赵朝智，唐冲. 白车身质量的评价制备与评价方法[J]. 山东交通学院学报，2006，14(4)：6-9.

[31] 李正平，林忠钦，金隼，等. 车身制造过程的检测设备浅析[J]. 机床与液压，2002，6：17-20.

[32] 孙晴，高保才，陈现岭，等. 基于 RCAR 的保险杠低速碰撞的分析与应对措施[J]. 汽车安全与节能学报，2012，3(4)：332-338.

[33] 曹立波，陈杰，欧阳志高，等. 基于碰撞安全性的保险杠横梁轻量化设计与优化[J]. 中国机械工程，2012，23(23)：2888-2893.

[34] 米林，魏显坤，万鑫铭，等. 铝合金保险杠吸能盒碰撞吸能特性[J]. 重庆理工大学学报(自然科学)，2012，26(6)：1-7.

[35] Davoodi M M，Sapuan S M，Yunus R. Conceptual design of a polymer composite automotive bumper energy absorber[J]. Materials and Design，2008，29：1447-1452.

[36] Hosseinzadeh R，Shokrieh M M，Lessard L B. Parametric study of automotive composite bumper subjected to low-velocity impacts[J]. Journal of Composite Structures，2005，68：419-427.

[37] Boria S，Forasassi G. Progressive crushing of a fiber reinforced composite crash-box for a racing car in DYMAT 2009[C]. 9th International Conference on the Mechanical and Physical Behaviour of Materials under Dynamic Loading，2009：725-731.

第 7 章　复合材料产品规模化制备

7.1　概　　述

据统计，在复合材料价值链中，原材料、结构件制造、预浸料等中间产品的附加值分别为 30%、55%和 10%。第一项及第三项成本具有相对稳定性，因此降低复合材料成本的关键是降低结构件的制造成本。而降低结构件制造成本的主要障碍是缺少经济、快速、可靠的零部件制造工艺。因此，自动铺丝、自动铺带以及自动热压成型等大批量生产工艺及相应的复合材料产品自动化生产线的开发与应用，成为促进复合材料产品降低成本、大规模进入市场的必由之路[1]。

美国和德国在复合材料产品自动化生产线的研发与应用上处于领先地位。美国 DuPont 公司开发了 TEPEX 技术来进行热塑性复合材料产品的生产，并在该技术的基础上研制了 LDF 系统。该系统采用对连续成型的铺层板进行热压成型工艺来生产最终产品，因而成本较低[2]。但该公司所采用的是非连续纤维，因而产品的性能需大力提升。德国 Dieffenbacher 公司和 KraussMaffei 公司合作开发出高压 RTM 自动化生产线，并已成功应用于宝马电动汽车车身的量产制造[3]。与传统的 RTM 工艺相比，高压 RTM 自动化生产线大幅度缩短了成型周期（单件 6～10min）。整条生产线可完成预成型、注胶成型、脱模清理、修整等工艺流程。预成型从纤维切割、定型到铺层、预制件制备等均通过自动化生产线完成。德国空客 Stade 工厂采用自动化生产线生产 A350XWB 的碳纤维复合材料机翼翼板桁条[4]。该生产线的基本理念是流水线作业，把多种自动化设备集成到一个大系统里，从而实现产品生产流程的自动化，即桁条的生产是沿着一个固定的方向脉动式前进，每一个工位完成不同的工序，从而达到提高生产效率和简化流程的目的。桁条的铺放、切割、废料去除、成型、安装都采用自动化加工设备完成，桁条的运输采用计算机自动控制的厂房吊车直接运输工作台的方式进行，整个流程全部为自动化。

在复合材料自动化生产方面，我国仍处在研发阶段，基本还处于自动铺丝、自动铺带等部分关键工艺单台自动化设备的研发上，很多先进的设备还必须依赖进口。已有企业引进相关技术并进行生产，上海耀华大中新材料有限公司引进了德国 Dieffenbacher 公司的 LFT-D 生产线，该生产线于 2010 年 5 月顺利完成安装、调试并投入生产。江苏双良复合材料有限公司引进了德国 Coperion 公司模压 LFT-D 生产线两条，KraussMaffei 公司注射 LFT-D 生产线 1 条。航天 43

所、南京航空航天大学、武汉理工大学等开发了多轴纤维缠绕与拉挤设备、自动铺丝设备、铺带设备，这些设备通过改造提升，也可基本适应碳纤维的缠绕与铺放等工艺[5]。但国内目前的研究基本集中在单台自动化设备上，还未能形成复合材料产品的自动生产线，与复合材料产品的规模化生产需求还有差距。

为大力促进碳纤维增强热塑性复合材料在民用领域的应用，适应不同尺寸复合材料板材和不同形状复合材料产品的生产需要，我们分别研制了基于热压成型技术和基于树脂传递模塑成型技术的复合材料产品自动化生产线，以实现热塑性复合材料产品的低成本、连续化和自动化制备，具有较大的应用价值，且对于缩短与发达国家的技术差距具有非常重要的现实意义。

7.2　自动生产线总体规划

我们自主搭建了一条从基体树脂和增强纤维到部件的连续纤维增强热塑性复合材料自动化生产线。该生产线主要针对以电动车为代表的车用复合材料领域的需求，并以电动车车身典型部件（地板和前副保险杠）为实际制造对象，旨在填补我国车用碳纤维复合材料产品批量化制造的空白，并为我国新能源汽车工业技术水平的提升和传统汽车产业升级提供良好的技术支撑和保障。

7.2.1　规模化生产的工艺规划

1. 工艺总路线

研发的自动化生产线以实现规模化制造低成本碳纤维复合材料结构件为目标，以基础性技术研究成果包括原材料体系、结构设计、模拟仿真、成型工艺、性能评价等为支撑，优先突破并完善关键装备的设计和集成，建立满足工业化生产的自动化中试集成制造系统。自动化生产线的工艺总路线如图 7.1 所示。

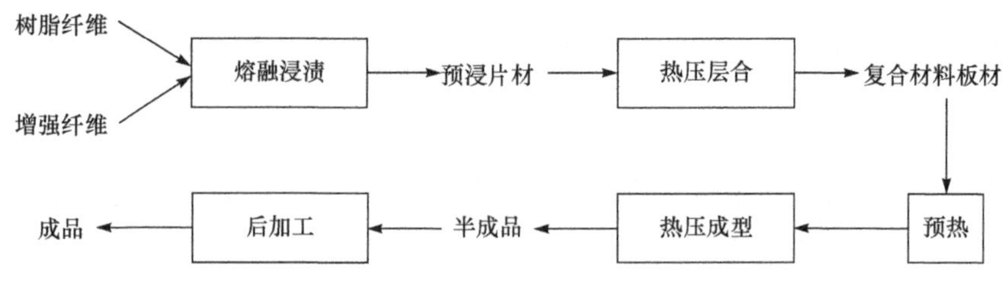

图 7.1　复合材料产品自动化生产线的工艺总路线

为了满足碳纤维复合材料产品自动化、批量化的生产要求，生产线设计成自动化流水线的形式。该流水线按照功能可以划分为三大模块：干态预浸机通过熔融浸渍工艺制备预浸片材；将预浸片材根据铺层设计要求铺层后，通过双钢带压机层压制备得到层合板材；通过快速热压成型系统将层合板材制备成热塑性复合材料部件。本章将对这三大自动化流水线模块的开发逐一进行介绍，详细阐述采用自动制造技术从丝束成为复合材料部件的过程。

2. 工艺参数

根据复合材料产品规模化、自动化制备的建设目标，我们确定了两类主要工艺参数：生产线技术指标和产品成套工艺技术指标，分别介绍如下。

(1) 生产线技术指标：

① 中试能力：50 件/天。

② 中试工艺周期：制备结构件<15min/件。

③ 材料利用率：>85%。

(2) 产品成套工艺技术指标：

① 纤维体积含量：>50%。

② 单件半成品平均制造时间：<10min。

③ 后切边处理时间：<2min。

④ 模具使用寿命：>50000 次。

7.2.2 生产线的总体设计

在自动化生产线研发过程中，系统集成是整个项目的核心。生产线涉及多种自动化设备，包括由纱卷放卷机构、理纱机构、自动展纱机构、导向牵引机构、加热加压机构、冷却机构等组成的热塑性干态预浸机；由耐高温钢带、加热加压系统、成型加压系统、冷却定型系统以及张紧机构、纠偏系统、上下钢带间隙调整机构、传动系统等组成的双钢带压机；由移动机械手、红外辐射加热器、大吨位液压机和模具等组成的快速热压成型系统；以多关节工业机器人系统为基础的柔性后加工平台。通过生产线总体控制系统对设备的工作参数和运行状况进行有效的监控，使生产线的所有设备协调工作，构成一个比较完整的热塑性复合材料生产系统，从而实现某种零部件或产品的生产自动化。生产线集成制造系统的总体设计规划如图 7.2 所示。

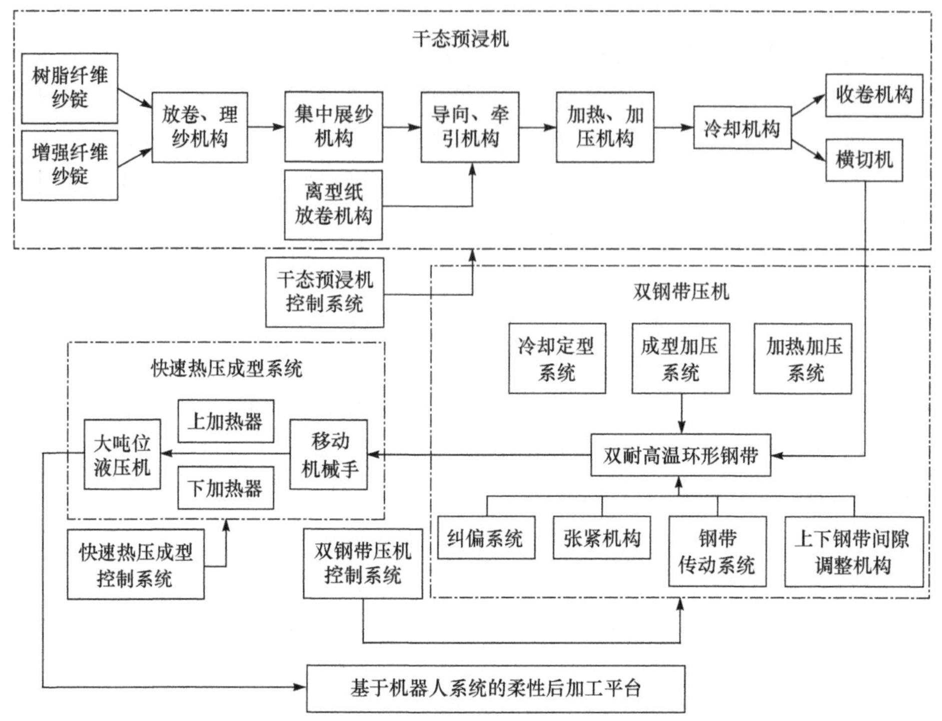

图 7.2　满足工业化生产的自动化生产线集成制造系统

7.3　干态预浸机的研制

7.3.1　干态预浸机的工作原理

干态预浸机可用于制备单向预浸片材或织物型预浸片材，其工作原理如下：热塑性树脂材料（纤维、薄膜等形式）由导向机构引导进入加热区，在加热区熔融后初步浸渍纤维织物或展纱后的单向连续纤维；浸渍有树脂材料的纤维织物或单向连续纤维经过加压辊时，在一定的压力下进一步浸渍增强纤维；最后经冷却成型，收卷得到织物型预浸片材或单向预浸片材。

7.3.2　干态预浸机的设计

以预浸片材幅宽为 600mm 进行干态预浸机的设计，设计的干态预浸机由以下部分组成：纱架机构、理纱机构、集中展纱机构、放卷机构、导向机构、牵引机构、加热机构、加压机构、冷却机构、收卷机构、加热和传动控制系统。

1）纱架机构

纱架机构主要用于放置碳纤维纱卷及热塑性树脂纤维纱卷，主要包含纱架及放置纤维纱卷和树脂纤维纱卷的纱锭。

选用的原材料为 T700-12K 碳纤维和 800 旦(den,1den＝0.111tex)PPS 纤维,碳纤维纱卷内径为 76.5mm、外径为 200mm、高度为 280mm,PPS 纱卷的内径为 96mm、外径为 300mm、高度为 130mm。设计的碳纤维纱锭外径为 72mm,PPS 纤维纱锭外径为 92mm,每个纱锭通过弹簧片卡紧纱卷,通过调节弹簧的伸缩长度调节纱卷阻尼,从而控制各纱卷的张力。设计的碳纤维纱锭和 PPS 纤维纱锭分别见图 7.3 和图 7.4。

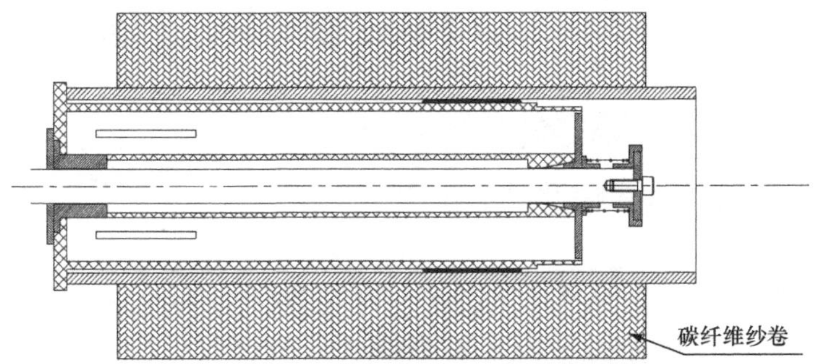

图 7.3 碳纤维纱锭设计图纸

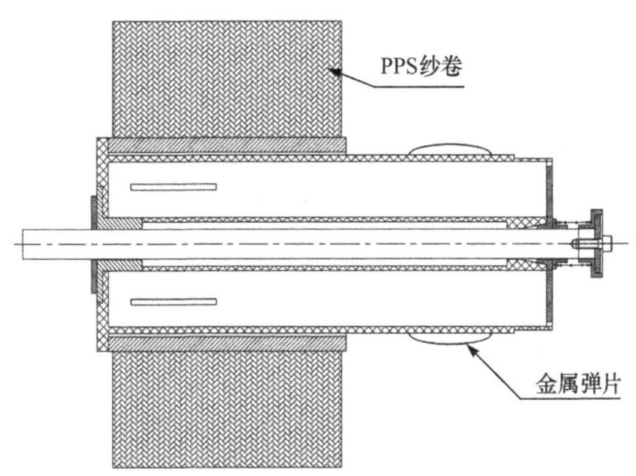

图 7.4 PPS 纤维纱锭设计图纸

纱锭数量计算:按单向预浸片材幅宽为 600mm、碳纤维面密度为 $100g/m^2$、PPS 质量含量为 40%进行设计。其中碳纤维线密度 0.8g/m,PPS 纤维线密度 0.089g/m。计算得到碳纤维纱锭为 75 个,PPS 纤维纱锭为 450 个。为使设备保持一定的灵活性,实际设计的纱架含碳纤维纱锭 120 个、PPS 纱锭 480 个,共有纱锭 600 个,分四列,每列五排分布于纱架。

为使碳纤维和 PPS 纤维从纱卷引出后,整齐有序地进入设备,纱架上还设计有过纱用陶瓷导环，陶瓷导环置于纱架上的过纱棒，设计的过纱棒与上下纱锭的间距大于碳纤维或 PPS 纤维纱卷的半径，以免产生干涉。纱架机构的总装设计图见图 7.5。

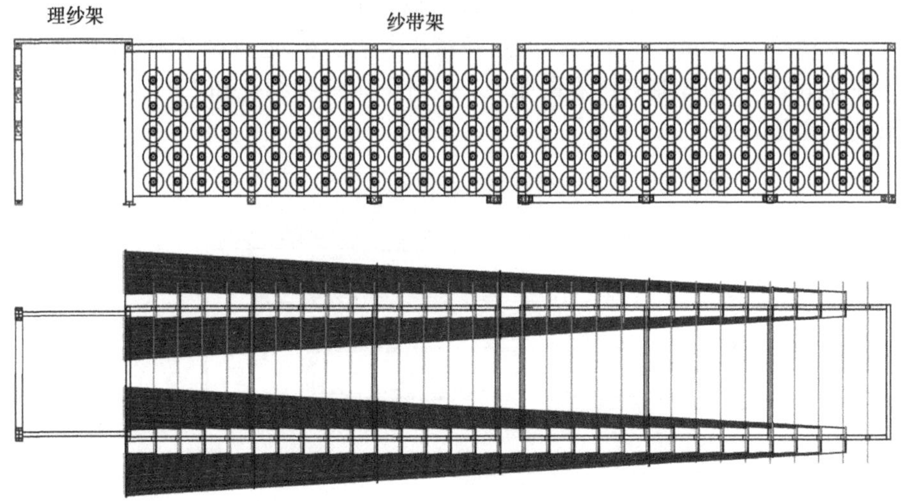

图 7.5 纱架机构总装设计图

2）理纱机构

理纱机构主要是使从纱架引出的纤维穿过理纱机构中的梳子，从而整齐均匀地进入设备。理纱机构共有梳子三排，其中最下层为碳纤维用梳子，共有 120 个栅格，栅格宽度为 8mm，顶针直径为 2mm；其余两层是 PPS 纤维用梳子，各层梳子有 240 个栅格，栅格宽度为 3.5mm，顶针直径为 2mm。

3）集中展纱机构

为使碳纤维分布均匀、厚度均匀、丝束之间无缝结合及树脂的顺利浸润，在熔融浸渍之前需对各碳纤维丝束进行展纱。

碳纤维展纱机构由碳纤维纱线梳子、展纱辊及旋转张紧机构组成，其总装设计图见图 7.6。梳子的作用是使碳纤维纱线从理纱机构引出后整齐均匀地进入下一工序，设计的梳子含有 78 个栅格，栅格宽度为 8mm，顶针直径为 2mm；展纱辊固定于鞍座，为表面镀硬铬的光滑辊，主要是对纤维施加张力使其呈张紧状态，起到展纱的作用，同时有助于加工过程中纤维的整齐均匀运行；旋转张紧机构由表面喷砂处理的张紧辊和旋转机构组成，通过旋转机构改变两张紧辊的角度，从而调整碳纤维的张力和展开度，表面喷砂能增加碳纤维的张力，进一步提高碳纤维的展纱效果。

由于预浸片材制备过程中，热塑性树脂熔融浸渍于碳纤维内，对于 PPS 纤维不需要展纱，只需保证 PPS 纤维均匀进入干态预浸机。因此，设计树脂纤维展纱机构的主要目的是使运行的 PPS 纤维在一定张力条件下保持整齐均匀。设计的树脂纤维梳子含有 230 个栅格，栅格宽度为 2.66mm，顶针直径为 1mm。与碳纤维展纱机构所不同的是，PPS 纤维展纱机构所用的旋转展纱机构中的张紧辊表面不喷砂，为光滑辊。

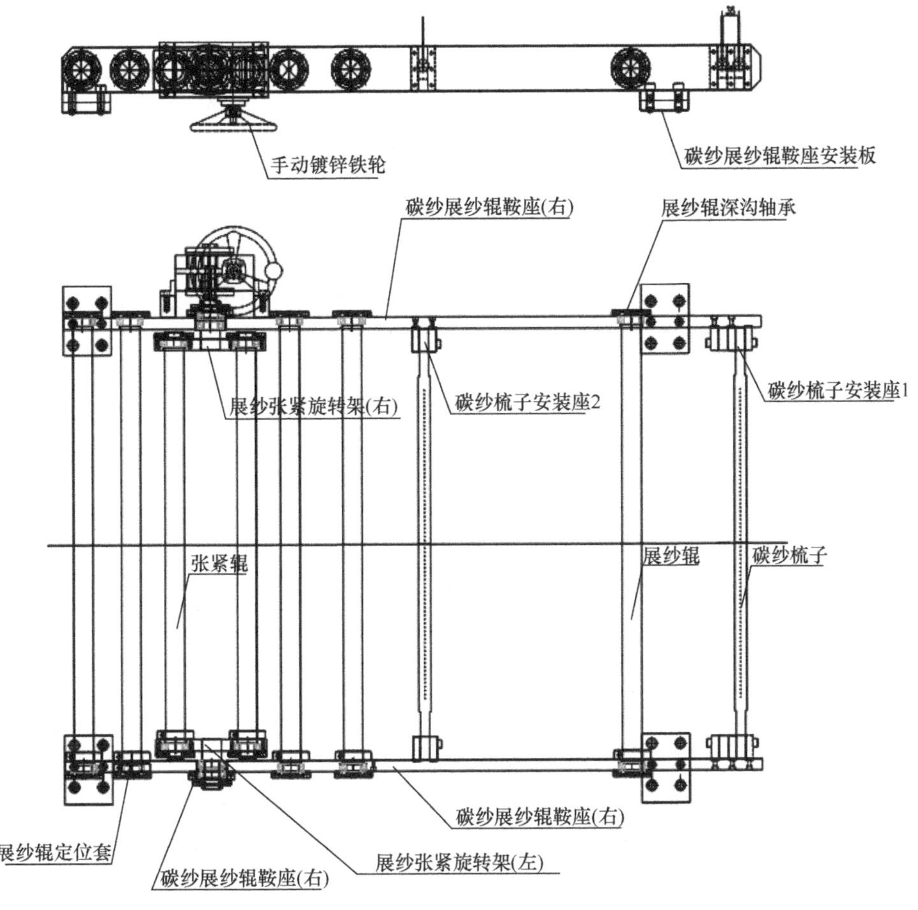

图 7.6　碳纤维展纱机构总装设计图

4) 放卷机构

为避免熔融浸渍过程中熔融的树脂黏结在设备辊筒上，工艺过程中在碳纤维和 PPS 树脂纤维上下两侧各覆一层离型纸。设计时采用上下层式放卷离型纸架，离型纸卷轴安装于放卷轴上。放卷轴为气胀轴(设计图见图 7.7)，放卷机构采用磁粉制动器传动，并经牵引装置中手动张力控制器进行张力调节，进一步控制放卷的磁粉制动器转矩，从而实现放卷张力控制。为使设备能够制备织物型预浸片材，该放卷机构还包含用于安装碳纤维织物的放卷轴。

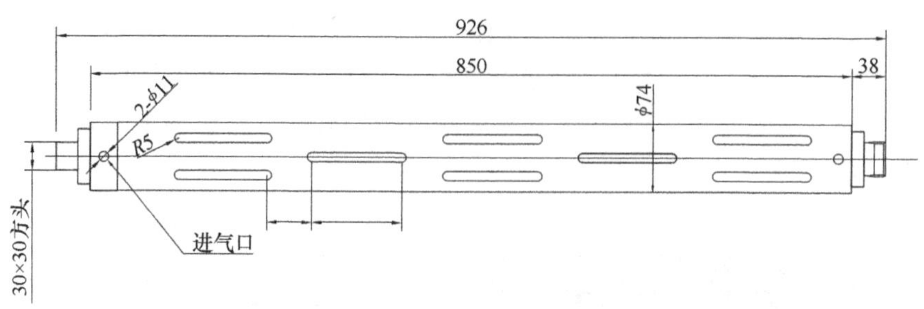

图 7.7　气胀轴设计图(单位:mm)

5) 导向机构

导向机构由导向辊(设计图见图 7.8)、永磁同步电机、减速机、轴承座等组成,用于调整材料走向,使材料沿牵引辊圆周有足够大的包覆角,增大牵引辊与材料之间的接触面积,使材料和牵引辊之间的摩擦力在相同的牵引力下达到最大,从而尽可能地消除材料牵引过程中沿牵引辊圆周的滑动。

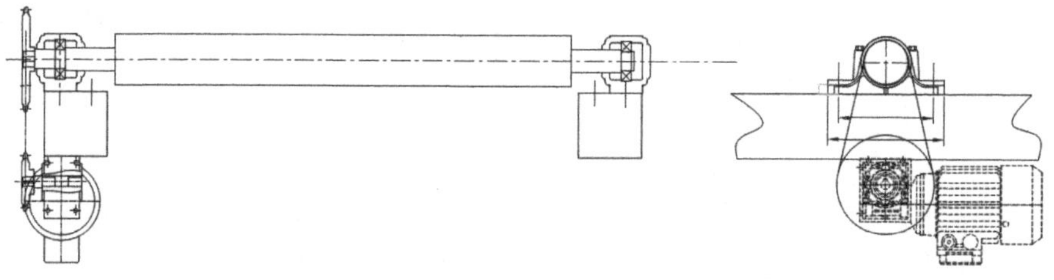

图 7.8　导向辊设计图

6) 牵引机构

牵引机构(设计图见图 7.9)包括加压气缸、对压牵引辊和相应的传动装置等。设备工作时,材料通过导向机构后以 S 型包覆于该机构的两个对压辊。该机构通过这一组对压的表面镀铬镜面辊实现对材料的牵引,并保持材料速度与加热辊的表面线速度一致,使得热塑性树脂纤维和碳纤维可以顺利进入加热区域,同时避免材料因速度过大或过小而在加热辊前堆积或出现供料不足的情况。牵引辊采用永磁同步电机变频驱动,表面线速度可在 0.5～5m/min 范围自动调整。利用加压控制系统可以调节气缸作用在对压辊上的压力,从而调节对材料的牵引力。采用镜面辊的目的是最大限度地降低材料牵引过程中对增强纤维带来的损伤。

7) 加热机构

设计的干态预浸机采用加热辊实现对热塑性树脂基体的加热熔融,从而实现对增强纤维的浸渍。加热机构(设计图见图 7.10)包括永磁电机、减速机、轴承座、高频电磁感应加热组件。加热辊采用镀铬镜面不锈钢辊,外尺寸为 $\phi295\times725$mm,有效工作长度 600mm。加热辊本体采用多点高频加热技术,内设 18 个感应加热组件,最大加热功率为 20kW。加热辊筒内部设置 10 个测温点,温度测量

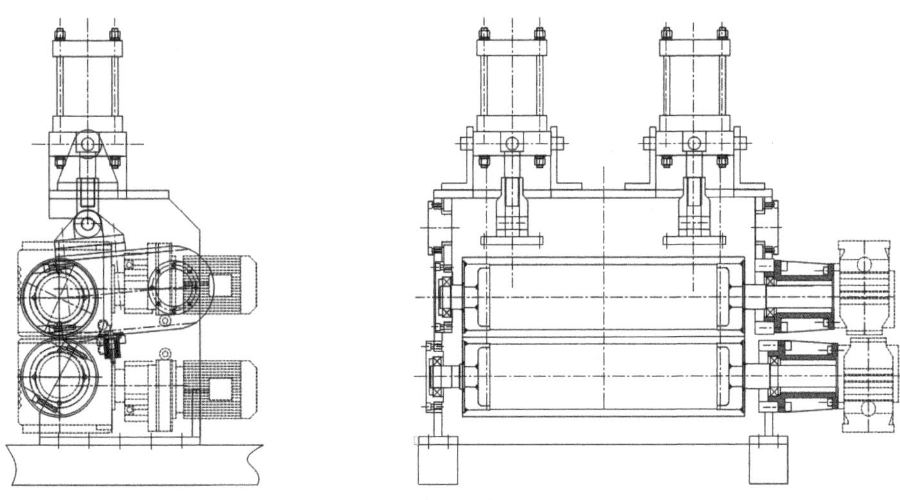

图 7.9　牵引机构设计图

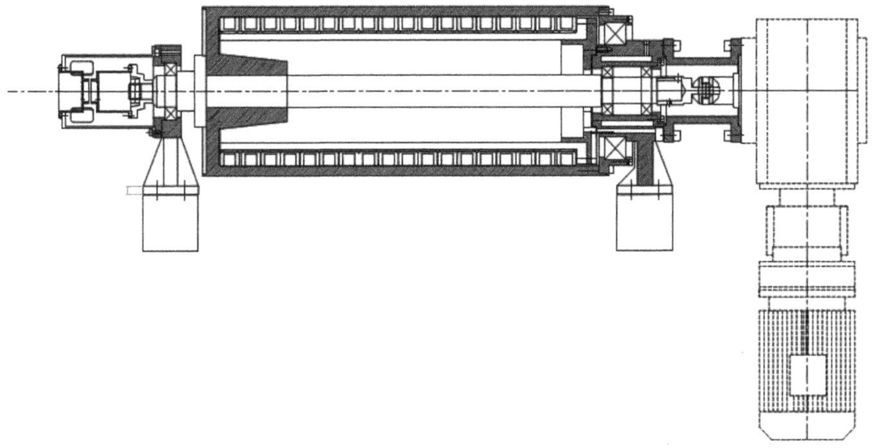

图 7.10　加热机构设计图

信号利用无线传输技术送出加热机构，实现旋转辊筒温度的动态测量。加热温度控制系统对加热辊轴向 10 个区段分别实施独立闭环控制，温度控制精度≤±1℃。该机构可实现对熔融温度最高达 350℃的热塑性树脂增强连续纤维或织物的自动化连续浸渍。为避免生产时长期高温工作而损坏轴承，在各加热辊轴承座上设计有气冷系统，工作时向轴承座中通入冷却用压缩空气，从而避免位于加热辊轴端部的温度信号无线传输电路过热。设计的干态预浸机共有加热辊 3 个。

8）加压机构

干态预浸机采用若干组加压辊对热塑性树脂基体加压，从而使熔融的热塑性树脂充分浸渍增强纤维。加压机构同样采用表面镀铬的镜面辊并利用加压控制系统控制加压辊的工作压力。

9) 冷却机构

设计的干态预浸机利用水冷辊对熔融浸渍后的预浸片材实施冷却降温。冷却机构(设计图见图 7.11)包含永磁同步电机、减速机、轴承座和用于连接供水软管的旋转接头。该机构采用的是表面镀铬的镜面辊,工作时在冷却辊中通入冷却水以达到冷却预浸片材的目的。该机构共有冷却辊 3 个。

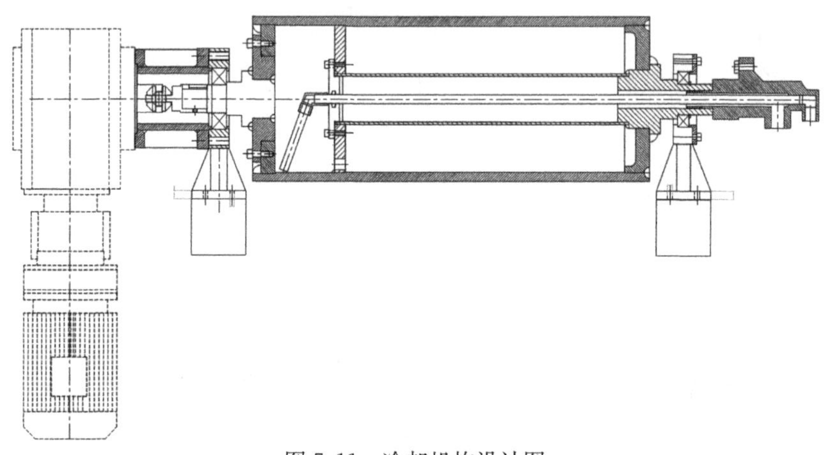

图 7.11　冷却机构设计图

10) 收卷机构

通过摩擦辊和夹头机架的配合运行实现对制备的预浸片材的收卷工作。图 7.12 为收卷机构设计图。

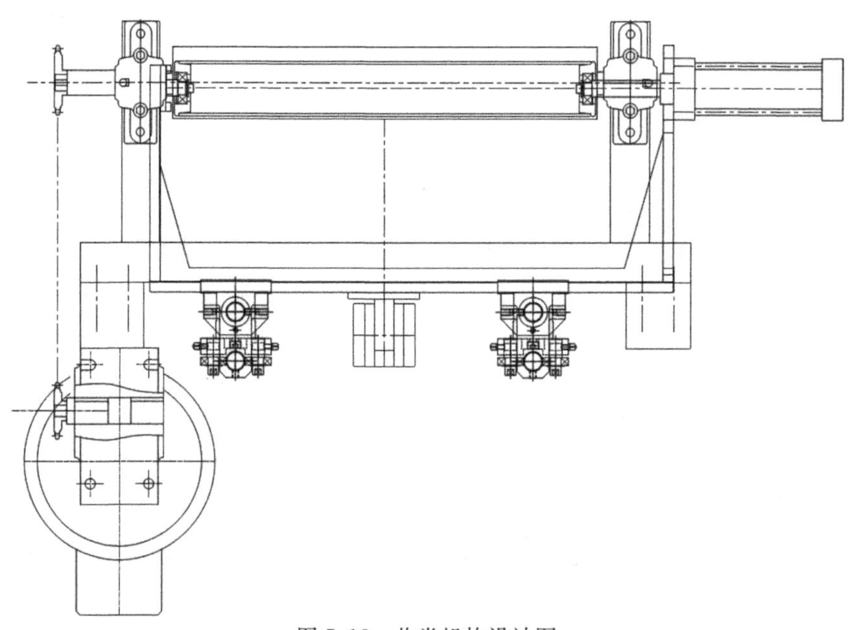

图 7.12　收卷机构设计图

11）加热和传动控制系统

采用数字控制技术，可对加热辊加热温度和各辊表面线速度进行精确控制，可根据热塑性树脂凝聚态结构变化特性及流动特性，设定浸渍工艺温度、压力和各辊表面线速度，用以优化浸渍工艺条件，同时实现浸渍工艺的连续化和自动化。

图 7.13 和图 7.14 分别为研制出的干态预浸机总装设计图和实物图。

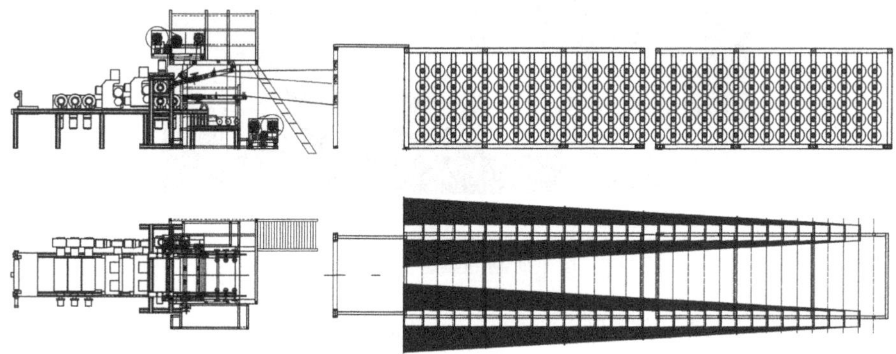

图 7.13　干态预浸机总装设计图

(a) 纱架机构

(b) 理纱机构

(c) 展纱机构

(d) 放卷机构

(e) 设备整体状况

图 7.14 自主研制的热塑性自动干态预浸机

该设备的最大加工速度达 10m/min，幅宽最大为 600mm，加热温度高达 350℃。采用数字控制技术，可对加热辊加热温度和各辊表面线速度进行精确控制，能够适应玻璃纤维、碳纤维等多种纤维增强 PP、PE、PPS 等通用和高性能热塑性树脂基复合材料预浸片材的制备，具有自动化、连续化生产的特点，效率高，产品质量好。

7.4 双钢带压机的研制

7.4.1 双钢带压机的工作原理

双钢带压机的基本工作原理是：铺层叠合的热塑性预浸料由双钢带压机进料端进入在压机本体内循环运行的上下两层钢带之间，预浸料随钢带运行至加热区在一定的压力下受热熔融，随后进入加压区通过加压使叠合的预浸料压实并达到所需的板材厚度，最后经冷却区冷却固结成型。材料将连续均匀地分布在运行的两层钢带之间，从而实现连续化自动化生产。

7.4.2 双钢带压机的设计

1）机架系统

机架系统主要用于安装固定双钢带压机加热压板系统、成型压辊系统、冷却压辊系统、高度调整系统、钢带张紧系统、传动系统、纠偏系统、油压系统等。机架系统分为上机架和下机架，其中下机架为固定不可调，上机架高度可调。通过高度调整系统可以调整上机架高度，从而调整上下钢带、上下加热压板系统及上下冷却压板系统间距，以满足不同目标板材厚度的设备参数要求。上下机架采用碳钢矩形材料，内外全热镀锌防腐处理。

2）加热压板系统

加热压板系统主要用于对钢带系统的加热，从而实现对运行至该区域的热塑性复合材料加热熔融及预压实。

加热压板系统安装于上下钢带背面，采用整体支撑结构。内部均匀分布的电加热管用于对钢带均匀加热，表面精加工处理用于保持钢带运行过程中的平整性。上下加热压板系统各由 3 块加热压板组成，分成 3 个加热区，单独控温加热；上下压板各有一个温度探头以实时测量设备运行时加热压板的实际温度。加热压板中电加热管位于中间位置，以避免加热后压板变形。上层加热压板为倾斜结构，以符合钢带受到大压轮压紧时钢带自身倾斜的机理。为使钢带顺利进入加热压板系统，在加热压板系统前端装有一组导向轮。上下加热压板系统之间的间隙可调，以适应不同板材的厚度。由于加热压板系统必须与钢带紧密接触，为避免钢带的损坏，以及加热压板系统受热变形而影响其平整性，加热压板选用具有良好的抗热变形能力和自润滑效应的球磨铸铁材质。

加热压板系统加热功率为 30～40kW；加热温度≤350℃；加热压板系统的面压力≤10bar。

3）成型压辊系统

成型压辊系统安装于加热压板后方，采用上下压轮对压的方式实现对加热熔融后的热塑性预浸料的压实。由于压轮和钢带之间是线接触，在压合线上就会产生非常大的压力，实际操作过程中只需预先调整好两压轮之间的间隙，就能保证压实的厚度。压轮直径为 400mm，下压轮固定在下机架上，不可调；上压轮固定在上机架上，采用两侧可调方式，可根据目标板材的厚度自由调整压实厚度。

成型压辊外筒为 Q235，选用 ϕ325×16mm 的无缝钢管，加工后厚度不低于 12mm；轴为 45 号钢，调制处理，硬度为 200～220HB；旁板为 Q235，厚度为 20mm；锐角倒钝 0.2×45°。

4）冷却压板系统

冷却压板系统主要用于对钢带系统的冷却，从而实现对运行至该区域的热塑性复合材料冷却固结。冷却压板系统安装于成型压辊系统后方、上下钢带背面，采用整体支撑结构，内部均匀分布有冷却水管，表面精加工处理，用于保持钢带运行过程中的平整性。上下冷却压板系统各由 3 块冷却压板组成，并采用前部进水。为使钢带顺利离开冷却压板系统，在冷却压板系统后端装有一组导向轮。由于冷却压板系统必须与钢带紧密接触，为避免钢带的损坏，冷却压板选用具有良好的抗热变形能力和自润滑效应的球磨铸铁材质。

冷却压板系统的面压力≤10bar，冷却水水流量和水压力可调。

5）高度调整系统

为简化操作过程，尤其是简化调整上下钢带间隙、上下加热压板间隙及上下冷却压板间隙的流程，双钢带压机设计为整个上层结构（上钢带前后轮毂、上加热压板、上冷却压板、上压轮等）随上机架同时升降的方式。高度调整通过控制设备两侧 6 个油缸的同步伸缩量实现。

6）传动系统

双钢带压机的上下钢带进料端和出料端各装有一个被动轮毂和主动轮毂，轮毂轴的两端装有球面轴承，轴承壳体上下的滑槽套在上下两导轨上，轮毂可以前后滑动。为使成型速度可调和上下钢带速度同步，上下钢带轮毂的直径相同，同时为了避免上下钢带之间的相对滑动、保证速度的一致性以及低速时保持恒转矩特性，上下钢带都采用伺服电机驱动，并通过电气系统来实现两台伺服系统的同步。

被动轮毂和主动轮毂的直径均为 800mm，长度比钢带宽度略大，为 1540mm，表面为不锈钢材料，含轴承主件等。主动轮毂的伺服电机功率约为 1.5kW。

7）钢带张紧系统

钢带在受热时发生变形和延伸，另外自然状态下平整度也不是最好，这就要求钢带必须张紧。钢带张紧系统由主动轮毂轴承壳后侧的张紧丝杆和被动轮毂两侧的液压油缸组成。通过调节张紧丝杆和液压油缸实现对钢带的张紧和调节。

液压油缸日常给定压力约为 10MPa，并且液压系统能够补偿钢带加热后的延伸量。

8）纠偏系统

该双钢带压机设计有手动纠偏系统和自动纠偏系统。其中，手动纠偏系统通过钢带张紧系统调节钢带张紧程度，从而实现对钢带的纠偏，使其始终处于合理范围之内，而不偏出轮毂。自动纠偏系统由进料端和出料端的自动纠偏装置组成，共有自动纠偏装置 4 套。每套自动纠偏装置分别控制 1 个轮毂，能保证进料端和出料端钢带始终运行在允许的范围内，保证钢带受力均匀和延长钢带寿命。进料端为双侧气缸调节轮毂纠偏，出料端为单侧气缸调节轮毂纠偏。

此系统的原理是钢带的偏移直接由传感系统测得，通过机械结构传送至气动控制器。传感信号转化为可调压力作用于气缸以控制轮毂反向于钢带跑偏。

在出料端轮毂的一侧安装钢带驱动系统，另一侧气缸作用在轮毂主轴上，通过气缸的位移控制跑偏。传感器监测钢带的偏移，偏移量超过一定程度之后信号处理器会发出信号指令控制气缸动作，推动轮毂偏移，由此钢带会按照轮毂的偏移回到正常轨道。

进料端的张紧轮毂由左右气缸调节。传感器监测钢带的偏移，偏移量超过一定程度之后信号处理器会发出信号指令控制气缸动作，推动轮毂偏移，由此钢带会按照轮毂的偏移回到正常轨道。

9）托轮系统

双钢带压机上下机架上装有钢带托轮系统，该托轮略高于钢带平面，既可托住回程钢带又使钢带产生自然的角度，便于纠偏系统工作。

10）油压系统

油压系统（设计图见图 7.15）用于上机架高度调整时提供油压动力。

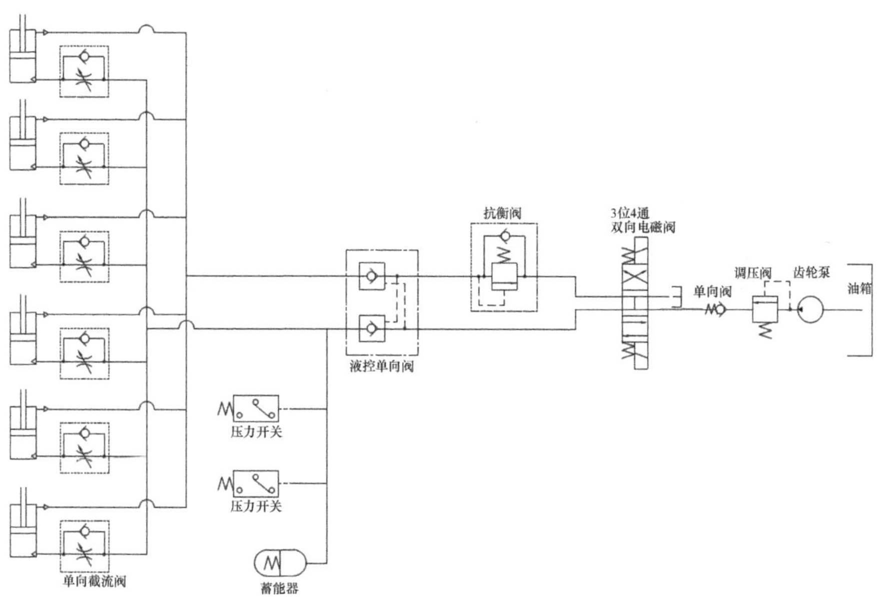

图 7.15　油压系统设计图

11）电气控制系统

电气方面采用变频调速，保证钢带运行速度在 0～4m/min 内可调。PLC 控制器集成控制，操作界面使用触摸屏，控制精确、稳定。电气控制系统、加热系统及冷却系统集成在一个控制柜中，便于工作人员在同一个操作面板上进行控制。图 7.16为电气控制原理图。

12）钢带系统

结合原材料工艺参数及工艺特征，选用瑞典 Sandvik 公司的 1650SM 钢带，该钢带厚度为 1.2mm，最高使用温度达 400℃，满足工艺温度要求。1650SM 钢带参数见表 7.1～表 7.5。选取的钢带宽度为 1.5m，同时为便于工艺工程中的进料，设计下钢带比上钢带长 1.5m。双钢带压机总装设计图如图 7.17 所示，图 7.18 为安装好的双钢带压机实物图。

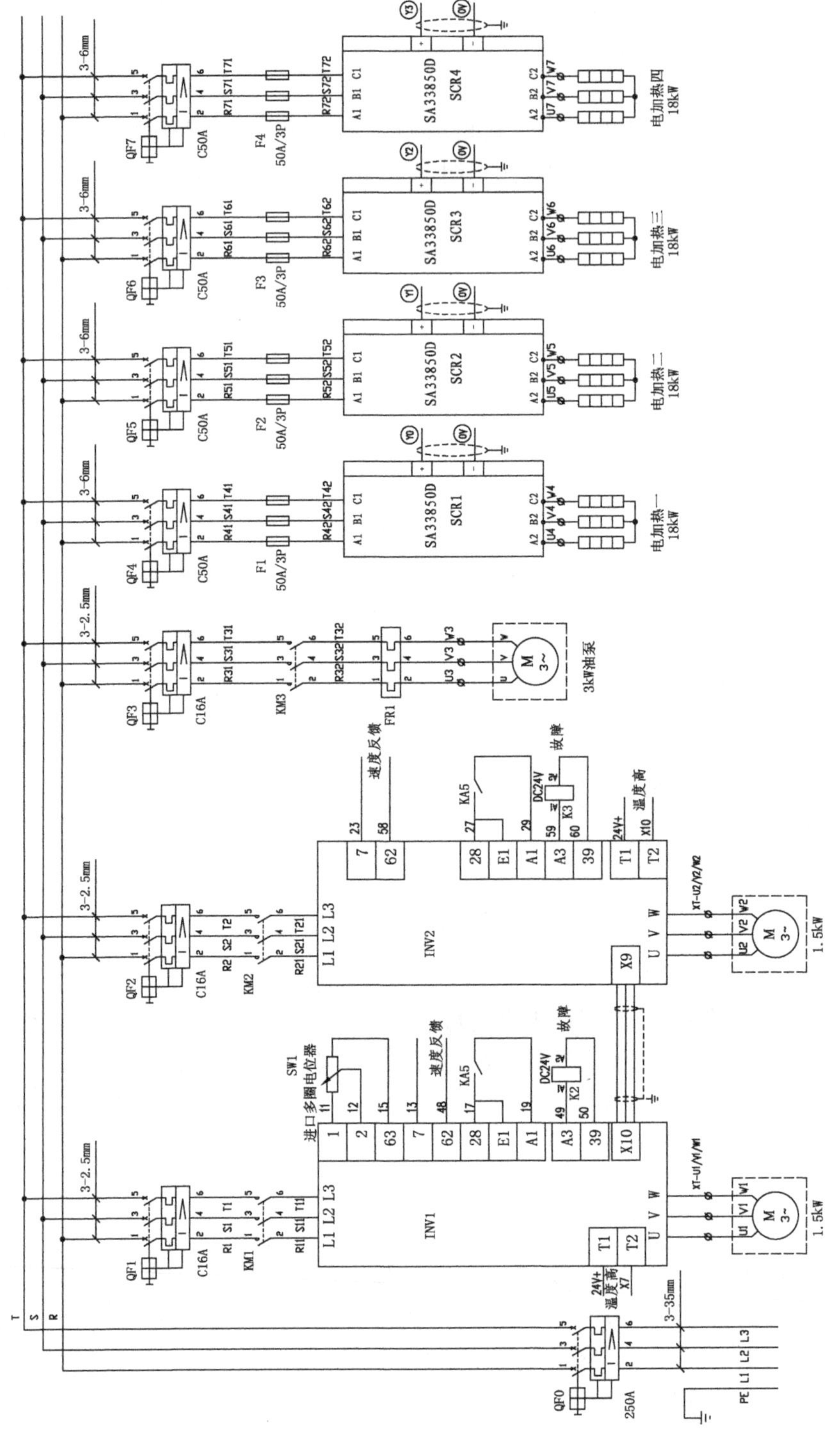

T
S
R
QF0
250A
3-35mm
PE L1 L2 L3
QF1
C16A
KM1
INV1
L1 L2 L3
U V W
T1
T2
24V+
温度高
X7
1.5kW
XT-U1/V1/W1
进口多圈电位器
SW1
速度反馈
KA5
DC24V
K2
故障
X10
QF2
KM2
INV2
X9
XT-U2/V2/W2
K3
QF3
KM3
FR1
3kW油泵
QF4
QF5
QF6
QF7
C50A
3-2.5mm
3-6mm
F1
F2
F3
F4
50A/3P
SA33850D
SCR1
SCR2
SCR3
SCR4
电加热一
电加热二
电加热三
电加热四
18kW

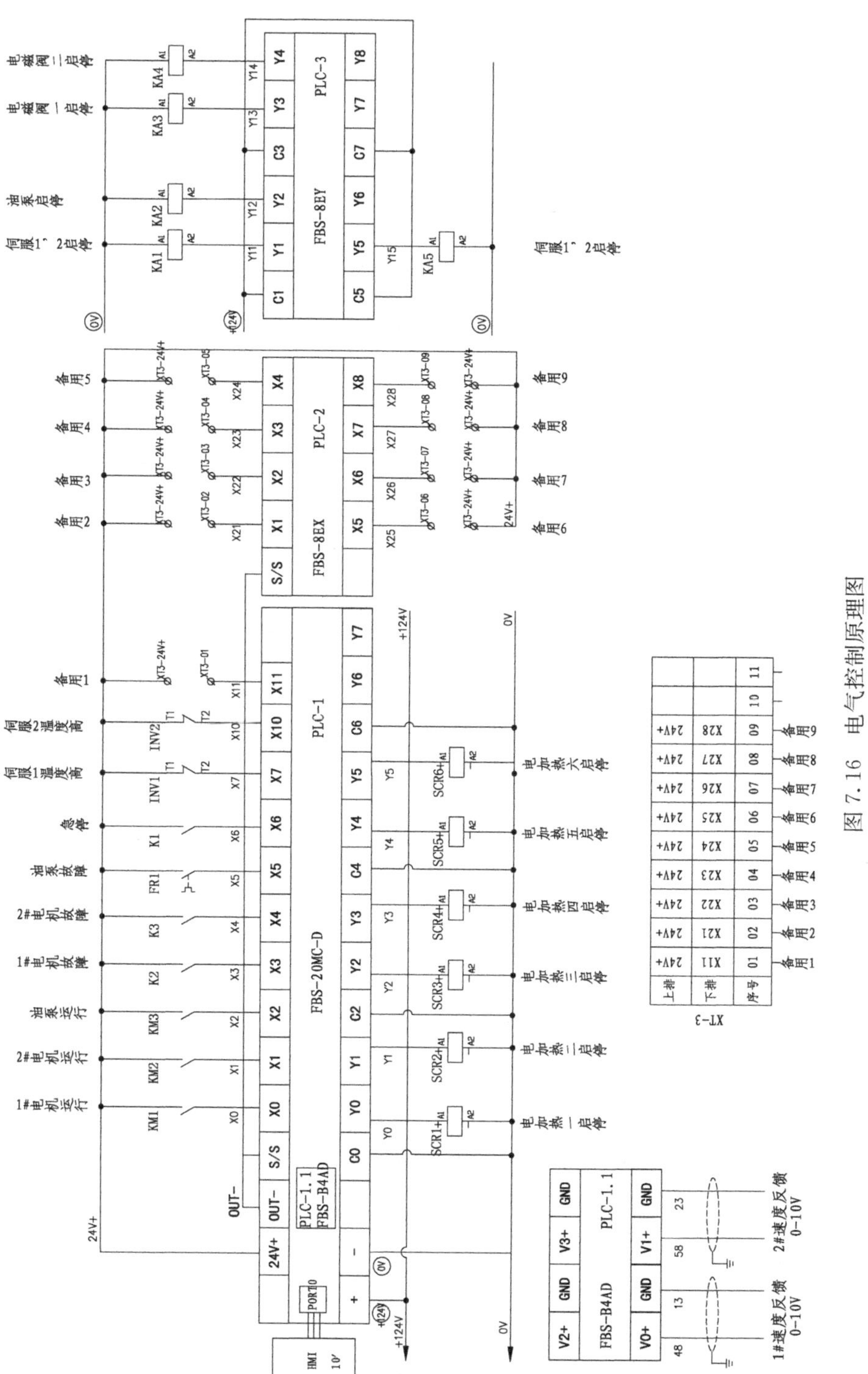

图 7.16　电气控制原理图

表 7.1 1650SM 钢带静态力学性能

弹性模量/GPa	屈服强度/MPa	抗拉强度/MPa	延伸率 A5/%	硬度 HV5
197	1580	1600	5	480

表 7.2 1650SM 钢带随温度变化后的强度性能

温度/℃	屈服强度/MPa	抗拉强度/MPa	延伸率 A5/%
100	1440	1450	4
200	1350	1360	5
300	1290	1310	5
400	1180	1190	6.5

表 7.3 1650SM 钢带热导性能

温度/℃	20	100	200	300	400
热导性能/(W/(m·K))	15	16	18	19	20

表 7.4 1650SM 钢带比热性能

温度/℃	20	100	200	300	400
比热性能/(kJ/(kg·K))	—	0.5	0.5	—	—

表 7.5 1650SM 钢带热膨胀率

温度/℃	20～100	20～200	20～300	20～400
热膨胀率/(10^{-6}/℃)	10.9	11.5	11.7	11.9

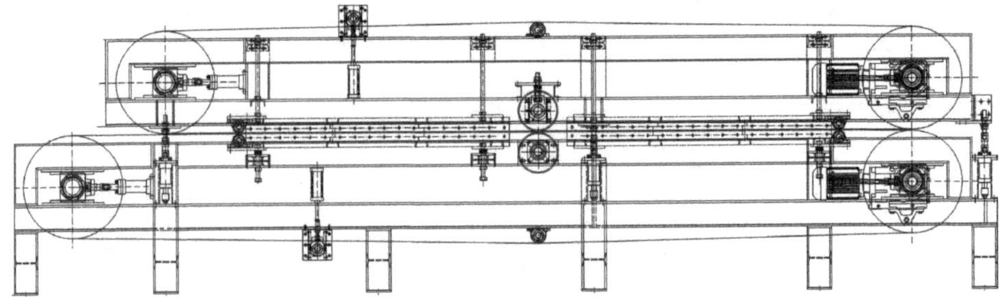

图 7.17 双钢带压机总装设计图

图 7.18　自主研制的双钢带压机

通过如上设计后，设备将会实现：碳纤维进入设备的两层钢带之间，经前半部钢带对其加热，对产品初步加热定型，随后进入后半段挤压辊加压，达到需要的产品厚度，再经过后半段冷却固化成型。鉴于需要一定压力定型，安装在加热段后的两个压轮会起到挤压的作用，产品经上下钢带背面的压轮挤压后，减小了厚度，增加了密度，以达到产品的厚度要求。产品经过加压轮进入冷却段后，上下两层钢带会受到内通冷却水的上下压板保压，利用钢带优良的热传递性能，使产品在移动过程中固化成型。产品将不间断地均匀分布在运动的两层钢带之间，实现连续化生产。双钢带压机主要性能参数指标如表 7.6 所示。

表 7.6　双钢带压机主要性能参数指标

指标	数据
可加工板材厚度	0～30mm
加热压板最高加热温度	350℃
运行速度	0～4m/min
有效幅宽	～1400mm
压辊最大工作压力	5t

7.5　快速热压成型系统的研制

7.5.1　快速热压成型生产线规划

1. 功能规划

快速热压成型生产线的功能是将层合板材自动批量制备成热塑性复合材料

部件。为实现自动化生产的目标，该生产线模块主要包括以下功能单元：板材的快速柔性运载单元、板材快速均匀加热单元、夹持机构单元、智能传感与远程自动控制单元、人机界面单元。热塑性复合材料部件快速热压成型系统方案设计如图 7.19 所示。

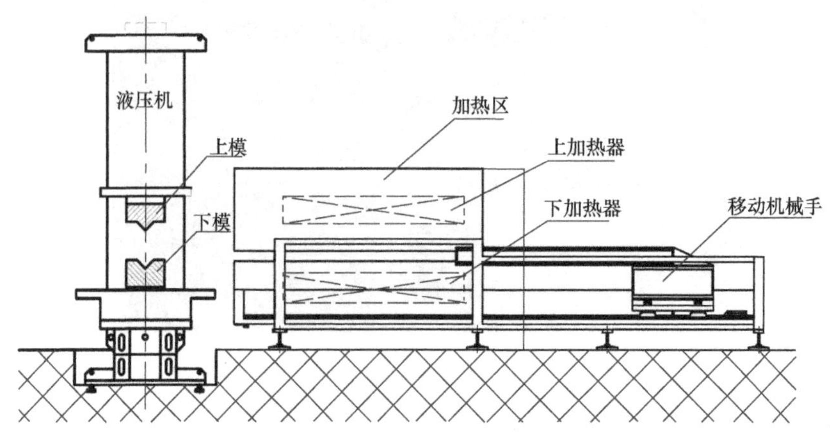

图 7.19 快速热压成型系统方案设计图

(1) 板材的快速柔性运载单元。该输送装置将板材从初始位置输送到加热位置，对热塑性复合材料板材进行快速加热使其软化；进而将加热软化的复合材料板材输送到模具成型位置，以便成型模具对板材加压成型。输送装置主要包括板材夹紧部分和传送带，这两部分的设计需要考虑一定的柔性，以适应不同尺寸和形状的复合材料板材。

(2) 板材快速均匀加热单元。通过拼接一组标准陶瓷红外辐射加热器，组成复合材料板材的加热通道。通过采用动态的、点对点的控制技术，对该加热器的温度进行模块化精确、实时控制，可以实现对复合材料板材的均匀快速加热，为后续的热压成型做好准备。该加热单元设计成封闭形式，以确保能源利用的效率高、散热小。

(3) 夹持机构单元。采用至少两套板材夹持机构，实现液压机在对一块板材加压成型的同时对另一块板材预热；成型零部件脱模时，预热完成；成型零部件脱模完成后，自动将已预热的板材输送至上下模之间用于成型。而且此过程可持续进行，实现连续作业。连续运转速度为 1 件/(2min)。

(4) 智能传感与远程自动控制单元。结合嵌入式工控集中控制的设计，完成智能传感器的远程自动控制与主控制器集中控制的精益控制方式，具有灵活组合、拆分应用的模块化功能，实现对传送速度、加热温度、移动位置、成型模具高度等工作参数的有效集成控制；同时，为监控系统和/或操作员提供相关信息，以提高工作效率及减少维护成本。

(5) 人机界面单元。友好的人机界面方便进行操作和数据记录、分析、统计，能帮助设备操作人员及时了解、使用设备，防止错误的操作。

2. 部件成型工艺规划

1) 工艺原理

快速热压成型是将热塑性复合材料加热至聚合物基体的熔点或软化点以上，然后快速放入模具合模加压成型为最终的制品形状。该工艺也称为冲压成型，是热塑性复合材料部件制备工艺的重要发展方向之一。该工艺中模具温度较低，成型过程也是材料的冷却定型过程，不存在模具的冷却过程；成型速度快，一般在几分钟内完成整个工艺过程。工艺的关键是材料加热完成后至合模加压的间隔时间要足够短，以防止材料发生明显的冷却。我们所开发的自动化生产线，关键动作顺序如下：首先，调节气压以适应不同碳纤维复合材料板材的厚度和宽度需求，调节底架的宽度以适应板材的宽度，调节夹具的开合宽度以适应板材的厚度，调节下夹具与底架杆的距离以满足进入加热区的高度；调节完毕后，在传送机构的带动下，由夹持机构输送热塑性复合材料板材在加热区进行快速加热使其软化；然后，将软化的复合材料板材快速输送至由液压机和成型模具组成的压模区，模具对板材加压成型；自动脱模后，再经边缘修剪得到成品。

2) 工艺参数

快速热压成型自动化生产线的主要工艺参数如表 7.7 所示。

表 7.7　设备主要工艺参数

功能	参数
输送板材厚度	0.5～5mm
预热和输送板材的最大长宽	1.6m×1.4m
夹具控制	气动电磁阀
加热方式	陶瓷红外辐射加热
供气方式	空气压缩机；气缸数量：4 路
最适加热温度范围	0～350℃
加热时间范围	0～30min
隔热材料表面温度	＜45℃
自动送料速度范围	45～380mm/s
总电源参数	电压：380V，三相五线制；频率：50Hz 配有断路器、熔断器等电源安全保障装置

7.5.2 快速热压成型的关键设备

1. 板材输送装置

该输送装置将完成板材从初始位置到加热位置的输送，以及板材从加热位置到模具成型位置的输送。输送装置主要包括板材夹紧机构和传送机构，这两部分的设计需要考虑一定的柔性，以适应不同尺寸的板材，并通过 CRIO 控制器控制输送的运行及其精度。

1）板材夹紧机构

板材夹紧机构负责夹紧预成型的板材，以便传送至压机并将成型脱模后的板材送出。该机构主要由宽型夹紧气爪、双轴气缸、电磁阀、夹持机构组件等器件组成。其中，宽型夹紧气爪共 8 个，分布在输送装置的两侧，采用气动电磁阀的控制方式，有效夹紧气压 0.3MPa 以上，移动夹持机械手电机功率 1.8kW。

为了调整上夹部与下夹部之间的开合距离，设置了第二气缸；同时，考虑在加热区进行加热的过程中，热塑性复合材料受热容易产生弯曲，在夹具与底架杆连接处设置第三气缸，通过调节该气缸改变夹具的开口端与底架杆之间的距离，从而能够调整受热弯曲的热塑性复合材料表面与加热区下表面的距离。宽型夹紧气爪的打开和闭合所对应的板材的夹紧与松开，则是通过电磁阀控制气体的通断而实现的，其方案设计如图 7.20 所示。

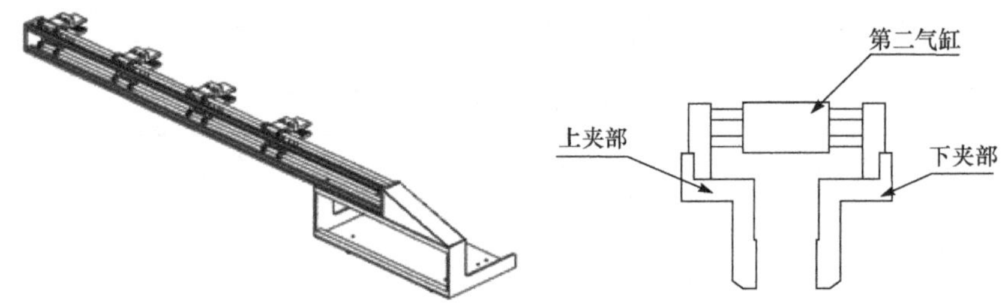

图 7.20　夹持机构组件图

2）传送机构

传送机构负责将板材按工艺的需求传送到相应的位置，主要由丝杆后轴支架、滚珠丝杆、双膜片弹性联轴器、轴承座、伺服电机等传动丝杆组件，以及导轨组件、接头、脚轮、拖板链、移动架组件等相关机械部件组成。为满足实际工况的需求，我们设计的传送机构兼有自动运行和手动运行的功能。整个传送机构整体上通过伺服电机带动滚珠丝杆转动，进而带动直线导轨的运行，通过机械连接带动板材夹紧机构的运行，其机械设计如图 7.21 所示。

在设计上，机架采用铝合金型材，长、宽、高分别为 5260mm、2200mm、1767mm。导轨安装在机架上，底架输送部分安装在导轨上；滚珠丝杆安装在支架

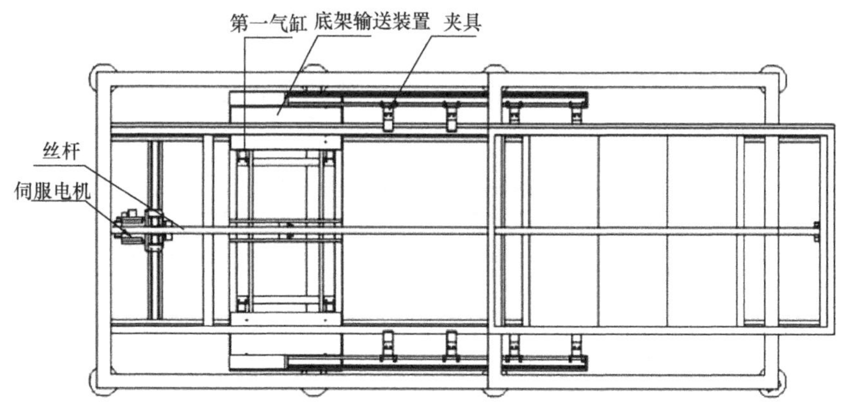

图 7.21　传送机构设计图

上,并且与导轨平行;滚珠丝杆与底架输送部分通过丝杆螺母固定连接;在支架的前端有一支撑板,上面装有伺服电机;伺服电机连接滚珠丝杆构成驱动部分。底架输送部分包括承载热塑性复合材料的底架,设置在底架两侧、沿热塑性复合材料输送方向相对放置的底架杆,以及安装在底架杆上用于夹持热塑性复合材料的夹具,夹具通过锁紧螺母固定在底架杆上,能够手动调节该夹具在底架杆上的固定位置。底架部分设计有用于调整底架宽度的第一气缸,可根据热塑性复合材料的实际宽度,通过第一气缸的调节使底架宽度能够达到容纳热塑性复合材料的目的。

复合材料板材传送机构的主要技术参数如表 7.8 所示。

表 7.8　传动机构技术参数

功能	参数
自动运行速度范围	45～380mm/s
自动运行最适运行速度范围	100～325mm/s
运行定位精度	±0.5mm
手动运行速度范围	20～380mm/s
手动运行距离范围	－500～500mm
运行控制方式	伺服电机精度控制
伺服驱动器电源	380V,50Hz
伺服电机抱闸电源	24V 稳压源

2. 板材预热装置

在复合材料成型过程中,树脂对温度的敏感性很高,也在很大程度上决定了产品的成型质量。为了对成型温度进行精确控制,我们采用标准陶瓷红外辐射加热器。加热器分成上下两层,各 3 个加热区,每个加热区内均分配 44 个加热器,共 264 个加热器组成复合材料板材的加热通道,其布局设计图如图 7.22 所示,陶瓷红外辐射加热器技术参数如表 7.9 所示。为了确保复合材料板材各个部分能被均匀加热,我们采用热电偶进行实际温度的检测,并反馈给中央控制系统,进行实时调节。热电偶数量也按照上下两层布置,在上下 3 组加热器内各布置 8 个,共 16 个热电偶。

表 7.9　陶瓷红外辐射加热器技术参数

项目	参数
单个红外辐射加热器功率	450W
红外辐射加热器总功耗	264×450W=118.8kW
最高加热温度	450℃
最适加热温度范围	0～350℃
预热完成时的温度精度	±1℃
加热时间范围	0～30min
温度检测方式	热电偶
加热控制方式	功率控制
功率控制范围	0～100%
加热电压	380V

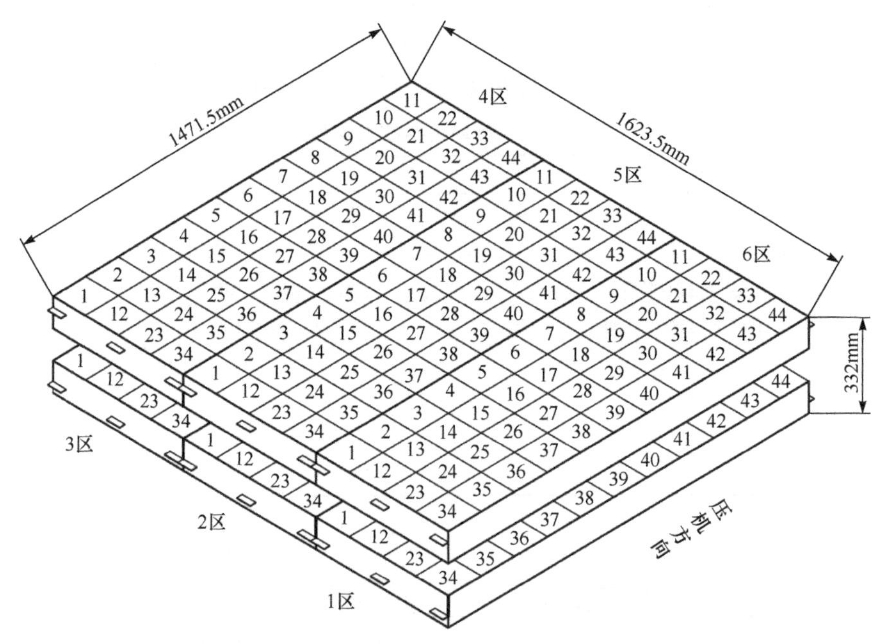

图 7.22　陶瓷红外辐射加热装置布局设计图

上料区与加热区交接处竖直安装定位板，用于调整热塑性复合材料的放置位置，使其按照规定的位置进入加热区进行加热；该定位板的一端竖直安装在第四气缸上，第四气缸安装在支架上，通过该气缸的调节，该定位板能够在垂直于底架的方向上下移动。

在上位操作界面上选择所要加热的通道，通过CRIO控制器对该加热器的温度进行成组模块化精确控制，可以实现对复合材料板材的均匀快速加热，为后续的热压成型做好准备。该预热装置设计成封闭形式，以确保能源利用的效率高、散热小。

3. 大吨位液压机系统

大吨位液压机作为有模压制过程的标准加工工艺平台，结合附属设备可以实现热塑性复合材料的热压成型，是实现热塑性复合材料零部件快速成型不可缺少的设备；另外，还可以配套各种不同模具完成不同的复合材料零部件的成型。该设备主要由主机机身、主缸、液压传动系统、电气控制系统、安全系统及其他辅助部件组成。动力系统由高压油泵、调压阀、油箱、充液油箱等组成；电气控制系统由电气箱、PLC、触摸屏、报警系统等组成。该液压机的主要技术参数如表7.10所示。

表7.10　大吨位液压机主要技术参数

序号	参数		单位	规格	规格
1	公称力		kN	1000	5000
2	预压力		kN	300	1500
3	回程力		kN	300	1000
4	顶出力		kN	250	1000
5	液体最大工作压力		MPa	25	25
6	最大开口(不含加热与隔热板)		mm	900	2100
7	滑块行程(不含加热与隔热板)		mm	700	1500
8	顶出行程		mm	200	350
9	工作台有效尺寸		mm×mm	800×800	2000×1600
10	滑块速度	快速下行	mm/s	250	250
		工作	mm/s	2～30	0.5～30(比例可调)
		脱模	mm/s	5～25	2～25(比例可调)
		快速回程	mm/s	150	150
11	顶出速度		mm/s	8～15	5～15(比例可调)
12	工作台距地面高度		mm	500	500
13	电机总功率		kW	～13	～56

自主设计并外协加工的大吨位液压机如图 7.23 所示，主要技术性能简介如下。

图 7.23　大吨位液压机

1）主机部分

整机设计全部经过计算机优化，设备的强度、刚度好，同时兼顾外形美观。主要结构件采用钢板焊接结构，焊后经回火、随炉冷却以消除焊接应力；压机机身整体刚度可达到 1/6000。压机机身采用整体框架式结构。机身中间布置滑块，滑块导向采用外 X 型导轨，滑块装有镶石墨柱无油自润滑的可调导轨，滑块的下平面、下横梁的上平面布置有 T 型槽，供安装模具使用。

主工作油缸采用活塞缸结构，主缸布置于机身上横梁内，油缸缸体和活塞采用锻钢；顶出油缸采用活塞缸结构，顶出缸布置于机身下横梁内，油缸缸体和活塞采用锻钢；杆部表面硬度均达到 45～55HRC，密封采用优质密封元件。

2）液压传动系统

压机主泵采用 PVG 系列比例泵，恒功率高压泵组采用国产的 CY 系列优质泵组。压力调节采用比例调节，保证加压过程平稳，无抖动。主控制系统采用插装式集成阀。该系统结构紧凑，动作灵敏可靠，抗污染能力强，液流阻力小，维修方便，寿命长。液压传动系统中关键部位设有压力检测点，可快速地对液压机出现的故障进行诊断分析。系统高压管路采用高压法兰和优质密封元件，可有效地防漏。油管进行酸洗、钝化和防锈处理。液压充液油箱安装在压机顶部，主油箱安装在地面上，为钢板焊接结构，进行酸洗和防锈处理。其上安装有油位指示计、空气滤清器。本液压机预留 2 路液压控制油路，保证机外顶出的需要。

本液压机具有分段加压、分段排气功能。机器滑块的压力控制采用比例压力控制系统，并可实现数字显示和数字控制。压力测量元件采用压力传感器，调压控制元件采用比例溢流阀，压力通过触摸屏显示。这套比例压力控制系统可以使滑块压力在公称力的 15%～100% 内无级调节。具有停机保压的功能，压力精度 0.1MPa。

机器滑块的行程位移均采用数字显示、数字控制。位移通过触摸屏显示；测量和显示精度达到 0.1mm，并设有上下极限限位装置；可通过触摸屏预先设定滑块上下工作极限位置和滑块速度显示功能。对速度精度的控制，通过检测位移＋时间进行控制，滑块的速度可以根据触摸屏显示的数值，对比例变量泵进行控制，保证速度的准确性。

3）电气控制系统

电气控制系统主要包括 PLC 控制箱、动力柜和移动操纵台三部分。

设有单独的控制箱，内设 PLC 可编程序控制系统，可完成该液压机全部动作的控制操作，要求 I/O 点预留各 10 个。操纵面板放置于 PLC 柜的侧面，面板上设有液压机各部分动作的操作按钮、功能转换开关、电机的启停按钮及各部分的监视指示、触摸屏等。由于该液压机在有导电尘埃和纤维的环境中工作，电气箱内特设置有照明灯和散热空调，为保证具有良好的密封性，有效防止灰尘的侵入，特要求电气箱防护等级为 IP54。电气箱内另预留 220V 电源插座。

动力柜提供设备总电源、控制各部位电机的启动停止。大功率电机的启动采用星型三角降压依次启动，电源采用三相五线制，380V，50Hz。

考虑到操作的方便和安全，液压机配备了两个移动操作台，操作台上设置双手按钮、电源指示和急停按钮等必要的元件。双手按钮用于半自动工作，两个双手按钮间距大于 300mm。

4）冷却系统

液压机冷却系统采用独立的板式换热器进行水冷却，当油温高于 45℃时启动冷却装置，对液压油进行循环冷却。特殊情况下，如油温达到 60℃时，发出停机命令，此时除循环冷却系统外，其余泵组停止运转。

7.5.3　自动化生产线集成化智能控制

通过采用硬件在环的开发技术，并结合智能传感技术与智能远程控制技术，实现加热系统、运载系统、热压系统等各子系统的协调工作，最终实现热塑性复合材料部件制备的连续化和自动化。控制系统主要由硬件平台构建和软件控制系统设计组成，并通过软硬件的配合以实现自动夹料、送料、加热控制以及配合压机压模等一系列工作。图 7.24 为快速热压成型系统的控制方案设计图。

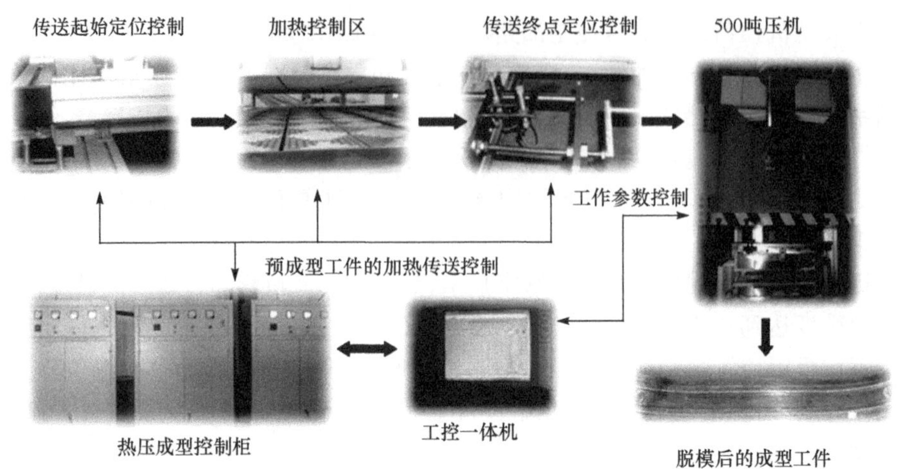

图 7.24　快速热压成型系统控制方案设计图

1. 硬件平台构建

1）整体控制系统设计

本装置硬件上的主要配置有：1 个配有 800MHz，512MB DRAM，4GB 存储的 PAC（CRIO 系列）实时控制器；1 个伺服运动控制模块；10 个 32 位高速数字输出控制模块；10 个 32 位高速数字输入控制模块；1 个 16 路高精度热电偶检测模块。

在整体设计上采用 3 个控制柜，分别由 1 个带 PAC 控制器的主机箱与 2 个从机箱控制，具有 264 路单独加热控制及加热线路检测、电机位置检测、电磁阀控制等功能。

2）功能电路设计

（1）电源电路设计。电源是整套装备的动力来源，本系统采用三相五线制电源，380V，50Hz。电源进线后，经断路器、交流接触器、熔断器等电路安全保障后引入控制系统。主要负责给加热器、直流电源、伺服驱动器、报警器、电磁阀、急停开关等器件供电，其电源线路设计如图 7.25 所示。

（2）加热电路设计。如图 7.26 所示，CRIO 通过 NI9476 模块输出控制固态继电器（SSR）进行加热，每个控制柜内有 100 个固态继电器。同时，A-KCS 霍尔电流传感器检测是否有电流通过，A-KCS 霍尔电流传感器接入 NI9403 输入模块（NI9403 为双向 TTL 电平模块）。

（3）电机驱动电路设计。该装置通过 NI9512 运动板卡与伺服电机相连，将运动命令传输给伺服驱动器从而实现伺服电机的按需进给，同时为配合 500 吨压机的压模以及板材成型后的脱模操作，进行针对性操作的开关设计。图 7.27 为 NI9512 运动板卡与伺服驱动器的连接图。

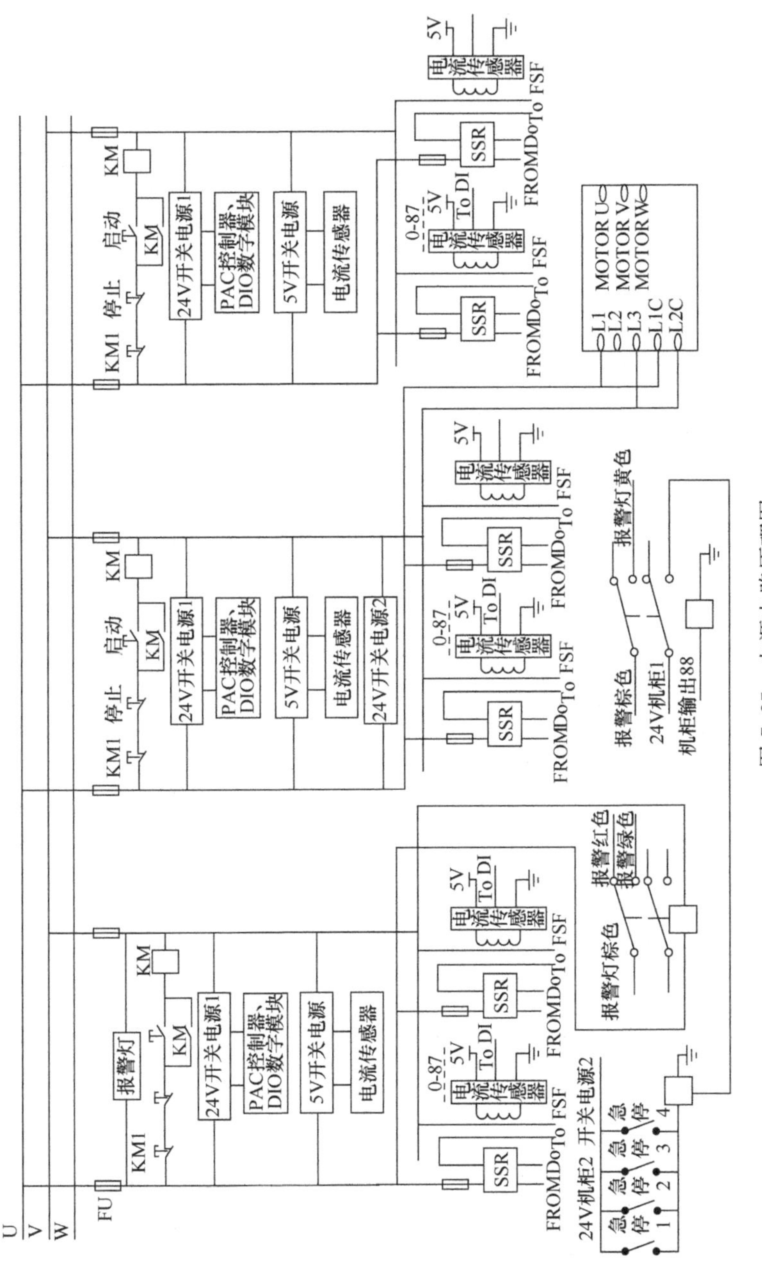

图 7.25　电源电路原理图

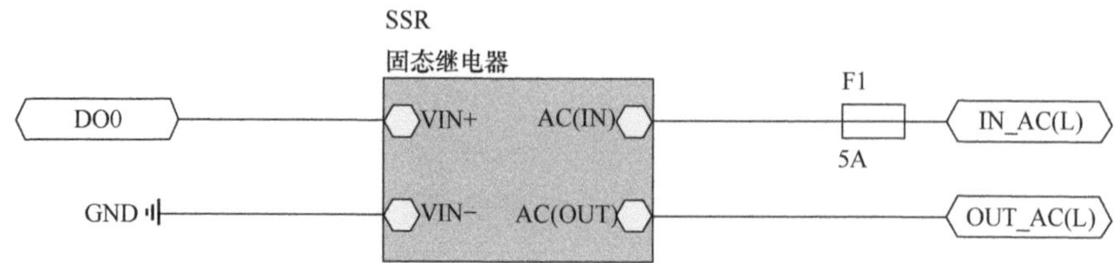

图 7.26　NI9476 模块加热输出

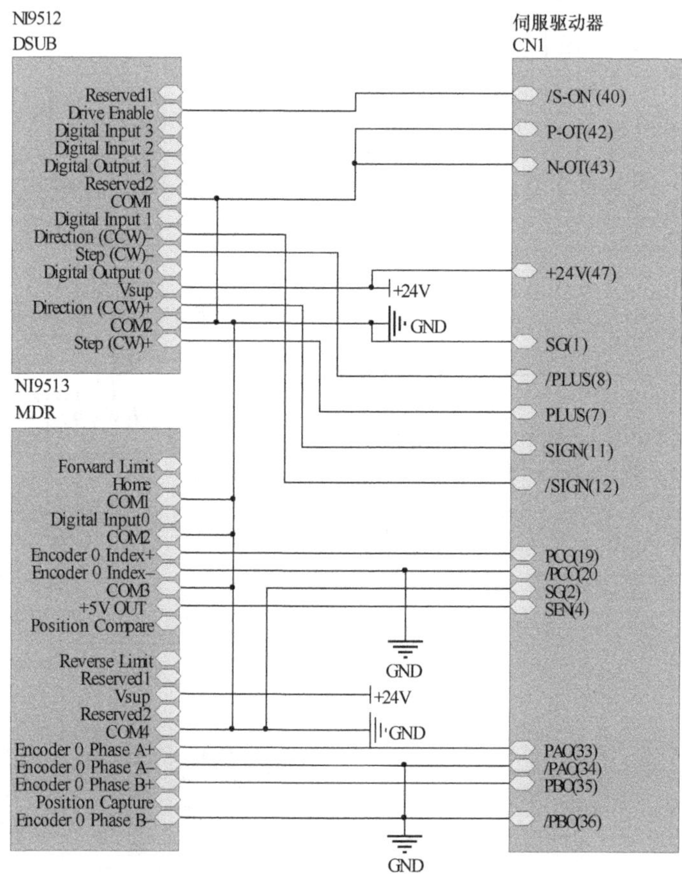

图 7.27　NI9512 运动板卡与伺服驱动器的连接图

2. 软件控制系统设计

本装置软件设计方面需要满足热压复合材料的工艺需求，同时设计上做到友好的人机界面，对现场各种情况的准确反馈、预警和方便工作人员操作，以及对于报警情况及时进行相对应的处理。

1）软件平台的搭建与配置说明

本控制系统由西门子触摸一体机和 NI CRIO 实时控制器、可重配置 FPGA、C

系列模块化 I/O、EtherCAT 扩展块组成，采用网络菊花链形式连接，连接方式如图 7.28 所示。CRIO 的开发是通过上位机完成的，开发者通过网线将 CRIO 连接到主机，在 Windows 环境下的主机上安装 LabVIEW 开发平台、LabVIEW Real-Time 模块和 LabVIEW FPGA 模块。CRIO 的开发一般涉及运行在三个不同位置上的功能控制程序块。

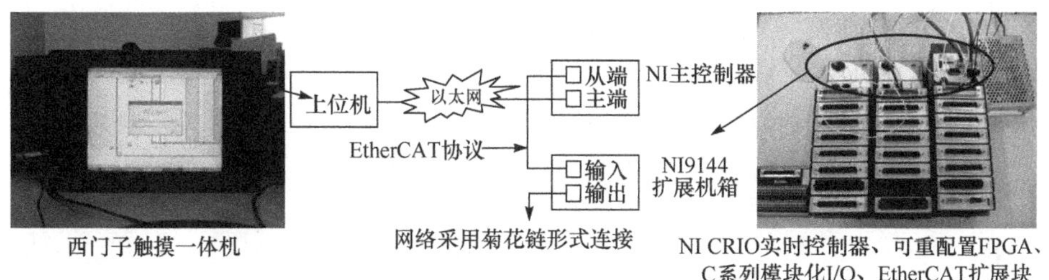

图 7.28　控制系统网络菊花链形式连接方式

CRIO 可用于扫描接口模式、FPGA 接口模式或者两者的组合模式。在扫描接口模式中创建和配置 VI 更加容易，但 FPGA 接口模式可为用户提供更多自定义的功能。所以，本项目中兼顾两种模式的优势，采用两者的组合模式。

2) 程序及上位操作界面设计

根据热塑性复合材料的成型工艺，在控制上进行功率调节的加热控制设计、板材传送控制设计、热压成型控制设计以及现场报警检测设计。在程序的设计上，不仅满足了功能的需求，更达到稳定性与精确性的要求。

同时，上位操作界面是操作人员制备热塑性复合材料热压成型产品时最直接的操作界面，它在设计上要满足工艺的相关要求，通过与 CRIO 控制器的通信，实现对现场设备的运行控制。在界面的设计上不仅全面，还兼顾简洁、方便、美观等多方面的考虑。本系统使用具有 μs 级计算能力的 CRIO 控制器，在 LabVIEW 软件上进行功能程序及上位操作界面的设计。

(1) 加热控制设计。如图 7.29 所示，该装备设计装有 264 路陶瓷红外辐射加热模块，分别安装在上下各 3 组加热架上，可选择每个模块单独加热或各个加热架上的模块组进行加热；加热采用功率控制的方式，可以通过选择占空比来调节功率的大小，占空比设定范围为 0～100%；同时整个装备装有 6 个热电偶进行温度监控，防止超温，超温报警值为 450℃，并设有报警显示及处理。加热控制流程图如图 7.30 所示。

(2) 传送控制设计。本系统利用伺服电机对复合材料板材的传送进行精准控制，进行手动传送与自动传送两种模式的设计(图 7.31)。在无报警的情况下，手动传送在上位操作界面上设定运行位置与运行速度后，即可进行正常的启停控制，手动传送速度设定范围为 20～380mm/s，距离范围为 −500～500mm；自动传送控制流程图见图 7.32，自动传送先进行初始化，检测起始限位开关位置，计算出自动传送控制所需的相关参数，再设定自动运行时所需的速度，控制板材夹紧的电磁阀

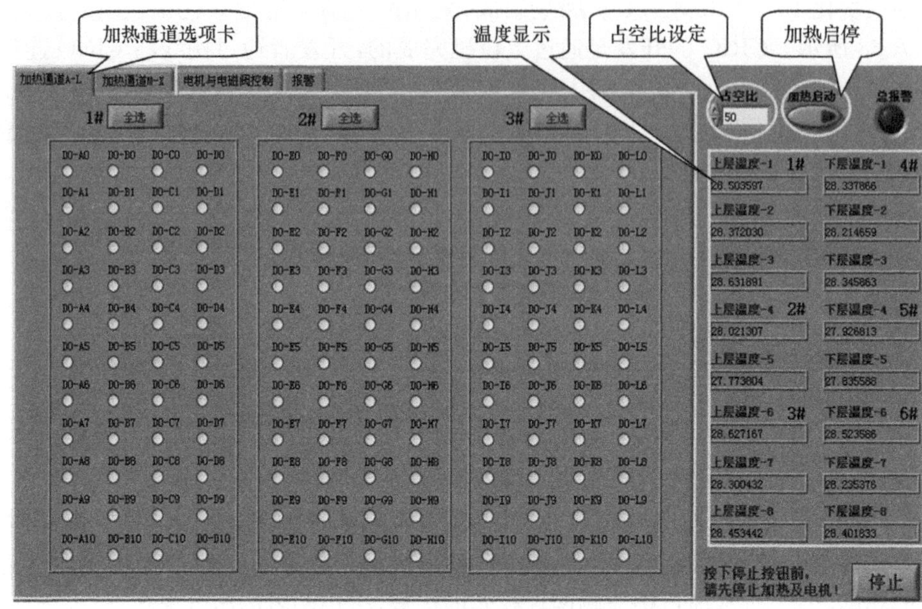

图 7.29　上位操作界面中加热控制操作界面

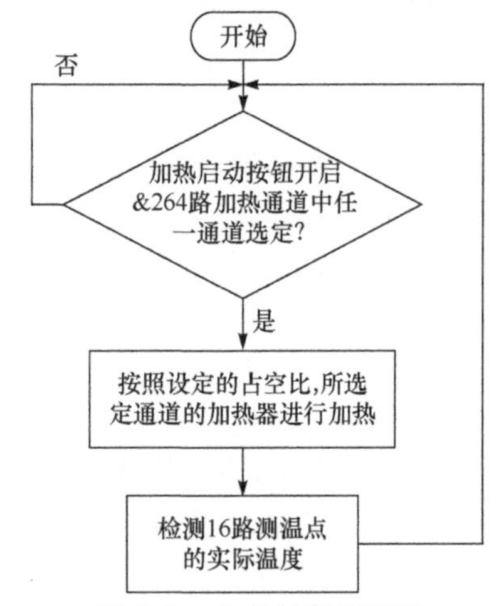

图 7.30　加热控制流程图

的开关操作，设定板材传送至陶瓷加热区的位置和加热时间后，方能进行自动传送的启停控制。自动传送最适速度范围为 100～325mm/s，加热时间范围为 0～30min，加热区定位范围为 0(最前端)～1(最后端)。

(3) 现场报警检测及处理程序设计。在热塑性复合材料热压成型的工艺现场可能出现致使设备无法正常运行的因素，本系统中对这些因素进行全面的考虑，实时检测与报警提示，以保证设备的安全运行和方便工作人员进行相应的报警故障处理。上位操作界面中报警显示界面如图 7.33 所示。

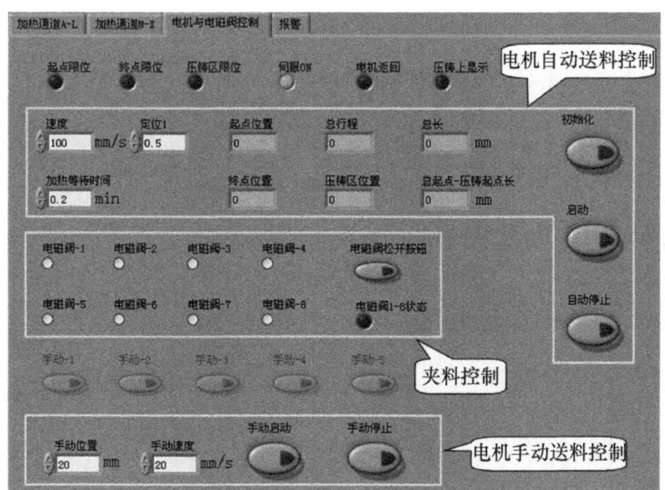

图 7.31　上位操作界面中传送控制界面

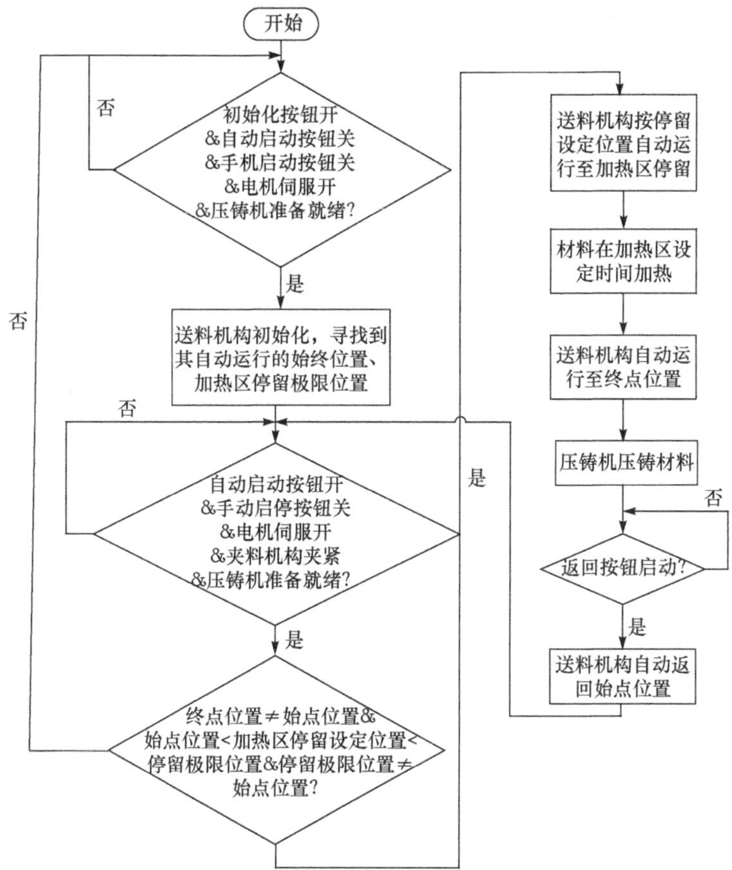

图 7.32　自动传送控制流程图

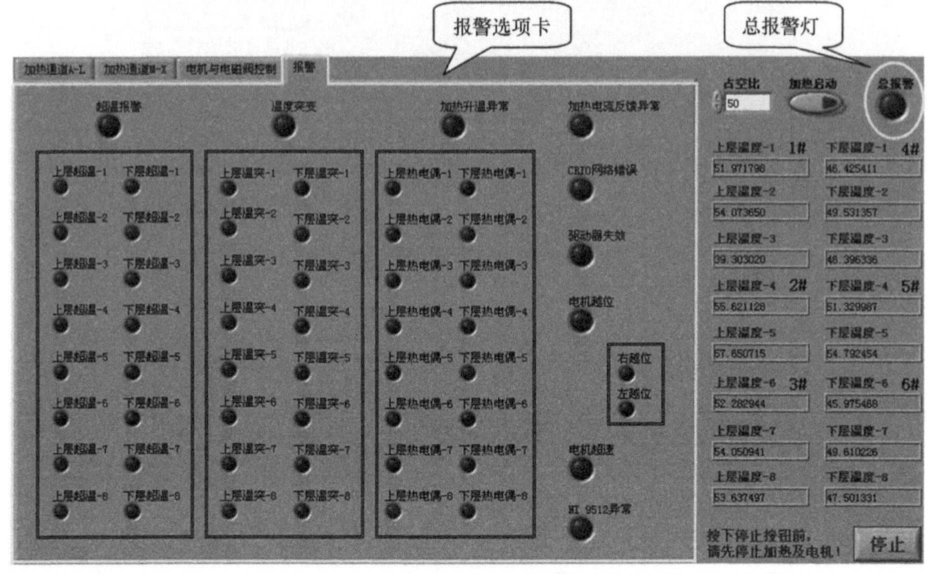

图 7.33　上位操作界面中报警显示界面

系统的报警功能主要包括超温报警、温度突变报警、加热电流反馈异常报警、加热升温报警(图 7.34)、驱动器异常报警、CRIO 网络错误报警、电机超速报警、电

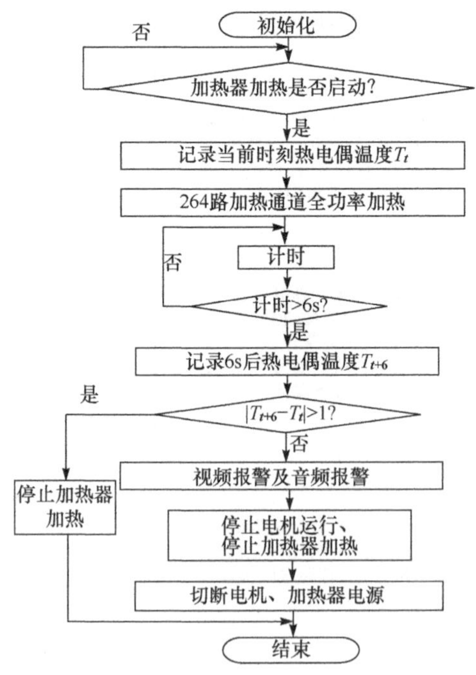

图 7.34　加热升温报警检测控制

机越位报警(图 7.35)。通过完善的报警功能及相应的处理机制,可以确保系统稳定、安全地运行,减少故障,提升生产效率。

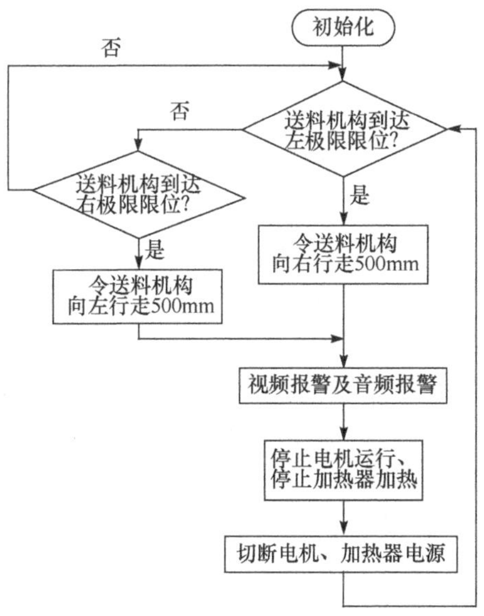

图 7.35　电机越位报警检测控制

7.6　复合材料自动热压成型生产线的应用

通过前述机械机构设计、硬件装配、软件编程测试以及与大功率压机的联调联试,最终研制成功了连续纤维增强热塑性复合材料产品快速热压成型连续自动化生产线。自动化生产线通过自动输送复合材料至加热区,待其完成加热熔融后,再自动输送至热压区进行加压成型。同时,完成各种预警和安全防护的工作。图 7.36为建成的自动化生产线。

(a) 干态预浸机制备片材

(b) 双钢带压机设备板材

(c) 快速热压成型系统制备部件

图 7.36　热塑性复合材料热压成型连续自动化生产线

通过对自动化生产线不断测试和运行，生产线的主要性能参数如下：干态预浸机最高加热温度达 350℃，有效幅宽达 600mm，最大工艺速度达 10m/min，最高工作压力达 2.5 吨，可用于制备单向或织物型预浸片材。双钢带压机可用于制备厚度最大为 30mm 的层合板材，最高加热温度达 350℃，最大运行速度达 4m/min，有效幅宽达 1400mm，压辊最大工作压力达 5 吨。板材预热装置采用红外辐射加热，最高加热温度达 400℃，最高传送速度达 380mm/s。在此生产线上，成功制备出碳纤维预浸片材以及最终产品即碳纤维复合材料汽车副保险杠，并顺利装配于汽车白车身，详见第 6 章。该中试生产线上单个半成品部件的平均制造周期小于 8min，中试能力可达 60 件/天，达到了最初的设计指标要求，能够满足汽车行业对生产效率的要求。

建设的低成本碳纤维热塑性复合材料产品自动化生产线主要针对以电动车为代表的车用复合材料领域的需求，面向国家新能源新材料发展方向，突破工业化技术瓶颈，提高产品质量及降低成本。该自动化生产线的建设突破了低成本碳纤维复合材料产品连续化、自动化生产关键技术，具备了复合材料结构件批量化生产的中试能力。该自动化生产线的应用可辐射到其他相关领域，如石油化工、船舶、建筑、电子以及国防军工领域，其推广应用将有助于提升行业技术水平，降低制造成本，填补国内技术空白，具有显著社会效益。

参考文献

[1] 郝建伟. 复合材料制造自动化技术发展[J]. 航空制造技术，2010，17：26-29.

[2] Effing M，Hopkins M W，Beyeler E P. The tepex system：Cost-effective high volume production of parts and profiles for recreation，protection and transportation markets[J]. 39th International SAMPE Symposium and Exhibition，1994，39：2637-2654.

[3] Ritter K. RTM advances facilitate mass production in the automotive market[R]. Odessa：Huntsman Advanced Materials，2012.

[4] 张朝晖，周旗. 自动化设备和生产线在飞机复合材料零件制造中的应用[J]. 复合材料自动化制造技术，2013，15：51-54.

[5] 林刚，申屠年. 对中国碳纤维及其复合材料产业链发展现状的反思[J]. 高科技纤维与应用，2012，4：1-17.

第8章 碳纤维复合材料轻量化应用技术

8.1 概　　述

由于温室效应、能源危机和环境污染等全球性问题日益严重，节能与环保成为摆在世界各国面前最重要的命题。目前我国在节能减排、油耗标准方面的法规越来越严，并陆续推出一系列节能惠民政策。例如，2015年CO_2排放为155g/km，2020年需降至112g/km；2015年平均油耗为6.9L/(100km)，2020年需减至5.0L/(100km)；2015年节能惠民补贴的油耗标准为5.9L/(100km)，2020年降至4.5L/(100km)。因此，作为国民经济的重要支柱产业，交通领域尤其是汽车工业是节能减排的重中之重。

实现汽车节能减排主要有四条途径：①改善发动机性能，提高燃烧效率。此方法节能减排效果最明显，但是动力更新换代技术难度大、耗资多，且对汽车产业链带动不明显。②通过轻量化设计和轻量化材料对汽车减重。此方法节能效果较好，容易实现，同时可以带动原材料和零部件等汽车产业上下游的发展。③提升汽车的空气动力学性能，降低滚动阻力。由于风阻系数主要由造型决定，此方法适合于赛车类的部分车型。④提高动力传动效率，减小功或动力传递损失。能量传递总是存在损失，节能减排效果一般。可见，轻量化是实现节能减排最有效的技术手段之一。

在实现节能减排的同时，整车的轻量化也是提升产品竞争力的重要途径。长安汽车通过“逸动”对轻量化与油耗、性能之间的关系进行了试验测试，发现整车减重10%时，对汽车的动力、安全性、制动性、耐久性、燃油经济性以及尾气排放等都有明显的改善。例如，整车质量每减重100kg，油耗降低约0.4L/(100km)，0～100km/h加速性提升8%～10%，制动距离缩短2～7m。随着新能源汽车的发展，新的能源系统带来的车身重量显著增加。以纯电动汽车电池系统的重量为例，普通电池系统净增加整车质量250～400kg。因此，汽车的轻量化发展势在必行。

在众多轻量化材料中，碳纤维复合材料的比强度和比模量高，密度仅为钢的1/5左右，在等刚度或等强度下，碳纤维复合材料比钢可减重50%以上，比镁铝合金可减重30%左右，具有独特的轻量化效果；碳纤维复合材料的高强抗冲击性和极佳的能量吸收能力(其能量吸收能力比金属材料高4～5倍)可以非常好地改善汽车的安全性能；钢和铝的疲劳强度一般为抗拉强度的30%～50%，而碳纤维复合材料可达70%～80%，因此碳纤维复合材料优异的抗疲劳、耐腐蚀性能可延长车身寿命；复合材料的纤维/基体界面具有吸振能力，振动阻尼性能较高，根据对相同形状和尺寸的梁进行振动试验得知，轻合金需要9s才能停止振动，碳纤维复合材料只需2s就能停止同样的振动；复合材料的成型工艺种类繁多，如RTM、模压、纤维缠绕、热压罐等，且材料和结构的可设计强，实际应用时可根据构件的性能、材料种类、产量规模和成本等因素选择最适合的成型方案；复合材料在汽车上应用的另一个最突出优势是结构整体成型，可大幅减小零件和紧固件数量，简化连接和装配，实现材料、功能、结构的一体化设计；此外，碳纤维复合材料车身轻量化后可带来更为出色的加速感受和畅快驾驶感受，可视的碳纤维外观使汽车造型更加时尚，映射出运行型设计元素，给轮廓设计带来动感和极为强烈的视觉效果。因此，碳纤维复合材料车身轻量化技术既可以提高汽车燃油效率节省能源，又可以显著减少污染物排放实现环保，还能提高车辆的安全可靠性、加速性能、灵敏性、稳定可控性等，成为汽车工业领域轻量化技术的主流趋势[1]。

碳纤维复合材料的发展应用主要分为三大领域，即航空航天、体育休闲和工业领域。航空航天领域是碳纤维复合材料轻量化技术最早获得成功应用的领域。波音787的复合材料占总重量的50%以上，空客A380的复合材料应用超过40%，空客宽体运输机A400m复合材料的用量也近40%，奥地利钻石公务客机机身大量使用了碳纤维复合材料，可节省燃料20%以上。

在汽车领域，最早采用碳纤维复合材料的F1赛车是轻量化的典型代表。实践证明，利用碳纤维复合材料的可设计性将功能件和结构件有机结合，可最大限度地减少零部件数量，达到整车大幅度轻量化的效果。2013年巴黎JEC展出的新款兰博基尼跑车，碳纤维复合材料车身仅380kg，几乎覆盖了除电器、玻璃以外的全部车身和零部件，轻量化效果极为显著。2014年上市的碳纤维复合材料电动车宝马i3采用全碳纤维车身，重量仅151kg，原来由上百个零件组成的上车体改由34个碳纤维零部件组成，将碳纤维复合材料的轻量化效果发挥至极致。

作为21世纪轻量化材料发展的重要方向，目前碳纤维复合材料已广泛应用于航空航天、汽车工业、能源、船舰、海洋工程、采矿、电力装备、建筑、大型工业输送带、体育用品、医用材料等各行各业。近20年来，碳纤维复合材料的研究与应用受到各工业强国的高度重视，美国、日本及欧盟均将其列入国家优先重点发展计划，其研究深度和应用广度，以及生产发展的速度和规模，已成为衡量一个国家科学技术先进水平的重要标志之一。

8.2 碳纤维复合材料车身轻量化应用技术

碳纤维复合材料汽车是解决能源和环境问题的一个新型战略产品，已逐渐成为世界各主要汽车制造强国政府确定的主流产业方向，同时也是新一轮全球低碳科技竞争焦点。国家科技部发布的《电动汽车科技发展"十二五"专项规划》明确指出："发展电动汽车已成为我国重大的科技战略需求与战略重点。"

汽车轻量化技术是节省能源、提高车辆行驶性能的有效方法之一，也是国内外汽车制造商追求的关键技术目标之一。汽车轻量化主要包括车身轻量化、发动机轻量化和底盘轻量化三个部分，其主要途径是在保证力学性能和安全性能的前提下，通过合理的结构设计优化和采用轻质材料（如复合材料、高强度钢、镁铝合金、塑料等）降低结构重量，从而实现节能环保功能，其中车身结构件的轻量化在整体车身的轻量化中具有决定性作用。

目前，世界上各大碳纤维厂家已纷纷和各大汽车公司联手，发展汽车用碳纤维复合材料技术。例如，德国大丝束碳纤维厂家 SGL 与宝马合作组建宝马 i3 用碳纤维厂；SGL 与日本三菱丽阳合作组建低成本和高性能的大丝束碳纤维厂。世界最大的碳纤维厂家日本东丽和戴姆勒（Daimler）合作，为奔驰所有车型实现减重10%的目标。日本东邦则与丰田（Toyota）合作成立"复合材料创新中心"，生产 LEA 跑车。美国能源部 2014 年 8 月投资 5500 万美元开发"高效率汽车技术"，推进轻质材料研究是其主要目标之一。总的来看，国外在碳纤维复合材料汽车轻量化产业方面已经初具规模，德国宝马公司已经正式销售全球首款量产型全碳纤维复合材料车身电动车 i3，并建立了一条碳纤维复合材料车身产业链，主要包括原丝（三菱）、碳丝（SGL）、编织布（瓦克斯多夫工厂）、复合材料/零部件（BMW 兰茨胡顿工厂）、主机厂（BMW 莱比锡工厂）等环节。

在碳纤维复合材料黑车身产业链上，中国科学院在多个环节已提前布局，并取得了富有成效的研究成果，已形成集设计、材料、工艺、装备、检测于一体，软硬件齐备的大型研发平台。例如，我们和山西煤炭化学研究所研发的高性能低成本民用碳纤维制备技术已经产业化，具备自主研发、自主设计完成整套碳纤维制备工艺设备的能力，在国内处于优势地位；在"十一五"、"十二五"期间，我们在中国科学院、国家科技部、地方科技部门的鼎力支持下，联合中国科学院其他单位和相关企业先后研发了四代碳纤维复合材料结构电动车，重点突破了以热塑性复合材料快速热压成型和快速树脂流动成型为代表的低成本连续碳纤维复合材料部件制造关键技术，建立了从设计到制备检测技术的全过程研发平台及其配套连续化、自动化成套装备，并初步建立了汽车工业复合材料部件生产示范线；中国科学院长春应用化学研究所建立了以环境友好且操作条件易于实施的亚临界水作为反应介质处理废弃碳纤维复合材料的回收工艺，完成了小批量废旧碳纤维的高值化回收；我们还开展了水助激光精密加工技术的研究，为碳纤维复合材料的精密无损加工提供了一条有效的途径。

目前，国内碳纤维复合材料汽车车身轻量化技术刚刚起步，处于前期技术探索和积累阶段，但汽车业内有识之士已经意识到碳纤维复合材料在汽车轻量化趋势上的重大作用。各大汽车主机厂、零配件配套厂、碳纤维及复合材料厂，以及具有相关前沿技术的科研院校已形成碳纤维复合材料汽车轻量化技术大联盟，着手布局碳纤维复合材料黑车身相关产业，积极储备技术，对推动新能源汽车产业化以及拉动碳纤维上下游产业链具有重大的意义。

8.2.1　复合材料汽车车体设计技术

复合材料在汽车工业中的应用始于 20 世纪 50 年代，目前已经广泛应用于汽车的车身内外饰件、次结构件、结构件以及功能件，在汽车复合材料零部件方面积累了较为丰富的设计、制造和应用经验，但是在复合材料车体设计技术上的积累较为薄弱。由于复合材料的固有特性与金属材料存在很多差异，基于复合材料的车体设计技术不能直接套用传统金属车身的设计技术，需要综合考虑复合材料特性、车身性能、成型技术、重量和成本等多方面因素进行全新的设计。

1. 车体部件设计目标

车身轻量化设计是在保证原有部件的力学性能（强度、刚度、稳定性、振动等）、安全性能、使用寿命等要求下，根据具体的设计目标采用合理的轻量化材料和结构进行替代，使结构达到所需的最佳性能状态。设计目标根据部件的使用性能等需求通常为重量最轻、强度或刚度最高、体积最小、成本最低等，也可以同时设计多个优化目标函数，建立结构的有限元模型，再根据材料的性能、几何形状以及载荷条件选用合适的优化准则进行优化计算。对于车体设计而言，一般最重要的是满足刚度和强度的要求，尤其是扭转和弯曲刚度、强度。因此，多采用等代设计法对复合材料车体进行设计。等代设计法是在载荷和使用环境不变的条件下，根据其他材料的相同部件的对比参考，采用复合材料构件替换原其他材料构件，允许改变部分构件的形状和厚度。这种方法特别适用于采用复合材料对原结构进行改造和轻量化设计，通常先按等刚度原则进行设计，再做强度校核[2]。

2. 结构整体化设计

复合材料的另一优势是可以将若干个零部件组合整体成型，以大幅减少零件和紧固件数量，简化连接和装配，降低复合材料的制造成本，实现材料/功能/结构的一体化。因此，复合材料结构整体化设计思路应该始终贯穿产品的整个研发过程。复合材料车体的设计，首先需要从复合材料的特性和成型工艺的可制造性出发，对原有车体结构进行结构整体化和简化设计，在满足设计要求的条件下，尽量减少零件和连接件数量。例如，欧盟第五框架技术研究计划下的 TECABS 项目结果表明，采用纤维复合材料替代金属地板时，原来金属地板 28 个钢材部件可精简为 8 个纤维预成型体和 5 个芯材，零部件数量减少 53%以上。

3. 材料设计

复合材料是各向异性非均质材料，从纤维、树脂、芯材等原组分材料性能，到单层材料性能（界面性能、纤维体积含量），再到铺层多样化的层合板性能（纤维取向、铺层方式、界面性能等），最后延伸到板、梁、壳等各种形式的构件性能（各种几何参数的影响），具有大量可变的材料性能参数，其性能表现方式和可设计性比金属材料复杂得多。例如，通过材料设计可使得复合材料在整体、局部或者某一方向上产生特定的应力、应变或者变形等。同时，复合材料的材料设计需要综合考虑结构的性能要求、设计目标、材料性能、力学分析、成型技术、成本等因素进行全面设计，重点是选择合适的组分材料并确定各组分的用量比例[3]。

复合材料原材料选择主要包括树脂、纤维主体材料，以及芯材、胶接剂等辅助材料的选择。车体复合材料的原材料选择一般以安全性、减重、经济性为目标，并满足设计和制造工艺的要求，主要遵循的原则如下。

(1) 满足车体结构的力学性能以及使用功能的要求，特别是满足车体结构刚度和强度的要求，因此应选用高比强度、高比刚度的碳纤维复合材料。

(2) 满足车体结构的使用环境要求，如耐冲击、耐温性、阻燃、耐介质、耐吸湿性、耐老化等，耐冲击性要求高的可以考虑在碳纤维复合材料中适量混杂芳纶纤维或者选用热塑性树脂。

(3) 满足复合材料成型工艺性要求，如在制备外观要求较高且形状相对复杂的主承力结构时采用 RTM 技术，并考虑选择纤维布以及低黏度的热固性树脂；非承力结构采用热塑性注射成型时，可以考虑选择短切纤维增强 PP 粒料。

(4) 尽量满足低成本要求，成本是制约碳纤维复合材料在汽车领域规模化应用的瓶颈，主要包括碳纤维原材料成本和复合材料制造成本。在众多的碳纤维品种中，T700 是性价比相对较高的民用碳纤维，可优先考虑。为了降低原材料成本和满足轻量化效果要求，碳纤维和玻璃纤维的混杂使用也是降低成本的一种有效途径。

4. 结构设计

复合材料结构设计是针对构件的受力状况和性能要求等，通过材料设计确定构件的结构形式，并对纤维取向、铺层角度、铺层顺序以及层数等进行设计。复合材料结构设计主要涉及单层、层合板和构件结构三个层次，设计参数主要包括结构几何参数和材料性能参数，材料性能参数主要包括材料工程常数、材料性能许用值和结构设计值。单层性能一般是通过细观力学推导出的预测公式以及结合实验测试数据进行计算得到。层合板性能一般通过经典层压板理论分析刚度特性以及通过强度理论和逐层破坏模型对强度和破坏进行分析。

层合板设计是复合材料结构设计最为重要的环节，重点是铺层角、铺层比例和铺层顺序的设计。复合材料层合板设计通常需要遵循一些设计原则，车体复合材料结构尤其应根据下面的原则进行设计[3]。

(1) 主应力原则：纤维取向应尽量与构件的主应力方向一致，充分发挥纤维的承载性能。

(2) 均衡对称铺设原则：均衡对称层合板可以避免各种耦合作用引起固化后的翘曲变形。

(3) 铺层定向原则：一般多采用0°、90°和±45°等铺层方向，尽量减少铺层方向以简化设计和施工量，且任一铺层的最小比例≥10%。

(4) 铺设顺序原则：同一铺层角的铺层尽量均匀分布，一般不超过4层，以防止分层、开裂等破坏。

(5) 连接区设计原则：与钉载方向成±45°的铺层比例≥40%，与钉载方向一致的铺层比例>25%，以保证有足够的剪切强度和挤压强度。

(6) 变厚度设计原则：在结构变厚度区，采用递减铺层避免应力集中，台阶高度不超过宽度的1/10，外表面采用连续铺层防止发生剥离破坏。

(7) 对刚度要求较高的大型构件，通常可采用夹芯复合材料三明治结构提高结构刚度。

(8) 车身应有合理的动态特性及空气动力性能，以控制车身结构的模态、振动与噪声。

8.2.2 复合材料汽车车身制造技术

2010年宝马公司首次对外展示了研制中的MCV(超大城市汽车)纯电动车，引发了碳纤维复合材料新能源汽车前所未有的研发热潮，该款车型已于2013年上市，是世界上首款碳纤维车身量产车。碳纤维复合材料车身量产制造技术是碳纤维复合材料在汽车领域应用的瓶颈，传统航空航天等领域的碳纤维复合材料制备工艺周期很长(通常达数小时/件)，无法满足汽车工业的工艺周期和生产节拍的要求(数分钟/件)。因此，开发连续自动化的复合材料量产技术及其成套装备是打开复合材料新能源汽车产业化局面的关键。

目前适应于汽车工业批量化生产需求的复合材料制造技术主要包括RTM成型技术、注射成型技术、模压成型技术、拉挤成型技术和连续纤维增强热塑性复合材料成型技术等。下面将主要介绍各种成型制造技术在汽车工业中的应用情况。

1. RTM 成型技术

RTM 主要适合于制造主承力件、形状复杂结构、表观质量要求高的构件，如车身、车顶、后厢盖、侧门框、备胎仓、整体驾驶室、挡泥板、储物箱门等。其工艺原理和特点参见第 5 章。

目前在该领域处于领先地位的是德国 Dieffenbacher 公司和 KraussMaffei 公司合作开发出来的高压 RTM(HP-RTM)自动化生产线，并已成功应用于宝马电动汽车车身的量产制造。与传统的 RTM 工艺相比，HP-RTM 自动化生产线大幅度缩短了成型周期(单件 6～10min)，通过高压提高了树脂在纤维中的浸渍质量，制品孔隙率低。整个生产线主要分为预成型、注胶成型、脱模清理、修整等流程。预成型从纤维切割、定型、铺层到预制件制备等均通过自动化机械操作完成。在注胶过程中，采用高达 3600 吨的压机，合模速度可达 450mm/s，加压速度可达40mm/s，注胶速度可达 10～200g/s，且压机控制系统含有不同的操作程序。例如，在短时间内可以实现不同模具循环进入和离开压机操作，实现线上注胶固化、线下模具清理等操作。KraussMaffei 独特的高压混合头设计具有自清洁功能，这一特点在大规模化批量生产时有显著的能效优势。制品的后续修整包括修边、打孔、连接装配等。KraussMaffei 也开发了相应的自动化处理方案，采用自动化切割台进行切割、机器人进行开孔连接以及不同工艺步骤之间的处理等。整个车身的连接以胶接为主。

我们在 RTM 快速注胶成型工艺上也取得突破性进展。采用真空辅助 RTM 工艺，配合使用预成型技术、多点注射 RTM 模具设计以及快速固化树脂体系，使碳纤维/环氧复合材料汽车后厢盖的制备从装模、注胶、固化到脱模整个过程仅为 10min。图 8.1 为碳纤维复合材料汽车后厢盖。

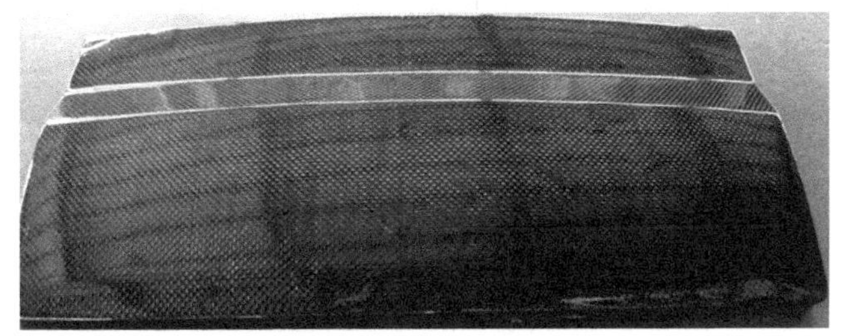

图 8.1　碳纤维复合材料汽车后厢盖

另外，在热塑性树脂 RTM 技术上取得较好的突破，重点是解决了阴离子聚酰胺 6 体系和聚环状对苯二甲酸丁二醇酯(pCBT)树脂体系的原位聚合技术，实现成型工艺窗口的可控调节，成功制备出大尺寸的碳纤维复合材料汽车地板(1.7m×1.6m)，如图 8.2 所示。

图 8.2　热塑性 CF/pCBT 复合材料汽车地板

2. 注射成型技术

注射成型是生产非连续纤维增强复合材料的主要方法之一，其工艺过程示意图如图 8.3 所示。原料一般是选择短切、长纤维增强热塑性复合材料粒料（LFT）或团状模塑料（BMC）。首先将物料从料斗加入料筒中，料筒四周由加热圈进行加热，内部是由电机驱动旋转的螺杆；物料在螺杆驱动下向前输送并被压实，同时受到加热和剪切作用，逐渐发生塑化、熔融和均匀混合；已熔融的物料堆积在料筒末端，产生的反作用力迫使螺杆向后移动；然后，在油缸活塞的推力下螺杆迅速向前推进，物料在高压、高速下通过喷嘴注射到模具型腔内，固化冷却定型后得到制品。

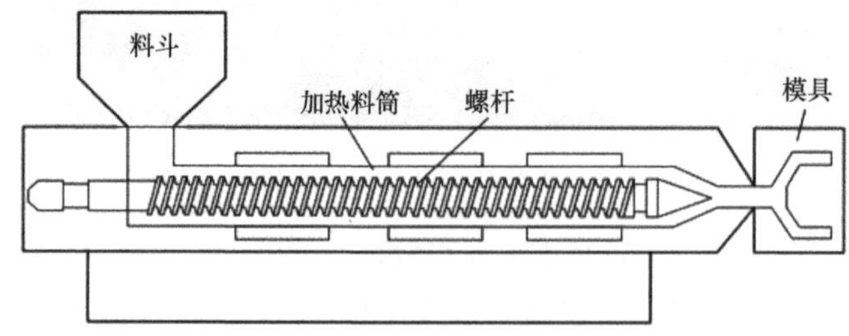

图 8.3　注射成型工艺过程示意图

注射成型工艺历史悠久，应用范围广泛。其主要优点是：成型周期短、耗能小、产品精度高,可成型形状复杂及带有嵌件的制品,一模可同时生产多个产品,故生产效率高。缺点是:不能生产连续纤维增强复合材料,模具价格昂贵且对质量要求高。目前该成型方法主要用来生产机械零件、电器材料、汽车配件、建材产品和家电外壳等。

注射成型单件产品通常耗时 1～5s,使用多型腔模具即在一小时内成型上千件产品。因此,注射成型在非结构零部件上的应用中可以大显身手。例如,德国 Christophery Kunststofftechnik 公司采用德国汉堡子公司 TereaDUR 提供的 BMC 料通过注射成型为宝马和标致提供电子节气门。目前汽车上常用的复合材料注射部件包括车顶天窗、后视镜盖、保险杠、进气歧管、后举门、车灯罩、气门室盖、前端支架、车内门板、仪表板、导流板等。

3. 模压成型技术

模压成型多用于热固性复合材料生产,但也适用于热塑性复合材料的制备。原料可以是短切、长纤维增强热塑性复合材料粒料或 BMC,也可以是片状模塑料(SMC)等。如图 8.4 所示,其基本原理是将原料放到已经加热至一定温度的模腔内,模腔内物料熔融后在压力作用下充满型腔,然后经冷却、脱模,得到制品。模压成型工艺的优点是:模具设计较为简单,因此价格低廉;另外成型过程中不需搅拌混合,故纤维没有受到剪切作用而发生断裂,长度可以保持,所以制品的力学性能比注射成型产品好。缺点是:工艺周期长,不易制备复杂形状制品。

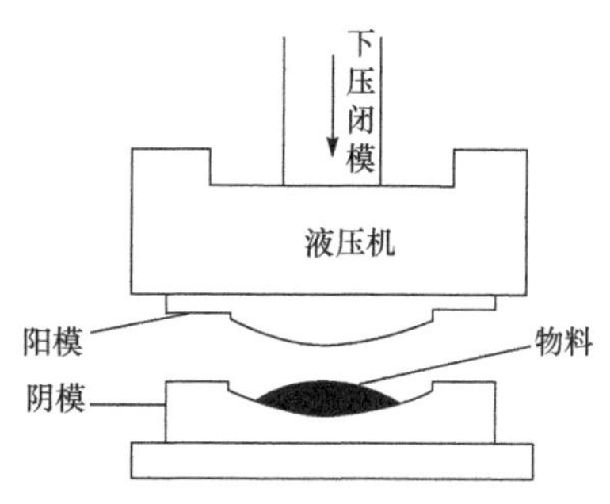

图 8.4　模压成型工艺示意图

汽车上常用的模压成型部件包括发动机罩、车门、后厢盖、油底壳、空滤器壳、后举门、车顶、前端框架、仪表台骨架、齿轮室盖、导风罩、进气管护板、风扇导风圈、加热器盖板、水箱部件、发动机隔音板、保险杠等零件。GMT 材料主要用于前端模块、支架、仪表板托架、后行李架、车顶、座椅骨架、发动机护板、蓄电池托架、发动机底盘、保险杠、挡泥板等。LFT-D 主要用于前端模块、仪表板骨架、备胎箱盖、内饰板、防撞梁、座椅骨架板、车底部护板、电瓶箱、车门中间承载板等。

4. 拉挤成型技术

拉挤成型技术始于 20 世纪 50 年代,经过数十年的发展,从最初的等截面拉挤制品发展到截面厚度可变,再发展到截面形状可变的拉挤制品,可连续生产各种复合材料型材,如棒、工字型、角型、槽型、方型、空腹型及异形断面型材等。其基本原理是将纱架上的无捻纤维纱经树脂浸渍后，通过保持一定截面形状的成型模具，并在模中或固化炉中固化，连续生产出长度不受限制的复合材料型材。

拉挤成型工艺主要优点有：①生产效率高，适于批量生产长尺寸制品，制造成本低；②纤维呈纵向，型材轴向结构具有较高的力学性能；③树脂含量可精确控制；④制品质量稳定，表面平滑，无需二次处理。其主要缺点表现在：①模具费用较高；②一般仅限于生产恒定横截面的制品，产品结构形状有限。

拉挤成型可以制备的复合材料型材在汽车上的应用主要包括汽车货架、地板、排气管、座椅、车构架、冷藏车厢、弹簧、行李架、方向牌等。

5. 连续纤维增强热塑性复合材料成型技术

连续纤维增强热塑性复合材料可实现连续自动化量产制造，成型效率高，制品的力学性能高，适合于形状较为简单的主/次承力件的制备，如防撞梁等。连续纤维增强热塑性复合材料在汽车工业的应用刚刚开始，应用前景极为广阔。

鉴于热塑性塑料可经历多次反复加热熔融、冷却定型的特点，热塑性树脂基复合材料的制备多采用热成型方式，成型时间较短，通常仅需几分钟或几十分钟。连续纤维增强热塑性复合材料的成型工艺一般包含两个工艺阶段：热塑性树脂基体与增强纤维复合得到预浸片材；在一定的工艺条件下将预浸片材成型为复合材料部件。

目前用于制备热塑性碳纤维复合材料预浸片材的工艺主要有以下几类。

(1) 溶液浸渍工艺。溶液浸渍工艺是将树脂基体溶于合适的溶剂，得到低黏度的树脂溶液，浸渍碳纤维后去除溶剂。该方法避免了热塑性树脂熔体高黏度难以浸渍碳纤维的难点，其技术难点在于聚合物溶剂的选择和浸渍后溶剂的彻底去除。该工艺仅适用于有良溶剂的无定形聚合物，不适用于具有良好耐溶剂性能的结晶聚合物[4]。该工艺的不足有溶剂挥发污染环境，溶剂回收昂贵，去除溶剂的过程中导致物理分层，残余溶剂将在复合材料内形成孔隙，影响复合材料性能并导致复合材料耐溶剂性能的下降[4,5]。

(2) 粉末浸渍工艺。粉末浸渍工艺是将粉状树脂基体以各种不同的方式施加到碳纤维表面，形成碳纤维/树脂的混合体，然后加热使树脂粉末熔结与碳纤维黏合在一起。该工艺的技术难点为微小聚合物粉末的加工和均匀的分散。其技术特点为工艺控制容易且稳定、操作方便、生产效率高、纤维损伤小[4]；其不足为树脂基体对碳纤维的浸润只在成型过程中才能完成，树脂粉末容易散失，浸润工艺参数和浸渍效果深受粉末粒径大小和分布的影响[5]。

(3) 纤维混合法。纤维混合法是将树脂纤维与碳纤维通过均匀混合得到混合纤维束或混合纱或混编织物。该方法可在较低的成型压力下实现树脂对碳纤维的浸渍；基体选择范围广，适合多种混合方式，提高复合材料设计自由度；混合织物的柔顺性、悬垂性和铺覆性较好，可制备复杂形状的复合材料制品。

(4) 薄膜叠压法。薄膜叠压法是将碳纤维置于热塑性树脂基体之间，在压力作用下使熔融的基体树脂浸渍碳纤维，然后冷却固结。该工艺适用于制备板状预浸片材。由于聚合物熔体具有较大的黏度，为良好地浸渍增强纤维，工艺过程中需施加较大的压力，该压力将使碳纤维受损，影响纤维性能[4]。此外，该方法适合小批量制备，生产效率较低。

(5) 反应浸渍法。反应浸渍法即第 5 章中介绍的热塑性 CF/APA6 复合材料汽车地板 RTM 成型技术所用到的浸渍方法。该工艺避开了因聚合物熔体黏度大而难以浸润增强纤维的困难，但其工艺条件比较苛刻，反应难以控制[5]。

(6) 纤维熔融包覆浸渍工艺。纤维熔融包覆浸渍工艺是在拉丝过程中在碳纤维表面涂覆聚合物基体薄膜，得到碳纤维/热塑性聚合物的复合纤维。该工艺从源头解决热塑性树脂基体对增强纤维的浸渍问题，得到的复合纱线界面结合良好，碳纤维分布均匀，具有浸润良好、成本低、质量稳定可控、效率高等一系列优点[5]。

(7) 熔融浸渍技术。熔融浸渍技术是在一定压力作用下使熔融的热塑性树脂基体浸渍增强纤维。其关键技术之一是碳纤维的分散[4]。工艺过程中不使用任何溶剂，具有工艺流程短、生产效率高、产品质量好等优点，克服了溶液浸渍工艺中溶剂的选择和彻底去除等难点以及粉末浸渍工艺难以适应高熔点热塑性树脂浸渍的难点，适用于热塑性预浸片材的工业化规模化制造。

应用于连续碳纤维增强热塑性复合材料部件成型的工艺主要有以下几类。

(1) 快速热压成型。快速热压成型也称为冲压成型，首先将热塑性复合材料板材或铺层预浸料加热至聚合物基体的熔点或软化点以上，然后快速放入模具中，再合模加压成型为最终的制品形状。该工艺成型速度快，一般在几分钟内即可完成整个制备过程。图 8.5 为快速热压成型工艺示意图。

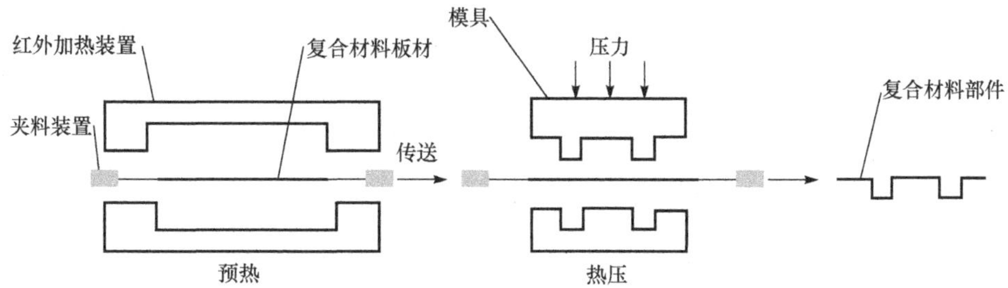

图 8.5　快速热压成型工艺示意图

(2) 模压成型。模压成型是将热塑性复合材料置于模腔内加热，升温至成型温度后加压并保压，再降温至基体材料的 T_g 以下，脱模得到制品。该工艺要求所使用的压板具有较高的平整度和平行度，模具尺寸稳定；否则，将会发生压力及温度传递不均导致部件厚度不一、纤维取向混乱使部件发生翘曲[6]。

(3) 拉挤工艺。热塑性复合材料的拉挤工艺中主要有基体树脂对增强纤维的浸渍、加压密实、固结成型三个步骤,主要有三种工艺方法[4]。“在线浸渍”拉挤工艺,即在一定压力作用下,将挤出机熔融的树脂输送至模具浸渍区,浸渍后加压密实,然后冷却固结得到制品;“预浸料”拉挤工艺,即预浸料经过预热、熔融,然后在牵引力的作用下进入模腔拉挤成型,再经固结成型得到制品;“反应注射”拉挤工艺,即以低黏度的热塑性预聚体和催化剂实现对增强纤维的浸渍,在拉挤的过程中热塑性预聚体反应形成高分子量的聚合物。

(4) 缠绕成型/自动铺丝、铺带技术。热塑性复合材料的缠绕成型/自动铺丝、铺带技术是目前的研究热点,国外已经开发出成套的设备,国内在此方面的进展较慢。与热固性复合材料的制备不同的是,热塑性预浸丝带加热加压熔结,冷却固结后得到制品。

(5) 原位聚合 RTM 成型。原位聚合 RTM 成型即第 5 章中介绍的热塑性 CF/APA6 复合材料汽车地板 RTM 成型技术。

(6) 辊压成型工艺。辊压成型工艺是将铺叠好的预浸料或层合板材加热至基体树脂熔点以上,使其通过一系列热压辊辊压成为所需的截面形状,然后通过一系列间距逐渐减小的冷却辊,固结成型得到复合材料部件。该工艺简单,易控制,可连续成型,效率高,但是只适合用于制备简单截面的薄壁制品。

(7) 焊接层合工艺。焊接层合工艺是利用热塑性树脂基体加热熔融、冷却固结的特性,制备平面或简单曲面结构的热塑性复合材料部件。成型时分别加热铺放基层和预浸片材,使两者的基体树脂熔融,然后在压力的作用下黏合在一起,再冷却固结得到部件。该工艺可通过重复上述步骤,制备任意厚度部件。

(8) 隔膜成型工艺。隔膜成型工艺是将预浸片材铺放在两层隔膜之间,抽取隔膜之间的空气使其为真空状态,加热并向隔膜一侧施压,使隔膜和熔融的预浸片材变形,冷却固结成型,剥离隔膜得到复合材料部件。该工艺尤其适合成型具有双曲率的部件,主要工艺参数有隔膜的刚度、成型速率和成型面积。

8.2.3 复合材料汽车部件连接装配技术

复合材料汽车部件之间的组合装配以及复合材料部件与金属构件间的连接是不可避免的问题。复合材料呈各向异性,层间强度较低,延展性小,使得复合材料连接部位的设计与分析比金属复杂得多,汽车行业传统金属零部件之间的连接方式也无法适应于复合材料的连接。因此,有必要了解和不断改进汽车复合材料的连接和固定方式,并进行合理选择。

由于开孔打断纤维的连续性,引起局部应力集中,复合材料连接部位通常是整个结构最为薄弱的环节。因此，连接强度是复合材料结构设计的关键技术。复合材料连接方式主要分为三大类：胶接连接、机械连接以及两者的混合连接，对于热塑性复合材料，还有焊接技术。复合材料连接技术设计需要根据构件的具体使用情况和设计要求来确定。

(1) 胶接连接。与机械连接相比，胶接技术的主要优点是无开孔引起的应力集中，减轻结构重量，抗疲劳，减振及绝缘性能好，外观平整光滑，黏结工艺简单，无电化学腐蚀问题等。但胶接技术也存在一些缺点，如胶接质量控制困难，胶接强度分散性较大，缺乏可靠的检验方法，黏结面的表面处理和黏结工艺要求严格等。在碳纤维复合材料车身，胶接是最主要的连接方式。

(2) 机械连接。机械连接一般采用铆钉和螺栓进行连接，是最常用的一种连接方式。机械连接的主要优点是连接可靠性高，维修或更换中可重复拆卸和装配，不需要对表面进行处理，环境的影响比较小等。机械连接的主要缺点是增加重量、引起应力集中，金属与复合材料接触产生电化学腐蚀等问题。

(3) 混合连接。为提高连接的安全性和完整性，在一些重要的连接部位，通常同时采用胶接和机械连接的混合连接方式，充分利用了两种连接方式各自的优点，确保连接部位的足够强度和可靠性。

(4) 焊接。焊接技术主要应用于热塑性复合材料部件，其基本原理是通过加热熔融热塑性复合材料表面的树脂，然后搭接加压，使之接成一体，主要有超声波焊接、电感应焊接以及电阻焊接三种方式。焊接的主要优点是连接效果好且周期短，无需表面处理，连接强度高，应力小等。不足之处主要是不易拆卸，需要加入导电性材料或金属丝等。

此外，在复合材料结构件成型过程中，可以在纤维预成型体中预埋金属连接件，成型后复合材料与金属预埋件成为一体，复合材料部件间可通过金属预埋件进行连接，以避免机加工对复合材料带来的损伤。为防止预埋件松脱，通常可选用方头法兰、外径滚花、打定位销等措施进行加固。

8.2.4　碳纤维复合材料电动示范车制造实例

目前我国碳纤维材料在汽车白车身上的应用尚处于初级研制阶段，研究基础薄弱，几乎没有经验和技术积累。为了大力推动碳纤维复合材料在汽车车身上的应用，我们在“十一五”、“十二五”期间，先后研发出四代碳纤维复合材料电动示范车，如图 8.6 所示。

第一代(图 8.6(a))和第二代车(图 8.6(b))是通过逆向工程设计技术，采用碳纤维复合材料对已有车型的覆盖件以等代设计法进行替代，验证了碳纤维复合材料的减重效果，以及局部和全部碳纤维复合材料覆盖件的制备与装配技术；在前两代车的设计制造基础上，第三代(图 8.6(c))和第四代车(图 8.6(d))进行正向设计制造，根据碳纤维复合材料特性特点，对整车进行结构设计，验证了全碳纤维复合材料主结构部件的设计、制备和装配连接技术。与奇瑞合作研发出的第四代碳纤维复合材料轿车则进一步验证了碳纤维复合材料整车的设计、制造、装备和性能测试技术。这四代电动车的研发为碳纤维复合材料在汽车工业的产业化应用打下扎实的技术基础，积累了宝贵的经验。下一步通过和主机厂合作，需要建立原材料技术标准、品种规格和经济指标、车身部件制造工艺规范以及建立车身部件质量控制体系。

(a) 第一代　　(b) 第二代

(c) 第三代　　(d) 第四代

图 8.6　碳纤维复合材料电动示范车

下面以第三代车的研发为例对碳纤维复合材料电动车制造技术进行说明。

1. 碳纤维复合材料汽车整体设计效果

碳纤维复合材料电动车的整体设计效果如图 8.7 所示。设计方案通过分块、各件的功能说明及断面表示进行说明。

1) 分块及功能说明

根据复合材料成型工艺特点，将整车共分为 6 大块，如图 8.8 所示，通过这 6 大块连接形成一个整体式车身框架。

(1) 纵梁：整个车身的支撑梁，连接用的主架。

(2) 地板:载物、载人的基础面,装饰件、支撑件连接用的基础件。

(3) 左侧围:左侧支撑保护覆盖件。

(4) 右侧围:右侧支撑保护覆盖件。

(5) 顶前部连接板:左、右侧围连接支架,增强车身稳定性和强度。

(6) 顶后部连接板:左、右侧围连接支架,增强车身稳定性和强度。

图 8.7　碳纤维复合材料电动车整体设计效果图

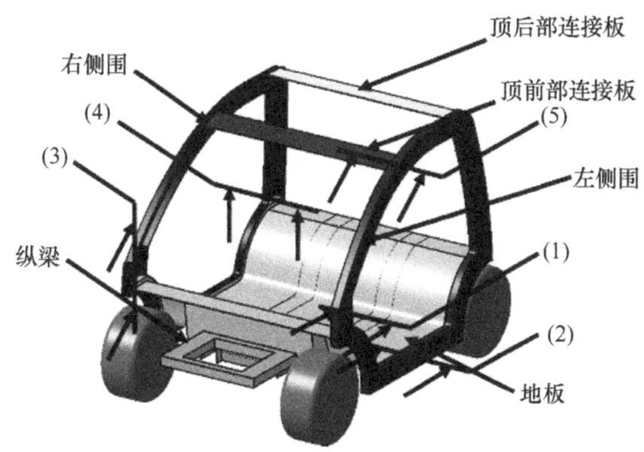

图 8.8　碳纤维复合材料电动车分块及断面总示意图

2) 断面表示

断面示意 5 个主要位置,如图 8.8 黑色箭头所示部位,具体见图 8.9。

(1) 纵梁与地板连接的断面;

(2) 地板下部与侧围连接主要承重位置的断面;

(3) 地板上部与侧围连接主要承重位置的断面;

(4) 地板上部与侧围连接主要承重位置的断面;

(5) 左、右侧围与顶连接板连接的断面。

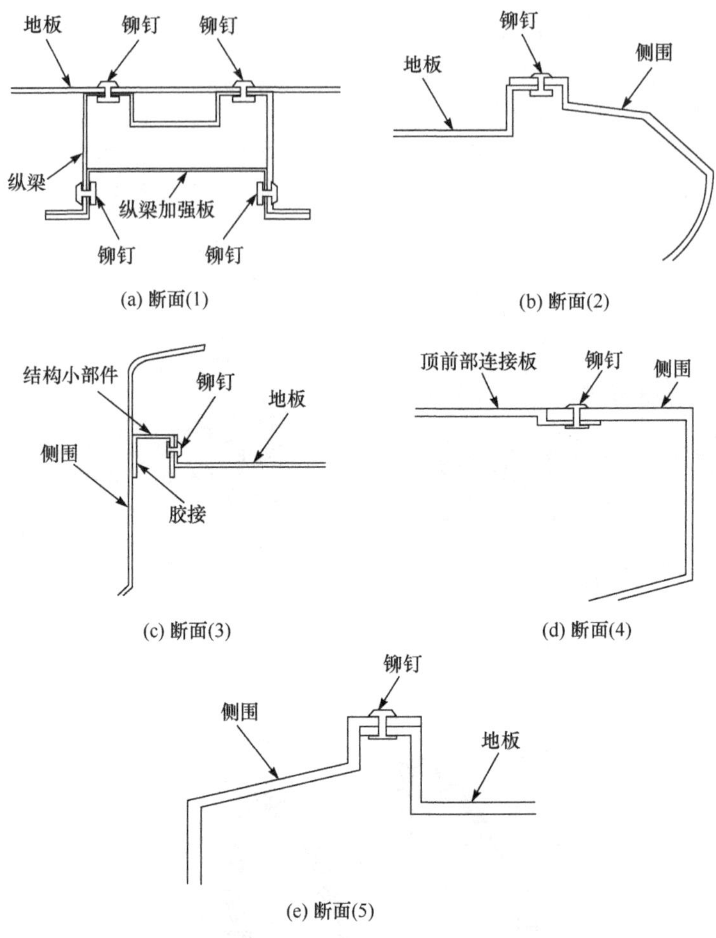

图 8.9 碳纤维复合材料电动车断面示意图

2. 碳纤维复合材料汽车结构设计

采用CAD设计对碳纤维复合材料电动车车身进行了结构设计,用CATIA软件完成了车身骨架的数模造型和布置方案设计,CAD设计数模图如8.10所示。

计算分析的主要依据如下:车身结构必须有足够的强度以保证其疲劳寿命,足够的刚度以保证其装配和使用要求,同时应有合理的动态特性及空气动力性达到控制振动与噪声的目的。车身刚度性能主要包括弯曲刚度性能与扭转刚度性能。如果车身弯曲刚度不足,车身的变形量就会过大,会导致车门开闭困难等问题。如果车身扭转刚度不足,高速行驶时会降低车身的操纵稳定性。同时,行车时会发出相互摩擦的声音,降低驾乘人员的舒适性。通常,车身若满足了刚度的要求,就会有足够的强度。车身的动态特性则对汽车的平顺性和车身疲劳寿命有较大的影响,研究车身动态特性的目的主要在于控制车身结构的模态,以错开载荷激振频

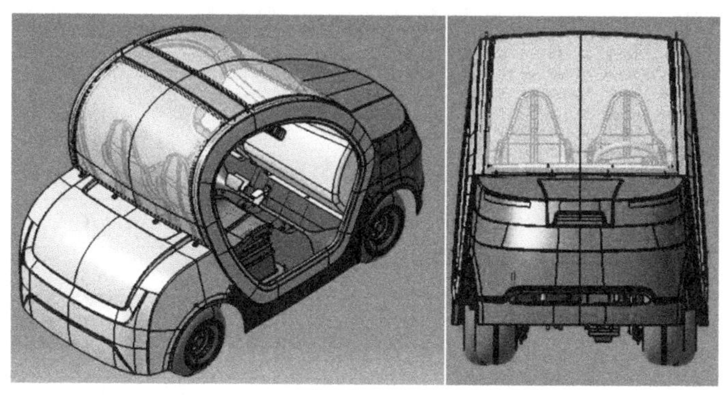

图 8.10 碳纤维复合材料车身结构设计

率。具体所做的分析主要有以下几类。

(1) 静态弯曲刚度 CAE 分析:在前后左右四个悬架弹簧支座处约束 X、Y、Z 方向平动自由度,加载点位于左右两个座椅中心,分别加载 1000N 的载荷,计算得到加载点 Z 方向的位移值,从而得到车身的弯曲刚度。

(2) 静态扭转刚度 CAE 分析:在后悬架弹簧支座位置约束 X、Y、Z 方向平动自由度。加载点位于前悬架弹簧支座位置,在前悬架左右弹簧支座处分别施加 1000N 向上和向下的载荷,计算得到加载点 Z 方向的位移值并转化成扭转角度,从而得到车身的扭转刚度。

(3) 自由模态 CAE 分析:采用 Lanczos 模态分析法。

(4) 弯曲刚度指标要求:地板中心在 1kN 载荷下,中心点垂直位移量＜3mm;扭转刚度指标要求:扭转刚度＞1500N · m/deg;强度指标要求:车身各处应力都低于材料屈服值;模态指标要求:车身一阶模态频率值＞30Hz。

用商业有限元软件 ABAQUS 对黑车身进行有限元建模、网格划分,有限元网格如图 8.11 所示。对网格采用不同级别的细分并进行计算确定网格的收敛性,也就是说,即便对网格再进一步细化也不会改善计算结果的精确性。

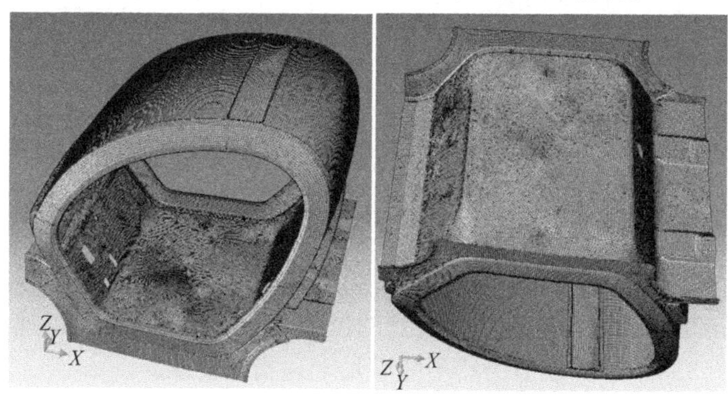

图 8.11 碳纤维复合材料车身有限元网格

原材料选用 T300 碳纤维织物和环氧树脂，其材料工程常数见表 8.1，其中地板的铺层设计见表 8.2。用 ABAQUS 完成了电动汽车黑车身结构的刚度、静强度和模态分析。

表 8.1　碳纤维复合材料工程常数

层压板	$E_1=E_2$/GPa	E_3/GPa	v_{12}	$v_{13}=v_{23}$	G_{12}/GPa	$G_{13}=G_{23}$/GPa
T300/环氧	53.1	8.0	0.055	0.074	3.79	3.7

表 8.2　地板铺层设计

序号	纤维铺层角度/(°)
1	$[0/45/-45/90/90/-45/45/0]_s$
2	$[0/45/90/-45/45/90/-45/0]_s$
3	$[0/90/\pm45]_{2s}$

由于设计的车型已定，为了满足装配要求，电动车地板的长度和宽度固定，可变的参数为地板的厚度。调整每层的厚度，在车身其他结构参数不变的情况下，当厚度值为 3.5mm 时，通过有限元分析计算结构的弯曲刚度和静强度，得到的应力分布如图 8.12 所示，车身最大应力 282.2MPa，低于材料屈服值。得到的位移分布如图 8.13 所示，座椅中心点的垂直位移为−23.87mm，该值不能满足上述指标要求。

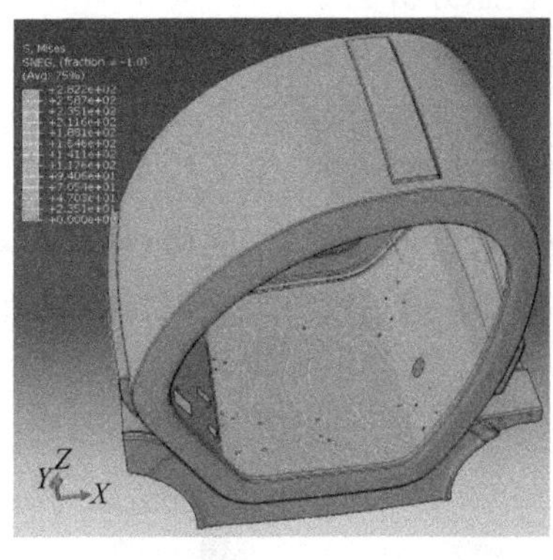

图 8.12　地板厚度为 3.5mm 时碳纤维复合材料车身弯曲应力分布(单位:MPa)

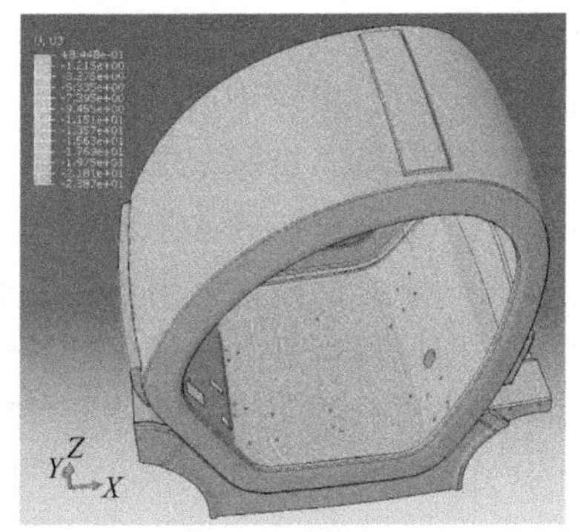

图 8.13　地板厚度为 3.5mm 时碳纤维复合材料车身弯曲位移分布(单位:mm)

在车身其他结构参数不变的情况下，当厚度值增加一倍为 7mm 时，通过有限元分析计算结构的静态弯曲刚度。得到的位移分布如图 8.14 所示，座椅中心点的垂直位移为−3.306mm，该值仍然不能满足上述指标要求。

在车身其他结构参数不变的情况下，当厚度值增加为 8mm 时，通过有限元分析计算结构的静态弯曲刚度。得到的位移分布如图 8.15 所示，座椅中心点的垂直位移为－2.263mm，满足上述指标要求。

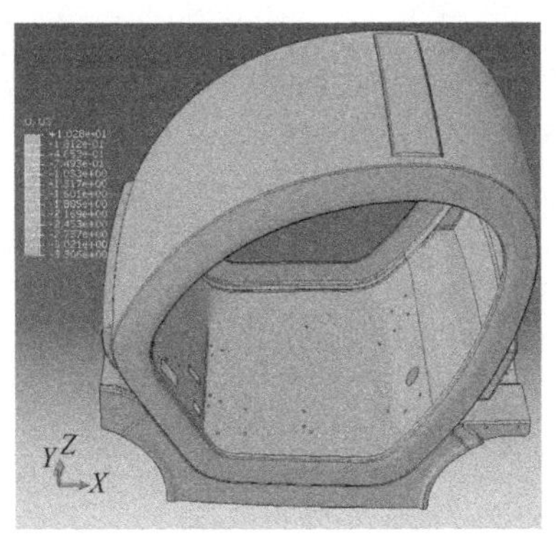

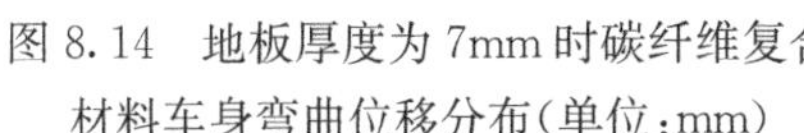

图 8.14　地板厚度为 7mm 时碳纤维复合材料车身弯曲位移分布(单位:mm)

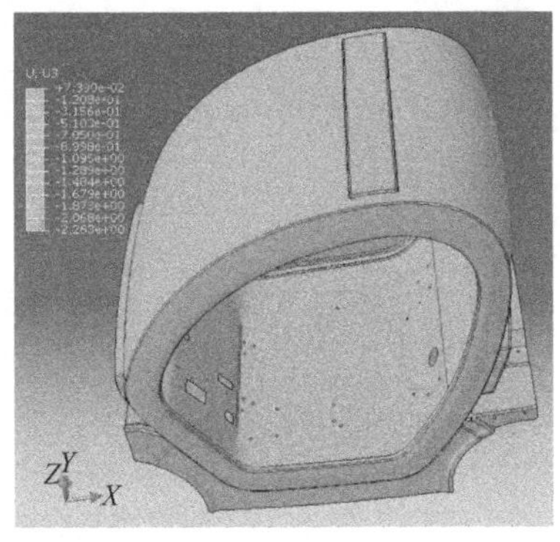

图 8.15　地板厚度为 8mm 时碳纤维复合材料车身弯曲位移分布(单位:mm)

通过有限元分析计算结构的扭转刚度和静强度，应力分布如图 8.16 所示，车身最大应力为 182.7MPa，低于材料屈服值。如图 8.17 所示，加载点位移为－3.539mm，扭转角度值为 0.65°，扭转刚度值为 $F \cdot L/\mathrm{rad}=2461\mathrm{N}\cdot\mathrm{m/deg}$，该值可以满足上述指标要求。

通过 Lanczos 模态分析得到车身的前六阶模态频率值分别为 47.55Hz、70.14Hz、87.65Hz、125.8Hz、533.7Hz、3268Hz，车身一阶模态频率值为 47.55Hz，大于 30Hz 的指标要求。

通过有限元分析表明，碳纤维复合材料黑车身地板需达到 8mm 的厚度才可以满足刚度、静强度和模态指标要求。

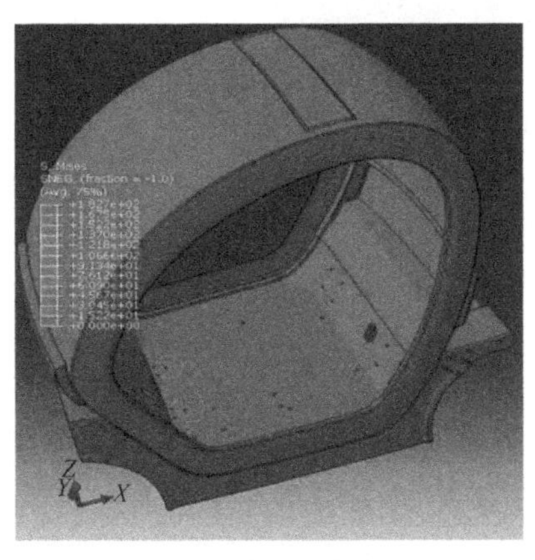

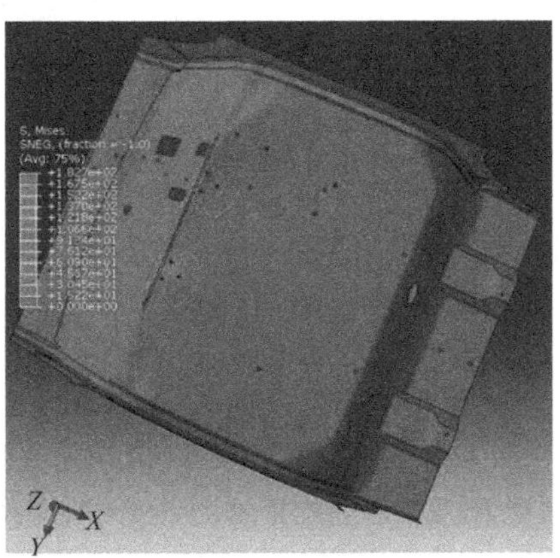

图 8.16　碳纤维复合材料车身扭转应力分布(单位:MPa)

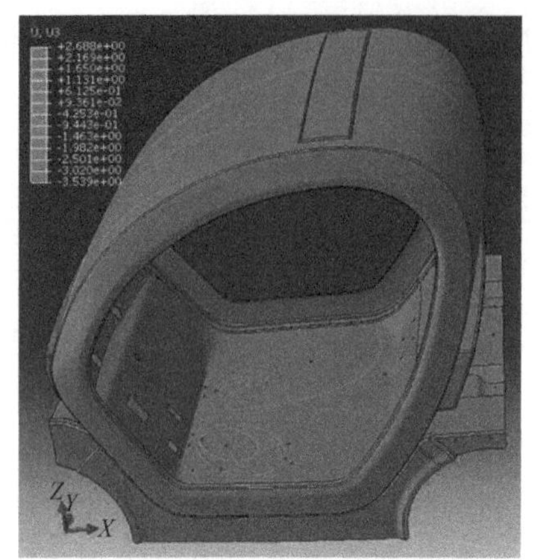

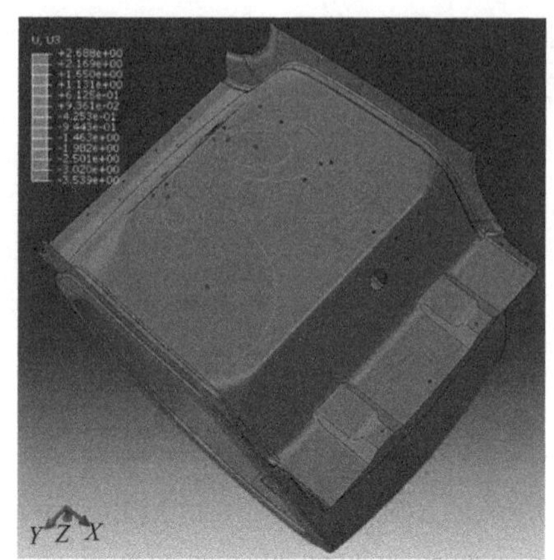

图 8.17 碳纤维复合材料车身扭转位移分布(单位:mm)

3. 碳纤维复合材料电动车装配

整车主要分为三大系统,即底盘系统、电器系统和车身系统,如图 8.18 所示。下面对各系统的各分总成和整车各级装配工艺进行说明,用于制造装配指导。

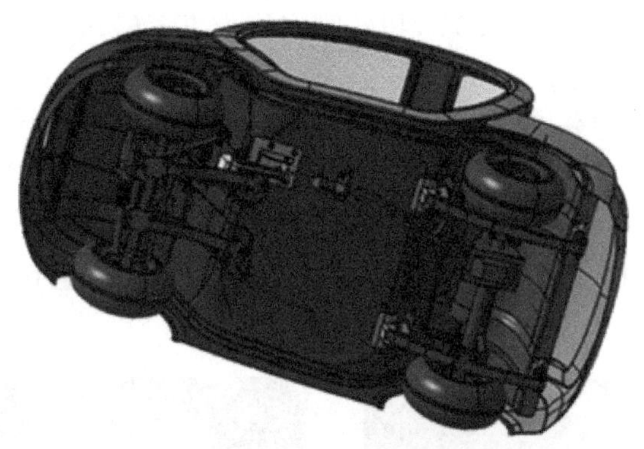

图 8.18 碳纤维复合材料电动车整车图

(1) 底盘系统。底盘系统主要包括前悬架总成、后悬架总成、制动系统总成和转向系统,如图 8.19 所示。这些零件主要采用市售产品。

(2) 电器系统。电器系统主要包括电子油门、电池、控制器、充电器、控制器、转换器、线束、电池舱框架等,如图 8.20 所示。其中,电池为自行研制,电池舱框架采用角钢和钢筋焊接而成,其他部件均采用市售产品。

(3) 车身系统。车身系统包括前保险杠总成、后保险杠总成、左/右侧围、仪表板本体、顶盖外护面、前风挡、后风挡、前围、后围护面、电池舱框架装饰板、座椅、固定支架、左护板、右护板、底座、地板前段、转向系统固定支架、制动器支架、制动器拉丝支架、后悬架前支撑支架、地板后段、后悬架后支撑支架、纵向支撑支架、横向支撑支架和加强支撑支架等,见图 8.21。

(a) 前悬架总成

(b) 后悬架总成

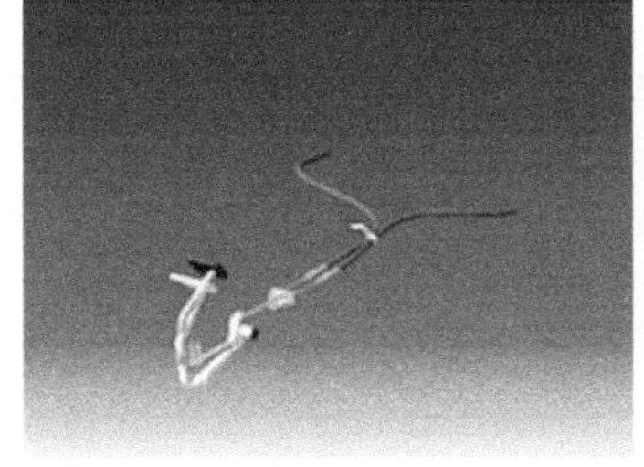

(c) 制动系统总成

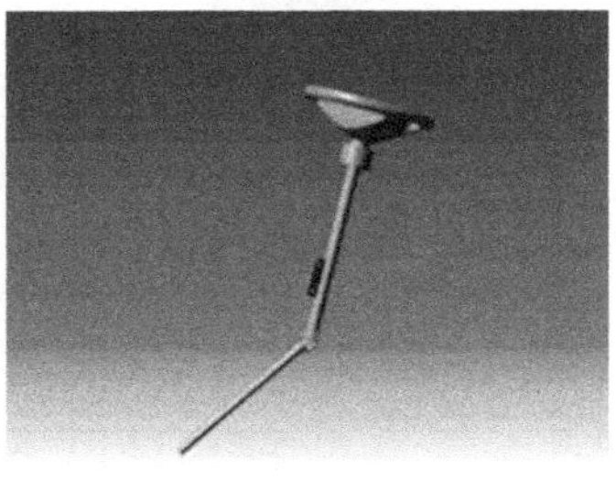

(d) 转向系统

图 8.19　碳纤维复合材料电动车底盘系统

(a) 电子油门

(b) 电池

(c) 充电器

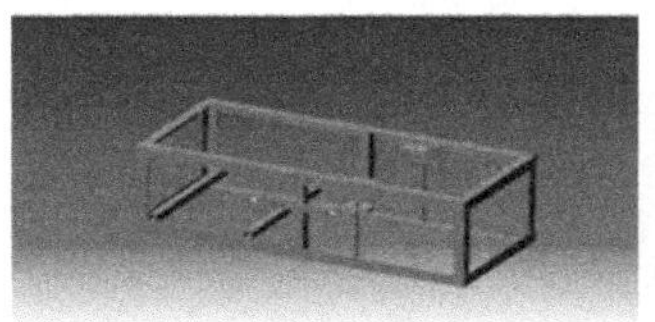

(d) 电池舱框架

(e) DC转换器

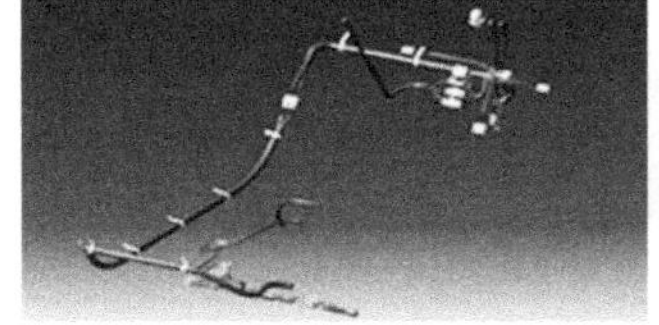

(f) 线束

(g) 控制器

图 8.20　碳纤维复合材料电动车电器系统

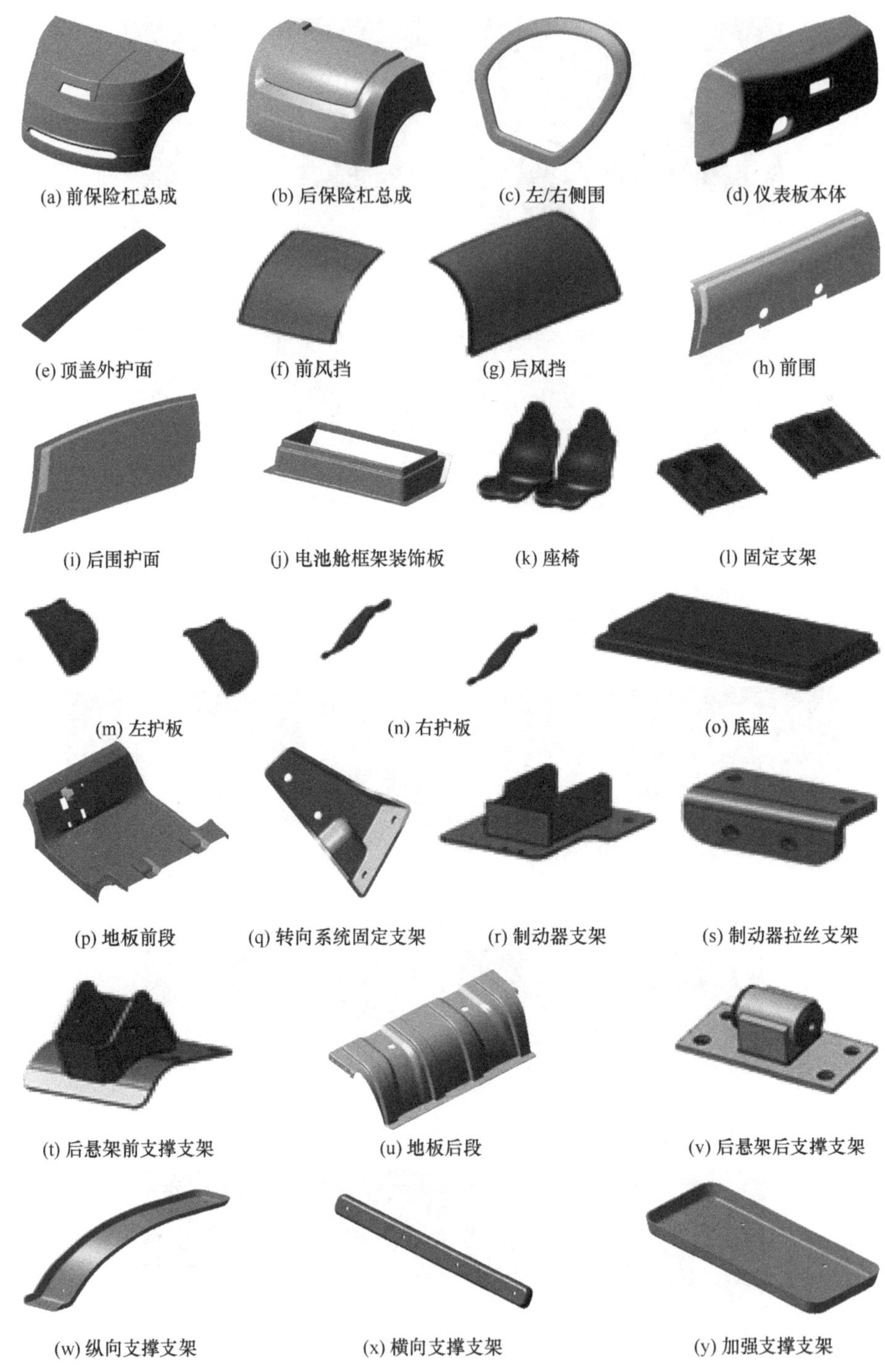

(a) 前保险杠总成　(b) 后保险杠总成　(c) 左/右侧围　(d) 仪表板本体

(e) 顶盖外护面　(f) 前风挡　(g) 后风挡　(h) 前围

(i) 后围护面　(j) 电池舱框架装饰板　(k) 座椅　(l) 固定支架

(m) 左护板　(n) 右护板　(o) 底座

(p) 地板前段　(q) 转向系统固定支架　(r) 制动器支架　(s) 制动器拉丝支架

(t) 后悬架前支撑支架　(u) 地板后段　(v) 后悬架后支撑支架

(w) 纵向支撑支架　(x) 横向支撑支架　(y) 加强支撑支架

图 8.21　碳纤维复合材料电动车车身系统

前保险杠总成、后保险杠总成、左/右侧围、仪表板本体、顶盖外护面、前围、后围护面、电池舱框架装饰板固定支架、左护板、右护板、底座、地板前段、地板后段、纵向支撑支架、横向支撑支架和加强支撑支架均采用碳纤维复合材料制备，其他部件采用市售产品或钢板焊接而成。

4. 碳纤维复合材料车身部件制造

由于车型在初期研制阶段，考虑到车身部件需要进一步优化，首件车身成型时采取真空辅助注射成型技术制备。为达到尺寸和装配精度，模具采用龙门加工中心整体加工成型，然后表面处理至镜面效果。碳纤维复合材料车身部件主要制备流程如下：

(1) 模具清理。采用干净抹布蘸取丙酮将模具表面清理干净，去除残余杂物，保证模面内无灰尘。

(2) 贴密封胶条。在模具边缘铺贴一圈密封胶条，胶条上的硅油纸暂时保留。

(3) 涂脱模剂。在模具上涂上擦拭脱模剂，涂完后在 38℃或更高温度时固化 15min(室温下需要 30min)后才可以进行下一遍的擦涂，如此反复数次。

(4) 碳纤维布层裁剪。根据产品的外形展开尺寸放 5～10cm 余量进行碳纤维布层裁剪，碳纤维布层规格与层数按照具体产品的材料设计和结构设计要求执行。

(5) PVC 泡沫轮廓板的准备。按产品尺寸要求在 PET 泡沫板上划线，用美工刀裁切，将泡沫板上的每个小块掰开，利于树脂的流动。

(6) 结构层铺敷。将裁剪好的碳纤维布层按每个产品规定的秩序在模具上进行铺敷，每层之间可用少量 3M 喷胶进行黏结，注意模具上的每个转角位置都要将布层用塑料刮板进行压实，防止产品出现富树脂区。

(7) 铺脱模布。采用脱模布覆盖整个密封胶条圈内区域。

(8) 灌注体系铺设。在脱模布上依次铺设导流网、导流管、抽气管、真空袋膜。灌注体系铺设方式如图 8.22 所示。采用真空泵将体系抽真空至－0.03MPa，停止抽气，调整真空袋膜，使真空薄膜无局部紧绷，尤其注意进料口、抽气口、产品边缘等有高低台阶的地方，手动调整真空袋内各辅助材料的位置。真空体系调整好后，将体系抽真空至－0.1MPa，然后关闭真空泵保压 10min，检查体系的气密性。如真空度不下降，可进行下一步灌注工序。

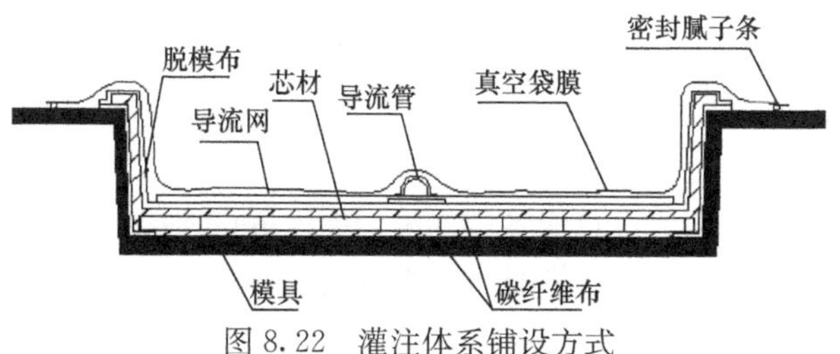

图 8.22　灌注体系铺设方式

(9) 灌注。准备好足够数量的树脂和固化剂，按比例称取后搅拌均匀，放入脱泡箱内进行真空脱泡。将进料管口放入树脂中，开启管路进行灌注，待树脂都渗到产品余量边时关掉进料口，图 8.23 为真空关注工艺照片。

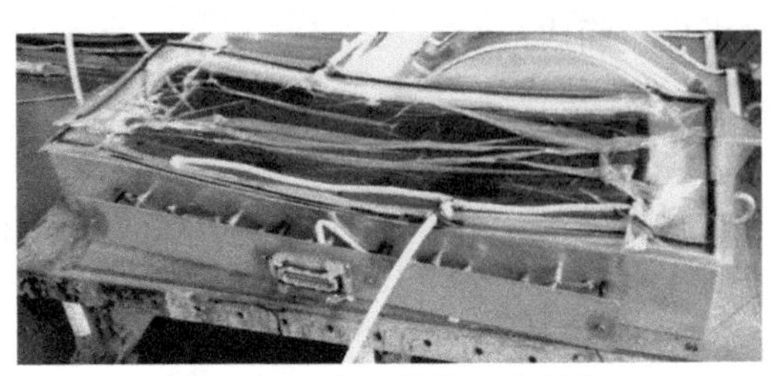

图 8.23　真空灌注工艺照片

(10) 固化。产品灌注完成后开启模具加热系统，温度 100℃，保温时间 30min。加热过程中，要时刻注意固化情况，不能有任何漏气情况发生；时刻测试产品表面温度，防止发生爆聚情况。

(11) 脱模。产品固化后测试硬度，硬度值达到 80 以上时，可去除碳纤维产品上的所有辅助材料，用塑料三角锲从产品边缘塞入，撬松后产品脱模取出制件，注意不要损坏模面和产品表面。

(12) 后加工。脱模后，按产品边缘线用气动切割机和气动打磨机进行余量切割、打磨修边处理。

5. 碳纤维复合材料电动车连接装配

正确选择连接方式，要综合考虑各种使用要求，选择合适的连接方式，充分发挥其优点。好的连接结构，不但可以减轻质量，而且可以延长结构的使用寿命，以便满足各种使用要求。

考虑此项目的特点，在选择连接方式时尽量考虑规避复杂、烦琐的连接结构，以简单、有效、快速的连接方式来设计连接方案。连接方式主要选择了胶接连接方式和机械连接中的铆接连接方式。

承重及主要支撑产品间的连接采用胶铆混接。碳纤维部件在需要连接的边界附近打连接安装孔。尽量将安装点布置匀称美观，放置不显眼的位置。

非承重的覆盖件仅采用胶黏结构小部件，以此作为一个整体件，再用机械连接方式装配固定。这种方式不会对外表面及美观性造成影响，而且还有一定的装配强度。

碳纤维复合材料电动车整车主要分为 5 个步骤进行装配，具体如下。

(1) 座椅总成装配。座椅总成各零件用铆钉和螺栓进行连接，装配方案详见图 8.24。

(2) 地板总成装配。地板总成各零件采用螺栓进行连接，装配方案详见图 8.25。

(3) 地板、底盘和电器总成装配。地板、底盘及电器总成各零件采用螺栓进行连接，装配方案详见图 8.26。

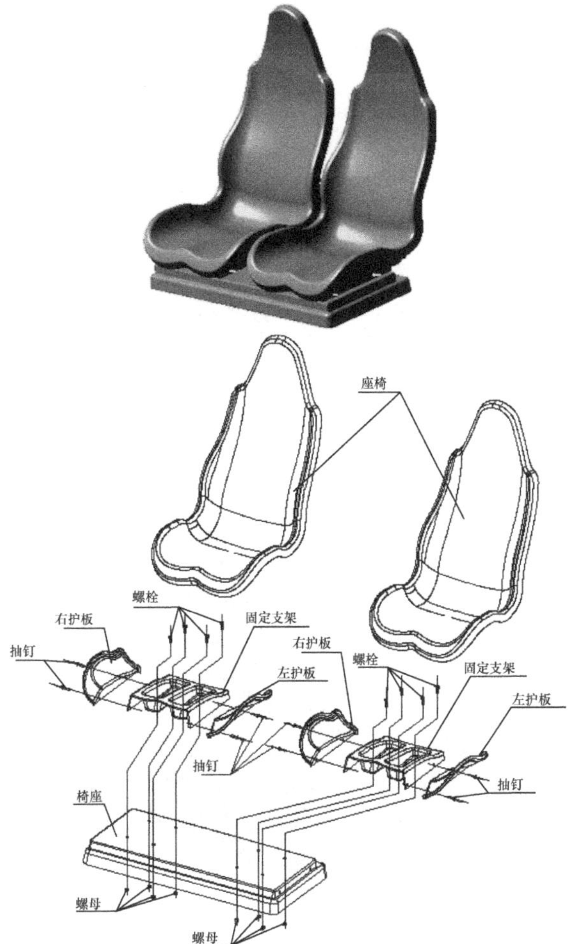

图 8.24　座椅总成及装配爆炸图

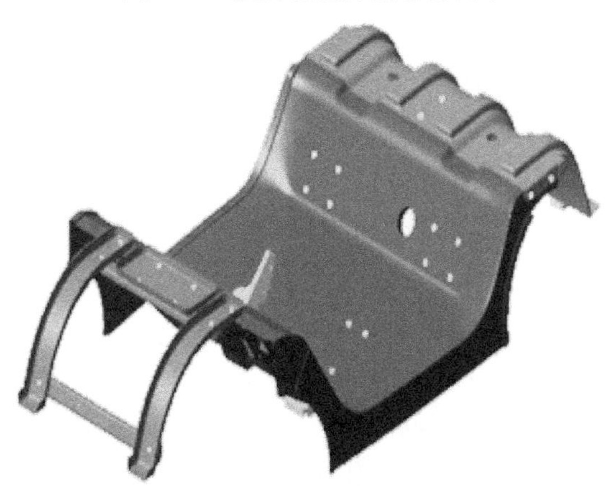

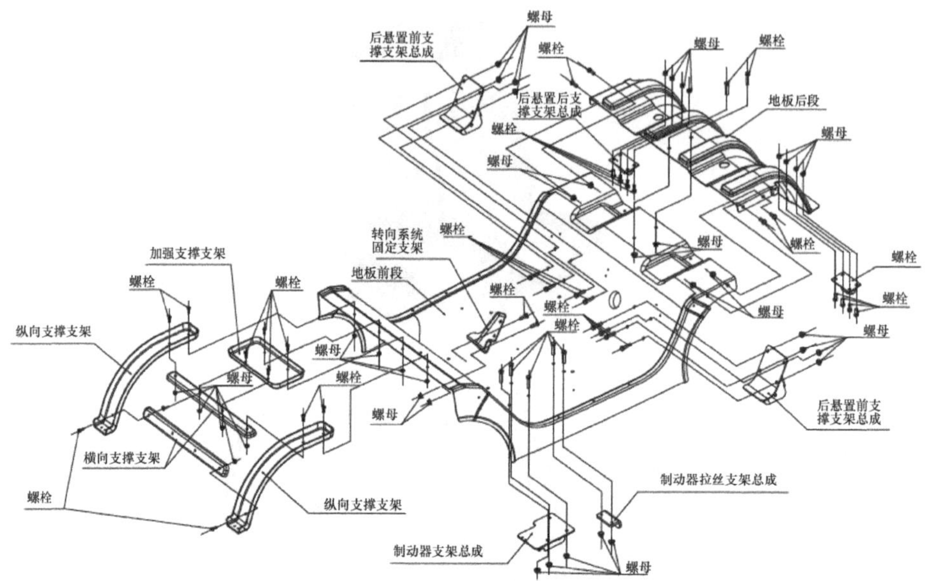

图 8.25　地板总成及装配爆炸图

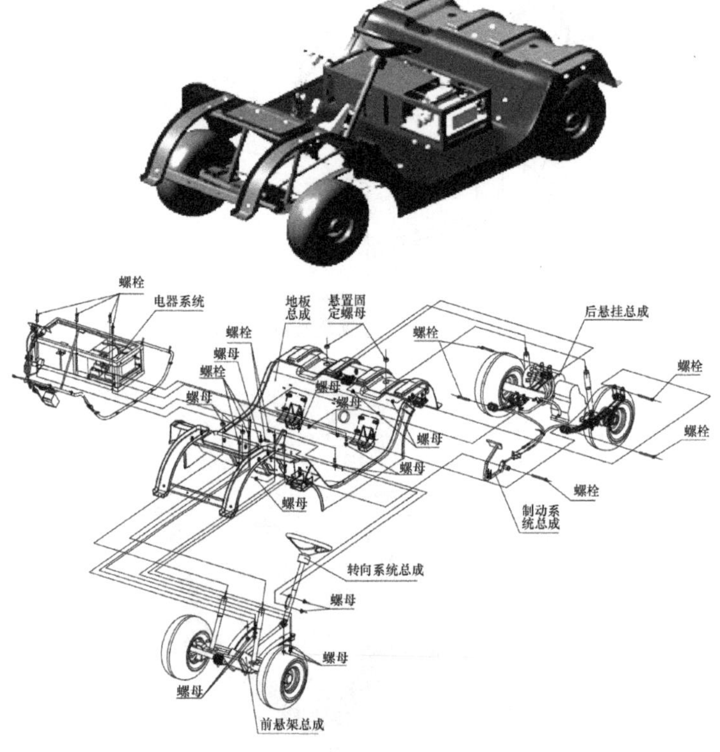

图 8.26　地板、底盘和电器总成及装配爆炸图

(4) 前后围、座椅、地板、底盘和电器总成装配。前后围、座椅、地板、底盘及电器总成各零件采用铆钉进行连接，装配方案详见图 8.27。

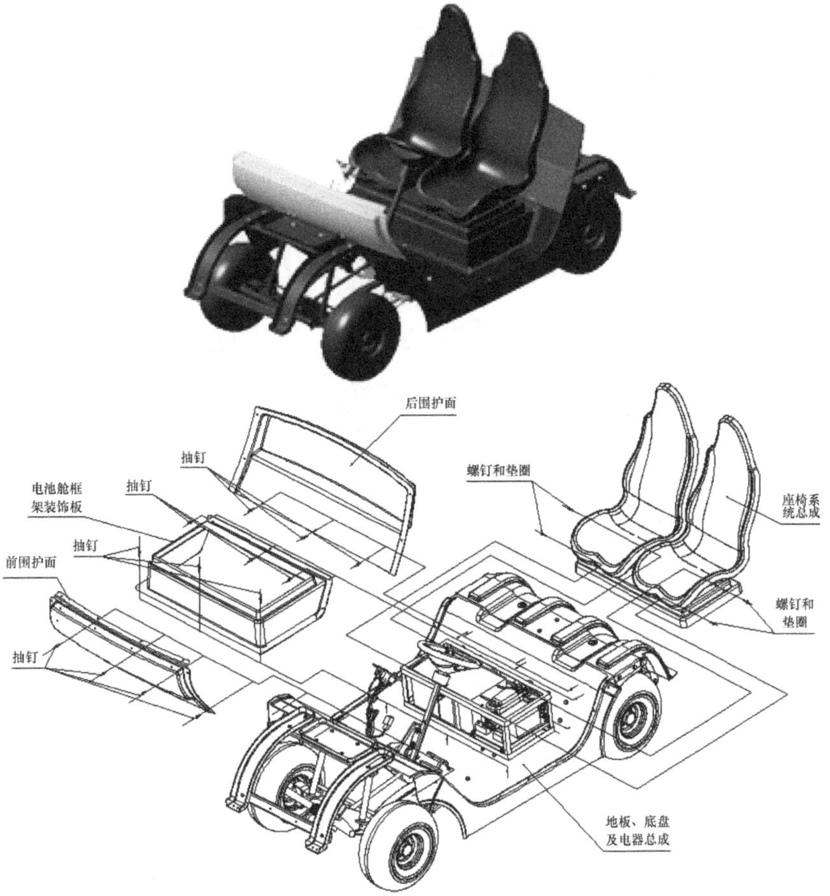

图 8.27　前后围、座椅、地板、底盘和电器总成及装配爆炸图

(5) 整车总成装配。整车总成各零件采用铆钉进行连接，装配方案详见图 8.28。

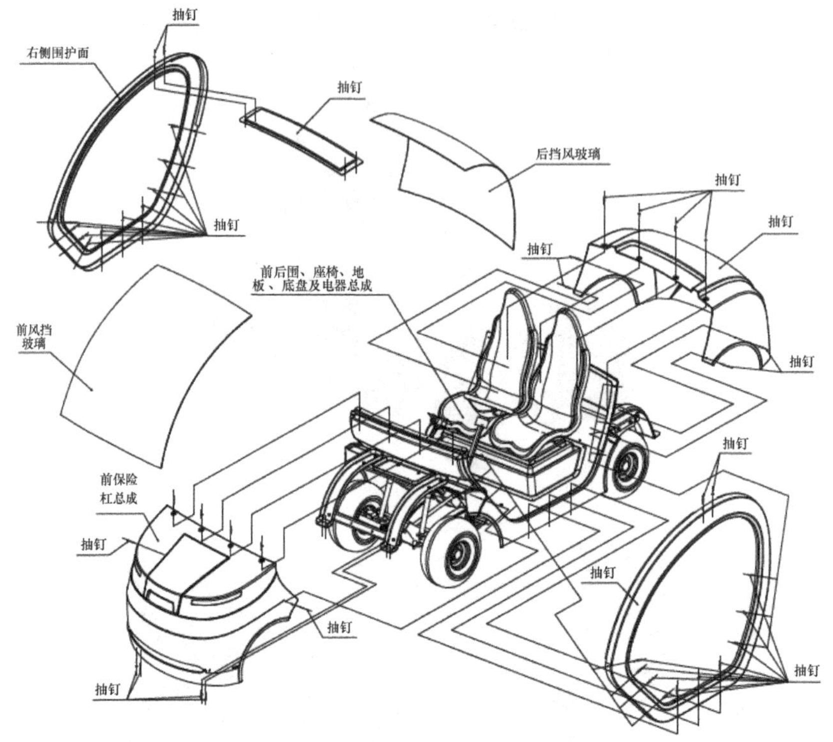

图 8.28　整车总成及装配爆炸图

最终连接装配后的碳纤维复合材料电动车如图 8.6(c)所示。

8.3　碳纤维复合材料无人机轻量化应用技术

无人机(unmanned aerial vehicle，UAV)是一种不用搭载人员的空气动力飞行器，能够自动飞行和远程引导，能够回收也可以一次性使用，在民用领域已经成功用于灾情巡逻、环境监控、空中摄影、森林防火和气象观察等，在军事领域已经发展到军事侦察、空中力量压制、电子战及纵深拦截的无人作战系统，作为新型航空武器将会成为空中作战的主导力量[7]。由于无人机只有机毁，没有人亡，所以发展非常迅速。目前型号已超过 300 余种，预计到 2020 年将会发展到 30 万架，成为今后飞行器发展的方向之一。

无人机机体设计的关键环节是结构形式与材料选择，合理的结构形式是无人机结构满足设计要求的前提。无人机机体结构设计的优势是不需要考虑飞行过程中人的生理承受能力，也不需要考虑人的生存性而对隐身及抗弹伤能力的结构和材料作特殊考虑，只需要考虑无人机的机体结构性能可以确保安装技术先进的机载设备[7]。

减重是无人机机体设计永恒的主题，相比铝型材和钢材，碳纤维复合材料独特的轻量化效果也使其成为无人机轻量化的主流趋势，这就意味着可以延长航行时间或者加大任务载荷。目前世界上先进无人机的碳纤维复合材料用量一般占机体结构总重的 60%～80%，甚至达到 90%以上，无人机机体结构减重可达 30%～35%。碳纤维复合材料可以根据无人机的强度和刚度要求进行优化设计，满足无人机机身、机翼等部件整体成型这一特点。同时复合材料的树脂基体具有的耐腐蚀性能可以使无人机能够长时间用于恶劣环境，易维护、易修理[8]。

目前我国碳纤维复合材料进入大飞机结构的速度相对国外大飞机结构的应用显得非常缓慢。但在各类型无人机结构研发过程中，却得到了各方的一致认同，并得到大量使用，已经成为许多机型的主体材料[9]，这对无人机结构轻量化、小型化和高性能化起到至关重要的作用。下面依照过去参与的工作，结合现在的碳纤维复合材料制造条件，介绍无人机机身轻量化技术。

8.3.1　复合材料无人机机体设计技术

1. 无人机用碳纤维复合材料结构单元分析

该型号无人机属于小机型，飞行过程中承受的载荷较低，结构设计便于大量采用轻质的碳纤维复合材料及其夹层结构，并力求结构简练以降低制造费用。

该型号无人机的机体主要采取 Nomex 蜂窝夹层结构，基本构成形式如图 8.29 所示。

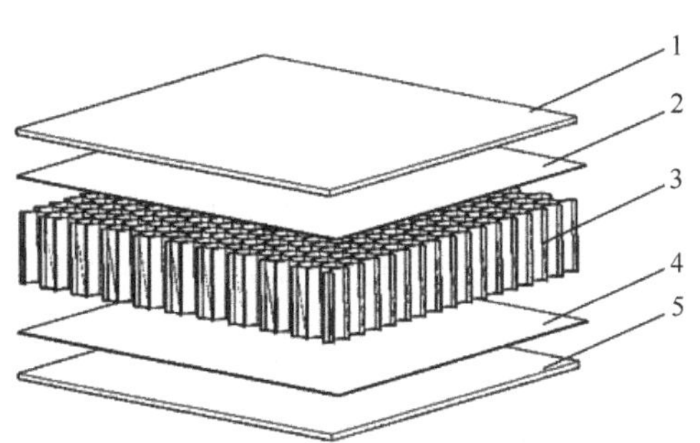

图 8.29　夹层结构的构成图

1-面板；2-板芯胶；3-Nomex 蜂窝芯；4-板芯胶；5-面板

这种夹层结构由是由强度很高的碳纤维复合材料内外面板和强度较低的轻质夹芯材料组成的，具有重量轻、弯曲刚度与强度大、抗失稳能力强、耐疲劳、吸音和隔热等优点。上下面板承担主要的拉应力和压应力，芯材主要承担剪应力。芯材连接上下面板使之成为整体构件，使薄面板在承担较高拉压应力时不发生屈曲，并将剪切力从面板传向内板。能否使面板与芯子起到整体作用，充分发挥夹层结构的高比强度、比刚度的特点，取决于面板、芯子、板芯胶接三者的性能。

由于夹层结构良好的抗弯刚度能够很好地协调其失稳临界应力水平和静强度许用应力水平，所以无人机可以依据静强度设计。无人机夹层结构外面板设计为两层碳纤维布的层压板，承受面内载荷和翼面气动力。芯材的选择考虑了减轻重量及成型的工艺性，选取小孔格低密度的 Nomex 蜂窝；内面板设计为一层碳纤维布的面板，很薄且由于成型过程中受蜂窝孔格的影响很不平整。面内静强度仅考虑外面板的承载能力，蜂窝和内面板则依据稳定性来设计。

无人机复合材料机体结构中的承力梁、墙，设计成复合材料层压板制件，翼肋采用航空层板及其夹层结构。考虑复合材料整体成型工艺的特点，机体的夹层结构蒙皮与承力梁、墙、翼肋设计成复合材料共胶接翼面，即将承力梁、墙、翼肋的成型与夹层结构内面板的胶接同时完成。这样就可以省去部件的胶接装配，对于减轻无人机的重量、减少工艺流程、改善部件的装配质量，效果都相当不错。

2. 基于复合材料的无人机机体设计

无人机复合材料结构设计要求结构简练，尽可能将多个零部件设计为一个整体结构，大幅减少连接件和紧固件，进而减轻结构重量和因装配造成结构应力集中区域的数量，简化机体结构的维护和修理；采用整体结构设计可以简化飞机的传力关系，易于传力合理[8]，保证结构强度和刚度特性的连续性，易于对结构设计进行整体调整和改进。在兼顾复合材料的成型工艺的同时实施整体结构设计可以使结构更精确。

我们在某型号无人机机体的研制过程中，对全部机体部件采用了碳纤维复合材料及其夹层结构进行设计，并将整体共固化、共胶接思路贯穿于整个设计过程。

该型号无人机碳纤维复合材料机体部件包括机身、机身口盖、机翼、副翼、垂尾、平尾和尾撑共七个部件。无人机外形简图如图 8.30 所示。

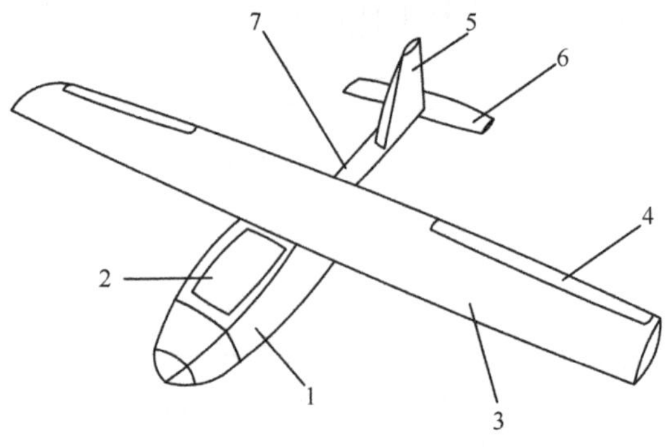

图 8.30　无人机外形简图

1-机身；2-机身口盖；3-机翼；4-副翼；5-垂尾；6-平尾；7-尾撑

无人机碳纤维复合材料机体部件具体设计方案如下。

1）机身结构

机身是无人机的躯干，用于搭载设备、安装发动机，并承担有效载荷。机身结构由四根纵向承力 Ω 形梁、机身蒙皮和八个平行排列的横向加强框肋组成，截面如图 8.31 所示。承力 Ω 形梁为复合材料层压板结构。机身蒙皮采用复合材料内、外面板，中间夹芯的夹层结构，夹芯材料为 Nomex 蜂窝。加强框肋采用复合材料夹层结构，夹芯材料选用航空层板。四根 Ω 形梁与蒙皮采用胶接方式进行装配连接，加强肋框用于支撑机身剖面形状，并起传递集中载荷的作用。

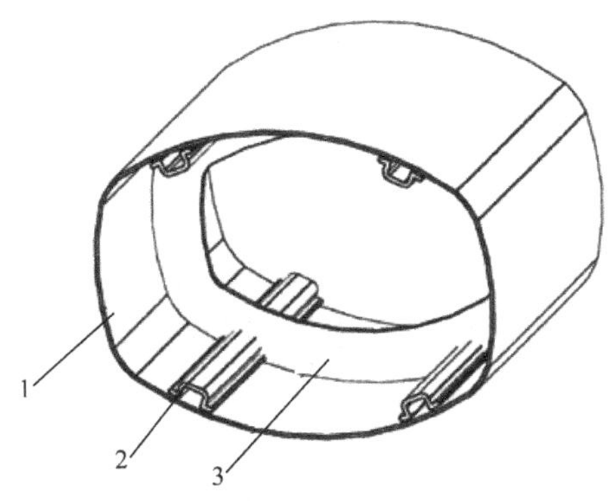

图 8.31　无人机机身结构简图

1-机身蒙皮；2-Ω 形梁；3-加强框肋

2）机身口盖

机身口盖为机身蒙皮上的分离件，材料的结构形式与机身蒙皮相同，为碳纤维复合材料上下面板、中间夹芯的结构，夹芯材料为 Nomex 蜂窝。口盖的厚度也与此处的机身蒙皮相同。机身口盖与机身采用活扣螺栓连接，可以重复拆卸。机身口盖截面如图 8.32 所示。

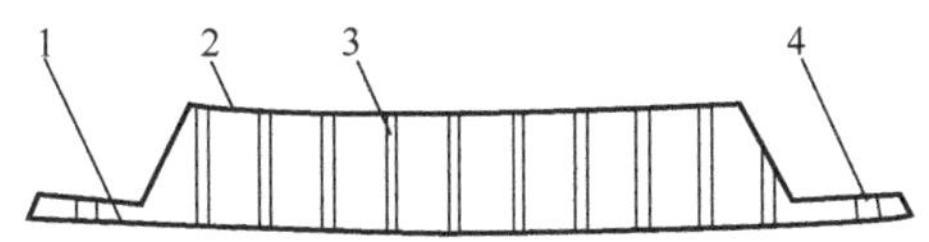

图 8.32　无人机机身口盖截面图

1-口盖外面板；2-口盖内面板；3-Nomex 蜂窝芯；4-螺栓孔

3）机翼结构

机翼是无人机的主升力面，左右对称，连接在机身上，承受气动力载荷，产生无人机飞行所需的上升力。机翼采用碳纤维复合材料夹层结构可以确保足够的强度、刚度和较轻的重量，通过模具成型能够得到光滑流线、准确的外形，从而可以提高无人机的结构效率，改善气动弹性特性和控制特性。

无人机机翼由上、下蒙皮，前、后 U 形梁和 16 个横向翼肋组成，其外形图如图 8.33 所示。机翼弯曲和剪力载荷主要由前、后 U 形梁来传递，扭矩由上、下蒙皮和前、后 U 形梁组成的结构来传递。横向翼肋支撑蒙皮和梁腹板并传递局部集中载荷，机翼横向截面图如图 8.34 所示。

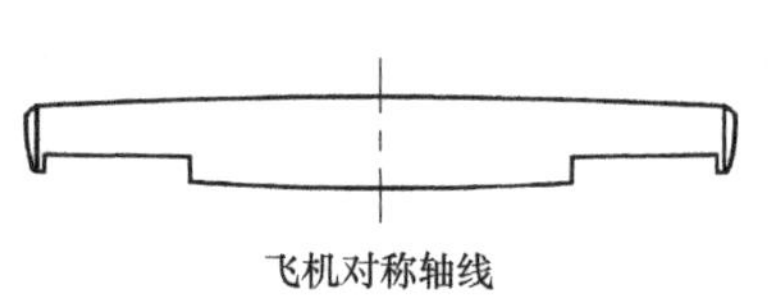

图 8.33　无人机机翼外形图

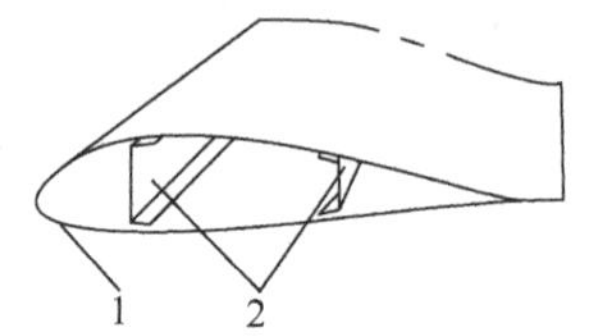

图 8.34　无人机机翼横向截面图

1-机翼蒙皮；2-U 形梁

蒙皮主要承受剪应力，成型材料采用碳纤维复合材料内、外面板，中间夹芯的夹层结构，夹芯材料为 Nomex 蜂窝。翼肋采用碳纤维复合材料夹层结构，夹芯材料选用航空层板。

前、后 U 形梁采用预先成型的碳纤维复合材料层压板结构，梁、翼肋与上、下蒙皮均采用胶接的方式进行装配，简化了装配工序，避免使用紧固件装配需要开制装配孔。

4）副翼结构

副翼尺寸较小，其外形如图 8.35 所示，内部需要固定转动轴金属部件，因此选用泡沫夹层结构。这种结构由内部填充硬质聚氨酯泡沫的上下蒙皮和两根翼肋组成，其横向截面图如图 8.36 所示。载荷主要由蒙皮来传递，硬质泡沫芯起支撑作用。蒙皮设计为只有一层碳纤维布层的复合材料面板，在泡沫芯的密集支持下，可以既承受正应力，又承受剪应力。翼肋为航空层板，主要起定位金属转动轴的作用。

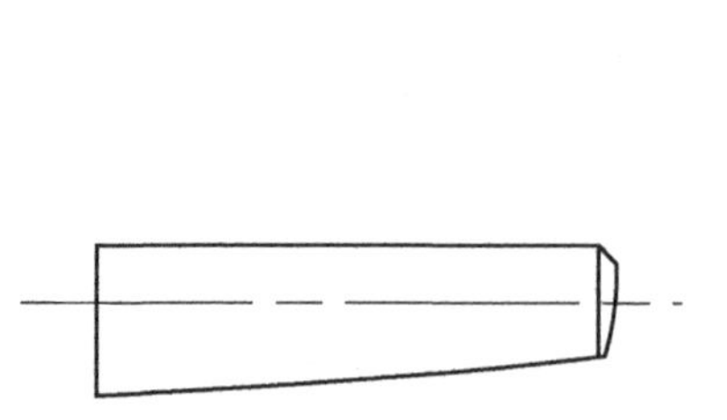

图 8.35　无人机副翼外形图

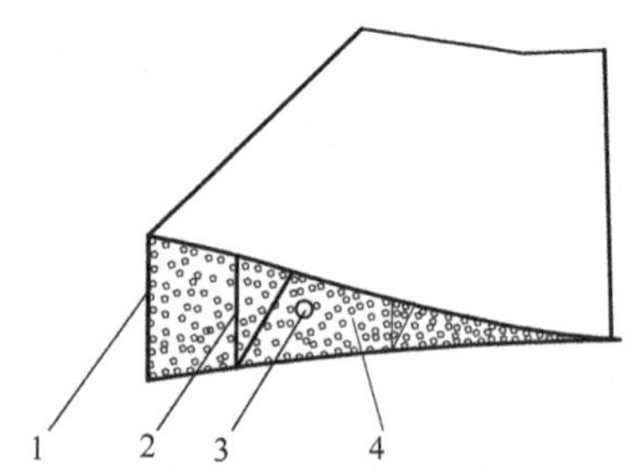

图 8.36　无人机副翼横向截面图

1-蒙皮；2-翼肋；3-转轴；4-聚氨酯泡沫

5）垂尾结构

垂尾横向尺寸较小，选用泡沫夹层结构。这种结构直接由内部填充硬质聚氨酯泡沫的上、下蒙皮构成。载荷主要由蒙皮来传递，硬质泡沫芯起支撑作用。蒙皮设计为单层碳纤维布层的复合材料面板，在泡沫芯的密集支持下，可以既承受正应力，又承受剪应力。

6）平尾结构

平尾由上、下蒙皮、墙和 4 根翼肋组成。其横向截面图如图 8.37 所示。弯曲载荷主要由蒙皮传递，剪切载荷由墙传递，扭矩由蒙皮和墙组成的结构来传递。翼肋支持蒙皮翼面并传递局部集中力载荷。在这种结构中，蒙皮既要承受正应力，又要承受剪应力，因此设计为可承受面内正应力的复合材料夹层结构，夹芯材料为 Nomex 蜂窝。墙为复合材料夹层结构，夹芯材料选择航空层板。翼肋材料为航空层板。

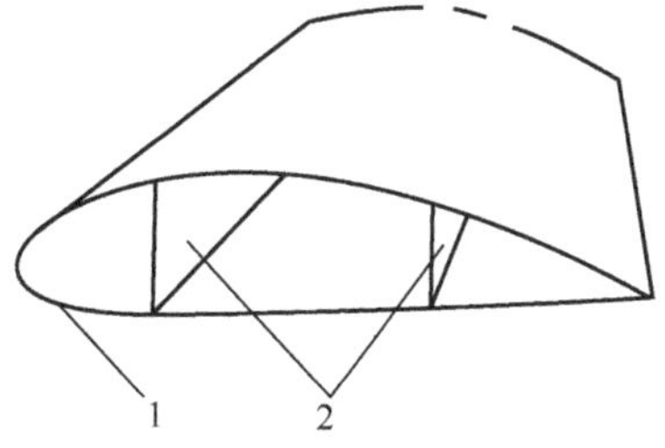

图 8.37　无人机机翼横向截面图

1-平尾蒙皮；2-支承墙

7）尾撑结构

尾撑是连接机翼与尾翼的受力构件。起着将尾翼上所有载荷传递到机翼的作用。承力形式类似于悬臂梁，需要承受双向剪力、双向弯矩和扭矩，因此尾撑采用碳纤维复合材料圆管，如图 8.38 所示。这种圆管采用拉挤缠绕的方式制造，即可以生产较长的管件再按设计尺寸进行截取。

图 8.38　无人机尾撑结构图

3. 无人机碳纤维复合材料设计分析

1）结构设计分析

碳纤维复合材料可以使结构具备良好的疲劳性能。因此，结构设计分析主要进行结构静强度分析和稳定性分析，在设计中采用工程计算方法是非常有效的。

2）结构静强度分析

结构静强度分析计算依照工程梁理论进行。结构强度通过许用应变来控制，结构刚度按变形要求来控制。

3）蒙皮稳定性分析

蜂窝夹层结构蒙皮的稳定性设计计算均可按照复合材料设计手册中的相应方法进行。泡沫夹层结构蒙皮的稳定性则需通过挠曲率方程和能量法分析和计算。

4）承力梁稳定性分析

承力梁的总体失稳临界应力一般按照欧拉杆形式计算。但由于在无人机结构中，承力梁与蒙皮通常是胶接，得到了蒙皮的支持，用欧拉杆形式计算出的失稳临界应力是偏保守的[9]。

8.3.2 复合材料无人机部件制造技术

碳纤维复合材料的成型工艺方法很多，选择成型工艺主要考虑部件的结构特点、现有的成型设备和制造成本等。该型无人机复合材料部件的结构特点包括五种：复合材料层压板结构、蜂窝夹层结构、泡沫夹层结构、航空层板夹层结构、管件结构。我们拥有较为齐全的碳纤维复合材料成型设备和检测设备，同时在模具的设计制造、部件的成型技术与装配方面尽量采用低成本方式。

无人机碳纤维复合材料部件的碳纤维选取东丽 T300 长纤维以及碳纤维编织布，基体材料选取中温固化的高性能环氧树脂体系，蜂窝材料为美国 Plascore 公司提供的 Nomex 蜂窝。泡沫夹芯材料为低密度高强聚氨酯泡沫，由主材料聚醚和异氰酸酯所组成的混合液体发泡制成。

根据无人机复合材料机体部件的不同特点分别采取相应的成型工艺。下面结合部件的制造分别进行介绍。

1. 热压罐成型工艺

机身内的 Ω 形梁、机翼 U 形梁为承力杆件，采用碳纤维复合材料层压板结构。为了得到密实的内部质量，采取热压罐成型工艺。首先要将碳纤维和环氧树脂制成预浸料，再进行严格的铺层工序。

1）预浸料的制作

材料：增强材料　碳纤维 Toray T300-3000-40B。

　　　基体材料　环氧树脂中温固化体系。

设备：PBJ-04 热熔法滚筒排布机。

我们采用的碳纤维排布机（图 8.39）是在传统溶液法排布机上进行了改型，增加树脂加温装置，使之具备溶液法和热熔法两种制造无纬布预浸料的功能。由于无人机碳纤维复合材料所用的高性能环氧树脂常温下为固态，所以选用热熔法，先将环氧树脂制成小块，放入胶槽中加热到熔融状态，至适宜的黏度后，开启设备，使单束碳纤维浸渍熔融的环氧树脂后，缠绕在大直径滚筒上形成无纬布。

图 8.39　PBJ-04 热熔法滚筒排布机

采用熔融法制备的无纬布，不含溶剂，能有效降低层压板的孔隙率，提高产品质量。无纬布中的碳纤维互相平行，在铺层时可以对纤维的铺放角度进行精确控制。纤维平直无屈曲，增加了纤维的力学性能。

熔融法制备预浸料时最关键的质量指标是控制预浸料的含胶量。预浸料的含胶量 R 取决于产品的含胶量 R_0 和产品在热压罐中固化时的流胶量 X。预浸料的含胶量、产品含胶量、流胶量存在下列定量关系：

$$R=1-(1-X)(1-R_0) \tag{8-1}$$

复合材料拉伸性能测试结果表明，无纬布含胶量和复合材料含胶量分别控制在(40±2)%和(32±2)%时，复合材料具有最佳力学性能。

2) 成型工艺流程

(1) 模具准备。

热压罐成型模具要求模具材料能够在制品成型时的高温高压下保持尺寸稳定，并考虑模具的成本、机械加工性和导热系数等因素。成型无人机复合材料梁、墙的模具选择铝合金模。模具为凹模，模面打磨平滑，并做抛光处理。模具表面粘贴一面带胶的聚四氟乙烯脱模布，该材料的脱模效果好，触模面与机体蒙皮胶接时不需要清理脱模剂。

(2) 预浸料裁切与铺叠。

在自动裁布机(图 8.40)的桌面上平铺无纬布，需控制好纤维裁切的实际方向，一般与设计要求不超过±1°。使用自动裁布机进行裁切时要防止布层移动，以免造成角度偏差。

布层在模面上铺叠时要严格按照设计的铺层顺序和方向进行手工铺叠，并尽量将预浸料展平压实以排除层间空气。

图 8.40 自动裁布机设备

(3) 真空袋系统制作。

真空袋系统制作需要采用的辅助材料包括真空袋膜、密封腻子条、带孔隔离膜、吸胶材料、透气毡、铁氟龙脱模布。按图 8.41 所示将坯件与辅助材料组合成真空系统。吸胶层的用量要精确计算,装袋后系统要进行真空检漏,停止抽气后保压 10min 以上,在真空度不下降的情况下,闭合热压罐门。

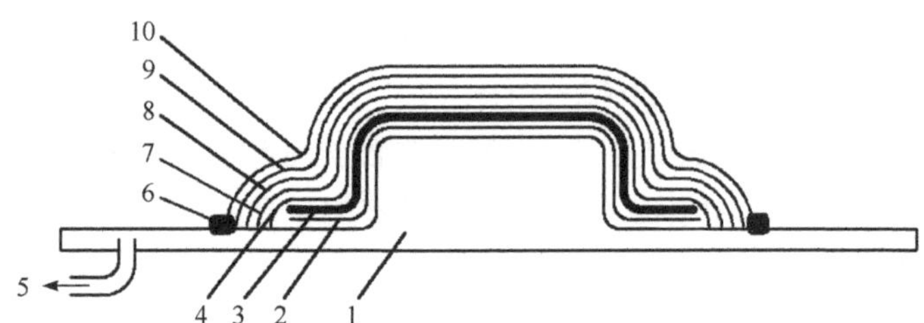

图 8.41 真空袋组合系统

1-成型模具;2-带胶脱模布;3-预浸料叠层;4-带孔脱模布;5-真空管路;6-密封腻子条;7-吸胶层;8-带孔隔离膜;9-透气毡;10-真空袋膜

(4) 部件成型与加工。

按环氧树脂的固化工艺参数设定温度-时间、压力-时间曲线,运行程序升温固化。本型号无人机采用的是中温固化体系,其优点是成型温度低、成型周期短、制件内应力小、尺寸稳定性好、抗断裂韧性高,同时可以显著降低能耗和制作成本,提高生产效率。

部件固化完毕后热压罐(图 8.42)内温度降至 50℃以下方可出罐。部件随模冷却至常温后再脱模,以防止部件内部残余应力造成变形,部件按边缘线进行切割加工。

图 8.42　热压罐设备

(5) 质量检测。

为确保热压罐成型部件的内部质量,采用超声波 C 扫描仪(图 8.43)进行无损探伤检测。超声波 C 扫描可以检测复合材料内部的气孔含量、夹层、分层、疏松等缺陷及厚度和纤维含量、纤维取向等。在做复合材料的 C 扫描检测时,超声换能器和试件放在水槽中,用水作耦合介质,回波经门电路返回,保证只有来自复合材料的回波得以通过,可以选定一个幅度阈值,如果回波幅度在阈值之上即判定为不合格区域;在阈值之下,则可判定为合格区域。换能器连接在机械装置上,可以在整个试件上方运动。C 扫描图像可以提供试件表面之下特定深度的限幅平面图。

图 8.44 是超声波 C 扫描显示系统。进行 C 扫描操作时,超声检测装置配备按选定的周期从接收到的回波取样的电子选通电路,于起始的发射脉冲之后在选定的活动时间开始工作,选定的活动时间与测试件的检测限幅顶部至深度间的距离成正比,选通电路断开的时间长短与检测限幅的厚度成正比。当与大孔径聚焦换能器一起使用时,C 扫描系统能产生良好不连续分辨的详细记录。C 扫描显示的明显缺点是在给定的深度范围内产生不连续性的二维平面视图,所以要逐步加大深度反复扫描,否则难以提供另一深度的信息。

在层合板检测中,把鉴别器等级调节到最小和最大信号幅度间的中间位置,能够用超声波 C 扫描方法检测出纤维的取向错误。检测分层、黏合缺陷、气孔和杂质时,可以在灰度色调图形中得到缺陷显示。在一定条件下可以检测纤维的厚度偏差,但试件表面的平整度和平等度、换能器的阻抗匹配、入射角和耦合状况因素

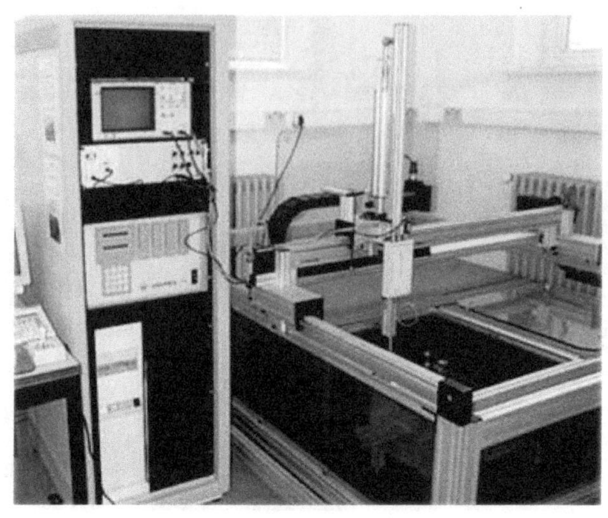

图 8.43　超声波 C 扫描仪

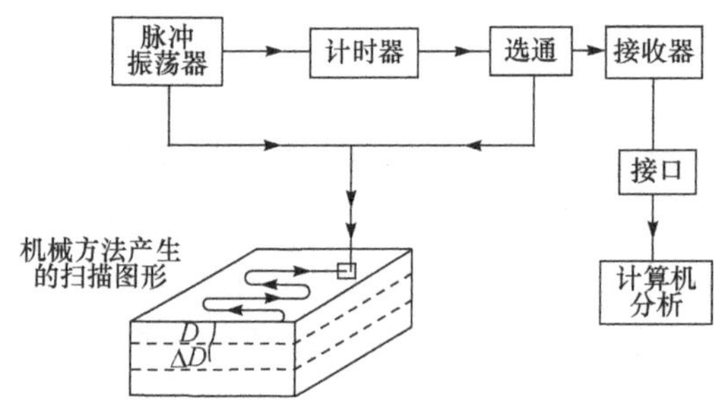

图 8.44　超声波 C 扫描显示系统[10]

都会对检测结果产生影响[10]。

2. 真空袋压成型工艺

蜂窝夹层结构作为一种特殊的多孔复合材料，其性能及制造工艺的研究迄今已有半个多世纪的历史了。因其具有比强度和比刚度较高、电绝缘好、导热系数小、透波率高、隔振、耐冲击等一系列优点，已成为航空、航天、船舶、铁路、汽车、建筑等领域不可缺少的材料之一。我们制造的无人机，重量轻、机动性能好，搭载的设备性能先进，在军事和民用领域具有广泛的用途。其机身、机翼、尾翼蒙皮全部都采用蜂窝夹层结构。这种蜂窝夹层结构由碳纤维复合材料内、外面板和 Nomex 蜂窝芯组成。其中内、外面板成型材料仍然采用自制的碳纤维/环氧预浸料，由于内、外面板设计非常薄，只有两层无纬布的厚度，环氧树脂为中温固化体系，因此适合采用真空袋压成型工艺，并且能够采用共固化、共胶接技术。

1) 蜂窝夹层结构的特点

蜂窝夹层结构简图如图 8.45 所示，内、外面板为 0.25mm 厚的碳纤维复合材料薄板件，夹芯为片切的等厚 Nomex 芯。这种夹层结构的力学性能不仅取决于面板、芯材的自身性能，还取决于面板与芯材的胶接性能，同时成型工艺对制件的综合性能贡献也很大。因此，采用真空袋压成型工艺需要同时解决以下四个技术问题：

(1) 预浸料低压成型制件表面质量控制措施。

(2) 夹层结构材料的选择，以及整体力学性能。

(3) 碳纤维复合材料面板与 Nomex 夹芯界面的黏结性能。

(4) 夹层结构制件的重量控制[11]。

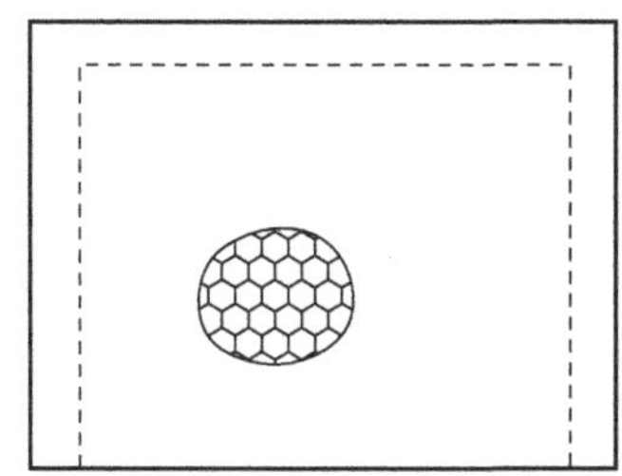

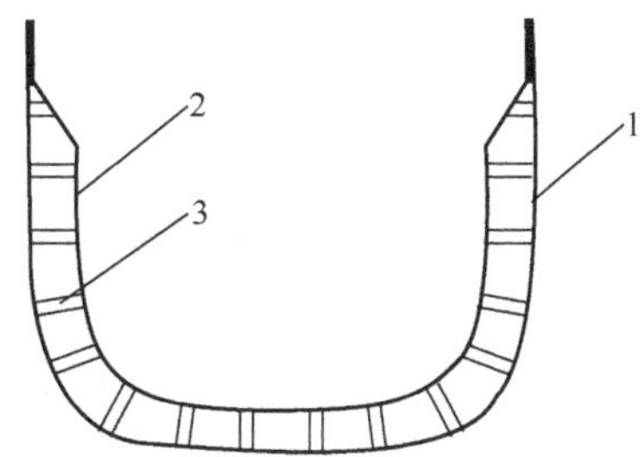

图 8.45　蜂窝夹层结构
1-外面板；2-内面板；3-蜂窝芯

在材料选择上，兼顾无人机部件的性能要求和上述四个真空袋压成型工艺的技术问题，确定了以下材料的选择：

(1) 阻燃表面胶衣(颜色可调)。

(2) 碳纤维预浸料无纬布 $\delta=0.125$mm，含胶量(40±2)%。

(3) Nomex 芯材：芳纶纸蜂窝，预浸酚醛胶，孔格尺寸 1.83mm，$\delta=5$mm，$\rho=48$g/cm^3。

(4) 板芯胶膜 SY-24C。

2) 成型工艺流程

(1) 模具准备。

在研发阶段，为了缩短模具制造周期、降低价格，成型模具采用玻璃钢模具，模具表面进行水磨抛光处理。为了确保模具在中温 130℃左右使用时不变形，玻璃钢模具的厚度达到了 20mm 以上，同时用钢架在模具背面进行加固。模具表面清理干净后，先在周边贴上一圈密封腻子条，再在模面上手工涂覆液态脱模剂，如果先涂脱模剂，会造成密封腻子条与模面粘贴不牢。

(2) 阻燃胶衣喷涂。

为了控制部件的重量，蜂窝夹层结构面板很薄，如果采取成型后再喷涂漆处理，必须将外面板进行打磨，除去上面的残留脱模剂，这对薄壁面板的质量容易造成损伤。采用抽真空的方法进行加压固化成型，在抽真空的过程中，外面板紧贴模面，等真空卸压脱模后，由于蜂窝格内外的压力不同，会在薄壁外面板上形成蜂窝格凹痕。采用普通喷漆方式，为了控制重量，不能使用普通的刮腻子方式处理，即使对漆层进行加厚处理，漆层表面蜂窝格也难于完全消除。因此，工艺上采取在模具上直接喷涂表面阻燃胶衣的方法代替表面喷漆。

先将阻燃胶衣按制件要求进行调色，胶衣的用量一次要足够，否则容易引起色差。将胶衣树脂、固化剂、稀释剂按配方精确衡量后混合，并搅拌均匀，此时的胶衣具备适合喷涂的黏度，倒入手提喷枪壶中进行喷涂。胶衣层喷涂的厚度控制在0.15～0.2mm，这样胶衣层在保证全部盖住蜂窝凹痕的情况下，部件的重量能得到控制。

(3) 外面板成型。

胶衣在模面上喷涂后常温放置，待其凝胶后开始在模面上铺放两层预先裁剪好的碳纤维无纬布，然后直接铺放抽真空体系。如图 8.46 所示，辅助材料的铺放顺序依次为脱模布、吸胶材料、隔离膜、透气毡、真空袋膜。装袋完成后进行真空检漏，确认无误后，将模具推进大烘箱，升温进行第一次固化成型。

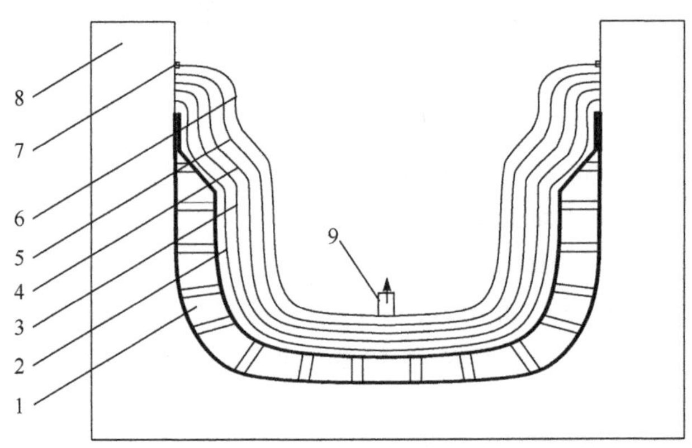

图 8.46 真空袋组合系统

1-夹层结构部件；2-脱模布；3-吸胶材料；4-隔离膜；5-透气毡；6-真空袋膜；7-密封腻子条；8-模具；9-抽气管路

固化参数：温度为 125℃，保温时间为 2h，压力为真空负压 0.09MPa 以上。

为了控制碳纤维复合材料的含胶量，吸胶材料的用量要按下式精确计算：

$$W_s = W_p \cdot 40\% - W_p \cdot 32\% / X_s \tag{8-2}$$

式中，X_s 为吸胶材料单位重量的吸胶量；W_s 为吸胶材料的重量；W_p 为外面板预浸料重量。

外面板必须先进行单独固化成型，使其所有面积都能受到真空压力，如果铺放了蜂窝，再通过蜂窝芯材给外面板传递压力，会造成蜂窝壁处压力大、蜂窝孔格中和蜂窝侧壁处压力很小的现象，对夹层结构承力外面板的成型质量造成严重影响。

表面胶衣与外面板预浸料在烘箱中共固化一体成型，提高了两者之间的结合力。胶衣可以遮盖外面板的蜂窝凹痕。富树脂表面层也填补了预浸料在非热压罐低压成型过程中触模面出现纤维间缺胶的情况，使其外表面光滑平整，提高了机体部件的表面质量。

使用胶衣不仅可以替代部件表面二次涂装工序，减轻机体部件的重量，还能通过选用阻燃胶衣提高部件的阻燃效果。

(4) Nomex 蜂窝芯铺放。

按照部件的厚度选择等厚度的蜂窝芯片材，由蜂窝制造厂片切好后直接提供，Nomex 蜂窝芯的密度对力学性能影响很大，因此要选择密度、色泽均匀的片材。蜂窝芯孔格越小，弯曲柔韧性越好，所含的芳纶材质越多，价格相应要高。

外面板固化后，降至 50℃以下，除去模具上面的辅助材料后，用钢针在内表面标出蜂窝芯的铺放边缘线，此时要防止外面板在模具上发生移动。按边缘线铺放一层 SY-24C 胶膜，在胶膜上铺放 Nomex 蜂窝芯。蜂窝芯尽量选择整块进行铺放，如需两块拼接，在拼接端面要放置足够的发泡胶条，发泡胶条会受热膨胀，与预浸料和胶膜同步热压固化，将对接的两块蜂窝芯黏结成一体。这种发泡胶也可用在蜂窝芯侧边与边框骨架的胶接。

Nomex 蜂窝芯的分为 L 向和 W 向，如图 8.47 所示，沿 W 向蜂窝的柔韧性比 L 向强很多，因此蜂窝铺放时要将 L 向沿着无人机的纵向，使之能更好地贴合模面。

用铲刀将蜂窝芯周边修成 45°倒角，如图 8.48 所示，使夹层结构边缘制成 Z 形封边，以提高蜂窝封边工艺性，增强蜂窝芯与内面板的胶接强度。

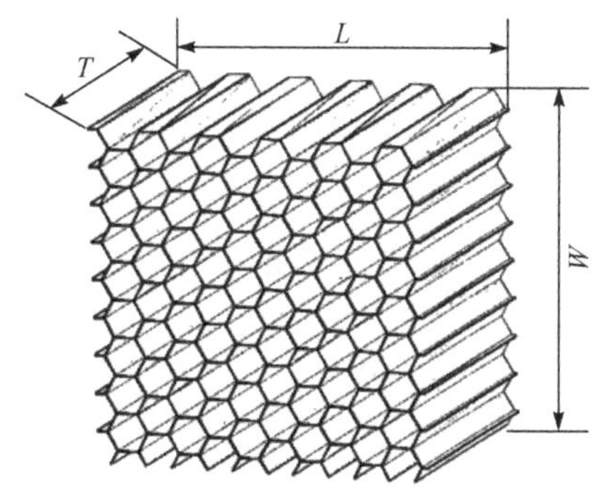

图 8.47　正六边形 Nomex 蜂窝芯

L:横向;W:纵向;T:高度

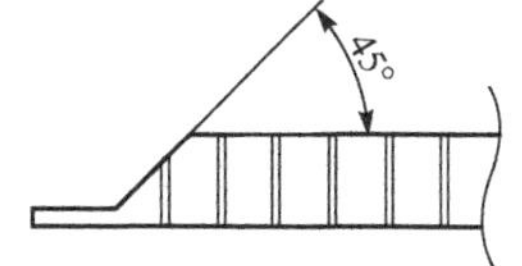

图 8.48　蜂窝边缘修剪示意图

(5) 共固化成型。

蜂窝芯铺放好后，将边缘加工的余留杂物清理干净，在上面铺贴两层碳纤维预浸料，蜂窝芯边缘外与外面板连接，铺放时要防止蜂窝芯发生移位。按图 8.46 所示再次铺设真空体系，这次不放置吸胶材料，使预浸料中一定量的基体树脂排到蜂窝中以及爬升到蜂窝壁上形成胶瘤，增加蜂窝与内面板的黏结强度。真空检漏后，将模具推进烘箱，升温进行第二次固化成型。固化完毕后，为防止热变形，部件抽真空保压并随炉冷却至室温后，停止抽真空，除去真空辅助材料，制件脱模后，进行边余料切割加工工序。

采用二步法制造蜂窝夹层结构，降低了成本。在共固化过程中，外面板采取第一步预先成型，确保了外面板的成型质量和机体部件的表面质量。外面板与蜂窝芯通过胶膜胶接，其黏结的力学性能较高，保证了外面板的承力性能。

内面板预浸料在真空压力作用下形成凹陷，其整体形状是波浪起伏的，因此其力学性能降低很大。蜂窝与内面板之间没有胶膜，与剥离强度也不是很高，但内面板与蜂窝的黏结强度能确保夹层结构的稳定性，满足部件的刚度要求。

通过面板的薄壁结构设计，对复合材料含胶量的严格控制，使整个夹层结构重量相当低，对无人机的重量控制效果极佳。

真空袋压法成型工艺具有成型简便、成本较低、制造周期短的特点，易于整体成型复杂的无人机结构件，其成型的复合材料夹层结构件，具有比强度、比刚度高的性能特点，较好地满足了无人机对结构轻量化的需要。

3. 真空灌注成型工艺

近年来，国外研制开发了真空辅助 RTM 成型技术（VARTM）。与传统的 RTM 工艺相比，其模具成本可以降低 50％～70％，使用这一工艺在成型过程中有机挥发物非常少，充分满足了人们对环保的要求，并且成型适应性好，因为真空辅助可以充分消除气泡。

真空灌注成型工艺是将干态纤维增强材料直接铺放在模具上，在纤维增强材料上铺设一层剥离层，剥离层通常是一层很薄的低孔隙率、低渗透率的纤维织物，剥离层上铺放高渗透介质，然后用真空袋包覆、密封。

树脂灌注体系如图 8.49 所示，模具用真空袋膜包覆密封，真空泵抽气至负压

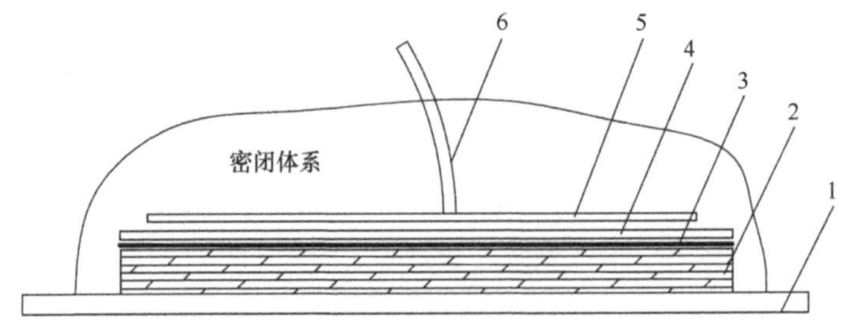

图 8.49　树脂灌注体系示意图

1-成型模具；2-结构铺层；3-脱模布；4-导流网；5-导流管；6-进胶管

状态，各种铺层如图中所示。脱模布为一层易剥离的低孔隙率的纤维织物，导流网为高渗透率的介质，导流管分布在导流布的上面。树脂通过进胶管进入整个体系，通过导流管引导树脂流动的主方向，导流网使树脂分布到铺层的每个角落，固化后剥离脱模布，从而得到密实度高、含胶量低的结构铺层。

1）真空灌注成型工艺特点

（1）采用真空灌注成型工艺，可以大大减少工人的劳动强度，改善工作卫生条件。

（2）由于整个工装系统密闭，改善了劳动条件，减少了操作者与有害物质的接触，改善了工作环境，工艺操作简单。

（3）从制品性能上来说，真空灌注可以降低制品孔隙率，有效地控制产品的含胶量，生产出来的制品受人为因素影响小，产品的质量稳定性高，重现性能好。

（4）制品的表观质量好，相同铺层厚度薄、强度高，相对于手糊成型拉伸强度提高 20%以上。

真空灌注成型工艺是一种闭模、可控、持续的工艺，纤维可以预成型，材料用量稳定，不需要太高的设备投入，就可以制造高质量的铺层和夹层结构。

成功灌注的前提是 100%气密的模具，100%密闭的系统，低黏度的树脂和合适的灌注策略、方式。

对基体树脂的要求如下。

（1）黏度低：一般 150～300Pa · s 为最佳。若黏度大，则成型制品不易均匀布满模腔；若黏度太低，则易夹带空气，使制品出现针孔。

（2）固化放热峰低：抽真空成型较大较厚的制品，若放热峰过高，局部热量不易散出，易产生焦化。

（3）固化时间：固化时间的长短应根据所制造的产品而定，适宜的固化时间有利于缩短工作周期。

（4）物理性能：所选的树脂应具有较好的力学性能，拉伸强度和弯曲强度要高，耐腐蚀性能要好，固化收缩要小。

（5）价格便宜，无毒，来源广泛。

2）真空灌注成型工艺在无人机部件上的使用

无人机机体中的加强肋、尾翼中的支承墙等部件为碳纤维复合材料两侧面板、中间夹芯为航空层板的平面板材夹芯结构。成型工艺采取真空灌注，方案为先成型大尺寸板材，再按使用形状进行切割。这种制造方式产品部件质量好、生产效率高。

在无人机的研发过程中，可将夹芯材料由航空层板换成泡沫轮廓板，成型方法不变。

3）真空灌注成型工艺流程

（1）模具准备。

成型模具可以为铝板、钢板、钢化玻璃等。我们在研发过程中，运用了平板铝模,表面进行抛光处理。模具内部配备了电加热系统,可以对加热过程进行控制。模具表面用丙酮清理干净后,在周边贴上一圈密封腻子条,再在模面上手工涂覆液态脱模剂。脱模剂采用半永久类型,涂一次可以成型部件七次以上,避免每次都进行涂覆造成脱模剂堆积而影响产品表面质量。

(2) 材料选择。

增强材料:碳纤维方格布 150g/m^2。

基体材料:环氧树脂混合后的体系黏度 300cP。

夹芯材料:航空层板,也可以采用 PVC、PET 等泡沫轮廓板。

(3) 材料铺敷。

碳纤维编织布下料时直接用剪刀顺着纤维方向进行裁剪。航空层板上有规则地开制许多 $\phi3$ 的渗胶小孔,小孔按 50mm×50mm 的尺寸进行布置。这样不仅可以提高树脂灌注效率,还可以增强面板与夹芯层板之间的胶接强度。

将碳纤维方格布平铺在平板模具上,再放上航空层板,在层板上铺敷碳纤维方格布。

用聚酯脱模布覆盖整个密封胶条圈内区域,可用少量美国 3M 公司生产的 3M 超级多用途喷胶固定。

(4) 灌注体系铺设。

在脱模布上依次铺设带孔隔离膜、导流网、导流管、抽气管路、真空袋膜。灌注体系铺设方式如图 8.50 所示。

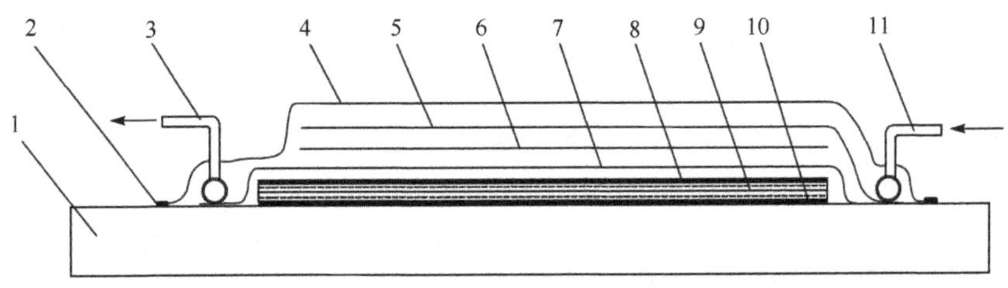

图 8.50　灌注体系铺设方式

1-成型模具;2-密封腻子条;3-抽气管路;4-真空袋膜;5-导流网;6-带孔隔离膜;7-脱模布;8-面板;9-航空层板;10-面板进胶管路;11-进胶管路

用真空泵将体系抽真空至−0.03MPa,停止抽气,调整真空袋膜,使真空薄膜无局部紧绷,特别是在进料口、抽气口、产品边缘等有高低台阶的地方。手动调整真空袋内各辅助材料的位置。

真空体系调整好后,将体系抽真空至−0.1MPa,检查体系的气密性;然后关闭真空泵,保压 10min 真空度不下降可进行灌注工序。

(5) 灌注成型。

准备好足够数量的树脂和固化剂,按比例称取后搅拌均匀,放入脱泡箱内进行真空脱泡 10min，去除树脂混合时卷入的空气。

如图 8.51 所示，将进料管口放入树脂中，开启管路进行灌注，灌注过程中管口必须始终浸入树脂中，否则会吸入大量空气造成产品缺陷。

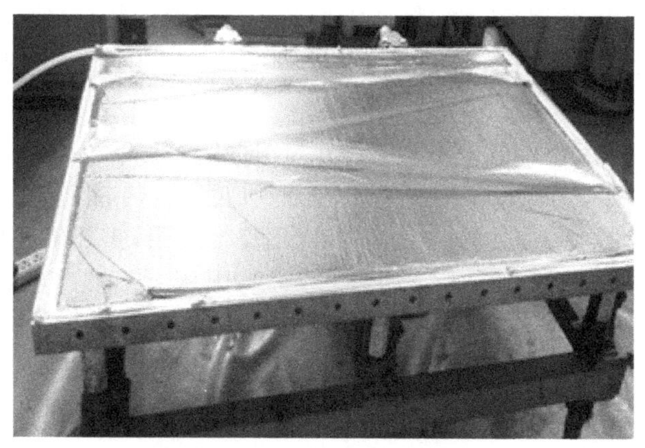

图 8.51　平板模真空灌注图

关掉进料口的时机以树脂都渗到产品零件边缘线为准。

产品灌注完成后进行固化，开启模具加热系统，温度 80℃、保温时间 60min。加热过程中，要时刻注意固化情况，不能有任何漏气情况发生；时刻测试产品表面温度，防止发生爆聚情况。

产品固化后测试硬度，硬度值达到 80 以上时可去除碳纤维产品上的所有辅助材料，用塑料三角锲从产品边缘将塞入，撬松后产品脱模取出制件，注意不要损坏模面和产品表面。

用 AutoCAD 软件绘制部件的形状，放置于水射流切割平台上进行自动切割（图 8.52），部件的尺寸精确，边缘光洁。

图 8.52　水刀设备切割产品照片

4. 泡沫夹层结构成型工艺

硬质聚氨酯(PU)泡沫塑料具有质量轻、比强度高、隔声防振、吸水率低等优点,其应用的范围已经相当广泛,将其作为夹芯材料增加复合材料夹层结构厚度,可以在重量增加很少的前提下,大幅度提高夹层结构的刚度,达到减重及增强的效果。

聚氨酯泡沫夹层结构成型工艺主要分为两种:

(1) 预制黏结法将面板和泡沫塑料芯分别成型后,再将它们黏结成整体。这种工艺要增加板芯胶黏剂的使用,为了保证胶接质量,需要对黏结面施加小于0.1MPa 的成型压力。因此,生产效率低,容易因压力不够造成脱黏,质量不易保证。

(2) 整体浇注成型法。先预制夹层结构面板,然后将混合均匀的泡沫料浆浇入面板腔内,经过发泡成型和后固化处理,使泡沫胀满腔体。浆体比计算量多5%,因为必须让浆体从所有排气孔中冲出,才能确保泡沫塑料充满整个模腔。

与 Nomex 蜂窝芯相比,硬质聚氨酯泡沫芯材不仅易于通过机械加工制成各种复杂的异形件,其数控加工成本比 Nomex 蜂窝大大降低。而且,还可以通过液态原材料浇注发泡的方式,使泡沫充满整个模具型腔,直接成型各种随模形状的部件。通过发泡工艺制作碳纤维复合材料夹层结构时,由于聚氨酯泡沫与复合材料面板具有较强的黏结力,可以省去板芯胶的使用,减轻夹层结构的重量,降低制造成本。

无人机副翼为碳纤维复合材料面板、全腔填充聚氨酯泡沫塑料的夹层结构。泡沫夹芯的截面为鱼形异形件,内部有金属转轴预埋件,适合采取液态浇注发泡,整体成型工艺。

1) 面板的制作

模具为上下两半凹模的金属组合模形式,模具上配有合模定位装置,分模面在副翼的分型面处,在分型面的两端头处开制出气小孔。用丙酮清理干净模腔后,手工涂脱模剂。

为了控制部件的重量,泡沫夹层结构面板很薄,如果成型后再喷涂处理,必须将面板进行打磨,除去上面的残留脱模剂,这对薄壁面板的质量容易造成损伤。因此,采取在模具上直接喷涂表面阻燃胶衣的方法代替表面喷漆。先将阻燃胶衣按制件要求进行调色。将胶衣树脂、固化剂、稀释剂按配方精确衡量后混合,并搅拌均匀,此时的胶衣具备适合喷涂的黏度,倒入手提喷枪壶中进行喷涂。胶衣层喷涂的厚度控制在 0.15～0.2mm。

待胶衣凝胶后,在上面铺敷一层碳纤维斜纹布预浸料,斜纹布的贴模铺敷性比平纹好。预浸料为现场制作,将裁剪好的斜纹布平铺在玻璃台面上,用刮板将环氧胶刮透斜纹布。环氧树脂选用80℃固化的低温固化体系，为控制含胶量，环氧树脂用量经过计算后再精确称量。

碳纤维斜纹布预浸料铺完后，修去产品边缘线外的余料，将模具放入烘箱中加热至30℃取出。

2）聚氨酯发泡成型

按以下配方称取各组分，搅拌10s，均匀后倒入模腔内，将上下模具进行合模夹紧，物料在模腔中乳白30～60s后，开始发泡膨胀，出气孔有泡沫溢出时及时用木块堵住，待所有出气孔都有泡沫溢出时，泡沫已充满了整个模腔，整个发泡的时间为2～3min。

硬质聚氨酯浇注发泡配方如表8.3所示。

表8.3 硬质聚氨酯浇注发泡配方

组分名称	配比(质量比)
聚醚505	100
多次甲基多苯基多异氰酸脂(PAPI)	140
发泡灵	3～5
硅油	5滴
二丁基月桂酸锡	1～2
三乙醇胺	21
氟碳烷	35

按上述配方制备的副翼中硬质聚氨酯泡沫塑料芯材的密度为0.038～0.040g/cm^3，对应于该密度的材料性能参数为：$\sigma_b=0.3$MPa；$\sigma_t=0.24$MPa；$\tau=0.12$MPa；$E_{c0}=5.7$MPa；$G_{c0}=3$MPa。

影响浇注成型硬质泡沫塑料的因素如下：

(1) 计量精度。生产过程中，计量精度控制在2%以内。

(2) 环境温度。适宜的成型温度为20～30℃，原材料可事先加热至略高一些的温度，环境温度低，则乳白时间会长，密度偏大。

(3) 模具温度。模具温度低，会使产品密度变大，表皮厚。

(4) 固化。凝胶后的泡沫塑料，其分子链并未完全交联，处于半固化状态，因此要将模具送进烘箱加热80℃固化4h。

(5) 脱模。脱模时，要等泡沫塑料冷却到室温，才能打开模具，防止部件发生热变形。

5. 拉缠工艺

无人机尾撑是承力件，采用碳纤维复合材料圆形管件，这种管件要求碳纤维不仅能沿管件纵向分布，还能够沿着管件的截面方向分布，拉缠工艺能很好地满足这个要求。

复合材料缠绕和拉挤成型工艺是复合材料工业中比较成熟、已广泛应用的制造技术。缠绕工艺可按复合材料结构的载荷需要，沿最佳方向布置纤维材料，制成高结构效率制品。但沿轴向铺设纯纵向(0°)纤维较为困难，在制造尾撑这种以纵向纤维排布为主的制品中受到了限制。拉挤工艺与缠绕工艺正好相反，拉挤工艺非常适合于连续铺放单向(0°)的纤维材料，制品的纵向力学性能非常突出。但横向性能非常差，横向强度很低。单纯靠拉挤工艺也难于制造无人机尾撑。因此，采用拉缠工艺，即在拉挤工艺中引入纤维缠绕技术，制造一种拉挤缠绕管作为无人机尾撑。使用的设备为专门制造此类管件的拉挤-缠绕机，在拉挤管件固化之前引入缠绕纤维，制成一种以拉挤纤维为主，配以缠绕的碳纤维复合材料管件。

1) 工艺流程

拉缠工艺流程如图 8.53 所示：碳纤维经排纱架进入胶槽，浸胶后集束成单向管件，预成型。在预成型的纤维拉挤层上按左、右旋转方向各缠一层纤维，进入胶槽二次浸胶，进入成型模具，由牵引器牵引拉出制品。按尾撑的长度进行切割下料。

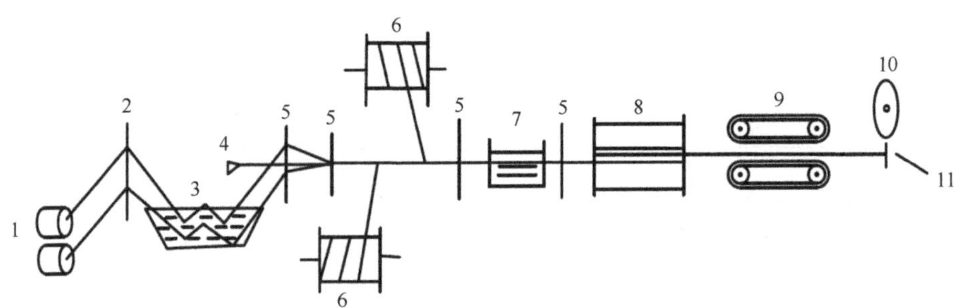

图 8.53　拉缠工艺流程图[12]

1-纱团；2-分线板；3-浸胶槽及梳子；4-芯模；5-预成型模；6-左、右两个旋转方向的缠绕纱团；7-二次浸胶；8-成型模具；9-牵引装置板；10-锯；11-成品

2) 工艺参数设定

拉缠机上的缠绕芯模不旋转，只做轴向运动。一定数量的纱团分别等量装在左、右两个方向旋转的纱盘上，纱盘载着纱团绕芯模公转，同时纱团绕本身的纱轴自转，实现对称双螺旋缠绕，纱片铺放均匀一致。

拉挤速度、缠绕角及缠绕运动之间的数学关系如下。

将缠绕纱盘转速与每盘所用纱团数之积定义为缠绕出纱速度 w，设每盘所用纱团数为 n，纱盘转速为 r，则

$$w=nr \tag{8-3}$$

设拉挤速度为 V，每个缠绕纱团展成的纱片宽度为 b，为保证缠绕层厚度均匀

一致，单位时间拉挤位移必须等于缠绕的前进量，即拉挤速度和缠绕出纱速度应有以下关系：

$$V=bw \tag{8-4}$$

将式(8-3)代入，则

$$V=bnr \tag{8-5}$$

其中，V 为拉挤速度；b 为纱线宽度；r 为缠绕纱盘转速；w 为缠绕出纱速度。

缠绕线速度与缠绕角，都与拉挤管的外径有关，缠绕线速度为

$$V_L=rL \tag{8-6}$$

$$L=\pi D \tag{8-7}$$

$$V_L=r\pi D \tag{8-8}$$

其中，D 为管外径。

缠绕角 $\alpha\pi$ 符合图 8.54 所示的矢量关系：

$$\cos\alpha=\frac{bn}{\sqrt{(bn)^2+(\pi D)^2}} \tag{8-9}$$

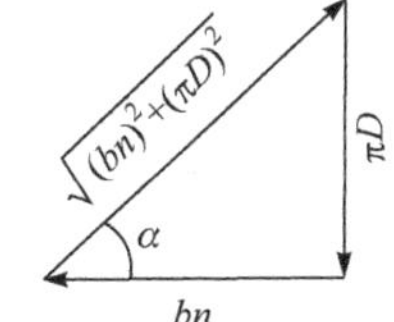

图 8.54　矢量关系

对某一直径的管状制品适当选择 b 和 n，可以确保 α 满足设计要求[12]。拉挤缠绕管与单向纤维拉挤管相比，极大提高了沿单向纤维方向的抗剪切性能，同时也增强了韧性。

8.3.3　复合材料无人机部件装配技术

碳纤维复合材料无人机机身通过整体化结构优化设计，机体部件和坚固件数量已大大减少，使得少数的装配区域要传递更大的载荷。部件装配区域通常为复合材料部件的边缘薄弱环节，容易出现应力集中。复合材料属脆性材料，且各向异性，因此装配连接部位的设计和强度分析比金属材料结构复杂得多，有些方面与金属材料结构有着本质的差别，因此复合材料部件的装配技术对提高无人机整体结构效率，传递更大的载荷起着非常关键的作用。

无人机的碳纤维复合材料机体部件，如机身、机翼、尾翼都是由翼面上下蒙皮装配而成的，其中上下蒙皮组成的腔体中又装配有 U 形承力梁、支承墙、加强肋等部件。因此，无人机的装配包括复合材料部件的预装配成型，以及机身、机翼、尾翼、副翼、尾撑五大部件的连接装配。根据无人机复合材料的特点，复合材料部件之间、复合材料部件与金属零件之间的装配连接，采用的装配方式包括胶接连接、机械连接，以及包含两者的混合连接。合理和灵活地运用复合材料的连接形式及方法，是提高复合材料结构件强度、减轻结构重量、充分发挥复合材料优异特性的重要条件之一。在无人机复合材料连接工艺技术中，选用何种连接方法，主要根据

实际使用要求而定。在此基础上进行连接结构设计和部件制造。

1. 胶接连接

胶接连接是无人机碳纤维复合材料部件结构的主要连接方法。

1）胶黏剂的选择

胶黏剂、被黏结材料和黏结工艺是黏结技术的三大要素。无人机复合材料部件胶接选用胶黏剂依据主要有以下几点：

（1）与被胶黏的碳纤维复合材料相容性好，黏结强度要高，不致在胶接件界面发生破坏；

（2）在中低温度下固化，与碳纤维复合材料的热膨胀系数接近；

（3）工艺性好，使用安全；

（4）经济性好，采购方便[13]。

无人机部件为多肋、多墙、多框及梁式结构，翼型为双曲面，胶接主要是碳纤维复合材料层压板结构和 Nomex 蜂窝夹层结构的胶接，即用胶黏剂通过合拢工装把翼面上下蒙皮与 U 形梁、加强肋、支承墙以及加强框黏结成复合材料机体部件，而 U 形梁、加强肋、支承墙以及加强框与蒙皮的内面板胶接面较小。因而，要得到可靠的胶接质量，选择合适的胶黏剂、设计最佳的胶接形式显得相当重要。无人机装配合拢胶接的胶黏剂选择依据为：热固性结构胶黏剂，可室温固化，适用期长，涂覆性好，具有一定的触变形，涂覆后垂直面不流挂。

无人机的使用温度通常为 −45～65℃，所选择的胶黏剂的使用温度约为 100℃就能完全满足其使用要求。

目前市场上能够满足上述条件的胶黏剂有很多，通过选用几种不同型号胶黏剂进行试验，最终选择了一种比较合适的国产改性环氧胶黏剂，其特点是与碳纤维复合材料的基体树脂都属环氧系列，相容性好，糊状，操作工艺性好，操作时间为 120min，常温下 24h 达到最佳的使用强度，机械强度高，固化后剪切强度达到 230MPa，固化收缩性小，化学稳定性好。

胶接连接形式设计如图 8.55 所示，主要有三种连接形式：单下陷连接，用于翼面上下蒙皮的连接；L 形连接，用于 U 形梁和蒙皮内面板的连接；π 形连接，用于加强肋、支承墙以及加强框和蒙皮内面板的连接。

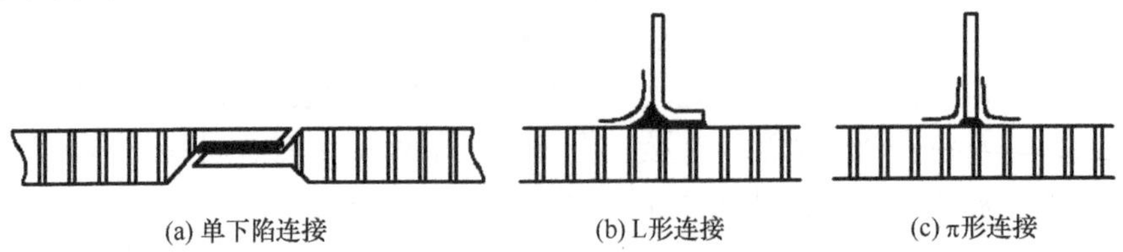

图 8.55　三种胶接连接形式

2) 胶接工艺流程

无人机合拢胶接的典型工艺流程及主要工序过程如图 8.56 所示。

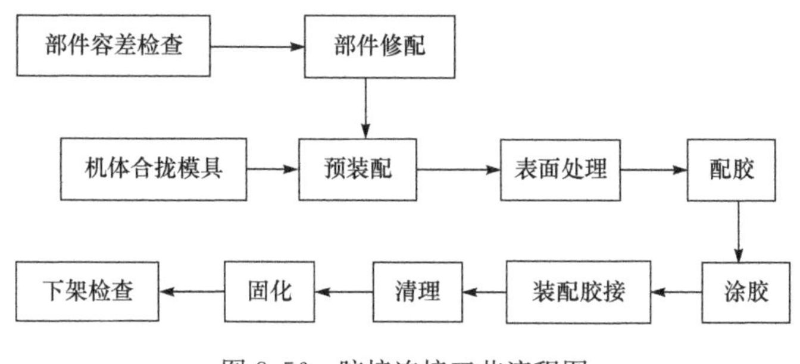

图 8.56　胶接连接工艺流程图

(1) 工装的设计与加工。胶接装配的质量受工艺装备影响较大,胶接使用的工装经过精心设计和加工,能够对胶接部件之间进行精确定位,能均匀地对被胶接件加压,使热变形和残余应力最小。

(2) 预装配。将需胶接的部件放置在合拢胶接模具或装配型架中,检查各部件间的协调关系和胶接面的贴合程度,根据测量的胶接间隙进行必要的修配,使胶接部件之间的配合间隙小而均匀,即零件间的协调精度要高。

(3) 被胶接部件的表面处理。表面处理的好坏是直接影响胶接质量的关键,灰尘、脏物、油污、指印和残留的脱模剂都会对胶接质量产生重大影响,因此胶接前要用细砂纸将胶接表面的胶层轻微砂磨,在砂磨的过程中严禁损伤纤维。用干净细棉布蘸取少量酒精或丙酮反复擦洗表面,自然晾干或用冷、热风吹干,确保生产环境清洁、干燥。

(4) 涂胶。根据用胶量准确称量胶黏剂各组分,混合均匀后,在碳纤维复合材料胶接面均匀涂胶,胶层的厚度一般控制在 0.10～0.25mm。若胶层太厚,则胶层产生蠕变、内应力、热应力和气泡的趋势增大,因而产生缺陷的可能性增大,胶接强度将显著降低。同时不能出现空白,也不能有流胶现象。

(5) 固化。涂胶结束后,将胶接部件合拢,用夹具夹紧。及时将周边的余胶清理干净。室温放置 24h 后,松开夹具,胶接结束。

3) 胶接质量控制

影响胶接质量的因素很多,离散性很大,胶接质量控制包括工序质量控制、随炉试样性能测试、无损检测及外形测量等,在严格工艺控制及全过程检验的情况下,有必要对胶接结构进行耐久性试验。

无人机碳纤维复合材料部件的外形测量按金属构件测量方法进行,随炉试样是随复合材料制件一起用同批次原材料、按相同工艺参数制作的破坏性检查试样,通过对随炉试样进行超声 C 扫描来检测复合材料部件的胶接质量。

2. 机械连接

无人机复合材料机体部件的机械连接主要用于分离面的连接，以及其他部件在机体上的安装。机械连接虽然连接效率低，但其突出的优点是抗剥离能力强，安全可靠，传递的载荷大，受环境影响小，便于拆装，可重复装配和拆卸，维修方便，连接质量的好坏很容易检查。因此，机械连接是无人机部件连接中必须使用到的连接方式。无人机所用到的机械连接方式包括传统的螺栓连接和铆钉连接方式。

1）机械连接的技术特点

与金属结构相比，碳纤维复合材料的层间强度低、抗冲击能力差，决定了其结构的机械连接难度大、技术要求高，与金属结构的机械连接有极大的不同，主要表现在以下几个方面：

(1) 碳纤维复合材料部件钻孔困难，刀具磨损快，孔的出口端易产生分层现象；

(2) 碳纤维复合材料与连接的紧固件易产生电化学腐蚀，需采取防腐措施；

(3) 开孔部位引起应力集中，强度局部降低，孔边易过早出现挤压破坏；

(4) 复合材料部件在实施机械连接过程中易产生损伤。

复合材料接头的强度不仅与接头尺寸有关，还受以下多种因素的影响。这些因素大大增加了复合材料结构连接的复杂性[14]。

(1) 碳纤维复合材料的制孔工艺。碳纤维复合材料性脆，层间剪切强度低，因此钻孔时的轴向力易引起层间分离和出口端的分层。碳纤维的硬度是53～65HRC，相当于高速钢的硬度，要选用硬质合金刀具对复合材料进行钻孔。为保证孔的质量，宜采用低进给速度和较高的转速。为了防止碳尘的污染，加工时要用吸尘器把粉尘及时吸走，防止导电的碳粉尘引起电气设备的短路。

(2) 碳纤维复合材料接头的防腐。碳纤维复合材料中的碳纤维能导电，与大多数合金有较大的电位差，与金属接触时极易引起金属的电化学腐蚀。为了防止接头腐蚀，无人机连接的螺栓全部选用耐蚀不锈钢材料，铆钉选用钛合金材料，铆钉直径为4.0mm。

(3) 拧紧力矩。拧紧力矩是影响复合材料接头强度的重要因素之一。拧紧力矩的存在有利于防止纤维与树脂界面剥离。这种剥离会引起孔边毛刷状破坏而造成接头失效，所以适当地增大拧紧力会使接头强度提高。但拧紧力矩过大将导致紧固件预拉伸载荷量增大，而且还会引起复合材料表层损伤，因此要综合考虑不同紧固件相应的拧紧力矩标准，并需通过特殊的工艺设备来保证[14]。

2）机械连接工艺

(1) 螺接。无人机复合材料部件的机械连接采用螺栓连接。在螺接过程中，螺母下面放置垫圈，减少孔边周围的损伤，防止过大的拧紧力矩造成复合材料结构表面出现凹坑和裂纹等缺陷。

(2) 铆接。铆接是无人机复合材料部件机械连接的主要形式,即利用铆钉的塑性变形所产生的夹紧力,使两个零件成为一个整体。其主要工艺流程是:制铆钉孔→锪埋头窝→放钉→压紧铆接件→形成镦头→完成铆接→检查。

无人机复合材料部件铆接采用铆枪锤铆方式。在铆接过程中,用铆枪锤击铆卡,铆卡锤击铆钉,产生间隙冲击力和顶铁的反作用力,使铆钉杆镦粗而形成镦头。锤铆分为正铆和反铆两种,正铆法是用顶铁顶住铆钉头,铆卡锤击铆钉杆而形成镦头的铆接法;反铆法则是用顶铁顶住铆钉杆,用铆卡锤击铆钉头的铆接方法。正铆铆接变形小,表面质量好,铆接强度较高,适于薄壁复合材料结构件的铆接;但顶铁较重,铆接件不易自动压紧,容易使铆缝产生间隙,层压复合材料易产生分层缺陷。反铆顶铁较轻,能促使铆接件贴紧,消除铆接件间的间隙;但铆接件易变形,铆钉处会产生局部凹陷,容易导致薄壁复合材料结构件产生裂纹,铆接件表面易产生伤痕,不光滑[14]。

3. 混合连接

将胶接与机械连接结合起来,采用两种连接方法将两个连接构件连接在一起,从工艺技术上严格保证两者变形一致,同时承受载荷、连接部位的承载能力和耐久性将会大幅度提高,可以消除二种连接方法各自的固有缺点。混合连接可以提高连接接头的破损安全性,改善胶接剥离性能、提高疲劳寿命等。

无人机复合材料的混合连接工艺有两种:胶螺混合连接、胶铆混合连接。

(1) 胶螺混合连接的工艺方法有两种:一种是在连接处预先制孔,涂胶后即安装螺栓并拧紧,然后使胶层固化成连接接头;另一种是在已固化的胶接接头上制孔安装螺栓,并拧紧形成连接接头。

(2) 胶铆混合连接。胶铆混合连接一般也可采用两种工艺方法:一种是在胶层固化后铆接;另一种是在胶层未固化时铆接。

为了提高胶铆接头的强度,在胶黏剂固化后再进行复合材料构件的铆接;而在胶层未固化时铆接,要分阶段对胶层施加所需的压力,以减少胶铆接头连接强度的下降。

8.3.4　复合材料无人机部件性能测试评价技术

复合材料是各向异性材料,其性能测试和评价技术与金属材料不同,无法根据材质获得准确的性能数据。复合材料的性能与基体材料、增强材料、工艺条件等多种因素有关,仅对原材料性能测试是不够的,只能定性估算,复合材料部件的基本材料性能要通过基本性能试验获得。同时复合材料性能测试也是区分材料选择,评价增强材料、基体材料、界面性能及其相互匹配,评价工艺条件和制造技术、产品设计的依据。

无人机碳纤维复合材料机体主要由夹层结构翼面部件和复合材料层压板连接装配而成，夹层结构包括 Nomex 蜂窝夹层结构和硬质聚氨酯泡沫夹层结构。因此，通过对上述两种夹层结构和碳纤维复合材料层压板的各种性能测试，可以对无人机复合材料部件的基本材料性能进行评价。材料基本性能测试[15]如下。

1）层压板的测试方法

层压板的标准试样由碳纤维预浸料通过热压罐工艺成型，标准试样按照 GB/T 1446—2005 的要求加工并测量几何尺寸，试样的力学性能测试按标准进行。

拉伸强度 σ_t、拉伸弹性模量 E_t、泊松比 μ 按 GB/T 1447—2005 进行测试计算；压缩强度 σ_c，压缩弹性模量 E_c 按 GB/T 1448—2005 进行测试计算；弯曲强度 σ_f、弯曲弹性模量 E_f 按 GB/T 1449—2005 进行测试计算；层间剪切强度 τ_s 按式 GB/T 1450.1—2005 进行测试计算。

2）夹层结构的测试技术

夹层结构由上下两层刚硬坚固的碳纤维复合材料面板和轻质夹芯构成。夹层结构的力学性能取决于面板和夹芯材料的力学性能及几何尺寸。其面板的力学性能与层压板试样的力学性能基本相当，夹芯材料的作用是增加了上下面板的距离，以增大整个结构的惯性矩，得到一个抗弯曲和屈曲载荷的有效结构，而重量的增加几乎可以忽略。因此，夹层结构自身固有的性能涉及夹层结构的强度和刚度两个方面。强度包括夹层结构的拉、压、弯、剪强度和夹层结构的疲劳强度。刚度包括夹层结构的拉、压、剪切模量。对无人机复合材料部件进行评价时，夹层结构的强度和刚度是同样重要的。

夹层结构的标准试样为随炉试件，按无人机夹层结构部件二步法共固化成型，标准试样按照 GB/T 1446—2005 的要求加工并测量几何尺寸，试样的力学性能测试按标准进行。

平拉强度 σ_s 按 GB/T 1452—2005 进行测试计算；平压强度 σ 按 GB/T 1453—2005 进行测试计算；夹层结构芯子的剪切强度 τ_t、剪切弹性模量 G_t 按 GB/T 1455—2005 进行测试计算；弯曲刚度 D、剪切刚度 U 按 GB/T 1456—2005 进行测试计算。

无人机夹层结构部件的刚度由夹层结构的弹性常数、几何尺寸计算得到，夹层结构的应力计算取决于外载荷、弹性常数、几何尺寸，疲劳强度主要由夹芯的剪切疲劳强度和板芯胶接性能决定。

3）拉缠管的性能测试技术

拉缠管的轴向拉伸强度 σ_p、轴向拉伸弹性模量 E_p 按 GB/T 5349—2005 进行测试计算。

参考文献

[1] 曹渡. 复合材料轻量化技术在整车上应用发展趋势探索[R]. 宁波：中国科学院宁波材料技术与工程研究所，2014.

[2] 余良富. 重型专用汽车复合材料车架计算机辅助设计研究[D]. 武汉：武汉理工大学，2005.

[3] 陈祥宝. 聚合物基复合材料手册[M]. 北京：化学工业出版社，2004.

[4] 张晓明，刘雄亚. 纤维增强热塑性复合材料及其应用[M]. 北京：化学工业出版社，2007.

[5] 杨铨铨，梁基照. 连续纤维增强热塑性复合材料的制备与成型[J]. 塑料科技，2007，35(6)：34-37.

[6] 邓杰. 连续碳纤维热塑性复合材料制备工艺研究[J]. 高科技纤维与应用，2005，30(1)：35-39.

[7] 胡泽. 无人机结构用复合材料及其制造技术综述[J]. 航空制造技术，2007，6：66-70.

[8] 陈绍杰. 复合材料与无人机[J]. 高科技纤维与应用，2003，28(2)：11-14.

[9] 张元明，赵鹏飞. 低速小型无人机中的复合材料结构及分析[J]. 玻璃钢/复合材料，2003，6：36-39.

[10] 沃丁柱. 复合材料大全[M]. 北京：化学工业出版社，2000.

[11] 魏秀宾. 低温成型 Nomex 蜂窝 U 型夹层板研制[J]. 洪都科技，2005，3：30-34.

[12] 丁传荣. 拉挤-缠绕设备与工艺技术研究[J]. 纤维复合材料，1998，4：22-27.

[13] 谢鸣九. 复合材料连接[M]. 上海：上海交通大学出版社，2011.

[14] 常仕军，肖红，侯兆珂，等. 飞机复合材料装配连接技术[J]. 航空制造技术，2010，6：72-75.

[15] 全国纤维增强塑料标准化技术委员会. 纤维增强塑料(玻璃钢)标准汇编[M]. 北京：中国标准出版社，2012.